英国战列舰

1889—1904

BRITISH
BATTLESHIPS

[英] R. A. 伯特 / 著　杨坚 / 译

吉林文史出版社

图字：07-2022-0010 号

图书在版编目（CIP）数据

英国战列舰 . 1889—1904 /（英）R.A. 伯特著；杨
坚译 . -- 长春：吉林文史出版社，2022.8
书名原文：BRITISH BATTLESHIPS 1889-1904
ISBN 978-7-5472-8731-6

Ⅰ . ①英… Ⅱ . ① R… ②杨… Ⅲ . ①战列舰 – 军事史
– 英国 – 1889-1904 Ⅳ . ① E925.61–095.61

中国版本图书馆 CIP 数据核字 (2022) 第 156036 号

英国战列舰：1889—1904

YINGGUO ZHANLIEJIAN：1889-1904

作　　者：［英］R. A. 伯特
译　　者：杨坚
责任编辑：吴枫
出版发行：吉林文史出版社（长春市福祉大路 5788 号）
印　　刷：重庆市国丰印务有限责任公司
开　　本：889mm×1194mm　1/16
印　　张：34
字　　数：467 千字
版　　次：2022 年 8 月第 1 版
印　　次：2022 年 8 月第 1 次印刷
书　　号：ISBN 978-7-5472-8731-6
定　　价：239.80 元

鸣谢

在编写本书的过程中，我得到了来自许多个人和机构的帮助。首先，我要特别感谢国家海事博物馆手稿部的莫里斯博士和迈克尔·韦伯，以及图纸室的 G. 克莱特，他们的无偿援助让我感激不尽。我还要向更多的朋友表达感激之情：海军历史图书馆的 A. J. 弗朗西斯、海军兵器博物馆的 T. H. 金、维克斯造船集团的 D. W. 鲁滨逊，等等。还有一些好朋友也不应忘记：约翰·罗伯茨和阿兰·诺里斯提供了非常重要的资料和相关注解。此外，我还要感谢我的出版商，以及他们的图书制作团队——戴维·吉布斯、巴里尔·吉布斯和安东尼·埃文斯不知疲倦地投入工作，以满足我对这本书的种种期望。我的编辑迈克尔·博克索尔更是贡献良多，我对他深表感谢。最后，我必须特别提及我的妻子珍妮丝，对我来说，她始终是不尽的力量源泉，每当我疲惫懈怠，她都会竭尽所能给我加油鼓劲，让我重新振作。本书所有照片均来自作者的收藏，线图根据现存于格林尼治国家海事博物馆的官方造船图纸绘制。

R. A. 伯特

前言

从 1805 年的特拉法尔加海战，一直到 19 世纪末，英国都毫无争议地掌握着世界海权，其地位无人能够撼动。在此期间鲜有大规模的海战，战列舰队除了肩负作战任务外，也很快成为一种政治力量——尤其是在维多利亚女王统治时期。到 1890 年，相对于其他国家的海军，英国的全部舰队占据着前所未有的数量优势。英国民众也为皇家海军感到自豪，对大街上的普通人来说，海军体现的是最典型的英国特质。不管战舰的品质如何，有何缺陷，战列舰队都被视为英国乃至整个帝国的脊梁。

对一个岛国来说，使用一支时刻备战的优势舰队统治大洋至关重要，这个目标通常都能够实现，虽然有些时候英国海军似乎是只沉睡的雄狮。

1900 年前后，海军的装备、战略、军舰设计，以及指挥管理都出现了一些变革，而皇家海军两强标准的出台，也标志着大英帝国衰败的开始。其他国家开始加强海军实力，并且比照英国在过去五十年里取得的成就，建造军舰并为获取各自的海上利益

◁ 这非同寻常的一幕出现在 1902 年 8 月，舰队正在为国王爱德华七世的加冕典礼阅舰式做准备，照片摄于"庄严"号。这也是皇家海军最后一次全部舰艇均采用维多利亚时代涂装的阅舰式。阅舰式结束后几个月，大部分舰艇换上了灰色涂装

加大投入。为了不被后来者超越，皇家海军充分利用了在维多利亚时代获得的经验，开始了一个无出其右的战列舰建造计划，但那是另一段故事了。

这本书介绍了从 1876 年到 1905 年 [这一年革命性的"无畏"号（*Dreadnought*）动工] 之间的英国战列舰。大部分内容来自官方资料，虽然我发现很多历史更悠久的资料已经丢失或被错误归类，甚至在存档一段时间后被直接销毁，以至于和 1920—1945 年相比，维多利亚时代的相关资料较为匮乏。由于那是一个技术飞速发展的变革时期，资料问题成了一大遗憾。

维多利亚晚期英国海军史上最重要的四位人物

1. 威廉·亨利·怀特爵士（Sir William Henry White）

1845 年 2 月 2 日出生于德文波特，受教于皇家海军造船学校。他于 1883 年加入威廉·阿姆斯特朗爵士（Sir William Armstrong）的公司，并在那里进行了很多技术创新。

1885 年，怀特成为海军造舰总监（DNC），一直任职到 1902 年。在职期间，他使战列舰设计发生了革命性的改变，并打造了一支令文明世界羡慕不已的强大舰队。1895 年，他被授予巴斯骑士勋章（KCB）。他还撰写了经典的《海军造船手册》，发表了许多关于海军事务的文章。怀特虽然于 1902 年离任，但直到 1913 年去世都一直关注着海军，只是他未有机会看到自己创造的舰队在世界大战中的表现。

2. 约翰·阿巴斯诺特·费舍尔（John Arbuthnot Fisher），第一代基尔维斯顿的费舍尔男爵

1841 年 1 月 25 日出生于拉姆博德（Rambodde），1854 年 12 月加入海军并在朴次茅斯（Portsmouth）登上"胜利"号（*Victorious*），那时他才 12 岁，他对当时自己的评价是"身无分文、孑然一身、孤寂悲凉"。克里米亚战争期间，他随波罗的海舰队到加尔各答服役，后来又去了远东。1874 年晋升为上校，1882 年指挥"不屈"号（*Inflexible*）战列舰炮击亚历山大并随海军旅登陆作战，在其指挥的数次战斗中使用了装甲列车，后因战功卓著获得三级巴斯勋章（CB）。1892 年 2 月被任命为海军部审计官（第三海务大臣），1897 年卸任。1899—1902 年任地中海舰队司令，其间设计了"全重型火炮"战列舰。他主导了皇家海军的多项革新，引入了新的海军军官征召和训练体制，废除了"不列颠尼亚"号（*Britannia*）训练学校，在奥斯伯恩（Osborne）和达特茅斯（Dartmouth）建立了海军学院，训练海军上尉以下的指挥、工程和陆战队军官。1903—1904 年任朴次茅斯基地司令，1904 年 10 月 21 日至 1910 年担任第一海务大臣。1894 年获封男爵爵位。

费舍尔实现了他建造一支"全重型火炮"战列舰队的目标，在大型战舰上采用燃油锅炉，并发展了火炮系统。他强烈反对发动达达尼尔战役，因无法阻止战役的实施而辞职。费舍尔于 1920 年 7 月 10 日去世，直到最后都在言谈和心智上表现出刚勇的气魄。

3. 查尔斯·威廉·德·拉·波尔·比尔斯福德男爵（Charles William De La Poer Beresford, Baron）

生于 1846 年 11 月 10 日，1859 年成为海军军校生。他因 1882 年指挥"秃鹰"号（Condor）炮击亚历山大、参加阿布克里亚（Abu Klea）战役和在"索菲亚"号（Sofia）上参与营救查尔斯·威尔逊爵士（Sir Charles Wilson）而成名。1893—1895 年担任"不惧"号（Undaunted）舰长，1897 年晋升为海军少将。1900—1902 年担任地中海舰队副司令，1903—1905 年、1907—1909 年分别担任地中海舰队和海峡舰队司令。1906 年晋升海军上将。1874—1885 年，比尔斯福德是代表沃特福德（Waterford）的保守党议员。1885—1890 年获得玛丽尔伯恩（Marylebone）的下院席位，1897—1900 年是代表约克郡的下院议员，1886—1888 年在海军部委员会任职。他为了海军的利益殚精竭虑，在议会中大声呼号。他经常批评海军的管理，呼吁设立一个负责参谋工作和国家情报的特别委员会。比尔斯福德撰写了很多文章和书籍，包括《海军政策真相》《管理》《回忆录》等。他于 1919 年 9 月 6 日猝然去世。

△ 威廉·亨利·怀特爵士

△ 珀西·莫尔顿·斯科特爵士

△ 查尔斯·威廉·德·拉·波尔·比尔斯福德男爵

△ 约翰·阿巴斯诺特·费舍尔男爵

4. 珀西·莫尔顿·斯科特爵士（Sir Percy Moreton Scott）

生于 1853 年 7 月 10 日，毕业于伦敦大学学院。1886 年加入海军，1893 年成为海军上校。斯科特与海军炮术的发展密不可分，1894—1896 年他是军械委员会成员。另外，他还以在"锡拉"号（*Scylla*）和"可怖"号（*Terrible*）上创下优秀的舰炮射击纪录而闻名（见炮术内容）。

斯科特参加了在阿散地（Ashanti）和埃及等地的战争，1899 年加入海军旅在南非登陆，在雷帝史密斯（Ladysmith）为重型火炮设计了炮座。1903—1905 年任海军炮术学校"卓越"号（*Excellent*）校长，1905—1907 年任射击训练监察长，1907—1909 年任巡洋舰分舰队司令。1910 年获巴斯骑士勋章（KCB），1905 年晋升海军少将，1913 年加封男爵。他最显著的成就，就是发明了大量用于改进海军火炮和炮术的技术。斯科特于 1913 年退休，但第一次世界大战爆发时又重返海军。

斯科特职业生涯中最著名的事件，就是与查尔斯·比尔斯福德爵士的冲突，在当时的新闻小报上被广泛报道。

1903 年，斯科特担任第 1 巡洋舰分舰队司令，旗舰是"好望角"号（*Good Hope*）[①]，这艘巡洋舰的锚位就在波特兰的防波堤内侧。"罗克斯堡"号（*Roxburgh*）则停泊在距它 274 米的防波堤外侧。查尔斯·比尔斯福德爵士命令两艘军舰涂上新漆，以迎接德国皇帝来访。但是两艘军舰没有收到停止当时正在进行的炮术训练的命令。斯科特用旗语向"罗克斯堡"号发出信号："涂漆作业似乎比炮术更重要，所以你最好行动起来，在 8 日前把自己弄得好看一些。"后者回应："只要天气适合，我们可以用红铅漆把烟囱上的锈迹盖住，并做好涂漆作业的准备。"

"罗克斯堡"号保持在自己的锚位，两小时后，比尔斯福德到了，他在座舰下锚后命令"罗克斯堡"号"停止执行例行任务"，这样它将暂停炮术训练，专事涂漆工作。"罗克斯堡"号随即来到防波堤内侧并用非常普通的海军术语说，它将进行斯科特两小时前要求它做的，让自己"好看"的作业。有人将斯科特的言辞告诉了比尔斯福德，比尔斯福德不等斯科特解释就严厉斥责了他，并要求海军部将他停职。斯科特试图辩解，但比尔斯福德根本不听。斯科特后来说，查尔斯·比尔斯福德爵士误解了自己，"未了解事实就采取了行动"。这一事件在相当长的时间内被媒体大肆渲染。

---

① 译注：有些资料显示，这一事件发生在 1907 年。斯科特的巡洋舰分舰队归属海峡舰队，而海峡舰队当时的司令正是比尔斯福德。

目 录

引言

战列舰的发展

19 世纪晚期的战列舰——现在被称为"前无畏舰"——设计概念可以追溯至 1869 年，那时的所有军舰，包括巡洋舰、护卫舰（Sloop）、巡防舰（Frigate）和战列舰，都布置有桅杆、桅桁和风帆。1868 年年底，第一海务大臣休·柴尔德斯（Hugh Childers）要求总造舰师（Chief Constructor）爱德华·里德（Edward Reed）进行一项试验性设计，研究一种布置炮塔、排水量比"君主"号（Monarch）和"舰长"号（Captain，当时正处于建造中）小的远洋型战舰的可行性。里德受命将军舰的排水量限制在 6100 吨左右，舰上仅布置有限的桅具。1869 年 2 月 3 日，里德报告说这种设计不可行，但他很快又递交了一份文件，对军舰设计提出了自己的建议：

> 海军部此项研究的目的，是设计一种在欧洲水域作战，拥有强大攻防能力的军舰，同时也考虑了军舰横渡大西洋的能力。但其首要任务是在英吉利海峡、地中海，以及其他欧洲海域与敌人的军舰和舰队交战。攻击力方面，要求它的舰炮能击穿欧洲国家绝大多数一级战列舰的装甲。在布置和操作上，这些舰炮不仅能不受限制地全向射击，而且可以在除了极端海况外的任何条件下，安全有效地开火。

1. 排水量 9035 吨。低干舷，半浅水重炮舰型舰体，舰体舯部升高出胸墙以容纳炮塔，但并不突出于侧舷以外。艏楼部分干舷高度 2.74 米，其后方升高 1.37 米至上甲板。舯部舰体布置有长度较短的大高度舰桥，舰桥前部有烟囱和锅炉进气口，飞跃式舰桥可布置救生艇和导航平台。舰艏布置撞角，侧舷防护则得到加强，以抵御敌舰的撞击。
2. 在两座双联炮塔中布置 4 门 305 毫米（25 吨）主炮，炮塔位于舰体舯部中心线上，前后布置。
3. 侧舷装甲最大厚度 305 毫米，甲板装甲 51 毫米，炮塔装甲 305 毫米。
4. 军舰布置有双桨，以保证在一根桨轴损坏的情况下仍有航行能力。
5. 舰上没有帆具，只在胸墙两端布置轻型单柱桅。

> 最后一项的优点是：可以布置低干舷，并减少了所需装甲；为主炮提供了全向射界；取消帆具可以将舰员数量减少一半。

这种设计只不过是之前"地狱犬"号（Cerberus）胸墙浅水炮舰的放大型，在可接

▷"蹂躏"号，这里呈现的是它最初的黑色涂装，照片拍摄于1873—1874年之间。爱德华·里德首先完成了设计，他离开海军部后，N.巴纳比对设计做了改进。"蹂躏"号代表了建造一种不受桅杆、风帆和索具羁绊的远洋型战列舰的最早尝试。建成之后，它成为当时最强大的装甲战舰

"蹂躏"号

侧视和剖视图，1894年重建和武备更新之后

1890年至1894年，"蹂躏"号和"雷神"号经历了彻底重建，以采用现代化技术。两舰的蒸汽机和锅炉分别更新为倒置三胀式蒸汽机和筒式锅炉。蒸汽机功率和最高航速分别增至7000马力和14节。救生艇甲板（Hurricane deck）前端的海图室上方，增设了一个导航平台，后端则增设了一个信号平台，烟囱被重建，还有其他一些小的改进。1894年改装完成后，它们呈现出全新的面貌。

1. 锅炉舱
2. 轮机舱
3. 发射药和炮弹舱

受的排水量范围内提高了适航性，这也成了当时总造舰师递交的最具争议的设计方案。

据说采用低干舷舰体，是受到了1866—1867年来访的美国浅水重炮舰"梅安特努莫"号（Miantonomoh）的影响。虽然里德的设计与之相比少了很多极端特征，但主流观点认为，低干舷军舰的适航性和居住性极差，安全性也很糟糕。

尽管如此，作为一种远洋型军舰，该设计还是有一些创新之处：低干舷、半浅水重炮舰型舰体和取消了帆具。由于没有风帆，这种排水量的远洋战舰第一次具备了许多结构和战术上的优点。

1869—1870年的造舰计划中，有两艘此类型军舰——"蹂躏"号和"雷神"号，第二年又开工了第三艘"愤怒"号（Fury）。但是由于风帆炮塔战列舰"舰长"号因事故沉没，蹂躏级的设计受到质疑，随后（错误地）被海军闲置。人们担心，它们虽然没有风帆和全套桅杆，但有可能像"舰长"号那样在恶劣天气中倾覆。

　　面对来自军方和民间的强烈批评，海军部认为有必要采取行动，恢复人们对海军舰艇设计和技术专家的信心，并为新的舰艇设计原则辩护。一个新的委员会受命审查所有新设计，特别是"蹂躏"号。在1871年召开的第一次委员会会议上，纳森尼尔·巴纳比（Nathaniel Barnaby，接替里德的新任总造舰师）建议对"蹂躏"号的原始设计进行改进，以提高军舰的稳性、火炮威力、防护力和居住性。改进如下（所有改进使排水量增加874吨）：

1. 在胸墙两侧布置轻型和封闭的上层建筑，外缘与侧舷平齐，两侧延伸部分的宽度各为9.14米；
2. 用305毫米35吨主炮代替305毫米25吨主炮；
3. 增强水平装甲和舰体内部的防护。

　　改进之后，军舰的满载排水量增至9900吨，方案随即被委员会批准。新设计增高了干舷，大大提高了军舰的适航性，这一改进备受推崇，以至于成为半浅水重炮舰的标准设计。

　　其他一些建议并没有影响军舰设计的基本原则，1871年3月，委员会递交了一份研究报告，对军舰的总体设计大加赞赏，并批准其作为进一步改进的基础。

　　报告中一个主要的建议是，无论主要武备是炮塔炮还是船旁列炮，一级战列舰不再布置全副帆具。报告指出，风帆与强大的进攻威力是不可能有效结合的。反对布置帆具的基本理由如下：

1. 全副帆具会限制炮塔射界，严重影响炮塔发挥全向射击的优势；携带帆具的炮塔军舰即使与造价低廉的轻型无风帆军舰交战也会处于劣势。
2. 帆具本身是易燃品，会给军舰带来危险；受损坠下的桅杆、支柱和索具会阻碍火炮射击或缠住螺旋桨。
3. 帆具占据的重量可以用于增加燃料储量；因动力系统出现故障而使用风帆的机会已大大减少，特别是双螺旋桨军舰。
4. 以蒸汽动力迎风航行时，帆具会导致航速下降；为投入战斗而放下的最上桅和上桅桁会占据甲板空间。

"蹂躏"号：动力海试（1872年10月31日）

地点	斯托克斯湾
风力	2级
海况	平静，条件良好
吃水	舰艏8.03米，舰艉8.08米
锅炉压力	0.19兆帕
指示功率	6633马力
航速	13.8节

"蹂躏"号与"雷神"号：建成时性能数据[①]

建造

	造船厂	开工	下水	建成
"蹂躏"号	朴次茅斯造船厂	1869 年 11 月 12 日	1871 年 7 月 12 日	1873 年 1 月
"雷神"号	彭布罗克造船厂	1869 年 6 月 26 日	1872 年 3 月 25 日	1877 年建成并开始海试

※ 两艘军舰分别于 1890—1891 年和 1893—1894 年接受大规模改装，采用了大量现代化技术（更新火炮和蒸汽机）并有显著的外观变化

排水量（吨）
"蹂躏"号：9190（正常），9822（满载）
"雷神"号：9380（正常），9641（满载）

尺寸
长：86.87 米（垂线间长），93.57 米（全长）
宽：15.93 米
吃水：7.85 米（舰艏）；8.08 米（舰艉）

武备
"蹂躏"号：4 门 305 毫米 35 吨前装炮；1 门 76 毫米炮（9 磅）
"雷神"号：2 门 318 毫米 38 吨前装炮；2 门 305 毫米 35 吨前装炮；1 门 76 毫米炮（9 磅）；两具 406 毫米
　　　鱼雷发射管（位于胸墙炮孔内）

装甲（熟铁）
主装甲带：216—229—254—305 毫米
胸墙：254—305 毫米
横向装甲：127—152—305 毫米
炮塔：305—356 毫米
上甲板：舯部 76 毫米，艉部 51 毫米
主甲板：76 毫米
司令塔：127—229 毫米

动力
两套横置单缸（"雷神"号为双缸）直动式筒形蒸汽机，两副格里菲斯螺旋桨
汽缸直径：2235.2 毫米（"雷神"号为 1955.8 毫米）
冲程：990.6 毫米（"雷神"号为 1066.8 毫米）
螺旋桨：四叶
螺旋桨直径：5.33 米
螺旋桨桨距：5.94 米
锅炉：8 台矩形锅炉，位于两个锅炉舱中，工作压力 0.19—0.21 兆帕
总加热面积：1654.23 平方米
轮机舱和锅炉舱总长度：39 米
设计输出功率：5600 马力，12.5 节
燃煤：1350 吨（正常），1800 吨（最大）
每马力燃煤消耗速率：1.36 千克 / 小时
续航力：4700 海里 /10 节
※ "蹂躏"号是皇家海军最后一艘采用单缸蒸汽机的炮塔舰

小艇
大舢板（Pinnace）（蒸汽）：1 艘 11.28 米，1 艘 8.53 米
捕鲸艇（Whale gig）：1 艘 7.62 米
小舢板（Gig）：1 艘 9.14 米，2 艘 8.53 米，1 艘 7.92 米
方艄艇（Punt）：1 艘 3.35 米
小工作艇（Dinghy）：1 艘 4.27 米

探照灯
建成时未安装，1880 年安装两部 610 毫米探照灯，1893 年又加装 4 部

舰员
设计舰员：250 人
建成时舰员：358 人

造价
361438 英镑（另加火炮造价 43780 英镑，"雷神"号火炮造价 88431 英镑）

出售
"蹂躏"号：1908 年 5 月 12 日
"雷神"号：1909 年 7 月 13 日

[①] 译注：同级各姊妹舰的某项参数若未分别列出，则各舰的该参数相同。下同。

1870—1886 年建造的岸防舰和试验型一级战列舰

"地狱犬"号

胸墙式浅水重炮舰（Breastwork Monitor），3340 吨，4×254 毫米主炮

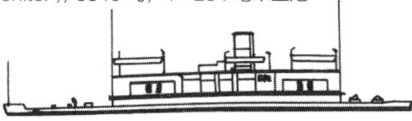

"雷神"号

炮塔舰（Turret ship），9700 吨，4×305 毫米主炮

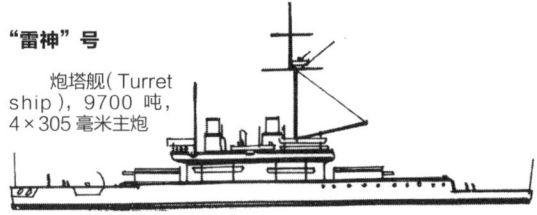

"马格达拉"号（*Magdala*）

胸墙式浅水重炮舰，3340 吨，4×254 毫米主炮

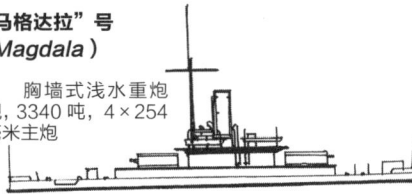

"鲁珀特"号（*Rupert*）

铁甲装甲舰，5400 吨，2×254 毫米主炮，2×160 毫米舰炮

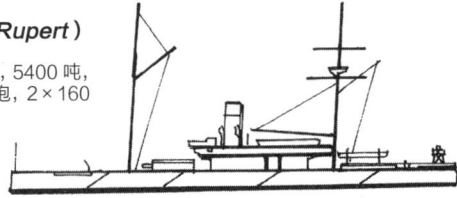

"阿比西尼亚"号（*Abyssinia*）

胸墙式浅水重炮舰，2900 吨，4×254 毫米主炮

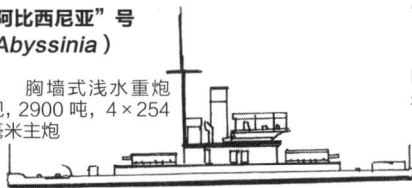

"亚历山德拉"号（*Alexandra*）

船旁列炮铁甲舰（Broadside Ironclad），9500 吨，2×279 毫米舰炮，10×254 毫米舰炮

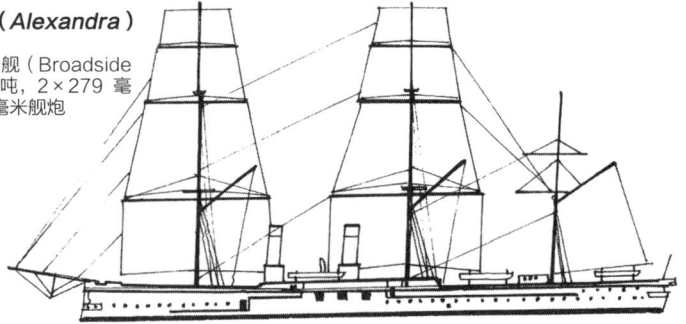

"格莱顿"号（*Glatton*）

胸墙式浅水重炮舰，4900 吨，2×305 毫米主炮

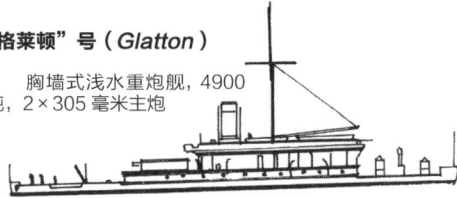

"鲁莽"号（*Temeraire*）

第一艘露炮台式铁甲舰（Barbette Ironclad），8500 吨，4×279 毫米舰炮，4×254 毫米舰炮

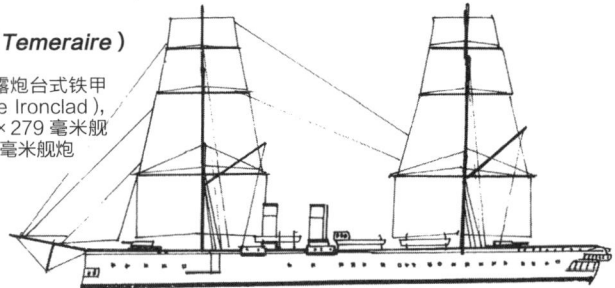

"热刺"号（*Hotspur*）

铁甲撞角舰（Ironclad Ram），4000 吨，1×305 毫米主炮，2×160 毫米舰炮

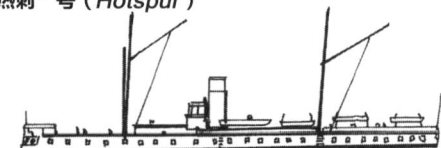

"蹂躏"号

第一艘远洋型无桅炮塔舰，9300 吨，4×305 毫米主炮

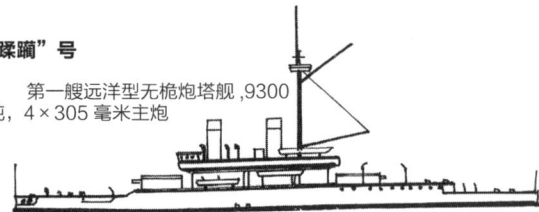

"独眼巨人"号（*Cyclops*）

岸防舰，3400 吨，4×254 毫米主炮

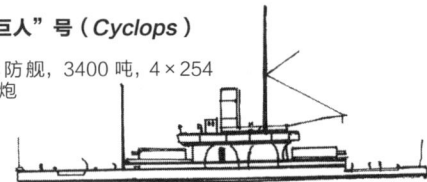

"蛇发女妖"号（*Gorgon*）

岸防舰，3400 吨，4×254 毫米主炮

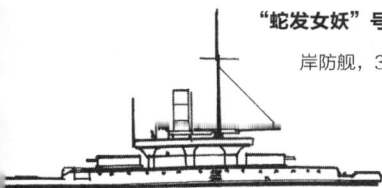

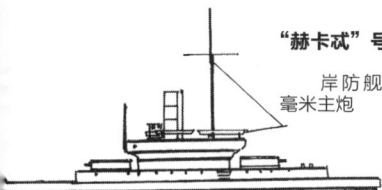

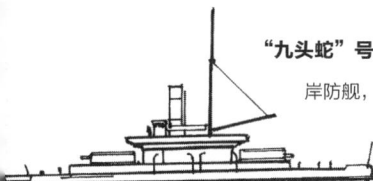

"赫卡忒"号（*Hecate*）

岸防舰，3400 吨，4×254
毫米主炮

"九头蛇"号（*Hydra*）

岸防舰，3400 吨，4×254 毫米主炮

"无畏"号（*Dreadnought*）

炮塔舰，10800 吨，4×318 毫米主炮

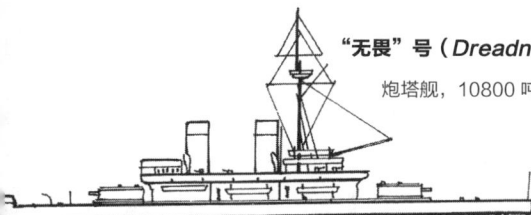

"不屈"号

中央堡垒炮塔舰（Central
citadel turret ship），11800
吨，4×406 毫米主炮

"埃阿斯"号（*Ajax*）

中央堡垒炮塔舰，8500
吨，4×318 毫米主炮

"尼普顿"号（*Neptune*）

炮塔舰，9300 吨，4×305
毫米主炮，2×229 毫米舰炮

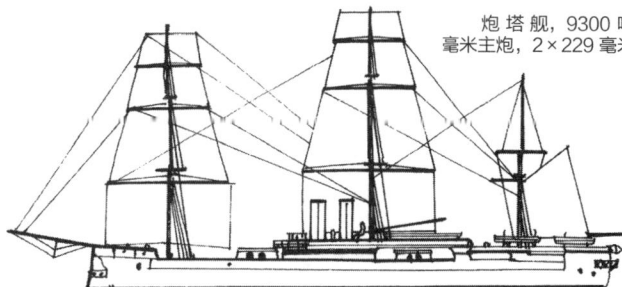

"壮丽"号（*Superb*）

船旁列炮铁甲舰，9700
吨，16×254 毫米舰炮

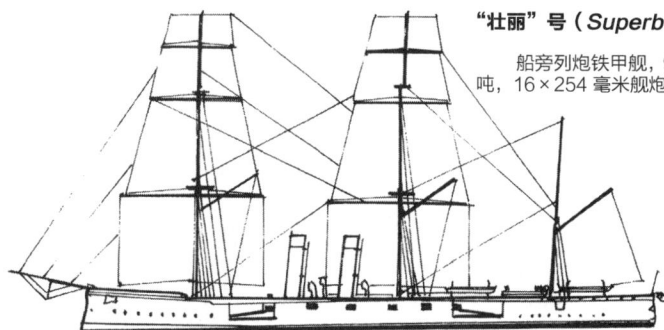

"贝尔岛"号
（*Belleisle*）

岸防舰，4800 吨，
4×305 毫米主炮

"巨像"号
（*Colossus*）

中央堡垒炮
塔舰，9150 吨，
4×305 毫米主炮

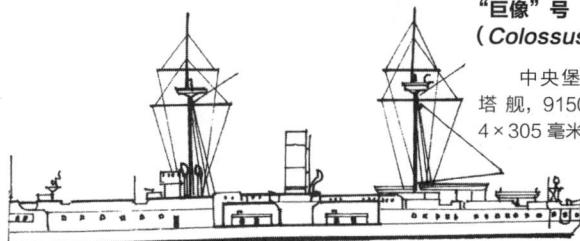

"征服者"号（*Conqueror*）

炮塔舰，6200 吨，2×305 毫
米主炮

△"蹂躏"号，1897年6月。这个视角清晰地显示了它极低的干舷。另外可见升高的大长度胸墙和短而高大的上层建筑——其顶部是露天甲板。1893年12月5日，它代替"敏捷"号担任德文波特港警戒舰，直到1897年1月。1897年6月26日，这艘战舰出现在朴次茅斯的女王加冕60周年阅舰式上，照片摄于阅舰式期间

报告公开后，这些意见遭到了来自海军的强烈反对，海军部在随后设计"亚历山德拉"号（Alexandra）、"鲁莽"号（Temeraire）和"不屈"号时根本无视了这些建议，这些军舰于1873—1874年开工建造。

早期的反对声音使这些设计原则未能应用到其他军舰的建造上，但"蹂躏"号完全实现了设计意图，并证明自己是一艘安全的、具有良好适航能力的军舰，尽管极低的干舷肯定会对作战和航海造成影响。

随着时间的推移，军方越来越中意"蹂躏"号的设计，在它服役10年之后，海军认为它的全向射击能力要大大优于后来建造的"亚历山德拉"号、"鲁莽"号、"巨像"号（Colossus），甚至海军将领级（Admiral Class）战列舰。

"蹂躏"号和"雷神"号，以它们震慑人心的舰名和庄严威武的外观，获得了

民众的瞩目。当布莱恩特和梅公司（Bryant & May）要把一款代表英国海权的军舰印在火柴盒上时，"蹂躏"和"雷神"成了不二选择。虽然现在这种火柴已经停产，但如果你见过这种火柴盒，就可以想象两艘军舰在 19 世纪末、20 世纪初英国民众的眼中是多么高大威武。

　　对排水量的限制取消之后，里德在 1870 年递交的"暴怒"号（*Furious*）原始设计，其实就是放大的高速型"蹂躏"号。与后者相比，新设计的舰长增加了 10.67 米，排水量增加了 1130 吨，但武备完全相同，防护方面只是将水线上下的侧舷装甲一直延伸至舰艏。

　　1870 年 9 月新军舰开工建造，但由于对"蹂躏"号的设计有争议，建造停顿下来，以等待一个新成立的委员会的调查。

巴纳比建议将吃水增加至少 0.15 米，并降低舰艉的干舷高度，以增加军舰的基本稳性。其他建议还包括：

1. 将胸墙拓宽至侧舷，使舯部干舷高度达到 3.51 米。
2. 在水线以上 2.74 米处布置露天的飞跃式甲板。
3. 将主炮塔从中心线向左右两舷移动 3.05—3.66 米，使主炮可以直接向舰艏或舰艉方向开火。
4. 侧舷装甲带下缘一直向前延伸至撞角前端，主装甲带最大厚度从 305 毫米增至 356 毫米。

海军上将埃利奥特（Elliot）和利德尔（Ryder）还进一步建议，使用轻型板材将胸墙延伸至军舰艏艉，这样就可以形成全通甲板，军舰也将不再属于浅水重炮舰的类别。

委员会否决了巴纳比布置露天甲板和对角线炮塔的建议，但在"蹂躏"号完成初期海试之后，两位海军上将的建议被部分采纳。后来，军舰的主炮由 305 毫米 35 吨火炮更换为 318 毫米 38 吨火炮。大部分改进在 1872 年实施，新舰也被重新命名为"无畏"号（Dreadnought）。完工后，它成为巴纳比任造舰总监期间唯一一艘没有招致强烈批评的战列舰。当考虑"特拉法尔加"号（Trafalgar）的设计时（1886 年），其原始图纸几乎与"无畏"号相同，这种方案已被称为"海军军官的理想设计"。

1873 年海军预算批准建造了"亚历山德拉"号，它是皇家海军最后一艘采用中央炮台的战列舰，在当时 13 艘此类军舰中是火力最强大（2 门 279 毫米和 10 门 254

▽ 演习中呈战斗准备状态的"无畏"号，摄于 1887—1889 年。和"蹂躏"号一样，它的设计始于里德，里德卸任后由巴纳比和 W. 怀特改进。"无畏"号实际上是放大和改进的"蹂躏"号，完工时是世界上威力最强、防护最完善的战列舰。但是它的实际战斗力比理论上要弱，因为每两分钟才能进行一次侧舷齐射（4 枚炮弹）

毫米舰炮）、装甲最厚重、航速最快、设计最成功的。它的建造正值军舰设计从船旁列炮向炮塔炮转变的时期。"亚历山德拉"号的设计非常独特，代表了将人们尊崇的船旁中央炮台与在全副帆具条件下最大限度发挥全向火力的理论相结合，海军中没有任何一艘与它类似的姊妹舰。它的总体战斗力远在所有英国和其他国家的船旁列炮军舰之上。虽然 1871 年委员会在设计上极力建议放弃风帆，但它仍然布置了全套帆具。尽管"亚历山德拉"号的帆具布置几乎完美地使它的性能与无风帆的船旁列炮战舰相当，可是 1877 年完工时，它已处于过时状态了。

"鲁莽"号与"亚历山德拉"号同年开工，也是一艘中央炮台型军舰——不同之处在于，它还布置有露炮台。几个独特之处均来自 1871 年委员会中海军上将埃利奥特和利德尔的建议，代表了一种特别的混合型设计：将中央炮台与当时新出现的露炮台相结合，以增强艏艉向火力。它采用宽阔的巡防舰式舰舷，从水线位置急剧向外倾斜，有别于当时任何一艘英国战列舰。这种设计上的倒退可能与当时对军舰的外观要求有关，但是增加了军舰的重量，还有其他一些缺点。军舰上还布置了最上桅、艏楼和艉楼[1]，但是由于安装了大重量的炮台，这些结构都尽可能地降低高度。

"无畏"号：建成时性能数据

建造
彭布罗克造船厂；1870 年 9 月 10 日开工；1875 年 3 月 8 日下水；1879 年 2 月 15 日建成

排水量（吨）
10893（正常），11486（满载）

尺寸
长：97.54 米（垂线间长），104.55 米（全长）
宽：19.46 米
吃水：8 米（舰艏），8.15 米（舰艉）
干舷高度：3.28 米（舰艏），3.51 米（舯部），3.05 米（舰艉）

武备
4 门 318 毫米 38 吨后装炮
10 门诺登菲尔德机炮（1884 年加装）
2 具 406 毫米鱼雷发射管

装甲（熟铁）
主装甲带：203—356 毫米
中央堡垒：280—356 毫米
横向装甲：330 毫米
炮塔：356 毫米
司令塔：152—203—356 毫米
主甲板：64 毫米
中央堡垒甲板：76 毫米

动力
2 套三缸垂直倒置蒸汽机，2 副格里菲斯螺旋桨
汽缸直径：高压 1676.4 毫米，低压 2286 毫米
冲程：1371.6 毫米
螺旋桨直径：6.1 米
锅炉：12 台圆柱形锅炉，背靠背形式布置在四个锅炉舱中，工作压力 0.41 兆帕
设计输出功率：8000 马力，14 节（海试中测得输出功率 8216 马力，航速 14.5 节）
燃煤：1200 吨（正常），1800 吨（最大）
估计续航力：5650 海里/10 节

探照灯
建成后安装 2 部 610 毫米探照灯：一部位于海图室上方，一部位于露天甲板后方

舰员
369 人（1879 年）；374 人（1882 年）

---

[1] 译注：艏楼和艉楼十分低矮，其间又有舷墙相连，所以外观上酷似平甲板船型军舰。

续表

造价
619739 英镑

出售
1908 年 7 月 14 日

    "鲁莽"号设计独特，肯定别无分店，但它却出奇地稳定，而且火力强大。分别布置在艏艉的两座新型露炮台（各有 2 门 279 毫米火炮），使用蒙克利夫（Moncrieff）火炮升降系统。这种装置实际上是为岸防火炮设计的，目的是在装填时保护炮手和火炮。舰载系统的主要缺陷是重量过大，以及炮台顶部缺乏防护。

    海军上将巴拉德（Ballard）评价说："在'鲁莽'号上，艉炮无法以任何射角开火，因为会破坏艉楼下方的设施和舱壁，所以每年四次季度演习中，有三次艉炮手都是到舰艏练习操炮的。唯一一次在艉炮台进行的演习没有对军舰造成实质性破坏，但也需一些经费来恢复原貌。"

    露炮台加中央炮台的设计此后再也没有出现过，"鲁莽"号成为英国海军最后一艘开工的，部分主炮处于上甲板下方的军舰。

    另一艘由里德设计并加入皇家海军的军舰是 1873 年开工，为土耳其建造的"哈米迪耶"号（Hamidieh）。它于 1877 年完工，但英国要在土耳其和俄国之间信守中立，

▽ 1904—1905 年的"无畏"号。时值服役生涯末期，它作为驱逐舰供应舰在爱尔兰海参加年度演习

由于当时这两国战端已起,军舰被扣留。1878 年 2 月,皇家海军购买了"哈米迪耶"号,并将它重新命名为"壮丽"号(Superb)。

总体设计上,"壮丽"号只是"赫拉克勒斯"号(Hercules,1865 年)的放大版,布置了更重型的武备、更厚的装甲,航速下降了一节。它是皇家海军最后一艘船旁列炮战列舰。它的炮台装甲厚度超过任何一艘英国军舰,而侧舷齐射火力也居第一。

"鲁莽"号：建成时性能数据

建造
查塔姆造船厂；1873 年 8 月 18 日开工；1876 年 5 月 9 日下水；1877 年 8 月建成

排水量（吨）
8550（正常），8766（满载）

尺寸
长：86.87 米（全长）
宽：18.9 米
吃水：8.13 米（舰艏），8.28 米（舰艉）

武备
4 门 279 毫米 25 吨前装炮
10 门 254 毫米 18 吨前装炮
4 门 95 毫米阿姆斯特朗后装炮
1 门 76 毫米前装炮（9 磅）
1 门 47 毫米速射炮加机枪（小艇武备）
2 具 356 毫米鱼雷发射管

装甲（熟铁）
主装甲带：76—140—152—229—279 毫米
炮台装甲：203 毫米
舰艏横向装甲：254 毫米
舰艉横向装甲：127 毫米（位于侧舷装甲带上下缘之间）
横向装甲：203 毫米（位于炮台前后末端）
舰艏露炮台：254 毫米
舰艉露炮台：203 毫米
弹药升降通道：203 毫米
上甲板：25 毫米

动力
2 套双缸垂直倒置蒸汽机，2 副格里菲斯螺旋桨
螺旋桨：两叶
汽缸直径：高压 1778 毫米，低压 2895.6 毫米
冲程：1168.4 毫米
锅炉：12 台圆柱形锅炉，背靠背形式布置在四个锅炉舱中，工作压力 0.41 兆帕
设计输出功率：7000 马力，14 节（海试中 6 次动力试验，测得航速 14.65 节）
燃煤：400 吨（正常），620 吨（最大）
续航力：2680 海里 /8—9 节（经济航速）

风帆与索具
双桅，横帆
风帆面积 2322.58 平方米，主桅高于甲板 51.51 米
铁质下桅，其余为木质桅杆
※ 风帆航行性能不佳，但由于舰身较短，成为舰队中操纵最灵活的舰艇之一，在轻微海况下逆风换帆（Tacking）或顺风换帆（Wearing）都只需 8 分钟

探照灯
1884 年安装 2 部 610 毫米探照灯，1895 年加装 2 部

舰员
531—581 人

造价
489822 英镑

出售
1921 年 5 月 26 日

虽然为加入皇家海军而略作改装，适航力也堪称良好，但"壮丽"号在以风帆状态航行时却难以操纵。这是因为它的风帆面积严重不足，桅杆和索具的重量又减少了储备浮力，也影响了迎风航行时的速度。

"壮丽"号 75% 的火炮布置在主甲板的单装炮台上，这些火炮在开阔洋面上很难操作。这一设计上的主要缺点立即招致大量批评，因为尽管它的侧舷齐射能力更强，但实际战斗力却弱于"亚历山德拉"号。

◁ 1884 年停泊在马耳他的"壮丽"号。它本是在布莱克沃尔（Blackwall）为土耳其政府建造的"哈米迪耶"号。1878 年 2 月，皇家海军花了 443000 英镑将其买下，并重新命名为"壮丽"号。但是海军还额外支付了大笔经费，以使它达到加入英国海军战列舰队的要求。它直到 1880 年才服役

◁ 1880 年的"亚历山德拉"号。其设计在皇家海军中独一无二。1882 年 7 月 11 日，它打响了轰击亚历山大行动的第一炮。在当天的战斗中，它被击中 60 次，其中 24 枚炮弹落在舰体内，但只造成了轻微损伤，舰员中只有 4 人伤亡。1885 年 1 月，它参加了查尔斯·比尔斯福德爵士率领海军旅在阿布克里和梅特内（Metemneh）战役中的登陆行动

从土耳其政府手中购买"壮丽"号主要是因为考虑到要与俄国竞争，同时也因为英国很迟才发现，自己的造舰计划已经落后于当时海军实力位列第二和第三的法国和意大利。在正式服役前，"壮丽"号的舰体、武备和居住设施都要加以改进，所以它直到 1880 年才加入舰队，那时它实际上已经过时了。

除了岸防舰，1873 年的下一份军舰设计方案，部分是对意大利海军"杜伊里奥"号（*Duilio*）和"丹多罗"号（*Dandolo*）的直接回应，体现了布置最大口径火炮和最重型装甲的原则。这也是英国海军造舰史上的一个里程碑，与之前所有军舰的标准设计相比都是一次激进的变革。

"壮丽"号：建成时性能数据

建造
泰晤士钢铁厂；1873 年年底开工；1875 年 11 月 16 日下水；1877 年年底建成；1878 年 2 月 20 日出售给英国海军并命名为"壮丽"号

排水量（吨）
9173（正常），9557（满载）

续表

尺寸
长：101.27 米（垂线间长）
宽：17.98 米
吃水：7.42 米（舰艏），8.05 米（舰艉）

武备
16 门 254 毫米 18 吨前装炮
6 门 95 毫米阿姆斯特朗后装炮（礼炮）
10 门小艇炮
4 具 356 毫米鱼雷发射管

装甲（熟铁）
主装甲带：102—152—178—254—305 毫米
炮台装甲：305 毫米（侧面）；127—152—178—254 毫米（横向装甲）
上甲板：38 毫米
主甲板：38 毫米
司令塔：203 毫米

动力
1 套双缸水平单压力蒸汽机，1 副螺旋桨
螺旋桨：两叶，向左旋转
汽缸直径：2946.4 毫米
冲程：1219.2 毫米
锅炉：9 台盒式锅炉，工作压力 0.21 兆帕
设计输出功率：7000 马力，13—14 节（海试中测得航速 13.78 节，输出功率 7431 马力）
燃煤：600 吨（正常），970 吨（最大）
续航力：1770 海里 /9—10 节（经济航速）

风帆与索具
三桅，前桅顶桅为横帆；帆面积 2415.48 平方米，主桅高于甲板 43.28 米；风帆面积小，帆力严重不足；仅以风帆航行时极难操纵

探照灯
1885 年安装 2 部 610 毫米探照灯

舰员
523 人（建成时），655 人（1880 年）

造价
443000 英镑（另加火炮和动力系统造价 88846 英镑）

出售
1906 年 5 月 15 日

"亚历山德拉"号：建成时性能数据

建造
查塔姆造船厂；1873 年 3 月 5 日开工；1875 年 4 月 7 日下水；1877 年 1 月 2 日建成

排水量（吨）
9454（正常），9712（满载）

尺寸
长：99.06 米（垂线间长）
宽：19.41 米
吃水：7.92 米（舰艏），8.08 米（舰艉）

武备
2 门 279 毫米 25 吨前装炮
10 门 254 毫米 18 吨前装炮
6 门 95 毫米阿姆斯特朗后装炮
3 门 76 毫米炮（9 磅）（小艇）
2 挺加特林机枪（小艇）
4 具 406 毫米鱼雷发射管

装甲（熟铁）
主装甲带：152—254—305 毫米
炮台装甲：305 毫米
炮台上部：203 毫米
舰艉横向装甲：127 毫米
主甲板：38 毫米

续表

动力

2 套三缸垂直倒置蒸汽机，2 副曼金（Mangin）螺旋桨

螺旋桨：两叶，向左旋转

汽缸直径：高压 1752.6 毫米；低压 2286 毫米

冲程：1219.2 毫米

锅炉：12 台柱形锅炉，沿舰体中心线背靠背布置在 4 个锅炉舱中，工作压力 0.41 兆帕（它是第一艘完工时就布置有复合蒸汽机的战列舰）

设计输出功率：8000 马力，14 节 [在马普林（Maplin）进行的海试中，测得航速 15.1 节，输出功率 7431 马力]

燃煤：500 吨（正常），685 吨（最大）

续航力：3880 海里 /8—9 节（经济航速）

风帆与索具

三桅，前桅顶桅为重型横帆，铁质下桅，其余桅杆为木质；帆面积 2508.38 平方米（不含翼帆），仅以风帆航行时航速不超过 6 节

探照灯

1883 年安装 2 部 610 毫米探照灯

无线电

1899 年演习中安装了试验性无线电设备，是英国海军第一艘安装无线电的大型军舰，天线安装在后桅

舰员

665 人（普通）

674 人（旗舰，1878 年）

685 人（旗舰，1880 年）

造价

538293 英镑

出售

1908 年 10 月 8 日

　　1872 年开工建造的杜伊里奥级，排水量 10400 吨，将 4 门 381 毫米（60 吨）主炮置于舰体舯部呈对角线布置的两座炮塔中，以获得理论上的全向射击能力。它们将布置 546 毫米的主装甲带和 432 毫米的中央堡垒装甲，设计航速 15 节。但是在 1875 年，381 毫米主炮被 450 毫米（100 吨）主炮取代，排水量也增至 11140 吨。该级军舰不仅是当时世界上排水量最大、火力最强、装甲最厚、航速最高的战列舰，而且代表了全新的设计。创新之处在于，放弃了覆盖全部舰长的水线装甲带，而采用长度较短，厚度更大的中央堡垒，将炮塔基座、轮机舱和锅炉舱包括其中，中央堡垒的下端直达水线以下的甲板。

　　意大利军舰的实际战斗性能与纸面上相差甚远。由于布置了当时最重型的火炮，其重量已经超过了排水量允许的范围，舰体根本无法承受火炮连续开火时产生的应力。在演习中，每次只用一门火炮开火，才不会对舰体结构造成严重损害。该级军舰的新颖特点和理论上强大的实力令世人震惊，因为当时英国最强大的军舰"暴怒"号（后来是"无畏"号）只装备了 4 门 318 毫米（38 吨）主炮，装甲厚度 356 毫米。因此英国认为有必要对来自意大利的威胁做出反应，这就是"不屈"号——1873—1874 年计划中唯一一艘战列舰。海军部官方首先将新军舰的设计称为"新暴怒"号，主要要求为：

1. 尺寸不超过"暴怒"号，具有进入朴次茅斯、查塔姆（Chatham）、马耳他船坞和孟买干坞的能力，而且必须能在轻载状态下通过巴拿马运河；
2. 使用最重型火炮和重型装甲，具有尽可能高的航速；

3. 最大限度地增加燃料储量，具有良好的适航性，可以在英吉利海峡、地中海和波罗的海，以最少帆力持续执行非作战任务；

4. 造价不超过"暴怒"号。

"不屈"号：建成时性能数据

建造
朴次茅斯造船厂；1874 年 2 月 24 日开工；1876 年 4 月 27 日下水；1880 年 12 月建成

排水量（吨）
10822（正常），11760（满载）

尺寸
长：97.54 米（垂线间长）；104.85 米（全长）
宽：22.86 米
吃水：7.44 米（舰艏），7.63 米（舰艉）

武备
4 门 406 毫米 80 吨前装炮
6 门 95 毫米炮
4 具 406 毫米鱼雷发射管：2 具位于水下，2 具布置在发射架上

装甲（熟铁和复合装甲）
中央堡垒：主装甲 610 毫米（2 层 305 毫米装甲板），上部 508 毫米，下部 406 毫米
横向装甲：305—356—457 毫米（柚木背板：610—508—406 毫米）
甲板装甲：76 毫米
炮塔：406 毫米（外层为 89 毫米复合装甲，中层为 140 毫米铁甲，后方是以 178 毫米铁甲为背板的 203 毫米柚木板[①]）
中央堡垒长度：33.53 米
※ 装甲在普通排水量下高于水线 2.92 米

动力
2 套三缸垂直倒置蒸汽机，2 副格里菲斯螺旋桨
汽缸直径：高压 1778 毫米；低压 2286 毫米
冲程：1219.2 毫米
锅炉：12 台柱形锅炉（8 台单头锅炉，2743.2 × 4140.2 毫米；4 台双头锅炉，5181.6 × 2819.4 毫米，工作压力 0.42 兆帕）
动力系统重量：1366 吨
设计输出功率：8000 马力，14 节
燃煤：1200 吨（正常），1300 吨（最大）
燃煤消耗速率：5.25 节航速下每天消耗 16.5 吨燃煤
续航力：4140 海里 /10 节（经济航速）

小艇（根据最终设计图纸推测）
大舢板（蒸汽）：2 艘 10.97 米，1 艘 9.14 米
大舢板（风帆）：2 艘 8.53 米
舰长交通艇（Galley）：1 艘 9.14 米
纵帆快艇（Cutter）：2 艘 8.53 米
捕鲸艇：1 艘 8.23 米，1 艘 7.92 米
小工作艇：1 艘 4.27 米
救生筏（Life raft）：1 艘 7.62 米

探照灯
安装 2 部突出舷外，成对角线布置的 610 毫米探照灯

舰员
443 人（1881 年）

造价
舰体和材料：589481 英镑
动力：125981 英镑
火炮液压机构：48396 英镑
桅杆：1823 英镑
总造价：809594 英镑

出售
1903 年 9 月 15 日

---

① 译注：原文如此。

1873 年 6 月 3 日，总造舰师（巴纳比）递交了一份原始设计方案，总体上是以"暴怒"号为基础做出了数项改进。但大多数人认为，为了装备口径大于 305 毫米的主炮，已经无法为"无畏—暴怒"类型的军舰布置全面的装甲防护，而要为炮塔基座和动力舱提供足够的防护，就只能像杜伊里奥级那样，在舰体舯部布置较短的重型中央装甲堡垒，除此以外只能依靠水平装甲和水密分隔来提供防护。海军部接受的"不屈"号主要设计特点如下：

1. 尺寸：97.54×22.86×7.32 米。排水量：11000 吨；
2. 上甲板干舷较低，艏艉布置有狭窄的上层建筑，侧舷舱口的干舷高度约为 5.18 米；
3. 4 门 381 毫米主炮位于舰体舯部两座呈对角线布置的双联炮塔中，火炮具有有限的艏艉向和横跨甲板火力；
4. 长度较短的中央堡垒的装甲最大厚度为 610 毫米，将炮塔基座、轮机舱、锅炉舱和主炮炮塔包括其中；
5. 中央堡垒外布置有水下装甲甲板，甲板上方有蜂窝状防护层；
6. 最大航速 14 节，航速 10 节时的蒸汽动力续航力为 3000 海里；
7. 舰体舯部两座炮塔之间布置两座烟囱，距离较近，略呈对角线布置；
8. 两部单柱桅用于悬挂信号旗，充当帆具时仅用于悬挂稳定帆和应急帆。

武备的布置参照了杜伊里奥级，在军舰建造期间，英国出现了更大口径的舰炮（406 毫米/80 吨）。意大利人为回应威胁，为军舰布置了刚刚成熟的 450 毫米阿姆斯特朗舰炮。

最后的设计总体上与两艘意大利军舰相似，只是排水量大了 740 吨，火炮口径对比是 406 毫米对 432 毫米[①]。"不屈"号最初受到了海军的极大欢迎，但在 1876 年，人们对它在受损情况下的稳性产生了怀疑，结果建造工作暂停，一个特别委员会负责对此进行调查。由此造成的拖延，加上政府的财政问题，使它花了七年半才建成。1881 年完工时，它的巨型火炮和厚重装甲（史上最重型装甲）广受瞩目，但是 80 吨前装炮的射速太慢，无法提供足够的火力投射量。虽然具有诸多在巴纳比时代堪称超

"不屈"号：海试结果

1880 年 2 月 5 日

地点	斯托克斯湾
排水量	11147 吨
输出功率	7267 马力
航速	14.97 节

1880 年 2 月 15 日

地点	斯托克斯湾
排水量	11138 吨
输出功率	7710 马力
航速	15.04 节

① 译注：原文对意大利海军"杜伊里奥"号和"丹多罗"号主炮口径的描述为 17 英寸，约合 432 毫米。然而，另有资料显示这两舰的主炮口径为 17.7 英寸，约合 450 毫米。

"不屈"号

含帆具侧视图及舱室布置图，1880 年

风帆面积 1718.7 平方米，1884—1885 年被移除，索具大为简化。

1. 锅炉
2. 轮机舱
3. 炮弹舱
4. 发射药舱
5. 舵机舱
6. 侧舷煤舱
7. 发射药处理舱
8. 水下鱼雷舱
9. 软木
10. 绞盘舱
11. 司炉兵盥洗室
12. 储藏室
13. 鱼雷储藏室
14. 仓库与软木
15. 输煤通道

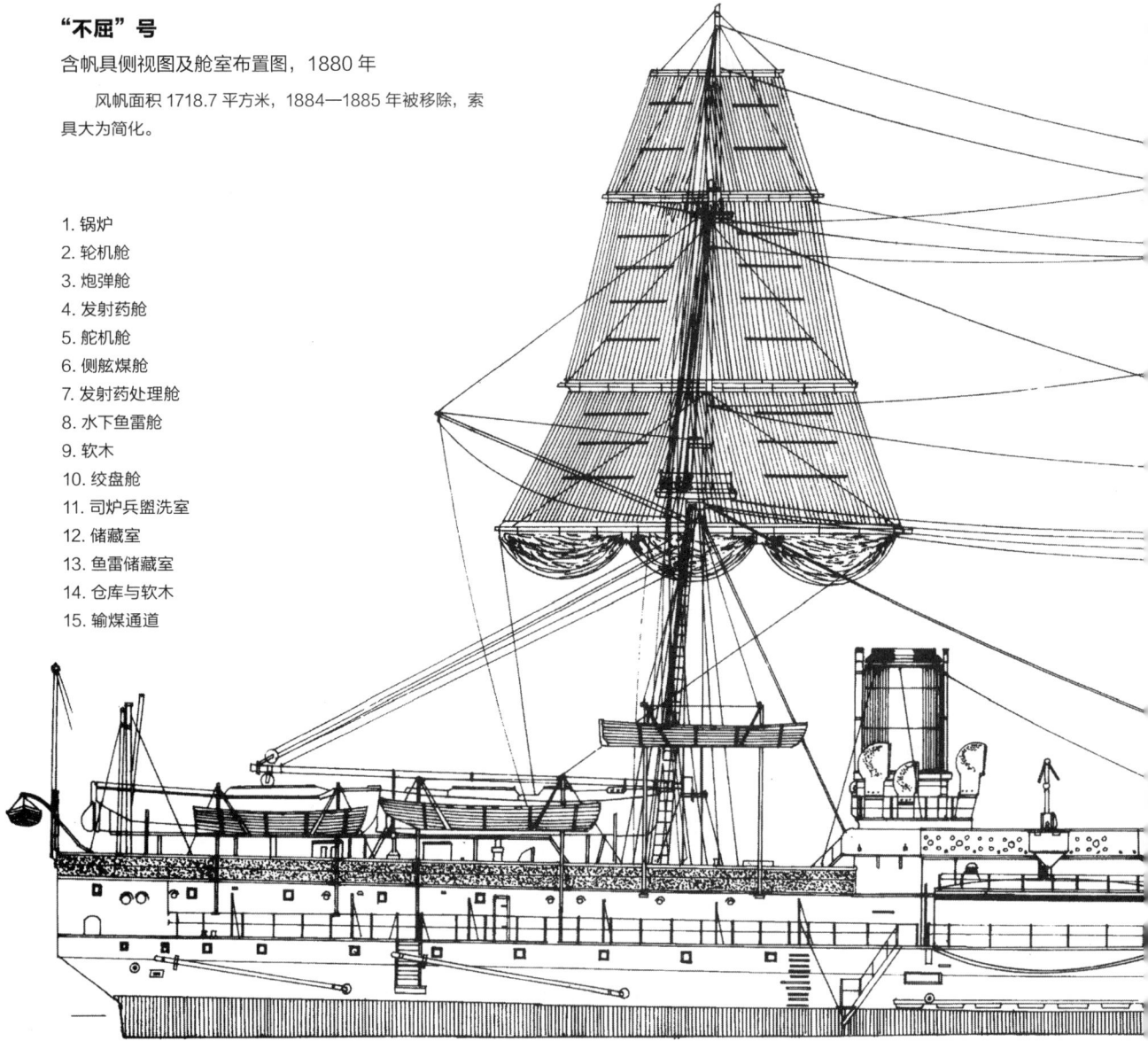

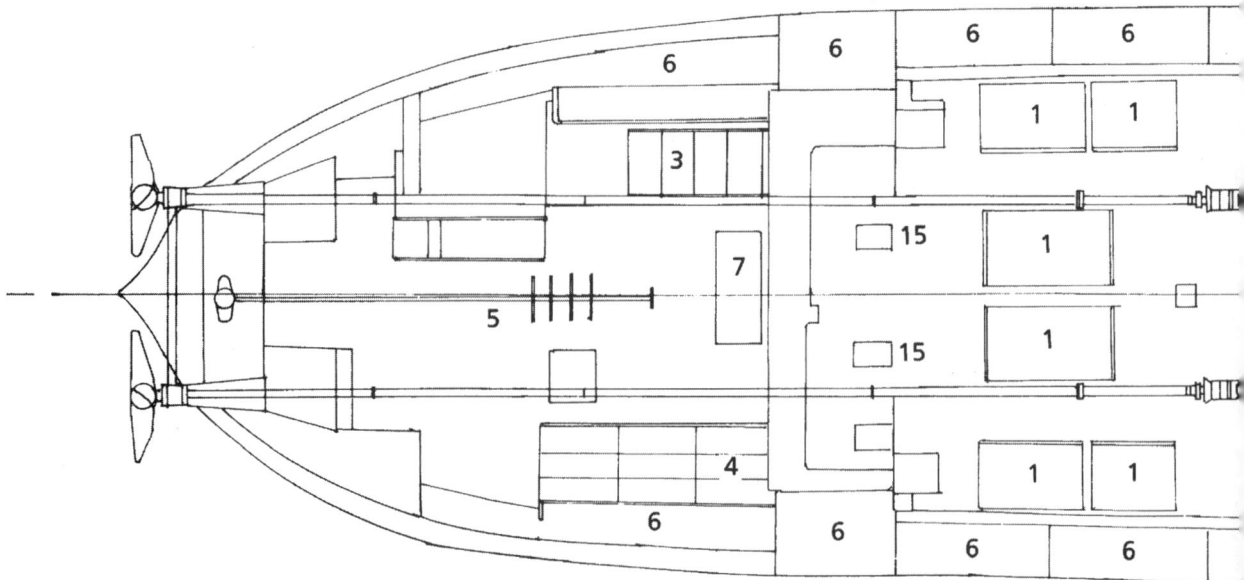

"不屈"号

含帆具侧视图及舱室布置图，1880 年

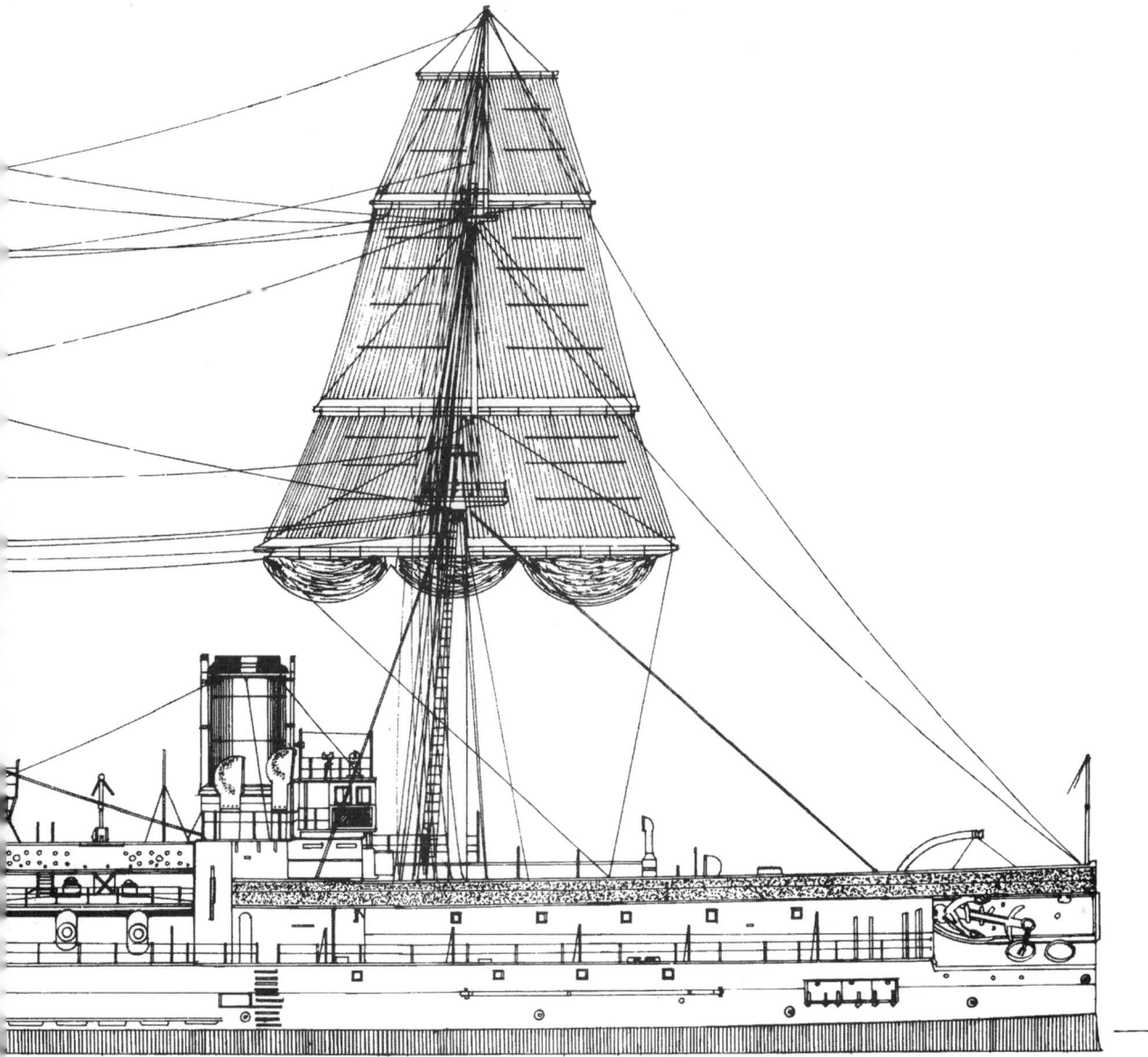

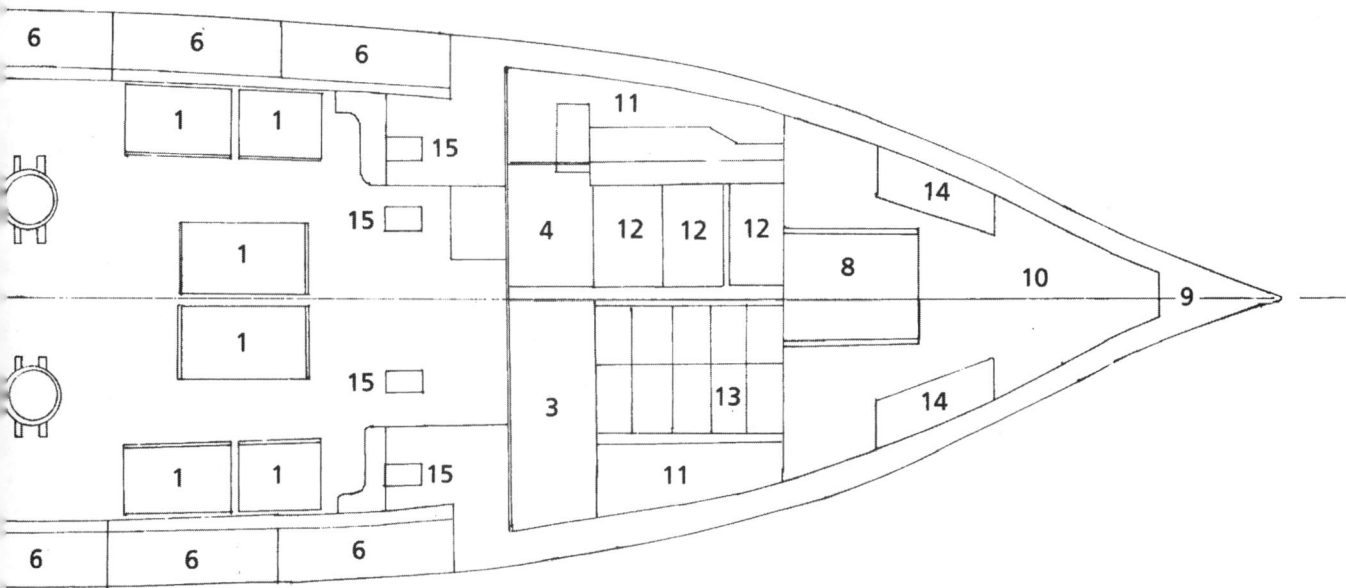

△ 1881—1882 年新建成时的"不屈"号。这是海军建造的最具试验性的军舰之一，在建造过程中不断融入新技术。它在开工（1874 年）后 7 年才建成，与原设计相比已大有不同。其第一任舰长为海军上校 J. A. 费舍尔（后来的海军上将"杰基"·费舍尔）

前、新颖的特点，但"不屈"号只能算取得了有限的成功，而且在 1886 年出现射速高得多的 305 毫米后装炮之后，它很快就过时了。

1878 年 2 月，皇家海军还获取了一艘即将为巴西海军建成的军舰。在进行了数项改装之后，"尼普顿"号［Neptune，前"独立"号（Independencia）］于 1881 年完工。

"尼普顿"号由里德于 1872 年设计，巴西海军想得到一艘布置全副帆具，排水量最大和火力最强的军舰——这一概念是巴西海军从对"蹂躏"号的印象中得出的。但是他们既要得到同样强大的军舰，又不想放弃全副帆具，结果"尼普顿"号成为皇家海军最大的风帆战列舰。然而其性能却不尽如人意，原因就是炮塔和帆具结合带来了很多缺点。另外它的适航性较差，容易产生严重的横摇，而且很难操纵，因此仅仅服役三年就被降格为港口警戒舰。

1876—1877 财年皇家海军又得到两艘战列舰——"埃阿斯"号（Ajax）和"阿伽门农"号（Agamemnon），它们其实是"不屈"号的降级版，放大了后者的缺点，却未能体现它的优点。它们代表了为节省经费而限制排水量和战斗力时出现的拙劣设计。

▽ 1887 年安装舰用桅杆后的"不屈"号。1882 年炮击亚历山大的战斗中，它的巨型 406 毫米（80 吨）主炮发挥了重要作用，但是炮口风暴对舰体结构造成了多处破坏并摧毁了携带的小艇。它的装甲厚度纪录（610 毫米）迄今都没有任何舰艇可以打破

"尼普顿"号：建成时性能数据

建造
约翰－威廉·德贞（J & W Dudgeon）公司，米尔沃尔（Milwall）；1874 年为巴西海军开工建造；1874 年 9 月 1 日下水；1878 年 2 月被皇家海军购买；1880 年 5 月开始海试，1881 年 9 月 3 日服役

排水量（吨）
8964（正常），9311（满载）

尺寸
长：91.44 米（垂线间长）
宽：19.2 米
吃水：7.62 米（平均）

武备
4 门 318 毫米 38 吨前装炮
2 门 229 毫米 12 吨前装炮
10 门 95 毫米炮
2 具 406 毫米鱼雷发射管

装甲（熟铁）
主装甲带：229—254—305 毫米
中央堡垒：侧面 254 毫米，横向隔舱 203 毫米
艉楼侧舷装甲：203 毫米
炮塔：正面 330 毫米，侧面 279 毫米
主甲板：51—76 毫米
司令塔：152—203 毫米
柚木背板：254—305—381 毫米

动力
1 套双缸筒形蒸汽机，1 副格里菲斯螺旋桨
汽缸直径：3225.8 毫米
冲程：1371.6 毫米
锅炉：8 台矩形锅炉，布置在两个锅炉舱中，炉膛向内开口，工作压力 0.22 兆帕
设计输出功率：8000 马力，14 节（1878 年海试中达到 8832 马力，14.66 节）
燃煤：670 吨
续航力：1480 海里 /10 节
※ 这是潘恩公司（Penn）为军舰制造的最大型筒形蒸汽机，汽缸直径也创下纪录，制造合同中的 8000 马力输出功率，也是双缸蒸汽机之最

风帆与索具
三桅，前桅顶桅为横帆；主桅距烟囱过近，使风帆和索具因浓烟和高热而损坏；它是皇家海军最后一艘服役的风帆战列舰

探照灯
1887 年安装 4 部 610 毫米探照灯

舰员
540 人，1887 年移除帆具后减至 468 人

造价
购买价：600000 英镑
改装造价：89172 英镑

出售
1903 年 9 月 15 日

这两艘军舰是英国最后安装前装主炮的战列舰，也标志着皇家海军风帆时代的结束。

由于经费紧张，以及迟迟未决定采用何种主炮，两艘军舰的建造时间长达七年。舰体设计与"不屈"号相似，但缩短了长度，增加了宽度，减小了吃水。另外，它们的舰底整体较平坦，并且拥有不寻常的平舰艉。两舰的适航性不佳，受累于舰体过宽，在大洋上航行时总是出现颠簸和舰艏下沉等问题。它们都是极难操纵的军舰，需要以极大的左右舵角来保持直线航行。完工后，两艘军舰被认为是皇家海军历史上性能最差的战列舰。

制订 1878—1879 财年造舰计划时，英国政府仍在实行财政紧缩政策，只能为皇家海军拨款建造两艘战列舰。设计完成于 1878 年春，"巨像"号和"爱丁堡"号（*Edinburgh*）以"阿伽门农"号为基础，加大了排水量，获得了更佳的适航性，并做了其他改进，包括增强副炮、提高 1 节航速，等等。原设计中两舰采用与"阿伽门农"号相同的主炮（318 毫米前装炮），后来改为 305 毫米后装炮。新战列舰排水量为 9620 吨，尺寸为 99.06×20.73×8.23 米，最后证明，它的设计比前一级战列舰优秀得多。它们也是皇家海军从 1874 年至 1879 年设计建造的 5 艘中央堡垒型战列舰中的最后两艘。

和巨像级一同完工的，还有小型的岸防舰"格莱顿"号、"独眼巨人"号、"征服者"号和"英雄"号（*Hero*）等，皇家海军也结束了长达 20 年的试验性小型岸防舰的设计与制造，除了获得型号繁多的此类舰艇外，并无多大成效。

从 1879—1880 年的海军将领级开始，海军开始装备统一设计的前无畏舰型战列舰。海军将领级则是针对法国海军"可畏"号（*Formidable*）、"鲨鱼"号（*Requin*）和"海军上将博丹"号（*Admiral Baudin*）等战舰设计的。

根据武备、尺寸、装甲和其他不同细节，6 艘海军将领级被自然归为 3 个批次。这是自 1867 年开工的大胆级（*Audacious* Class）后，皇家海军第一个有两艘以上姊妹舰的战列舰舰级。总造舰师（巴纳比）向海军部委员会递交了多个设计方案，其中包括：

1. 1878 年开工，装备 4 门 432 毫米后装炮的意大利战列舰"意大利"号的重大改进型。设计方案中没有侧舷装甲带，仅有水平防护，航速 18 节；
2. "不屈"号的改进型，但仍然布置有风帆；
3. 与"不屈"号同型，但根据前任总造舰师里德的建议做出改进，理论上能在极端进水情况下保持浮力；
4. 与"无畏"号（1870 年）同型，但布置有中央堡垒，舯艉不设防护。

不幸的是，海军部认为以上方案都新意不足，将它们全部否决。巴纳比在几周内又递交了数个方案，所有方案均布置有炮塔，但舰炮的指挥战位仅高出水线 3.05—4.27 米，这绝对不是海军部委员会中意的特征。

巴纳比发现他的设计已越来越难以取悦海务大臣们，特别是他被迫在 10000 吨的排水量限制下展开设计，这使得军舰在遭受鱼雷攻击时生存力很低。造舰部门的观点是，排水量的限制，使他们不可能成功设计出能够与法国和意大利战列舰对抗的军舰。

在设计过程中，海军部委员会成员有些焦躁不安，但是巴纳比展现了自己的职业水准，他很快向海军审计官递交了一份简报。简报剖析了 1872 年法国海军主力舰的平均战斗力，认为它们与英国战列舰相当，但是英法主力舰数量对比是 45 比 26。到 1879 年，法国主力舰已增至 38 艘，但是数据显示其平均战斗力没有提高。另一方面，皇家海军主力舰的平均战斗力已经比 1872 年时提升了至少 40%。

　　巴纳比的原始方案中，新主力舰的排水量只有7200吨，航速14节，设计受到法国"开曼"型（Caimen）铁甲舰的启发，后者采用低干舷，在分开布置的两个炮台中各有一门419毫米主炮。英国军舰的武备是分开布置的炮座中的两门80吨或100吨主炮；副炮则是布置在主甲板上的4门152毫米火炮。

　　巴纳比和他杰出的助手威廉·怀特，又准备了另一套示意图、线图、设计数据和船模实验数据，递交给海军部委员会。1876年，他在海军造舰学院的一次演讲中反驳了他设计的舰艇易受鱼雷攻击的批评，他说：

　　　　袭击者在进入铁甲舰的火炮射程之前，就会受到与袭击舰类似的，装备撞角和鱼雷的舰艇的夹攻。舰队中每一艘宝贵的铁甲舰，都会受到大量小型、低价值舰艇的保护，以免遭撞角和鱼雷的打击。

海军部非常清楚，抵御鱼雷的最后一道防线是防鱼雷网，但它不适用于所有情况。最好的手段是用鱼雷艇来对付鱼雷艇，或者采用一种鱼雷艇捕手舰，这是由爱德华·里德新近提出的。几乎可以肯定的是，一次舰队会战将以轻型舰艇的攻击拉开序幕，当时列强的海军都在竞相建造伴随舰队出海的小型舰艇。

巴纳比的观点受到权威人士的热烈响应，包括海军上将斯潘塞·鲁滨逊爵士（Sir Spencer Robinson）、爱德华·里德爵士、约翰·斯科特·罗素（John Scott Russell）和海军设计方面的众多专家。

"埃阿斯"号和"阿伽门农"号：建成时性能数据

建造

	造船厂	开工	下水	完工
"埃阿斯"号	彭布罗克造船厂	1876 年 3 月 21 日	1880 年 3 月 10 日	1883 年 3 月 30 日服役
"阿伽门农"号	查塔姆造船厂	1876 年 5 月 9 日	1879 年 9 月 17 日	1883 年 3 月 29 日

排水量（吨）
8510（正常），8812（满载）

尺寸
长：85.34 米（垂线间长）
宽：20.12 米
吃水：7.01 米（舰艏），7.32 米（舰艉）
干舷高度：上层建筑前后端 5.26 米；上甲板高出水线 2.9 米

武备
4 门 318 毫米 38 吨前装炮
2 门 152 毫米 4.05 吨后装炮
6 门诺登菲尔德机炮
12 挺机枪
2 具 356 毫米鱼雷发射管

装甲
中央堡垒和甲板为熟铁，炮塔为复合装甲
中央堡垒：侧面 381—457 毫米
横向装甲：343—419 毫米
上甲板：76 毫米
下甲板：64—76 毫米
炮塔：正面 406 毫米，侧面 356 毫米
司令塔：305 毫米

动力
2 套三缸垂直倒置蒸汽机，2 副螺旋桨
汽缸直径：1371.6 毫米
冲程：990.6 毫米
锅炉：8 台柱形锅炉，工作压力 0.41 兆帕
设计输出功率：6000 马力，13 节（1878 年海试中，轻微海况下达到 5440 马力，13.27 节）
燃煤：700 吨（正常），970 吨（最大）
续航力：2100 海里 /9 节

探照灯
3 部 610 毫米探照灯安装在上层建筑上升高的平台上

舰员
344—359 人

造价
"埃阿斯"号：548393 英镑
"阿伽门农"号：530015 英镑

出售
"埃阿斯"号：1904 年 3 月 1 日
"阿伽门农"号：1903 年 1 月 13 日

△ 1886—1887 年部署在地中海的"阿伽门农"号。它和"埃阿斯"号可能是皇家海军设计最糟糕的军舰,作为"不屈"号的缩水版,装备 318 毫米前装炮。这是最后列装的使用前装炮的英国战列舰

▷ 1887 年阅舰式中的"埃阿斯"号。离开希尔内斯后,它几乎完全失控,险些撞上一艘挤满了士兵的英印商船。随后,当它停泊在平静的多佛水道锚地时,舰体随潮水移动导致锚链横跨其撞角,最后被迫将锚链切断。第二天,在海峡全速南下时,它的舵机发生故障,3 小时内向右舷偏转三次,而且在毫无征兆的情况下原地回转,附近的商船也被惊得纷纷躲避

　　海军部委员会决定考虑新的设计方案,虽然方案中军舰的尺寸和造价超出了原来的预计。最终接受的方案被送至彭布罗克(Pembroke)造船厂进行进一步确认和规划。

"巨像"号和"爱丁堡"号：建成时性能数据

建造

	造船厂	开工	下水	海试	完工
"巨像"号	朴次茅斯造船厂	1879 年 6 月 6 日	1882 年 5 月 21 日	1884 年 1 月	1886 年 4 月 13 日
"爱丁堡"号	彭布罗克造船厂	1879 年 3 月 20 日	1882 年 3 月 18 日	1883 年 9 月	1887 年 7 月 8 日

△ ◁ "巨像"号，两张照片摄于 1890—1893 年在地中海服役期间。"巨像"号和"爱丁堡"号有良好的适航性，但横摇严重。为解决这一问题，两舰安装了试验性抗横摇水柜（"不屈"号是第一艘安装此设备的军舰）。水柜被布置在舰体两侧，由管道相连。抗横摇水柜只解决了部分问题，但是大量水流冲击舰体两侧造成了巨大的震动，人员在其上方的甲板几乎无法站立。这些水柜后来被拆除

续表

排水量（吨）
9522（正常），9732（满载）

尺寸
长：99.06 米（垂线间长）
宽：20.73 米
吃水：7.92 米（舰艏），8.23 米（舰艉）
干舷高度：舯部 2.67 米（正常）

武备
4 门 305 毫米 45 吨后装炮
5 门 152 毫米 4.45 吨后装炮
8 门诺登菲尔德机炮
15 挺机枪
2 具 356 毫米鱼雷发射管

装甲（中央堡垒、横向装甲和炮塔装甲为复合装甲，水平装甲为熟铁）
中央堡垒：356—457 毫米
横向装甲：330—406 毫米
炮塔：正面 406 毫米，侧面 356 毫米
上甲板：76 毫米
下甲板：64—76 毫米
司令塔：254—559 毫米，柚木背板 305 毫米

续表

动力
2 套三缸直动式倒置蒸汽机，2 副螺旋桨，每套蒸汽机有一个高压汽缸和两个低压汽缸
汽缸直径：高压 1473.2 毫米，低压 1879.6 毫米
冲程：990.6 毫米
螺旋桨：四叶
锅炉：10 台柱形锅炉，工作压力 0.44 兆帕
设计输出功率：6000 马力，13 节（海试中，"巨像"号输出功率 7488 马力，16.4 节；"爱丁堡"号输出功率 6754 马力，15.991 节）
燃煤：850 吨（正常），950 吨（最大）
续航力：2740 海里 /9—10 节

探照灯
3 部 610 毫米探照灯

无线电
"爱丁堡"号于 1901 年安装无线电设备

舰员
397—405 人

造价
"巨像"号：661716 英镑
"爱丁堡"号：662773 英镑

出售
"巨像"号：1908 年 10 月 6 日
"爱丁堡"号：1910 年 10 月 11 日

▽"征服者"号是皇家海军在 19 世纪 80 年代建造的两艘大型岸防战列舰之一（英雄级）。建成后发现它们并不适合执行计划中的任务，只能作为普通港口防御舰船使用

海军部批准的设计方案，排水量增至 9200 吨，吃水 7.62—7.92 米，但即使在原有设计上增加了吨位，布局仍然显得十分拥挤，艟艋的干舷高度，以及侧舷装甲带高度都减少了。由于吨位限制，防护的重要性被置于武备和航速之后。

1880 年 1 月，最后的方案被批准，军舰被命名为"科林伍德"号（*Collingwood*）。它将成为海军将领级的首舰。该级战列舰的出现，标志着海军放弃了在"亚历山德

拉""不屈"和"巨像"等舰上体现出来的以舰艏接战的原则，转而强调在战列线阵型中的侧舷火力。另外，它还代表着海军逐渐重视装备先进的中口径副炮，以及抵御这种火炮近距离攻击的防护能力。

新战列舰艏艉两端的干舷很低，舯部上层建筑占据了舰体全部宽度，而前后端的宽度则与"不屈"和"巨像"等舰相似。舰艏和舰艉呈极为瘦窄的线型，以减少未受装甲保护的舰体内空间，确保受损进水后不影响军舰的浮力。位于装甲甲板以

"科林伍德"号：建成时性能数据

建造
彭布罗克造船厂；1880 年 7 月 12 日开工；1882 年 11 月 22 日下水；1884 年建成；1886 年 5 月 3 日进行火炮试验

排水量（吨）
8750（正常），9700（满载）

尺寸
长：99.06 米（垂线间长）
宽：20.73 米
吃水：7.75 米（舰艏），8.03 米（舰艉）

武备
4 门 305 毫米 44 吨 Mk II 型后装炮；每门炮备弹 85 发
6 门 Mk III 型 152 毫米副炮；每门炮备弹 85 发
2 门 76 毫米炮（9 磅）；每门炮备弹 500 发
10 门 25.4 毫米诺登菲尔德机炮
4 挺 11.43 毫米加蒂纳（Gardiner）机枪
5 具 356 毫米鱼雷发射管（均处于水线以上，1 具位于舰艏，4 具位于侧舷）；12 枚鱼雷

装甲（主装甲带为复合熟铁装甲，横向装甲、弹药通道等为低碳钢）
主装甲带：203—457 毫米，长 42.67 米，上部 1.23 米装甲厚度为 457 毫米，以下为 203 毫米
横向装甲：178—406 毫米
炮台：正面 292 毫米，后部 254 毫米，顶部 25 毫米，地板 76 毫米
弹药通道：254—305 毫米
炮台内横向装甲：152 毫米
司令塔：侧面 305 毫米，顶部 51 毫米
主甲板：76 毫米
下甲板：两端为 51—64 毫米

动力
2 套三缸垂直倒置蒸汽机，2 副螺旋桨，每套蒸汽机有一个高压汽缸、两个低压汽缸
汽缸直径：高压 1320.8 毫米，低压 1879.6 毫米
冲程：1066.8 毫米
锅炉：12 台筒式单头回转火管锅炉，布置在 4 个锅炉舱中，锅炉背靠中心线布置；共有 36 个炉膛，工作压力 0.62 兆帕
设计输出功率：7000 马力，强制通风时 9500 马力
燃煤：900 吨（正常），1200 吨（最大）
续航力：6400 海里（大约）/10 节

小艇
见海军将领级

探照灯
6 部 610 毫米探照灯，4 部突出于侧舷，2 部分别位于舰桥和上层建筑尾端升高的平台上

锚具
见海军将领级

舰员
459 人（1887 年）
455 人（1904 年）

造价
636996 英镑

上的艄舻舱室用来储存燃煤和物资，但是没有像"不屈"和"巨像"那样安装软木。试验显示，即使军舰艄舻舱室进水，航行能力和战斗力也不会受到影响，航速会下降数节，但仍能安全地机动。

在原始方案中，沿中心线的艄舻位置各有一座位置很低、可以旋转的炮塔，每座炮塔布置两门前装炮，但后来改为每座炮塔布置一门后装炮。随着炮尾装填主炮的出现，露炮台便具有了可行性，于是可旋转炮塔被埃尔斯维克公司（Elswick）的乔治·伦德尔（George Rendel）设计的一种新式露炮台取代。与炮塔相比，这大大增加了火炮指挥的高度，而且因为不需要增加装甲防护，所以没有增添重量，原来用来保护炮塔旋转机构的装甲都转而用于防护露炮台。

"科林伍德"号被官方归类为中央堡垒型战舰，虽然它在主甲板以上并没有布置侧舷装甲，不符合此类军舰的定义。因为防护的重要性次于武备和航速，装甲的布置受到了排水量的限制，但是在总体防护上它与当时的战列舰区别不大，且略强于巨像级。

"科林伍德"号：动力海试情况（1884 年 5 月）

试验次序	1	2	3	4
平均吃水（米）	7.16	7.24	7.26	7.29
排水量（吨）	8000	8200	8240	8280
输出功率（马力）	9573	8369	7071	3040
螺旋桨转速（平均）（转/分）	95.57	89.05	85.47	65.67
航速（节）	16.88	16.60	16.051	13.621

※ 锅炉平均蒸汽压力为 0.64 兆帕

"科林伍德"号：初稳心高度（GM）和稳性（1884 年 1 月）

	排水量（吨）	初稳心高度	最大复原力臂角
满载（全装状态加 900 吨燃煤）	9505	1.83 米	39 度
轻载	8310	1.75 米	—
试验装载	7525	1.86 米	—

防护方面的设计，受到了新出现的中口径舰炮的影响，这种火炮可以在近距离上对军舰的非装甲部位倾泻猛烈的火力，所以设计人员在中央堡垒型防护的基础上做了改进，将装甲沿水线向前后延伸，同时取消了上部装甲。"科林伍德"号是第一艘侧舷装甲只到达水线的英国战列舰。布置在艏部的侧舷装甲只有 42.67 米长、2.29 米高，两端由重型横向装甲封闭，上方是水平甲板。侧舷装甲虽然厚达 457 毫米，但在军舰满载时完全淹没在水线以下，也就是说水线以上的舰体对任何口径的炮弹都没有防御能力。露炮台有独立的装甲地板，位于上甲板上方，并由装甲弹药通道与侧舷装甲带相连。炮台顶部只有遮板，没有装甲，只能为炮手抵御机枪弹的打击。

防护体系中的一个重大弱点，是所有横向水密舱壁都设有排水孔隙，与主排水管相连，最后进入轮机舱。关闭孔隙的阀门很容易被污物卡死，而且在紧急情况下，很多阀门很难触及并关闭。

由于侧舷装甲位置过低，"科林伍德"号的防护设计遭到了爱德华·里德的强烈批评。而巴纳比则为自己做了以下辩护：

1. 对这种吨位的军舰来说，武备、弹药通道和通往轮机舱、锅炉舱的通风管道都得到了极为妥善的防护；

2. 和将相同重量的侧舷装甲覆盖至整个舰长相比，现有设计大大加强了轮机舱和锅炉舱的防护；

3. 由于无法在大大减少装甲厚度的情况下布置一条可以覆盖整个舰长的装甲带，非装甲区域的设计已经获得了优化，特别是发射药舱、炮弹舱和舵机都得到了一道水线以下水平甲板的保护。

建成之后，"科林伍德"号成为皇家海军航速最快的战列舰，海试中曾达到 16.884 节的航速。但是这样的成绩，是用包括牺牲防护能力在内的种种妥协达成的。高速性在纸面上看起来非常出色，但由于干舷过低，军舰在远洋航行时航速就会大大下降。

"科林伍德"号之后的 4 艘同级舰，"罗德尼"号（Rodney）、"豪"号（Howe）、"坎珀当"号（Camperdown）和"安森"号（Anson），均于 1882—1883 年开工。与"科林伍德"号不同的是，它们以 343 毫米主炮代替了 305 毫米主炮，另外在"安森"号和"坎珀当"号上，主装甲带的长度和炮台装甲的厚度都有所增加，为了在不增加吃水的情况下承载增加的装甲重量，两舰的舰长和舰宽分别增加了 1.52 米和 0.15 米。

△ 1889—1890 年间停泊在查塔姆的"科林伍德"号。海军将它定义为中央堡垒型战舰，但是由于主甲板以上并没有布置侧舷装甲，它并不属于这一类别。防护的重要性要低于武备和航速，所以只能在排水量限制内尽量优化装甲布置。它是第一艘采用强制通风的英国战列舰

▷ 1897 年 6 月 12 日，参加维多利亚女王加冕 60 周年阅舰式的"科林伍德"号。它每年都参加海军年度演习并担任警戒舰，直到 1904 年才退役

"豪"号：动力海试情况

排水量	9658 吨
吃水	8.13 米
螺旋桨转速	107.4 转 / 分
输出功率	11613 马力
航速	16.923 节

"罗德尼"号：初稳心高度和稳性（1888 年 2 月 15 日）

	吃水（平均）	初稳心高度	最大复原力臂角	稳性消失角
A 条件	8.61 米	1.34 米	36 度	67 度

※ A 条件指下层煤舱储存 400 吨燃煤，主甲板高度储存 100 吨燃煤，上部煤舱储存 400 吨燃煤。

"本鲍"号：建成时性能数据

建造
泰晤士钢铁厂，布莱克沃尔；1882 年 11 月 1 日开工；1885 年 6 月 15 日下水；1886 年 8 月移往查塔姆，等待安装主炮；1888 年建成

排水量（吨）
10400（正常），10750（满载）

尺寸
长：100.58 米（垂线间长）
宽：20.73 米
吃水：8 米（舰艏），8.31 米（舰艉）

武备
2 门 413 毫米 30 倍径 111 吨 Mk I 型主炮；每门炮备弹 92 发
6 门 Mk IV 型 152 毫米副炮
8 门 57 毫米炮
10 门诺登菲尔德机炮
6 挺加蒂纳机枪
5 具 356 毫米鱼雷发射管（均处于水线以上，1 具位于舰艏，4 具位于侧舷）

装甲
主装甲带：203—457 毫米，长 45.72 米
横向装甲：406—432 毫米
炮台：305—356 毫米
弹药通道：305 毫米
副炮炮郭：152 毫米
司令塔：229—305 毫米
装甲总重量：3999 吨

动力
2 套三缸倒置蒸汽机，2 副螺旋桨
汽缸直径：与其他同级舰相同
冲程：1066.8 毫米
锅炉：12 台筒式单头回转火管锅炉，工作压力 0.62 兆帕 .
设计输出功率：7500 马力，强制通风时 11000 马力（海试时达到 10860 马力，17.5 节）
燃煤：900 吨（正常），1200 吨（最大）
续航力：6300 海里 /10 节

探照灯
4 部 610 毫米探照灯

舰员
523—538 人

造价
764022 英镑

▽ 朴次茅斯港中的"安森"号，摄于 1890—1891 年

△ 承受船舷浪冲击的"豪"号，摄于 1897—1898 年。由于干舷较低，该级舰在大洋中航行时常因舰舷浪而上下起伏，而舰舷的浪花则制造出此等奇观。当海浪冲击舰体时，通常会有成百吨的海水从炮台涌入军舰

　　1882—1883 财年计划允许皇家海军增建一艘战列舰，但是由于皇家造船厂的船台短缺，新舰将交由一家私人造船厂建造［泰晤士钢铁厂（Thames Ironworks）］。原本该舰与"坎珀当"号属同一批次，但新的 343 毫米主炮的交付将出现拖延，这对严格按合同建造的军舰来说是不可接受的，于是军舰的设计被修改，装备刚刚研制成功的阿姆斯特朗 413 毫米主炮。海军对更换主炮非常谨慎，但是另外唯一一种可用的大口径主炮就是"科林伍德"号上装备的 305 毫米舰炮。当时意大利海军正在建造的安德烈亚·多里亚级（*Andrea Doria* Class）战列舰安装了 419 毫米（75 吨）主炮，法国的"可畏"号安装了 368 毫米（75 吨）主炮。海军部委员会认为 305 毫米主炮威力不足，所以选择了 413 毫米主炮，即使由于火炮重量太大，军舰最多只能装备两门主炮。新战列舰被命名为"本鲍"号（*Benbow*），在它之后皇家海军仅有另外两艘战列舰装备了 413 毫米主炮。除了干舷低的问题未得到解决，海军将领级的许多方面在建造过程中都获得了成功改进。不断改进设计也说明海军部为提高战列舰的性能付出了巨大努力，同时也尽量使舰队装备的军舰整齐划一。

　　1885—1886 财年，海军将新建两艘战列舰，由于海军部委员会处于人事变动时期，海军将领级所遵循的进攻与防御原则不再受到青睐，设计人员不得不重新启用炮塔，炮塔以下的侧舷要有全高度的装甲带，而且必须有连续的水线装甲带，装甲带上不能有用于安装炮郭的开口，装甲带上方不能有未加防护的区域——海军将领级那种短而狭窄的水线装甲带将被淘汰。

海军将领级：建成时性能数据

建造

	造船厂	开工	下水	建成
"安森"号	彭布罗克造船厂	1883 年 4 月 24 日	1886 年 2 月 17 日	1887 年 3 月移至朴次茅斯造船厂安装武备
"豪"号	彭布罗克造船厂	1882 年 6 月 7 日	1885 年 4 月 28 日	1885 年 11 月 15 日移至朴次茅斯造船厂安装武备
"坎珀当"号	朴次茅斯造船厂	1882 年 12 月 18 日	1885 年 11 月 24 日	1887 年 3 月 14 日完工海试
"罗德尼"号	查塔姆造船厂	1882 年 2 月 6 日	1885 年 11 月 24 日	1887 年 3 月 14 日完工海试

续表

排水量（吨）
10007（设计），10619（正常），10919（满载）（"坎珀当"号）

尺寸
长：100.58 米（垂线间长）
宽：20.88 米
吃水：8.7 米（最大）

武备
4 门 343 毫米 67 吨 Mk I 型主炮（"罗德尼"号装备 3 门 67 吨主炮，1 门 69 吨试验性主炮）
6 门 Mk IV 型 152 毫米 26 倍径副炮
12 门 57 毫米炮
2 门 47 毫米炮
7—10 门诺登菲尔德机炮
5 具 356 毫米鱼雷发射管（"罗德尼"号未布置舰艏鱼雷发射管）

装甲（复合铁甲）
主装甲带：203—457 毫米（长 45.72 米，"罗德尼"号和"豪"号装甲带长 42.67 米）
横向装甲：178—406 毫米
炮台：正面 292 毫米，侧面和后部 254 毫米
弹药通道：254—305 毫米
司令塔：侧面 305 毫米，顶部 51 毫米
炮郭：横向装甲 152 毫米，正面装甲 25 毫米
主甲板：76 毫米
下甲板：64 毫米

动力
2 套三缸垂直倒置蒸汽机，2 副螺旋桨
汽缸直径：高压 1320.8 毫米，低压 1879.6 毫米
冲程：1143 毫米
锅炉：12 台筒式单头回转火管锅炉（"安森"号为 8 台筒式单头锅炉），工作压力 0.69 兆帕，全部可用于强制
　　通风
设计输出功率：7500 马力，强制通风时 11000 马力（"豪"号海试时航速达到 16.923 节）
燃煤：900 吨（正常），1200 吨（最大）
续航力：6400 海里 /10 节

小艇
1 级鱼雷艇：1 艘 19.2 米
大舢板（蒸汽）：1 艘 15.85 米，1 艘 11.28 米
长艇（Launch）（蒸汽）：1 艘 12.8 米
纵帆快艇：2 艘 9.14 米，1 艘 6.1 米
捕鲸艇（Whaler）：2 艘 8.23 米
小舢板（Gig）：1 艘 9.14 米
小工作艇：1 艘 4.27 米
帆装小工作艇（Skiff dinghy）：1 艘 3.05 米

探照灯
6 部 610 毫米探照灯（"罗德尼"号为 5 部）

船锚
改进罗杰斯型（Rogers modified type）
3 副 5.75 吨，1 副 1.5 吨，1 副 1.25 吨，1 副 0.6 吨
锚链：960 米长 63.5 毫米锚链，366 米长 38 毫米锚链

舰员
454—472 人

造价
"安森"号：662581 英镑
"罗德尼"号：665963 英镑

　　根据当时的设计趋势，以及中等排水量、尺寸和造价的限制，海军部最终要求发展一种"征服者"号（1879 年开工）的改进型，该舰的性能并不令人满意，两门主炮集中在舰艏的双联炮塔中，位置很低，体现了后来被抛弃的艏艉接战的战术原则。"征服者"号满载排水量 6200 吨，是作为一艘海岸防御舰建造的。海军部决定，新设计要保留"征服者"号的基本性能，将排水量提高至 10500 吨，同时按战列舰标准

尽可能提高火力和防护能力。这一决定使本来就含混不清的设计思想更加混乱，因为以属于岸防舰类别的"征服者"号为基础设计一种战列舰本身就是一种倒退，更具灾难性的是，"征服者"号根本不具备远洋型战列舰所必需的大高度火炮和有效的全向火力。

造舰部门收到海军部委员会的口头训示，以"征服者"号为蓝本提交新战列舰的设计，但是如果海军造舰总监想要汲取其他设计的优点，就应该获得这样做的自主权。1884 年 9 月至 10 月，遵循海军部的设计思想，包括中等排水量及布置炮塔等要求，海军造舰总监递交了六份设计草图，炮塔上部的重量和多边形设计意味着，如果排水量不超过海军部的要求，就只能采用低干舷和低炮塔。设计方案的序号为 A 到 E。根据海军部委员会随后的指示，改进后的 C 方案被提交给海军部，该设计的尺寸为 103.63×21.34×8.08 米，排水量为 10050 吨，装备 4 门 43 吨主炮和 16 门 152 毫米副炮。

各设计方案的造价如下：方案 A，867500 英镑；方案 B，857000 英镑；方案 C，847500 英镑。

在设计过程中，造舰总监发现，由于受排水量限制，只能为军舰布置一座炮塔，否则就要突破设计排水量，或者降低对主炮口径或装甲厚度的要求。据此决定采用方案 E 的基本设计，即在舰体前部布置一座双联炮塔。将主炮集中布置在舰艏的设计，在一定程度上受到了少数钟情于撞击和舰艏向攻击战术的人的影响，另外还受到了当时地中海形势的影响，因为英国海军有可能需要突破达达尼尔海峡，而这需要最大限度地运用舰艏火力。

但是海军部也有一些人对军舰缺乏舰队作战所必需的全向火力提出了批评，根据他们的愿望，设计人员做出了一些妥协，在舰艉布置了一门 234 毫米或 254 毫米火炮。这需要对方案 E 做出修改，在舰艉增设一座炮塔，为此要将 152 毫米副炮的数量减至 12 门，同时将主装甲带的厚度从 508 毫米减至 457 毫米（见数据表）。

海军部委员会总是要求在给定排水量下，尽可能为军舰安装最重型主炮，结果该级军舰成为唯一一级（除了岸防舰）只有一座主炮炮塔的英国战列舰。海军部决定为军舰安装 413 毫米（111 吨）主炮，这是因为伍尔维奇（Woolwich）公司未能及时交付 343 毫米主炮，这与"本鲍"号的情况类似。但是在陆上试验中，其中一门火炮在射击后出现了炮管弯曲现象，不得不在接收前增加一系列试验，试验结果导致制造商对火炮结构做出了大量改进。

虽然主炮的安装位置与"本鲍"号相比大大靠后，但安装高度仍然比后者的低了 1.52 米，这严重影响了效能，因为这样的火炮高度，使军舰在迎浪航行时根本无法开火。

在原设计中，舰艉炮塔将布置一门 234 毫米火炮，但是海军部注意到，1883 年埃尔斯维克公司为智利建造的"埃斯梅拉达"号（Esmeralda）安装了 254 毫米舰炮。为英国战列舰安装最精良的火炮理所当然，而且要比任何外国军舰上的火炮更加强大，所以海军部要求埃尔斯维克公司为在该公司船台建造的新主力舰提供 254 毫米舰炮。

△ 1902 年 8 月，英王爱德华
七世加冕阅舰式上的"本鲍"号

◁ 大约 1890 年，"罗德尼"号。
"安森""豪""罗德尼"和"坎珀当"
等舰同属海军将领级，与"科林伍
德"号不同的是，它们装备了 343
毫米，而不是 305 毫米主炮，另
外在一些细节上也略有不同。它们
外形优美，与"科林伍德"号相比
更显威武

第 124 号肋位

1. 炮台
2. 炮室
3. 军官餐厅（Wardroom pantry）
4. 成型煤（Patent fuel）
5. 燃煤
6. 发射药舱
7. 轮机仓库（Engineer's store）
8. 轮机仓库
9. 螺旋桨轴通道
10. 机械舱

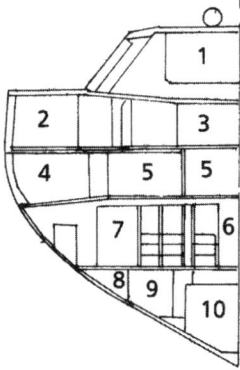

第 112 号肋位

1. 炮台
2. 炮室
3. 人员通道
4. 军官侍从舱
5. 成型煤
6. 燃煤
7. 炮弹舱和发射药舱
8. 轮机仓库
9. 小口径火炮发射药舱
10. 螺旋桨轴通道

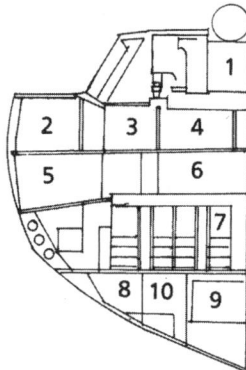

第 108 号肋位

1. 炮台
2. 备用舱室（Spare cabin）
3. 人员通道
4. 鱼雷舱
5. 小口径火炮发射药舱
6. 鱼雷储备舱
7. 排水泵舱（Ejector tank）
8. 152 毫米副炮弹药舱

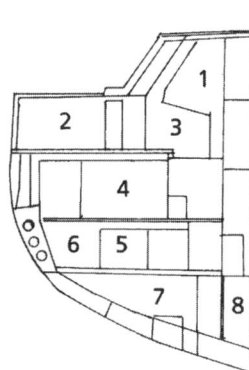

第 124 号肋位
前视图

第 112 号肋位
前视图

第 108 号肋位
前视图

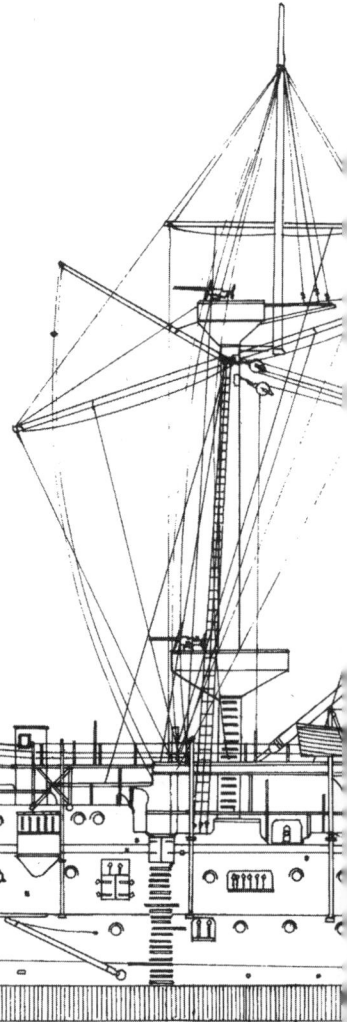

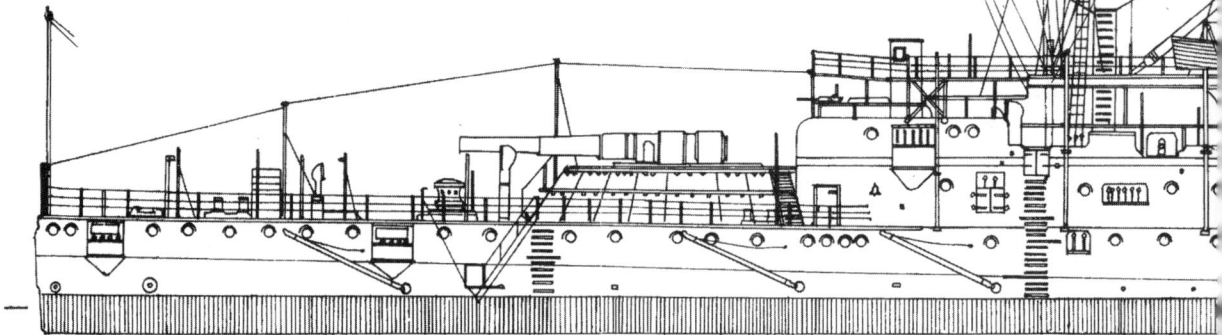

1. 湿粮仓库（Wet provision rooms）
2. 食品仓库
3. 酒类仓库
4. 螺旋桨轴通道
5. 水密舱
6. 轮机仓库
7. 两翼舱室
8. 冷凝器
9. 煤舱舱口
10. 轮机舱
11. 煤舱
12. 锅炉
13. 后锅炉舱
14. 前锅炉舱

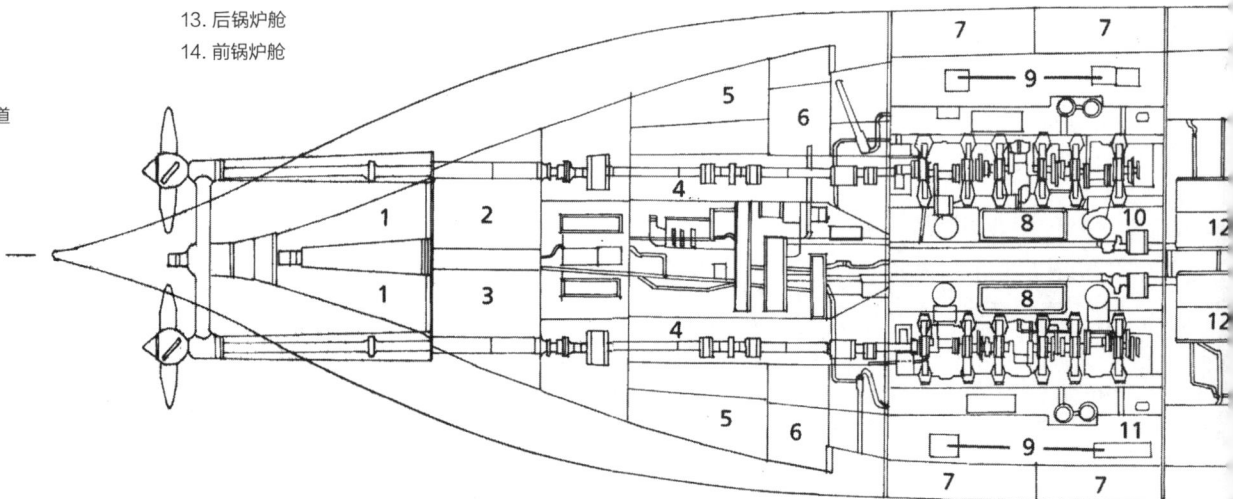

"坎珀当"号

侧视图、横剖图和舱室布置图，1890 年

第 30 号肋位
1. 炮台
2. 帆布储存舱
3. 人员通道
4. 燃煤
5. 成型煤
6. 炮弹舱
7. 炮手仓库
8. 速射炮弹药舱

第 26 号肋位
1. 炮台
2. 人员通道
3. 轮机舱技工工作间（E.R. Artificers' workroom）
4. 压载水舱
5. 主发射药舱
6. 速射炮弹药舱
7. 缆绳舱

第 18 号肋位
1. 住舱
2. 淡水舱（Tank room）
3. 绞盘机舱
4. 仓库

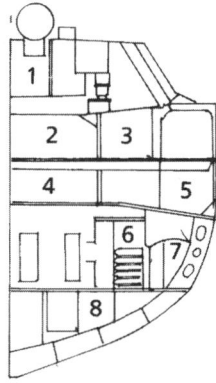

第 30 号肋位
后视图

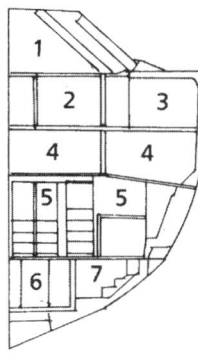

第 26 号肋位
后视图

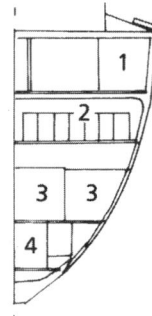

第 18 号肋位
后视图

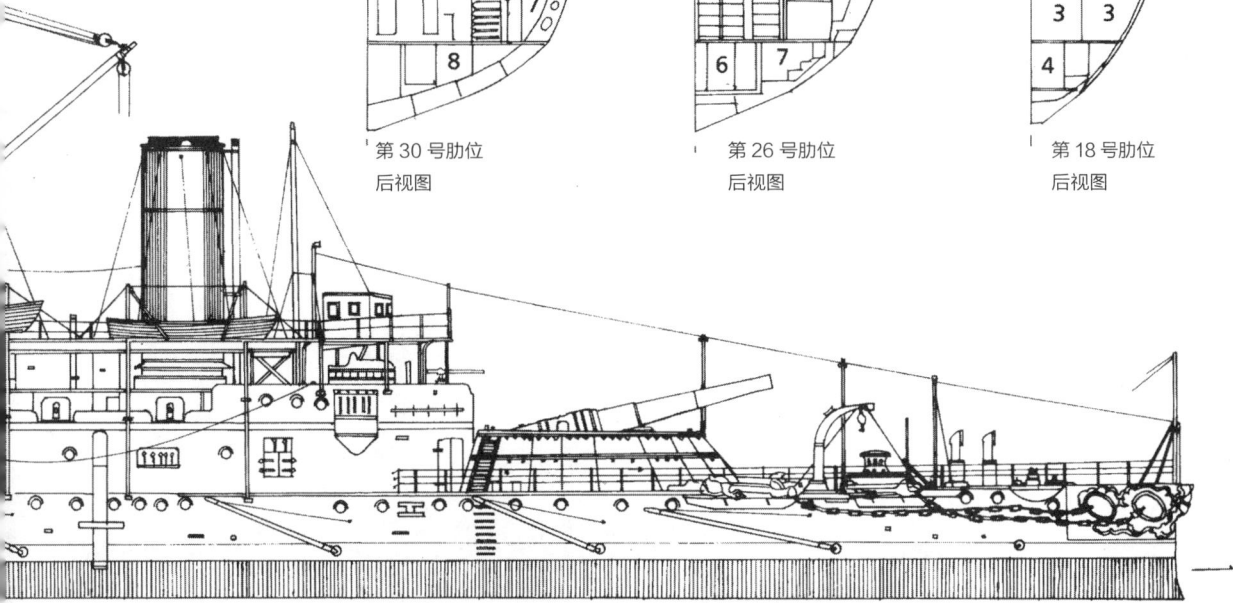

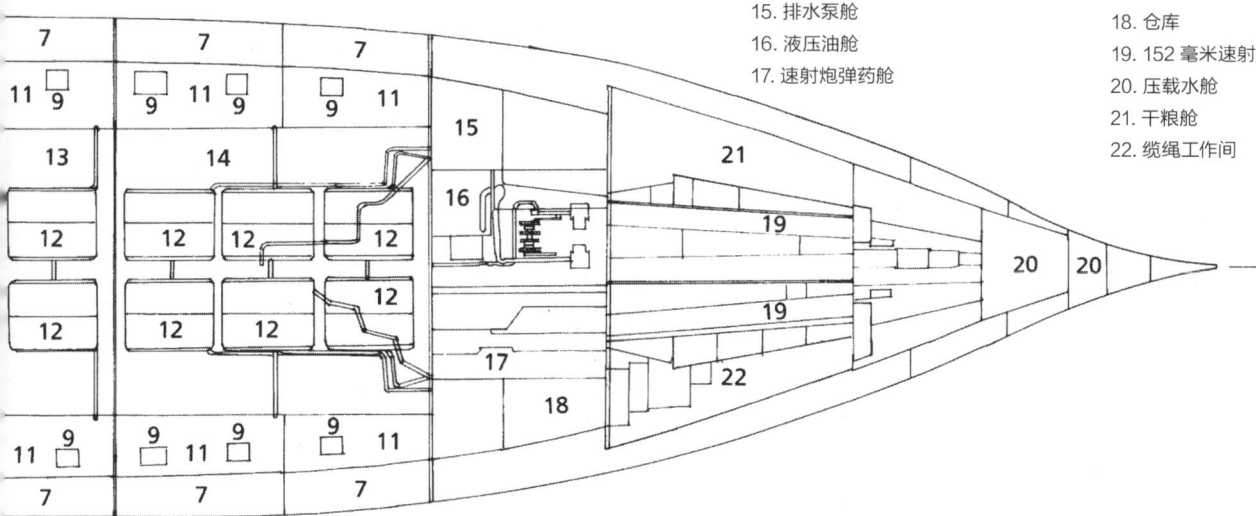

15. 排水泵舱
16. 液压油舱
17. 速射炮弹药舱
18. 仓库
19. 152 毫米速射炮弹药舱
20. 压载水舱
21. 干粮舱
22. 缆绳工作间

◁ 1904 年，被闲置在德文波特的"本鲍"号。它已废弃多时，残破不堪，在海军维护站等待着命运的安排。终于，在 1908 年，它以 21200 英镑的价格出售给了 T. W. 韦德（T. W. Wade）公司。次年，这艘军舰被解体。注意舰桥侧面胸墙上巧妙布置的探照灯平台

◁ 1903—1904 年，全灰色
涂装的"安森"号。它处于良好的
状态。注意主桅和大型信号前桅
（1896—1897 年安装）上的索具，
以及低处的防鱼雷网搁架

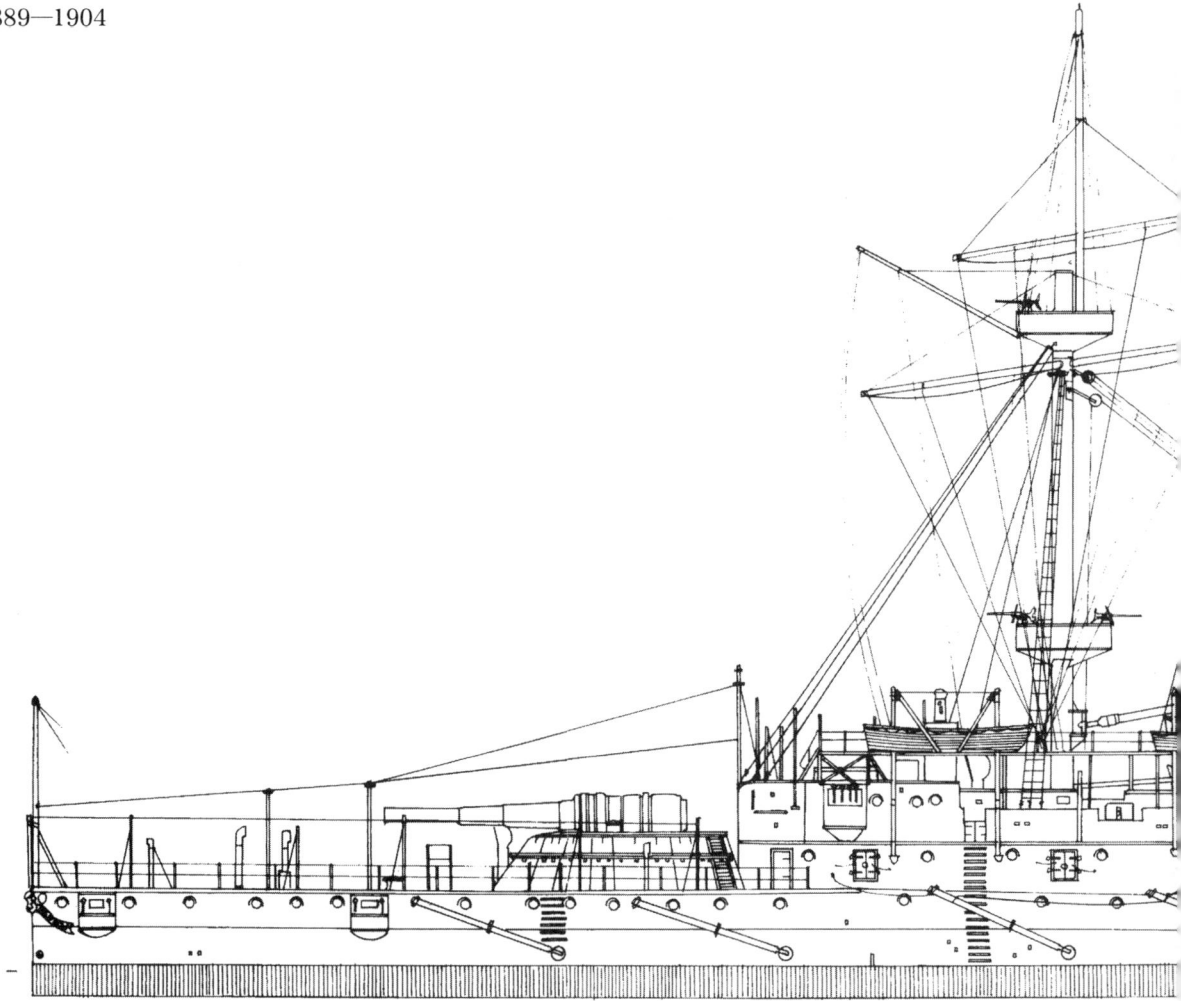

1. 锅炉
2. 轮机舱
3. 炮弹舱
4. 发射药舱
5. 343 毫米炮台
6. 排烟道
7. 轮机舱通风口
8. 舵机舱
9. 鱼雷舱
10. 司令塔
11. 仓库和水密舱
12. 绞盘舱

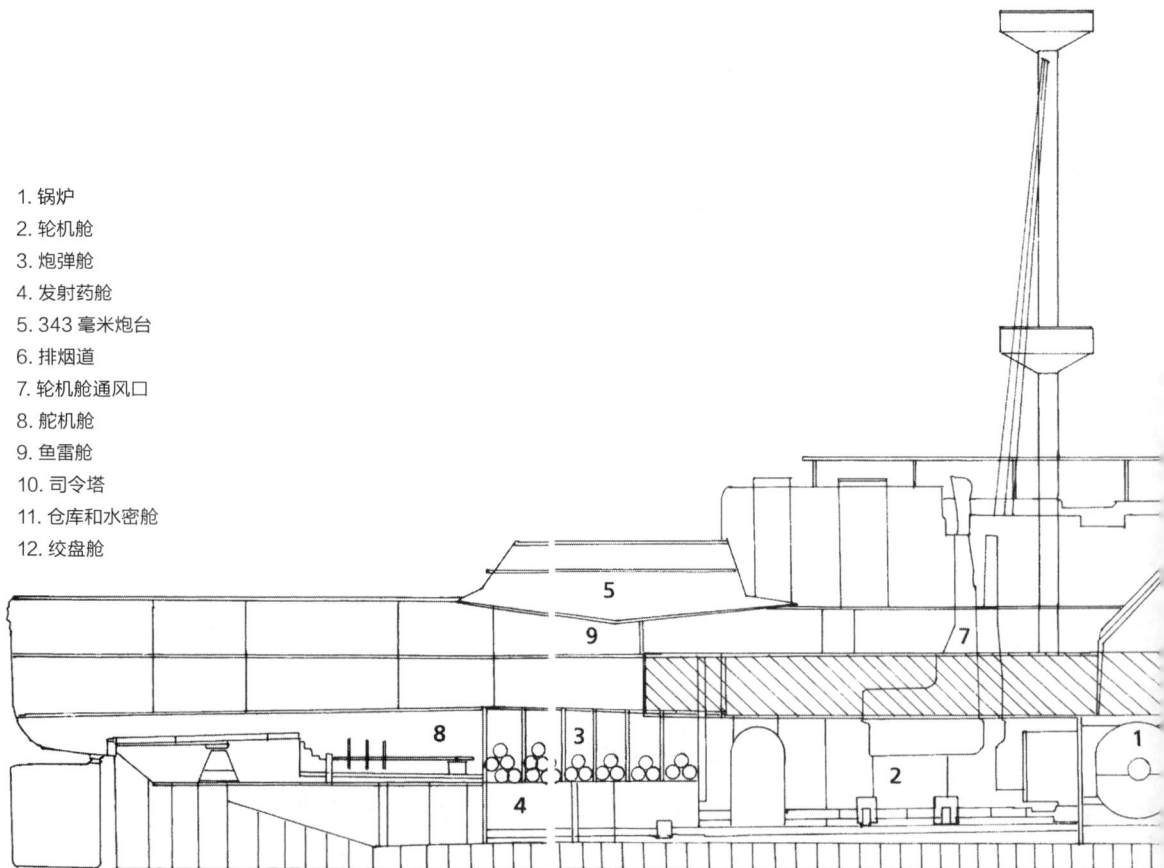

"本鲍"号

侧视图和纵剖图，1892 年

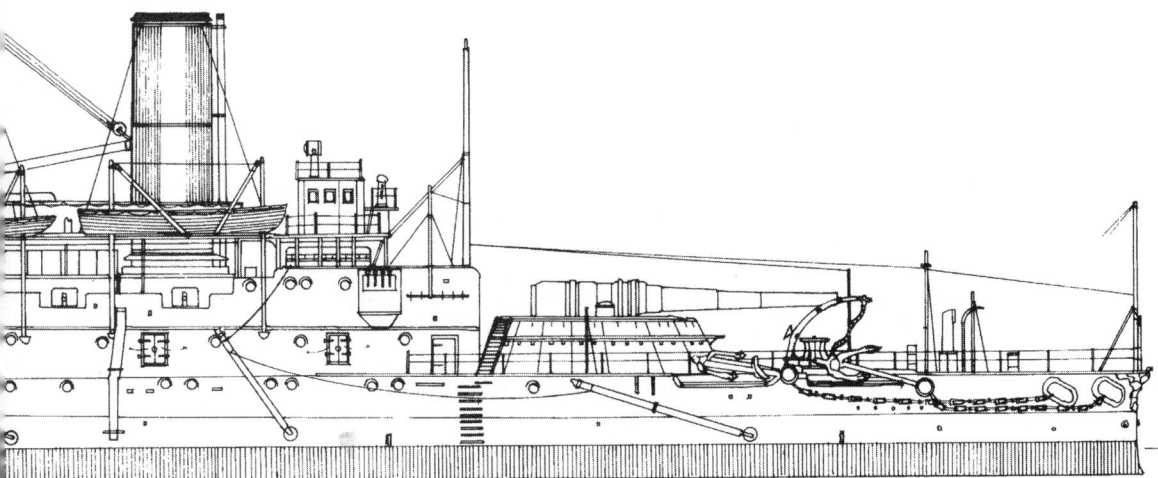

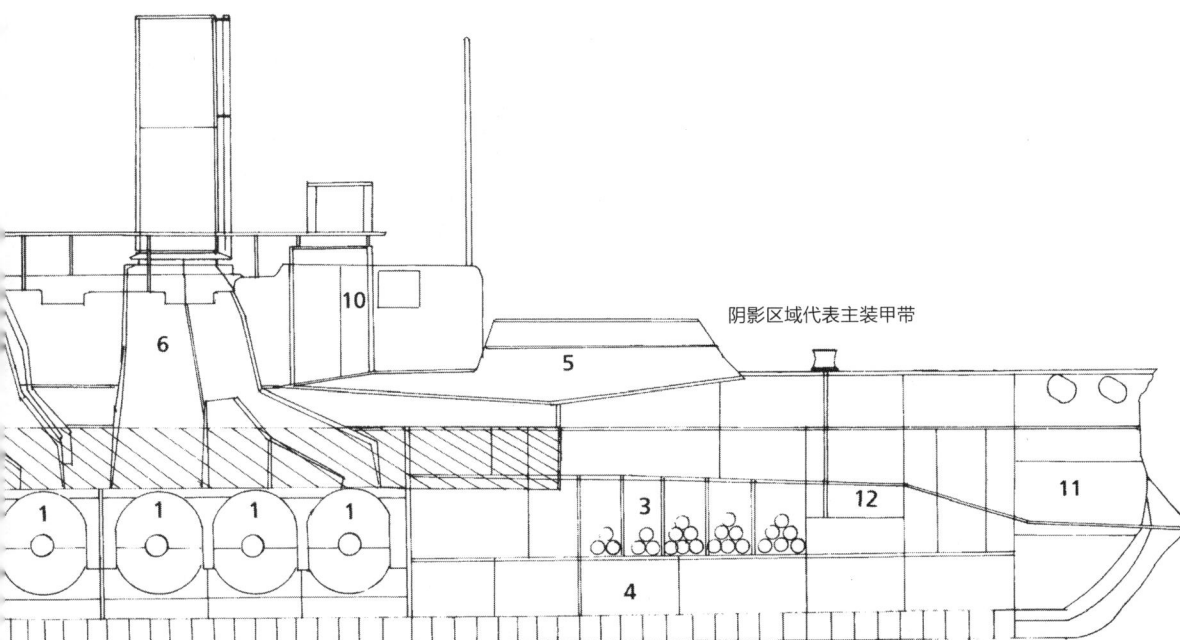

阴影区域代表主装甲带

△ 1888 年夏天进行海试的"维多利亚"号。与"本鲍"号相比，"维多利亚"号和"无比"号舰长增加了 3.05 米，排水量增加了 420 吨，虽拥有同样的主炮，但两门主炮集中布置在舰艉，因而不具备全向火力。此外，"维多利亚"号和"无比"号主炮位置更低，副炮火力更强大，航速也更快。建成后，有人认为它们代表了最先进的战列舰设计，但这并不是当时的普遍观点

新一级军舰上［原本命名为"无比"号（Sans Pareil）和"声望"号（Renown），后来为纪念维多利亚女王而将后者更名为"维多利亚"号（Victoria）］，装甲所占的重量比超过了"无畏"号（1879 年）之后的任何一艘英国战列舰，装甲的布置主要以"征服者"号的设计为基础，即采用中央堡垒和全长度装甲带，但也有所不同。在总体上又与海军将领级类似，但是增加了装甲带的高度（由前造舰总监爱德华·里德爵士极力提倡），另外炮塔封闭式基座由一座装甲围屏（redoubt）保护，而不是无遮掩的露炮台。炮塔与上甲板齐平处，有一层较薄的装甲地板，下方有装甲弹药通道。

装甲围屏将炮塔基座和司令塔基座完全包围。将火炮炮座部分重新封闭起来，使主炮得到了比海军将领级的露炮台更完善的防护。另外，速射副炮产生的大量硝烟会严重干扰露炮台的操作，这可能是采用封闭式炮塔的另一个原因。

侧舷装甲带和水平装甲的最大厚度与海军将领级相同，但是炮塔装甲比后者的炮台装甲增加了 76—140 毫米。装甲带略微延伸至炮塔之外，覆盖了轮机舱、锅炉舱和大部分弹药舱，比海军将领级的装甲带长 3.66—6.7 米，高度也增加了 0.3 米，顶端在水线以上 0.61 米，水下部分的高度与海军将领级相比则有所减少。

在设计当中，第一次考虑了占据舰体全长的侧舷装甲带，但在排水量的限制下，这样将使装甲带的最大厚度减至 356 毫米，而两端的厚度最多只能有 305 毫米，所以

只能放弃这种意图，并像海军将领级那样增设一道水线以下水平装甲。另外，因为舰体舰艉的线型较为瘦窄，舰体内面积较小，所以没必要布置侧舷装甲，但一旦水线附近遭到破坏，这部分舰体就极易进水。1893 年 6 月 22 日，在地中海上的一次演习中，"维多利亚"号的舰艏遭到"坎珀当"号冲撞，结果前者在大约 10 分钟内就沉没了（23 名军官和 336 名水兵丧生）。在两舰相撞前，"维多利亚"号并没有关闭水密门和舱口，结果破口附近的舱室大量进水，造成舰体倾覆。海军的调查总结了军舰损失的几个主要原因：

1. 相撞之后未能关闭水密舱门和舱口；
2. 舰艏的低干舷减少了舰体倾斜时的安全角度；
3. 舰艏舱室内的纵向舱壁将进水限制在受创一侧，加快了军舰的倾覆（"无比"号上的纵向舱壁在 1899 年移除）。

"维多利亚"号：初稳心高度和稳性（1890 年 1 月的倾斜试验）

	吃水	初稳心高度	最大复原力臂角	稳性消失角
A 条件（正常）*	8.48 米	1.54 米	35 度	68 度
B 条件（满载）**	8.63 米	1.54 米	—	—

下水重量：5556 吨（"无比"号）

* 全备状态加 750 吨燃煤。
** 全备状态加 1000 吨燃煤。

"维多利亚"号与"无比"号：建成时性能数据

建造

	造船厂	开工	下水	建成
"维多利亚"号	阿姆斯特朗公司，埃尔斯维克	1885 年 4 月 23 日	1887 年 4 月 9 日	1888 年 6 月
"无比"号	泰晤士钢铁厂	1885 年 4 月 21 日	1887 年 5 月 9 日	1888 年 9 月

排水量（吨）
11096（正常），11346（满载）

尺寸
长：103.63 米（垂线间长）
宽：21.36 米
吃水：8.48 米（平均），正常；8.64 米，满载

◁ 1890 年，建成后的"维多利亚"号。在火炮试验中，413 毫米（110 吨）主炮表现极差，结果大大拖延了它的完工日期。它的服役生涯短暂而多事。1892 年 1 月 29 日，它在希腊海岸的路易普角（Luipe Point）触礁搁浅，受到重创。1893 年 6 月 22 日，它在叙利亚外海的机动中被"坎珀当"号（海军将领级）撞沉

续表

武备
2 门 413 毫米 30 倍径 111 吨 Mk I 型后装主炮
1 门 254 毫米 30 倍径火炮
12 门 152 毫米 Mk IV 型后装炮
12 门 57 毫米炮
9 门 47 毫米炮
2 门诺登菲尔德机关炮
4 具 356 毫米鱼雷发射管（舰艏和舰艉各 1 具水线以上发射管，艏部 2 具水下发射管）

装甲
主装甲带：406—457 毫米（长 49.38 米，高 2.6 米）
横向装甲：406 毫米
装甲围屏：406—457 毫米
炮塔：432 毫米
254 毫米火炮防盾：152 毫米
炮郭：侧面 76 毫米，横向装甲 127 毫米，弹药通道 76 毫米
主甲板和下甲板：76 毫米
司令塔：侧面 356 毫米，顶部 51 毫米
垂直装甲后方有 152—178 毫米的柚木背板

动力
2 套三胀式蒸汽机，2 副螺旋桨
汽缸直径：高压 1092.2 毫米，低压 2438.4 毫米
冲程：1295.4 毫米
锅炉：8 台筒式锅炉，布置在 4 个锅炉舱中，舰体中心线两侧各 2 个锅炉舱，中间是艏艉弹药通道，工作压力 0.93
　　兆帕
设计输出功率：7500 马力，强制通风时 12000 马力
设计航速：正常 15.3 节，强制通风 17.2 节［海试：14250 马力，未记录航速；第二次试验：16—16.25 节（强
　　制通风），1888 年 6 月 15 日］
燃煤：750 吨（正常），1200 吨（最大）
续航力：7000 海里 /10 节

续表

小艇
1 级鱼雷艇：1 艘 19.2 米
大舢板（蒸汽）：1 艘 15.85 米，1 艘 11.28 米
长艇（蒸汽）：1 艘 12.8 米
纵帆快艇：2 艘 9.14 米
捕鲸艇：2 艘 8.23 米
小舢板：1 艘 9.14 米
小工作艇：1 艘 4.27 米

探照灯
"维多利亚"号：4 部 610 毫米探照灯
"无比"号：3 部 610 毫米探照灯

船锚
3 副 5.75 吨 [2 副马丁斯（Martins）锚，1 副英格菲尔德（Inglefield）锚]
1 副 1.6 吨海军部锚
1 副 1.25 吨海军部锚
1 副 0.6 吨海军部锚
锚链：960 米长 63.5 毫米锚链

舰员
430 人（设计）
"维多利亚"号：549 人（1890 年）
"无比"号：530 人（1903 年）

造价
625000 英镑（1885 年估计，不含火炮）
"维多利亚"号：844922 英镑
"无比"号：778659 英镑

▽ 1888 年在阿姆斯特朗公司舾装的"维多利亚"号，它是第一艘由同一家私人公司建造并安装武备的英国战列舰

"维多利亚"号 设计方案，1884年9—11月

A：1884年9月3日
排水量：11500吨
长：103.63米
宽：22.86米
吃水：8.23米

武备：3门63吨火炮，18门152
毫米火炮，13门47毫米炮

装甲：2900吨
输出功率：12000马力，16.5节

A

B：1884年9月3日
排水量：10000吨
长：103.63米
宽：22.86米
吃水：8.23米

武备：4门63吨火炮，22门152
毫米火炮，13门47毫米炮
装甲：2900吨
输出功率：12000马力，16节

B

C：1884年10月6日
排水量：11700吨
长：103.63米
宽：22.86米
吃水：8.38米
武备：4门63吨火炮，16门152
毫米火炮，14门57毫米炮

改进C：1884年10月6日
排水量：11705吨

长：103.63米
宽：22.86米

吃水：8.23米
武备：2门63吨火炮，
16门152毫米火炮，
13门57毫米炮
输出功率：12000马力
（16节）

C

D：1884年11月14日
排水量：10150吨
长：103.63米

宽：22.86米
吃水：8.23米
武备：4门63吨火炮，8门152
毫米火炮
输出功率：12000马力（16.5节）

D

E：1884年11月17日
排水量：10150吨
长：102.11米
宽：21.34米
吃水：8.08米

武备：2门63吨火炮，16门
152毫米火炮，34挺机枪
输出功率：9800马力，16节

E

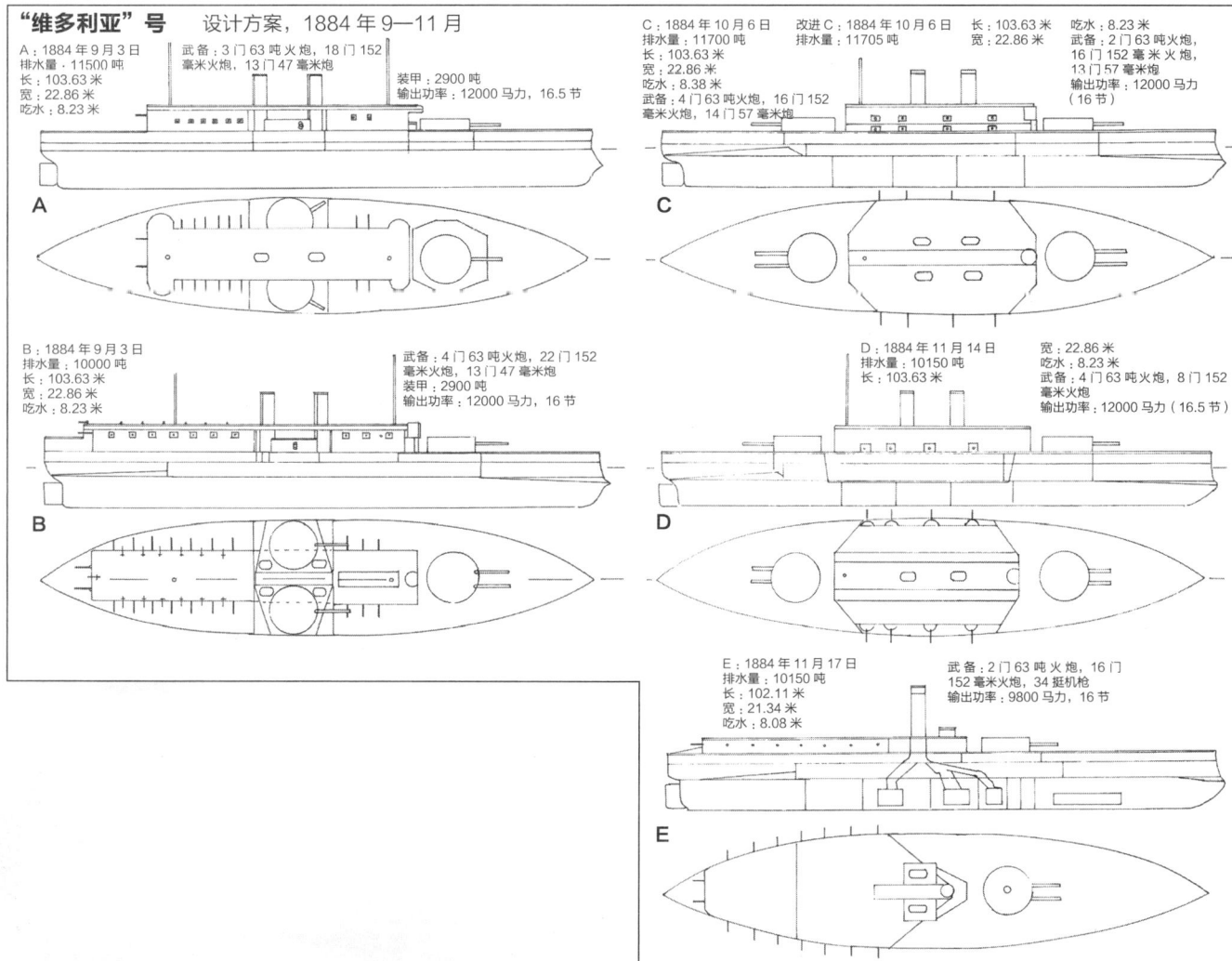

◁ 1897年停泊在斯皮特黑德水道的"无比"号。姊妹舰"维多利亚"号在1893年被撞沉后，"无比"号取代它成为地中海舰队的旗舰（1893年6月至11月）。它和"维多利亚"号最明显的区别是烟囱更高，但直径更小，以及烟囱的底部有环形基座

军事法庭认为，"维多利亚"号的最大稳性指标符合现有标准，虽然在安全冗余度和最大复原力臂角上仍显不足。

法庭调查还认为，如果在撞击发生前关闭所有水密舱门和舱口，军舰的舰艏应该在倾斜角度达到 9 度时仍保持在水线以上，如果天气良好，损害就可以得到控制，从而保证军舰的安全，虽然任何级别的风浪都有可能使军舰陷入危险。

事故发生之前，虽然炮塔的位置较低，也缺乏全向火力，但这两艘军舰仍被认为是巴纳比时代最成功的一级战列舰，当然对这一观点很多人会有异议。

1886—1887 财年计划中有两艘战列舰，它们将以"无畏"号为基础进行放大和改进，是英国最后的中央堡垒炮塔战列舰，这体现了时任第一海务大臣亚瑟·胡德爵士（Sir Arthur Hood）的建议，也代表了低干舷和最大限度加强防护的思想。设计开始于 1885

"维多利亚"号

侧视图和纵剖图，1888 年

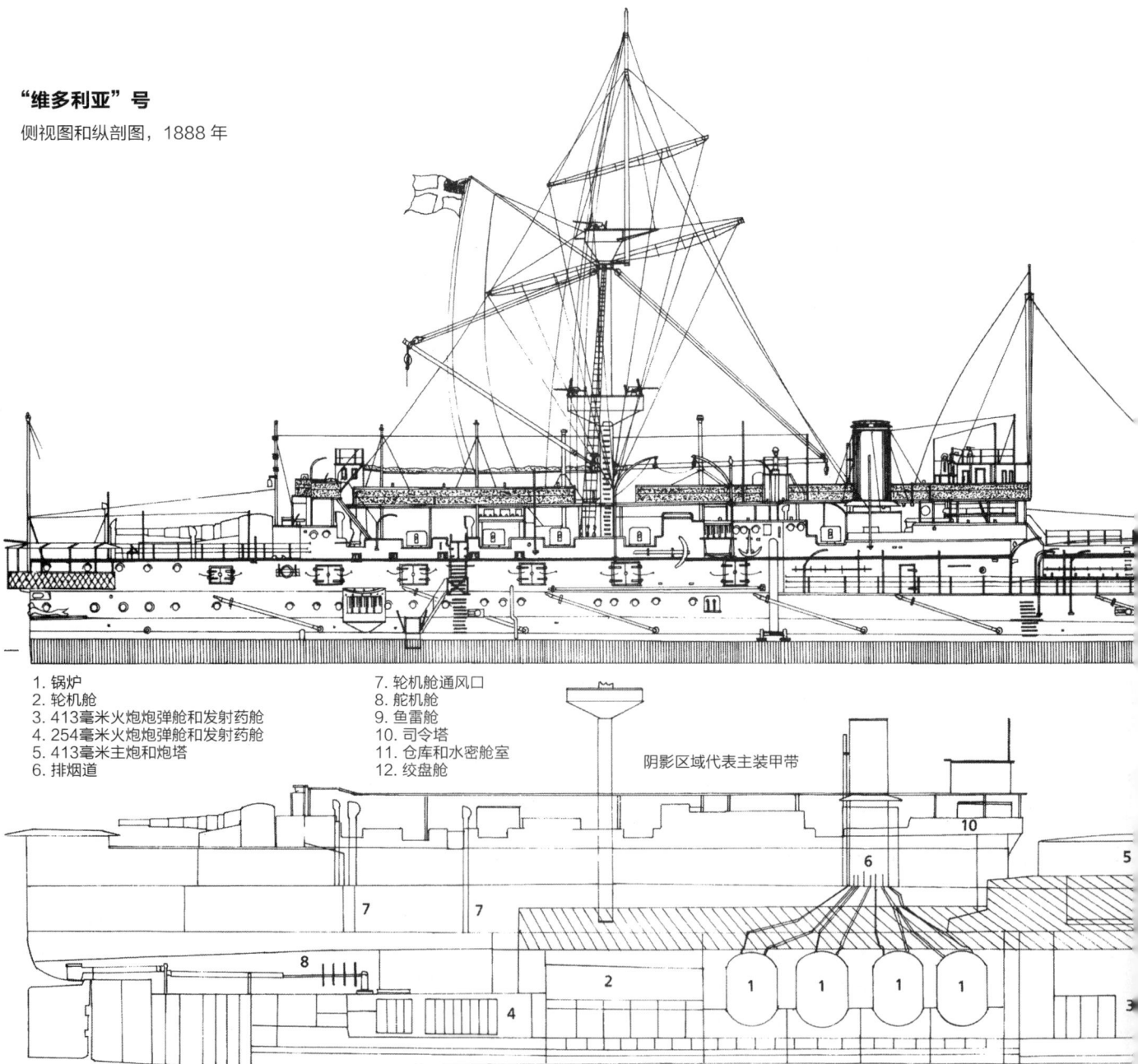

1. 锅炉
2. 轮机舱
3. 413毫米火炮炮弹舱和发射药舱
4. 254毫米火炮炮弹舱和发射药舱
5. 413毫米主炮和炮塔
6. 排烟道
7. 轮机舱通风口
8. 舵机舱
9. 鱼雷舱
10. 司令塔
11. 仓库和水密舱室
12. 绞盘舱

阴影区域代表主装甲带

年巴纳比提交的原始方案，类似于他在
1884 年 10 月提交的无比级的方案之一，
是一种排水量 11700 吨，有分开布置的
围屏炮塔的海军将领级战列舰。（没有有
关这些方案细节的官方记录，但似乎与
方案 C 非常接近，见示意图。）

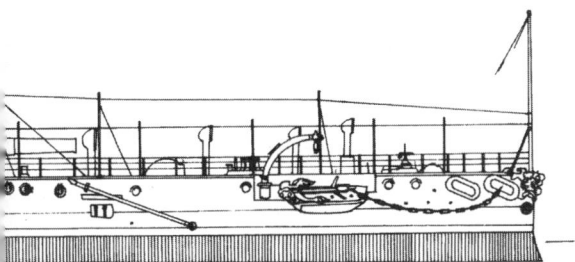

　　但是直到 1885 年 6 月，海军部也没
有就最后的设计作出决定，亚瑟·胡德爵
士担任第一海务大臣的新一届海军部委
员会刚刚成立，由于为排水量设限严重
制约了海军将领级和无比级的性能，委
员会决定不再强加这一限制。胡德强烈
反对造舰总监（巴纳比）的观点，特别
是独立的围屏防护体系，他更倾向于一
种单一中央堡垒的低干舷设计。1885 年
7 月 8 日，以胡德的建议为基础的一份设
计方案被提交给海军部，这也是"无畏"
号的改进型，结果很多海军军官认为这
是最理想的战列舰设计。

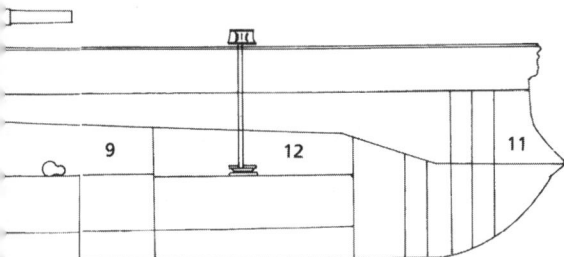

△ 1904 年时的"无比"号。
全灰色涂装，装有无线电天线斜桁，
前桅和烟囱已被加高。"无比"和
"维多利亚"两舰完成时烟囱高度
较低，但是在 1890 年 8 月被大
大增高以增加吃水。它们是第一批
并排布置烟囱的英国战列舰

新设计的排水量为 11800 吨，武备、装甲厚度和航速都较"无畏"号有所提高，但保留了后者的基本设计原则，只是装甲带不再延伸至军舰艏艉，代之以海军将领级和无比级那样的艏艉水下装甲甲板。和"无畏"号一样，新设计没有布置副炮，除主炮外，只有 5—6 门 57 毫米炮用于反鱼雷艇。但是 1885 年 7 月 28 日，新方案被海军部委员会否决了，大多数委员会成员更钟情于排水量相同，但布置有独立围屏炮塔的方案，类似于巴纳比最初提交的设计，不过加强了侧舷装甲。胡德则同意仍旧以"无畏"号为基础，并且布置 8 门有装甲防护的副炮，将排水量增至 11940 吨。经过完善的设计最终于 1885 年 8 月 12 日得到批准，成为特拉法尔加级战列舰的设计基础。

在 11940 吨的排水量下，新军舰得以在两座双联炮塔中装备 4 门 343 毫米主炮，炮塔分别布置在舰艏和舰艉的上甲板上，炮塔指挥战位的高度为 4.57 米，副炮为布置在军舰舯部的 8 门 127 毫米后装炮，另有 5 门 57 毫米炮和 4 具 356 毫米鱼雷发射管。

主装甲带、中央堡垒和炮塔装甲的最大厚度分别为 508、457 和 457 毫米，中央堡垒顶部和水线以下装甲甲板厚度为 76 毫米。设计期间造舰总监（巴纳比）因病告假（他于 7 月递交了辞呈），设计细节由一个造舰委员会制定，委员会成员包括摩根（Morgan）和克罗斯兰德（Crossland），他们的助手是造舰师阿灵顿（Allington）和助理造舰师 J. H. 卡德维尔（J. H. Cardwell）。

在基本蓝图和总体设计公布后，巴纳比和在 1885 年 10 月 1 日接替他担任造舰总监的威廉·怀特都不认可这一方案，主要原因是设计过于强调防护，而损害了军舰的其他性能，两人都做出官方声明，不对现有的设计方案负责。

巴纳比称，如果不能加强军舰的进攻能力，就没有理由增加排水量。设计方案中的军舰虽然比海军将领级和无比级分别重了 1300 吨和 900 吨，但武备却没有增加，航速还有所下降——增加的排水量完全用于防护了。

巴纳比和怀特都更喜欢带有独立围屏的炮座，而不是炮塔加中央堡垒。怀特还倾向于加长舰身和大幅提高干舷高度，以在远洋航行中保持航速。同时两人在一份联合备忘录中建议，鉴于当前战列舰整体设计的不确定性，应该成立一个特别委员会对此进行研究，委员会报告发布前应暂停所有新军舰的建造。但是，这一建议被否决了，因为英国战列舰队的情况不尽如人意，海军部宁愿尽快建成新的装甲主力舰，另一个重要考量是要避免皇家造船厂的工人陷入失业状态。

虽然舰艉的低干舷在远洋作战中会影响航速和战斗效能，但由于靶面积小、防护更强，新战列舰（"特拉法尔加"号和"尼罗河"号）的战斗力得到了海军官兵的高度肯定，其设计特点也被之后的君权级（Royal Sovereign Class）战列舰继承。

原始设计方案的正常排水量为 11940 吨，平均吃水 8.38 米，干舷高度 3.43 米。在建造过程中，吃水和排水量分别增加了 0.3 米和 650 吨，干舷高度也相应减少。海军部为此规定，在未来的设计中，正常排水量应有 4% 的冗余度，以允许在建造过程中为军舰增加额外的重量。

建造完成后，新一级战列舰比无比级和海军将领级重了大约 1570 吨，舰长（垂线间长）增加了 1.52 米，舰宽增加了 0.91 米，吃水增加了 2.74 米，成为有史以来排水量最大的英国战列舰。

　　两艘军舰艏艉的干舷较低，舰体舯部是长度较短，但占据了全部舰宽的上层建筑，上层建筑呈八角形，每个顶角的舷墙自下而上向内倾斜。军舰艏艉的线型比前两级战列舰更加瘦窄，减少了水线以下受损时可能进水的面积。计算表明，舰艇装甲甲板以上舰体进水时，军舰仅仅会下沉 7.62 厘米。

特拉法尔加级：建成时性能数据

建造

	造船厂	开工	下水	建成
"特拉法尔加"号	朴次茅斯造船厂	1886 年 1 月 1 日	1887 年 9 月 20 日	1890 年 3 月
"尼罗河"号	彭布罗克造船厂	1886 年 4 月 8 日	1888 年 3 月 27 日	1891 年 7 月

排水量（吨）
12016（正常），12660（满载）

尺寸
长：105.16 米（垂线间长）
宽：22.25 米
吃水：8.38 米（正常），8.74 米（满载）

武备
4 门 343 毫米 67 吨后装主炮，每门炮备弹 80 发
6 门 120 毫米火炮
8 门 57 毫米炮
4 挺机枪
6 具 356 毫米鱼雷发射管（主甲板左右舷各 1 具，舰艏和舰艉各 1 具，左右舷各 1 具水下发射管）

装甲
主装甲带：406—457—508 毫米
横向装甲：356—406 毫米
中央堡垒：406—457 毫米
防护甲板：76 毫米
司令塔：356 毫米
炮塔：457 毫米
炮郭：102 毫米

动力
2 套垂直倒置三胀式蒸汽机
汽缸直径：高压 1092.2 毫米，中压 1574.8 毫米，低压 2438.4 毫米
冲程：1371.6 毫米
设计输出功率：7500 马力，强制通风时 12000 马力
锅炉：6 台筒式单头锅炉，布置在 2 个锅炉舱中，舰体中心线两侧各 1 个锅炉舱，中间是发射药舱和弹药通道
总加热面积：1800.46 平方米
炉箅面积：56.11 平方米
燃煤：900 吨（正常），1100 吨（最大）
续航力：6300 海里 /10 节

小艇
大舢板（蒸汽）：1 艘 16.15 米纠察艇
长艇（蒸汽）：1 艘 12.19 米
长艇（风帆）：1 艘 12.8 米
纵帆快艇（蒸汽）：1 艘 9.14 米
纵帆快艇（风帆）：1 艘 9.14 米，1 艘 7.01 米
捕鲸艇：2 艘 8.23 米
舰长交通艇：1 艘 9.75 米
帆装小工作艇：1 艘 4.88 米
巴沙救生筏（Balsa raft）：1 艘 3.96 米

探照灯
5 部 610 毫米探照灯：4 部位于舰体舯部上层建筑两侧左右舷，主甲板高度的突出平台上；1 部位于海图室后上方

船锚
2 副 5.75 吨改进马丁斯锚
1 副 6 吨英格菲尔德锚
锚链：960 米长 63.5 毫米锚链

续表

舰员
540 人（"特拉法尔加"号，1897 年）
537 人（"尼罗河"号，1903 年）
527 人（"尼罗河"号，1905 年）

造价
"特拉法尔加"号：859070 英镑
"无比"号：885718 英镑

各单位重量（吨，"尼罗河"号）
舰体：4210
装甲：4352
武备：1085
动力：1080
其他设备：440
轮机仓库：45
燃煤：900
总重：12112

动力海试
"特拉法尔加"号：12900 马力，17.28 节；8440 马力，16.22 节
"尼罗河"号：12102 马力，16.88 节

▽ 1896 年时的"尼罗河"号。主装甲带厚度为 356—457—508 毫米，炮塔装甲厚度 457 毫米，它是防护极佳的军舰，同时也是稳定的射击平台，但是和海军将领级一样有干舷过低的缺点。由于特别的烟囱顶部，它获得了"犹太人"的绰号。直到 1910 年它仍处于活跃状态

"特拉法尔加"号
侧视图，1890 年

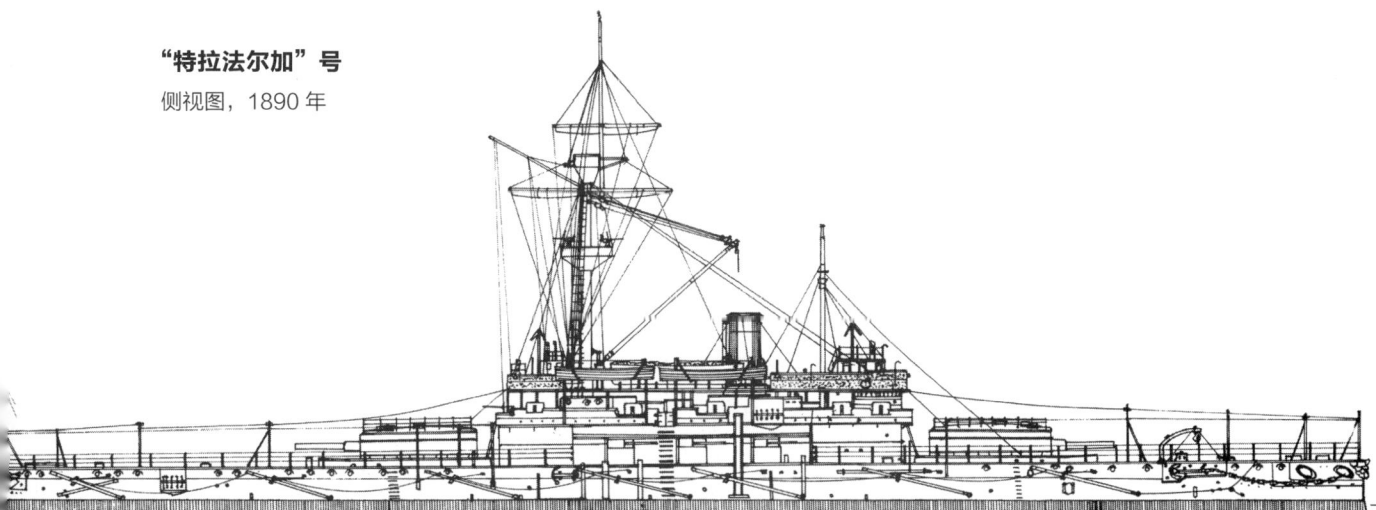

"特拉法尔加"号：初稳心高度和稳性（1889 年 10 月 31 日的倾斜试验）			
	排水量（吨）	吃水（米）	初稳心高度（米）
A 条件（正常）*	—	8.05（平均）	1.49
B 条件（满载）**	—	8.74（平均）	1.49
C 条件（轻载）	11270	7.98	1.48

＊ 全备状态加 900 吨燃煤，锅炉和给水柜水位为工作高度。
＊＊ 全备状态加 1100 吨燃煤。

　　建造两艘军舰使用的材料，特别是装甲板的后方，均是高强度材料。两种厚度的外舷板（19 毫米和 38 毫米）被用于制造舰体外壳，每块外舷板的高度为 0.61 米，两层外舷板之间的距离也是 0.61 米。在装甲带后方还有第二道轻质外壳，每块外舷板高 0.91 米，两层外舷板间距 1.23 米，外侧煤舱的横向舱壁延伸至外壳内作为水密分隔。

◁ 1892—1893 年时的"特拉法尔加"号。它在马耳他大修之后重新服役，再次成为地中海舰队副司令（海军少将阿尔伯特·黑斯廷斯·马克汉姆）的旗舰，大修期间旗舰临时由"坎珀当"号担任。1893 年 6 月 22 日，海军少将马克汉姆乘坐的"坎珀当"号撞沉了"维多利亚"号。这张罕见的照片是马克汉姆和他的参谋人员在"特拉法尔加"号的后甲板上拍摄的

◁ 大约 1897 年时的"特拉法尔加"号。和"维多利亚"号一样，它在建成时烟囱较矮，但是在 1891 年大修时将其大大加高，与"尼罗河"号做的改装类似。两舰在当时都称得上设计精良，但随着高干舷战列舰（君权级）投入使用，它们迅速过时了。即便如此，两舰在海军中仍极受欢迎

△ 全灰色涂装的"尼罗河"号。1903 年，它在德文波特维修完毕后加入后备舰队（1903—1907年）。虽然"特拉法尔加"号和"尼罗河"号都是稳定的火炮平台，但是由于舰楼较短、干舷过低，即使在中等航速下舰艏也有严重的上浪现象，主炮塔也因此受到海浪的冲刷

其主炮指挥高度对一艘远洋型军舰来说是不够的，在风浪中开火非常困难。主炮炮口距上甲板仅有 1.07 米。但是试验表明，主炮仍能以 3 度仰角向舰艉方向开火，对甲板只会造成轻微损伤。在火炮试验中，经过改进的液压操炮机构可以使 4 门主炮在 9 分钟内各自开火 4 次。而改进的炮座使火炮可以快速装填，保持较高的射速。

前文已经提到，最初的设计包括 8 门 127 毫米副炮，但是 1890 年 1 月，军舰仍在建造中时，用 6 门 120 毫米副炮代替了 127 毫米副炮，因为前者结合了射程远、射速高和精度高等优点。由于速射炮的备弹量很大，副炮的总重从原设计的 135 吨增至 185 吨。

为满足第一海务大臣亚瑟·胡德爵士的要求，干舷高度、武备和航速的重要性被置于防护之下，装甲重量占军舰排水量的比例超过了之前任何一级英国战列舰，比海军将领级和"无比"号分别高出了 7% 和 5.4%。

装甲的总体布置结合了爱德华·里德爵士的思想和 1871 年设计委员会的建议，体现了比海军将领级和"无比"号更完善的防护，使用厚重的水线装甲覆盖了三分之二的舰体长度，特别是使用直达上甲板的重装甲中央堡垒保护两座炮塔。

侧舷装甲带以外的军舰舰艏艉部分，由水线以下水平甲板和在该甲板之上的水密分隔来保护，这和以前的战列舰相似。主装甲带比"无比"号的长了 20.73 米，覆盖了所有弹药舱、轮机舱和锅炉舱。两艘军舰的主要服役期都是在地中海度过的，那里比本土水域更适合低干舷军舰，这一缺点的影响得以减至最小。

炮术

风帆时代以来，皇家海军的舰炮一直使用两种射击方式：1. "独立射击"，即每一门火炮独立瞄准和开火；2. "侧舷齐射或集火射击"，即所有火炮瞄准同一目标，目标方位、横摇角度和射程等均从上甲板下达。侧舷齐射时，火炮根据命令同时开火。

在滑车式舰炮（Truck gun）上，火炮仰角可由尾楔（Quion）上标注的刻度读出。或者使用垂直固定在甲板上的一根木尺，炮闩的标记与木尺配合即可读出火炮仰角。

火炮方向的调整方式被称为"聚集线"（Converging lines），每门火炮上方有一根指示杆，标定着从"正对侧舷"（Right abeam）的方向到该方向左右 1.5 罗经点的射界，或者其左右 3 罗经点的射界（最大射界）。而每根聚集线一端悬挂在炮口中心线上方，另一端由炮尾的首席炮手根据所需方向角固定在指示杆相应的角度上。炮手移动火炮，使炮身轴线与聚集线重合。侧舷齐射时，由最优秀的标记手担任炮长的火炮被指定为"指挥炮"（Directing gun），炮长的首席炮手将决定所有火炮的仰角和开火时间，而火炮方向角则由上甲板下达。

19 世纪 50 年代初，英国海军上校摩尔松（Moorsom）发明了一种"指挥仪"（Director），它可以确定方位、横摇角度和距离，火炮可以据此调整射击诸元。指挥仪通常安装在主甲板炮群中央上方、上甲板，或者其他适当位置。开火命令由控制指挥仪的军官在使用它确定各项数据后下达。1885 年，海军上尉 R. H. 派尔斯（R. H. Pairse）对指挥仪进行了长足的改进，但是由于缺乏有效的通信手段，指挥仪的作用极为有限，最后不得不被放弃，皇家海军继续采用侧舷齐射的射击方式。不过在炮郭内的副炮不使用侧舷齐射，只使用更有效的独立射击。

19 世纪 80 年代，皇家海军接收了一批性能优秀、设计（尽可能）均衡的战舰，它们的武备精良，以当时的标准看有足够的装甲防护，动力可靠，适航性良好，舰员也很精干。它们的弱点是火炮缺乏精确性，以及火力持续性不足。如果研究官方历史，就会发现这不足为奇，因为在 1900 年以前，实际上还不存在什么炮术训练和专业研究。

海军中的很多火炮军官都希望看到炮术方面的变革，然而海军部在当时对任何激进的革新都视而不见。

有一名炮术军官，珀西·斯科特，成了最执着的探索者，他复兴了一系列标准炮术原则，发明了装填槽（Loading trough）以及被称为"落点"（Dotter）的仪器，前者实现了火炮的快速装填，后者可以在一个微缩目标上显示命中和未命中的炮弹。1899 年，他在"锡拉"号上训练舰员使用望远镜持续观察目标，记录火炮命中和未命中的情况。在当年的舰炮射击演习中，他胸有成竹地获得了 80% 的命中率，他的舰员兴奋异常，但遗憾的是，其他人对此毫无兴致——尤其是海军部。

第二年，他指挥"可怖"号再次取得优秀的炮术成绩。所有的疑虑顿时消散了，皇家海军整体糟糕的炮术也为大众所知。关于海军的整体炮术，他写道：

舰队炮术本不应如此。我们战列舰上的大部分指挥官都是炮术军官，都因为一直从事炮术工作才晋升到现在的军阶，但他们在进阶过程中遗漏了太多环节，炮术的重要性让位于油漆和军舰的整洁。

1902 年，威廉·梅（William May）爵士出任审计官和第三海务大臣，虽然他肯定不是第一个意识到并提醒人们海军射术拙劣的人，但他将自己的想法付诸实施，对海军炮术展开了彻底调查。同时，英国报界也立即开始批评海军部的现行政策：实际上，海军部在 1900 年以前，已经忽视炮术问题许多年了。

莱昂内尔·雅士利（Lionel Yexley）在《水兵》（*Bluejacket*）杂志上的一篇随笔中写道：

炮术、炮术、炮术，是海军高唱和国家一直无所作为的主题，现在终于开始认识到这些舰炮操作人员的极端重要性了。就连海军大臣也好心告诉我们，炮手比火炮、装甲、炮弹和火药更重要，为此要付出所有努力。但塞尔伯恩爵士肯定没真把这当回事。

海军炮术在过去受到何等重视呢？要知道 20 年前，为了在实弹射击时保持军舰整洁，在值第一更时将四分之一的炮弹悄悄扔进大海，这并不是什么新鲜事。这些军舰在炮术演习时完全是一副敷衍了事的心态，唯一的目的就是尽快走个过场。打中靶标如同犯罪一样，因为那样会造成演习拖延。本人记得一艘我服役过的军舰上，其中一门舰炮的炮长是一名优秀的炮手，如果进行一场射击比赛，他完全可以证明自己在海军中的翘楚地位。在马耳他外海进行的射击演习中，他发射的头三发炮弹都命中了目标。但是非但无人喝彩，舰桥上还传来了抱怨："这是哪个傻瓜干的好事，他想让我们一整天都待在这里吗？"

▽ "罗德尼"号。海军将领级的主炮安装在两座露天炮台上，炮台布置在舰体中心线上，艏艉各一座。主炮口径从首舰"科林伍德"号的 305 毫米增加至其他姊妹舰的 343 毫米，这一决定的依据是海军部要求主炮与法国新型主力舰可畏级相当

1902 年的炮术试验是由最挑剔的军官主导的，当年 8 月，一份内部报告被递交给海军部委员会做详细研究，引起了很多有趣的争论。报告集诸多炮术军官的讨论之大成，他们就现有炮术系统是否经过了最佳考量，以使官兵和军舰为最终的实战考验做好准备发表了自己的见解。

大部分军官都明确指出，整个体系缺乏用舰炮成功打击敌人所必需的指挥链条的内在联系。

世纪之交，英国海军唯一鼓励舰炮射击训练的是"射击大奖赛"（Prize Firing，由地中海舰队司令约翰·费舍尔创立）。但问题是"射击大奖赛"所设定的舰炮射击条件几乎肯定不可能在实战情况下出现。这些火炮训练消耗了大量弹药，但正如雅士利所说的，根本没有产生积极的效果。和任何一种其他射击演习一样，这种训练奠定了舰炮射击的标准方式，但也只能期望取得极为有限的命中率。

当时最远的海战交战距离为大约 914 米（1000 码），但是很多军官认为军舰很快就将在更远的距离上开火，远程炮术已经变得极为重要。

对"如果在近距离打不中目标，在远距离也别想打中"这种的观点的批评声逐渐高涨，不过也有人认为："在学会跑之前得先学会走。"

但是，使用同一种炮术实施近距离和远距离射击，会产生很多问题。报告显示，近距离应定义为 2743 米（3000 码）以内，而远距离则将远至 7315 米（8000码）——后者是一个前所未有的射程。[1903 年，海军少将雷金纳德·卡斯腾斯爵士（Sir Reginald Custance）指挥"可敬"号（Venerable），在地中海上进行了炮术试验，他总结说："在超过 4000 码的距离上开火毫无意义，8000 码简直就是荒诞了，海战不可能在那样的距离上展开。"]

随着火炮威力的增强，更多试验表明，舰炮射程正在从 3658 米（4000 码）逐渐增加到 7315 米（8000 码），有人甚至预计射程将达到 9144 米（10000 码）。很明显，谁能首先在这样远的距离上开火，谁就会在海战中占据巨大的优势。

1902 年报告中提到了很多重要的炮术问题：

测距

测距是海军炮术面临的第一个问题。1902 年，地中海舰队的大部分火炮上尉（Gunnery Lieutenant）[1]都认为，现有的巴尔－斯特劳德（Barr and Stroud）测距仪无法满足远程测距的需要。在测距时，即使用一台完美的测距仪测得真实的距离，也远没有解决问题，因为所谓的火炮真实射距与测得的目标距离，还因以下因素而存在着差别：

炮膛磨损程度

大气压

发射药温度

风力风向

---

[1] 译注：军舰上火炮部门的主官。

在远程射击时如果没有精确的射距数据，就根本无法击中目标。因为诸多因素的影响，火炮的实际射距每次都不尽相同，所以我们必须回到通过使用舰炮射击来找到射距的老方法上。

在发射药温度的问题上，我的观点是，所有火炮在停火后，炮膛内不应留有药筒，原因是：一门火炮经过几轮射击，处于停火状态，炮膛内的温度非常高，如果装填了发射药，在下一次开火前，发射药将在炮膛内被加热，时间可能长达20分钟。再次开火时，第一轮射击的发射药温度会很高，而第二轮的发射药温度就很低。这样导致炮弹弹道有很大区别，而从最重要的第一轮射击得到的射距也将是错误的。发射药在需要时才装填入炮膛，所需时间几乎可以忽略不计。有关这一问题，新的《炮术训练手册》并没有做出足够的强调。我认为要测得射距，最好的方法是使用一组3门6英寸①舰炮。每一门火炮都按炮群指挥官给出的同样射距，尽可能地同时开火，这就可以消除来自个人或单门火炮的误差，对所测射距进行更准确的评估。如果射距无误，就连续发射更多轮次的炮弹。

落点观测

观测炮弹落点本身就极为困难，而从炮位上几乎不可能看到落点。所以应该将观测点设在高处，而且越高越有利。观测落点是炮术的第一要素，必须就此对军官进行特别训练。

在海军上尉雷（Wray）的建议下，专门制造了功能强大的望远镜，帮助炮术军官观测炮弹落点。

望远镜的设计原则如下：

它包括一架高倍望远镜，物镜调焦器有两条可以移动的细线，其中一条可以控制另一条的打开和关闭。当炮弹落在比目标近或者远500码②的范围内时，两条细线的间距是与炮弹在目标水线以上溅起的浪花高度相关的。

当射程增加时，两条细线会相互接近，射距减少时，它们则相互远离，这能让观测军官非常有效地估测炮弹距目标过近还是过远。

保持一至

当射距确定后，又如何保证连续获得精确的射距呢？以下是我认为最有可能成功的方法。即指挥军舰的每一门火炮以同样的距离开火，并且在火控军官的指挥下统一减少或增加射距。

我认为，在远程交战时，任何时刻都不应该允许炮长或火炮甲板上的其他军官随意改变自己火炮的射距，原因如下：

在远程射击时，从炮位上几乎不可能对炮弹落点做出准确判断，因为有大量炮弹同时发射，经过一段时间的飞行，即使经验最丰富的炮长也辨别不出哪一发是自己的炮弹。这样会导致有些炮弹距目标太近，有些又太远，等等，没有任何火力控制可言，战斗将变成自由射击，必须不断地发出"检查火力"（Check Fire）的命令，重新确定射距。

---

① 译注：6英寸约合152毫米。

② 译注：1码约合0.9144米。这篇引文基于英制单位写成，换算成公制单位会影响对原文的理解，故保留了其中的英制单位。

另一方面，如果远程射击时以现在的方式，用望远镜观测距离，并将射距数据传达到军舰上所有火炮，误差将非常小。因此如果6门6英寸舰炮以同样的仰角向侧舷齐射，6发炮弹也将产生很小的散布（瞄准产生的误差对远程射击的影响很小），非常重要的是，这将产生一个"火力区域"（Zone of Fire）。火控军官可以指挥火炮同时升高或降低仰角来推远或拉近火力区域，如果有一位精干的火控军官，军舰肯定能取得更高的命中率，我也确信，在一定的齐射轮次之后，相比让每位炮长或火炮甲板军官（Officers of Quarters）独立改变射距，通过控制火力区域将取得更多的命中次数。

使用这种方法，每艘军舰必须保证所有火炮在以同样仰角射击时，炮弹能落在大致相等的距离上，如果无法达到这样的效果，每一门火炮就要有各自的修正表，因为火炮的磨损程度总在变化，对炮塔炮来说修正表是必需的。另外，极为重要的是，要保证所有炮弹按射击诸元发射，尽最大努力使所有火炮打出同样的射距，这样在远程射击时，军舰可以被视为一门能够发射霰弹的大炮。

数据传达

火炮的指挥位置应该在哪里呢？

必须从高处观测炮弹落点，如果火控战位不设在桅顶，从任何其他位置实施火控都会遇到问题。把炮弹溅落位置传递给决定射距的火控军官会遭到拖延，这对炮术将产生致命影响。射距数据也将很难传递给火炮。火控战位设在甲板上将受到周围环境的干扰。如果像有些人建议的，将火控战位设在司令塔内，将射距和其他命令传递给火炮会分散对指挥军舰至关重要的舰长或导航军官的注意力。所以我认为火控战位应在桅顶。火控军官应该由谁担任呢？我认为应该是火炮上尉，因为火炮甲板上并不需要他。火炮甲板上的准备工作应该在战斗开始前进行。

◁ 俯瞰"安森"号的主炮，可见其炮闩机构（这并不常见，炮闩一般只有在演习或实战时才到位）。注意火炮完全处于露天状态，易受天气和敌人炮火的影响

如果准备工作没有完成，在战斗中是无法补救的，我相信，如果火炮甲板军官和炮手们接受了良好的训练，火炮上尉无须在激烈的战斗中留在火炮甲板上。他应该有一名助手，由一名陆战队军官，或者下级主计官，或者军官生担任。

那么如何才能同时传达射距呢？

现代战列舰上，每组炮郭炮群的上方都有一个观察罩，从桅顶的观测点可以俯瞰这一位置，因此射距也可以在观测后由距离钟（Range dial）传达到这里，这是最快的方法。数艘军舰已经进行了这样的试验，取得了极好的效果，也说明了快速传达射距的极端重要性。另外，每一个炮位上都应安装距离和命令钟，这些指示仪器直接与火控战位相连，而不是连接到司令塔。在火控战位和司令塔之间应配置一部大型直达传声筒和一部电话，使火控军官可以直接与舰长联系。

保持射距

在获得射距后，下一个难题是如何保持它。使用计算变化率的仪器和海军上尉雷的变化率钟，可以简便、快速且准确地做到这一点。我们对前者都非常熟悉，没必要在这里过多描述，虽然它已在最初设计的基础上做了大量改进。它可以显示距离在每10秒钟内的变化率：前提是要知晓敌舰的航向和航速。以10秒钟为时间单位，是因为这大约是一门6英寸舰炮在快速射击时，两次开火的间隔时间，也就是说每分钟6轮；另外以10秒钟为间隔也便于仪器工作。因此，有必要就两轮发射的间隔时间和变化率钟的使用做出解释。其工作原理如下。

整个系统包括一台每20秒旋转一周的变化率钟：它以2秒钟为间隔，从0秒开始到20秒，自动显示距离的变化率，数字由钟上的一个狭缝显示。变化率由一个X转轮控制，旋转转轮直到它显示每10秒钟的距离变化率，随后变化率钟的各个运动机构便开始工作，自动显示20秒内每隔2秒的距离变化率，例如：

如果每10秒钟的距离变化率是150码，狭缝中将显示以下数值：

30，60，90，120，150，180，210，240，270，300

如果变化率是100码，显示的将是以下数值：

20，40，60，80，100，120，140，160，180，200

变化率钟可以由火炮或距离设定员开启。

舰炮开火后，变化率钟就会自动归零，或者由距离设定员将其归零，通过这种方法，后者可以准确知道应该设定的距离，以及在不受火炮射速影响的情况下，就知道距离应该增加还是减少。

这种仪器对远距和近距射击都极为重要，而造价却很低。变化率钟绝不会干扰正常的观测作业。每当错误估计敌舰的航速和航向，而使火力区域偏离目标时，仪器会对测距军官发出一声短促的警报，提醒他改变距离，或者距离变化率。也可以将仪器设计成，军舰发出一声短警报代表减少 50 码，两声短警报代表减少 100 码，一声长警报代表增加 50 码，两声长警报代表增加 100 码，但是所有军舰上的警报应该统一，以免互相干扰。

当敌我距离变小时，桅顶观测点与火炮之间的联系可能会因敌火而中断，但桅杆毕竟是一个较小的目标，所以这套系统的工作时间将比迄今出现的其他设备更长，军舰在远程射击时要依靠它，当射程接近到 3000 码以内时，火炮甲板军官或炮长无须帮助就可以获得更高的命中率，那就是检验他们训练水平的时刻了。

训练体制中的缺陷[①]

现有的火炮甲板军官和炮长训练体制能够满足实战需要吗？我认为不能，因为在大多数情况下，他们在判定炮弹落点时接受了太多协助，结果是炮长养成了由他人代替完成此项工作的习惯，过于依赖别人提供的信息。现有的射击大奖赛也大有问题，主要缺陷是，那些取得高命中率的舰际对抗中，有很多不被规则允许的操作：

以同样射程开火，以及火炮以同样射程交替开火；

火炮以最大仰角开火，不使用装填杆；

从桅顶观测落点；

火炮上尉担任测距员；

以这种特定的射击方式训练；

军官尽可能为炮手提供观测落点方面的协助。

这些行为的结果，就是弱化了炮长的职责，他只要简单地把火炮对准目标就可以了，但是在实战中，如果没有这些来自他人的帮助，判定自己火炮炮弹的落点就是他的基本职责之一，更不用说目标接近的速度，以及因此带来的射距和方位的改变了。结果是，这种射击方式算不上对炮长的考验，而是火炮上尉的作弊和诡计，根本无法验证一艘军舰的炮术是否优良。

---

343 毫米 30 倍径 Mk III 型舰炮（君权级、海军将领级和特拉法尔加级）

重量（不含炮闩）：67.05 吨

炮闩重：1.15 吨

长：11 米

炮膛长度：1689.1 毫米

炮口初速：628 米 / 秒

炮口动能：106.99 兆焦

最大仰角：13.5 度

射程：10927 米（最大仰角）

射速：每 2 分钟 1 发

炮弹重：566.99 千克

发射药重：285.76 千克 [慢燃"可可"（Cocoa）发射药]

造价：10859 英镑

[①] 译注：这一小节批判的种种操作，似乎正是其他小节所主张的做法。可以理解为它们的侧重点不同：本小节强调的是提高和检验火炮甲板军官与炮长的训练水平，这种"基本功"在近程射击时更为重要；而引文其他部分则着眼于提升战舰的远程射击命中率。

305 毫米 35 倍径 Mk VIII 型舰炮（布置在双联椭圆形炮塔中，"恺撒"号和"光辉"号除外）
※ 根据在炮塔中的位置采用向左或向右打开的炮闩
制造材料：钢，缠线
重量（不含炮闩）：44.9 吨
炮闩重：1.1 吨
长：11.32 米
炮身长：35 倍径（10.8 米）
炮膛长度：1778 毫米
炮膛直径：406.4 毫米（最大）；325.12 毫米（最小）
膛线：多边形改进型平直截面膛线（Polygroove modified plain section）
膛线长度：8871.84 毫米
膛线缠距：从炮闩至距炮口 7085.33 毫米处为直线，然后渐变至一周 30 倍径缠距至炮口
膛线数量：48 条
膛线槽深度：25.4 毫米（直线部分）；2.03 毫米（旋转部分）
膛线槽宽度：15.75 毫米（直线部分）；15.42 毫米（旋转部分）
炮口初速：721 米 / 秒（当初速达到 732 米 / 秒时，出现多起严重事故）
炮口动能：100.32 兆焦
最大仰角：13.5 度
射速：每 1 分 50 秒 1 发（"恺撒"号）
炮弹重：385.55 千克
全装发射药重：907.18 千克 MD 发射药；装于 R 型药筒中，每个为全装药射击的 1/4 发射药
威力：914 米（1000 码）处击穿 813 毫米熟铁装甲；2743 米（3000 码）处击穿 330 毫米克虏伯钢装甲

305 毫米 40 倍径 Mk IX 型舰炮 [B VI 型炮座（"伦敦"号、"堡垒"号和"可畏"号等）；B VII 型炮座（"无阻"号）]
制造材料：钢，缠线
重量（含炮闩）：50 吨
长：12.61 米
炮身长：40 倍径（12.19 米）
炮膛直径：444.5 毫米（最大）；330.2 毫米（最小）
膛线：多边形改进型平直截面膛线；Mk I 型膛线
膛线长度：9.82 米
膛线缠距：从炮闩至距炮口 1219.2 毫米处为直线，然后渐变至一周 30 倍径缠距至炮口
炮口初速：767 米 / 秒
炮口动能：114.08 兆焦
炮弹重：385.55 千克
发射药重：95.71 千克（全装药）；71.78 千克（减装药）
威力：914 米（1000 码）处可击穿 795 毫米钢甲

305 毫米 45 倍径 Mk X 型舰炮（纳尔逊勋爵级）
制造材料：钢，缠线
重量（不含炮闩）：56.8 吨
长：14.16 米
炮身长：45 倍径（13.72 米）
膛线：多边形改进型平直截面膛线
膛线缠距：统一一周 30 倍径
炮口初速：831—860 米 / 秒
炮口动能：145.17 兆焦
射程：14996 米（13.5 度最大仰角）
射速：每分钟 2 发
炮弹重：385.55 千克
发射药重：117.03 千克 MD 发射药

254 毫米 32 倍径 Mk III 型舰炮（"百夫长"号、"巴夫勒尔"号、"声望"号）
重量：29 吨
长：8.7 米
炮身长：32 倍径
膛线：改进型平直截面膛线
膛线缠距：从炮闩至距炮口 1524 毫米处为直线，然后右旋渐变至一周 30 倍径缠距至炮口
膛线数量：60 条

火炮甲板军官的训练

在这里我不建议讨论火炮甲板军官的训练。每一位火炮甲板军官都应该配备一部变化率仪，如果可能还应有一台便携式测距仪，这种仪器现在正在试验中。关键是，火炮甲板军官应该比现在接受更全面的炮术实战训练。

我的建议总结如下：

1. 更多的远程射击演习；

2. 明确远程和近程射击的定义；

3. 根据实战演习的数据确定火炮的最远射距；

4. 以 3 门 6 英寸火炮为一组获取射距，以此减小误差；

5. 一名军官应在桅顶观测炮弹落点；

6. 应配备一种从桅顶向火炮发送指示的设备；

7. 将这种设备移出司令塔；

8. 远程射击时无须炮长做出判断（3000 码至 8000 码之间）；

9. 重新引入指挥仪，区别是用它指挥远程，而不是近程射击；

10. 指挥仪的作用是获得火力区域；

11. 为各门火炮的远程射击参数制表；

12. 全面装备变化率仪和变化率钟；

13. 改变现有射击大奖赛体制，使之更接近于实战；

14. 对上述建议进行详察。

我提出的这些建议，结合了很多火炮上尉的经验，希望海军开展广泛的试验以验证它们的价值。

如果这些建议得以实施，我坚信会出现一套广泛适用的出色的训练体制，而且这是我们急需的，必须毫不犹豫地投入使用。

目前，我们整个训练体系都是围绕着近距射击制定的，由于缺少预见性，在实战中我们可能永远没有机会与敌人近距离接战。

可以肯定的是，海战必须要远距离展开，从这个距离上对敌人进行首次打击。

如果因缺乏训练而不能对敌人实施这样的关键性打击，必将酿成可悲的后果。

皇家海军上尉 A. V. 怀恩（A. V. Vyoyan）

这份报告私下里在海军部委员会成员中传阅，产生了重要影响，仿佛拉响了警报。有人极力赞扬，有人严厉批评，但是没有人否认应该开展实际工作，对训练体制进行重大改革。然而，革新进程却极为缓慢，有些军舰上的舰炮瞄准装置得到了改进，但很多军舰没有进行此项工作。可见执行过程缺乏统一性。

君权级的343毫米主炮和炮台

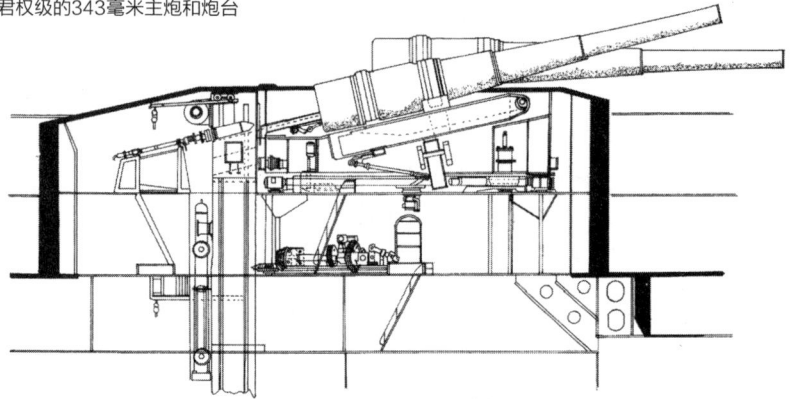

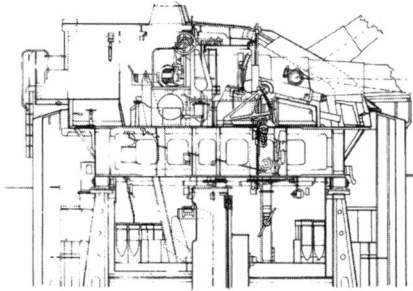

"百夫长"号的305毫米主炮和炮座

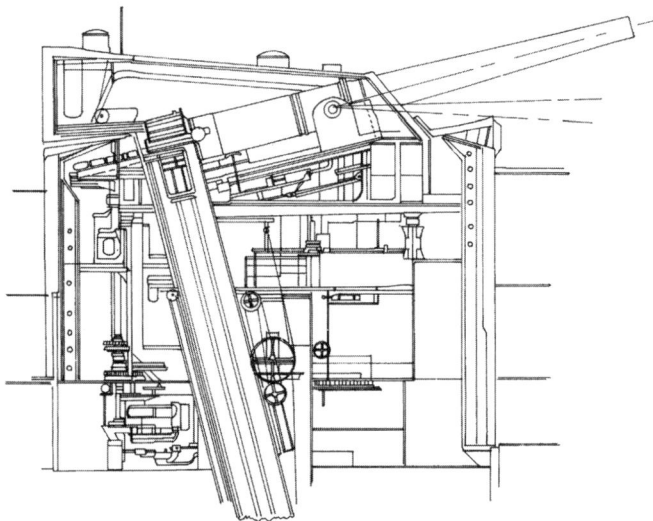

"阿尔比恩"号、"荣耀"号、"歌利亚"号和"海洋"号的
305毫米B IV型炮座

"恺撒"号和"光辉"号的305毫米B III型炮座

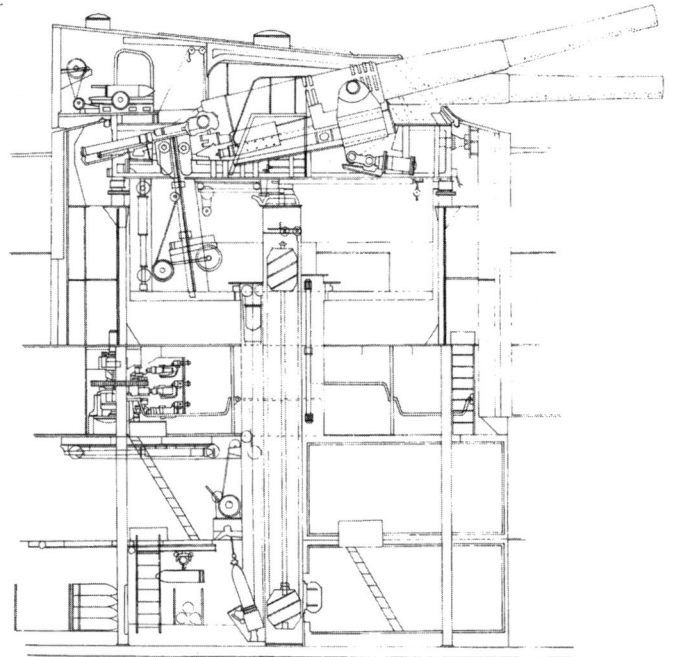

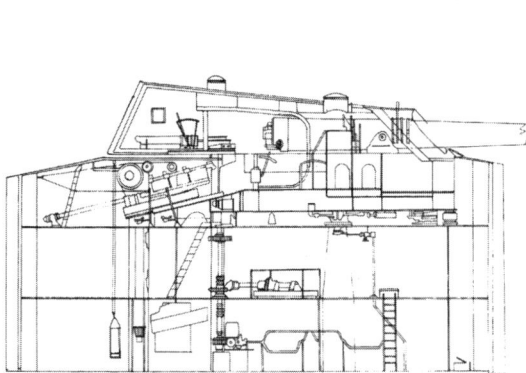

"庄严"号的305毫米B II型炮塔

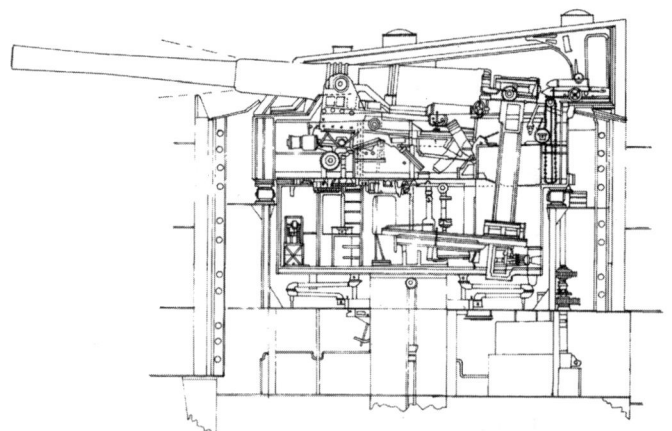

"可畏"号、"伦敦"号和"堡垒"号的305毫米B VI型炮座

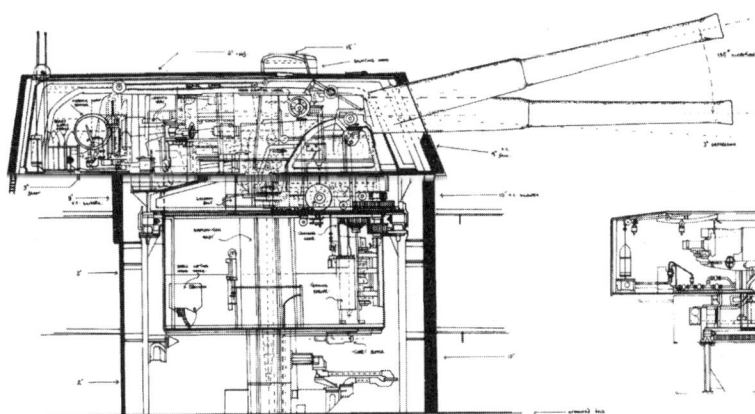

"凯旋"号的254毫米炮塔，1904年

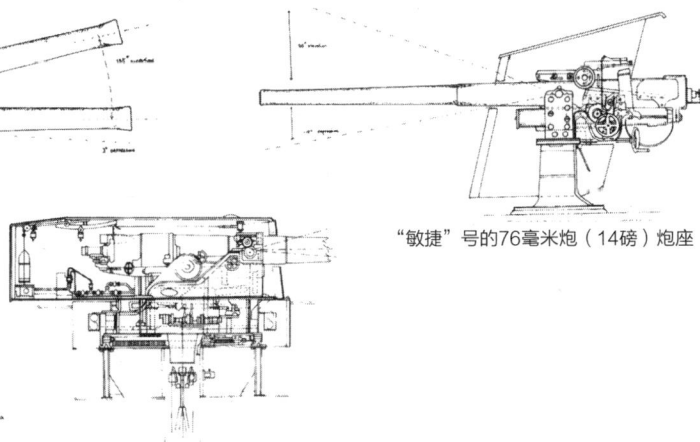

英王爱德华七世级的234毫米炮塔

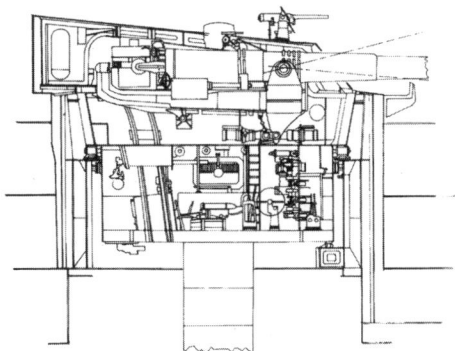

"敏捷"号的76毫米炮（14磅）炮座

英王爱德华七世级的305毫米B VII型炮座

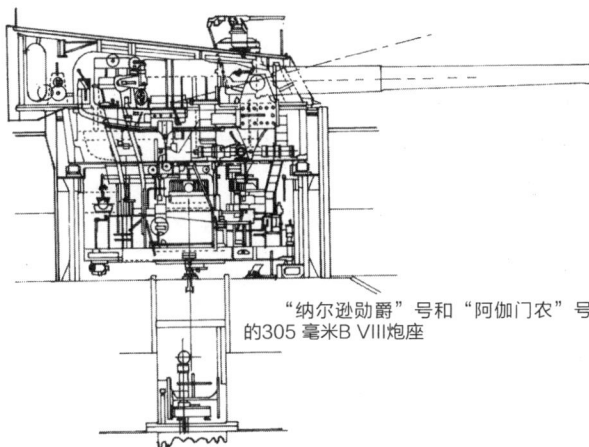

"纳尔逊勋爵"号和"阿伽门农"号的305毫米B VIII炮座

"报复"号的305毫米B V型炮座，1902年

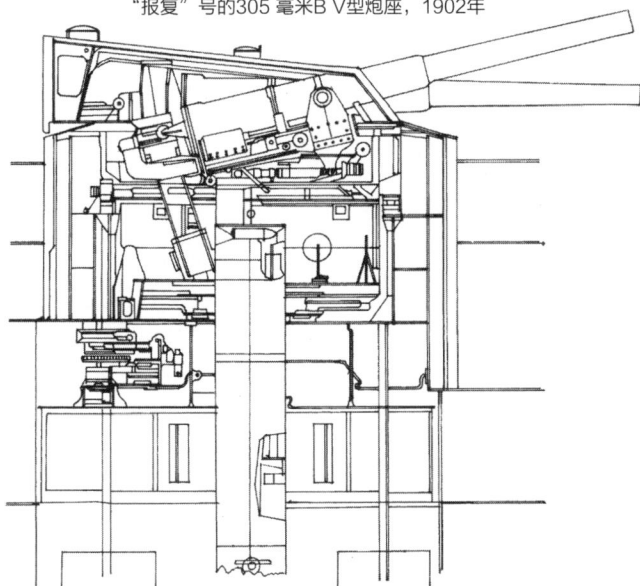

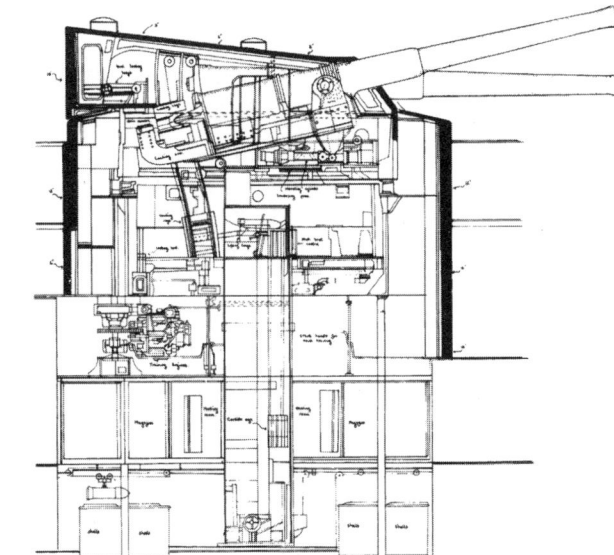

"无阻"号和"可敬"号的305毫米B VII型炮座

254 毫米 45 倍径 Mk VI 型舰炮（"敏捷"号）

重量（不含炮闩）：39.4 吨

长：11.88 米

炮膛长度：1816.54 毫米

炮膛直径：368.3 毫米

膛压：270.27 兆帕

膛线：改进型平直截面膛线，缠距统一为一周 30 倍径，右旋

膛线数量：60 条

膛线槽深度：尾部 1524 毫米深度为 1.78 毫米，向前为 1.52 毫米

膛线槽宽度：8.86 毫米

炮口初速：866 米 / 秒（通常弹）；849 米 / 秒（被帽弹）

炮口动能：84.93 兆焦（通常弹）；81.79 兆焦（被帽弹）

炮塔中最大仰角：13.5 度

炮塔中最大俯角：−5 度

炮座直径：6.4 米（内直径）

装填角度：5 度

炮弹重：226.8 千克

发射药重：95.25 千克（硝化纤维装药）；80.97 千克（无烟火药）

威力：2743 米（3000 码）处可击穿 292 毫米铁甲

234 毫米 46 倍径 Mk X 型舰炮（英王爱德华七世级）

制造材料：钢，缠线

重量（含炮闩）：28 吨

长：11.24 米

炮身长：46.66 倍径（10.9 米）

炮膛长度：1803.4 毫米

炮膛直径：330 毫米（最大）；259.08 毫米（最小）

膛线：改进型平直截面膛线

膛线长度：8986.52 毫米

缠距：从炮闩至距炮口 7711.06 毫米处为直线，然后渐变至一周 30 倍径缠距至炮口

膛线数量：37 条

膛线槽深度：2.03 毫米（直线部分）；1.524 毫米（旋转部分）

膛线槽宽度：1.57 毫米（直线部分）；1.57 毫米（旋转部分）

炮口初速：805 米 / 秒

炮口动能：55.88 兆焦

炮弹重：172.37 千克

发射药重：231.79 千克（MD 无烟发射药）（全装药为两个药包）

威力：零距离可以击穿 838 毫米铁甲，2743 米（3000 码）处可击穿 559 毫米铁甲

191 毫米 50 倍径 Mk I 型舰炮（"敏捷"号和"凯旋"号）

重量（不含炮闩）：15.75 吨

长：9.86 米

炮身长：50 倍径（9.53 米）

炮膛长度：1191.26 毫米

炮膛直径：266.7 毫米

炮膛体积：61.45 立方分米

膛线：改进型平直截面膛线

缠距：统一一周 30 倍径

膛线数量：44 条

炮口初速：901 米 / 秒（硝化纤维发射药）；844 米 / 秒（改进型无烟发射药）

炮口动能：36.78 兆焦（硝化纤维发射药）；32.29 兆焦（改进型无烟发射药）

炮塔中最大仰角：14 度

炮塔中最大俯角：−5 度

炮弹重：90.72 千克

发射药重：36.06 千克（硝化纤维装药）；25.4 千克（改进型无烟火药）

威力：2743 米（3000 码）处可击穿 178 毫米钢甲

76 毫米（14 磅）舰炮（"凯旋"号）

重量：812.84 千克

炮口初速：820 米 / 秒

炮口动能：2.13 兆焦

炮弹重：6.35 千克

发射药重：1.95 千克（硝化纤维发射约）

---

57 毫米舰炮（"凯旋"号）

重量（含机械系统）：428.19 千克

炮座重量：449.50 千克

长：2.48 米

炮身长：40 倍径

炮口初速：419 米 / 秒

炮口动能：0.42 兆焦

炮弹重：2.72 千克

发射药重：219.71 克无烟发射药

威力：零距离可击穿 102 毫米铁甲

---

152 毫米 Mk VII 和 VIII 型舰炮

重量（不含炮闩）：7.37 吨

炮闩重量：156.04 千克

长：7.09 米

炮身长：44.9 倍径（6.85 米）

炮膛长度：820.42 毫米（标准型）；829.51 毫米（改进型）

膛线：改进型平直截面膛线

膛线长度：5933.44 毫米

炮口初速：773 米 / 秒（Mk I 型膛线）

炮口动能：13.97 兆焦（Mk I 型膛线）

射程：2286 米（Mk I 型膛线）；2697 米（Mk III 型膛线）

炮弹重：45.36 千克（3.94 千克装药）

发射药重：9.07 千克(Mk I 型膛线)；10.43 千克(Mk I 型膛线与改进型炮膛)；12.98 千克(Mk III 型膛线与改进型炮膛)

　　1903 年，在一次射击演习中，"可畏"号的成绩惨不忍睹，因此获得了"家鼠"的称号，对一艘强大的军舰来说这确实无比尴尬。另外，1904 年的一次射击考核中，"百夫长"号（Centurion）上的一名目击者给 A. 怀特（记者）发了一条信息："你经常在报纸上提到我们糟糕的炮术，所以你一定很高兴听到这个消息，虽然问题多多，但我们的远程射击在舰队中远不是最差的。我们击中了一次目标！很多军舰一次都没射中！"

　　随着越来越多的试验开始实施，新的发明也陆续投入使用，可以看到炮术的进步，但是缺乏连续性，也很难满足人们的期待。1905 年 2 月 23 日，一等水兵霍林赫斯特（Hollinghurst）在 1372—1463 米（1500—1600 码）的距离上，对 2.44 × 1.83 米的靶标取得了 10 发 7 中的成绩，海军上校珀西·斯科特趁机再次大声疾呼："现在霍林赫斯特是'沙滩上仅有的一块鹅卵石'。他骄傲地成为整个皇家海军舰队以及当代任何一支舰队中无出其右的最佳炮手。"

　　英国报界也纷纷拿"沙滩上仅有的一块鹅卵石"作大标题来报道，当然还不止这些。尽管如此，海军炮术在缓慢但坚实地取得进步，事情逐渐走上了正轨。斯科特后来在威尔岛（Whale Island）海军炮术学校"卓越"号上担任校长，并被加封为骑士，以表彰他坚持不懈地为皇家海军研制精确、可靠和标准化的火炮指挥仪系统。还有很多人也在促进海军炮术方面竭尽所能，包括极富进取心的"杰基"·费舍尔，他总是抓住一切机会，把其他军官和他自己的想法付诸实施。海军上校斯科特，和其他像他一样的人，在当时都被视为炮术怪物，遭人排斥，但他为人坚强严厉，对人对己都严格要求。查尔斯·比尔斯福德爵士评价他说："像所有的改革家一样，海军上校斯科特一直在艰难地战斗，他不为人所理解，各种各样的守旧人士都反对他。"

从 1905—1906 年开始，军舰上出现了布置在桅顶的火控平台，测距仪的性能也获得大幅提高。炮术教材也因 1902 年的报告而得以修改，随后的试验虽然是在老式前无畏舰上进行的，但更新更大的无畏舰上装备了最新的火控设备。不过本书介绍的大部分军舰，一直没有装备先进的火控设备，直到 1914 年大战爆发，它们才得到了一些有限的可用装备。大战中获得的经验，使高度先进的火控指挥仪在战争结束前全面装备了舰队——其性能比其他国家海军的同类装备优异得多。

动力

1873 年设计的"不屈"号是第一艘采用复合式蒸汽机（Compound engine）和筒式锅炉的英国主力舰，以前军舰上使用的单压式蒸汽机（Single pressure engine）和低压矩式锅炉被取代了。

"不屈"号的动力系统在当时十分先进，在增加输出功率的同时减少了燃料消耗。

在接下来建造的"阿伽门农"号、"巨像"号和海军将领级上，动力系统继续获得长足进步。1886 年设计的"维多利亚"号和"无比"号上，采用了三胀式蒸汽机。这一时期所有型号的军舰都使用了单头或双头筒式锅炉，但是这种锅炉故障频出，需要经常大修。1892 年，由于故障太多，海军部成立了一个由海军上将布勒（Buller）为首的委员会，研究现有的单一燃烧室（Single-combustion）锅炉，特别是双头锅炉，并提出改进建议。海军部清楚地知道，任何仓促的举动都将招致海军内外的强烈批评。海军将动力系统的缺陷归咎于过高的蒸汽压力和三胀式蒸汽机，报界和公众也对军舰动力系统的现状严重不满。事实上，报纸频繁地提及这个问题，以至于海军造舰师协会声称，如果对商船也倾注这样的注意力的话，那报纸就没有版面放别的新闻了。

关注的焦点有两个：1.03 兆帕的蒸汽压力被认为过高了；三胀式蒸汽机的转速也太高了。但是委员会发现，以前出现的大部分问题，原因非常简单，就是试图通过强制通风使锅炉输出更多蒸汽，致使蒸汽机输出功率远远超过设计输出功率，反过来也导致蒸汽机在低功率运转时极不经济。委员会倾向于使用单头而不是双头锅炉，并且希望尽可能为每个炉膛布置单独的燃烧室。他们还建议限制加热面积，这样将避免筒式锅炉产生压力过高的蒸汽。委员会的最后结论是，应该对水管锅炉（Water tube boiler）进行试验，希望它们在大型军舰上也能像在鱼雷艇等小型舰艇上那样有效地工作。[从 1890 年开始，试验已经在"快速"号（Speedy）鱼雷艇上展开，它是第一艘使用水管锅炉的英国舰艇，试验取得了极大成功。] 1892—1894 年，其他试验也在鱼雷艇"飞驰者"号（*Spanker*）、"果敢"号（*Daring*）和"诱饵"号（*Decoy*），以及鱼雷炮艇"神枪手"号（*Sharpshooter*）上展开。结果是，"飞驰者"号安装的法国迪·唐普勒（du Temple）式水管锅炉并不算成功，遭到淘汰。"果敢"号和"诱饵"号安装的是亚罗水管锅炉，它们与安装火管锅炉（Locomotive boiler）的"哈沃克"号（*Havock*）进行了对比试验。亚罗锅炉虽然性能优于火管锅炉，但仍有缺陷，需要改进才能用于军舰。后来亚罗公司根据海军部的要求修改设计，完成了改进。尽管水管锅炉存在缺陷，试验之后委员会还是建议在小型舰艇上全面取消火管锅炉。当时（1890—1892年），海军上校康普顿·多姆维尔（Compton Domville）和 W. H. 梅（W. H. May）都指出，法国海军已经在使用贝尔维尔（Belleville）和达勒特（D'Allert）大型水管锅炉方面取得了部分成功。

"神枪手"号经过改装，安装了贝尔维尔锅炉，于1894年进行试验。它在正常吃水情况下，输出功率达到3238马力，航速19节。迫不及待的海军部不顾反对意见，不等对这种锅炉进行深入试验，就将其安装在当年开工建造的大型巡洋舰"强大"号（*Powerful*）和"可怖"号上。但是，这一决定是在海军总工程师约翰·德斯顿爵士（Sir John Durston）的建议下批准的，并得到了造舰总监（怀特）的背书。两艘军舰在海试中都达到了21节以上的航速，获得了极大成功。海军随后建议在所有新建舰艇上使用水管锅炉。贝尔维尔锅炉装备了从坎珀当级至1902年的英王爱德华七世级的所有主力舰。但是在这之前几年，贝尔维尔锅炉已经有了不良记录，这些舰艇上的锅炉果然也故障连连。当大型巡洋舰"欧罗巴"号（*Europa*）上的蒸汽机和锅炉出现严重缺陷，致使燃煤消耗速率大增时，问题终于浮出水面，海军不得不展开调查。

海军部委员会任命了另一个委员会，专门研究在大型军舰上使用现代水管锅炉的问题。委员会成员包括海军中将坎普顿·多姆维尔（主席）、J. A. 史密斯（J. A. Smith，动力系统监察员）、J. 李斯特（J. List，工程师，卡斯特尔轮船公司督查）、詹姆斯·贝恩（James Bain，工程师，卡纳德轮船公司督查）、J. T. 米尔顿（J. T. Milton，劳埃德船舶注册公司首席工程调研员）、A. B. W. 肯尼迪（A. B. W. Kennedy）教授、J. 英格利斯（J. Inglis，格拉斯哥 A. J. 英格利斯工程与造船公司主管）、海军中校蒙塔古·E. 勃朗宁（Montague E. Browning）和海军总工程师 H. 伍德（H. Wood）。

海军部指示委员会开展以下工作：

1. 通过实际使用和试验，明确贝尔维尔锅炉相对矩形锅炉的优点和缺点；
2. 调查这些锅炉，以及锅炉辅助机械系统出现故障的原因；
3. 就新型舰艇上的推进系统及辅助机械装置的性能递交总体调查报告，并对改进本身和改进对重量与所占体积的影响提出意见；
4. 研究尼克劳斯（Niclausse）和巴布科克－威尔科克斯锅炉（Babcock & Wilcox）与贝尔维尔锅炉各自的优点，报告是否有任何型号的锅炉优于贝尔维尔锅炉或者上述两种锅炉并适用于海军的大型巡洋舰和战列舰。

为了进行对比试验，委员会选择了多艘舰艇，包括使用贝尔维尔锅炉的"风信

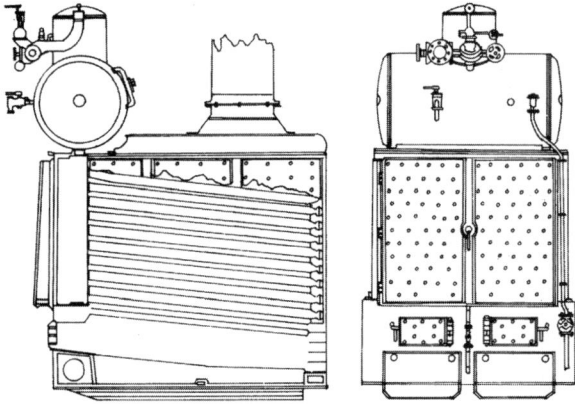

尼克劳斯锅炉： 工作原理与巴布科克-威尔科克斯锅炉相同，也布置有倾斜的水管，燃烧室在下方，水鼓在上方。这是一种性能优良的锅炉，但需要不间断地看管

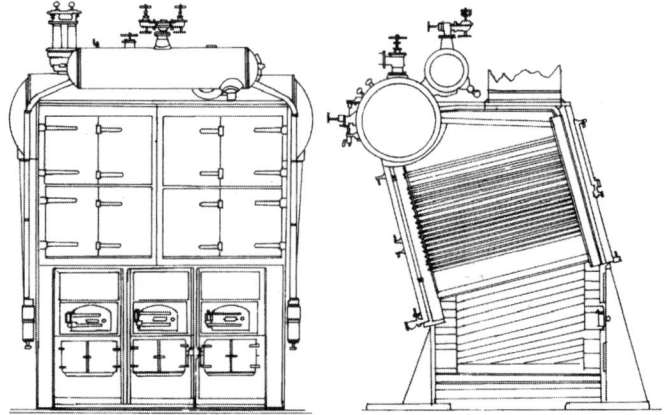

巴布科克-威尔科克斯锅炉： 倾斜的直形水管与方形部分的多个水箱和弯曲的外管相连，外管连接到上方的筒形水鼓，水鼓内的水呈半满状态。水管下方有3个燃烧室。这是当时大型军舰上使用的最佳锅炉

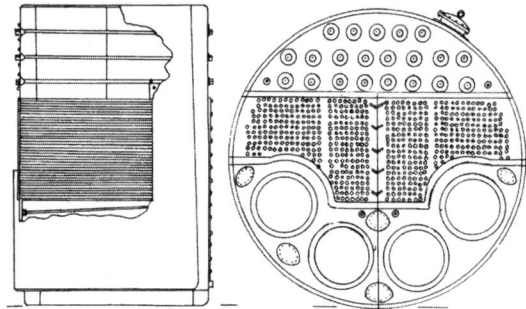

筒式锅炉或"苏格兰威士忌锅炉"： 这种锅炉的尺寸不一，长度最大为6.1米，有单头和双头型号，单头锅炉最多有4个燃烧室，双头锅炉最多有8个燃烧室。这是一种性能可靠但极为笨重的锅炉

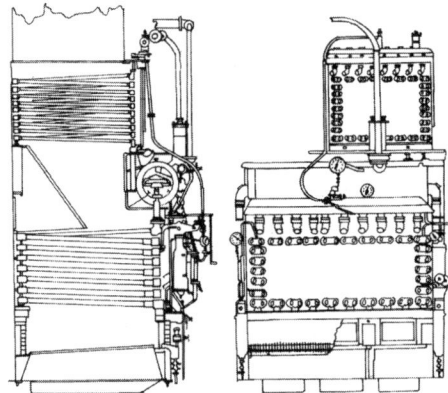

贝尔维尔锅炉： 这种锅炉结构复杂，包括水管和分离器。它在高速情况下经济性不佳，也比其他锅炉需要更多看管。它比筒式锅炉轻，但保养成本较高

子"号（*Hyacinth*）、"阿里阿德涅"号（*Ariadne*）、"角斗士"号（*Gladiator*）和使用桑尼克罗夫特锅炉的"珀耳修斯"号（*Perseus*）、"普罗米修斯"号（*Prometheus*）。另外，委员会还借以下巡洋舰入坞维修之机对它们进行了调查：使用贝尔维尔锅炉的"暴怒"号、"尼俄伯"号（*Niobe*）、"王冠"号（*Diadem*）、"高傲"号（*Arrogant*），使用布莱钦登（*Blechynden*）锅炉的"帕克托罗司"号（*Pactolus*）。"佩勒鲁斯"号（*Pelorus*）和"强大"号在经过高强度的海上航行后，也成为委员会的研究对象。海军部特别希望任何结论都尽可能得到试验数据的支持，只要委员会需要，任何深入的试验都可以开展。

接下来的几年里，在上述舰艇及其他舰艇上进行的试验，详尽反映了皇家海军当前使用的蒸汽机/锅炉的缺陷。委员会在一份内部报告中列出了以下结论：

1. 即将订购并在未来建造的舰艇，不应再考虑使用贝尔维尔锅炉；

2. 已经订购，而锅炉的制造安装工作仍处于初始阶段的舰艇，不应使用贝尔维尔锅炉；

3. 正在建造并接近完成，更替锅炉将严重拖延入役时间的舰艇，可以保留贝尔维尔锅炉；

4. 已经完工的军舰，应保留已安装的贝尔维尔锅炉。

委员会还认为，贝尔维尔锅炉的维护成本不仅比筒式锅炉的高，还会随着使用时间的增长大幅增加，所以应该考虑安装已经成功应用于外国军舰的 4 种直形大型水管锅炉，分别是：巴布科克 – 威尔科克斯、尼克劳斯、杜尔（Durr）和亚罗大型水管锅炉。

1904 年 7 月 2 日，委员会推荐安装巴布科克 – 威尔科克斯锅炉和亚罗锅炉——但它们不能和其他筒式锅炉搭配使用。这一决定是在建造英王爱德华七世级（8 艘军舰）时（1902—1904 年）采用了多种组合的动力装置后做出的。另外，在"王后"号（Queen，1901 年）和"威尔士亲王"号（Prince of Wales）战列舰的设计期间，就是否为"王后"号安装全副巴布科克 – 威尔科克斯锅炉，并与它安装贝尔维尔锅炉的姊妹舰"威尔士亲王"号进行对比试验，展开了一场争论。对将锅炉全部更换为巴布科克 – 威尔科克斯锅炉的方案进行调查后，"王后"号的制造商哈兰德 – 沃尔夫（Harland & Wolff）认为此举对军舰影响不大，于是着手进行更换工作（见有关军舰海试细节的相关章节）。委员会主席康普顿·多姆维尔爵士，1904 年 6 月曾在驻拉帕洛（Rapallo）的"堡垒"号（Bulwark）上服役，他非但不认为贝尔维尔锅炉是一种失败的产品，反而向海军部委员会递交了一份报告，对其大加赞赏：

我非常荣幸地向海军部委员会递交我作为主席的锅炉委员会的最终报告。虽然在过去两年里，我并没有亲临各项试验，但是我总能及时收到所有试验报告，这些报告也显示了委员会对获得正确数据和结果的巨大关注和担忧。

根据我们之前的报告，我可以负责任地说，我在地中海舰队使用贝尔维尔锅炉的经验，给我留下了非常积极的印象，我也很清楚，报告中描述的早期锅炉都制造不良，使用不善。我所在的舰队中，任何军舰上的锅炉都没有出现过严重缺陷，实际上有两艘即将重新服役的军舰，只进行了普通的年度维修，而锅炉的寿命却比我当初想象得更长。

但是，这些军舰重新服役后的表现将更好地体现锅炉的性能。

总之，我对委员会同事的工作给予最高评价。

筒式锅炉被安装在庄严级（Majestic Class）和可畏级等军舰上，并没有因为性能极差而被放弃。有报告称"汉尼拔"号（Hannibal，庄严级）锅炉的蒸汽输出能力已所剩无几，但真正让这种锅炉被淘汰的原因，是无法从冷却状态迅速升火。不过筒式锅炉和贝尔维尔锅炉都已经没有改进的潜力了，而巴布科克 – 威尔科克斯和亚罗锅炉则刚开始使用。对锅炉的调查持续了将近十二年，最终结果是向军舰锅炉的统一设计迈进了一大步。但是，一份独立调查报告还是显示，海军在锅炉问题上仍有一些严重问题：

对锅炉毫无效果的改进耗费了大量经费，而海军的一些重要舰艇因为锅炉运行不稳定，以及无法确定其工作状态而脱离现役达数月之久，这种情况越来越普遍。锅炉委员会的工作虽然耗资巨大，却几近无果，因为他们使海军18艘舰艇的战斗力严重下降，使新舰艇的建造严重拖延。他们还给海军部的工程人员造成了巨大的负担，很多其他军舰上的工作因此无法进行，他们对一种在大型舰艇上已经成功使用了两年的锅炉（贝尔维尔）大加指责，只有委员会主席对它持肯定态度。

一个逐渐显现的事实是，在巴布科克－威尔科克斯和亚罗锅炉之间，越来越多的人倾向于前者。若要更换亚罗锅炉中的一根或多根水管，就必须拆除其他数根水管。另外，巴布科克锅炉的效率比亚罗锅炉高出约12%。原本使用巴布科克锅炉的往复式蒸汽机，在高速运转时容易出现问题，但是后来采用了强制润滑方法，彻底解决了问题。在过去，锅炉委员会的大部分报告和建议都是公开的，所以全世界的船舶工业都因此受益匪浅。

涂装与迷彩

"光亮如新""整洁有序""如新领针那样闪亮"，以及"擦到能当镜子用"，这些都是用来描述维多利亚时代军舰面貌的用语。但是想象一下，让一艘土黄色、亮黑色，最难的是，亮白的军舰在各种气候条件下保持干净和整洁，是多么不容易。仅一座炮塔，一周内就要用掉24卷砂纸和24罐抛光粉——这还是在节省的情况下。另外，军舰上还有大量铜制品，需要舰员们不断进行抛光处理。

世纪之交的皇家海军，每艘军舰每年只能得到喷涂一次锌白漆（Zinc white）的经费。一艘战列舰也是600—700名舰员的家园，油漆工作很自然成为保持舰上一切装备干净光亮的手段。如果只靠下拨的经费，不到年底油漆就会被磨光。实际上，无论所在何地（大西洋、地中海、远东），不到三个月军舰就失去了光彩。舰员们经常使用珐琅漆（Enamel paint），它不仅寿命长（可达9个月），而且质地坚硬，亮度高，耐脏且节省劳力。19世纪90年代，海军部意识到，如果爆发战争，军舰不可能轻易保持整洁，但也没有决定更换油漆类型。黄色涂装一直在用，一方面这是维多利亚女王钟爱的颜色，另外政界中有很多人认为这是最适合海军的涂装。

放眼国外，奥地利海军在反复试验后，认为添加绿色成分的灰色涂装最适合自己的军舰；法国海军采用 Toile mouillé 色（类似湿帆布的颜色）涂装；德国海军则偏爱中度灰色。所以奥地利、法国、德国以及日本海军，都采用了各自认为最适合作战的简单色涂装。但是皇家海军直到1901年年中才开始试验"不可见涂装"。

大部分试验（来自官方记录）都是1901—1902年在3艘庄严级战列舰——"汉尼拔"号、"宏伟"号（Magnificent）和"庄严"号（Majestic）上进行的。当时这3艘军舰都在海峡舰队服役，试验目的是找到代替现有维多利亚式色调的最佳涂装。"汉尼拔"号被涂成暗绿灰色，后来上层建筑被涂成淡绿色，舰体则重新涂成黑色（但是采用亚光处理）。"宏伟"号开始为全灰色，后来为全黑色，后者在某些条件被证明是极为成功的涂装。"庄严"号则是灰色上层建筑加黑色舰体。"汉尼拔"号的淡绿色在远距离上最难发现，但是在较暗的环境下，这种颜色又将其凸显出来。在阴天条件下，黑色舰体隐蔽性非常好。灰色则根据色度，在大多数条件下，能比绿色、褐色或黑色更好地融入环境。

最后，在 1902 年年底，海军决定采用全灰色涂装，比德国海军的涂装颜色稍暗。但是在相当长的一段时间里，由于给予了军舰在保留老式涂装方面一些自由度（在一定限制下让舰长和军官决定），军舰的涂装各有不同。在远东和地中海服役的军舰采用了一种极浅的灰色，而直到第一次世界大战爆发，一种暗得多的灰色才成为战列舰的标准色调。1914 年战争爆发时，老式前无畏舰，像无畏舰一样，涂上了一种非官方形式的迷彩，这种迷彩在 1915 年年初的达达尼尔战役中尤其普遍。

但是最古怪的涂装之一，出现在参战的最老式英国战列舰上。"复仇"号［*Revenge*，后来的"敬畏"号（*Redoubtable*）］在为 1914—1915 年炮击比利时海岸接受改装时，被涂成中度灰色底色加大面积暗灰色（也可能接近蓝色）色块。在达达尼尔战役的不同时期，出现了多种不同的巧妙伪装色。假舰艏波非常普遍，除此之外，"卡诺珀斯"号（*Canopus*）、"无阻"号（*Irresistible*）、"报复"号（*Vengeance*）、"怨仇"号（*Implacable*）和"阿伽门农"号都采用了迷彩涂装。前四艘为中度灰色底色，整个舰身还涂有暗灰色不规则色块，但是这种涂装没有留下官方记录，所以其方案至今不明。"阿伽门农"号的涂装则类似于"不屈"号战列巡洋舰：灰色底色，上层建筑有暗色色块，第二座烟囱则为白色。

所有这些迷彩涂装都在 1916 年年初消失了——至少前无畏舰不再采用。直到 1918 年，"伦敦"号为执行布雷任务才试验性地涂上了炫目迷彩。

炫目迷彩包括多种灰色、绿色和黑色。唯——艘采用官方的诺曼·威尔金森（Norman Wilkinson）炫目迷彩的前无畏舰是英王爱德华七世级"英联邦"号（*Commonwealth*），它是在接受加装防鱼雷突出部和三脚桅的改装时被涂上炫目迷彩的。这是适用于所有战列舰的标准迷彩——由蓝、灰和黑色组成（战争结束前这些迷彩涂装均被取消）。

《海军防御法案》

1879 年，面对近东地区的严峻形势，英国成立了一个委员会，研究一旦卷入冲突，国家是否有足够的防御能力。委员会认真研究后的结论是，整个皇家海军远不能满足确保英帝国安全的需要。另外，海军很多舰艇的舰龄都超过了 8 年，可能无法与法国正在建造和已经建成的最新战列舰抗衡。

海军部委员会认为报告有些危言耸听，但还是在 1880 年批准建造了"科林伍德"号，1882—1884 年建造了"罗德尼""坎珀当""豪""安森"和"本鲍"等舰，1898 年建造了"英雄"号。海军实力对比引起了很大争议，海军部委员会对皇家海军的现状表示满意，可是人们感到，虽说很多新舰艇正在建造当中，但进度比较缓慢，只要合理安排财政，造舰计划实施起来理应平稳顺利。

形势很不乐观，海军部委员会遭到潮水般的批评，因为他们没有努力推进造舰计划，建造更多极度缺乏的大型远洋战列舰——由于埃及的持续战事，以及政府的不断更迭（海军部也随之出现人事调整），这些呼吁都被忽视了。

1884 年，国防问题再次成为焦点。虽然政府继续投入巨资建造军舰的计划遭到反对，但这次公众也加入讨论，而政府内部各个党派也在为该采取何种政策而争吵不休。

由于当时仅有海军将领级处于建造中，而英国在 1877—1878 年近东的战争期间获得的先进舰艇寥寥无几，人们怀疑皇家海军无法在两强标准下发挥决定性的作用。

1884 年 9 月，《帕尔默尔公报》的文章终于将海军推向风口浪尖，一位匿名作者提出了一系列问题，引起人们对世界上最强大的皇家海军的实力和战斗力的严肃反思。

海军真相

1. 我们卷入战争的风险已经大大增加。海军作为国家的安全保障，是否具备相应的实力？

2. 有说法称我们在装甲、火炮、航速和储煤量方面，无法对任何两支有理由相信可能联合起来与我们为敌的海军，形成"无可比拟的优势"，我们是否有证据反驳这种说法？

3. 以目前的形势，正在建造的铁甲舰在 5 年后将处于何种状态？

4. 军舰的修理是否因建造新舰而受到影响，或者说我们的现役舰艇是否处于良好的状态？

5. 如果我们铁甲舰的舰体可谓先进，武器性能又如何呢？法国和意大利海军到底有没有装备口径更大、精度更高的舰炮，并在操作性上也优于我们？

6. 如果与任何海军强国突然爆发战争，我们现在部署在各个海外舰队的舰艇，是否优于敌人可能用于与我们交战的最好的舰艇呢？

7. 如果战争爆发，我们的商业航运遭到破坏，我们是否有足够的远洋巡洋舰，用于在大洋上搜索大量的敌舰呢？

8. 我们的煤站和无线电站，面对突然出现的敌人袭击舰时是否有足够的保护？

9. 我们的港口是否处于防御状态，或者说我们的港口得到足够的防护了吗？

10. 如果我们的一艘铁甲舰在世界任何一处失去战斗力，我们能在距战场合理的距离上为其提供维修船坞吗？

11. 我们是否有足够受过训练的，首先满足现有军舰需要，其次用于战时兵员补充的水兵和炮手？

12. 最后，如果所有问题都能得到积极的答案，我们是否有足够的小型舰艇（蚊子舰队），如鱼雷艇、蒸汽快艇和警戒艇来抵御敌人突然发动的鱼雷袭击，保护我们的大型铁甲舰？

文章说，对这些问题，民众有权利得到准确和公正的答案。几天之后公众情绪再次因《帕尔默尔公报》的文章而躁动起来：

英国面临着生存危机，那么这个我们有权利披露面临这种致命威胁的英国，是个怎样的国家呢？英国不仅是我们的国家，还是海外新英国的祖国母亲，尽管有种种缺点，可它是引领世界文明进步的力量——和平、工业化和自由。在旧世界的所有强国中，英国代表着自由——意识自由、贸易自由、结社自由，以及以自己的意见和选票建立自由政府的自由的人民。

上述简章出现 3 天之后，一篇令人震惊的，含有大量细节的长篇文章出现在报纸上。显然作者为避免遭受个人攻击，化名为"知情人"，详尽回答了《海军真相》一文中提出的全部问题。

［事实上这篇文章的作者是海军上校 J. A. 费舍尔，他还得到了伊舍勋爵（Lord Esher）和 H. O. 阿诺德 - 福斯特（H. O. Arnold–Forster）的帮助。整个系列文章就是由此三人创作的。］

由于文章很长，这里节选如下：

1. 不断增长的危险：

海军经费绝对没有得到相应的增长，以应对不断增加的外来入侵的危险，这种危险到 1884 年，已经比最初提出时的 1869 年有了大幅增加。

2. 我们在现役铁甲舰方面的优势：

以下表格显示了现状：

英国铁甲舰	数量	吨位
一级铁甲舰，舰龄 8 年及以下	4	38900
一级铁甲舰，舰龄 8 年以上	6	56940
二级铁甲舰，舰龄 5—16 年	13	79740
二级铁甲舰，舰龄 7—21 年	14	112410
岸防舰，254 毫米装甲，舰龄 13 年	5	18830
二级岸防舰，舰龄 18—21 年	6	13120
殖民地二级岸防舰，舰龄 14—16 年	3	9580
法国铁甲舰	数量	吨位
一级铁甲舰，舰龄 8 年及以下	3	28990
二级铁甲舰，舰龄 4—16 年	11	79338
三级铁甲舰，舰龄 7—21 年	12	55981
岸防舰，舰龄 6—16 年	6	22276
二级岸防舰，舰龄 18—21 年	5	7190

通过对比可以发现，虽然法国海军的一级铁甲舰逊于皇家海军，但是双方在作为舰队主力的二级铁甲舰方面实力相当，而且英国的优势主要源于只有极为薄弱的装甲的老式铁甲舰。

3. 我们在铁甲舰建造方面的优势：

海军的实际状况令人担心，那么我们是否正在挽回失去的优势呢？恰恰相反，我们的优势在继续消失。新军舰正在建造，但法国在建的军舰数量已经超过了我们。若要让英国的造舰进度达到 10 年前的水平，尽一切努力弥补失去的优势，每年应至少为造舰计划增加一百万英镑。

4. 维护：

政府没有为老式舰艇投入经费，维持它们的作战能力，而是将财力花在有限的新建计划上。另一方面，人们也要质问：继续维护那些过时的老式舰艇是否值得？

5. 我们在火炮方面的劣势：

法国在舰炮方面优于皇家海军。虽然乍看起来并非如此，但是英国海军只有6艘铁甲舰装备了后装炮，正在建造的新主力舰（海军将领级）还要等待为它们制造的新型63吨和110吨主炮。

6. 海外舰队面临的危险：

如果突然与法国爆发战争，远东的整支舰队都无法与法国在那里的舰队匹敌。事实上，不论与哪个海上强国开战，英国都无力保护自己的海上商业航线。

7. 英国没有足够的高速巡洋舰用于保护商船。

8. 我们的煤站和无线电站获得足够的保护了吗？

答案很简单。超过一半的无线电站和煤站都暴露在敌舰的突然袭击之下。

9. 港口的防御：

我们有八个海外舰队和四个船坞。整个印度都没有一个能维修铁甲舰的船坞。一个船坞正在远东建造，但这还远远不够。

10. 本土港口的防御：

英国本土有充足防御能力的港口不超过两个。

▷ 1890 年在查塔姆船坞舾装的"维多利亚"号。注意其巨大的舰艏饰（Scroll）

11. 海军的人员：

一旦战争爆发，海军缺乏大量训练有素的兵员（特别是炮手）。

12. 蚊子舰队：

这是舰队中最廉价和最致命的力量，也是海军的优势所在，但我们的蚊子舰队非但不是无可匹敌的，而且根本就不存在。

文章令人震惊地揭露了英国海军的弱点，以及虚弱的备战状态，犹如当头一棒，激起了各方面的强烈反应。这实际上意味着，《海军真相》一文中的质疑并非来自一位普通的匿名作者。

海军元帅托马斯·西蒙兹（Thomas Symonds）爵士说：

对你这种拯救英国及其栋梁的爱国举动，我的感激之情难以言表。愿上帝赐约翰牛以时间——已迫在眉睫。这篇文章让我们了解了50%的真相。它没有介绍法国海军未来的实力，他们的战列舰、海外舰队，等等。文章忽略了法国的6艘大型和2艘小型铁甲舰。

显然，以前从来没有过这样的报告，皇家海军的战斗力也从未受到过这样强烈的批评。但是，海军的回应却令人不解地不痛不痒，1884年的造舰计划中只有两艘战列舰（"维多利亚"号和"无比"号），以及7艘装甲巡洋舰，后者将分散在5年内开工建造。各种政治势力和民众的怒火都没能促使政府扩大海军建造计划，这在报纸上引起了更强烈的反应。

到1886年，皇家海军即将完工和正在建造中的战列舰有："巨像"号、"爱丁堡"号、"征服者"号、"英雄"号、"科林伍德"号、"安森"号、"罗德尼"号、"坎珀当"号、"豪"号、"本鲍"号、"无比"号和"维多利亚"号。虽然极不情愿，政府还是在1885年预算中增加了两艘新战列舰（"特拉法尔加"号和"尼罗河"号）。但是新内阁的上台，以及海军部委员会的更迭，使政府内对大量仍在海军舰艇花名册上和仍处于现役状态的老式舰艇产生了争议。皇家海军的战列舰在数量上有巨大优势，但是很多战列舰未经现代化改装，它们舰体陈旧，火炮过时，已经不能用于一线作战。

另外，有关战列舰设计中攻防原则的问题也在讨论之中，海军部甚至将老式铁甲舰"抵抗"号（Resistance）作为靶舰，试验军舰承受炮火打击的能力。（"抵抗"号排水量6150吨，垂线间长85.34米，宽16.46米，吃水7.92米，装备8门178毫米后装炮，1861—1862年建成。）它的装甲带是114毫米厚的铁甲，长42.67米，位于上甲板和水线以下1.83米之间，覆盖了甲板上的所有主炮炮位，铁甲后方是457毫米的柚木背板。试验中只使用了中口径火炮，结果发现有必要在主甲板以上增设装甲，以抵御密集火力的射击，保护军舰的上部舰体不被中口径炮弹破坏。最后，应在它的舰体两侧加装特制装甲板，以确定所需装甲厚度，以及此建议的可行性。

试验持续了多年，但初期试验最为关键，为皇家海军提供了许多宝贵的数据，对下一个十年中改善英国海军舰艇的设计大有裨益。

新内阁的上台使查尔斯·比尔斯福德爵士进入了海军部委员会。他深知保持舰队战备状态的重要性，上任不久就起草了一份重要文件——《作战管理》，并在海务大臣中传阅。一名军官将其复本交给了《帕尔默尔公报》。1886 年 10 月 16 日，报纸刊登了其中的大部分内容。

1. 我们的缺陷：

缺乏任何完整作战计划的危险，以及目前国家卷入战争的重大和急迫的危险，令我提交此报告，供当前的海军部委员会考虑。

2. 备战计划的缺失：

1885 年的危机，从总体上显示了我们应该在军官和水兵、船运、武备，以及弹药、燃煤和医疗储备方面制定何种符合当前情况的政策。只要对战争爆发时的种种需求了如指掌，就可以采取行动，准备这些不可或缺的资源。

3. 无法确保首先抵达战场：

在电气和高航速时代，首先抵达战场的一方不仅在经济上节省巨大，而且最有可能操得胜券。这就要用上我们部署在海外舰队的力量。但是我们目前缺乏组织和系统的计划，也没有任何预判，海军部很可能将先机让给强大的对手，例如法国或俄国。因为目前的体制过于陈旧，海军部在将开战的消息传达至各海外舰队指挥官之前，可能已经失去了两天时间。

4. 人员缺陷：

我们大概可以在三个月内补充足够的海军上校和中校，但如果真爆发战争，这也是不够的。至于海军上尉，我认为短缺达 300 人。

5. 仓储部门：

医疗部门的储备也缺乏前瞻性，那些遥远的海外舰队，如远东、好望角和埃斯奎莫尔特（Esquimalt），都有一定数量的储备，但必须大量增加。海军各部门中，医疗部门的储备状态是最好的，我发现在德特福德（Deptford）和普利茅斯等地均是如此，但是对物资的快速分发则没有计划。

6. 我们是怎样面临恐慌和灾难的：

既然知道我们需要大量增加军官、水兵数量，商船运力，以及燃煤、弹药、医疗和食品储备——这是基本常识，我们为什么不在和平时期准备这些资源，例如列出军官和水兵的详细名录，一旦有事便通过电报指示他们立即前往目的地，却非要因为没有事先解决这些简单问题，等到战争爆发时陷入慌乱呢？

7. 动员时间：法国 48 小时……英国 5 天。

为什么现在的情况如此不堪？就是因为海军部没有足够的人员负责为战争有效地组织舰队，也没有做到必要的与时俱进。

8. 燃煤和弹药的短缺：

无须多讲，燃煤是舰队的生命，就像赖以生存的空气，但危险的是，我们对如何在战争爆发时为海外舰队囤积六万吨燃煤毫无计划。弹药问题还要更严重。虽然一份非官方的秘密文件指出了这些问题，但对这种令人震惊的状态，我们尚未采取任何补救措施。

9. 缺乏作战计划：

其他国家都有清晰的作战计划，规定了在与不同国家发生战争时，军事指挥部门应该做出何种应变，采取何种计划，作战计划会传达给各舰队司令。而我们却没有任何作战计划，任何对此体察过的人，都感到极为不安。

10. 提高战斗力的要领：

我已尽一切可能，指出有必要立即清醒地认识到事态的严峻性，现在我将递交一份有关提高战斗力的要旨的建议，必须明确这是极为重要的。我并没有狂妄到认为自己已经有了新的发现，因为我在最近几年与海军部委员会成员的谈话中已经充分了解到，每个人都认识到此文所述事务的重要性。

11. 海军的情报部门：

除了克服额外职责带来的困难外，我还要提出以下建议：

扩大现有的外国情报委员会，更名为情报处，下辖两个科。情报处首长应由将官担任，其参谋团队应有两位资浅的海军上校，两位海军中校或少校，两位陆战队军官，三名职员和两名书记员。

第一科的职责是收集有关外国海军、发明、试验和总体海事事务的情报；第二科将承担备战工作，包括制订海军动员计划，以及各种情况下的海军作战计划，并定期和经常性地更新。

文章揭示了事态的危急性，以及比尔斯福德的远见卓识。它再现了过去的意见，与1884年的文章（《海军真相》）遥相呼应。报界做出了强烈反应，其中最显著的是《约克先驱报》（*York Herald*）：

查尔斯·比尔斯福德爵士列举的事实，震撼了每一位读者，我们必须在战争爆发时完备这些要务，如果仅仅依靠陈腐的体制，我们从第一场战斗开始时就将陷入混乱，因为海军的状态远不能满足击败对手的需要。

虽然文章从各个方面直击问题要害，但从1886年到1889年，海军没有开工建造任何一艘主力舰！1888年，造舰总监威廉·怀特递交了一份报告，揭示了海军舰艇持续恶化的状态，以及应该如何以新建计划来弥补。与此同时，比尔斯福德辞去海军部委员会的职务，专心制订自己的、有关海军需求的计划。在海军部委员会大多数成员和造舰总监的支持下，比尔斯福德于1888年12月13日递交了详细计划，要求在今后数年内花费两千万英镑，建造74艘舰艇。

海军大臣乔治·汉密尔顿勋爵（Lord George Hamilton）则对这份建议报以嘲讽，说自己的情报来自权威部门，而不是报纸——他认为英国海军的实力符合两强标准，而比尔斯福德爵士只是一位喜欢"夸大其词"的海军军官。

为了强调新建计划的必要性，刚刚完成的1888年舰队演习报告也声称，海军的很多舰艇缺乏良好的远洋航行能力。报告称英国舰队对付另外一个海军强国都成问题，更不用说两个了。

政治上的分歧非常严重，但海军终于赢得了胜利，1889 年 3 月，比尔斯福德在议会发表演讲的十三周之后，乔治·汉密尔顿勋爵极不情愿地提交了《海军防御法案》，要以 2150 万英镑为海军新建 70 艘舰艇。建造计划将在 5 年内展开，其中包括著名的"君权"号、"胡德"号、"百夫长"号和"巴夫勒尔"号（Barfleur），以及 41 艘不同类型的巡洋舰。转折点已经到来，造舰总监现在不仅有足够的经费，还有新的设计思想和更大的自由度，他在海军造舰师协会成员面前颇具前瞻性地评论说：

　　以这样的设计团队，加上以往记录的数据和经验，以及在我的朋友弗劳德先生（Mr Froude）领导下，在哈斯拉尔（Haslar）建立的庞大试验设施，还有来自海军官兵和造船厂专业人士的大力协助和诸多建议，再算上从私人造船厂和外国竞争者的工作经验中不断汲取的知识，如果还不能在"白厅办公室"里成功设计出令海军部委员会完全满意的"最出色的军舰"，我们就真的难辞其咎了。

君权级：1889 年预算

设计

1888 年 8 月 17 日，海军部委员会趁年度检查之机，在德文波特造船厂召开会议，讨论 1889 年预算中战列舰的技术指标与尺寸。委员会成员浏览了各种类型战列舰的有关文件和设计方案，并对各方案的优点进行了讨论。主要议题如下：

1. 新军舰采用高干舷还是低干舷（前者只有在主炮布置在炮台中时才能实现）；
2. 主炮的数量、布置和炮座的形式；
3. 副炮的类型与布置；
4. 装甲的布置与厚度；
5. 主要动力。

经过漫长的讨论，委员会达成一致意见：

1. 应采用 4 门大口径主炮，每两门主炮布置在单独的，有装甲防护的武器站中，每门主炮的射界最少为 260 度，所有主炮都可以向两舷开火。[委员会在反复讨论之后，决定为新军舰配备即将装备最新式战列舰（"特拉法尔加"号和"尼罗河"号）的 343 毫米主炮。]
2. 副炮为 10 门 152 毫米舰炮，大部分以炮郭形式布置在前后主炮之间的两舷，

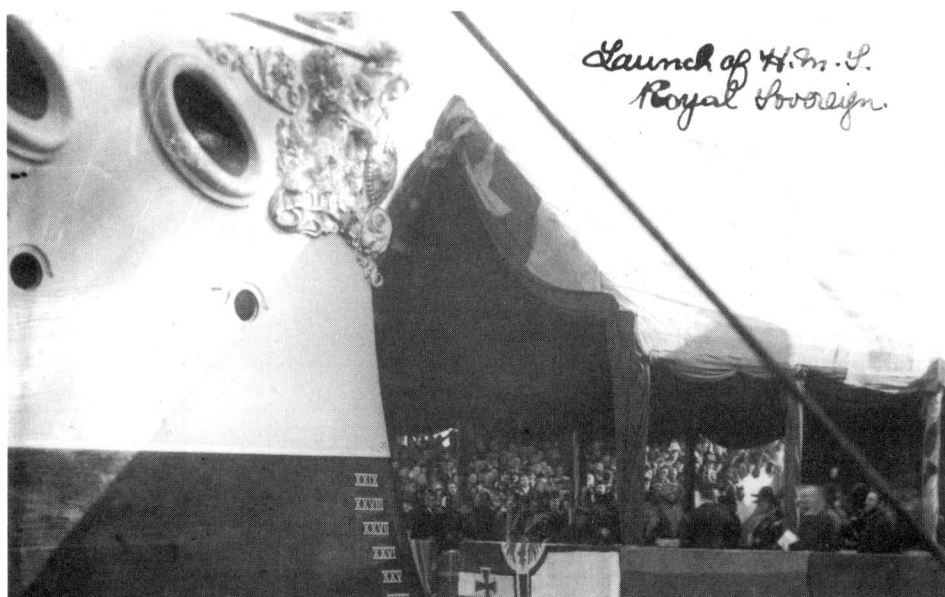

◁ "君权"号。7 艘君权级的诞生是现代战列舰设计的分水岭。维多利亚女王在三个儿子的陪伴下为军舰主持命名仪式。"君权"号于 1891 年 2 月 26 日下水

如有可能就为其提供装甲防护。其余副炮的位置将比这些副炮高一层甲板，以防炮口风暴互相干扰，同时也防止多门火炮被一发敌弹摧毁。后者是基于高爆弹药和中口径速射炮的最新发展做出的决定。

3. 主装甲带与舰体的长度比与"特拉法尔加"号相同。主装甲带最大厚度至少为457毫米，另布置102毫米或127毫米厚的上部装甲带和76毫米的水平装甲。

委员会还讨论了中央堡垒和围屏式防护体系，中央堡垒的装甲厚度为356毫米和305毫米。采用何种类型的防护则没有作出决定，但是明确了无论哪种方案都将受到同样的造价限制，虽然预算为新军舰投入了大量经费。

海军造舰总监威廉·怀特从造船厂返回后，指示自己的部门："委员会在详细讨论后，决定按以下形式准备设计草案:1.'特拉法尔加'改进型;2.'安森'改进型。"

根据这些要求，造舰总监的部门制订了数个设计方案，其中包括炮塔方案和炮台方案。炮塔还是炮台，这是海军部委员会讨论最热烈的焦点，也是争议最大之处。海军造舰总监重点强调了炮台炮的优点，包括围屏式防护，特别是可以采用高干舷。第一海务大臣，海军上将胡德则更喜欢炮塔，炮塔可以布置面积更大的装甲，但这样会产生巨大的上部重量，因此只能采用低干舷设计。以不同原则制订的设计方案被提交到海军部，具体细节见表格。

	炮台舰（海军将领级）	中央堡垒炮塔舰	围屏式炮塔舰	炮台舰	特拉法尔加级	B方案（中央堡垒舰）	C方案（围屏式炮塔舰）	c方案（炮台舰）	围屏炮塔舰	炮台舰
排水量（吨）	10550	14000	12000	12000	12000	15000	13650	11600	14000	14000
长（米）	100.58	115.82	106.68	106.68	105.16	121.92	115.82	106.68	115.82	115.82
宽（米）	20.88	22.86	21.34	21.34	22.25	22.56	22.25	20.73	22.86	22.86
吃水（米）	8.38	8.38	8.23	8.38	8.38	8.38	8.38	8.23	8.38	8.38
干舷（米）	3.12	3.43	3.43	5.49	3.43	5.49	5.49	5.49	3.43	5.49
航速（节，强制通风）	16.75	17	17	17	16.5	18.5	17	17	17	17
航速（节，正常）	15	15	15	15	15	16.5	15.5	15.5	15	15
载煤量（吨）	900	900	900	900	900	900	900	900	900	900
大口径炮	4门67吨后装炮	4门67吨后装炮	4门45吨后装炮	4门45吨后装炮	4门67吨后装炮	4门67吨后装炮	4门67吨后装炮	4门43吨后装炮	4门67吨后装炮	4门67吨后装炮
中口径炮	6门152毫米后装炮	10门152毫米速射炮	10门152毫米速射炮	10门152毫米速射炮	6门120毫米后装炮	10门152毫米速射炮	10门152毫米速射炮	6门152毫米速射炮	10门152毫米速射炮	10门152毫米火炮
57毫米炮	12门	10门	10门	16门	8门	—	—	—	—	—
47毫米炮	7门	8门	8门	8门	10门	—	—	—	—	—
装甲带长（米）	45.72	76.2	70.1	70.1	70.1	70.1	76.2	70.1	76.2	76.2
装甲厚度（毫米）	457	356—457	356	356	356—508	508	457	356	356—457	356—457

另外，根据海军部要求进行的调查还有:

1. 炮塔战列舰在正常吃水量、航速 17 节、燃料储量增加 30% 的情况下，排水量和造价各是多少；

2. 排水量为 12000 吨的炮塔战列舰，如果干舷高度、主炮指挥战位高度、航速和燃料储量，都与中央堡垒和围屏防护型战列舰（B 型和 C 型）相同，可以采用何种标准的主炮和防护。

采用这种缩减版设计，据称是为了更好地与法国战列舰"布伦努斯"号（Brennus，当时处于建造中）相比较，后者排水量 11200 吨，装备 3 门 340 毫米主炮，分别布置在一座双联和一座单装炮塔内，副炮是 10 门 165 毫米火炮，主装甲带厚 401 毫米，炮塔装甲为 450 毫米，航速 17 节。

1888 年 11 月 16 日，一个特别委员会审阅了所有设计方案，特别委员会成员包括海军部委员会成员，以及海军上将多维尔（Dowell）、维西·汉密尔顿（Vesey Hamilton）、理查兹（Richards），海军中将拜尔德（Baird），海军上校沃尔特·科尔爵士（Sir Walter Kerr）、J. 费舍尔（海军军械处处长），以及海军造舰总监。

航速 17 节、燃料储量增加 30% 的特别设计，以及缩减版方案几乎立即被否决。前者是由于排水量太大（大约 16000 吨，除武备外的造价为 100 万英镑），后者则是因为排水量不足以承受标准主炮和防护。但问题的本质在于炮塔和炮台各自的优

▽ 1892 年年初，正在彭布罗克造船厂舾装的"反击"号。它于 1892 年 12 月 5 日被移至朴次茅斯并在那里完成了海试前的最后建造

点。前者能依靠中央堡垒获得足够的防护，但是装甲使舰体上部重量大增，只能采用低干舷设计，导致主炮指挥战位高度过低和远洋航速不足。后者由于重量分布合理，可以采用高干舷设计，火炮指挥位置也高，这提高了战斗力和航速，但是牺牲了主炮的防护。

第一海务大臣，海军上将亚瑟·胡德爵士强烈倾向于炮塔方案（他也深刻影响了特拉法尔加级的设计）。而怀特更喜欢炮台方案，他在应海军部委员会要求递交各种设计方案时，附上了一份备忘录，强烈批评特拉法尔加级和炮塔舰的总体设计，并敦促为新主力舰采用炮台方案。

各种方案中，14000 吨中央堡垒炮塔舰、13650 吨围屏炮塔舰（C）和 11600 吨炮台舰（c）成为各自类型中最受欢迎的设计。在进一步考虑时，委员会首先否决了单一中央堡垒方案，而更倾向于分开布置的围屏方案，而炮台方案最终因干舷高被采纳。1888 年年度演习委员会报告揭示了海军舰艇设计的大量缺陷，特别强调了战列舰的一个主要设计问题，这也促使海军部委员会做出了采用高干舷炮台舰方案的最后决定。演习委员会报告指出，低干舷的炮塔舰，以及采用炮台的海军将领级，都存在

"君权"号
侧视图，1893 年

君权级下水重量
"君权"号：6300 吨
"拉米伊"号：6500 吨

虽然该级军舰的下水记录已经遗失，但已知其下水滑行距离很长，"拉米伊"号滑行了 22.86 米才入水，下水时出现困难（参见舰史）。"君权"号下水时已经安装主装甲带、102 毫米哈维装甲板，舰体内部所有横向装甲也已安装。

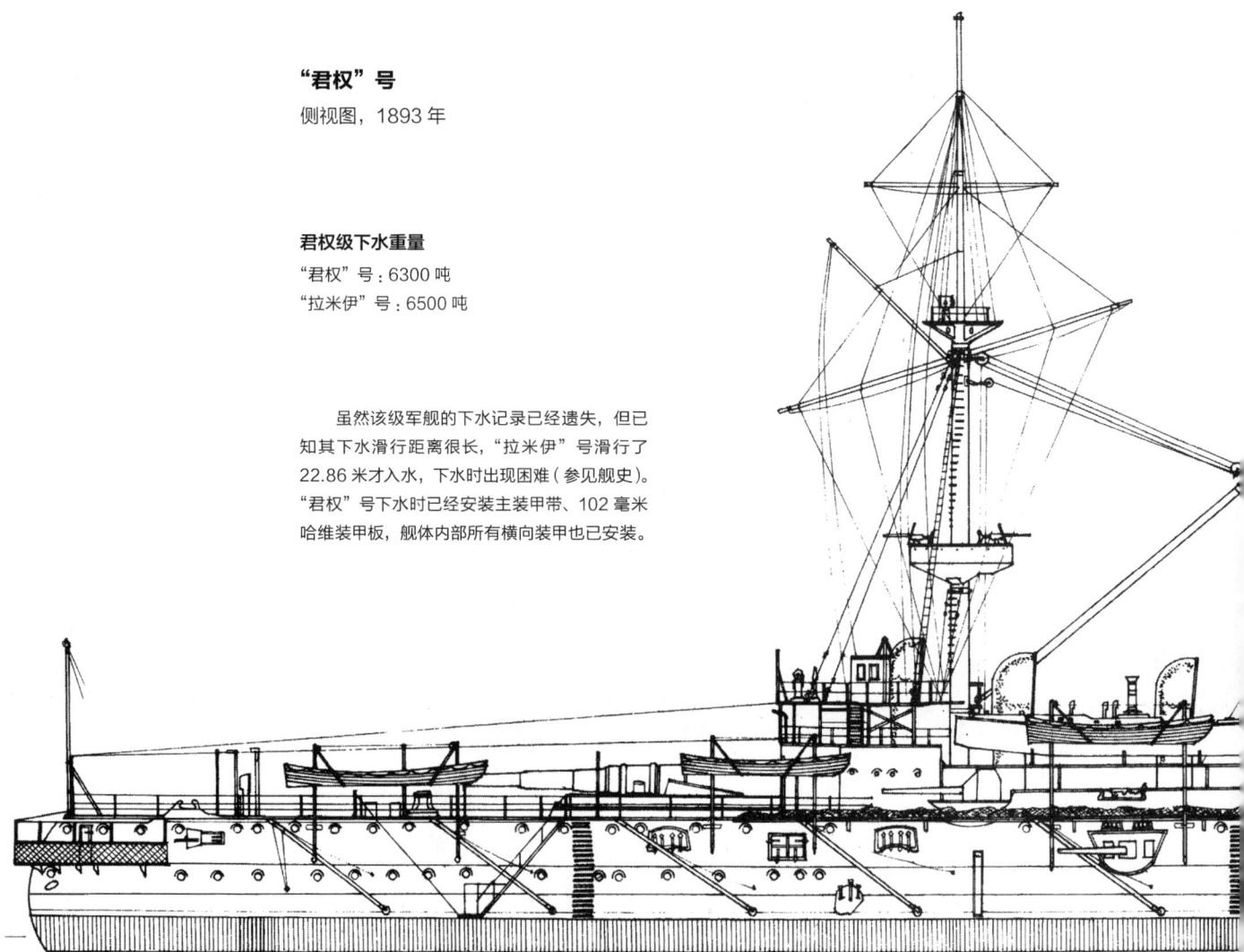

严重的适航性问题，这些军舰的舰炮经常因为横摇和纵摇过于剧烈而无法有效开火，有时甚至完全无法操作。炮塔舰的问题更加严重，因为主炮过于接近水线，当海浪冲上舰艏时，主炮炮口经常被淹没在水中。

委员会最后发行了一份议会白皮书，海军大臣也公布了一份声明，两份文件都包含以下决定：

1. 持续航速 15 节，最高航速 17 节，对一级战列舰已经足够；
2. 经过研究，并听取了对外国海军舰艇舰炮布置的不同方案的解释之后，委员会一致认为，在大口径主炮和辅助火炮的总体布置方面，海军将领级，以及"尼罗河"号和"特拉法尔加"号是目前的最优方案；
3. 委员会认为，因为目前方案中，装甲带长度与舰长的比例很高，所以装甲甲板以上，以及在装甲带前后的舱室空间较小，即使进水也只会造成少量下沉和倾斜，因此最佳选择是将可用的防护重量用于在水线布置更厚的装甲带，而不是保护军舰的艏艉；

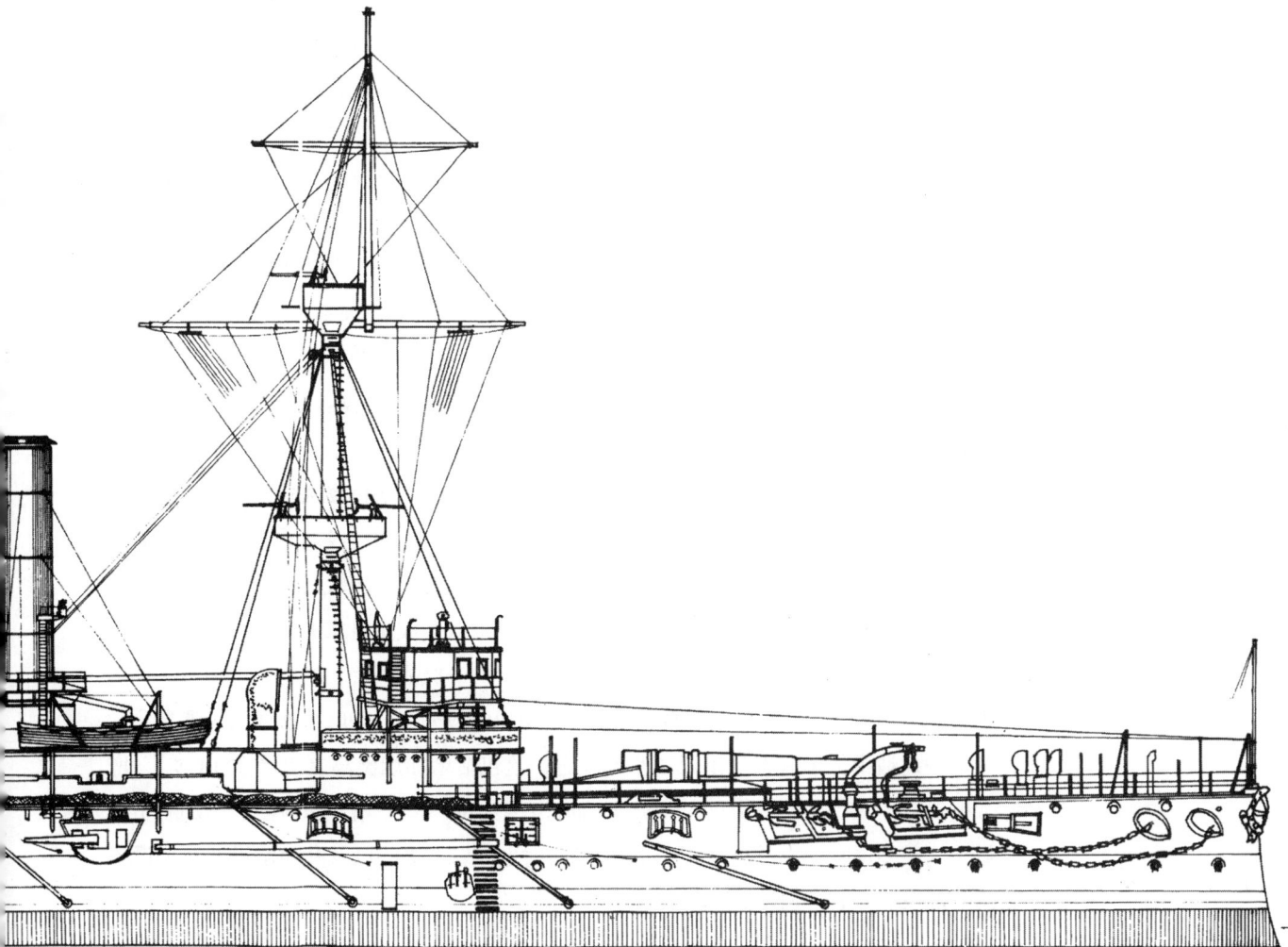

4. 在详细讨论后，委员会同意布置两座分开并得到重型防护的武器站——装备 4 门大口径主炮，而不是一座中央堡垒；

5. 委员会同意，在保持航速和战斗力方面，采用高干舷和高置主炮的炮台舰，优于采用低干舷的炮塔舰；

6. 炮塔与炮台的优缺点已全面研究过，采用炮台设计主要是出于航海性能考虑。

会议结束后一周，海军造舰总监致函海军审计官 J. O. 霍普金斯（J. O. Hopkins）：

> C 方案和 c 方案将进入详细设计阶段。我已经指示 W. H. 怀廷（W. H. Whiting，造舰师）先生负责 C 方案，比顿（Beaton）先生负责 c 方案。二人可以商讨哪些计算能同时用于两种方案，以便互相协助和检验。军舰的桅杆和烟囱将与"维多利亚"号类似，而司令塔后方将布置一副轻型桅杆。

1889 年 2 月 23 日，最后的设计方案诞生了（见表格），军舰的长、宽和吃水分别为 115.82、22.86 和 8.38 米，正常排水量 14150 吨。

入坞能力影响了军舰的尺寸，尤其是舰宽。吃水限制在 8.38 米，是为了与特拉法尔加级的设计保持一致，但为了承受增加的重量，军舰的长度大幅增加。增加的重量来自更高的干舷、更重的副炮，更强大的动力和 4% 的预留重量。由于特拉法尔加级的设计在建造中不断改进，其吃水和排水量都大大超过了原定指标，装甲带的高度也被降低。海军部要求在君权级的设计中预留 4% 的重量，所以经过计算后设计排水量增加了 500 吨。在建造中，各种增加的设备用去了 250 吨预留重量，没有用上的重量被用于将正常吃水下的燃煤储量从 900 吨增至 1100 吨。

高干舷是设计中最重要的特征，是靠增加一层覆盖全舰长的甲板（中甲板）达成的，结果也大幅增加了军舰上部的重量和重心高度。这一因素，加上炮台的高度、前所未有的装甲重量，以及正常和最大排水量之间的巨大差距，给造舰部门带来了特殊和罕有的问题，但是他们出色地完成了任务。设计工作完成后，根据 1889 年《海军防御法案》，海军部下达了 7 艘君权级战列舰的订单，另有 1 艘将以低干舷形式建造（"胡德"号）。3 艘战列舰由皇家造船厂建造，其余军舰由私人造船厂建造。

这些军舰成了威廉·怀特及其手下的成功代表作。他们已经洞悉现有战列舰的缺陷，运用自己解决难题的高超能力，面对激烈的反对意见坚决践行自己的思想。君权级突破了长久以来加在英国战列舰设计上的尺寸限制，成为皇家海军建造的最大主力舰。它们也是依照同一设计方案建造的数量最多的一级战列舰，开启了英国舰队为期十年的统一化进程，使建立由同一级别军舰组成的战列舰分舰队再次成为可能。

在建造中，军舰设计出现了小幅改进，这包括增加烟囱高度（增重 13 吨）、增加桅顶指挥平台高度（增重 4 吨）、增加锅炉管道的厚度（增重 20 吨）、增加舰员数量（增重 10 吨），以及加装 3 门 47 毫米速射炮。以上这些以及其他增设的小型设备总共占用了 137.5 吨预留重量。

君权级：设计数据（1889 年 2 月 23 日）

排水量：14000 吨

长：115.82 米

宽：22.86 米

吃水：8.23 米，舰艏；8.53 米，舰艉

干舷高度：5.94 米，舰艏；5.26 米，舯部；5.49 米，舰艉

主炮距水线距离：7.01 米

动力输出功率：9000 马力，正常通风，16 节；13000 马力，强制通风，17.5 节

燃料储量：900 吨燃煤（正常）

舰员：640 人

武备

4 门 343 毫米炮

10 门 152 毫米炮

16 门 57 毫米炮

8 门 47 毫米炮

5 具水线以上鱼雷发射管，2 具水线以下鱼雷发射管；24 枚鱼雷

装甲

主装甲带：356—457 毫米（后方有 102—203 毫米柚木背板和 38 毫米钢质蒙皮）

横向装甲：356—406 毫米

炮郭侧面：127 毫米（后改为 102 毫米）

炮台：330—432 毫米

152 毫米弹药输送通道：51 毫米

司令塔：正面 356 毫米，背面 76 毫米

人员通道：203 毫米

水平甲板：64—76 毫米

舰体重量：4875 吨

君权级：设计重量分布（吨）

舰体：5075

水平装甲及背板：1100

垂直装甲及背板：3460

主炮：910

副炮：500

主要及辅助动力和轮机仓库：1115

海军准尉轮机仓库及小艇：100

舰员：110

淡水及食品：125

桅杆、桅桁及防护网：110

锚及锚链：125

煤：900

预留重量：520

正常排水量：14150

君权级于1892—1894年完工，很快就证明了在设计上的巨大成功，当时它们几乎在所有作战性能上都无可匹敌。该级战列舰的外观雄伟而优美，并排布置的双烟囱、高干舷和上部敞开的炮台是最明显的识别特征。对所有关注新主力舰建造的人来说，君权级是一次成功的变革，公众也认为为这种大型军舰付出更多金钱绝对是物有所值。建造中采用了高强度重型材料和结构，建成后它们成为皇家海军有史以来排水量最大的军舰。但也必须承认，军舰因一些重量过大的设备出现了超重问题。曾经考虑过在军舰底部加装舭龙骨（Bilge keel），但最后未能在海试之前作出决定。对此怀特解释道：

△ 1893年年初进行初步海试的"复仇"号。注意它还没有安装任何火炮——当时造船厂会在海军对舰艇进行更加严格的试验之前先行测试

　　没有人比我更热切地肯定舭龙骨的作用。虽然它绝不会对军舰造成妨碍，很多情况下能有效减轻横摇，但是其影响会随环境变化而变化。对横摇周期短的小型舰艇，或者中型和具有中等转动惯量的舰艇来说，舭龙骨效果最佳。在转动惯量大的低速舰艇上，舭龙骨的影响肯定很难察觉，或者很小。影响取决于舭龙骨的面积、它们与横摇轴心的距离，以及它们在水中运动的速度，该速度是由振动幅度和振动周期决定的。虽然舰艇各部分在运动时是等速的，但因为受到振动的严重制约，舭龙骨在水中的平均运动速率随着振动幅度的变化而变化。换句话说，在低速舰艇上，运动中的舭龙骨受到的流体阻力和至横摇轴心的力矩都比较小，直到振动角度很大时才会增加。

▷ 大约1899—1900年时的"拉米伊"号。它是由克莱德班克的汤普森公司制造的最后一艘英国战列舰（该公司后来被约翰·布朗公司收购）。服役时它预定加入地中海舰队。注意它的桅顶信号标在前顶桅而不是主顶桅上

另外，在给定流体阻力对横摇轴心的力矩和对舭龙骨的力矩的情况下，加在横摇军舰的舭龙骨上的阻力取决于重量、刚度和军舰的转动惯量。因此，在一艘大型低速军舰上，即便安装现有最大的舭龙骨，其影响也很难察觉，直到横摇达到一个很大的角度。这似乎可以运用在君权级上，所以，我们开始先不安装舭龙骨，待取得海试数据以后再决定。

但是，海军造舰总监的理论没有得到证明。虽然军舰适航性优良，鲜有上浪现象，但是它们在特定海况下会发生严重和无规律的横摇，海军很快给它们起了"横摇蕾西"（Rolling Ressies）的绰号。一个鲜明的例子是 1893 年 12 月 18 日，"决心"号（Resolution）离开普利茅斯，前往直布罗陀加入海峡舰队，在 19—20 日遇到飓风和猛烈的暴风雪。据称当时的浪高达 12.8 米，浪长达 91.44 米。军舰虽然改为迎风航行，但仍出现了极为严重的横摇，至少有两次，海浪冲上舯部上甲板，损坏了一些表面设施。

君权级：建成时性能数据

建造

	造船厂	开工	下水	建成
"君权"号	朴次茅斯造船厂	1889 年 9 月 30 日	1891 年 2 月 26 日	1892 年 5 月
"印度女皇"号	彭布罗克造船厂	1889 年 7 月 9 日	1891 年 5 月 7 日	1893 年 8 月
"拉米伊"号	汤普森公司	1890 年 8 月 11 日	1892 年 3 月 1 日	1893 年 10 月
"决心"号	帕尔默公司	1890 年 6 月 14 日	1892 年 5 月 28 日	1893 年 11 月
"复仇"号	帕尔默公司	1891 年 2 月 12 日	1892 年 11 月 3 日	1894 年 3 月
"反击"号	彭布罗克造船厂	1890 年 1 月 1 日	1892 年 2 月 27 日	1894 年 4 月
"皇家橡树"号	坎梅尔·莱尔德公司	1890 年 5 月 29 日	1892 年 11 月 5 日	1894 年 6 月

排水量（吨）

"君权"号：14150 吨（设计，正常），14626（正常），14860（满载）

"复仇"号：14635（正常），15535（超载）

尺寸

长：115.82 米（垂线间长），125.12 米（全长）

宽：22.86 米

吃水：8.53—8.99 米（平均）

炮口至最低水线距离：7.01 米

武备

4 门 343 毫米 30 倍径 67 吨 Mk I–Mk IV 型主炮，每门炮备弹 80 发

10 门 152 毫米 40 倍径炮，每门炮备弹 200 发

16 门 57 毫米速射炮

12 门 47 毫米速射炮

8 挺马克沁机枪

7 具 457 毫米鱼雷发射管（5 具水线以上，2 具水线以下）

续表

装甲（复合及镍钢装甲）

主装甲带：356—406—457 毫米（长 76.2 米）

上部装甲带：102 毫米（长 45.72 米）

横向装甲：406 毫米（艏），356 毫米（艉）

防破片横向装甲：76 毫米

甲板：76 毫米（中甲板），64 毫米（下甲板）

炮台：280—406—432 毫米

炮郭：（仅主甲板 152 毫米副炮）152 毫米

司令塔：305—356 毫米

司令塔人员通道：203 毫米

舰艉司令塔：76 毫米

舰艉司令塔人员通道：76 毫米

动力

2 套三缸垂直三胀式蒸汽机，2 副螺旋桨

汽缸直径：高压 1016 毫米，中压 1498.6 毫米，低压 2235.2 毫米

锅炉：8 台筒式单头回转火管锅炉，布置在 4 个锅炉舱中，工作压力 1.07 兆帕

总加热面积：1817.18 平方米

炉箅面积：65.03 平方米

设计输出功率：9000 马力，16 节（自然通风）；11000 马力，17.5 节（强制通风）

燃煤：900 吨（设计），1100 吨（正常），1490 吨（最大）

燃煤消耗速率：全功率下每天消耗 230 吨燃煤；7 节航速下每天消耗 35 吨燃煤

续航力：2780 海里 /14 节；4720 海里 /10 节

动力舱人员：138 人

小艇（"复仇"号，1896 年）

大舢板（蒸汽）：2 艘 17.07 米，1 艘 12.19 米

大舢板（风帆）：1 艘 10.97 米

平底艇（Barge）（蒸汽）：1 艘 12.19 米

长艇（风帆）：1 艘 12.8 米

纵帆快艇（风帆）：2 艘 9.14 米，1 艘 7.92 米

捕鲸艇（风帆）：1 艘 9.14 米，1 艘 7.62 米

舰长交通艇（风帆）：1 艘 9.75 米

小舢板（风帆）：1 艘 8.53 米

帆装小工作艇：1 艘 4.88 米

探照灯

5 部 610 毫米探照灯：两部分别位于主甲板前后端，一对位于前桅前方，一部位于主桅后方

船锚

2 副 5.9 吨英格菲尔德锚（艏锚），1 副 5.8 吨舰锚（副锚）

2 副 2.75 吨马丁斯锚，2 副 2.15 吨舰锚

无线电

1900—1902 年安装，后移除

续表

舰员

平均：670 人

"印度女皇"号：692 人（旗舰，1903 年）

"决心"号：672 人（1903 年）

"复仇"号：695 人（旗舰，1903 年）

"复仇"号：466 人（训练舰，1906 年）

造价

"君权"号：839136 英镑，火炮 74850 英镑

"印度女皇"号：846321 英镑，火炮 65841 英镑

"拉米伊"号：902600 英镑，火炮 78295 英镑

"决心"号：875522 英镑，火炮 78295 英镑

"复仇"号：876101 英镑，火炮 78724 英镑

"皇家橡树"号：899272 英镑，火炮 78724 英镑

"反击"号：915302 英镑（包括火炮）

　　事故发生后，皇家海军对当时的情况进行了详细调查，结果显示，军舰的倾斜角度并不足以让海水抵达上甲板，是严重的涌浪达到了上甲板高度。无疑军舰的横摇略显严重，在实战情况下肯定会影响火炮射击。大惊小怪的报纸称"决心"号的横摇达到了两侧各 40 度。这次事件之后，为了减轻横摇，正在舾装的"反击"号（Repulse）试验性地安装了 60.96 米长、0.91 米宽的舭龙骨。下水后进行的一系列试验表明，它的最大横摇角度为 11 度，而"决心"号则为 23 度。如果还需要更多证明的话，1894 年 11 月 1 日，"决心"号舰长 W. H. 霍尔（W. H. Hall）的报告列出了以下具有决定性的事实：

> 离开查塔姆前往直布罗陀时，我们做了一系列试验，表明新的舭龙骨似乎降低了航速，但这是因为严重的涌浪经常使舰艏没入水中。涌浪开始来自舰艏方向，后来从侧舷而来，如果没有舭龙骨就会严重横摇——当时我们几乎无法前进。一离开查塔姆，我就驾舰做了数个回转试验，看舭龙骨是否会影响旋回初径，结果发现在双桨前进的情况下，旋回初径从 622 米减至 457 米，在一桨前进一桨倒车的情况下，旋回初径从 411 米减至 274 米。
>
> 我认为舭龙骨有更好的阻流作用，阻止了军舰的横向运动。因此舭龙骨是完全成功的，肯定能提高军舰的战斗力。

　　1895 年 11 月，坐镇"印度女皇"号（Empress of India）的海军中将沃尔特·科尔肯定了报告的内容，他说：

> 一天晚上"印度女皇"号遇上风浪，结果舭龙骨大大减轻了横摇。我认为这艘军舰在恶劣天气下的适航性极为优秀，在这方面我还从来没有如此赞赏过哪艘军舰。

"印度女皇"号

侧视图和舰面布置图，1902 年

显示了上甲板新的 152 毫米副炮炮郭。

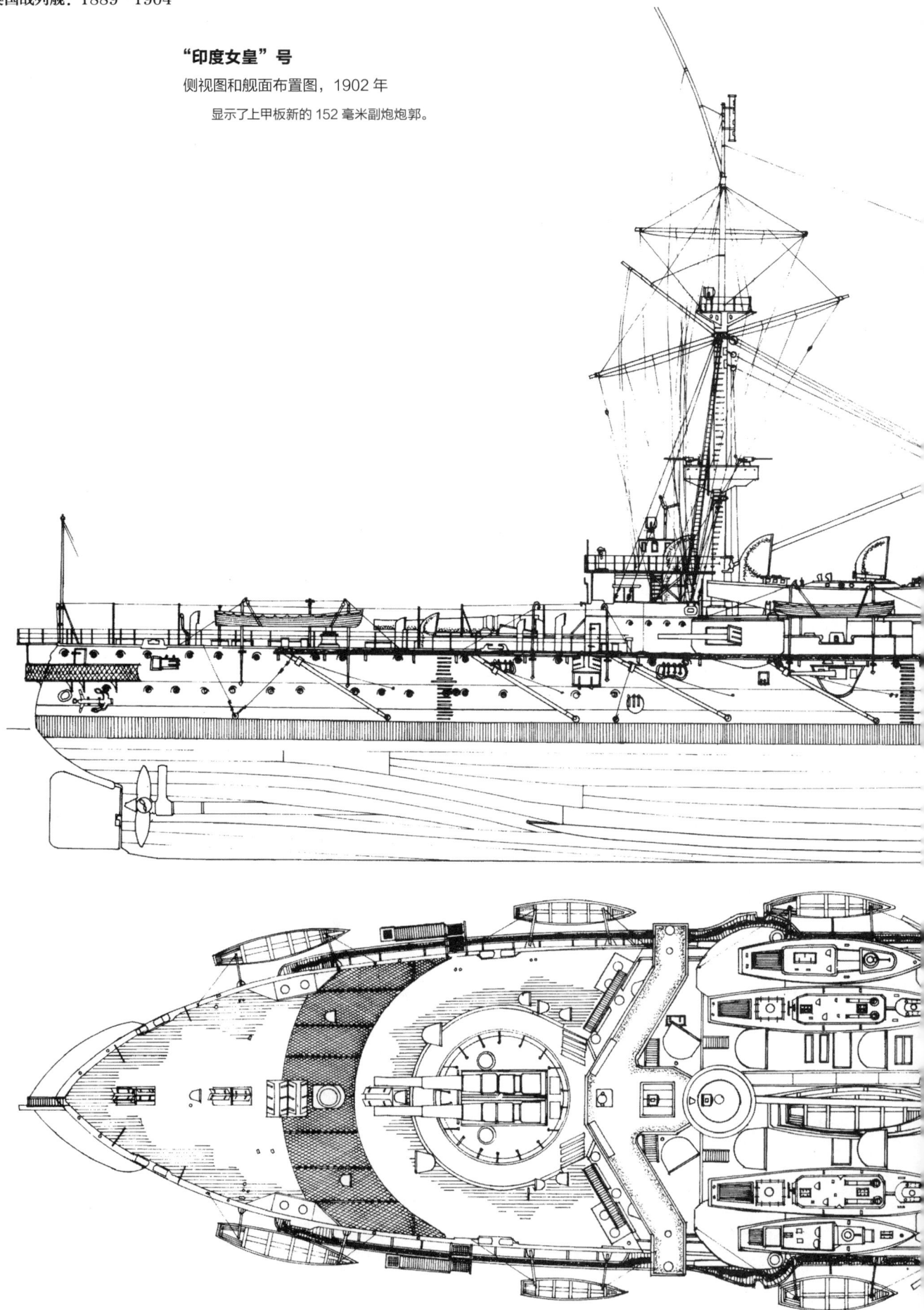

"印度女皇"号

侧视图和舰面布置图，1902 年

显示了上甲板新的 152 毫米副炮炮郭。

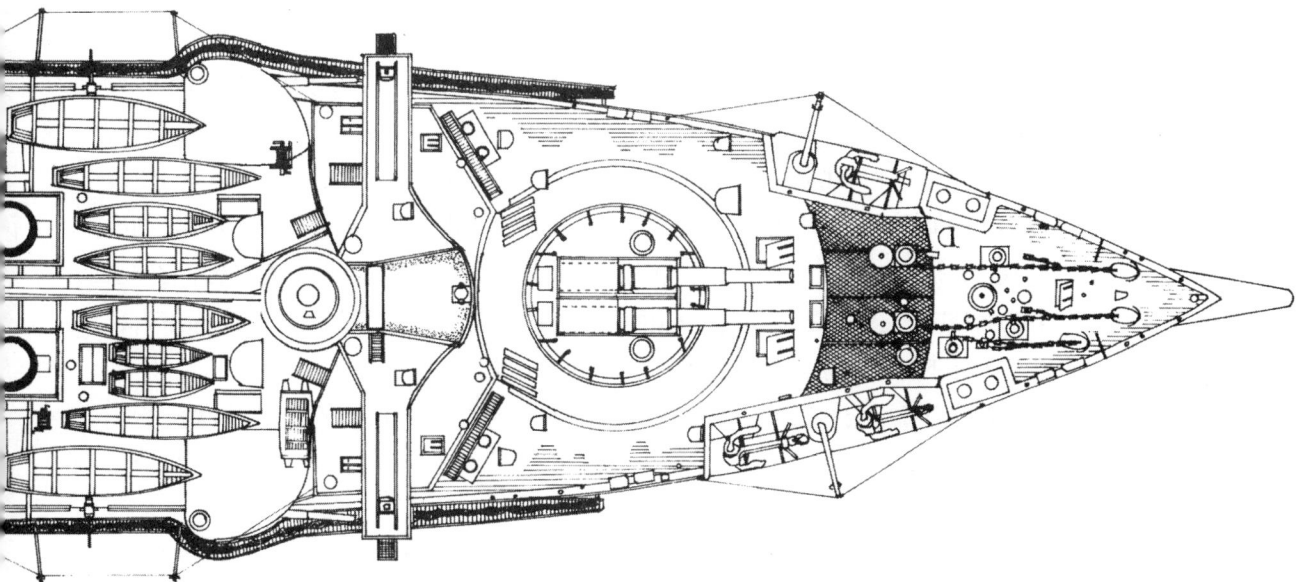

君权级：各部分装甲重量（吨）

	设计	完成时
主装甲带与横向装甲	1350	1310
上部装甲带与副炮侧面	450	—
上部装甲带	—	225
炮郭	—	150
炮台	1385	1345
司令塔	85	80
侧舷与横向装甲木质背板	80	75
炮台装甲木质背板	50	40
装甲甲板与防弹格栅	1010	1060

君权级：估计成本（英镑）

舰体、动力、配件与设备：63000

造船厂工时与材料：445000

制造商工时：125000

仓储与原件（first fitting）：12000

炮座与鱼雷设施：60000

配件与设备：5000

主装甲带：121800

炮台：130000

司令塔：4800

炮郭正面：4900

轻型装甲：12100

辅助机械［接收自汉弗莱斯－坦南特公司（Humphreys & Tennant）］

舵机：825

空气压缩机：3000

装弹系统：2800

小艇收放系统：781

1894—1895 年，所有君权级战列舰都安装了舭龙骨。

总体来说，该级军舰得到了海军的高度评价。1895 年，在"拉米伊"号（*Ramillies*）上服役的海军中校约翰·杰利科（后来成为海军元帅）说，这是他见到过的造船商，特别是合同承建商建造的最精良的军舰。他非常仔细地检查了军舰的方方面面，所有能提出的批评只在一些微小细节的设计上，而根本不涉及军舰的战斗力。他唯一指出的重点，是军舰在东方水域和地中海服役时，舰体内部会非常闷热，尤其是军官和水兵的居住区，这主要是因为缺乏合适的通风系统。虽然在必要区域设置了很多通风口，但它们并不能保证将足够的新鲜空气输送到所有舱室。

海军部委员会和舰艇设计人员知道，这也是困扰皇家海军所有舰艇的问题。

武备

设计委员会的会议上，很多人认为主炮应该采用正在建造中的，采用缠线身管

的新型 305 毫米炮。但是到 1889 年 3 月，新主炮已明显无法按时投入使用，海军部委员会只得要求装备当时最重型的主炮，于是 343 毫米 67 吨主炮就成了唯一的选择，后来证明这种主炮在海军将领级上非常成功。虽然海军部委员会倾向于重型主炮加炮台的设计，但对海军将领级的主炮仍有大量批评，主要集中在内部设施不完善，以及炮台下方缺乏足够的防护。当时的炮台只能算一个低矮的圆柱体，外加一副装甲底板，整个圆柱体距装甲甲板还有很远的距离，与装甲甲板的唯一联系就是弹药提升井。这样的体系显然能节省大量装甲重量，但也意味着弹药提升井、炮弹舱和发射药舱面对重火力时非常脆弱，特别是军舰在主装甲带以上没有任何装甲防护。

怀特很快抓住机会指出问题并提出了数种改进方案。25 毫米的装甲底板和弹药提升井被取消，代之以内部环形装甲。他还建议为炮台布置更全面的防护，将装甲延伸至装甲甲板。海军将领级取得的经验表明，水线以上的上甲板高度应该尽量提高，

△ 1894 年在斯皮特黑德水道的"印度女皇"号，显示了它最初的桅具和涂装

▽ 刚完工时盛装打扮的"决心"号。1893 年，它在恶劣海况下出现严重的横摇，被迫返回基地，该级战列舰因此获得了"横摇蕾西"的绰号。但公平地说，那次只是偶发事故，加装舭龙骨后就再没出现过类似的事情

以增加炮台至甲板的高度，但是该级舰无法做这样的改进，因为它们的干舷太低。在炮台与炮塔之争中，怀特曾致函对英国海军舰艇设计要求有深刻理解且经验丰富的海军上将 A. K. 威尔逊（A. K. Wilson）。威尔逊性格直爽，广受欢迎，他也曾多次严厉指责皇家海军的现状不佳。在一次为他举办的宴会上，亚历山德拉王后赠送给他一枚金质领针。威尔逊平静地说："对不起，我不戴领针。"1888 年 11 月 10 日，威尔逊在给怀特的信中说：

> 如果只考虑炮塔和炮台内部设施的防护，采用像海军将领级那样分开布置的围屏，而不是方案 E 和 C 中单一的中央堡垒，无疑节省了重量，但是这让整个侧舷都很容易被轻型火炮击穿，并且大大增加了装甲甲板的暴露程度，所以也增加了军舰横摇时锅炉舱和动力系统的危险性。将侧舷装甲增加到主甲板高度，军舰这些部位就不会被除穿甲弹以外的炮弹击穿，如果像我推荐的那样，侧舷装甲升至主甲板部分的厚度为 102 毫米，即使在军舰横摇时，锅炉和动力舱也只有极小的机会被击穿。
>
> 如果使用一艘海军将领级和一艘炮塔战列舰在比斯开湾进行一个月的对比试验，就可以解决问题。如果决定采用装甲中央堡垒，我建议将无装甲部分减至最少，但是直到我们真正在海上进行炮弹击穿无装甲舰体的试验，我才会递交这样的建议，因为那时我们才能有依据地考虑这个问题。我完全倾向于采用炮台，因为在主炮高度相同的情况下，这样可以节约重量。

▷ 1893 年年底，完工后停泊在朴次茅斯造船厂旁的"反击"号

带着威尔逊这样有威望的海军将领的意见，怀特在 1888 年 11 月 16 日海军部委员会召开的会议上，将委员会成员的倾向性从炮塔拉向炮台，最重要的理由就是后者能减轻军舰上部的装甲重量，同时提高主炮的位置，从而在远洋作战中加强军舰的战斗力。

炮台采用梨形设计，以适应从尾部装弹的特点。炮台基座向下延伸至装甲甲板，基座上部包括炮台的旋转部分，下部则是液压旋转机构。最后选择的布置方式远优于其他类型的炮台，特别是能在对副炮干扰最小的情况下，最大限度发挥侧舷齐射火力。

1888 年 8 月的会议上，委员成员们专门讨论了副炮的选择，最后决定以 152 毫米速射炮代替早期舰艇上的 152 毫米后装炮，虽然新火炮仍然处于试验阶段。法国 1888 年订购的巡洋舰"迪皮伊·德·洛梅"号（Dupuy de Lôme），在小型单炮塔中布置了 2 门 194 毫米和 6 门 164 毫米舰炮，所有火炮都位于上甲板，而怀特最初也建议在君权级上采用这种布置方式。但是这一方案最后被否决了，理由是火炮的水平旋转必须可以人力操作，而操作机构要有固定装甲防护，同时还要采用中央旋转炮座。

1888—1889 年，海军以"抵抗"号为靶舰，进行了特殊的火炮试验，随后由怀特设计的，分开布置的装甲炮郭第一次安装在"君权"号主甲板的副炮位上。10 门 152 毫米速射炮，以及大型供弹系统，总重量与 20 门 152 毫米后装炮相当，比特拉法尔加级上的 6 门 120 毫米副炮重了 500 吨。

对怀特及其部下来说，这些额外增加的重量给设计带来了一些问题，但他们以牺牲其他装备的重量为代价达到了目的。

装甲

1888 年 8 月，当海军部委员会第一次讨论设计方案时，成员们一致同意，水线装甲与舰体长度的比例应该与特拉法尔加级相同，但是有关防护方面其他细节的决定则被推迟，因为成员们对海军造舰总监制定的装甲布置方案有不同意见。

海军部在当年成立了一个特别委员会，三个基本防护方案被提交审议。这个委员会将决定相关细节，并在各方案的排水量、武备、航速和燃煤储量相同的前提下评估其优劣。三个方案中，水线装甲带都占了舰长的 75%，水下防护能力基本相同。具体情况如下：

1. 单一中央堡垒型：主炮采用炮塔形式，分别布置在一个长方形，占据全部舰宽的中央堡垒的两端。中央堡垒位于主装甲带上方、水线以上 3.43 米，将两座炮塔的基座包括其中，顶部是水平装甲甲板。中央堡垒和炮塔装甲的最大厚度，分别为 356 毫米和 381 毫米。
2. 独立围屏方案：每座炮塔置于一个独立的围屏中，围屏距水线 2.9 米，舰体舯部侧舷主装甲带上方有轻质装甲带。装甲甲板横跨装甲带上方。围屏装甲、轻质侧甲和炮塔装甲的最大厚度分别为 432、152 和 457 毫米。

△ 1896 年 2 月，在特种分舰队服役的"皇家橡树"号。当年该分舰队被重新命名为海峡舰队飞行分舰队

3. 独立围屏炮台方案：主炮位于敞开的围屏中，围屏装甲向下直达主装甲带上方的装甲甲板。舯部的轻型侧舷上部装甲顶部距水线 2.9 米。炮台装甲和轻质侧甲的最大厚度分别为 432 毫米和 102 毫米。

　　与单一中央堡垒方案相比，独立围屏方案为炮塔和炮塔基座提供了更好的防护，火炮位置更加独立，所以更受欢迎。但最终被采用的是炮台方案，因为它的高干舷对保证航速和战斗力十分必要——根据海军使用低干舷舰艇的实际经验，这个优点的重要性超过了封闭的重型装甲炮塔具有的更完善的防护。和特拉法尔加级相比，这并非将装甲防护置于首要地位，但是第一次给予了副炮防护特别考虑。由于中口径炮弹的发展，新一级战列舰对副炮的防护优于特拉法尔加级。

　　舰体舯部主装甲带上方的侧舷装甲厚度，是依据 1886 年及之后，以"抵抗"号为靶舰进行的漫长火炮试验确定的。试验显示，要抵御新型中口径炮弹的打击，需要至少 76—102 毫米正在研制的改进型装甲。但是委员会建议，如果有任何多余的重量可以添加，就应该将侧舷装甲增加至 127 毫米。实际上，可用的多余重量被新的 152 毫米副炮占用了，但是 102 毫米哈维装甲（只有"君权"号，其余姊妹舰使用镍钢装甲）上增加了 9.53 毫米的钢板，使之非常接近于 127 毫米——所有人都对这一结果非常满意。

◁ 1896 年，"皇家橡树"号的舰艏主炮，火炮的炮闩通常不会到位——事实上很难找到炮闩到位的照片

◁ 开启炮闩、闭锁到位和使火炮完成射击准备的过程理论上只需要几分钟，但是从照片中可见，使如此沉重的炮闩精确到位是项艰巨的工作

◁ "复仇"号的后甲板。注意胸墙上的战斗荣誉

怀特曾在设计初期计划取消厚重的水线装甲及其上部的轻质装甲，外加轻质装甲顶部的水平装甲甲板，代之以同等面积的中等厚度侧舷装甲，并在其顶部布置更厚的倾斜装甲甲板。这一想法并没有被海军部委员会认真考虑，因为他们绝不会同意任何大规模削减水线装甲厚度的方案。

建成后，君权级位于舰体舯部的主装甲带的厚度为 457、406 和 356 毫米，长 76.2 米，高 2.59 米。装甲带上缘高出水线 0.91 米，下缘在水线以下 1.68 米。主装甲带在两座炮台之间的厚度为 457 和 406 毫米，炮台两侧则为 356 毫米。装甲带两端由横向装甲封闭，前后端横向装甲的厚度分别是 406 和 356 毫米。位于舰体舯部和主装甲带上方的上部侧舷装甲为 102 毫米（顶端有 19 毫米厚的钢制外壳），长 45.72 米，高 1.98 米；前后两端位于艏艉炮台背面，顶端距水线 2.9 米；两端的横向装甲厚 76 毫米，从侧甲两端倾向内延伸，直达炮台侧面装甲的末端。主甲板装甲厚 76 毫米，水平布置在侧舷装甲顶部。下甲板装甲厚 64 毫米，两端分别从侧舷装甲末端向前后下倾。前端水平装甲的下倾可增加撞角式舰艏的强度。

炮台侧面装甲的厚度为 432、406 和 279 毫米。炮台顶部略高于上甲板，底部位于装甲带顶部的中甲板。炮台装甲在上部侧舷装甲两端、横向装甲以外的部分为 432 和 406 毫米，以内的部分为 279 毫米。炮台顶部有 25 毫米钢板覆盖。副炮炮郭的正面和侧面装甲为 152 毫米，主甲板和上甲板副炮的炮弹升降机分别由 51 毫米和 102 毫米的装甲保护。舰艏司令塔侧面装甲为 356 和 305 毫米，人员垂直通道由 203 毫米装甲保护；舰艉司令塔及其人员通道的装甲厚度均为 76 毫米。装甲均有 102 毫米和 203 毫米的柚木背板，主装甲带后方还有 3.05 米宽的上部煤舱，也可以起到额外的防护作用。下部煤舱在锅炉舱两侧，向上直达中甲板一线。

主甲板上的 152 毫米副炮有 152 毫米厚的炮郭装甲保护。怀特希望将同样的装甲用于上甲板副炮，并于 1900 年 8 月致函海军军械处处长（DNO）陈述可能性。海军在查塔姆用"复仇"号做了模拟，证明这个建议不可行。舰体上部的重量将大大增加，炮座也很难布置；炮手的瞄准视野将不得不降低，除非在炮郭上切开一个大洞。另外排水量将增加 300 吨，初稳心高度从 1.10 米降至 1.01 米。这些都是怀特无法接受的。海军部认为上甲板副炮应该尽量灵活，所以有防破片装甲就足够了——这是设计中的一个主要缺陷。不过最后决定将前后两端的 152 毫米副炮用炮郭保护起来。

1901 年 10 月，有人建议为君权级更新武备，用 305 毫米主炮代替 343 毫米主炮，并且考虑发展全向装弹系统。另外，第一海务大臣提到，改进还包括在炮台部分采用炮塔形式的防护。但是这些建议收到的反应很冷淡，海军审计官发现它们不可行后立即将其抛弃。新海军造舰总监菲利普·瓦茨（Philip Watts）在 1903 年 7 月写给第一海务大臣的信中声称，对这些舰龄已近 10 年的军舰来说，更新武备意味着过高的成本、大量改装和大幅增加上部重量。事情就此没有了下文。

动力

在原始设计中，军舰可以在正常通风和强制通风情况下分别达到 15 节和 16.5 节的航速，与特拉法尔加级相同，但是后来发现，不大量增加排水量和成本就可以使这

两种情况下的航速分别达到 16 节和 17.5 节。在讨论设计时，专门对正常通风时航速达到 17 节，以及燃煤储量增加 30% 所需的排水量和造价进行了研究，但是人们认为这在当时的技术条件下过于极端，很快就放弃了这样的想法。

主要动力装置包括两套垂直三胀式蒸汽机，驱动两副螺旋桨。汽缸则包括 1016 毫米（直径）高压、1498.6 毫米中压和 2235.2 毫米低压汽缸，冲程为 1371.6 毫米。舰上有 8 台筒式单头回转火管锅炉，布置在 4 个锅炉舱中，舰体中心线两侧各 2 个锅炉舱，中间是弹药通道。锅炉的工作压力为 1.07 兆帕，加热总面积 1817.18 平方米，炉算面积 65.03 平方米。

动力的布置与特拉法尔加级类似，但在细节上有多处改进。在建造中，首次利用双层舰底之间的部分空间，引入储备锅炉给水。

"君权"号在该级舰中第一艘完工，因此它也进行了大量的动力海试，对动力系统的功效进行了详细研究。可惜海试的官方记录只有极少量细节保留下来。只有"君权"号的锅炉被运行至设计极限，它也创下了航速纪录。在斯托克斯迈尔（Stokes Mile）进行了全功率正常通风海试，它在 8 小时的航行试验中，航速达到了 16.43 节，输出功率

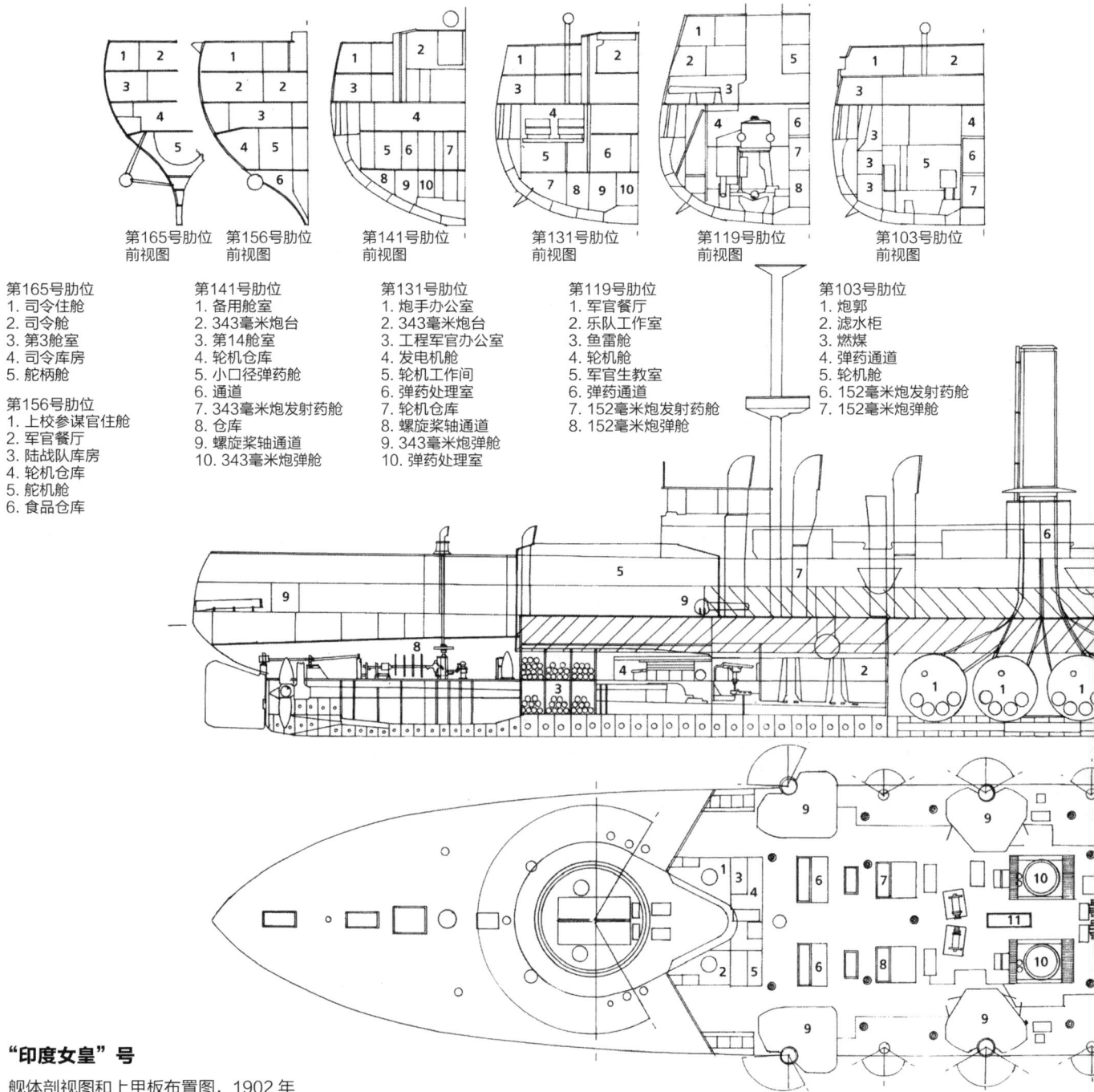

第165号肋位
前视图

第156号肋位
前视图

第141号肋位
前视图

第131号肋位
前视图

第119号肋位
前视图

第103号肋位
前视图

第165号肋位
1. 司令住舱
2. 司令舱
3. 第3舱室
4. 司令库房
5. 舵柄舱

第156号肋位
1. 上校参谋官住舱
2. 军官餐厅
3. 陆战队库房
4. 轮机仓库
5. 舵机舱
6. 食品仓库

第141号肋位
1. 备用舱室
2. 343毫米炮台
3. 第14舱室
4. 轮机仓库
5. 小口径弹药舱
6. 通道
7. 343毫米炮发射药舱
8. 仓库
9. 螺旋桨轴通道
10. 343毫米炮弹舱

第131号肋位
1. 炮手办公室
2. 343毫米炮台
3. 工程军官办公室
4. 发电机舱
5. 轮机工作间
6. 弹药处理室
7. 轮机仓库
8. 螺旋桨轴通道
9. 343毫米炮弹舱
10. 弹药处理室

第119号肋位
1. 军官餐厅
2. 乐队工作室
3. 鱼雷舱
4. 轮机舱
5. 军官生教室
6. 弹药通道
7. 152毫米炮发射药舱
8. 152毫米炮弹舱

第103号肋位
1. 炮郭
2. 滤水柜
3. 燃煤
4. 弹药通道
5. 轮机舱
6. 152毫米炮发射药舱
7. 152毫米炮弹舱

"印度女皇"号

舰体剖视图和上甲板布置图，1902 年

9661 马力，平均转速 99 转 / 分；在 4 小时航行试验中，航速达到 16.77 节（平均）。在英吉利海峡进行了全功率强制通风海试，它在排水量 14200 吨的条件下，3 小时航行中航速达到 18 节，输出功率 13360 马力，转速 106.3 转 / 分。但也是在这次海试中，发现在高压下部分锅炉管出现开裂和泄露现象。最后决定，"君权"号和它的姊妹舰，主机输出功率都不应超过 11000 马力，为锅炉留出安全冗余，避免出现上述问题。

"君权"号利用从普利茅斯驶往直布罗陀的机会，进行了长航时蒸汽机和锅炉试验。试验在天气良好的情况下持续了 72 小时，其间它的平均航速 15 节，平均输出功率 8180 马力——这是极为出色的成绩。离开普利茅斯时，它的排水量为 14650 吨，吃水 8.69 米。

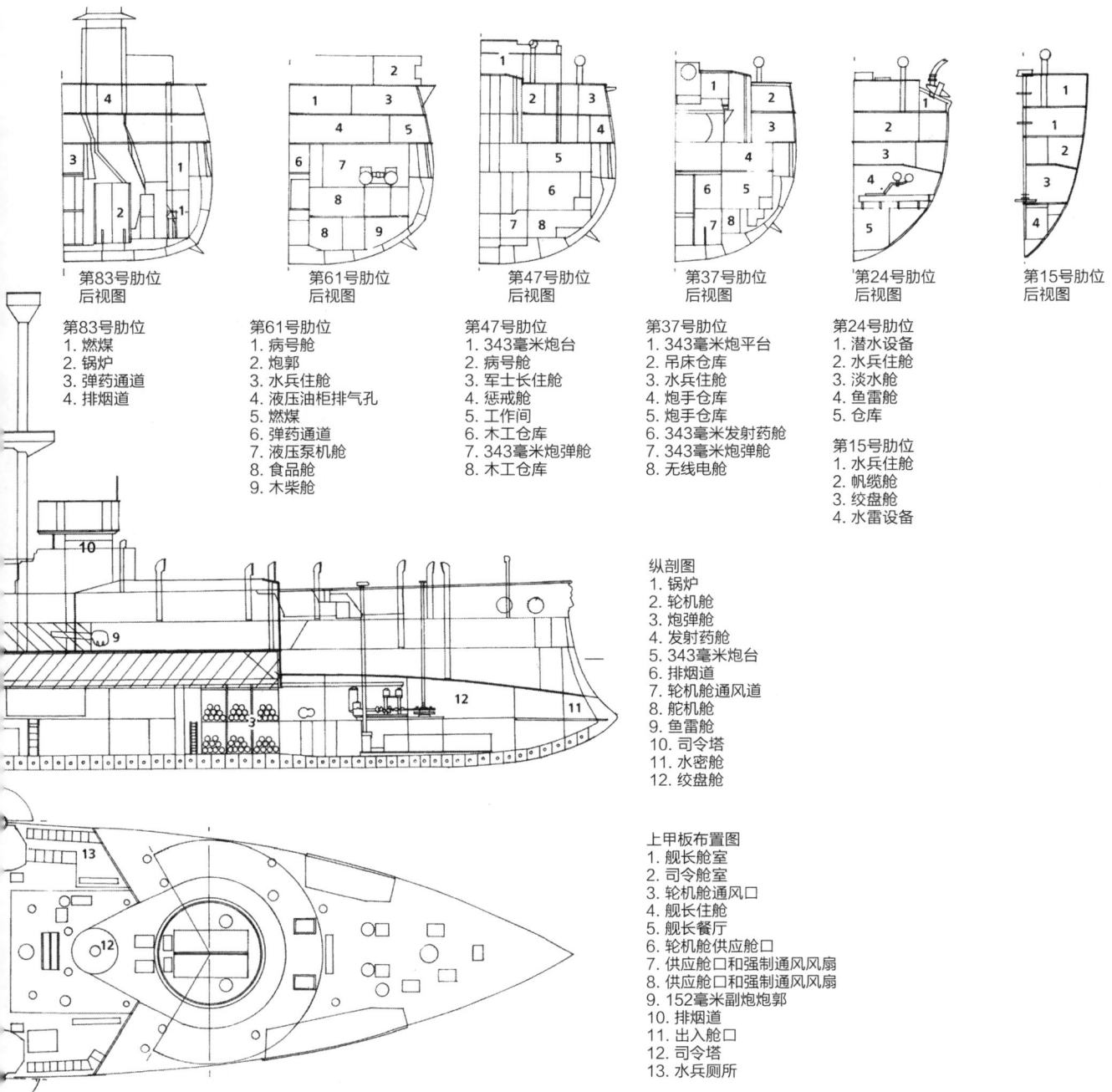

第83号肋位
后视图

第61号肋位
后视图

第47号肋位
后视图

第37号肋位
后视图

第24号肋位
后视图

第15号肋位
后视图

第83号肋位
1. 燃煤
2. 锅炉
3. 弹药通道
4. 排烟道

第61号肋位
1. 病号舱
2. 炮郭
3. 水兵住舱
4. 液压油柜排气孔
5. 燃煤
6. 弹药通道
7. 液压泵机舱
8. 食品舱
9. 木柴舱

第47号肋位
1. 343毫米炮台
2. 病号舱
3. 军士长住舱
4. 惩戒舱
5. 工作间
6. 木工仓库
7. 343毫米炮弹舱
8. 木工仓库

第37号肋位
1. 343毫米炮平台
2. 吊床仓库
3. 水兵住舱
4. 炮手仓库
5. 炮手仓库
6. 343毫米发射药舱
7. 343毫米炮弹舱
8. 无线电舱

第24号肋位
1. 潜水设备
2. 水兵住舱
3. 淡水舱
4. 鱼雷舱
5. 仓库

第15号肋位
1. 水兵住舱
2. 帆缆舱
3. 绞盘舱
4. 水雷设备

纵剖图
1. 锅炉
2. 轮机舱
3. 炮弹舱
4. 发射药舱
5. 343毫米炮台
6. 排烟道
7. 轮机舱通风道
8. 舵机舱
9. 鱼雷舱
10. 司令塔
11. 水密舱
12. 绞盘舱

上甲板布置图
1. 舰长舱室
2. 司令舱室
3. 轮机舱通风口
4. 舰长住舱
5. 舰长餐厅
6. 轮机舱供应舱口
7. 供应舱口和强制通风风扇
8. 供应舱口和强制通风风扇
9. 152毫米副炮炮郭
10. 排烟道
11. 出入舱口
12. 司令塔
13. 水兵厕所

△ 1894 年海试期间停泊在朴次茅斯港的"复仇"号，右舷舰艏视角

经计算，它在 72 小时内消耗了 484 吨燃煤，每马力燃煤消耗速率为 0.83 千克 / 小时——创下了战列舰最低燃煤消耗速率的纪录。军舰在巡航速度航行时具有良好的经济性，在航速 7.6 节时，每小时消耗 1 吨燃煤；航速 10 节时的输出功率为 2500 马力。

君权级是第一级航速超过 17 节的英国战列舰，完工时也是世界上航速最快的战列舰，虽然有些外国海军的战列舰在理论上也具有相同的航速。

君权级其他姊妹舰的动力系统也拥有相似的性能。"印度女皇"号的航速达到 15.25 节（正常通风）；"拉米伊"号 17.25 节，输出功率 11571 马力；"反击"号 17.8 节；而"皇家橡树"号（Royal Oak）的航速竟达到 18.27 节，输出功率 11608 马力。主要动力海试都是在正常排水量条件下（14050 吨）进行的。

外观变化

君权级无疑是自"蹂躏"号（1873 年）之后外观最优美的战列舰，后者代表着第一种在设计上取消或修改桅杆、帆具和上层建筑，以利军舰航海的战列舰。君权级舰身匀称，从艏至艉的高干舷，撞角式舰艏、巡洋舰式舰艉，两座高大、并排布置的圆烟囱，都使它们显得优美挺拔。

同级舰在完工时非常相似，很难区分，但在烟囱的细节、整流罩高度和锚链孔位置等方面略有不同。

"君权"号：低锚链孔，无烟囱环和舰艏饰。

"复仇"号：烟囱设有高、低烟囱环。

"决心"号：同"复仇"号。

"拉米伊"号：重型和升高的烟囱帽（其余姊妹舰仅有轻型烟囱帽）。

"反击"号：高锚链孔。

"印度女皇"号：大而显著的舰艏饰，低锚链孔。

"皇家橡树"号：仅有的一艘将蒸汽管布置在烟囱前方的同级舰，其余姊妹舰的蒸汽管均在烟囱后方。

1894—1895 年："印度女皇""复仇""皇家橡树""拉米伊""君权"和"决心"等舰安装了舭龙骨。"反击"号则在完工前就安装了舭龙骨。

1899—1902 年：除"印度女皇"号外，所有同级舰上层桅楼上的 47 毫米炮均被移除，前者的 47 毫米炮一直使用至 1903—1904 年。下层桅楼 47 毫米炮的防盾被移除。主甲板上的探照灯被重新安置在舰桥两侧。这一时期，该级舰探照灯的布置有诸多变化。安装了无线电设备，天线安装在主桅上（1900 年）。舰艏饰被移除（1900 年）。在地中海舰队服役期间，"复仇"号进行了涂装试验，短时间内被涂成卡其色和浅灰色。

△ 正在高速航行的"决心"号，1897—1898 年

◁ 1906 年，挂满旗的"君权"号，可能在参加国王生日的庆祝活动，可见烟囱上的分舰队识别带。后方是"印度女皇"号

◁ "复仇"号的舰艉。1894 年
摄于朴次茅斯造船厂，注意它的两
根斜桁。前方停泊的是"不屈"号

"君权"号：初稳心高度和稳性（1892 年 4 月 16 日在朴次茅斯进行的倾斜试验）

	排水量（吨）	吃水（平均）	初稳心高度	最大复原力臂角	稳性消失角
A 条件（正常）*	14262	8.23 米	1.1 米	37 度	63 度
B 条件（轻载）	12930	7.75 米	1.08 米	37 度	63 度
超载条件	14860	—	—	—	—

* 全备状态加 1000 吨燃煤。

"复仇"号：初稳心高度和稳性（1902 年 5 月 24 日的倾斜试验）

	排水量（吨）	吃水（平均）	初稳心高度	稳性消失角
A 条件（正常）*	14635	8.53 米	1.08 米	64 度
B 条件（满载）**	15535	8.98 米	1.42 米	65 度

* 全备状态加 900 吨燃煤。
** 全备状态加 1410 吨燃煤。

君权级：旋回初径（转向试验）

	"拉米伊"号 （无舭龙骨）	"皇家橡树"号 （有舭龙骨）	"复仇"号 （无舭龙骨）	"复仇"号 （有舭龙骨）
日期	1893 年 8 月 22 日	1895 年 3 月 12 日	—	—
吃水	7.32 米（平均）	8.52 米	—	—
14 节前进	604 米左转 617 米右转	480 米左转 503 米右转	—	—
10 节前进	—	—	—	417 米左转 454 米右转
8 节前进	599 米左转 608 米右转	590 米左转 594 米右转	608 米左转 599 米右转	—

1902—1905 年： 所有侧舷水上鱼雷发射管均被移除。"印度女皇"号前桅上层桅楼的 47 毫米炮被一部探照灯取代（1903—1904 年）。上甲板的所有 152 毫米副炮都安装了炮郭（1902—1904 年）。防鱼雷网搁架下移至主甲板高度，以为主甲板上的 152 毫米副炮扫清射界。主顶桅由固定式改为可拆卸式（1904—1905 年），涂装改为中度灰色。绘上了早期的烟囱识别带，不过这是舰队标识，而不是用于军舰本身的识别。"印度女皇"——2 条深色识别带；"君权"——1 条深色识别带。

1905—1909 年： 安装了新的火控和测距设备（1905—1908 年）。"复仇"号上层桅楼被一座新的方形火控平台取代。火控平台下方还加装了一个大型平台。在其他同级舰上，上层桅楼也被改为火控平台。该级舰的轻型火炮也有诸多变化，特别是桅楼和上层建筑上的火炮，但主要改动是，在 1909 年年底前，移除了主甲板和桅楼上的所有轻型火炮。"复仇"号火控平台下方安装了一部 610 毫米探照灯（1906 年）。1908—1909 年，"复仇"号上安装了无杆锚（Stockless anchor）。"印度女皇"号舰桥前部的探照灯被重置到上甲板炮郭上方（1907 年）。"复仇"号的防鱼雷网被移除（1906 年）。所有同级舰的无线电天线斜桁被升高（1907—1908 年）。1906 年，"复仇"号的桅顶信号标被移除，同级舰的相同改装于 1907 年至 1908 年进行。

1910 年：除了"复仇"号，所有同级舰的后部舰桥都被拆除，探照灯则置于两翼平台上。除"复仇"号和"印度女皇"号外，其他同级舰烟囱涂有标准识别带："君权"号每座烟囱 3 道红色；"皇家橡树"号每座烟囱 2 道红色；"拉米伊"号每座烟囱 1 道白色；"反击"号每座烟囱 2 道白色；"决心"号每座烟囱 3 道白色。

1912 年："复仇"号担任炮术试验舰时，343 毫米主炮被 254 毫米主炮代替。1912 年 10 月，又重新安装了 343 毫米主炮。

1914 年："复仇"号于 1914 年秋天从报废名单中删除，重新加入现役，准备执行炮击比利时海岸的特别任务。343 毫米主炮被改装为 305 毫米主炮。1915 年，安装了大型突出部，通过向一侧突出部注水，可以使军舰倾斜，从而增加火炮的射程。前桅火控平台上安装了大型测距仪，并加装了一些小口径速射炮。主桅上的探照灯和防鱼雷网被移除。前桅上的桅桁被拆除，但保留了主桅上的桅桁。整个舰身被绘上了奇怪的迷彩（浅灰、深灰和白色）。

1915 年："复仇"号于 4 月至 5 月在查塔姆接受改装。成为第一艘安装防鱼雷突出部的作战舰艇。拆除了防鱼雷网。排水量增加至 16011 吨（正常）和 16720 吨（满载），相应的初稳心高度分别为 1.01 米和 0.97 米。舰艏安装了扫雷具。军舰涂上了包括假舰艏波浪在内的迷彩。

舰史："君权"号

利用 1889 年 3 月 7 日通过的《海军防御法案》中的财政拨款，在朴次茅斯皇家造船厂建造。其实它早已被列入 1889—1890 财年的海军预算。1889 年 9 月 30 日开工；1891 年 2 月 26 日下水。维多利亚女王在她的三个儿子，威尔士亲王、爱丁堡公爵和康诺特公爵的陪伴下主持了"君权"号的命名典礼。为了获得设计上的经验教训，以便在其他姊妹舰的建造中及时加以改进，"君权"号的建造速度被大大加快。

1892 年 5 月进行竣工海试，31 日在朴次茅斯服役，同时接替"坎珀当"号担任海峡分舰队旗舰。

◁ "拉米伊"号，摄于 1903 年，它尚未接受为上甲板 152 毫米副炮安装炮郭的改装。全灰色涂装，主桅上有无线电天线斜桁。此时仍保留了老式的防鱼雷网搁架，以及桅楼上速射炮的防盾

◁ 大规模改装后的"决心"号，
152 毫米副炮安装了炮郭，摄于
1904 年年初

1892 年 5 月—8 月 13 日在爱尔兰海进行的年度演习中担任"红色舰队"旗舰。

1893 年 7 月 27 日—8 月 6 日在爱尔兰海和西部航道的演习中再次担任"红色舰队"旗舰。

1895 年 6 月随英国海军舰艇分舰队参加威廉皇帝运河开通仪式。

1896 年 7 月的第三周在爱尔兰海和英格兰西南海岸加入"A 舰队"，参加年度演习。

1897 年 6 月 7 日在朴次茅斯临时退役，舰员转调至在海峡分舰队中接替它的"玛尔斯"号（Mars）上。

6 月 8 日重新服役，到地中海接替"特拉法尔加"号。离开本土前，于 6 月 26 日在斯皮特黑德参加了史上规模最大的阅舰式，庆祝维多利亚女王登基 60 周年。

1897 年 7 月 7—11 日在爱尔兰外海参加年度演习。

9 月离开本土加入地中海舰队，直至 1902 年 8 月，其中 1899 年 5 月 13 日在地中海重新服役。

1901 年 11 月 9 日在希腊水域发生事故，一门 152 毫米舰炮因为炮闩没有正确关闭而发生爆炸，1 名军官和 5 名水兵丧生，1 名军官和 19 名水兵受伤。

"复仇"号
侧视图，1915 年执行炮击任务时的状态

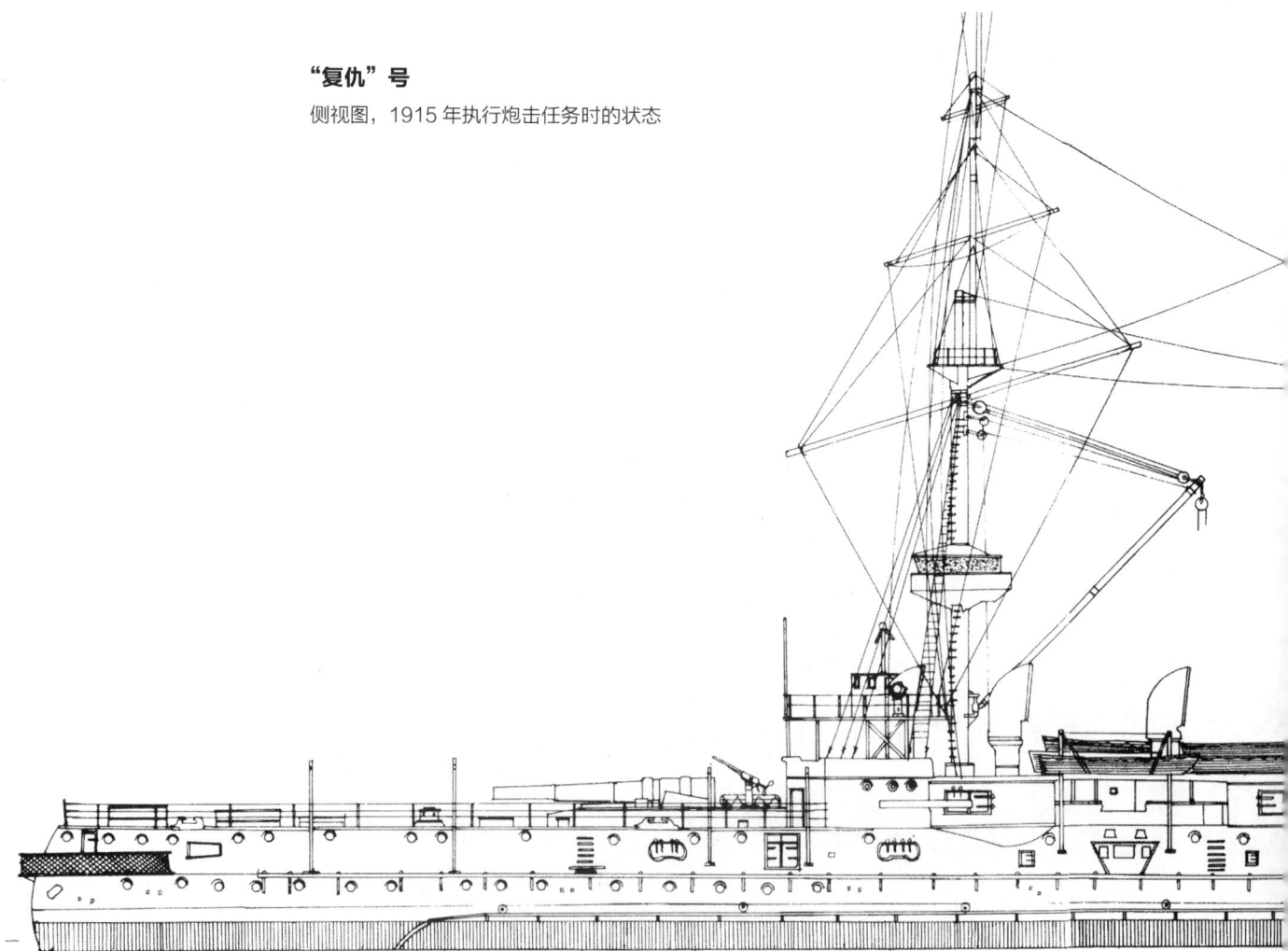

　　1902 年 7 月 9 日退役并由"伦敦"号接替，离开直布罗陀返回本土，7 月 14 日抵达朴次茅斯。

　　8 月 30 日在朴次茅斯重新服役，加入本土舰队，担任港口警戒舰。

　　1903 年 8 月 5—9 日参加在葡萄牙外海进行的联合演习。

　　1903—1904 年在朴次茅斯进行大规模改装。

　　1905 年 1 月 1 日根据新的舰队重组方案，划归海峡舰队（原本土舰队）。

　　1907 年 2 月 9 日重新服役，成为后备舰队的特种勤务舰。

　　1909 年 4 月作为后备舰队特种勤务舰加入本土舰队第 4 分队。

　　9 月在德文波特退役，成为材料储备舰。

　　1913 年 10 月 7 日以 40000 英镑的价格拍卖给伦敦的 G. 克拉克森公司（G. Clarkson & Co.），后来转卖给热那亚的 GB. 波特雷洛公司（GB. Berterello）。

△ 1902 年的"决心"号。舰员们喜欢在 343 毫米主炮前合影并将照片寄回家去。注意他们的水兵帽

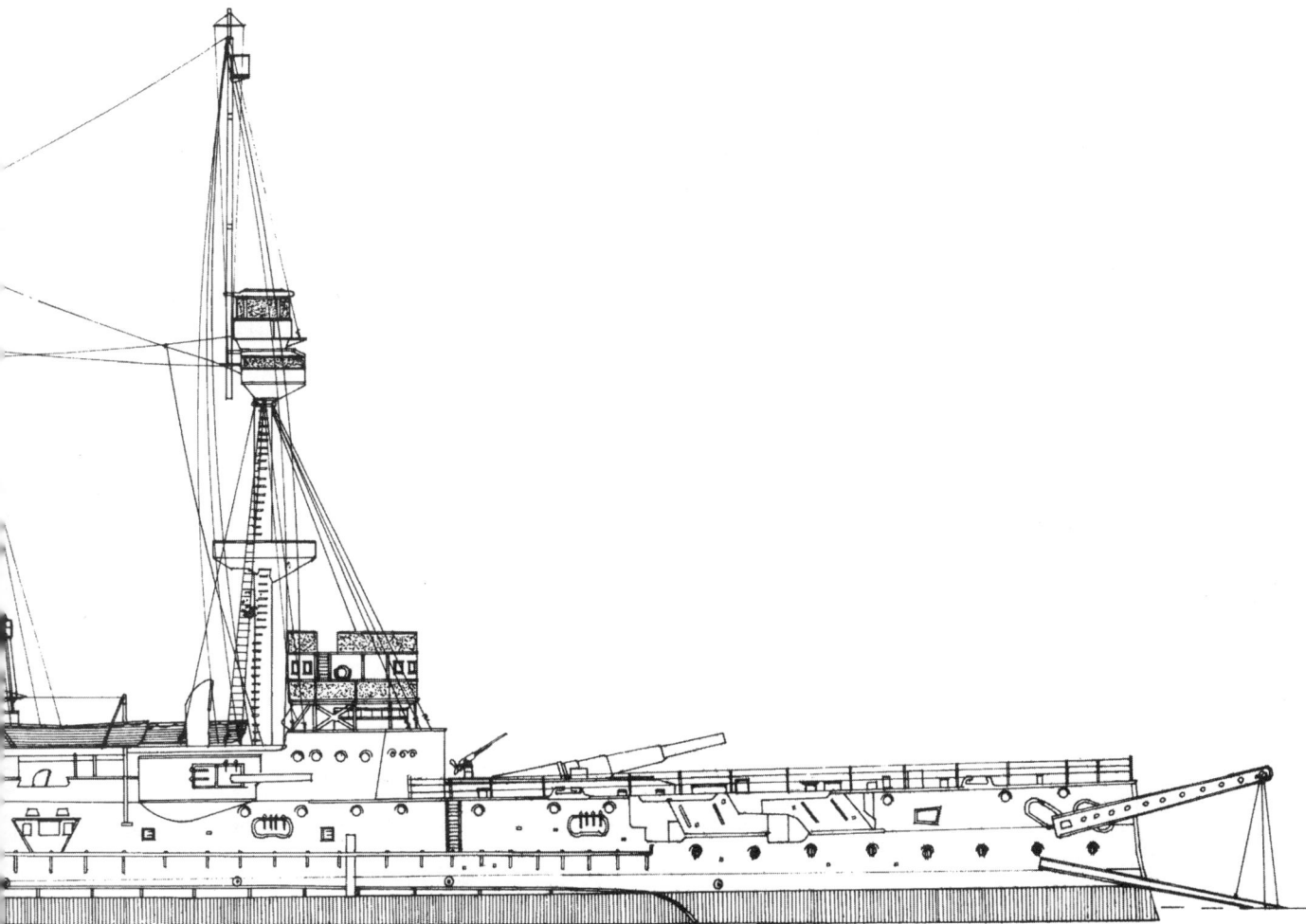

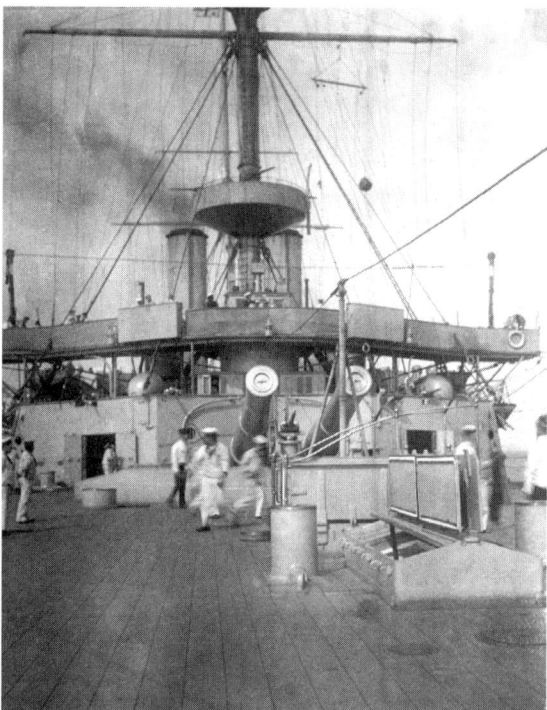

△ 两张"皇家橡树"号后甲板照片，摄于 1903 年海峡、地中海和本土舰队在大西洋举行联合演习之时。注意舰员们已经清理完甲板，做好了战斗准备

舰史："拉米伊"号

由格拉斯哥的 J. G. 汤普森（J. G. Thompson）公司建造，1892 年 3 月 1 日开工。由于在建造过程中出现轻微的倾斜，下水时遇到了极大困难。它用了 1 小时 26 分钟才离开滑道，下滑速度极其缓慢，以致用肉眼几乎察觉不出它在移动。下水之后再由拖船顶拖移位，大部分观众都因受不了缓慢的过程而早早离开。

1893 年 10 月 17 日在朴次茅斯服役，担任地中海舰队旗舰。10 月 28 日离开斯皮特黑德，11 月 8 日抵达马耳他，接替"无比"号，后者在"维多利亚"号沉没后临时担任旗舰。

1896 年 12 月 9 日在马耳他重新服役，继续留在地中海舰队。

1899 年 7 月从地中海舰队临时退役，由"声望"号接任旗舰。

1900 年 1 月 12 日升起了海军少将查尔斯·比尔斯福德爵士的将旗，成为地中海舰队第二旗舰。

1902 年 9 月 29 日—10 月 6 日因海军少将沃森（Watson）患病，被迫滞留马耳他，未能参加在希腊外海进行的联合演习。

10 月 16 日临时退役，旗舰职责转交"可敬"号。

1903 年 8 月参加在葡萄牙外海进行的联合演习。随后从地中海舰队退役，加入朴次茅斯后备舰队，在查塔姆进行改装。

1905 年 1 月 3 日加入查塔姆后备舰队。

4 月 25 日舰员转调至"伦敦"号，第二天重新服役，舰上仅有核心舰员，加入希尔内斯—查塔姆后备分队。

1906 年 1 月 30 日舰员转调至"阿尔比马尔"号（Albemarle）；由新舰员操纵，继续在查塔姆后备舰队服役。

6 月参加大西洋、海峡和后备舰队举行的联合演习；6 月 16 日在演习中与"决心"号相撞，舰艉受损，螺旋桨失灵。

11 月 6 日舰员转调至"非洲"号。

1907 年 3 月 9 日在德文波特加入本土舰队特种勤务分队（配备少量舰员）。

1910 年 10 月成为本土舰队第 4 分队补给舰。

1911 年 8 月在德文波特成为材料储备舰。

1913 年 7 月在母亲滩（Motherbank）移除装备等待出售。

10 月 7 日以 42300 英镑价格拍卖给斯旺西（Swansea）的乔治·科恩（George Cohen）公司。后被转卖给一家意大利公司，11 月拖往意大利解体。

舰史:"皇家橡树"号

根据 1889 年 3 月 7 日的《海军防御法案》建造,承建商为伯肯黑德(Birkenhead)的坎梅尔·莱尔德(Cammell Laird)公司。

1893 年 10 月 29 日抵达朴次茅斯为海试做最后的舾装,1894 年 6 月完成海试。

1896 年 1 月 14 日服役,随即加入刚成立的特种勤务分舰队(后更名为飞行分舰队)。11 月 25 日临时退役(飞行分舰队解散后),以少量舰员操纵加入朴次茅斯后备舰队。

1897 年 3 月 9 日在朴次茅斯重新服役,接替地中海舰队的"科林伍德"号。3 月 24 日离开朴次茅斯,4 月 5 日抵达马耳他。

1899 年 3 月 31 日在马耳他重新服役并留在地中海舰队。

1902 年 6 月 7 日退役并由"堡垒"号接替;6 月 6 日抵达朴次茅斯,随后前往查塔姆接受改装。

1903 年 2 月 16 日在朴次茅斯重新服役,加入本土舰队,由被它接替的"尼罗河"号上的核心舰员操纵。

当年夏季前往大西洋水域参加由海峡舰队、地中海舰队和本土舰队,以及巡洋舰分舰队举行的联合演习。

1904 年 4 月随本土舰队在西西里岛外海活动时,该舰和"复仇"号都撞上沉船,两舰的部分舰底板出现凹陷。

5 月 9 日接替"印度女皇"号成为本土舰队第二旗舰。

7—8 月参加年度演习。

1905 年 3 月 7 日在朴次茅斯退役,加入查塔姆后备舰队,舰员转调至"恺撒"号(Caesar);第二天,以核心舰员操纵重新服役,加入在本土新组建的希尔内斯-查塔姆后备分队。

5 月 11 日在查塔姆改装时,一个舱室发生油气爆炸事故,造成一名工人丧生,三名工人受伤。

7 月参加后备舰队演习。

8 月 17 日舰员转调至"海洋"号(Ocean),以新的核心舰员操纵,加入查塔姆后备舰队,担任应急舰。

1906 年 6 月 12 日—7 月 2 日随"蓝色舰队"第一分队参加在葡萄牙外海和东大西洋进行的年度演习(它是同级舰中唯一参加此次演习的军舰)。

1907 年 1 月 1 日在德文波特重新服役(配备核心舰员),加入后备舰队。

1909 年 4 月在德文波特加入进一步重组后的本土舰队第 4 分队(配备少量核心舰员)。

1911 年 6 月接替"拉米伊"号,成为德文波特第 4 分队补给舰,11 月由"印度女皇"号接替,12 月退役,成为材料储备舰。

1912 年 8 月由"柏勒洛丰"号(Bellerophon)拖往母亲滩。

1914 年 1 月 14 日以 36450 英镑的价格出售给 T. W. 沃德(T. W. Ward)公司,随后解体。

舰史："反击"号

1894 年 4 月 25 日在朴次茅斯服役，接替"罗德尼"号加入海峡舰队，基地为查塔姆。8 月随"蓝色舰队"参加在爱尔兰海和大西洋进行的年度演习。

1895 年 6 月 19—24 日随英国海军舰艇分舰队参加威廉皇帝运河开通仪式，7—8 月随"A 舰队"参加在西南航道进行的年度演习。

1896 年 7 月 18 日与"决心"号相撞。

1897 年 6 月 26 日在斯皮特黑德参加维多利亚女王加冕 60 周年阅舰式。7 月参加在爱尔兰南部海岸进行的年度演习。

1899 年 7—8 月随"A 舰队"参加在大西洋进行的年度演习。

1900 年 2 月 4 日离开希尔内斯时遇到大潮，被迫进入停靠驳船的内河航道，8 月随"A1 舰队"参加年度演习。

1901 年 10 月 27 日被拖离锚位时在淤泥中搁浅，两小时后重新浮起，舰体未受损。

1902 年 4 月 5 日离开本土加入地中海舰队，9—10 月参加海峡舰队、地中海舰队及巡洋舰分舰队在凯法利尼亚岛（Cephalonia）和摩里亚（Morea）外海进行的联合年度演习。

1903 年 11 月 29 日离开马耳他返回本土，12 月 10 日抵达普利茅斯。

1904 年 2 月 12 日在查塔姆退役，进行大规模改装。

1905 年 1 月 3 日在查塔姆重新服役，加入后备舰队。6 月 6 日以核心舰员在查塔姆加入后备舰队，7 月参加后备舰队演习。

1906 年 3 月 24 日在查塔姆再次加入后备舰队，11 月 27 日舰员转调至"无阻"号，以新的核心舰员重新服役。

1907 年 2 月 25 日离开查塔姆前往德文波特成为特种勤务舰。

1910 年 8 月 2 日被"庄严"号接替，12 月前往朴次茅斯。1911 年 2 月在那里退役。

1911 年 7 月 11 日以 33500 英镑的价格出售给 T. W. 沃德公司，1911 年 7 月 27 日抵达莫克姆（Morecambe）后解体。

舰史："复仇"号

1891 年 2 月 12 日在帕尔默（Palmers）公司开工，1892 年 11 月 3 日下水。1894 年 3 月完成海试，在朴次茅斯加入后备舰队，直到 1896 年 1 月。

◁"拉米伊"号，1913 年，
此时它已非常老旧

▷"复仇"号，1903 年 5 月—1904 年 5 月。注意上甲板的 152 毫米副炮已经安装了炮郭，舰桥上有小型测距仪，桅楼上的速射炮未安装防盾，前桅顶有信号旗桅。直到此时它仍保留着上甲板上的防鱼雷网搁架

▽"复仇"号，1905 年，安
装了新的防鱼雷网搁架

△ "敬畏"号的临时性迷彩，注意舰艏炮台上安装的高射炮

▽ 更名为"敬畏"号的"复仇"号，1914 年年底为炮击比利时海岸，它拆下 343 毫米主炮，换上 305 毫米主炮

△ "敬畏"号的迷彩被移除
（1915 年 4 月后），绘上了舰艏波。
它可以倾斜舰身以增加 305 毫米
主炮的射程。注意扩大的前桅楼和
下移的主桅楼，主桅安装了很高的
顶桅，舰艏还有扫雷装置

▷ "印度女皇"号，1906 年。
它是本土舰队德文波特分队的旗
舰。注意探照灯平台和前桅楼上
的测距仪

1896 年 1 月 14 日在朴次茅斯成为飞行分舰队旗舰，组建该分舰队是因为德皇威廉二世给德兰士瓦总统克留格尔（Kruger）发报，以及德兰士瓦的詹姆森袭击发生后欧洲出现骚动。

"复仇"号担任分舰队旗舰直到同年 11 月，分舰队处于紧急备战状态长达 10 个月。1896 年夏曾短时间隶属地中海舰队。

11 月 5 日飞行分舰队解散，"复仇"号在朴次茅斯退出现役。同一天再次服役，接替"特拉法尔加"号成为地中海舰队第二旗舰。

1897 年 2 月—1898 年 12 月加入国际海军分舰队，前往克里特干涉希腊—土耳其冲突。

1897 年 4 月参与占领撒丁要塞（Fort Tzeddin）的行动，博尔（Bor）少校率领陆战队从"复仇"号登陆，攻占了要塞。

1898 年 9 月，克里特发生骚乱及屠杀基督徒居民的事件后，"复仇"号前往坎迪亚（Candia，现伊拉克利翁）支援英国军队，从土耳其统治者那里索取了赔偿，并监督最后一支土耳其军队撤离克里特。

1899 年 12 月 5 日在马耳他重新服役，继续留在地中海舰队。

1900 年 4 月由"胜利"号接替，返回本土，在查塔姆退出现役，加入后备舰队。

1901 年 4 月 18 日在查塔姆重新服役，接替"亚历山德拉"号在波特兰担任海岸警戒舰，也是后备舰队的旗舰。

1902 年年初处于维修状态，随后重新服役，在舰队重组后担任本土分舰队旗舰。

1905 年 1 月 1 日随着本土舰队更名为海峡舰队，加入海峡舰队服役。7 月随后备舰队参加演习。8 月 31 日在朴次茅斯退出现役。9 月 1 日在朴次茅斯加入后备舰队。

1906 年 6 月在朴次茅斯代替"巨像"号担任火炮训练舰，也是"卓越"号的供应舰。

1908 年 6 月 13 日在朴次茅斯与商船"本格尔角"号（Bengore Head）相撞。10 月以"爱丁堡"号为靶舰，使用新型 343 毫米主炮进行射击和破坏力试验。

1912 年 1 月 7 日在朴次茅斯港遭遇大风，脱离锚位，与新建的无畏舰"俄里翁"号相撞，舰体几处受损。

1913 年 5 月 15 日作为火炮训练舰退出现役，由"阿尔比马尔"号接替，成为材料储备舰，在母亲滩等候报废。

1914 年 9—10 月重新服役，在朴次茅斯进行特别改装，准备在弗兰德斯海岸执行炮击任务。

当年 10 月 31 日受命在朴次茅斯待命并接替"可敬"号担任旗舰。

11 月 4 日为加入海峡舰队第 6 战列舰分舰队（为攻击 U 艇基地建立的特种勤务分舰队，包括 5 艘邓肯级）做准备。

11 月 14 日攻击 U 艇基地的计划因天气恶劣被放弃后，与"庄严"号一道离开多佛前往敦刻尔克。

11 月 22 日与"鸨"号（Bustard）、6 艘英国和 4 艘法国驱逐舰、1 艘法国鱼雷艇一起，炮击了尼乌波特（Nieuport）的德军部队，随后返回多佛。

12 月 15 日与"庄严"号一同试图炮击困扰英军的德国火炮阵地，被两枚 203 毫米炮弹击中，第二枚炮弹击中水线以下舰体，造成严重进水。

12 月 16 日再次炮击弗兰德斯海岸。

1915 年 4—5 月在查塔姆接受改装，安装了突出部。

8 月 2—10 日更名为"敬畏"号，原名给予一艘新的君权级无畏舰。

9 月 7 日下午随一个舰艇分舰队在韦斯特迪普海峡（West Deep Channel）炮击奥斯坦德（Ostend）和韦斯滕德（Westende）的兵营，在韦斯滕德遭遇德军密集火力还击。它得到老式炮艇"鸫"号和"卓越"号的支援，给予敌军巨大杀伤。

10—12 月接受改装，改装后未再服役，在朴次茅斯作为居住舰使用，直到 1919 年 2 月。

1919 年 12 月列入出售名单，以 42750 英镑价格出售给 T. W. 沃德公司，后在斯旺西解体。

舰史:"决心"号

1893 年 12 月完成海试，在朴次茅斯服役，5 日加入海峡分舰队。

1894 年 8 月 2—5 日随"红色舰队"在西南航道参加年度演习。

◁ 皇家海军每年都举行大规模的联合舰队演习——一派难令人以忘怀的壮观景象。这些照片摄于 1900 年 12 月，其中最醒目的战舰皆为"君权"号

▷ "复仇"号，1909—1910年。注意扩大的前桅楼下方增加了一个方形平台，未安装防鱼雷网，采用了无杆锚，桅杆低处战斗桅楼上有测距仪

▷ 1914 年的大战爆发之前很久，君权级就已经过时了。"反击"号是该级舰中第一艘被废弃的军舰（1911 年 3 月），其他同级舰也很快步其后尘。这是退役后停泊在普利茅斯的"皇家橡树"号（左）和"君权"号

1895 年 4 月 9 日在德文波特重新服役，继续留在海峡舰队。

1896 年 7 月 24—30 日随"A 舰队"在英格兰和爱尔兰西南海岸参加年度演习。

1896 年 7 月 18 日与"反击"号相撞，外舷板与龙骨轻微受损。

1897 年 6 月 26 日参加在斯皮特黑德举行的女王加冕 60 周年阅舰式。

1899 年 7 月 29 日—8 月 4 日随"A 舰队"在大西洋参加年度演习。

1900 年 7 月 24 日—8 月 3 日随"A2 舰队"在西南航道参加演习。

1901 年 10 月在朴次茅斯退出现役，加入后备舰队。11 月 17 日重新服役，在霍利黑德（Holyhead）担任岸防舰。

1903 年 4 月 8 日退出现役进行维修。

1904 年 1 月 5 日重新服役，在希尔内斯接替"无比"号担任港口警戒舰。6 月 20 日加入查塔姆后备舰队。

1906 年 6 月 16 日演习中在汤格灯塔船（Tongue Lightship）附近与"拉米伊"号相撞，轻微受损，随后在查塔姆维修。

1907 年 2 月 12 日加入德文波特的本土舰队特种勤务分队。8 月 8 日退役，列入报废名单，停放在母亲滩。

1914 年 4 月 2 日以 35650 英镑的价格出售给 E. 雷斯迪克（E. Rijsdijk）公司并在荷兰解体。

舰史："印度女皇"号

1891 年 5 月 7 日下水，由康诺特公爵夫人主持命名典礼。

下水前它刚刚由"声望"号更名为"印度女皇"号，随即从彭布罗克转移至查塔姆舾装。

1893 年 9 月进行海试，9 月 11 日在查塔姆服役，接替"安森"号成为海峡舰队第二旗舰。

1894 年 8 月 2—5 日随"蓝色舰队"在爱尔兰海和英吉利海峡参加年度演习。

1895 年 6 月作为英国海军代表舰艇参加基尔运河开通仪式。7 月 24 日—8 月 30 日参加年度演习。

1897 年 6 月 7 日在查塔姆退出现役，第二天重新服役，加入地中海舰队，前往地中海前参加了女王加冕 60 周年阅舰式，8 月抵达马耳他。

1898 年 8—9 月参加国际海军分舰队，在希土冲突期间维护秩序。

1900 年 12 月 24 日在马耳他重新服役，继续留在地中海舰队。

1901 年 9 月 14 日离开地中海舰队，由"怨仇"号接替。

10 月 12 日在德文波特退役，第二天重新服役，在女王镇（Queenstown）成为港口警戒舰，并接替"豪"号成为爱尔兰海岸资深军官旗舰。

1902 年年初进行大规模改装。5 月 7 日加入本土舰队，参加演习（从 1902 年 5 月起成为第二旗舰）。8 月参加国王（爱德华七世）加冕阅舰式。

1903 年 8 月 5—9 日作为"B 舰队"旗舰参加本土、地中海和海峡舰队在葡萄牙海岸举行的联合演习，演习中左舷蒸汽机发生故障，无法工作达 14 小时，以致脱离编队。

1904 年 6 月 1 日将本土舰队第二旗舰职责转交"皇家橡树"号，退出现役。

1905 年 2 月 22 日将本土舰队中的职责转交"汉尼拔"号。第二天退役，然后重新入役，接替"巴夫勒尔"号，在德文波特成为新成立的后备舰队旗舰（升海军少将旗）。

1905—1906 年在德文波特改装。

1905 年 7 月参加后备舰队演习。9 月将职责转交"埃俄罗斯"号（Arolus）。10 月 31 日重新加入后备舰队（由新一批核心舰员操纵）。

1906 年 4 月 30 日在普利茅斯滩与呈下潜状态的英国潜艇 A10 号相撞。

1907 年 2 月舰队重组，后备舰队更名为本土舰队后，"印度女皇"号继续担任德文波特分队旗舰（升海军少将旗）。

5月25将旗舰职责转交"尼俄伯"号。5月28日在德文波特重新服役，成为特种勤务舰。

1912年3月2日离开朴次茅斯，由"勇士"号（Warrior）拖往母亲滩搁置，途中与德国帆船"文德胡德"号（Winderhudder）相撞，被迫返回朴次茅斯修理。5月等待报废。

1913年11月4日在波特兰外海作为靶舰，在6400米（7000码）距离上被大口径炮弹击沉。

"胡德"号：1889 年预算

设计

1888 年 11 月，海军部考虑建造一种设计上不同于君权级的战列舰。第一海务大臣、海军上将亚瑟·胡德钟爱的低干舷炮塔舰，遭到了推崇高干舷炮台方案的设计委员会的一致反对，海军造舰总监威廉·怀特也与后者意见相同。高干舷炮台舰的优势是在远洋具有更高的战斗效能，当时普遍认为这比炮塔为主炮提供更完善的防护更重要。除了亚瑟·胡德外所有委员会成员都认同这一优势，但由于新的高干舷军舰的战斗力还需实践来证明，同时也为了向胡德妥协，海军部决定在首批三艘开工的战列舰中，有一艘将采用炮塔方案，舰艏和舰艉为低干舷，以抵消增加的重量。而军舰就以胡德的名字来命名。

"胡德"号完工后的第一次海试，就证明舰艉低干舷及高度较低的主炮，和君权级相比大为逊色，作为远洋型战列舰就更不合格了。全面的比较证明，设计委员会为君权级选择高干舷方案是完全正确的。

▽ "胡德"号的舰艏与舰艉，1893 年完工后不久拍摄于查塔姆。它是君权级的低干舷版本。注意华丽的舰艏饰

"胡德"号

侧视图和纵剖图，1894 年

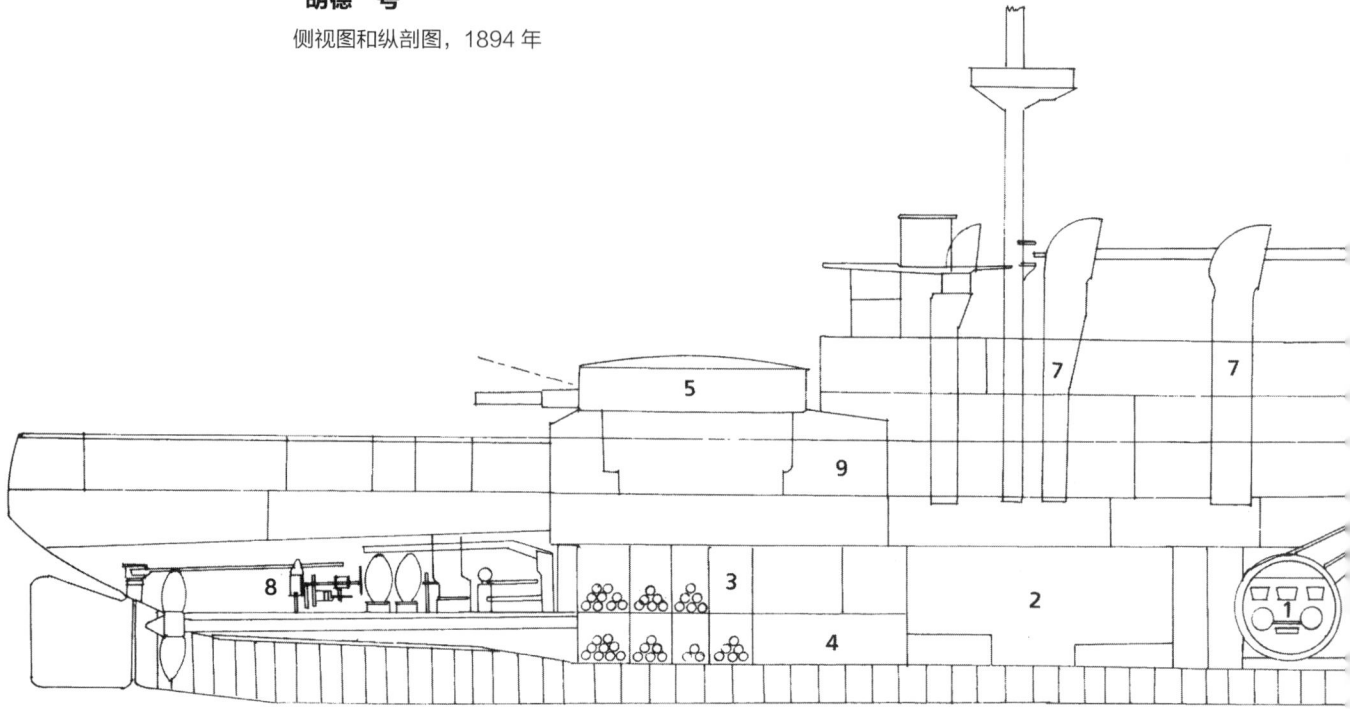

"胡德"号

侧视图和纵剖图，1894 年

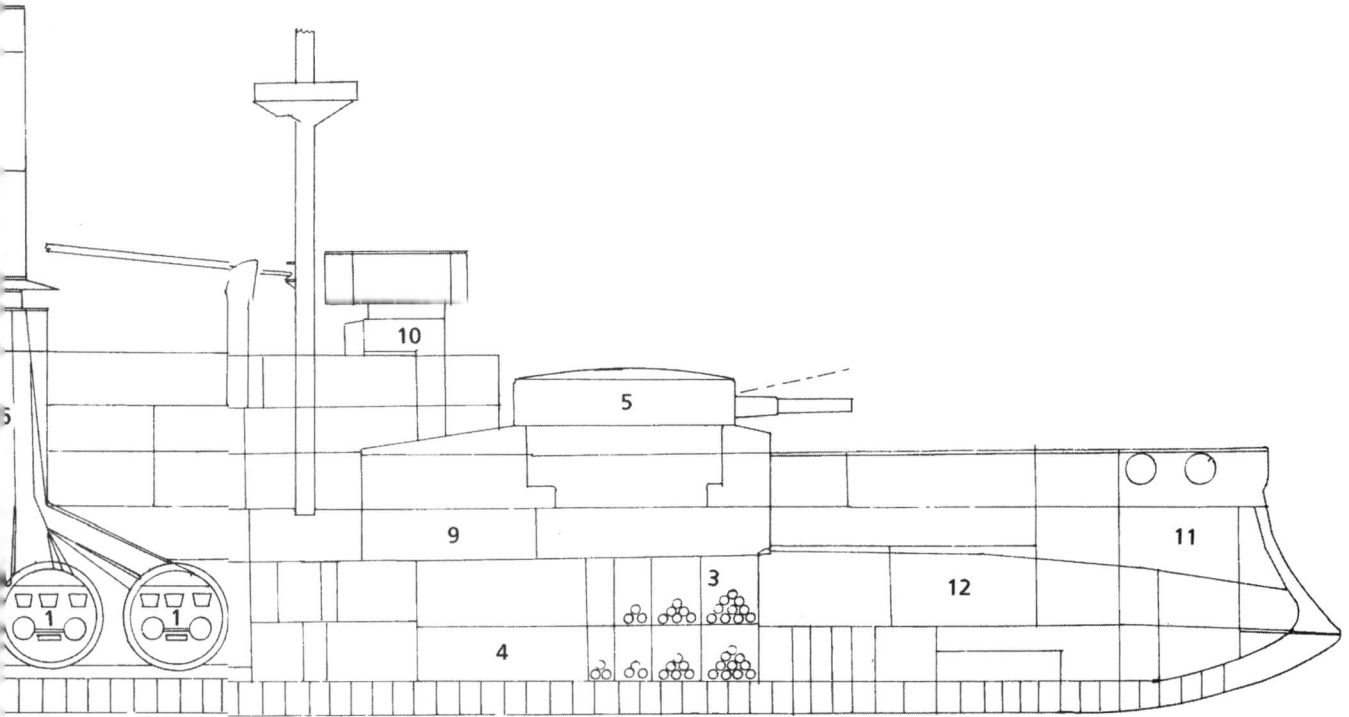

1. 锅炉
2. 轮机舱
3. 炮弹舱
4. 发射药舱
5. 343毫米主炮和炮塔
6. 排烟道
7. 轮机舱通风口
8. 舵机舱
9. 鱼雷舱
10. 司令塔
11. 仓库和水密舱
12. 绞盘舱

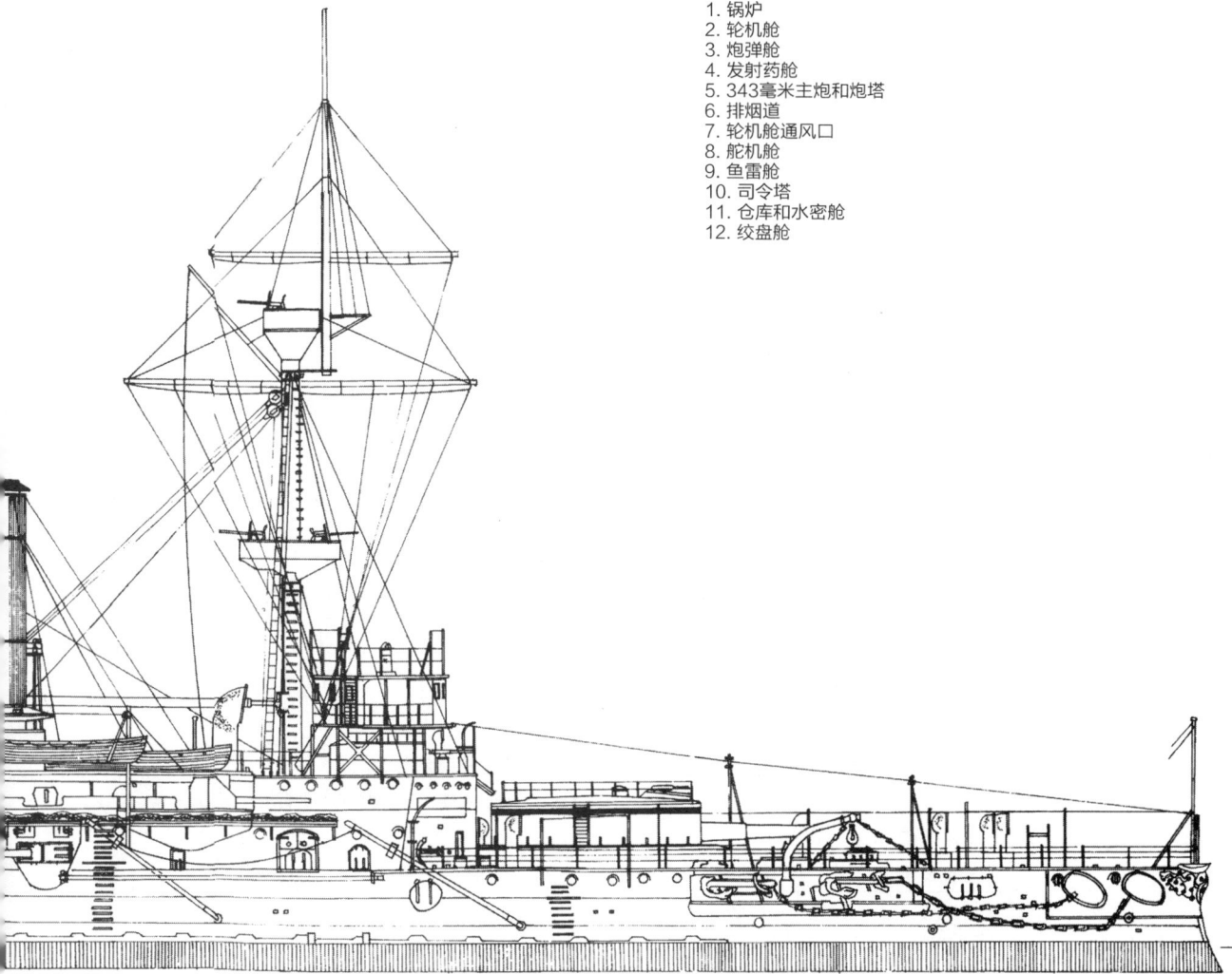

"胡德"号：各单位重量（吨）

淡水（10 天供给）：60

食品（4 周供给）：40

军官物资：25

军官、水兵及其个人用品：80

桅杆与桅具：70

缆绳：98

锚：25

小艇：50

军士物资：50

武备：1720

主动力：1050

辅助动力：55

燃煤：900

主装甲带垂直装甲：1350

水平装甲：1100

炮郭防护：450

柚木背板：80

炮塔：1490

司令塔：90

舰体：4750

防鱼雷网及撑杆：40

4% 预留重量：530

设计排水量：14150 [①]

　　"胡德"号是皇家海军最后一艘低干舷战列舰，也是最后一艘主炮布置在圆形炮塔中的英国战列舰。完全以装甲封闭的炮室首先使用在声望级和庄严级上，"炮室"（Barbette）这个称谓在使用了几年后逐渐演变成"炮塔"（Turret），此后"Barbette"一词仅指火炮下方固定的装甲基座。

　　最终，所有全封闭的炮室，无论大小或有无装甲，都称为炮塔，其下方的固定炮座则被称为炮塔基座（Turret bases）。

　　"胡德"号主炮的指挥战位比君权级的低了大约 1.83 米，这在大洋上会影响战斗力，但有报告称，在非常恶劣的海况下它也可以大致瞄准射击。此外，布置在上甲板的 152 毫米副炮由于干舷过低几乎毫无用处，最终于 1904 年被拆除。

　　与君权级相比，57 毫米炮的数量从 16 门减至 8 门，其中只有 4 门安装在甲板上。这 4 门 57 毫米炮布置在艏艉主甲板的炮孔中，但由于位置过低而没有实际作战能力。

"胡德"号：初稳心高度和稳性（1893 年 3 月 24 日倾斜试验）

	排水量（吨）	吃水（平均）	初稳心高度	最大复原力臂角	稳性消失角
A 条件（正常）*	14332	8.23 米	1.25 米	34 度	57 度
B 条件（满载）**	14780	8.69 米	1.34 米	34 度	57 度

* 全备状态加 900 吨燃煤，储备给水舱空载。
** 全备状态加 1380 吨燃煤，储备给水舱水位达到工作高度。

---

① 译注：原文如此。

"胡德"号：建成时性能数据

建造
查塔姆造船厂；1889 年 8 月 12 日开工；1891 年 7 月 30 日下水；1893 年 6 月 1 日完工

排水量（吨）
14780（正常），15588（满载）

尺寸
长：115.82 米（垂线间长），125.12 米（全长）
宽：22.86 米
吃水：8.38 米（平均），8.69 米（最大）
干舷高度：3.43 米（舰艏），5.26 米（舯部），3.43 米（舰艉）

武备
4 门 343 毫米 67 吨后装炮
10 门 152 毫米速射炮
10 门 57 毫米炮
12 门 47 毫米炮
7 具 457 毫米鱼雷发射管（2 具水线以下，1 具舰艉水线以上，4 具侧舷水线以上）

装甲（复合及镍钢装甲）
主装甲带：356—406—457 毫米
上部装甲带：111 毫米
横向装甲：406 毫米（艏），356 毫米（艉）
防破片横向装甲：76 毫米
甲板：51—76 毫米
围屏：280—406—432 毫米
炮塔：152—280—406—432 毫米
152 毫米副炮炮郭：152 毫米
152 毫米弹药升降机：51—102 毫米
司令塔：305—356 毫米
司令塔垂直通道：203 毫米
舰艉司令塔：76 毫米
舰艉司令塔垂直通道：76 毫米

动力
与君权级相同

小艇
木制鱼雷艇：1 艘 17.07 米
侦察艇（Vedettes）：1 艘 17.07 米
大舢板（蒸汽）：1 艘 12.19 米
大舢板（风帆）：1 艘 10.97 米
长艇（蒸汽）：1 艘 12.8 米
纵帆快艇：2 艘 9.14 米，1 艘 7.92 米
捕鲸艇：1 艘 7.62 米

▽ "胡德"号，1896 年秋。它在克里特岛的哈尼亚（Canea）驻泊了大约 6 周，希土两国正在岛上交战，它在战争期间顺利完成了维和任务

续表

小舢板（风帆）：1 艘 9.14 米，1 艘 8.53 米，1 艘 7.32 米

巴沙救生筏：1 艘 4.27 米

邮递艇（Mail raft）：1 艘 5.49 米

救生艇总容量：可容纳 690 名舰员中的 682 名

探照灯

5 部 610 毫米探照灯：4 部位于上层建筑内的探照灯孔中，其中舰艉各 1 部，1 对布置在前桅前方；1 部位于主桅后方

船锚：

3 副 5.75 吨马丁斯锚

2 副 2.75 吨马丁斯锚

1 副 0.8 吨舰锚

锚链：960 米长 65 毫米锚链

舰员

690 人

造价

估计造价：820000 英镑

实际造价：849252 英镑

火炮：77144 英镑

舰体（估计）：749000 英镑

仓储与原始配件：11000 英镑

总造价：926396 英镑

　　服役期间，"胡德"号很难达到设计速度。即使在平静的海面上，它的航速也比君权级低 0.5 节；在中等和高海况下，航速下降很快。其适航性与海军将领级、"无比"号、"维多利亚"号和特拉法尔加级相当。

　　"胡德"号的装甲、动力及武备与君权级基本相同。

外观变化

　　"胡德"号的外观与特拉法尔加级非常相似，由于舰艉有大型炮塔，它看上去比君权级更威武。两座烟囱的间距略大于君权级，因为左右两侧锅炉舱之间的弹药通道更宽。

　　完工时绘有舰舷波，可收放的前顶桅位置靠前，而主桅上的顶桅则为固定式。完工时前桅和主桅上布置有斜桁，早期的机械式信号标布置在主桅中部。

　　与特拉法尔加级和君权级相比，"胡德"号外观上最明显的识别特征是烟囱与前后桅的距离相等（特拉法尔加级的烟囱距前桅较近），另外它的炮塔也很容易与君权级的炮台区别开来。

　　1896 年：前桅安装了新型桅顶信号标，主桅上的桅顶信号标被拆除。

　　1897 年：舰艉 343 毫米主炮塔上各安装一门 47 毫米炮。

　　1899 年：防鱼雷网搁架被降至上甲板高度，以避免受到 152 毫米副炮炮口风暴的影响。

△"胡德"号，完工时左舷舰艉部视角，1893—1894 年。它的武器威力与君权级完全相同，但适航性较差

◁"胡德"号在德文波特，1904 年。它的结局有失光彩，作为阻塞船沉在波特兰港。下沉时发生倾覆，舰体断裂，沉到海底后龙骨仍露出水面

1900 年：桅楼上的 47 毫米炮被重新布置在前部上层建筑上；拆除了水线以上鱼雷发射管；主甲板探照灯被重新安置在舰桥上；前桅楼增加了一部探照灯；舰艏波迷彩被移除。

1902—1903 年：主甲板上的 57 毫米炮被拆除，2 门布置在上层建筑上，另外 2 门不再安装；主桅上安装了无线电天线斜桁；主桅上的固定式顶桅改为位置靠前的可收放式顶桅。

△ 1893 年，正在查塔姆舾装
的"胡德"号

▷ "胡德"号离开马耳他，
1898—1899 年

1903—1904 年： 维多利亚时代的涂装被全灰色涂装代替。

1904 年： 上甲板的 152 毫米副炮被拆除。

1905 年： 前部上层建筑上的 47 毫米炮被拆除。

1907—1909 年： 桅楼上的 47 毫米炮被拆除；此外，无线电天线斜桁被升高
（1908 年）。

舰史

　　1889 年 8 月 12 日在查塔姆开工，1891 年 7 月 30 日下水，由胡德子爵夫人（Viscountess Hood）[1]主持命名典礼。1893 年 5 月完成海试，6 月 1 日在查塔姆服役，加入地中海舰队。

　　1893 年 6 月 7 日，在最后的舾装中，发现前部舱室有渗漏，立即入坞进行检修。渗漏发生在靠近舰艏的两块龙骨板之间，原因是铆接错误，之前入坞时两块龙骨板承受应力不同，出现错位。军舰在两天内维修完毕，于 6 月 9 日出坞，接受爱丁堡公爵检阅后于 6 月 12 日离开查塔姆造船厂。

---

[1] 译注：原文如此。亚瑟·胡德的爵位应该是第一代阿瓦隆男爵（1st Baron Hood of Avalon）

△ "胡德"号的右舷舰艏视角，
此时已接近它活跃服役期的终点，
摄于 1910 年或 1911 年

1893 年 6 月 17 日接受诺尔基地司令，海军中将阿尔戈农·C. F. 赫尼奇爵士（Sir Algernon C. F. Heneage）的官方视察。

6 月 18 日离开希尔内斯前往地中海，26 日抵达直布罗陀，加煤后于 29 日离开直布罗陀。

7 月 3 日抵达马耳他，接替"巨像"号，由于行程延迟，没有经历"坎珀当"—"维多利亚"号事故。

在地中海舰队服役至 1900 年 4 月，1897—1898 年加入国际海军舰艇分舰队干涉希土战争。

1900 年 4 月 29 日退出现役，进入查塔姆造船厂，处于预备役状态直至 12 月。

12 月 12 日重新入役，代替"雷神"号在彭布罗克港担任港口警戒舰。

1901 年年底加入地中海舰队。

1902 年 9 月 29 日—10 月 6 日参加海峡舰队、地中海舰队及巡洋舰分舰队在凯法利尼亚岛和摩里亚外海进行的联合演习。

10 月 4 日演习期间，离开安格斯蒂利港（Angostili）①时舰舵触及海床受损。返回马耳他维修，随后使用两副螺旋桨代替舰舵驶返本土。

12 月 5 日退役，在查塔姆维修，随后到德文波特维修。

1903 年 6 月 25 日在德文波特重新服役，接替"科林伍德"号加入本土舰队。

8 月 5—9 日随"B1 舰队"参加地中海、本土和海峡舰队在葡萄牙外海举行的联合年度演习。

1904 年 9 月 28 日由"罗素"号（Russell）接替，离开本土舰队。

1905 年 1 月 3 日在德文波特加入后备舰队；处于预备役状态至 1907 年 2 月。

1909 年 4 月在德文波特维修并拆除部分装备，在女王镇成为新兵接待舰。

1910 年 9 月重新服役，担任接待舰和爱尔兰海岸资深军官旗舰。

1911 年 3 月被拖往朴次茅斯，列入废弃名单。

1913—1914 年参加英国第一次防鱼雷突出部试验。试验属于高度机密，突出部在后来的战列舰和战列巡洋舰上得到了应用。

1914 年 11 月作为阻塞船被凿沉在波特兰港南方入口，其残骸成了著名的"墙上的老窟窿"。奇怪的是，皇家海军 1916 年 10 月和 1917 年 1 月的待售舰艇名单上都有"胡德"号。

---

① 译注：原文如此，疑为阿尔戈斯托利港（Argostoli）之误。

"百夫长"号与"巴夫勒尔"号：1890年预算

设计

1889年《海军防御法案》中有两艘二级战列舰，自法案通过后，海军部就多次讨论过这两艘军舰的设计，但是最终决定迟迟没有做出，直到同一法案中一级战列舰（君权级）的设计图纸和性能数据全部确定下来。这两艘军舰的设计被拖延的另一个原因是，海军正在推进庞大的建造计划，各个部门都承受了极大的工作压力，同时设计人员的数量也严重不足。

1889年3月6日，海军部召开了一次会议，出席的有海军造舰总监（怀特）、海军审计官和海军军械处处长，他们制定了两艘二级战列舰的基本蓝图，也对排水量和各项性能的大致数据形成了一致意见。最关键的考虑是，这两艘军舰是作为远东和太平洋舰队的旗舰而特别设计建造的，它们将要与可能遇到的最强大的外国军舰交战（特别是当时出没于远东的，装备203毫米主炮的俄国大型装甲巡洋舰）。为了能在远东的内河航行，军舰的吃水不能太大。"蛮横"号（Imperieuse）巡洋舰（当时部署在远东）的吃水为8.31米，要不惜一切代价使新军舰的吃水远小于这个数值。维西·汉密尔顿爵士后来称，他认为要在远东内河安全顺利地航行，吃水不能超过7.92米。

当天的进一步讨论还决定了新军舰的续航力将不超过"蛮横"号（以其携带900吨燃煤计算），但航速将大于所有一级战列舰。主炮口径为254毫米，以便手动

◁ 1894年6月，刚完工时的"巴夫勒尔"号，它当时属于查塔姆后备舰队，即将于1895年服役并加入地中海舰队

"百夫长"号：最终设计数据（1890 年 2 月 17 日）

排水量：10500 吨

长：109.73 米

宽：21.34 米

吃水：7.77 米

干舷高度：6.7 米（舰艏），5.18 米（舯部），5.79 米（舰艉）

武备

4 门 254 毫米舰炮

10 门 120 毫米舰炮

8 门 57 毫米炮

9 门 47 毫米炮

装甲

装甲带：229—305 毫米

横向装甲：203 毫米

炮郭：51—152 毫米

炮室：127—203—229 毫米

弹药通道：38 毫米

司令塔：305 毫米

垂直通道：203 毫米

装甲甲板：51—64 毫米

重量（吨）

普通装备：550

动力：1190

武备：895

装甲：4280

燃煤：750

预留重量：370

输出功率：9000 马力，17 节；13000 马力（强制通风），18.5 节

操作，火炮的水平旋转则以蒸汽为动力。由于需要大量炮手，炮室和火炮都由防盾保护。

　　海军部对设计方案提出了以下基本要求：

1. 为了通过苏伊士运河和远东国家内河，吃水不超过 7.92 米；

2. 航速 16.5 节，强制通风时航速 18 节；

3. 续航力与"蛮横"号相同；

4. 造价比君权级低 30%。

1889 年 3 月 9 日，怀特致函海军部设在戈斯波特（Gosport）哈斯拉尔炮艇制造厂的海军部试验基地工程师 R. E. 弗劳德：

> 根据我们两天前的谈话，新设计的尺寸将确定为 103.63×19.3×7.54 米，排水量 9200 吨。只有这样的尺寸，才能满足我们将浮力中心（CB）设在舰长中点后 2.13 米至 2.59 米处，以及横稳心（Transverse metacentre）在浮力中心上方 4.42 米至 4.57 米处的要求。希望你能尽早知会我，你对此条件下如何优化设计的想法，同时提供一份舰体方案，以及航速 10—19 节时的预计输出功率。如果需要制作模型，请尽快着手进行。

弗劳德则发现很难满足海军部委员会的要求，他告诉怀特，在这样的尺寸限制下，不可能获得期望的性能。于是怀特将舰宽增加至 20.57 米，吃水也相应减少至 7.47 米。一周后，他又将尺寸改为长 105.16 米、宽 19.81 米、吃水 7.16 米，以达到海军部的要求。经过多次争论，弗劳德终于在 3 月 20 日回复称：

> 亲爱的怀特先生：
>
> 　　好消息，今天按 103.63×20.57 米、排水量 9200 吨制作了模型，我认为可以等到模型的线型数据出来后再讨论其他变化。

1889 年 8 月 30 日，除了舰体装甲的材料和布置方式，以及另外一些防护性能，设计人员就最初设计方案的其他方面达成了一致意见，但是由于造价限制，军舰的排水量要比君权级小 4000 吨，武备也要从后者的 4 门 343 毫米主炮和 10 门 152 毫米副炮减至 4 门 254 毫米主炮和 8 门 120 毫米副炮，装甲带厚度也由 457 毫米减至 305 毫米，炮台装甲由 432 毫米减至 254 毫米。

△ 建成时的"巴夫勒尔"号，
1894 年。在 1900 年的远东战事中，
"巴夫勒尔"号的登陆水兵由海军
上校戴维·贝蒂（后来成为海军元帅）
率领，他在作战中两次负伤

◁ "百夫长"号的舰艉，1894
年，它刚刚在朴次茅斯完成建造，
正准备前往远东开始服役生涯

"百夫长"号

侧视图和纵剖图，1894 年

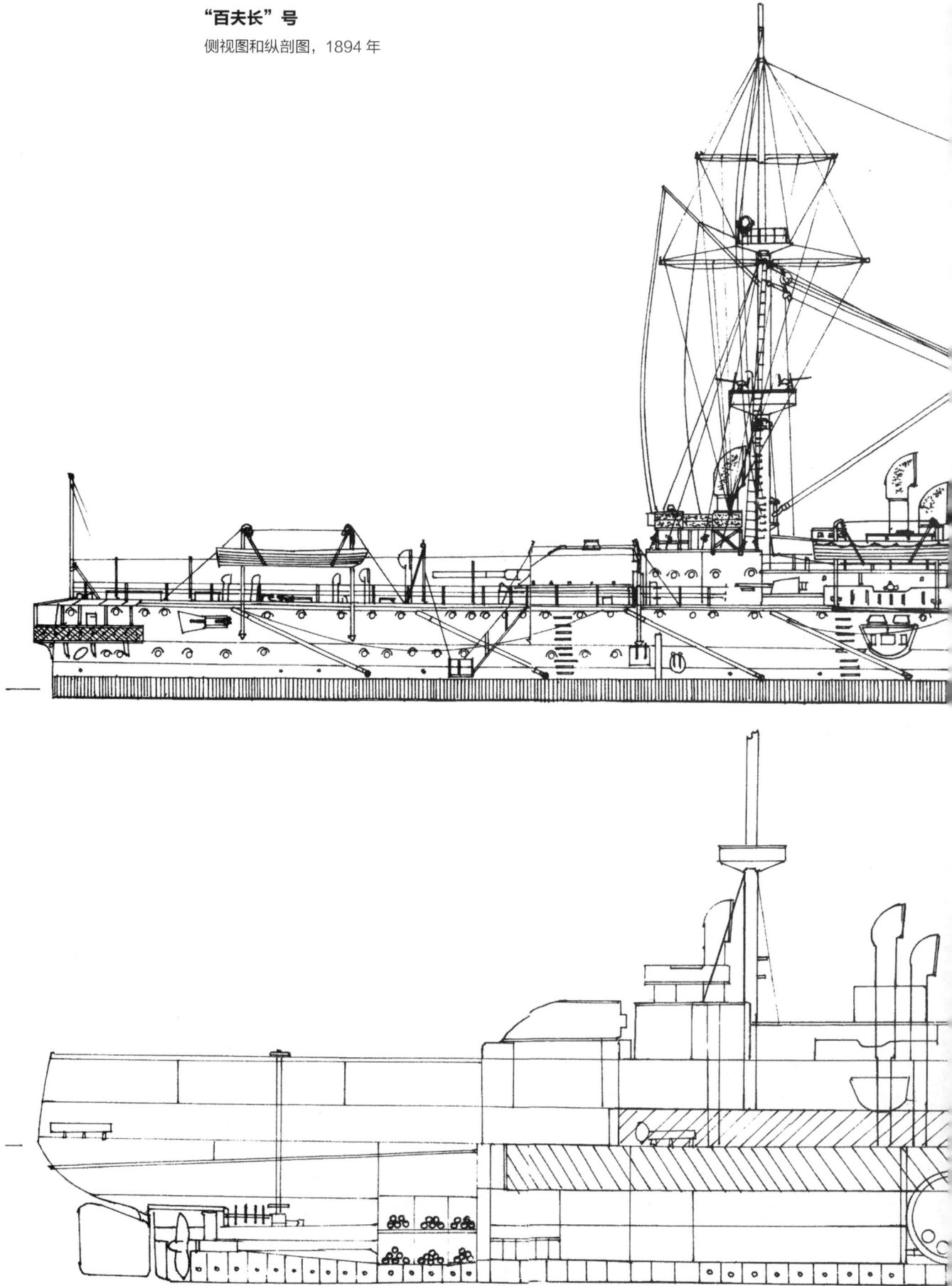

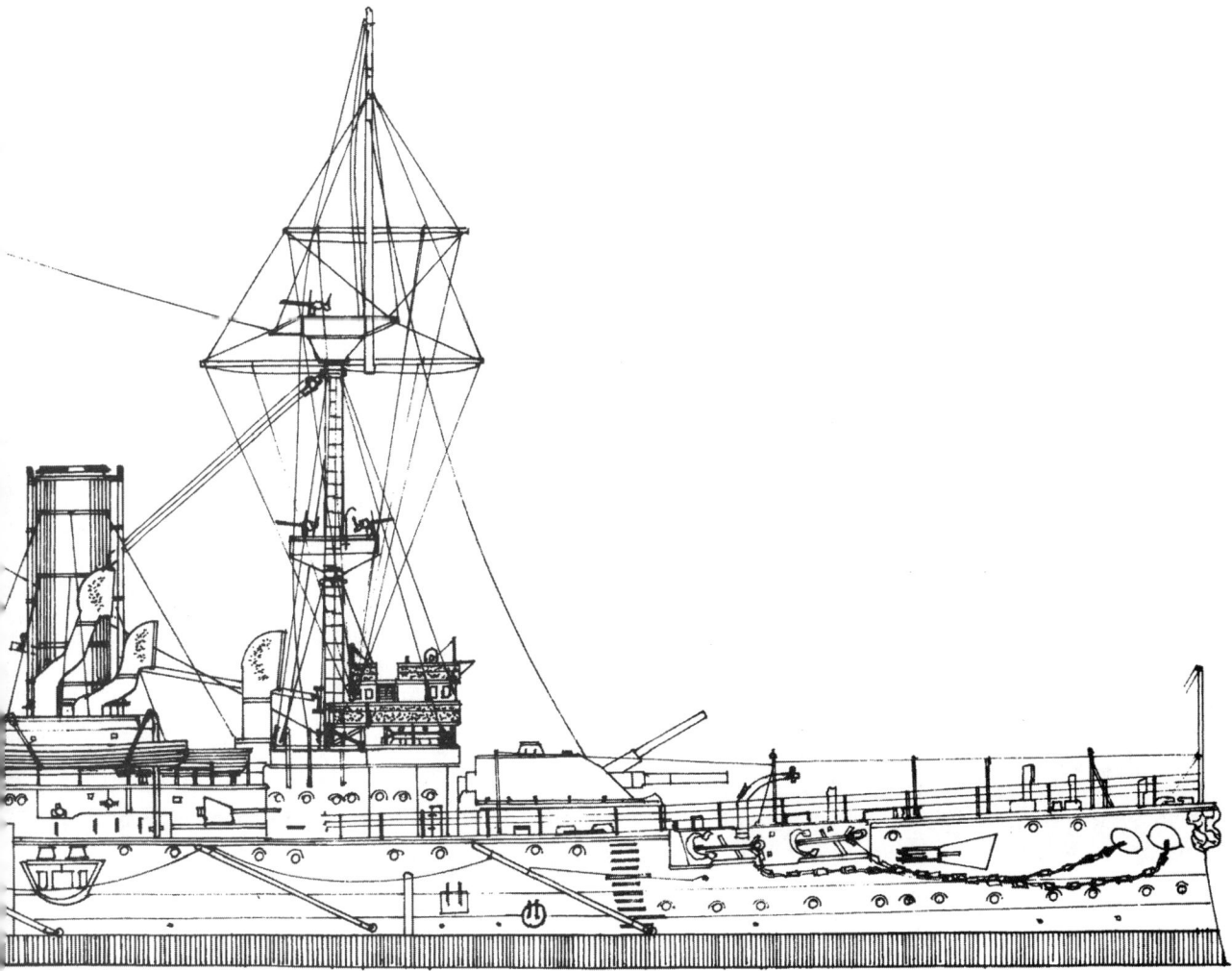

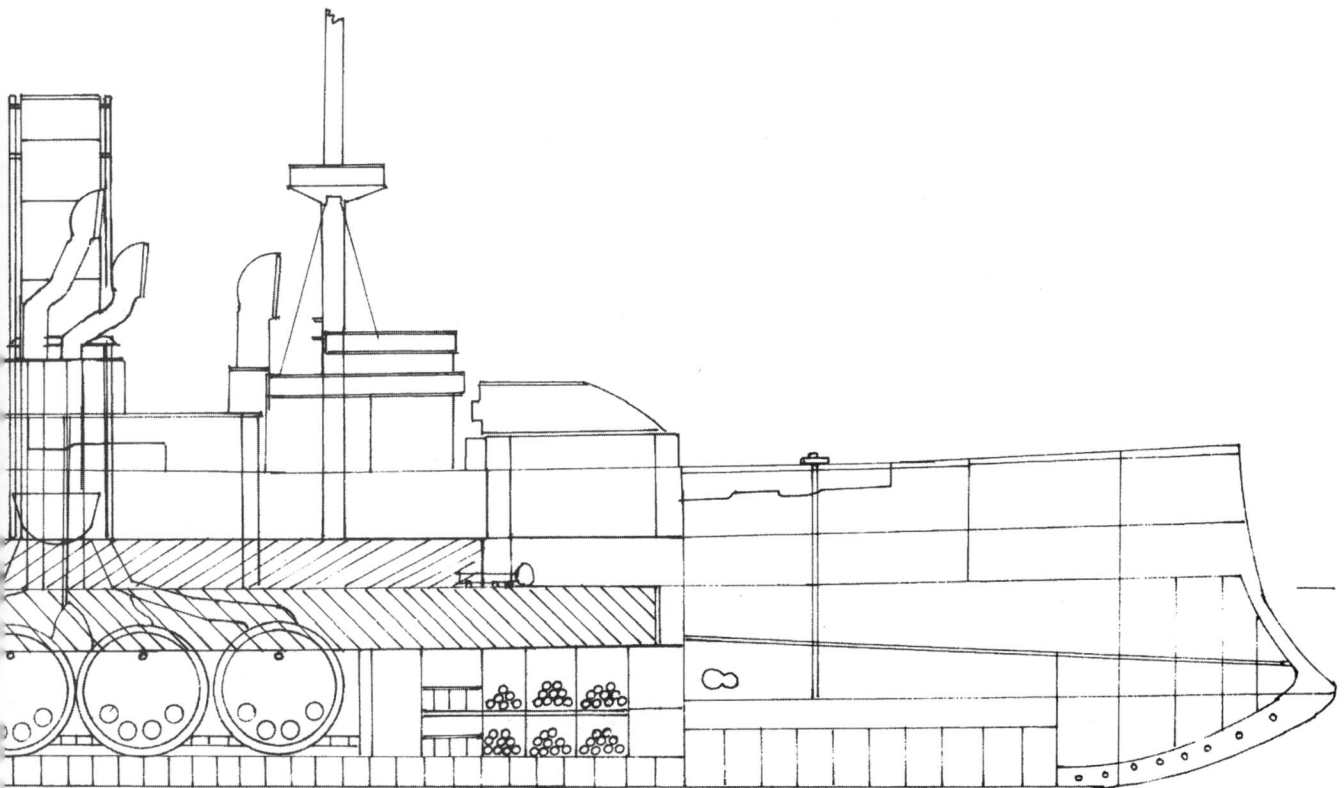

△ 查塔姆造船厂中刚完工的
"巴夫勒尔"号，1894 年

1889 年 9 月 30 日，确定了装甲甲板的设计。1890
年 1 月 17 日，炮郭、炮台装甲和大部分装甲防护设计
得以确定。1890 年 2 月 24 日，绘制了 1/8 比例的设计
图纸，该图纸于 4 月 28 日获得批准。舰体线型图和中
段结构图被送往朴次茅斯，更多建造图纸完成后，朴
次茅斯造船厂开始了建造工作。

设计之初，两艘军舰非常适于担当赋予它们的任
务，即支援巡洋舰分舰队的作战，它们完全有能力与
设想中的对手——俄国巡洋舰交战。但巡洋舰航速的
迅速提高很快让两舰过时了，无法满足设计需求，而
只能执行一些次要任务。不过海军上将 E. R. 弗里曼
特尔（E. R. Freemantle）对两舰的总体性能评价极
高，而海军上将约翰·霍普金斯爵士的观点是："除
了它的 120 毫米舰炮，'巴夫勒尔'号的确是一艘优
秀的军舰。"

武备

"百夫长"号和"巴夫勒尔"号上的 254 毫米炮
台是一种新的主炮布置方式，当整体设计尚在讨论中
时，惠特沃斯（Whitworth）公司就发展并最终制造了
这种炮台。它的特别之处是火炮仰角可以达到 35 度。（大于 15 度时只能用半装药，
而且大仰角射击时，炮室孔上部的一小块装甲必须要拆掉，以防火炮后座时撞到它）。

炮台由蒸汽动力驱动，但也可以手动旋转。蒸汽动力可以在 1 分钟内让炮台旋
转一周，以后来的标准看这似乎太慢了，但在当时已经足够。不过蒸汽和手动旋转在
实际使用中都运转不佳：前者难以控制（经常自行旋转），后者则完全动力不足。

火炮旋转并没有采用电力，但"巴夫勒尔"号试验性地安装了几部西门子电动机，
用于控制火炮的俯仰。后来的"声望"号也使用电力俯仰火炮，换装室到火炮的上
层升降机，以及弹药舱平台至换装室的炮弹升降机，也使用电力操作，结果证明非常
成功。所以"百夫长"号和"巴夫勒尔"号在 1901 年大修时都安装了类似的设备。
电力俯仰装置可以在 14 秒内将火炮仰角从 −7 度抬升至 +35 度。

火炮平台下方的换装室可以与火炮同步旋转，所以能全向装填。弹药从一个中
心管道提升上来，然后进入一个直达炮尾的斜面。

军舰的主炮是 4 门 254 毫米 Mk III 型 29 吨舰炮。火炮结构包括一根 A 管，以
及外周采用自紧技术的 1B 管和 2B 管，自紧炮管从药室延伸到炮口。炮尾处，炮闩
模块也采用自紧技术以达到相应的尺寸，且部分与 1B 管重合。炮闩模块前方，覆盖
1B 和 2B 炮管的是自紧的 C 管和 2C 箍环。围绕炮闩模块和部分 C 管的是自紧的 1C
箍环和耳轴箍环，它们在径向上与炮闩和炮管锁定。炮闩的 1C 箍环外还有一个自紧
的 1D 箍环。C 炮管外侧，紧靠耳轴的前方，是自紧的 2D 箍环。这是皇家海军的第

一种高弹道大口径舰炮，标志着火炮技术的一次飞跃。但是，由于当时海战交战距离很近，这种火炮几乎没有用武之地，在海军中不受欢迎。

这种舰炮也是当时英国海军口径最大的手动装填火炮，采用了非常复杂的炮闩原理。总体上，254 毫米火炮及其炮座远逊于更大口径的火炮和炮座。

轻型副炮（120 毫米）是设计中的一个弱点。炮弹对装甲舰艇没有毁伤能力，而且大约 40% 的甲板副炮由于位置太低，在远洋作战中难以顺利射击。

"百夫长"号和"巴夫勒尔"号是最后两艘建成时装备水线以上鱼雷发射管的英国战列舰。

装甲

1889 年 6 月 6 日第一次就军舰设计进行讨论时，与会人员认为，防护性能要与君权级相似。但是由于与海军造舰总监争论不休，没有做出最后决定。海军造舰总监提出了三种不同的防护方案：

1. 305 毫米水线装甲，顶部布置水平装甲，这以上直到主甲板是 102 毫米轻型侧舷装甲；
2. 与方案 1 排水量相同的条件下，布置从水线以下 1.52 米至主甲板（水线以上 3.05 米）的 127 毫米装甲带，其后方是带有倾斜角度的装甲甲板（64 毫米）；
3. 根据海军部的建议，防护体系中结合大厚度装甲带、轻型装甲带和倾斜装甲甲板（结合方案 1 和 2），排水量增加 300 吨。

怀特建议采用统一厚度侧舷装甲配合倾斜甲板，而不是大厚度装甲带、水平装甲甲板及轻型上部侧舷装甲，这是他在设计君权级时就提出并极力推荐的。他声称：

> 关于侧舷装甲，请留意我就一级战列舰提出的建议。我建议考虑在"百夫长"号设计中取消大厚度水线装甲，代之以更强的防护甲板（弯曲弧度与"布莱克"号的甲板相同），以加强侧舷防护。采用统一厚度的侧舷装甲，将装甲重量均衡分布，防护区域从装甲甲板边缘延伸到主甲板，而长度与拟议中的大厚度侧舷装甲带相同，这样可以达到更好的防护效果。将同样的装甲重量分配给水平和侧舷防护，就有可能实现上述方案。

△ 建成时的"巴夫勒尔"号右舷舰艉视角，1894 年。作为专门设计的二级战列舰，它的首要任务是在海外支援巡洋舰分舰队，特别是对付出现在远东，装备 203 毫米主炮的俄国大型装甲巡洋舰

"百夫长"号和"巴夫勒尔"号：建成时性能数据

建造

	造船厂	开工	下水	建成
"百夫长"号	朴次茅斯造船厂	1890 年 3 月 30 日	1892 年 8 月 3 日	1893 年 9 月建成，1894 年 2 月完成海试
"巴夫勒尔"号	查塔姆造船厂	1890 年 10 月 12 日	1892 年 8 月 10 日	1894 年 6 月完成海试

排水量（吨）

10634（正常），11120（满载），12213（超载）

尺寸

长：109.73 米（垂线间长），119.1 米（全长）

宽：21.34 米

吃水：7.81 米（正常平均），8.13 米（满载平均）

武备

4 门 254 毫米 32 倍径主炮

10 门 120 毫米副炮

8 门 57 毫米炮

12 门 47 毫米炮

2 门 76 毫米（9 磅）小艇炮和野战炮

7 挺机枪

7 具 457 毫米鱼雷发射管（5 具水线以上，其中 4 具位于侧舷，1 具位于舰艉；2 具水线以下，位于舰艏炮台左右两侧）

装甲

主装甲带：203—229—254—305 毫米

上部装甲带：102 毫米

防破片横向装甲：76 毫米

炮台防盾：正面及侧面 152 毫米，后部敞开

炮郭：正面 102 毫米，侧面 51 毫米

舰艏司令塔：305 毫米

舰艏司令塔垂直通道：203 毫米

舰艉司令塔：76 毫米

舰艉司令塔人员通道：76 毫米

甲板：51 毫米（舯部），64 毫米（倾斜部分）

动力

2 套三缸垂直三胀式蒸汽机，2 副螺旋桨

锅炉：8 台筒式单头回转火管锅炉，布置在 4 个锅炉舱中，舰体中心线舱壁两侧各 2 个；锅炉舱布置方式与君权级类似，但左右锅炉舱之间没有弹药通道

设计输出功率：9000 马力，17 节（自然通风）；13000 马力，18.5 节（强制通风）

燃煤：750 吨（正常），1440 吨（最大）（"百夫长"号为 1420 吨）

燃煤消耗速率：输出功率 9000 马力时（全功率自然通风）每小时消耗 10.5 吨燃煤

续航力：5230 海里 /10 节

小艇

鱼雷艇：1 艘 17.07 米

大舢板（蒸汽）：2 艘 12.19 米

续表

大舢板（风帆）：1 艘 10.97 米	
长艇（蒸汽）：1 艘 12.8 米	
司令交通艇（Admiral's galley）：1 艘 9.75 米	
纵帆快艇：2 艘 9.14 米，1 艘 7.92 米	
捕鲸艇：1 艘 7.62 米	
小舢板：1 艘 9.14 米，1 艘 7.32 米，1 艘 5.49 米	
邮递艇（Mail boat）：2 艘 4.88 米	
巴沙救生筏：1 艘 4.27 米	

探照灯

主桅上有 1 部 610 毫米探照灯，建成时探照灯设备远少于当时的一级战列舰

船锚

3 副 5.25 吨改进型马丁斯锚，2 副 1.5 吨舰锚，960 米长 60 毫米锚链

舰员（估计）

606 人（1891 年 1 月）

620 人（1895 年）

600 人（1903 年）

造价

"百夫长"号：540090 英镑

"巴夫勒尔"号：533666 英镑

不幸的是，海军部委员会否决了他的设计。他们不会批准如此激进的建议，而且在当时也不想考虑任何企图削弱侧舷装甲带厚度的方案。

这也是第一次为英国战列舰的炮台布置轻型装甲防盾，这样做是因为火炮可以手动旋转。炮手们必须在旋转炮座的顶部工作，而且露炮台一直被视作海军将领级和君权级的一个弱点。防盾的后部是敞开的，以方便火炮操作，所以对炮手的防护并不是全方位的。但这是向防护更优、战斗力更强的军舰设计迈出的一大步。

在最初的设计中（1889 年 3 月），所有 120 毫米副炮都布置在上甲板，仅有防盾防护，但海军部在 8 月命令，将其中 4 门布置在主甲板的装甲炮郭中，和君权级的布置方式相同。有些海军专家认为，将火炮布置在露天甲板上有适当防护力的防盾后方，而不是布置在两层甲板之间的装甲炮郭中，能有效地抵御高爆弹的打击。但是后来的经验表明，轻薄的防盾根本没有任何防护力，有些炮弹本可以完好地越过甲板，结果却因碰上防盾被引爆（穿甲弹需要至少穿透 25 毫米厚的装甲才会爆炸）。

"巴夫勒尔"号：初稳心高度和稳性（1894 年 3 月 30 日倾斜试验）

	吃水（平均）	初稳心高度
A 条件（正常）*	7.81 米	1.33 米
B 条件（满载）**	8.15 米	1.25 米

* 全备状态加上层煤舱 500 吨燃煤，下层煤舱 250 吨燃煤。

** 全备状态加 1172 吨燃煤。

"巴夫勒尔"号：改装后初稳心高度和稳性（1903 年 8 月 1 日倾斜试验）

	吃水（平均）	初稳心高度	最大复原力臂角	稳性消失角
A 条件（正常）*	7.84 米	1.34 米	42 度	79 度
B 条件（满载）**	8.33 米	1.31 米	42 度	78 度

＊ 全备状态加上层煤舱 500 吨燃煤，下层煤舱 200 吨燃煤。

＊＊ 全备状态加 1438 吨燃煤。

"巴夫勒尔"号与"百夫长"号：动力海试

没有官方数据保存下来，但是工程部门提供了以下数据：

"巴夫勒尔"号：9934 马力，17.1 节（8 小时自然通风）

"百夫长"号：9703 马力，17.05 节（8 小时自然通风）

"巴夫勒尔"号：13163 马力，18.54 节（4 小时强制通风）

持续海上航速：15.1 节

建成后，百夫长级主装甲带厚度为 203—229—254—305 毫米。长度从设计中的 68.58 米缩减至 60.96 米，舰体舯部的主装甲带高 2.29 米，上缘位于中甲板高度，高出水线 0.76 米，下缘在水线以下 1.52 米。艏艉炮台背面之间的主装甲带厚度为 254—305 毫米，炮台两侧厚度为 229 毫米，主装甲带下缘的厚度统一为 203 毫米（材料为复合装甲）。主装甲带前后端由 203 毫米的横向装甲封闭。上部装甲带厚度 102 毫米（哈维装甲），高 2.29 米，前后端位于艏艉炮台背面，上缘位于主侧舷板顶端，距水线 3.05 米。

防破片横向装甲为 76 毫米（哈维装甲），从侧舷装甲两端斜向内延伸到炮台。51 毫米的中甲板装甲布置在主装甲带顶端，艏艉处装甲甲板则为 64 毫米，向下倾斜至舰艏和舰艉，末端位于水线以下。炮台下端延伸至主装甲带上方的中甲板处，在主甲板以上的装甲为 229 毫米，以下在防破片横向装甲外的部分为 203 毫米，在横向装甲以内的部分为 127 毫米。

炮台上新式防盾（镍钢装甲）正面和侧面均为 152 毫米。完工时主甲板上 120 毫米副炮的炮郭装甲为正面 102 毫米，侧面 51 毫米。舰艏司令塔装甲为 305 毫米，垂直通道装甲为 203 毫米。舰艉司令塔装甲和垂直通道装甲均为 76 毫米。主装甲带背面有 152—229 毫米的柚木背板，锅炉舱和轮机舱两侧的煤舱也能提供一些额外防护。

动力

动力系统基本上与君权级相同，自然通风条件下设计输出功率 9000 马力，航速 17 节，强制通风时输出功率 13000 马力，航速 18.5 节。

锅炉为 8 台筒式单头回转火管锅炉，布置在 4 个锅炉舱中，舰体中心线两侧各 2 个锅炉舱。这种安排与君权级相似，但是左右侧锅炉舱之间没有弹药通道，这使两座烟囱的间距更近。

两艘军舰的正常最高航速比君权级高一节，除了意大利的撒丁岛级（Sardegna Class）[1]和勒班托级（Lepanto Class）[2]外，它们是当时世界上最快的战列舰。

服役期间，两艘军舰的动力系统表现优异，能够稳定地保持 17 节航速，而且经常能以更高的速度航行。这使得两舰在海外舰队广受欢迎，但不幸的是，它们总是被视为二级战列舰，航速高的特征也常常被人忽视。

---

[1] 译注：更通行的称谓是翁贝托国王级（Re Umberto Class）。

[2] 译注：更通行的称谓是意大利级（Italia Class）。

　　在建成后的海试中，它们并没有像"君权"号那样经受很多极限考验。海军没想过让该级战列舰拥有巨大的输出功率，但它们的动力系统很轻松地就达到了设计要求。

外观变化

　　建成时，两艘百夫长级的外观与君权级有很大区别。它们舰体较小，外形也显轻巧。另外，两座距离较近的烟囱、主炮上的防盾、舰艏饰，以及没有布置舰艉游廊，都是它们的识别特征。与"声望"号相比，它们最明显的特征是上甲板上设有带防盾而非安装在炮郭内的副炮、舯部的露天上甲板、前桅上较小的上层桅楼，以及巨大的通风口整流罩。

◁ 在远东的"百夫长"号采用了白色和黄褐色涂装（红色水线），上甲板边缘也为黄褐色，1894 年 2 月

▽ "百夫长"号，摄于 1903 年 11 月 10 日，它刚完成改装（1902—1903 年），准备再次前往远东服役

▷ 1907 年年初的"巴夫勒尔"号。它于 1905 年成为朴次茅斯分队旗舰，升海军少将旗，1907 年 3 月 4 日退役，由"乔治亲王"号接替

▷"百夫长"号，1905—1906年，显示了改装后的状态，布置在炮郭中的 152 毫米副炮代替了 120 毫米舰炮

与其他军舰相比，两舰的舰艏饰也很特别（"巴夫勒尔"号和"百夫长"号的舰艏饰分别为狮子和罗马士兵）。除了为智利建造的"凯旋"号（Triumph）和"敏捷"号（Swiftsure）外，百夫长级是最后一级有舰艏饰的英国战列舰。"巴夫勒尔"号的烟囱两侧各有一对外形普通的整流罩。但"百夫长"号烟囱两侧的整流罩外形古怪，而且体积略小。

1896—1899 年："百夫长"号安装了舭龙骨（1896—1897 年）；桅楼上火炮的防盾被拆除（1897—1899 年）。"巴夫勒尔"号前桅安装了桅顶信号标（1897 年年初）。

1899—1901 年："百夫长"号桅楼上的部分 47 毫米炮被拆除。

1901—1904 年：

两舰进行了大规模改装。

海军上校 J. R. 杰利科（"百夫长"号舰长）递交了一份报告，称如果用 152 毫米舰炮取代 120 毫米舰炮，同时移除水线以上鱼雷发射管，两艘军舰的战斗力将大幅提高，改装工作采纳了杰利科的建议。另外，1898 年 9 月提交的一份报告，以及其他报告，提及主小艇吊车运转不畅，在收放小艇时多次出现用时过长的情况。有一次，军舰吊起一艘小艇时竟然用了 13—14 分钟。这不仅太慢，而且非常危险。杰利科建议对此做出改进。

改装从 1901 年进行到 1904 年，主要内容如下：

1. 120 毫米炮被 10 门 152 毫米 45 倍径炮取代，布置在 127 毫米克虏伯装甲炮郭中，4 门位于上甲板（左右舷各 2 门），6 门位于舯部主甲板（左右舷各 3 门）；
2. 上层和下层桅楼上的 47 毫米炮被重新安置在上层建筑和炮台防盾顶部；
3. 水线以上鱼雷发射管被拆除；
4. 加装了 4 部 610 毫米探照灯（2 部位于舰桥，2 部位于后部上层建筑两侧）；
5. 防鱼雷网搁架下降至主甲板一层，为上层 152 毫米副炮扫清射界；
6. 拆除了后部舰桥，大部分通风口整流罩被帆布通风口取代；
7. 安装了无线电系统（天线斜桁位于主桅上）；
8. 木质舰用前桅被新的钢质桅杆取代，高度降低，并且未安装顶桅和最上桅；
9. 主顶桅由固定式改为可收放式，位置靠前；
10. 安装了新的小艇吊车的绞盘动力装置；
11. 两舰的主桅安装了桅顶信号标；
12. 移除了舰艏饰，采用全灰色涂装；
13. 使用了 430 吨新材料，移除了 352 吨原有重量，排水量净增加 78 吨。

1905 年：将前顶桅改为信号桅杆（"巴夫勒尔"号的比"百夫长"号的更高）。

1906 年：主桅上的桅楼改装为火控平台，拆除了原有的 47 毫米炮，移除了无线电斜桁。

1908 年：桅顶信号标被拆除。

1909 年后未见更多变化。

舰史："百夫长"号

1893 年 9 月 19 日—1894 年 2 月进行海试。

1894 年 2 月 14 日在朴次茅斯服役，接替"蛮横"号前往远东担任舰队旗舰。3 月 2 日起航东行，3 月 15 日抵达塞得港，4 月 11 日抵达新加坡。在新加坡与"蛮横"号交接，随后开往维多利亚城（City of Victoria），4 月 21 日抵达。

1896 年 6 月访问日本下关时在沙洲上搁浅，未受损伤，成功脱离。

1897 年 4 月 1 日重新服役，继续担任远东舰队的旗舰。

1897—1900 年与盟国海军一同参加远东战事。

1900 年 5 月 31 日舰上的水兵参加海军旅营救英国使团的行动。

1901 年 4 月 17 日遭遇强风，发生飘锚事故，舰身擦过"荣耀"号（Glory）舰艇，水线装甲带轻微受损。

6 月 10 日将旗舰职责转交"荣耀"号，7 月 3 日起航返回朴次茅斯，8 月 19 日抵达，9 月 19 日转入预备役。

1901 年 9 月—1903 年 11 月在朴次茅斯改装和更新武备。

1903 年 11 月 3 日在朴次茅斯重新服役。11 月 10 日离开朴次茅斯，17 日抵达马耳他，25 日抵达塞得港。12 月 6 日抵达亚丁，15 日抵达科伦坡，27 日抵达新加坡，31 日抵达添马基地。

1905 年 6 月 7 日在"海洋"号的伴随下返回本土，在新加坡与"阿尔比恩"号（Albion）和"报复"号会合。四舰于 6 月 20 日离开新加坡，8 月 2 日抵达朴次茅斯。

8 月 25 日在朴次茅斯退役，第二天重新服役，以核心舰员加入后备舰队朴次茅斯分队。

1906 年 6 月参加大西洋舰队、海峡舰队和后备舰队联合演习。

1907 年 5 月 24 日舰员转调至"埃克斯茅斯"号（Exmouth）。第二天以新舰员操纵，成为本土舰队朴次茅斯分队特种勤务舰。

1909 年 4 月 1 日在朴次茅斯退役，列入出售名单，6 月底被移至母亲滩等候废弃。

1910 年 7 月 12 日以 26200 英镑的价格出售给 T. W. 沃德公司。

1910 年 9 月 4 日抵达莫克姆解体。

舰史："巴夫勒尔"号

1894 年 6 月完工，6 月 22 日在查塔姆加入后备舰队，7 月在查塔姆临时入役，参加 7—8 月的年度演习。

1894 年 9 月 1 日退役，处于预备役状态。

▽ 1903 年夏，位于查塔姆造船厂的"百夫长"号，舰艏视角，可见新安装的桅具

2月26日在查塔姆服役，加入地中海舰队。3月19日离开英国，3月23日抵达直布罗陀接替"无比"号，7月27日抵达马耳他并在那里进行训练。

1897年2月15日与盟国海军一同占领克里特岛的坎迪亚，在希土冲突中参与封锁岛上土耳其军队的行动。

1898年2月6日离开马耳他前往远东服役。

3月4日抵达新加坡，与"名望"号（Fame）和"牙鳕"号（Whiting）会合，在两舰的护航下继续东行。

10月1日接替"格拉夫顿"号（Grafton），成为远东舰队第二旗舰。

1899—1900年与盟国海军一同参加远东战事。

1900年5月31日—9月参加解救英国使团的行动。

当年9月"阿尔比恩"号接任远东舰队第二旗舰。

1901年11月11日离开远东返回本土，12月31日抵达朴次茅斯。

1902年1月22日在德文波特退役进行大规模改装。

▽ 正在进入朴次茅斯港的"巴夫勒尔"号，1905年夏，它正服役于本土舰队朴次茅斯分队

1904 年 5 月转入预备役。

7 月 18 日临时入役参加年度演习。8 月 5 日在芒特湾（Mount's Bay）与"卡诺珀斯"号相撞，轻微受损。9 月 8 日演习结束后在德文波特退役。

1905 年 2 月完成改装。

2 月 21 日以满员状态离开本土，协助"报复"号重新服役。

3 月 30 日在科伦坡与"报复"号会合，交换舰员。

5 月 7 日抵达朴次茅斯，9 日退出现役。

5 月 10 日配备核心舰员重新服役，成为后备舰队朴次茅斯分队旗舰，升海军少将旗。

与此同时，英国海军志愿后备队（Volunteer Reserve）开始定期将人员送往后备舰队进行海上训练，在 1905 年 6 月的一次训练中，"巴夫勒尔"号搭载了伦敦分队的 6 名军官和 105 名水兵。

1905 年 11 月 28 日以核心舰员执行相同任务，原有舰员调至"邓肯"号（Duncan）。

▽ 1909 年 6 月，"百夫长"号的舰艏视角，它的部分装备已被拆除，正拖往母亲滩等候解体

1906 年 6 月参加年度演习。

9 月 20 日重新服役，配备新的核心舰员。年底，后备舰队解散，以改进的核心舰员体制成立新的本土舰队，"巴夫勒尔"号成为朴次茅斯分队旗舰，升海军少将旗。

1907 年 3 月 4 日退役，旗舰职责转交"乔治亲王"号（*Prince George*）。

次日配备核心舰员重新服役，担任本土舰队朴次茅斯分队特种勤务舰分队的供应舰。

1909 年 3 月本土舰队重组后，原特种勤务舰分队划归本土舰队第 4 分队。几周后（4 月），"巴夫勒尔"号不再作为供应舰使用。

6 月在朴次茅斯退役，随后从海军舰艇名册上除名，被拖往母亲滩等候废弃。

1910 年 7 月以 26550 英镑价格出售给格拉斯哥的 C. 埃文（C. Ewen）公司，后被转售给泰恩的休斯·博尔克劳（Hughes Bolcklow）公司。

8 月 5 日拖往泰恩解体，途中在纽卡斯尔被卡在一座活动桥的两个桥墩之间，使桥梁无法闭合，造成交通拥堵。切断了部分甲板构件后得以解脱，继续前往布莱斯（Blyth）进行解体工作。

"声望"号：1892 年预算

设计

"声望"号的基本设计，可以说是对百夫长级的放大和改进：排水量增加 1850 吨，主炮相同，副炮更强大，防护更佳（改进的舰体获得了更好的全向防护），正常航速大致相同，但续航力大大增加。

最初的 1892 年造舰计划有 3 艘战列舰（庄严级），装备当时已研制成功的新型 305 毫米（50 吨）主炮。但是当年春天，305 毫米主炮显然无法按时制造完成，结果两艘战列舰的建造被临时推迟，而第三艘将由一艘较小的、装备 254 毫米主炮的军舰代替（这是因为当时迫切需要维持彭布罗克造船厂的运转，以免工人失业）。所以这艘军舰的建造是迫于环境需要，而不是出于既定的造舰计划。

实际上，建造一艘小型战列舰的决定，受到了海军审计官（海军少将费舍尔）和海军上校赛普里恩·布里奇（Cyprian Bridge，国家情报处处长）的强烈影响。当时费舍尔将"最轻型的主炮和最重型的副炮"作为理想中战列舰的武备，而布里奇则积极鼓吹减小排水量。1892 年年初，有人提出用此类小型战列舰代替原计划中另外两艘庄严级，海军部也对此进行了认真研究（费舍尔希望建造一级 6 艘这样的军舰），但最后还是被否决了，理由是虽然与外国海军正在建造的战列舰相比，小型战列舰在副炮、防护和航速方面有优势，但主炮用于舰队作战威力太小，而且没有建造更多二级战列舰支援巡洋舰分舰队的迫切需要——如果以这个理由继续建造二级战列舰，就太过昂贵和奢侈了。

▽ 在朴次茅斯舾装的"声望"号，1896 年。1896 年 9 月 4 日，它在朴次茅斯湾与随潮水漂移的"哈利孔"号相撞，但两舰都未受严重损伤

海军审计官要求造舰总监（怀特）在百夫长级基础上设计一种改进型军舰，装备 4 门 254 毫米主炮、10 门 152 毫米副炮和 8 门 76 毫米炮[1]。1892 年 4 月，怀特向海军部委员会递交了 3 个基本设计方案：

1. 13050 吨，吃水 9.12 米，燃煤储量 1500 吨；

2. 12750 吨，吃水 8.36 米，燃煤储量 1200 吨；

3. 12350 吨，吃水 8.15 米，燃煤储量 800 吨。

海军部委员会在几周之内就近乎一致地决定，采用第三个方案。4 月 11 日，造舰总监受命进行详细设计。怀特很快制定几位最信任的助手——纳尔贝特、比顿和邓恩（Dunn）负责设计，责令他们立即开始工作。

但是设计工作并不顺利，主要是设计人员对军舰的装甲布置意见不一。最后虽然达成了妥协，但建造进度十分缓慢，用时 4 年才完工，而一艘更大的庄严级的平均建造时间仅为 30 个月。

设计中的新颖之处主要有：

1. 普遍用哈维装甲代替了复合镍钢或钢装甲；
2. 在主装甲带后方布置了倾斜装甲甲板，而不是横跨装甲带顶端的水平装甲；

▽"声望"号，1901—1902 年。它是一艘外形优美的战舰，此时在地中海担任海军中将费舍尔爵士的旗舰。注意它优雅的舰艏弧

① 译注：除高射炮外，若无特殊说明，本书中的 76 毫米炮皆指 12 磅炮，包括 8 英担、12 英担、18 英担等规格。1 英担约合 50.8 千克。

3.炮台上布置了封闭的装甲防盾，所有副炮均有装甲炮郭。

建成之后，军舰的各项性能十分出色，与君权级相比，舰长相同（垂线间长），舰宽减少了 0.91 米，线型更加优化。它比百夫长级重了 1850 吨，舰长（垂线间长）增加了 6.1 米，舰宽增加 0.61 米，吃水增加 0.23 米。正常排水量下，舰艏和舰艉干舷分别低了 0.76 米和 0.3 米。为了在海外舰队服役，它采用了包铜舰底。

"声望"号的操纵性能和适航性优良，虽然在远洋航行时有些颠簸。

在第一次远洋航行时，舰长摩尔（Moore）致信海军审计官费舍尔（1897 年 7 月 18 日）：

火炮和鱼雷演习十分顺利且令人满意，不过我对在炮郭后面指挥和进行火力控制的有效性有些怀疑。我们的最高航速比庄严级高一节，不过我想整个航程中的平均航速不会超过 14 节。它绝对是一艘精良的战舰，操纵起来得心应手，唯一的不足是装甲甲板上没有通风口。

"声望"号：最终核准设计

排水量：12350 吨

长：115.82 米

宽：21.95 米

吃水：8.15 米

升沉量：19.69 吨 / 厘米

干舷高度：5.18 米（舰艏），5.79 米（舰艉）

输出功率：10000 马力，17 节

武备

4 门 254 毫米主炮

10 门 152 毫米副炮

8 门 76 毫米炮

12 门 47 毫米炮

5 具鱼雷发射管

装甲

主装甲带：203 毫米

上部装甲带：152 毫米

横向装甲：152—254 毫米

炮郭：152 毫米

围屏：254 毫米

司令塔：305 毫米

垂直通道：203 毫米

甲板：51—76 毫米

续表

重量（吨）

舰体：5040

动力：1260

武备：1090

垂直装甲：980

水平装甲：875

炮台和防盾：550

燃煤：800

其他装备：690

预留重量：430

"声望"号：下水时数据（1895 年 5 月 8 日）

排水量：6518 吨

长：115.82 米（垂线间长）

宽：22.05 米

型宽（Beam as moulded）：21.79 米

至水线舱深（Depth of hold from waterline）：7.5 米

吃水：4.35 米（舰艏）；5.58 米（舰艉）

各单位重量（吨）

动力：150

物资及木料：118

压载物：80

锚及锚链：40

下水时损伤情况

径向移动距离 79.25 米，6.35 毫米裂缝

横向移动距离 18.9 米，0 毫米凹陷

　　海军中校莫格里奇（Moggridge）在递交摩尔的一份报告（1898 年 6 月 15 日）中对"声望"号的表现大加赞赏：

　　　　"声望"号在机动中的表现非常出色，比以往的军舰大有进步，它的线型绝对完美。我从未见过有如此优良的适航性和操纵性能的军舰。它是我看见的第一艘能逆风倒车的军舰。我们上一次离开百慕大时，舰艉吃水达 8.61 米，但它依旧灵活无比。

　　和百夫长级一样，"声望"号支援巡洋舰分舰队作战的能力随着巡洋舰航速的增加而被削弱，它也因主炮威力不足而无法参与舰队作战，所以服役不到 10 年就不再受到重用。纵观英国战列舰的历史，只有"克莱德勋爵"号（Lord Clyde，1866 年）的活跃期比它短。

武备

主炮（4 门 254 毫米火炮）的布置方式与百夫长级相同，但是主炮指挥位置稍低，火炮射界增加了大约 30 度，全向装填改为固定角度装填。

由于百夫长级的炮台出现了种种问题，"声望"号以液压旋转和电动俯仰取代了蒸汽驱动，但装填只能以手动方式在火炮指向前方时进行。它也是最后一艘有此特征的英国战列舰。

"声望"号装备了和百夫长级类似的装甲防盾。原计划为其安装全方位防盾，但是由于重量分配问题，它实际上和百夫长级一样采用后部敞开的防盾。防盾的后部装甲板直到 1903—1904 年才安装到位。

当时的外国战列舰都有大面积的非装甲区域，很容易被中口径高爆炮弹毁伤，因此"声望"号布置了和排水量更大的君权级类似的强大副炮。152 毫米副炮的威力比百夫长级的 120 毫米副炮大得多，后者被视作现代战列舰设计上的一种倒退。副炮的布置有别于君权级和百夫长级（完工时），60% 的副炮布置在主甲板上，其余副炮布置在上甲板。这意味着超过一半的炮位都处于很低的位置（水线以上 4.27 米），除了在极为平静的海面上，这些火炮的效能都深受海况的影响。

和以前的主力舰相比，反鱼雷艇火炮的威力大大提高，使用 76 毫米速射炮代替了 57 毫米炮。这些火炮布置在上甲板上、舰体舯部全封闭的炮垒中，前后端是 152 毫米副炮的炮郭，炮群上方是一道狭窄的甲板。炮垒中有 8 门 76 毫米炮，通过炮孔射击。此后一直到"无畏"号（1905 年），76 毫米炮都是英国战列舰的主要反鱼雷艇武器。布置在上甲板的炮垒也成为纳尔逊勋爵级（Lord Nelson Class）之前所有主力舰的特征——虽然邓肯级、王后级和英王爱德华七世级没有布置炮垒。

◁ "声望"号的后甲板，可见 254 毫米主炮和后部舰桥。炮塔上是纳尔逊的名言："英格兰希望人人恪尽职守。"

◁ 1897 年 7 月，完工时的"声望"号。它是百夫长级的放大和改进型，也是皇家海军最后一艘二级战列舰

"声望"号：建成时性能数据

建造

彭布罗克造船厂；1893 年 2 月 1 日开工；1895 年 5 月 8 日下水；1897 年 1 月建成

排水量（吨）

11690（正常），12865（满载）

尺寸

长：115.82 米（垂线间长），125.65 米（全长）

宽：22.05 米

吃水：7.73 米（正常），8.32 米（满载）

武备

4 门 254 毫米 40 倍径 Mk IV 主炮；每门炮备弹 105 发

10 门 152 毫米 Mk II 速射炮；每门炮备弹 200 发

12 门 76 毫米炮（12 英担）；每门炮备弹 200 发

2 门 76 毫米炮（8 英担）

8 门 47 毫米炮；每门炮备弹 500 发

7 挺 11.43 毫米机枪

5 具 457 毫米鱼雷发射管（1 具水线以上，位于舰艉；4 具水线以下，位于左右两舷）

装甲

主装甲带：152—203 毫米

装甲带两端横向装甲：152—254 毫米

防破片横向装甲：76 毫米

炮郭：上层 102 毫米，下层 152 毫米

炮台：254 毫米

炮台防盾：正面 152 毫米

司令塔：229 毫米

舰艏司令塔垂直通道：38 毫米

舰艉司令塔：76 毫米

甲板：51—76 毫米

动力

2 套三缸垂直三胀式蒸汽机，2 副螺旋桨

锅炉：8 台筒式单头回转火管锅炉，每台锅炉 4 个炉膛

锅炉舱长度（共 4 个）：前部锅炉舱和后部锅炉舱皆为 12.19 米

轮机舱长度：13.41 米

设计输出功率：10000 马力，17 节（自然通风）；12000 马力，18 节（强制通风）

燃煤：800 吨（正常），1890 吨（最大）

续航力：6400 海里 /10 节

小艇

大舢板（蒸汽）：2 艘 17.07 米，1 艘 12.19 米

大舢板（风帆）：1 艘 10.97 米

长艇（蒸汽）：1 艘 12.19 米

续表

纵帆快艇：3 艘 9.14 米
捕鲸艇：1 艘 8.23 米
小舢板：1 艘 9.14 米，1 艘 8.53 米，1 艘 7.32 米
帆装小工作艇：1 艘 4.88 米
巴沙救生筏：1 艘 4.11 米

探照灯

2 部 610 毫米探照灯，分别位于前桅和主桅高处

船锚

3 副 5.5 吨舰锚；2 副 1.75 吨改进型马丁斯锚；2 副 0.65 吨海军部锚，1052 米长 60 毫米锚链

舰员

651—674 人（1903 年）

638 人（1905 年）

604 人（1907 年）

造价

751206 英镑

与之前建造的两级战列舰相比，鱼雷发射管数量从 7 具减为 5 具，水上侧舷鱼雷发射管被取消，水下侧舷发射管则从 2 具增至 4 具。减少水上鱼雷发射管数量，主要是因为无法提供足够的防护以防止鱼雷发射管被击中时鱼雷发生爆炸。

1903 年，海军部考虑对"声望"号的武备进行改装，并提出以下几种方案：

1. 用"凯旋"号上装备的，威力更大的新型 254 毫米主炮代替现有 4 门 254 毫米主炮；

2. 装备 2 门单装 305 毫米主炮（艏艉各 1 门）；

3. 更新所有 152 毫米副炮；

4. 用 6 门 191 毫米火炮代替主甲板上的 6 门 152 毫米副炮；

5. 用 10 门 191 毫米火炮代替所有 10 门 152 毫米副炮。

不过在仔细考虑了各个方案后，海军部放弃了改装计划：

方案 1，原则上可接受，但不值得实施；方案 2，造价太高；方案 3，无人反对，但也没有实施；方案 4，不值得实施；方案 5，炮群过于拥挤，不值得实施。

装甲

"声望"号的防护设计，很大程度上针对的是中口径高爆弹药日益增大的威胁。水线装甲的厚度被削减，以增强其上方的舯部装甲带，那里最可能遭到中口径炮弹的打击。装甲技术的长足进步（哈维装甲）使装甲厚度比之前的战列舰（457 毫米及 305 毫米等）大大减少。防护方面的主要革新有：

1. 广泛使用哈维装甲代替了复合、镍钢或钢装甲；
2. 减少了装甲带厚度，增强了侧舷上部的防护，同时在装甲带后方布置倾斜装甲甲板，代替了装甲带顶部的水平装甲；
3. 为主炮布置了装甲防盾，所有副炮均有装甲炮郭。

君权级和百夫长级战列舰已经使用了哈维装甲，但仅限于 152 毫米以下的装甲板。"声望"号是第一艘广泛使用哈维装甲的英国战列舰，这种装甲优异的抗弹能力

▷ 1908 年 5 月 8 日，王室访问归途中的"声望"号。注意它的桅具、没有火炮的副炮炮郭和舰桥正面的徽章

▽ 白色涂装的"声望"号。1902 年 11 月，它离开地中海舰队，搭载康诺特公爵夫妇访问印度。这次巡游持续到次年，它于 3 月 27 日返回朴次茅斯。照片摄于返港当天

影响了军舰的总体防护设计。和百夫长级相比，装甲质量的提高降低了侧舷装甲带的厚度，装甲带后方是 76 毫米倾斜装甲甲板，倾斜布置方式使其抗打击能力相当于 152 毫米垂直装甲。盒型装甲两端未受保护的舰体比百夫长级长 3.05 米，但设计人员认为即使舰艉两端全部进水，也能保持足够的干舷高度，对机动能力的影响甚微。两端完全进水时，军舰仅会下沉 0.43 米，仍有 2.44 米侧舷装甲位于水线上方。但在这种情况下，航速将完全由受损情况决定。

倾斜装甲甲板在皇家海军的舰艇上已经应用多年，它首先出现在利安德级（Leander Class）巡洋舰上（1880 年），目的是使防护巡洋舰的侧舷，在垂直方向上也具有一定的防御能力。怀特在设计君权级和百夫长级时，就提出了将倾斜甲板与大高度和中等厚度的装甲带结合的建议，但未获批准，海军部当时还不希望实施任何削减垂直装甲厚度的措施。装甲甲板的水平边缘延伸超过侧舷装甲，与外舷板相连，下方的三角形区域构成水密舱，以燃煤或水填充。

主炮的整体防护优于除了百夫长级的所有战列舰，炮台上的防盾开始被称为炮塔。庄严级建成后，有人提出将来给"声望"号的主炮防盾加装后部装甲，形成全封闭的炮塔。造舰总监和海军审计官都认为，如果需要完全可以采纳这一建议，但直到 1903—1904 年这项改装才得以完成。

在设计上，"声望"号防护的重要性要逊于航速，因为它与百夫长级一样，都无意与任何威力超过大型巡洋舰的战舰交战。装甲重量占军舰排水量的比例低于标准的战列舰，甚至略少于百夫长级。但是由于大量使用哈维装甲，以及改进了舰体装甲防护的布置方式，它的全向防护能力被认为优于当时欧洲列强正在建造的战列舰，而且尽管减少了装甲带和炮台装甲的厚度，防护能力也比百夫长级更强。

建成时，"声望"号的主装甲带厚 152—203 毫米，长 64 米，高 2.29 米。主装甲带上缘位于中甲板一线，下缘在正常排水量下，位于水线以下 1.52 米。主装甲带 203 毫米部分覆盖了舰体舯部的轮机舱和锅炉舱，其余区域为 152 毫米厚。254 毫米和 152 毫米的横向装甲从主装甲带两端斜向内延伸到炮台正面。152 毫米的上部装甲带长 54.86 米，高 2.06 米，位于舰艏炮台背面之间，高度从主装甲带上缘延伸至主甲板（水线以上 2.82 米）。152 毫米防破片横向装甲也从侧舷装甲斜向内延伸到炮台。

中甲板（装甲甲板）水平部分为 51 毫米，倾斜部分为 76 毫米，布置在舰艏炮台之间。水平部分位于主垂直侧舷板（水线以上 0.76 米）上方，倾斜部分向下直达主装甲带的下缘，位于水线以下 1.52 米，倾斜角度约为 45 度。

"声望"号：燃煤消耗速率（1896 年 4 月 18 日，30 小时海试）

蒸汽压力（平均）：0.94 兆帕

转速（平均）：88.6 转 / 分（左侧）；85 转 / 分（右侧）

输出功率（平均）：3044 马力（左侧）；3143 马力（右侧）

最高航速：15.3 节

每马力燃煤消耗速率：0.85 千克 / 小时

"声望"号：动力海试

1896 年 3 月 25 日，8 小时自然通风

排水量：	12471 吨
油压：	1.01 兆帕
转速（平均）：	97.85 转/分
输出功率：	10780 马力
航速：	17.91 节

1897 年 6 月 11 日

转速（平均）：	97.7 转/分
输出功率：	10028 马力
航速：	17 节

4 小时全功率

排水量：	12901 吨
油压：	1.03 兆帕
转速（平均）：	104 转/分
输出功率：	未记录
航速：	18.75 节

76 毫米的下甲板装甲在军舰两端向艉艉方向下倾，顶端位于水线以下。

炮座装甲为 254 毫米，炮塔正面、侧面和顶部装甲分别为 152、76 和 25 毫米。上甲板炮郭正面和侧面装甲为 102 毫米，中甲板炮郭正面和侧面装甲为 152 毫米。舰艉鱼雷发射管护套装甲为 76—152 毫米。前部司令塔和垂直通道装甲分别为 229 毫米和 38 毫米。后部司令塔和垂直通道装甲分别为 76 毫米和 38 毫米。

动力

"声望"号拥有两套三缸垂直三胀式蒸汽机和两副螺旋桨。8 台筒式单头锅炉背靠背布置在分列中心线两侧的 4 个锅炉舱中。每台锅炉有 4 个炉膛，工作压力 1.07 兆帕。

锅炉舱的安排与君权级相同，也采用了两座并排布置的烟囱，但由于左舷和右舷锅炉舱之间没有中心弹药通道，烟囱的布置比较紧凑——这也是后来庄严级的特征。

动力系统的设计轴输出功率为 10000 马力（正常），刚建成时军舰可以达到设计航速（17 节）。从它的轮机舱记录可以看出，动力系统的表现总是极为出色，除了需要更新锅炉水管外，无须在维护上付出太多努力。

"声望"号在服役期间一直是适航性极佳的军舰，不过在螺旋桨叶片测试中遇到过一些问题，1897 年 7 月 26 日，工程师 A. D. 沃森（A. D. Watson）在给海军中将费舍尔的一封信中说：

亲爱的约翰爵士：

如果之前不知道你不在舰上，我早就应该写信给你，介绍演习中动力系统的表现。与最终的海试相比，以相同的功率和转速航行时，航速有显著的下降，我认为至少降低了 0.5 节。唯一的改变是我们使用了新的螺旋桨叶片（更厚），但是其直径和桨距与旧螺旋桨叶片相同，而且舰底处于清洁状态。

外观变化

　　"声望"号是一艘外观极为俊美的军舰，从舰艏主炮塔开始向上抬升的舰艏弧特别引人注目，之所以能这样设计，是因为它的前甲板比君权级和百夫长级的更长。另外，"声望"号还具有极佳的舰体线型，两座烟囱紧凑地并排而立，没有舰艏饰，舰体舯部的上甲板区域完全封闭，前桅和主桅低处分别有两座和一座大型战斗桅楼，这些特征都使它成为当时最漂亮的军舰之一。前桅和主桅上有可拆卸的顶桅（位置靠前）和信号旗斜桁（1897 年 8 月从主桅上拆除），主桅上有桅顶信号标。与"百夫长"号和"巴夫勒尔"号相比，其主要识别特征是：上甲板舯部区域是封闭的；上甲板舯部副炮没有防盾；前桅有大型上层桅楼，其上方有探照灯平台。

　　从远处看，"声望"号的外观与庄严级相似，细微的区别在于："声望"号烟囱直径更小；炮塔更小，外形（包括主炮）也不同；只有侧舷主甲板上的 152 毫米副炮有炮郭；主桅上只有一座下层战斗桅楼。

　　总体上，"声望"号体形更小，更显轻巧。

　　1898—1899 年：桅楼上的 47 毫米炮拆除了防盾。

　　1900 年：2—5 月，根据海军中将费舍尔对地中海舰队旗舰的要求，"声望"号在马耳他接受改装：主甲板上的 76 毫米炮被重新布置在上层建筑前后端；前桅和主桅上各一门 47 毫米炮被重新布置在舰艉炮塔顶部；舰艉信号舰桥移至前桅后方。这次改装中，大部分通风口整流罩被帆布罩代替，内部舱室也有诸多变动，前桅和主桅上还安装了桅顶旗杆（悬挂大尺寸将旗）。

　　1902 年：10 月，为搭载康诺特公爵夫妇访问印度进行了特别改装：主甲板的 152 毫米副炮被拆除，未再安装；拆除了防鱼雷网；余下的通风口整流罩被帆布罩取代；安装了无线电设备；拆除了前桅旗杆，只在主桅上保留了较短的旗杆；舰体涂为白色，烟囱和桅杆为黄褐色。

　　1903 年：3—4 月，王室访问结束后接受改装，恢复正常服役状态。以前布置在上层桅楼的 47 毫米炮下移至下层桅楼（前后各一门）。舰桥两侧各安装一部 610 毫米探照灯。恢复了防鱼雷网和部分通风口整流罩，涂装改为全灰色。

　　1905 年：为搭载威尔士亲王访问印度，4—10 月间进行了改装。拆除了上甲板的 152 毫米副炮和防鱼雷网，后部上层建筑安装了海图室，军官住舱被改为皇家舱室，上层炮郭改为军官住舱，前桅和主桅重新安装了较高的旗杆，舰桥正面安装了大型皇室徽章。军舰再次被涂成白色，水线为绿色，舰艏舷弧为黑色（也可能为红色），烟囱和桅杆为黄赭色。

"声望"号：初稳心高度和稳性（1896 年 6 月 24 日倾斜试验）

	吃水（平均）	初稳心高度	最大复原力臂角	稳性消失角
A 条件（正常）*	7.75 米（平均）	1.11 米	42 度	70 度
B 条件（满载）**	8.33 米（平均）	1.14 米	约 42 度	约 70 度
C 条件（轻载）***	7.16 米	1.16 米	—	—

* 全备状态加 800 吨燃煤。

** 全备状态加 1890 吨燃煤，给水和储备水舱注满。

*** 军舰被减重，吃水变小。

"声望"号

侧视图和舰面布置图, 1897 年

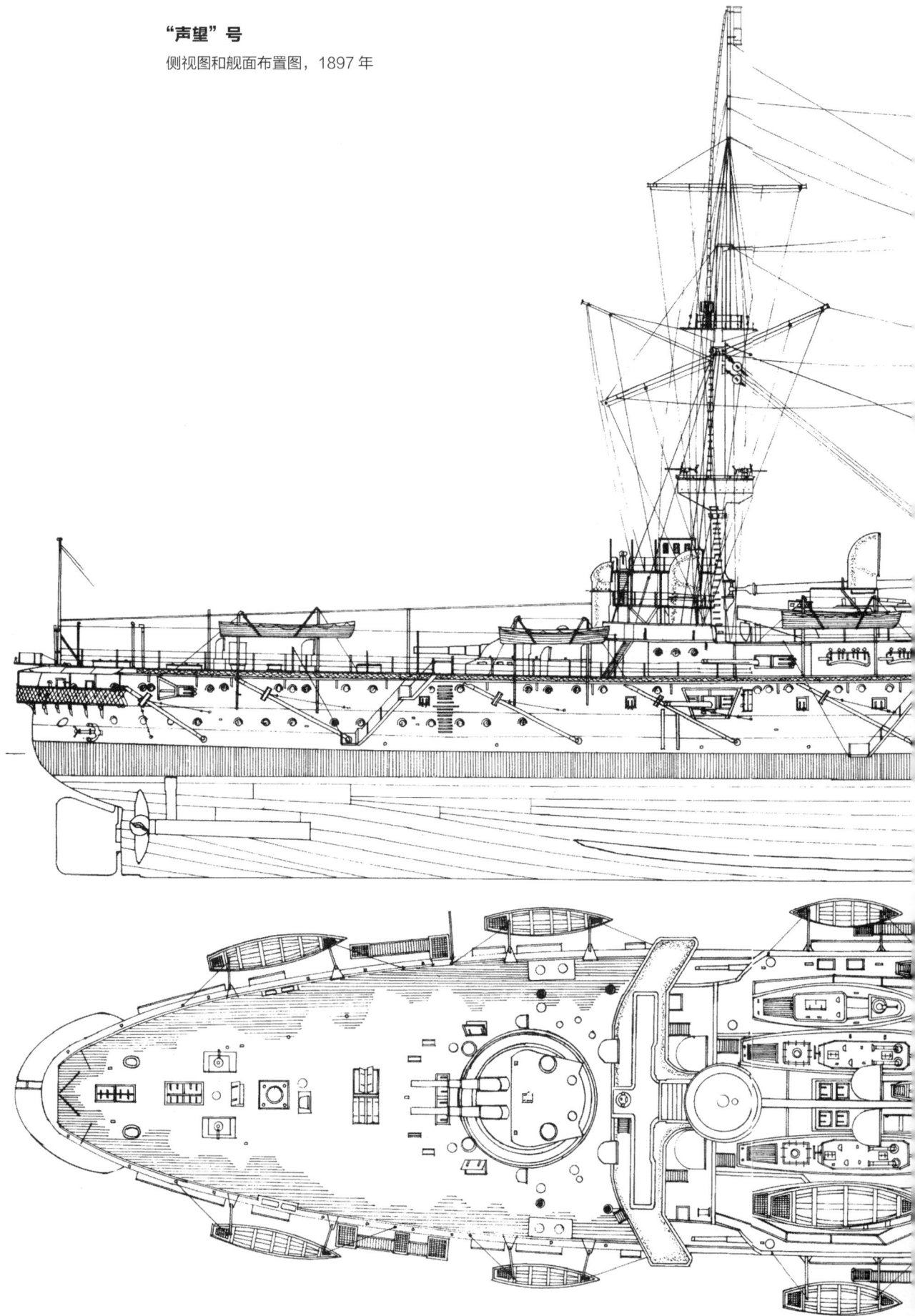

"声望"号

纵剖图和上甲板布置图，1897 年

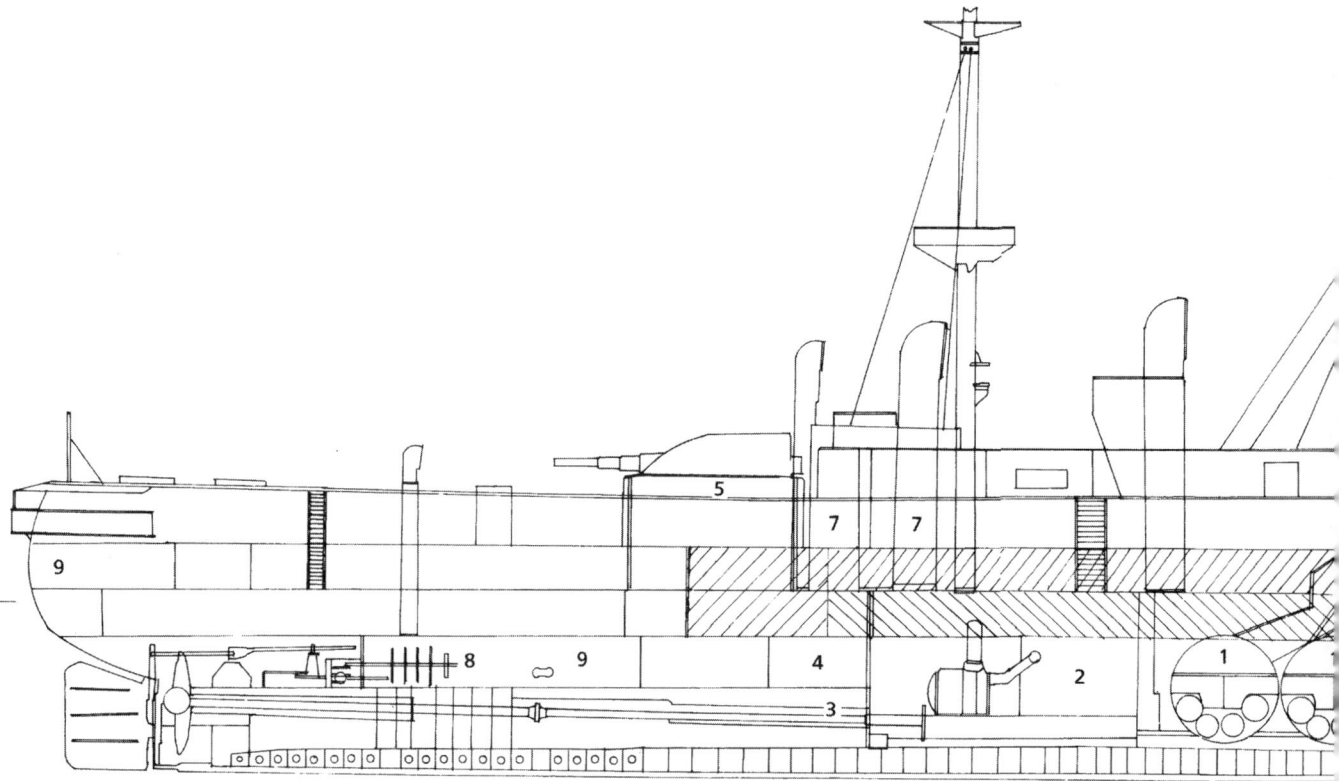

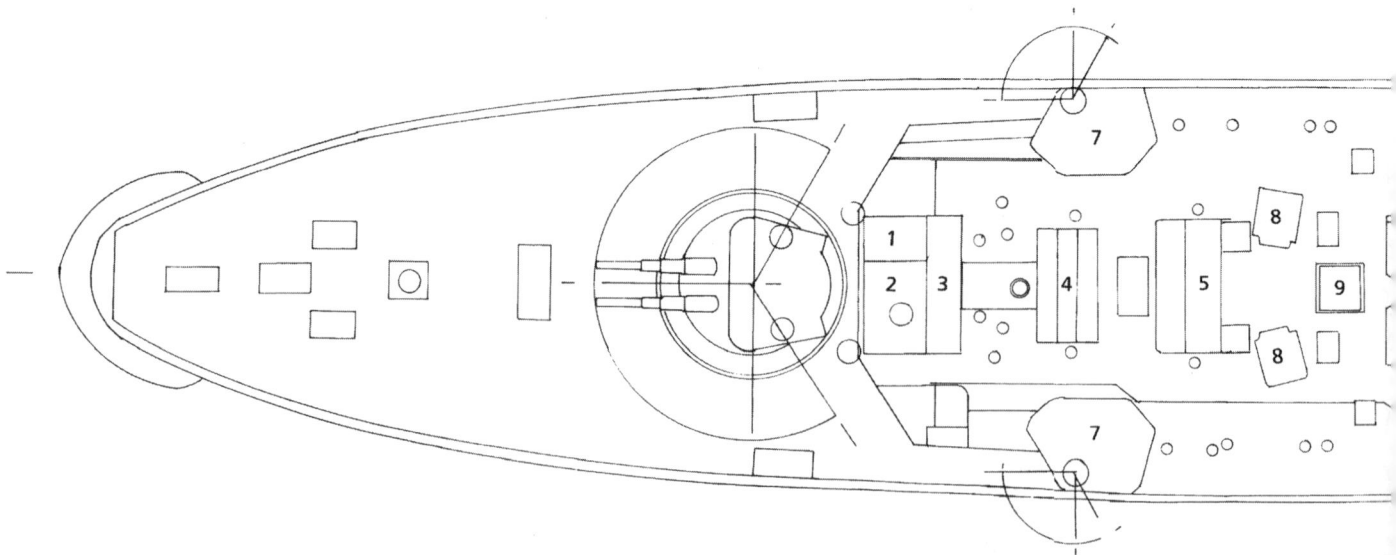

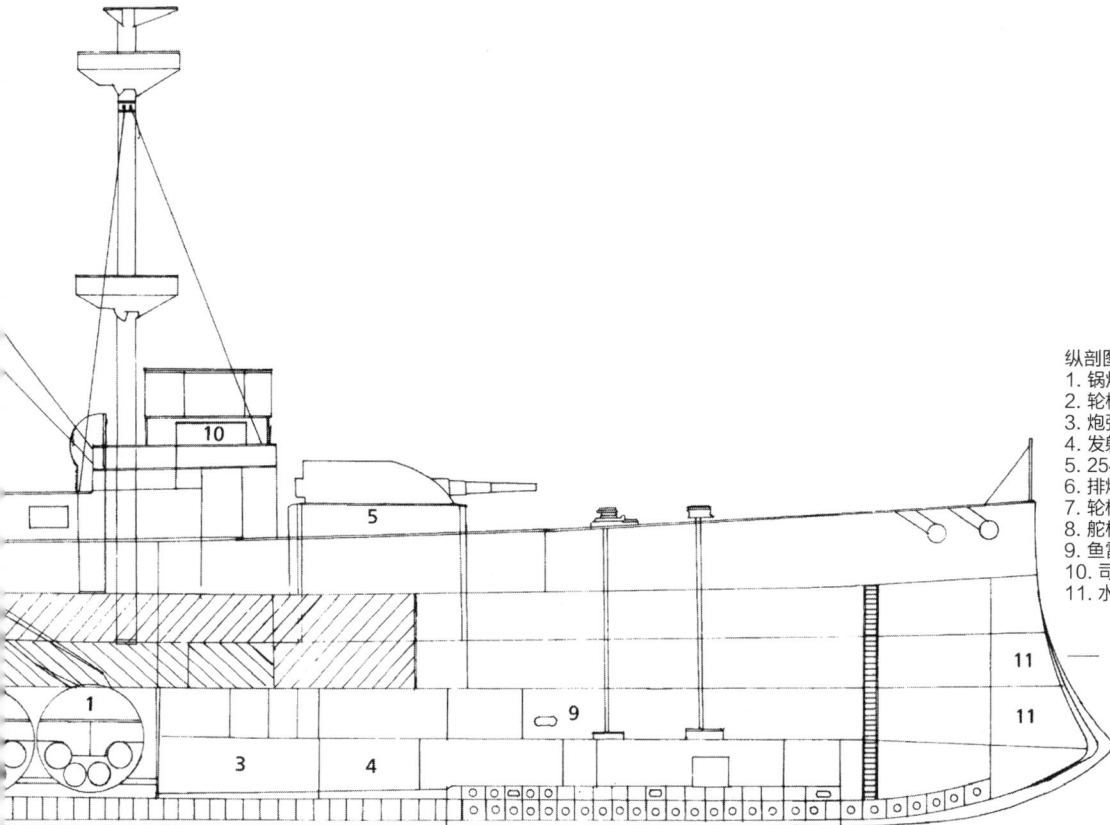

纵剖图
1. 锅炉
2. 轮机舱
3. 炮弹舱
4. 发射药舱
5. 254 毫米炮台
6. 排烟道
7. 轮机舱通风口
8. 舵机舱
9. 鱼雷舱
10. 司令塔
11. 水密舱

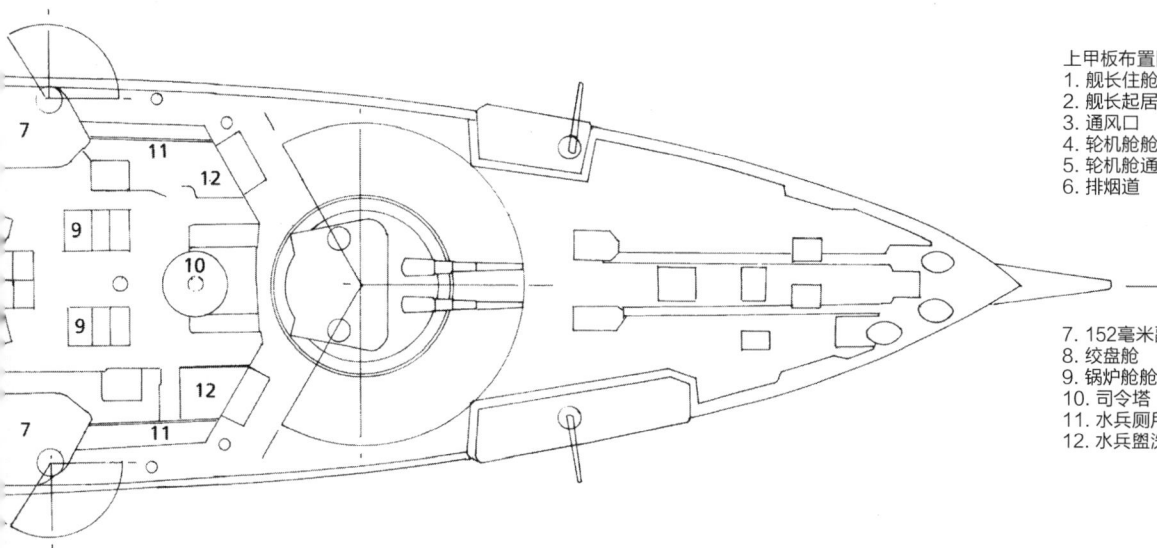

上甲板布置图
1. 舰长住舱
2. 舰长起居舱
3. 通风口
4. 轮机舱舱口
5. 轮机舱通风口
6. 排烟道

7. 152毫米副炮炮郭
8. 绞盘舱
9. 锅炉舱舱口
10. 司令塔
11. 水兵厕所
12. 水兵盥洗室

△ "声望"号，1907 年年初。它仍隶属本土舰队，但作为皇家游艇使用（1907—1909 年），随后加入本土舰队第 4 分队

1906—1909 年：舰艏炮郭上方的 47 毫米炮被拆除（1906—1907 年），旗杆上安装了无线电天线，桅顶信号标被拆除（1906—1908 年）。

1910 年：9 月—11 月，为成为司炉工训练舰进行改装，涂装改为全灰色，拆除了旗杆。

舰史

"声望"号下水后被移至德文波特造船厂舾装，1897 年 1 月开始海试。海试内容非常广泛，更换螺旋桨叶片更是延长了这一过程。加上其他原因，整个建造时间长达四年半。

1897 年 6 月 8 日服役，但不属于任何海军单位，进行了一次短时巡航。

6 月 26 日成为海军中将费舍尔的旗舰，并在斯皮特黑德参加维多利亚女王登基 60 周年阅舰式，接受威尔士亲王的视察。

1897 年 7 月 7—12 日临时加入海峡舰队第 1 分队，作为舰队增援力量参加在爱尔兰南部海岸进行的演习。

8 月 24 日升起海军中将费舍尔的将旗，接替"新月"号（Crescent）成为北美和西印度群岛舰队旗舰。

1899 年 5—7 月接受维修。

7 月加入地中海舰队，再次成为费舍尔的旗舰。费舍尔担任海军审计官期间曾积极参与该舰的设计，他很欣赏军舰非常适合作为旗舰的特点，这可能是他两次担任司令官时都将其作为旗舰的原因。据称费舍尔甚至将254毫米主炮的防焰板拆除，因为晚上举行舞会时防焰板总是磕绊女士们的鞋子。（这可能确有其事，因为有照片显示当时防焰板的确被拆掉了。）"声望"号在地中海服役至1902年10月。（担任旗舰至1902年5月。）

◁"声望"号左舷艉部视角，它于1906年5月8日完成了第二次皇家巡游任务（搭载威尔士亲王夫妇访问印度），即将驶抵波特兰。这次航行后"声望"号不再活跃，它真正的服役时间比除了"克莱德勋爵"号（1866年）外的所有英国战列舰都短（不计沉没的军舰）

▽ 全灰色涂装，担任司炉工训练舰的"声望"号，1909年摄于朴次茅斯造船厂

◁ 正在接受改装的“声望”号。1905 年 3 月 30 日，威尔士亲王和海军上将费舍尔视察了该舰，它被选为当年下半年亲王访问印度的座舰。为举行各种仪式，它的 152 毫米副炮被拆除，炮位改成住舱。它再次被涂成白色，舰体上缘为绿色，烟囱和桅杆为黄色，水线为红色。1905 年 10 月 8 日，“声望”号在防护巡洋舰“可怖”号的伴随下离开朴次茅斯

◁ 1913 年年末，承担"供给与维护"任务的"声望"号，它于 12 月被海军从现役名单中剔除。注意所有小口径火炮（47 毫米炮）、探照灯和大部分小艇都被移除

1900年2—5月在马耳他接受特别改装，按费舍尔的要求进行多项内部和外部修改。

1900年11月19日重新入役，继续担任地中海舰队旗舰。

1902年5月20日费舍尔卸任舰队司令后，"声望"号也临时退役。

9月29日—10月6日加入X舰队，参加在凯法利尼亚岛和摩里亚岛进行的联合演习。随后离开地中海，为搭载康诺特公爵夫妇访问印度，在朴次茅斯接受改装（成为著名的"战列舰游艇"）。

1902年11月—1903年3月参加皇家印度巡游。

1903年4月重新加入地中海舰队。8月代替维修的"可敬"号，临时成为旗舰，参加在葡萄牙外海进行的演习。

1904年5月15日在德文波特转入预备役。虽离开地中海，但舰员未获得休假。6月参加演习。

1904年5月—1905年4月处于预备役状态。

1905年2月21日在朴次茅斯被改装为皇家游艇，为搭载威尔士亲王访问印度做准备（拆除几乎所有副炮以增加居住空间），10月初完成改装。

10月8日离开朴次茅斯前往热那亚，接王室成员登舰。护航舰是防护巡洋舰"可怖"号。

1906年3月23日访问结束，离开卡拉奇返回英国，5月7日抵达朴次茅斯，5月31日转为预备役。

1907年5月加入本土舰队，再次执行王室服务任务。10—12月接送访问英国的西班牙国王和王后。

1909年4月1日在朴次茅斯加入本土舰队第4分队。

9月25日退役，担任司炉工训练舰。改装于9—11月在朴次茅斯进行，担任训练舰至1913年1月。

1911年6月24日斯皮特黑德国王加冕阅舰式期间，停泊在朴次茅斯港用作来宾居住舰。

11月26日在朴次茅斯与运水船相撞，轻微受损。

1913年1月31日列入出售和解体名单。4月有传言称要将它用作克罗马蒂港仓储舰，但显然未能实现。12月时在母亲滩停泊。

1914年4月2日以39000英镑的价格出售给米德尔斯堡的休斯·博尔克劳公司，后来在布莱斯解体。

庄严级：1893 年预算

设计

1891 年，海军审计官（海军少将 J. A. 费舍尔）要求造舰总监（怀特）在君权级基础上制订一种一级战列舰的设计方案，但是要装备当时正在建造的新型 305 毫米主炮，并全面采用最新的哈维装甲。1892 年 1 月 27 日，造舰总监向海军部委员会递交了一些基本设计数据，包括 12500 吨排水量（不含预留重量）、4 门 305 毫米主炮和统一的 229 毫米主装甲带。

海军部批准了造舰总监的基本方案，但要求他将设计工作略微推迟，因为新 305 毫米主炮的建造时间超出了预计。原计划 1892 年将有 3 艘新战列舰开工，前两艘将采用新的设计（一级战列舰），并被命名为庄严级。当最终设计方案被批准后，这两艘军舰于 1893 年开工。但是第三艘军舰被重新设计成排水量较小的战列舰，既要节省经费，又要强大到足以在东方水域作战（见"声望"号）。

不过，1893 年 8 月，英国公众对皇家海军在法国和俄国海军面前不断下降的实力极为不满，最终催生了海军的五年紧急造舰计划。由于计划由海军大臣（斯潘塞伯爵）提出，所以又称斯潘塞计划。第一份修订案要求增建 7 艘舰艇，议会极为勉强地接受了法案，并最终于 1894 年通过。

庄严级：最终设计数据

排水量：14820 吨（满载）
干舷高度：7.62 米（舰艏），5.26 米（舯部），5.64 米（舰艉）

武备
4 门 305 毫米主炮，每门炮备弹 80 发
10 门 152 毫米副炮

装甲
主装甲带：229 毫米，水线以下高 1.68 米，水线以上高 2.9 米

输出功率：9000 马力
燃煤：900 吨
舰员：760 名

如此庞大的造舰计划虽然满足了民众的愿望，但是引起了政府内部的强烈不满。很多要员认为海军耗费巨额经费是根本不合理的，他们甚至以辞职相要挟。

不过最后达成的一致意见是，建造计划将平摊在 5 年内进行，可以最大限度降

▷"乔治亲王"号。1896年8月22日，约克公爵夫人（后来的玛丽王后）主持了它的下水仪式

▽"玛尔斯"号。建成之后的庄严级是当时最大，也可能是最强的战列舰，为世界各国仰慕和仿造。这是1894年6月28日，已经初步成形的"玛尔斯"号舰体

低某一财年的经费压力。实际上所有军舰都在1894年和1895年开工，通过控制建造进度使它们在不同时间完工。

9艘军舰均在1898年之前建成，它们也是皇家海军建造的数量最多的一级战列舰。另外在总体性能上，庄严级也是当时最成功的战列舰，其设计受到各国海军专家的高度赞赏，并成为外国海军模仿的对象。它也是很多年来皇家海军战列舰的标杆，主要设计特征体现在从1896年到1901年开工的卡诺珀斯级、可畏级、伦敦级、邓肯级和王后级等20艘战列舰上。此外，庄严级也是威廉·怀特爵士漫长、辉煌的职业生涯中的代表作。

与君权级相比，庄严级的主要改进有：

1. 装备了采用缠线炮管的新型305毫米主炮，除了炮弹重量稍逊外，所有性能均大大优于老式343毫米主炮；
2. 普遍使用哈维装甲代替了复合装甲；
3. 布置了大高度且厚度均一的侧舷装甲，后方是倾斜装甲甲板；
4. 使用可旋转的装甲防盾保护炮座上的主炮。

庄严级：各单位重量，最终设计（吨）

	设计	完成
舰体	5550	5650
武备	1550	1660
垂直装甲	1500	1420
侧舷装甲	1420	1517
动力	1320	1356
水平装甲	1230	1200
炮台	1180	1210
燃煤	900	900
其他装备	690	699
炮郭	480	480
木质背板	180	140
预留重量	175	200
司令塔	85	85
轮机仓库	55	63

　　由于更轻的 305 毫米主炮和哈维装甲节省了重量，舰体防护得到极大改善，这样军舰在排水量略有增长的情况下，防御和攻击能力都大大优于君权级。另外，副炮由 10 门增至 12 门，而且都有炮郭保护，反鱼雷艇火力也显著增强。最高设计航速与君权级相同，但增加了续航力。

　　在各项性能获得长足进步的同时，设计人员也接受了一些为此付出的代价：

1. 大部分 152 毫米副炮布置在主甲板，指挥位置较低；
2. 径向水密舱壁的布置不佳，没有足够的抗沉措施，降低了舰体的稳定性（军舰上共有 150 个水密舱）。

◁ 1895 年在朴次茅斯舾装的"庄严"号

"恺撒"号：估计造价（1896 年）

舰体材料及装备：631537 英镑

动力：85783 英镑

杂费：78004 英镑

炮座及鱼雷发射管等：77150 英镑

总计：872474 英镑

　　原始设计的各项数据自然非常贴近君权级，但大大超出了海军部要求的排水量（15500 吨：12500 吨）。怀特曾希望将所有 152 毫米副炮都布置在上甲板，这一方案出现在一份日期为 1893 年 1 月 3 日，并有怀特亲笔签名的设计草图上。该方案中，前桅和主桅都有一座大型下层桅楼和一座小型上层桅楼，这与君权级相似，但后来被修改为两根桅杆上各有两座布置 1 门 57 毫米炮的桅楼。

　　设计排水量仅比君权级大了约 750 吨，舰长增加了 3.05 米，艏艉干舷高度分别增加了 1.78 米和 0.15 米（舯部干舷高度减少了 0.23 米），但是舰宽和正常吃水保持不变。

　　庄严级在整个舰身长度上都保持了高干舷，在前无畏舰时代，这是任何后继主力舰都无法比拟的。舰体侧舷的内倾角度也比以前的主力舰更大，还有显著上扬的舰艏弧。这一特点招致不少批评，因为军舰的初稳心高度较低，而内倾的侧舷又进一步减少了浮力。不过由于有大高度的侧舷装甲带，因战斗损伤而丧失稳定性的可能性不大。

武备

　　庄严级的建成标志着英国海军重拾 305 毫米主炮，自 1880 年的"科林伍德"号后，305 毫米主炮就在英国战列舰上消失了。新主炮是皇家海军装备的第一种大口径缠线身管舰炮，相比老式火炮，其性能向前迈进了一大步。

▽ 1898 年年初，在查塔姆造船厂舾装的"光辉"号。注意桅楼的帆布外罩，这在 19 世纪 90 年代非常普遍

主炮是维克斯公司专门为庄严级设计的，火炮试验证明它的弹道性能优于君权级上的 343 毫米主炮。它在威力上也占有优势，以至于维克斯和阿姆斯特朗（同为这种舰炮的制造商）认为海军部过于担心火炮性能，觉得它被"设计过头了"。另外，相比 343 毫米主炮，双联 305 毫米炮的炮座具有以下优点：

1. 可旋转部分的重心正好在旋转中心，可以使用更轻型的水平旋转装置，也可以安装手动旋转设备；
2. 在安装炮管的情况下也具有良好的平衡，可以使用轻型俯仰装置，也便于安装手动俯仰设备；
3. 在固定装填位置，装填杆位于升降机侧面，而无须穿过升降机，这样升降篮可以在装填杆工作时移开（主要优点是大大减少了两次装填的间隔时间）；
4. 装填槽与装填杆同时工作，供弹架到位时就锁定了炮座旋转机构，无须在装填机构外侧另外安装锁定螺栓；
5. 旋转炮座上有 8 枚可以全向装填的备用弹；
6. 炮塔，或者过去所谓的防盾，具有 267 毫米正面装甲、140 毫米侧面装甲、102 毫米背面装甲，以及 51 毫米地板和顶部装甲。

主炮炮闩根据炮身在炮塔中的位置，可以向左或向右打开。虽然炮闩机构略有不同，但身管可以互换。火炮发射采用电击发，或者在炮管通气口封闭时以撞针击发，根据当时的操作规程，炮闩没有完全复位时，火炮无法发射。

火炮试验在已建成的军舰上顺利完成，但是在 1904 年 11 月，"庄严"号在一次射击大奖赛中发生了火炮事故，一门主炮炸掉了炮口，而另一门火炮也出现了复位问题。

▽ 1895 年 6 月，德皇阅舰式上的"庄严"号，舰员在甲板上列队并挂满旗

◁ "庄严" 号后甲板，1896—
1897 年拍摄于朴次茅斯造船厂。
注意其巨大的炮座、观察孔和炮塔
顶部。后方是 "乔治亲王" 号

"庄严"号

侧视图和舰面布置图，1895 年

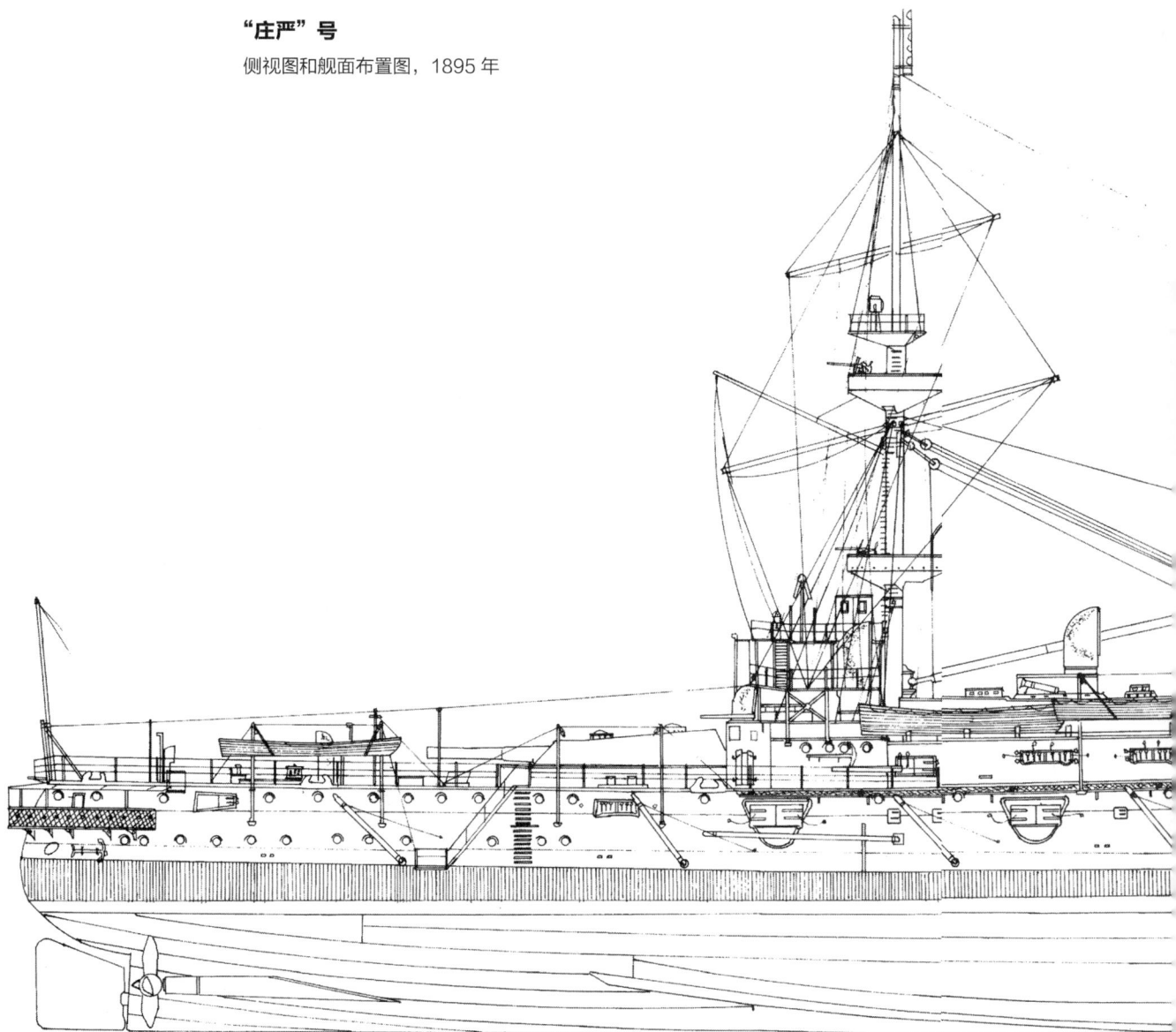

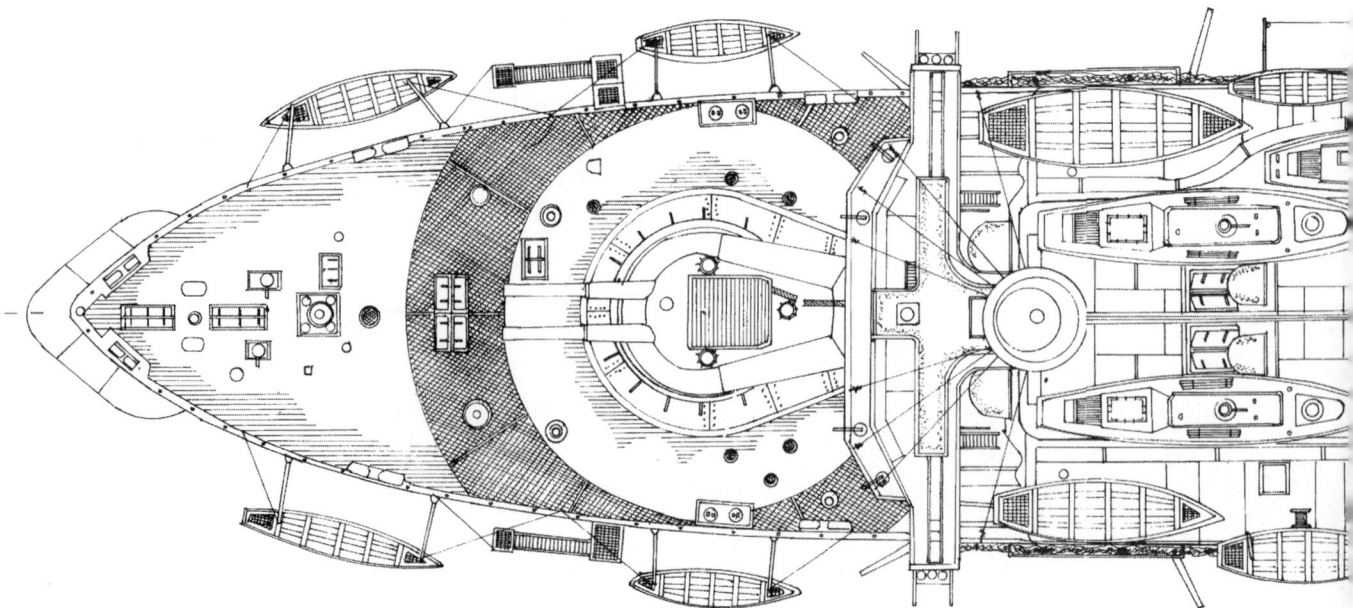

"庄严"号

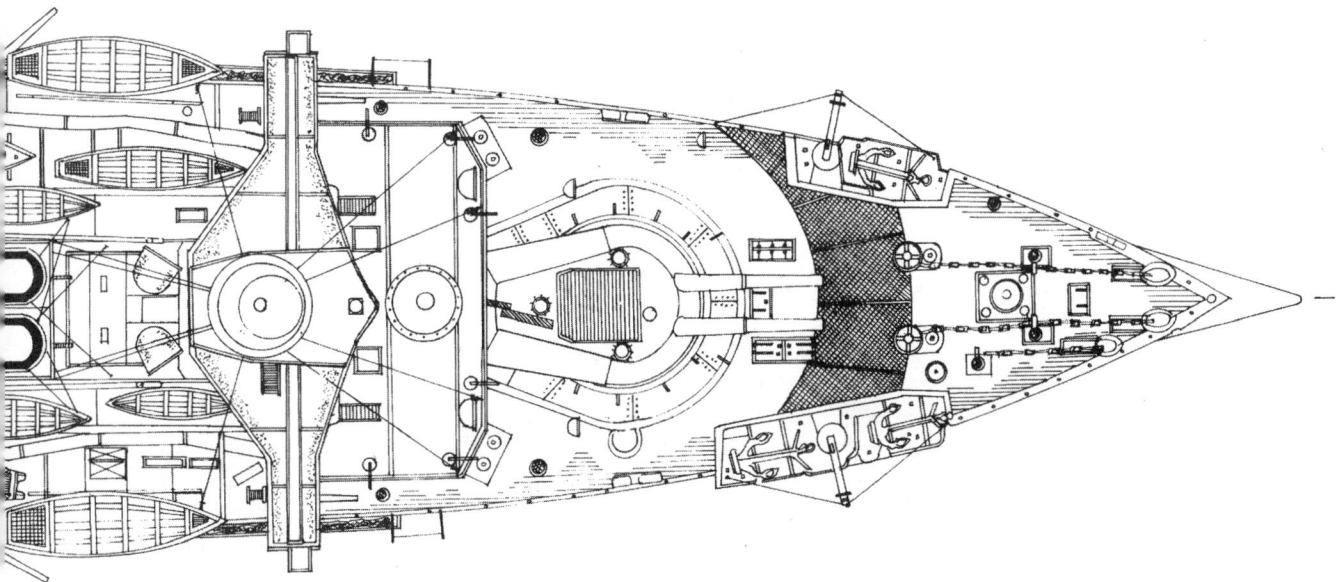

后者出现的原因是内 A 管与外 A 管在靠近炮尾的第一室肩（Shoulder，炮管直径发生变化的部分）处发生了错位，这应该是制造上的问题。另一门火炮大约有 330 毫米长的炮口被炸掉，调查时发现火炮的内管有多处裂痕。当时两门火炮都在以 3/4 装药射击，装填了一包 1/2 装药的 37.99 千克药包和一包 1/4 装药的 18.99 千克药包（50 号发射药），炮弹则是实心弹。事故发生在 7 轮射击之后，炮弹落点比预计落点近了 457 米（500 码）。一名炮手注意到一块奇怪的金属片伴随火炮的发射飞向空中，他还以为那是甲板上的某个部件——这在当时经常发生。

▷ 1905 年，"恺撒"号的舰艏，可见其舰桥和 305 毫米主炮塔

▽ 1903 年，停泊在朴次茅斯的"恺撒"号，它刚刚从地中海舰队的长期服役中归来

两起事故发生后，舰队中所有 305 毫米 46 吨主炮都得到了仔细检查。结论是以当时的状态，它们在可能发生类似事故前，只能进行 33 次全装药发射。主要问题是"炮口阻塞"，这是由于内管收缩并从炮口处向内膨胀，造成炮弹运行受限，最终导致炮管损坏。幸运的是，由于炮弹动能巨大，没有人因此受伤。

问题解决之后，305 毫米主炮仍然以优秀的性能著称，在使用损坏的炮管测试时，以 9 度仰角和 90.72 千克装药射击，射程仍达到 9697 米。两门主炮被安装在梨形 Mk B II 炮座中，最后两艘完工的"恺撒"号和"光辉"号（Illustrious）则使用了圆形 Mk B III 炮座。

最后两艘完工的同级舰，主炮装填速度略快于其他军舰，而且由于炮弹供应路径在换装室处有所中断，不像前 7 艘同级舰那样从炮塔直通弹药舱，防护性能也得到改善，减小了炮塔内的爆炸直接波及弹药舱的风险。

装甲

在考虑新战列舰的防护设计时，造舰总监坚持要求使用最新和最优的装甲。为此他于 1892 年 1 月 27 日致信海军审计官和海军部委员会成员［海军上将贝德福德（Bedford）、海军上将安东尼·霍斯金斯、文职大臣福伍德（Forwood），以及乔治·汉密尔顿勋爵］：

我已提交建议，如果要为新战列舰使用改进的舰体装甲，侧舷防护不应少于 229 毫米。在正常服役条件下，这一厚度的装甲应该占据 60% 以上的舰体长度，完全可以抵御当今最大口径速射炮发射的最先进的穿甲弹。

我们的 152 毫米舰炮在 914 米（1000 码）距离上，估计可以击穿 254 毫米以下的装甲。我相信使用优质钢材，以及钢制表面装甲，152 毫米炮弹的穿透能力会大大下降。

因此，使用最新材料制造的 229 毫米装甲，极有可能让最先进的穿甲弹对新战列舰无能为力。

庄严级：建成时性能数据

建造

	造船厂	开工	下水	建成
"庄严"号	朴次茅斯造船厂	1894 年 2 月 5 日	1895 年 1 月 31 日	1895 年 12 月
"玛尔斯"号	坎梅尔·莱尔德公司	1894 年 6 月 2 日	1896 年 3 月 3 日①	1897 年 6 月
"乔治亲王"号	朴次茅斯造船厂	1894 年 9 月 10 日	1895 年 8 月 22 日	1896 年 11 月
"宏伟"号	查塔姆造船厂	1893 年 12 月 18 日	1894 年 12 月 19 日	1895 年 12 月
"朱庇特"号	约翰·布朗公司	1894 年 4 月 26 日	1895 年 11 月 18 日	1897 年 5 月
"恺撒"号	朴次茅斯造船厂	1895 年 3 月 25 日	1896 年 9 月 2 日	1898 年 1 月
"光辉"号	查塔姆造船厂	1895 年 3 月 11 日	1896 年 9 月 17 日	1898 年 4 月
"汉尼拔"号	彭布罗克造船厂	1894 年 5 月	1896 年 4 月 28 日	1898 年 4 月
"胜利"号	查塔姆船厂	1894 年 5 月 28 日	1895 年 10 月 19 日	1896 年 11 月

① 译注：另有资料显示"玛尔斯"号的下水时间为 1896 年 3 月 30 日。

续表

排水量（吨）

14980（正常），15630（满载），17600（超载）

尺寸

长：118.87 米（垂线间长），121.62 米（水线长），128.32 米（全长）

宽：22.86 米

吃水：8.23 米（正常），8.69 米（满载），9.55 米（超载）

武备

4 门 305 毫米 46 吨 Mk VIII 型主炮，每门炮备弹 80 发

12 门 152 毫米 40 倍径 Mk II 型副炮，每门炮备弹 200 发

16 门 76 毫米炮（12 英担），每门炮备弹 300 发

12 门 47 毫米炮

8 挺机枪

5 具 457 毫米水线以下鱼雷发射管（左右舷各 2 具，舰艉 1 具）

装甲

主装甲带：229 毫米哈维装甲（长 76.2 米，高 4.57 米）

横向装甲：356 毫米（艏），305 毫米（艉）

炮塔基座：装甲甲板以上 356 毫米，以下 178 毫米

炮塔：正面 267 毫米，侧面 140 毫米

炮郭：正面 152 毫米

甲板：水平部分 76 毫米，倾斜部分 102 毫米

装甲盒外侧下甲板：64 毫米

司令塔：356 毫米

司令塔人员通道：203 毫米

舰艉司令塔：76 毫米

动力

2 套三缸垂直三胀式蒸汽机，2 副改进型格里菲斯螺旋桨

汽缸直径：高压 1016 毫米，中压 1498.6 毫米，低压 2235.2 毫米

冲程：1295.4 毫米

螺旋桨：4 叶

锅炉：8 台筒式单头锅炉，每台锅炉有 4 个炉膛，工作压力 1.07 兆帕

锅炉用水达到工作高度时，水管中总水量：120 吨

总加热面积：11557.14 平方米

动力系统重量（吨）："庄严"号，1356；"玛尔斯"号，1328；"朱庇特"号，1315

设计输出功率：10000 马力，16.5 节；12000 马力，17.5 节（强制通风）

燃煤：900 吨（正常），1900 吨（最大）（后来增加了 400—500 吨燃油）

燃煤消耗速率：全功率下每天消耗 250 吨；3/5 功率下每天消耗 140 吨；8 节经济航速下每天消耗 50 吨

续航力：7000 海里 /10 节（增加燃油的情况下）；4420 海里 /14.6 节

小艇

大舢板（蒸汽）：1 艘 17.07 米，1 艘 12.19 米，1 艘 10.97 米

长艇（蒸汽）：1 艘 12.8 米

纵帆快艇：2 艘 10.36 米

捕鲸艇：2 艘 8.23 米

小舢板：1 艘 9.75 米，1 艘 9.14 米，1 艘 7.32 米

续表

帆装小工作艇：1 艘 4.88 米

巴沙救生筏：1 艘 4.11 米

探照灯

6 部 610 毫米探照灯：舰桥左右各 2 部，前桅和主桅高处各 1 部（并不总是出现在照片中，同级舰中变化较大）

无线电

1909—1910 年安装了 I 型无线电

船锚

2 副 5.9 吨英格菲尔德锚，1 副 5.58 吨舰锚，2 副 2.75 吨马丁斯锚

舰员

"玛尔斯"号和"朱庇特"号：794 人（1897 年）

"庄严"号：672 人（1895 年）

"恺撒"号：735 人（旗舰，1905 年）

"汉尼拔"号：720 人（1905 年）

造价

"庄严"号：916382 英镑，另加火炮 70100 英镑

"宏伟"号：909789 英镑，另加火炮 70100 英镑

"朱庇特"号：902011 英镑，另加火炮 65640 英镑

"玛尔斯"号：902402 英镑，另加火炮 61950 英镑

"恺撒"号：872474 英镑，另加火炮 64420 英镑

"胜利"号：885212 英镑，另加火炮 70100 英镑

"汉尼拔"号：906799 英镑，另加火炮 57360 英镑

"光辉"号：894585 英镑，另加火炮 57610 英镑

"乔治亲王"号：895504 英镑，另加火炮 70100 英镑

　　造舰总监还附上了两个设计方案，显示如何布置装甲，并做出以下说明：

　　　　方案 A：完全沿袭君权级的防护设计（457 毫米主装甲带／水平装甲甲板）。

　　　　方案 B：减少水线装甲带的厚度，在君权级所有侧舷防护区域采用统一厚度的装甲。

　　　　倾斜装甲甲板的中央部分像君权级那样位于装甲带上方，但是两边向下倾斜，与侧舷装甲带的下缘衔接。侧舷和倾斜装甲甲板之间的三角形区域被划分为多个水密舱，且使用燃煤来填满这里的空间。

　　　　229 毫米装甲——长度 76.2 米。

　　　　152 毫米柚木背板。

　　　　装甲甲板水平部分 76 毫米厚，倾斜部分 102 毫米厚。

　　造舰总监还澄清，在无防护的舰体底部方面，方案 A 和 B 没有区别，从舰炮试验的结果看，两个方案的防护力是相同的。

◁ 1900 年，担任海峡舰队旗舰的"庄严"号。注意通风口有黑色的整流罩（很罕见），桅楼上的速射炮没有防盾，主桅上有无线电天线斜桁，救生艇甲板边缘被涂成黑色

审计官（费舍尔）和海军部委员会——虽然抱有疑虑——一致同意为新战列舰采用方案 B 的防护设计。审计官写道："我记录的意见，是我以前就表达过的，方案 B 是能在新战列舰上布置的最佳防护设计。"

方案 B 获得批准，而庄严级的装甲布置设计在面对日益增长的中口径舰炮和高爆炮弹的威胁时，能为军舰提供最大限度的防护。主装甲带的厚度减少（相对于君权级），而防护面积增加，增强了侧舷中等高度区域的防护能力，当时普遍认为那里是海战中中弹的主要区域。

与君权级相比，庄严级在防护上的主要改进是：

第166号肋位
1. 司令餐厅
2. 军官餐厅
3. 阅览室
4. 操舵舱

第152号肋位
1. 司令秘书舱室
2. 舱室
3. 舱室
4. 给水柜
5. 拖缆仓库
6. 水下鱼雷舱
7. 鱼雷战雷头仓库

第134号肋位
1. 305 毫米炮塔
2. 305 毫米炮座
3. 舰队信号旗设备
4. 燃煤
5. 备用舱室
6. 辅助机械
7. 工作间
8. 76 毫米炮弹舱
9. 305 毫米弹药处理室
10. 仓库
11. 后备设备
12. 305 毫米炮弹舱

第112号肋位
1. 152毫米副炮炮郭
2. 5号住舱
3. 轮机舱舱口
4. 燃煤
5. 人员通道
6. 轮机舱

第82号肋位
1. 76毫米炮炮位
2. 152毫米副炮炮郭
3. 工作间
4. 人员通道
5. 燃煤
6. 锅炉
7. 排烟道

第64号肋位
1. 舰桥
2. 通风口
3. 152毫米副炮炮郭
4. 工作间
5. 燃煤
6. 强制通风风扇
7. 锅炉舱
8. 两翼舱室

第36号肋位
1. 305 毫米炮塔
2. 炮座中层
3. 炮座下层
4. 工作间
5. 木工仓库
6. 火炮后备设备
7. 人员通道
8. 305 毫米发射药舱
9. 军士长仓库
10. 人员通道

11. 后备电力设备
12. 305 毫米发射药舱
13. 305 毫米炮弹舱
14. 配电舱

第26号肋位
1. 工作间
2. 锚床
3. 餐厅
4. 淡水柜
5. 水下鱼雷舱
6. 鱼雷战雷头
7. 后备鱼雷设备

第18号肋位
1. 餐厅
2. 锚链舱
3. 锚链舱
4. 绞盘舱
5. 帆布仓库

纵剖图
1. 锅炉
2. 轮机舱
3. 炮弹舱
4. 发射药舱
5. 305 毫米炮座
6. 排烟道
7. 轮机舱通风口
8. 舵机舱
9. 鱼雷舱
10. 司令塔
11. 水密舱
12. 绞盘舱

上甲板布置图
1. 军官盥洗室
2. 舰长舱
3. 餐具室
4. 舰长住舱
5. 司令甲板舱
6. 轮机舱舱口
7. 轮机舱和锅炉舱出口通道
8. 152毫米副炮炮郭
9. 发电机舱
10. 排烟道
11. 加煤舱口
12. 肉类处理室
13. 锅炉舱通风口
14. 司令塔基座
15. 水兵厕所

第166号肋位
前视图

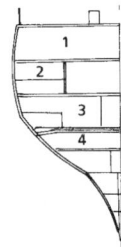

第152号肋位
前视图

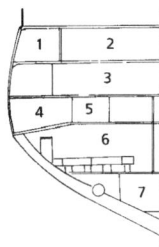

第134号肋位
前视图

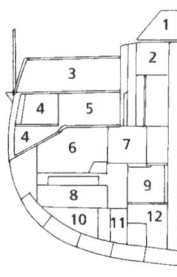

第112号肋位
前视图

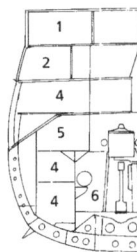

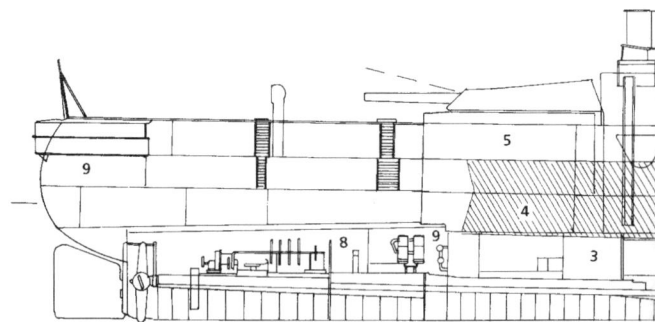

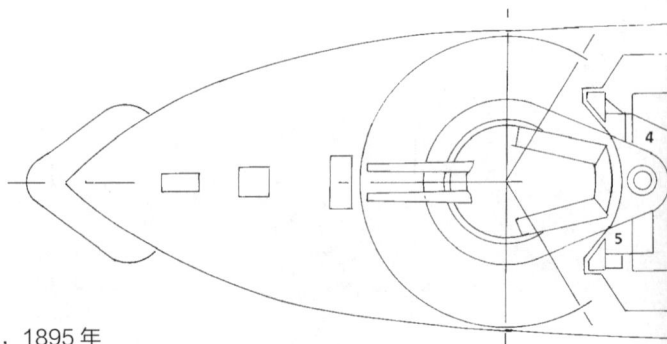

"庄严"号

舰体剖视图和上甲板布置图，1895 年

1. 垂直主装甲带以哈维装甲代替镍钢和复合钢装甲；

2. 采用高度更大的侧舷装甲，这是以减少装甲厚度为代价达成的，装甲带后方是倾斜装甲甲板；

3. 以完全封闭的装甲防盾（炮塔）来保护炮座和炮手。

　　怀特采用中等厚度装甲带和倾斜装甲甲板的建议，最终成为现实。早在 1888 年他就为一级战列舰提出了这一方案，但是海军部委员会拒绝任何削减装甲厚度的方案，直到防护力优于任何复合装甲的哈维装甲出现。

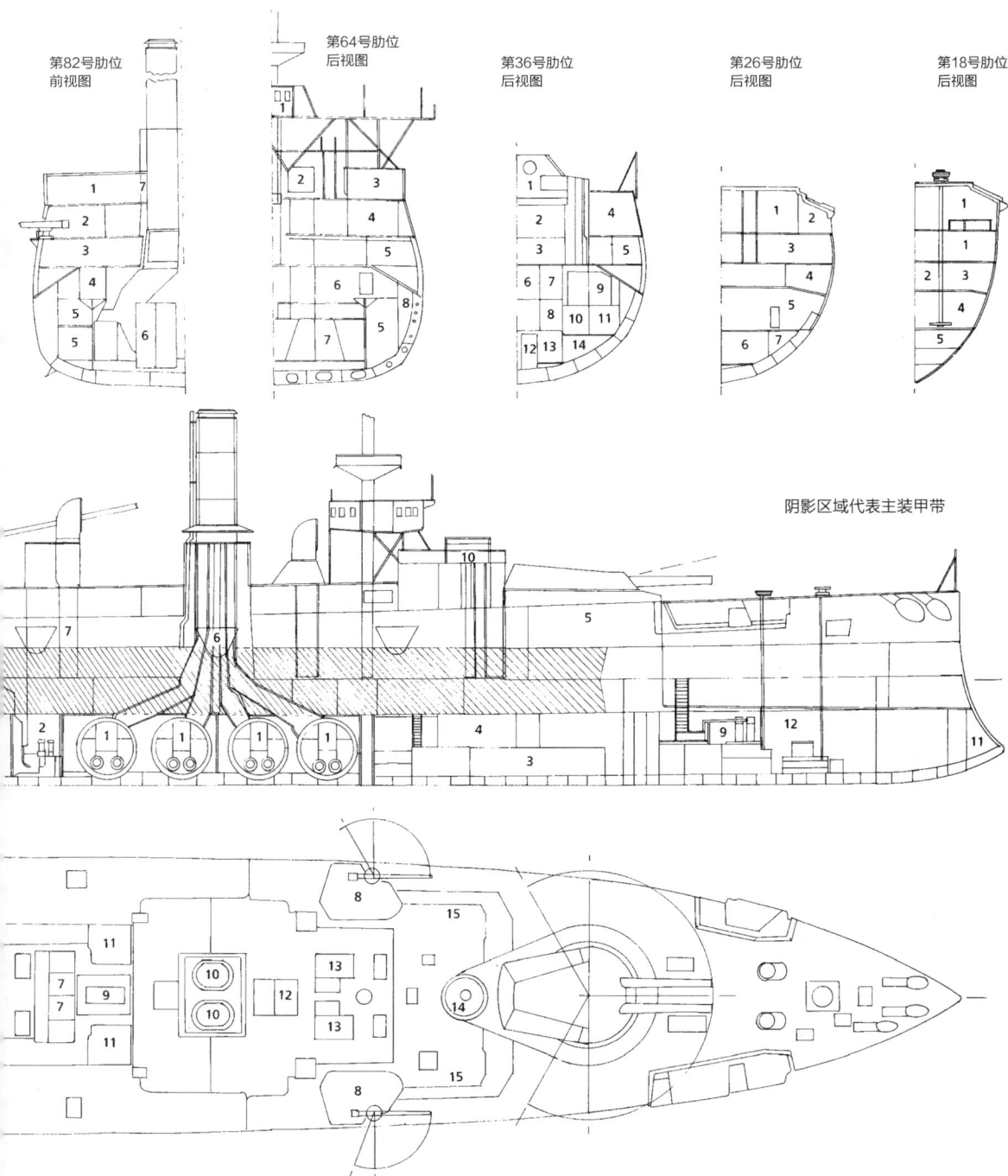

第82号肋位前视图

第64号肋位后视图

第36号肋位后视图

第26号肋位后视图

第18号肋位后视图

阴影区域代表主装甲带

△"乔治亲王"号，1903—1904 年（早于 1904 年 7 月 15 日），烟囱上有舰队标志。注意它没有安装防鱼雷网撑杆

◁隶属海峡舰队的"乔治亲王"号，1905—1906 年。注意速射炮已经从樯楼移除，舰桥上的探照灯被重新安置于下层樯楼上

如何制造哈维装甲呢？在一块钢板表面放置骨炭，上方再盖上一块钢板（同样覆盖着骨炭），形成三明治结构。两块钢板由砖块包裹，整个放入大型煅烧炉中煅烧二至三周，然后再经过六至七天的冷却。这种处理增加了每块钢板表层的碳含量，形成了高碳钢表面和标准的背面。这两种结构的变化是连续的，而不是突然的（像复合装甲那样）。接着，两块钢板重新置于炉中煅烧，然后放入冷水中淬火。快速冷却使高碳钢变得极为坚硬，由此制成了理想中的表面硬度超高而背面柔软（有弹性）的装甲板。所有装甲在切割前都经过了硬化处理。

"庄严"号：倾斜试验中的排水量数据（查塔姆，1895 年 12 月 14 日）

排水量（吨）	吃水（米）
15632	8.67
14982	8.38
13900	7.94
13400	7.67

"庄严"号：初稳心高度和稳性（1895 年 12 月 16 日倾斜试验）

	排水量（吨）	吃水	初稳心高度	最大复原力臂角	稳性消失角
A 条件（正常）*	15600	8.23 米（平均）	1.04 米	38 度	62 度
B 条件（满载）**	—	8.74 米（平均）	1.13 米	39 度	65 度
C 条件（轻载）	—	7.7 米	1.01 米	—	—

* 全备状态加 900 吨燃煤。
** 全备状态加 1900 吨燃煤。

"庄严"号：动力海试（1895 年 10 月 19—20 日）

30 小时
清洁舰底
风力 1 级，海面平静
排水量：13181 吨
螺旋桨：4 叶格里菲斯改进型
螺旋桨直径：5.19 米
螺旋桨桨距：6.01 米
转速：85.5 转 / 分（平均）
输出功率：6075 马力（平均）
航速：14.67 节（舰志记录）
每马力燃煤消耗速率：0.83 千克 / 小时

8 小时
排水量：13360 吨
转速：100.6 转 / 分（平均）
输出功率：10453 马力（平均）
航速：16.9 节

续表

4 小时

排水量：13225 吨

转速：107.2 转 / 分（平均）

输出功率：12554 马力（平均）

航速：17.8 节

　　建成后，庄严级的侧舷装甲带长 67.06 米，高 4.57 米（以前的出版物称装甲带高 4.88 米，但官方记录和建造图纸都显示其高度为 4.57 米，我们只能以这一数据为准），覆盖了主炮座之间的舯部侧舷。装甲带上缘位于主甲板高度，正常排水量下超出水线大约 2.9 米，下缘位于水线下方 1.68 米。主横向装甲为 356 毫米和 305 毫米，从装甲带两端斜向内延伸至炮座正面。装甲盒的长度为 76.2 米。主装甲甲板水平部分为 76 毫米，倾斜部分为 102 毫米。水平部分包括两层厚度 38 毫米的甲板，倾斜部分在此基础上增加一层 25 毫米甲板，并以 40 度的角度向下倾斜，估计其抗弹能力相当于 203 毫米垂直装甲。任何击中军舰的穿甲弹都必须穿透 229 毫米侧舷装甲和 102 毫米倾斜装甲才能到达重要部位。这种布置相对于君权级是一种巨大进步。

　　装甲甲板的倾斜部分，外缘到达了军舰两侧的侧舷外板（同"声望"号）。由此构成的三角形区域用作两翼水密舱，可以注水或储存燃煤。

　　主装甲带后方是 102 毫米的柚木背板，装甲盒内外分别有 72 和 78 个水密舱。从距装甲盒 2.67 米处至军舰艉艉，布置了双层舰底。煤舱布置在距舰体外壳 3.35 米和 2.44 米处，位于中甲板上方装甲带之后，以及中甲板下方轮机舱和锅炉舱两侧。

▽ 挂满旗的"光辉"号，1905 年。注意它的 305 毫米炮塔比同级舰略小（除了"恺撒"号外）

△ 一幅极佳的"朱庇特"号（Jupiter）左舷舰艉视角照片，舰员们正在为1897年阅舰式做准备。注意下层舰桥和305毫米炮塔的涂装

军舰艏艉部分没有装甲防护，这一点遭到了批评，人们一度把1893年6月"维多利亚"号的沉没（与"坎珀当"号相撞）归咎于此。"庄严"号和"宏伟"号的建造一度暂停，以等待对这一事故的特别调查得出结果。但是质询委员会最后确信，军舰艏艉缺乏装甲防护并非导致"维多利亚"号沉没的原因。

下甲板装甲为64毫米，从装甲盒两端布置到舰艏和舰艉。

庄严级：动力海试［海峡舰队（"乔治亲王"号当时不属于该舰队），1904年9月29—30日］

8小时海试					3/5功率海试				
	吃水（平均）	输出功率（马力）	转速（转/分）	航速（节）		吃水（平均）	输出功率（马力）	转速（转/分）	航速（节）
"光辉"号	8.22米	10074	92.7	15.2	"光辉"号	8.72米	6521	84.1	13.6
"宏伟"号	8.34米	10365	92.9	15.4	"宏伟"号	8.34米	6519	80.1	13.1
"庄严"号	8.23米	9315	95.9	15.2	"庄严"号	8.23米	6765	87.5	14.4
"玛尔斯"号	8.53米	10025	90.3	15	"玛尔斯"号	8.53米	6976	84.2	13.97
"汉尼拔"号	8.37米	10209	95.4	16	"汉尼拔"号	8.37米	6291	84.1	14.03
"朱庇特"号	8.41米	10539	—	16.2	"朱庇特"号	8.41米	7074	—	14.45
"胜利"号	8.38米	10189	100	16.6	"胜利"号	8.38米	6416	88	14.5
"恺撒"号	8.38米	10740	93.7	16.1	"恺撒"号	8.38米	6608	83	14.17

炮座（或称炮塔基座）在主甲板以上部分的装甲统一为 356 毫米，得到横向装甲和侧舷装甲保护的部分则为 178 毫米。但即使是在主甲板以下，炮座突出于装甲盒的正面装甲仍为 356 毫米。炮塔正面装甲为 267 毫米，侧面和后部分别为 140 毫米和 102 毫米，地板和顶部为 51 毫米。

副炮炮郭正面装甲为 152 毫米，侧面和后部为 51 毫米，弹药升降机装甲为 51 毫米。舰艉鱼雷发射管防护罩装甲为 152 和 76 毫米。前部司令塔正面和侧面装甲为 356 毫米，后部为 305 毫米，垂直通道装甲为 203 毫米。后部司令塔和垂直通道装甲均为 76 毫米。

动力

庄严级的动力系统基本上与君权级相同，但输出功率增加了 1000 马力。虽然两级舰航速相同，但庄严级能更快地加速到最高航速。新战列舰还增加了续航力，最大和正常燃煤储量分别增加至 1900 吨和 1100 吨，后者原为 900 吨，增加的原因是预留重量没有用尽。

庄严级：动力海试汇总（服役期间）

	输出功率（马力）	航速（节）	
"光辉"号	10241	15.96	制造商 8 小时海试
	10323	15.7	3 小时服役海试
	10071	15.52	8 小时海试，1903 年
	10316	15.9	海上试验，1899 年
"庄严"号	10418	16.9	制造商 8 小时海试
	10365	15.81	8 小时海试，1903 年
"玛尔斯"号	10209	15.96	制造商 8 小时海试
	12483	17.7	制造商 4 小时海试
"汉尼拔"号	10361	16.3	制造商 8 小时海试
	10640	16	8 小时海试，1904 年 6 月 4 日
	10463	16.23	24 小时海试，1902 年
"朱庇特"号	10248	15.8	制造商 8 小时海试
	10233	16	4 小时海试，1902 年
"胜利"号	10300	16.92	制造商 8 小时海试
	10515	16.7	4 小时维修海试
"恺撒"号	10692	16.7	制造商 8 小时海试
	12695	18.7	制造商 4 小时海试
"乔治亲王"号	10466	16.52	制造商 8 小时海试
	12280	18.3	制造商 4 小时海试
	10243	16.05	4 小时海试，1903 年

"汉尼拔"号海试，1906 年 10 月 25 日，拉梅角
吃水：8.41 米（艏），8.38 米（艉）
转速（平均）：94 转 / 分（左），93.1 转 / 分（右）
锅炉蒸汽压：1.07 兆帕
蒸汽机蒸汽压：1 兆帕
输出功率：5014 马力（右），5224 马力（左）；总功率 10238 马力
航速：15.2 节（舰志）；14.8 节（推进器轴数据）

◁ "光辉"号，1909—1910
年，烟囱上有标准识别带。注意
上层桅楼上的距离指示鼓和下层
桅楼上的测距仪

　　舰上有两套三缸倒置三胀式蒸汽机、两副四叶螺旋桨。锅炉为8台筒式单头回转火管锅炉，背靠背布置在4个水密锅炉舱中，沿舰体中心水密舱壁，每侧有两个锅炉舱。每台锅炉有4个炉膛。

　　在正常吃水情况下，庄严级的正常航速比君权级快了大约1节，强制通风情况下两级舰的最高航速相同，虽然后者的输出功率小了1000马力。"光辉"号使用了引风装置，而不是强制通风系统，虽然输出功率略低于其他同级舰，但海军仍以更可靠和更大的安全冗余度为理由接受了该设备。

　　"君权"号建成后的海试中，高强度的强制通风导致锅炉发生严重渗漏。蒸汽压力快速下降几乎造成海试失败。因此庄严级的海试并没有将强制通风推向极端条件，但由于使用了"声望"号的线型，这些军舰仍达到了"君权"号的航速。

　　建成时，庄严级的动力系统出了一些小问题，但都是安装导致的技术瑕疵，例如"乔治亲王"号的蒸汽机在大功率运行时，由于节流阀堵塞而过热，这是冷凝器出现孔洞造成的。类似的问题也出现在"光辉"号上，一些密封装置和阀门发生泄漏。还有一些军舰出现了震动过大的情况。但总体上讲，动力系统的表现相当出色。

　　1903年，"汉尼拔"号上的2台，"宏伟"号、"庄严"号和"玛尔斯"号上的4台锅炉被更换成油煤混合燃料锅炉。每台锅炉有8个燃油喷嘴，每小时可以提供399.16

▽ 服役于海峡舰队的"朱庇特"号，1907—1908年。注意152毫米副炮炮郭上方的探照灯

千克燃油，锅炉蒸汽压可达 1.03 兆帕。如果使用燃油，军舰在 10 节航速时的续航力从 6260 海里增加至 7000 海里，14.6 节航速时续航力从 3490 海里增至 4420 海里。

第一艘建成的"庄严"号经历了漫长的海试，但是最初的动力海试（1895 年 10 月 19—20 日）并不顺利。在排水量 13131 吨、吃水 7.72 米的条件下，军舰航速只达到了 14.67 节。当时军舰舰底清洁，海面平静，风力只有 1 级，海军部委员会对此并不满意，但是很快就查明，这是冷凝器堵塞造成的。"庄严"号在第二阶段的动力海试中大有进步。

在这些海试中，海峡分舰队司令，海军中将瓦尔特·T. 科尔勋爵观看了军舰的表现并做了详细记录，之后（1896 年 1 月 31 日）他评论道：

我对这艘军舰完全满意，海试结果是对设计和建造人员的最高赞誉。

我们进行了一年以来一直在实施的机动和射击试验，虽然这是一艘全新的战舰，但没有发现任何瑕疵。

新军舰转向灵活，对舰舵的反应比君权级更快。

外观变化

均衡而优美的庄严级比君权级更漂亮，这主要是因为两座紧靠在一起的烟囱和明显上扬的舰艏弧。

庄严级的前桅和主桅上各有两座醒目的大型战斗桅楼，而前 6 艘同级舰还重新设计了前部舰桥和司令塔，与另外 3 艘姊妹舰有明显区别。

新设计的舰桥将前桅包括其中，使司令塔独立突兀于舰桥前方，而以前主力舰的舰桥悬于司令塔的上方。这样布置的优点是使司令塔获得了全向视野，也避免了部分或全部坍塌的舰桥遮挡司令塔观察孔。另外，舰桥上的人员在主炮向侧舷或舰艉方向射击时还能远离炮口风暴。

但是后三艘同级舰（"恺撒"号、"汉尼拔"号和"光辉"号）上，又恢复了早期舰桥悬于司令塔之上的布置方式，而且这一特征一直保持到1909年建造的俄里翁级无畏舰。威廉·怀特早期的设计草图中，舰桥就位于司令塔上方，说明这是原始的设计。后来根据一些人的建议，为增强舰桥的强度而将其建造在前桅基座周围。除"宏伟"号外，所有同级舰都有一座飞跃式舰桥，而前者直到服役后才依其他姊妹舰的样子进行改装。舰员的居住性稍逊于君权级，住舱的安排总体上更加拥挤。建成后，同级舰之间尽管有诸多不同，但从外观上很难识别区分。

"恺撒"号：烟囱前后的蒸汽管较短，上部加固环（Stay rim）靠近烟囱顶部。

"汉尼拔"号：只在烟囱后面布置蒸汽管，高度与烟囱平齐；探照灯平台下方的星形桅盘支架上没有孔洞。

"光辉"号：只在烟囱后面布置蒸汽管，高度低于烟囱，大型星形桅盘支架上开有孔洞。

"朱庇特"号：可折叠式顶桅；探照灯平台下方有大型星形桅盘；前桅上桅桁设在高处；烟囱后面有高大的蒸汽管；烟囱有重型烟囱帽，两座烟囱内侧有小型箍架。

"宏伟"号：固定式顶桅；1896年，在后部飞跃式舰桥上布置了海图室；星形桅盘和上桅桁同"朱庇特"号。

"庄严"号：探照灯平台下方有轻型星形桅盘；前桅上桅桁位置较低；烟囱后方有高大的蒸汽管，轻型烟囱帽悬于烟囱上方；顶桅和海图室的布置同"宏伟"号。

"玛尔斯"号：顶桅和星形桅盘的布置同"庄严"号；每座烟囱前方有两根分开布置的蒸汽管，另有一根蒸汽管在烟囱的内侧后方（所有蒸汽管都较短）。

"胜利"号：顶桅和星形桅盘同"乔治亲王"号；蒸汽管也与"乔治亲王"号相同，但每座烟囱前方有两根蒸汽管；烟囱上方有重型烟囱帽。

"乔治亲王"号：可折叠式顶桅；大型星形桅盘；每座烟囱前后各有一根较短的蒸汽管；轻型烟囱帽悬于烟囱上方。

1896年："宏伟"号的舰桥上搭设了飞跃式舰桥，其上布置有海图室。"庄严"号的飞跃式舰桥上增设了海图室。

1898年："玛尔斯"号的固定式顶桅改为折叠式（树立于下桅前方）。

1899年：桅楼上的47毫米炮防盾被拆除，之后逐渐减少了桅楼上的火炮数量。在一些军舰上，47毫米炮被重新布置在上层建筑或舰桥上（1902年前移除了全部防盾）。

1901—1902年：安装了无线电设备，天线斜桁位于主顶桅。

1903年：152毫米副炮增设了电动提弹机，作为对原有手动装置的补充。1902年年底，"玛尔斯"号和"汉尼拔"号的锅炉试验性地安装了燃油喷嘴。它们是第一批可以使用燃油的英国战列舰。该级舰都参与了涂装试验，以确定代替维多利亚时代涂装的新方案。

1903—1904 年：

部分军舰的防鱼雷网搁架被下移至主甲板一线，以避开 152 毫米副炮的炮口风暴。"朱庇特"号、"宏伟"号和"庄严"号的顶桅由固定式改为折叠式。维多利亚式涂装被全灰色涂装代替。"汉尼拔"号和"玛尔斯"号上的两台锅炉，"宏伟"号、"庄严"号和"乔治亲王"号上的四台锅炉被改为燃油锅炉。双层舰底开始用于储存燃油，燃油储量为："宏伟"号，560 吨；"胜利"号，552 吨；"恺撒"号：563 吨。

"玛尔斯"号接受改装：重镗了 305 毫米主炮驻退液压筒；主甲板上的 76 毫米炮移至露天甲板；47 毫米炮的位置发生变化；对所有炮座进行了大修；两台锅炉安装了燃油装置。整个改装耗资 70037 英镑。

部分军舰使用了烟囱识别带。这些早期识别带在 1903—1908 年间的大西洋和海峡舰队演习中用于识别不同分舰队的舰艇，而不是单舰识别。

1905—1909 年：

火控和测距设备平台代替了前桅探照灯平台，其下方有一座小型平台，代替了原有的上层战斗桅楼。"宏伟"号安装了一座新的椭圆形桅楼。其他军舰上，原有的上层桅楼加装顶棚，改为火控平台，前端延伸以布置测距仪（"胜利"号除外）。主桅下层战斗桅楼做了类似改造，后端延伸以布置测距仪（"宏伟"号和"胜利"号除外）。大部分军舰在 1905—1906 年接受改装，"庄严"号和"胜利"号（1907—1908 年），以及"宏伟"号（1908 年）除外。1905 年，"朱庇特"号试验性地安装了西门子 - 马丁火控设备，时间约为 6 个月。76 毫米炮从主甲板移除（1905—1906 年），重新布置在前部和后部上层建筑上。舰艏舷窗由盖板覆盖。所有 47 毫米炮从桅楼上移除（1905—1909 年），部分被弃用，其余被重新布置在不同位置。除了"庄严"号，所有军舰桅杆上的探照灯被移除（1905—1909 年），重新安装在前部 152 毫米副炮炮郭上方。

之前防鱼雷网未接受改装的军舰，防鱼雷网搁架被降至主甲板一线（1905—1906 年）。一些军舰的舯部救生艇甲板加装了 2 部探照灯。"玛尔斯"号（1906 年）和"恺撒"号（1907—1908 年）可使用燃油的锅炉增至 4 台。"胜利"号（1909 年）是最后一艘改装锅炉的同级舰。桅顶信号标被移除（1906—1907 年）。安装了无线电天线斜桁（1907 年）。

1906 年：

"宏伟"号接受改装：中心线水密舱壁底部破损的连接部位被修复；重新安装了煤舱内的 24 道水密门，以及动力区域的 4 道快速开关舱门；火炮瞄准装置的所有缺陷被修复；锅炉舱大修；所有 152 毫米炮和 76 毫米炮被拆除、检查并还原；电力系统得到检查（因为发生了诸多问题）；鱼雷装备彻底大修；检查了 305 毫米主炮，大修炮座。

1909—1914 年：

部分军舰的下层前桅楼安装了一部小型测距仪（1909—1910 年）。所有军舰安装了距离钟。"庄严"号桅杆上的探照灯被重新布置在前部 152 毫米副炮炮郭上方（1910—1911 年）。"恺撒"号和"乔治亲王"号的后部飞跃式舰桥上安装了 2 部

610 毫米探照灯，其他军舰则在舯部的救生艇甲板上安装了 2 部 610 毫米探照灯。"恺撒"号飞跃式舰桥上的探照灯被移至救生艇甲板，而"玛尔斯"号救生艇甲板上的探照灯则被移至飞跃式舰桥。"光辉"号、"宏伟"号及其他军舰上的防鱼雷网陆续被移除（1912—1913 年）。（"汉尼拔"号和"胜利"号在 1913 年仍保留防鱼雷网。）除"庄严"号外，其他军舰上的无线电天线斜桁被高大的最上桅取代（1909—1910 年）。"庄严"号的天线斜桁于 1913 年被升高。"光辉"号、"朱庇特"号、"宏伟"号和"乔治亲王"号的前桅安装了无线电天线最上桅（1909—1911 年）。

△"乔治亲王"号的前甲板和 305 毫米主炮塔，1902 年。注意布置锚床和绞盘的侧舷凹陷处

"乔治亲王"号
侧视图，1915 年，达达尼尔

注意顶桅的反测距伪装，305 毫米舯炮塔顶部的榴弹炮，简化后的舰桥，以及舰艏加装的扫雷装置。

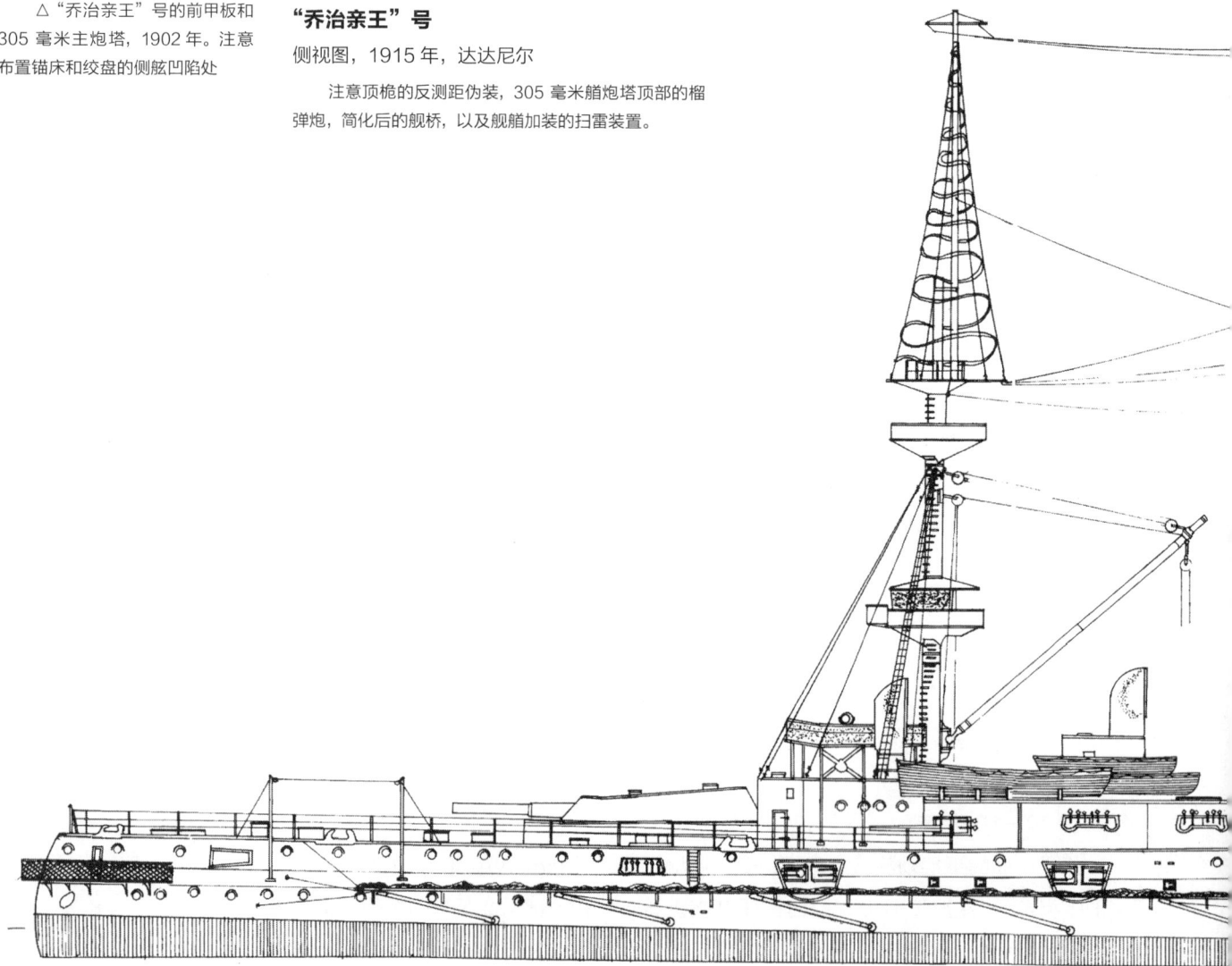

部分军舰主桅上的重型桅桁被拆除（1910—1914 年）。

绘上了标准烟囱识别带（1909—1910 年）："恺撒"号，无；"汉尼拔"号，每座烟囱一道白色识别带；"朱庇特"号，每座烟囱三道白色识别带；"庄严"号，每座烟囱两道红色识别带；"乔治亲王"号，每座烟囱一道黑色识别带；"胜利"号，每座烟囱两道黑色识别带；"光辉"号，每座烟囱两道白色识别带。所有识别带均在战争爆发时移除（1914 年 8 月）。

1915—1916 年：

部分军舰为参加达达尼尔战役进行改装：

1. "乔治亲王"号、"庄严"号

主炮塔顶部安装了小型榴弹炮（只在 A 炮塔上出现过）。后来发现这些火炮用处不大，1915 年 4 月全部拆除。炮郭上方和救生艇甲板上的探照灯被移除。安装了防鱼雷网。舰艇安装了扫雷装置。"乔治亲王"号的后部飞跃式舰桥和海图室被拆除。"乔治亲王"号安装了无杆锚。"庄严"号前桅和主桅安装了最上桅，前顶桅顶端安

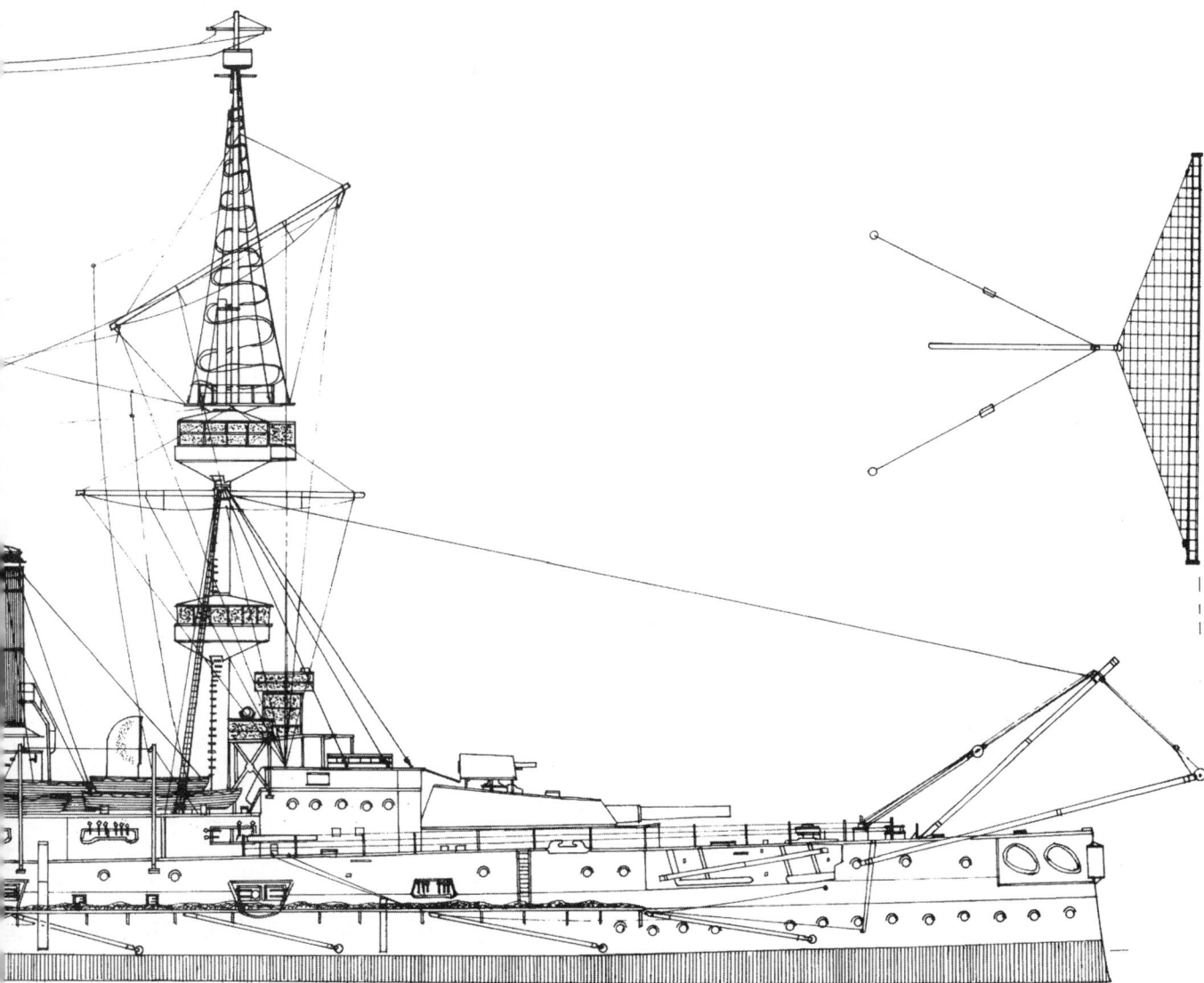

装了被称作"乌鸦巢"的小型瞭望台。"乔治亲王"号的顶桅安装了螺旋形的反测距仪伪装（在证明它们毫无作用后被拆除）。

2."朱庇特"号（为执行苏伊士运河巡逻任务做出的改装）

1915年9月，A炮塔顶部布置了一门带有高角炮座的76毫米野战炮。探照灯减为4部：两部在下层前桅楼，两部在舰桥前部。安装了防鱼雷网。拆除了后部飞跃式舰桥。只有前桅保留了最上桅。主顶桅被截短。

3."汉尼拔"号、"玛尔斯"号和"宏伟"号

除了4门152毫米副炮和部分轻型火炮外，所有火炮均被拆除，这是为了向彼得伯勒伯爵级（Peterborough Class）浅水重炮舰提供305毫米主炮和炮座。这3艘军舰被改装成用于达达尼尔的运兵船。"宏伟"号的前桅楼下方重新安装了2部探照灯。安装了防鱼雷网。顶桅被截短。从1916年3月开始，3艘军舰上剩下的武备也陆续被拆除。

4."胜利"号

拆除了武备，1915年11月至1916年3月作为港口辅助舰使用。

1917年："朱庇特"号退役，剩余炮火被拆除。

1918年："恺撒"号在马耳他进行改装，准备随英国小型舰艇部队到亚得里亚海作战。主甲板上的152毫米副炮被拆除，艉炮塔上方安装了2门小口径高射炮。炮郭上方和救生艇甲板上的探照灯被拆除，其中2部被重新安置于后部飞跃式舰桥上。安装了防鱼雷网，但最后被拆除。只有主桅保留了最上桅。保留了完整的顶桅。

舰史："庄严"号

1894年2月5日在朴次茅斯造船厂开工，1895年1月31日下水。1895年9月开始海试，但不幸于9月19日触到海床。所幸没有严重受损，摆脱后海试得以继续。

1895年12月12日加入海峡舰队并成为旗舰，隶属海峡舰队至1905年1月。

1897年6月26日参加女王加冕60周年阅舰式。

1902年8月16日参加国王加冕阅舰式。

1904年2—7月在朴次茅斯维修。

1905年1月舰队重组后（海峡舰队改编为大西洋舰队，本土舰队改编为海峡舰队），加入大西洋舰队，至1906年10月。

1906年10月1日在朴次茅斯转为预备役，至1907年2月。

1907年2月26日在朴次茅斯重新服役，成为1907年1月新成立的本土舰队诺尔分队的旗舰。在本土舰队服役至1914年8月，担任诺尔分队旗舰至1908年1月。

1908年1—6月处于退役状态，仍隶属诺尔分队。

1908年6月—1909年3月在德文波特分队服役。

1909年3月—1910年8月在德文波特第3分队服役。

1910年8月—1912年5月在德文波特第4分队服役。

1912年5月在德文波特加入第3舰队第7战列舰分舰队，后经历两次大修——1907—1909年在查塔姆，1911年在德文波特。

1912 年 7 月 14 日在演习中与"胜利"号相撞，未受严重损伤。

1914 年 8 月战争爆发时加入海峡舰队，在海峡舰队第 7 战列舰分舰队服役至 1914 年 10 月。

9 月为前往法国的英国远征军护航。10 月 3—14 日脱离建制，为第一支来自加拿大的运兵船队护航。

10 月底调往诺尔担任警戒舰，至 11 月。11 月 3 日德国袭击戈尔斯顿（Gorleston）后，前往亨伯担任警戒舰至 12 月。

12 月归属多佛巡逻队。12 月 15 日炮击比利时尼乌波特地区沿岸炮台。

1915 年 1 月驻扎波特兰，2 月受命加入达达尼尔舰队。

2 月初起航前往马耳他，抵达后安装了"水雷捕捉"装置。

2 月 24 日加入达达尼尔舰队，26 日离开忒涅多斯岛（Tenedos）参加炮击达达尼尔的行动。

与"阿尔比恩"号和"凯旋"号一起对内层要塞发起首次攻击，炮击从上午 9 时 14 分开始，持续到下午 5 时 40 分。这 3 艘战列舰是战役期间首批进入海峡的协约国重型舰艇。"庄严"号水线以下被击中，出现轻微漏水，但第二天仍参加了作战行动。3 月 1 日参加支援登陆的行动，炮击于上午 11 时 25 分开始，下午 4 时 45 分结束。

3 月 3 日整个白天都参加了炮击要塞的行动。

3 月 8 日抵达穆德罗斯（Mudros）。9 日巡航于达达尼尔海峡入口，炮击从上午 10 时 7 分进行到中午 12 时 15 分。10 日返回忒涅多斯岛，15 日再次参战，16 日返回忒涅多斯岛。

3 月 18 日参加了对海峡狭窄处土耳其要塞的主要炮击行动。下午 2 时 5 分目击了法国战列舰"布韦"号（Bouvet）倾覆沉没。"庄严"号接替了"布韦"号，于下午 2 时 20 分开始与 9 号要塞交战，同时向隐藏在树林中的野战炮开火。它被两枚中口径炮弹击中，一枚击中下层桅楼，一枚落在前桅下层桅楼附近。另有两枚炮弹击中艏炮塔侧面的左舷前部舰体，但均未造成严重损伤。

当土军要塞与受创的"海洋"号战列舰交战时，"庄严"号开始向 9 号要塞开火。下午 6 时 35 分停火，晚上 10 时返回忒涅多斯岛，撤走一名阵亡水兵和受伤者。

3 月 22 日返回战场，3 月 28 日上午 9 时 50 分至 10 时 15 分，以及中午 12 时 50 分至下午 1 时 40 分，向沿岸目标射击。参加作战至 4 月 14 日，与岸炮交战直到下午 2 时 58 分。

▽"庄严"号的沉没。第一张照片由一位《每日邮报》记者拍摄，显示"庄严"号正在慢慢倾覆，这张照片后来广泛流传。注意它高大的顶桅。第二张照片反映的是"庄严"号无奈地倾覆，扎入海底淤泥当中

4月18日英国潜艇 E15 在达达诺斯要塞（Fort Dardanos）附近搁浅，为防止其落入敌军之手，"庄严"号参加了摧毁它的行动。E15 被一枚鱼雷击中后，"庄严"号和"凯旋"号各派出一条小艇到潜艇处将其摧毁。"庄严"号的小艇在返航时被敌火击沉。

4月21日返回忒涅多斯岛。

4月25日在陆军冒着密集的步枪和机枪火力登陆时，向伦敦发出"所有小艇已出发"的信号。炮击敌军以支援登陆作战，晚上7时10分停火，9时10分带着99名陆军伤员和所有小艇离开战场，在加里波利外下锚。

4月26日参与炮击行动（早上6时17分开始炮击）。

4月27日几发敌弹几乎击中"庄严"号，上午11时30分双方停火。

4月29日在加里波利外下锚。

5月25日接替"凯旋"号担任赫勒斯角（Cape Helles）支援分舰队旗舰。

5月27日在加里波利以西海滩停泊并使用防鱼雷网时，被德国潜艇 U-21 号发射的两枚鱼雷击中。舰志记载它当时载有1728吨燃煤，意味着处于重载状态，侧舷装甲带均在水线以下。鱼雷可能击中了装甲带下方或非装甲部位的边缘。它严重左倾，在大约40度倾角下坚持了约6分钟，随后倾覆，沉没在16.5米深的海中（损失40人）。它的桅杆触到海底，数个月后仍能看见露出水面的舰底。1915年年底，前桅在大风中失踪，舰体也从海面上消失。

舰史："宏伟"号

1893年12月18日在查塔姆开工，1894年12月19日下水。

1895年12月12日在查塔姆服役，接替"印度女皇"号担任海峡舰队第二旗舰。"宏伟"号（和"庄严"号）的建造人员为缩短工期付出了巨大的努力。建造进度之快前所未有，"宏伟"号从开工到服役只用了不到两年时间。

1895年12月—1905年1月在海峡舰队服役。

1897年6月26日参加女王加冕60周年阅舰式。

1904年2—7月在德文波特接受改装。

1905年1月舰队重组后（海峡舰队更名为大西洋舰队），"宏伟"号加入大西洋舰队，服役至1906年11月。

1905年6月14日发生火炮爆炸事故，18人伤亡。

1906年11月15日在德文波特退出现役，16日转入预备役。在查塔姆处于预备役状态至1907年3月。隶属希尔内斯炮术学校，从1906年12月开始担任火炮训练舰。1907年3月加入诺尔分队。

1907年3月—1914年8月在本土舰队服役。

1908年在查塔姆接受改装。

1909年3月24日成为本土舰队第3和第4分队旗舰，升海军中将旗，1910年3月1日将职责转交"堡垒"号。

1910年9月27日重新服役，在德文波特担任炮塔训练舰和司炉工训练舰。

1912年5月14日担任火炮训练舰。

1913 年 6 月 16 日在考桑湾（Cawsand Bay）因大雾搁浅，轻微受损，7 月 1 日重新服役加入第 3 舰队。

1914 年 7 月 27 日在预防性部署中，"汉尼拔"号、"宏伟"号、"玛尔斯"号和"胜利"号组成第 9 战列舰分舰队，不属于主力舰队序列，而属于巡逻舰队，驻扎在亨伯，是正在完善的本土防御力量之一。

7—8 月担任第 9 战列舰分舰队亨伯警戒舰。

8 月 7 日与"汉尼拔"号一同调往斯卡帕湾，增强那里的锚地保护力量。第 9 战列舰分舰队解散。

1914 年 8 月—1915 年 2 月担任斯卡帕湾警戒舰。

1915 年 2 月 16 日职责转交"新月"号，暂时退出现役至 9 月。

3—4 月为向彼得伯勒伯爵级浅水重炮舰提供 305 毫米主炮，拆除大部分武备（只留下 4 门 152 毫米副炮）。

4—9 月在戈尔湾（Loch Goil）处于退役状态。

9 月 9 日在达尔缪尔（Dalmuir）重新服役，担任达达尼尔战役运兵船。

1915 年 9 月—1916 年 3 月执行运兵任务。

1915 年 9 月 22 日起航执行第一次运兵行动（与"汉尼拔"号和"玛尔斯"号同行），10 月 7 日抵达穆德罗斯。

12 月 18—19 日在苏弗拉湾（Suvla Bay）执行撤军任务。

1916 年 2 月返回本土，3 月 3 日在德文波特退役。

1916 年 3 月—1917 年 8 月在德文波特担任居住舰。

1917 年 8 月—1918 年 10 月由贝尔法斯特的哈兰德－沃尔夫公司改装成军火仓库船。

1918 年 10 月转移至罗赛斯。

1918 年 10 月—1921 年 4 月在罗赛斯担任军火船。

1920 年 2 月 4 日列入废弃名单，但担任军火船直到 1921 年 4 月。

1921 年 5 月 9 日出售给 T. W. 沃德公司，从 1922 年开始在因弗基辛（Inver-keithing）解体。

舰史："恺撒"号

由朴次茅斯造船厂建造，1896 年 9 月 2 日下水。1898 年 1 月 13 日在朴次茅斯服役，加入地中海舰队，但它临时隶属海峡舰队，直到 1898 年 5 月。

1898 年 5 月—1903 年 10 月在地中海舰队服役。

1900—1901 年在马耳他接受改装。

1903 年 10 月 6 日在朴次茅斯退役，接受改装至 1904 年 2 月。

1904 年 2 月 2 日在朴次茅斯服役，接替"庄严"号成为海峡舰队旗舰至 1905 年 3 月。

1905 年 1 月 1 日的舰队重组中，海峡舰队成为大西洋舰队，本土舰队成为海峡舰队。

1905 年 3 月—1907 年 2 月担任海峡舰队第二旗舰。

1905 年 6 月 3 日在邓杰内斯（Dungeness）外海与三桅帆船"阿富汗"号相撞，致后者沉没。"恺撒"号舰桥飞翼被撞掉，左舷小艇、吊艇架和防鱼雷网撑杆受损严重，后在德文波特修理。

1907 年 2—5 月在大西洋舰队服役。

1907 年 5 月 27 日重新服役，加入新的本土舰队德文波特分队（1907 年 1 月成立），至 1914 年 8 月。

1907—1908 年在德文波特接受改装。

1911 年 1 月 16 日在希尔内斯因大雾被三桅帆船"精益"号（Excelsior）冲撞，未受严重损伤。

1914 年 8 月加入海峡舰队（第 7 战列舰分舰队），在战争爆发时负责海峡防御，至 1914 年 12 月。

1914 年 8 月 25 日参加运输普利茅斯陆战队营占领奥斯坦德的行动，9 月掩护运输英国远征军前往法国的船队。

1914 年 12 月前往直布罗陀担任警戒舰和炮术训练舰，至 1915 年 7 月。

1915 年 7 月前往百慕大执行类似任务，至 1918 年 9 月。

1918 年 9 月前往地中海接替"勒托"号（Latona）担任驻扎在科孚（Corfu）的英国海军亚得里亚海分舰队旗舰。

9—10 月在马耳他为担任分舰队旗舰接受改装，布置了修理车间、健身房、阅览室和休闲设施。

10 月加入英国海军爱琴海分舰队，在穆德罗斯担任仓储舰。

1919 年 1 月调至塞得港，1—6 月驻留埃及，6 月调至黑海担任英国海军打击布尔什维克舰队的仓储舰。

1920 年 3 月返回本土，1920 年 4 月 23 日在德文波特退役，列入报废名单。

1921 年 11 月 8 日出售给斯劳贸易公司（Slough Trading Co.）。

1922 年 7 月转售给一家德国公司，离开德文波特准备解体。它是最后一艘担任旗舰的英国前无畏舰，也是最后一艘在海外执行任务的前无畏舰。

舰史："乔治亲王"号

1894 年 9 月 10 日在朴次茅斯开工，1896 年 10 月开始海试。1896 年 11 月 26 日在朴次茅斯服役，加入海峡舰队至 1904 年 7 月。

1897 年 6 月 26 日参加女王加冕 60 周年阅舰式，1902 年 8 月 16 日参加国王加冕阅舰式。

1903 年 10 月 17 日在费罗尔（Ferrol）外海进行的夜间演习中与"汉尼拔"号相撞，严重受损。

在恶劣海况下，"汉尼拔"号以 9 节航速冲撞了"乔治亲王"号，在右舷舰艉水线以下部位撞了一个大洞，右舷下沉大约 0.46 米。数小时内，"乔治亲王"号情况危急，但依靠调整左右蒸汽机功率控制航向，最终得以驶抵费罗尔。当时舰艉吃水达

10.52 米，海水已冲上舰艉游廊。在费罗尔简单修理后，该舰于 10 月 24 日靠自身动力返回朴次茅斯，随即在朴次茅斯修复损伤。

1904 年 7 月—1905 年 1 月在朴次茅斯接受改装。

1905 年 1 月 3 日—2 月在朴次茅斯处于预备役状态。

2 月 14 日在朴次茅斯重新服役，加入大西洋舰队（前海峡舰队），至 7 月。

1905 年 7 月 17 日转隶新的海峡舰队，至 1907 年 3 月。

1907 年 3 月 3 日在直布罗陀与德国装甲巡洋舰"腓特烈·卡尔"号（Friedrich Karl）相撞，未受严重损伤。

1907 年 3 月 4 日在朴次茅斯退役，第二天重新服役，成为 1907 年 1 月成立的本土舰队朴次茅斯分队旗舰，在本土舰队服役至 1914 年 8 月。

△"乔治亲王"号的舰艉主炮和舰桥，1902 年

12 月 5 日在朴次茅斯与装甲巡洋舰"香农"号相撞，装甲甲板下方的外舷板和小艇吊架损毁严重。

1909 年 3—12 月在朴次茅斯接受改装。

战争爆发时加入海峡舰队（第 7 战列舰分舰队），至 1915 年 2 月。担任第 7 战列舰分舰队旗舰，直到 8 月 15 日由"报复"号接任。

1914 年 8 月 25 日参加掩护普利茅斯陆战队营登陆奥斯坦德的行动，9 月参加英国远征军的护航行动。

1915 年 2 月参加达达尼尔战役，3 月 1 日抵达忒涅多斯岛，参与作战直至 1916 年 2 月。

3 月 5 日和 18 日参加攻击海峡狭窄处要塞的战斗。

5 月 3 日在与土耳其炮台的交战中，被一枚 152 毫米炮弹击穿了舰部侧舷装甲，返回马耳他入坞修理。

7 月 12—13 日支援法国军队在克里希亚（Krithia）和阿奇巴巴（Achi Baba）的作战。

12 月 18—19 日掩护陆军从苏弗拉湾撤离。

1916 年 1 月 8—9 日掩护西海滩的撤离行动。

1 月 9 日在战役后期的行动中被一枚鱼雷击中，但鱼雷没有爆炸，未造成损伤。

1—2 月驻扎萨洛尼卡（Salonika）。

2 月底离开地中海返回本土，3 月在查塔姆退役，舰员转至反潜舰艇服役。

1916 年 3 月—1918 年 10 月驻扎在查塔姆。

△ 为了保持舰员的士气，提高敏捷性和脑力，军舰上不断进行小艇作业，快速地收放小艇。照片中可见大批舰员正在进行准确高效的操作。左为"乔治亲王"号，右为"胜利"号

保持维护状态至 1918 年 2 月，1918 年 3—5 月作为居住船使用。

1918 年 5—9 月在查塔姆接受改装，成为驱逐舰供应舰。

8 月改名为"胜利"Ⅱ号。

1919 年 10 月—1920 年 2 月担任驱逐舰居住船（Depot ship）。

在斯卡帕湾隶属"胜利"号（修理舰），担任大舰队驱逐舰居住船至 1919 年 3 月。

1919 年 3 月调至希尔内斯，担任驻梅德韦（Medway）驱逐舰的居住船。

1920 年 2 月 21 日在希尔内斯被列入报废名单。

1921 年 9 月 22 日出售给 J. 科恩父子公司（J. Cohen & Sons），12 月转售给德国纽格堡（Neugbaur）公司。

1921 年 12 月 30 日在前往荷兰坎帕顿（Camperdiun）拆船厂途中搁浅并损毁，最终在原地拆解。

舰史:"玛尔斯"号

1894 年 6 月 2 日在伯肯黑德的莱尔德公司开工。由于劳资纠纷，动力系统推迟交付，直到 1897 年 6 月 8 日才建成服役。加入海峡舰队至 1905 年 1 月。

1897 年 6 月 26 日参加女王加冕 60 周年阅舰式，1902 年 8 月 16 日参加国王加冕阅舰式。

1904 年 8 月 16 日—1905 年 3 月在朴次茅斯接受改装。

1905 年 1—8 月在大西洋舰队（前海峡舰队）服役。

1906 年 3 月 31 日在朴次茅斯转为预备役，至 1906 年 10 月。

1906 年 10 月 31 日在朴次茅斯重新服役，加入新的海峡舰队，至 1907 年 3 月。

1907 年 3 月 4 日在朴次茅斯退役，5 日重新服役，加入 1907 年 1 月新成立的本土舰队德文波特分队，至 1914 年 8 月。

1908—1909 年，1911 年，1912 年接受了数次改装。

1914 年 7 月 27 日在预防性部署中，"汉尼拔"号、"宏伟"号、"玛尔斯"号和"胜利"号组成第 9 战列舰分舰队，该部不属于主力舰队序列，而属于巡逻舰队，驻扎在亨伯，是正在完善的本土防御力量之一。第 9 战列舰分舰队于 1914 年 8 月 7 日解散。

1914 年 7—12 月担任亨伯警戒舰。

1914 年 12 月 9 日与"庄严"号一同调至多佛以增援多佛巡逻队，但 11 日又被调往波特兰（"庄严"号留在多佛）。

1914 年 12 月—1915 年 2 月驻扎波特兰。

1915 年 2 月调往贝尔法斯特，2 月 15 日退役。

1915 年 2—9 月处于退役状态（驻贝尔法斯特和戈尔湾）。

1915 年 3—4 月由贝尔法斯特的哈兰德 – 沃尔夫公司拆除大部分武备，只留下 4 门 152 毫米副炮和一些小口径火炮，305 毫米主炮被用于彼得伯勒伯爵级浅水重炮舰。

1915 年 4—9 月在戈尔湾处于退役状态。

1915 年 9 月重新服役，担任达达尼尔运兵船，至 1916 年 3 月。

1915 年 10 月 5 日和"汉尼拔"号、"宏伟"号一道抵达穆德罗斯。

1915 年 12 月 18—19 日参加澳新军团湾滩头的撤军行动。

1916 年 1 月 8—9 日参加西海滩的撤军行动。

战役后期，"玛尔斯"号得到了浅水重炮舰"托马斯·皮克顿爵士"号（Sir Thomas Picton）的掩护，后者使用的 2 门 305 毫米主炮正是原来"玛尔斯"号上的主炮。

1916 年 2 月返回德文波特并在查塔姆退役，停泊在查塔姆直到 1916 年 9 月。

◁ "玛尔斯"号，1915—1916 年，305 毫米主炮已被移除

接受改装，1916 年 9 月 1 日重新服役，担任港口居住船。

1916 年 9 月—1920 年 7 月驻扎因弗戈登（居住船）。

1920 年 7 月 7 日在因弗戈登被列入出售名单。

1921 年 5 月 9 日出售给 T. W. 沃德公司。

1921 年 11 月离开因弗戈登，在布里顿渡口（Briton Ferry）拆解。

舰史："朱庇特"号

1894 年 4 月在克莱德班克开工，1897 年 2 月转至查塔姆造船厂完成最后的建造工作。

1897 年 6 月 8 日在查塔姆服役，加入海峡舰队，至 1905 年 1 月。

其间参加了 1897 年 6 月 26 日女王加冕 60 周年阅舰式和 1902 年的国王加冕阅舰式。

1905 年 1 月在大西洋舰队服役。

1905 年 2 月 27 日在查塔姆退役，接受改装，8 月完成改装。

8 月 15 日在查塔姆转入预备役。

9 月 20 日在朴次茅斯重新服役，加入海峡舰队至 1908 年 2 月。

1908 年 2 月 3 日退役，第二天重新服役，加入新成立的本土舰队朴次茅斯分队，至 1914 年 8 月。

1909—1910 年和 1911—1912 年在朴次茅斯接受改装。

1912 年 6 月—1913 年 1 月在诺尔担任炮术训练舰。

1914 年 9 月为前往法国的英国远征军护航，10 月加入海峡舰队（第 7 战列舰分舰队），10 月底与"庄严"号一同脱离分舰队，成为诺尔警戒舰。

11 月 3 日戈尔斯顿袭击发生后，和"庄严"号一起从诺尔驶抵亨伯，接替被调往斯卡帕湾的"汉尼拔"号和"宏伟"号。

12 月从亨伯调至泰恩。

1915 年 2 月 5 日前往阿尔汉格尔斯克，作为破冰船执行特别任务，临时代替送去维修的破冰船。"朱庇特"号也有幸成为第一艘在冬季开进冰封的阿尔汉格尔斯克的船只。

▽ 1915 年，开往达达尼尔之前，"乔治亲王"号在马耳他加煤。庄严级是参加第一次世界大战的英国战列舰中最老的一级。在达达尼尔，它们的火炮为陆军提供了不间断的支援，体现了巨大的价值

5 月返回本土维修，5 月 19 日在伯肯黑德退役，在坎梅尔·莱尔德公司维修至 8 月。

8 月 12 日在伯肯黑德重新服役，加入苏伊士运河巡逻队至 1915 年 10 月。

10 月 21 日调至红海，担任亚丁警戒舰和红海巡逻队旗舰至 12 月。

12 月 9 日由印度海军"诺斯布鲁克"号（Northbrook）接替，返回苏伊士。

1915 年 12 月—1916 年 11 月在苏伊士运河巡逻队服役，1916 年 4—11 月驻扎在塞得港。

1916 年 11 月 22 日返回本土，在德文波特退役，以便向反潜舰艇提供舰员。1916 年—1919 年 4 月驻扎德文波特。

1918 年 2 月退役，先后成为辅助巡逻舰和居住船。

1919 年 4 月列入报废名单，是同级舰中第一艘被列入名单的军舰。

1920 年 1 月 15 日出售给休斯·博尔克劳公司。

1920 年 3 月 11 日从查塔姆拖往布莱斯解体。

舰史："光辉"号

在查塔姆开工，1896 年 9 月 17 日下水，1897 年 10 月开始海试。

1898 年 4 月 15 日在查塔姆服役，但随即加入后备舰队，至 5 月。

5 月 10 日在查塔姆重新服役，加入地中海舰队，至 1904 年 7 月。

9—12 月参加干预克里特冲突的行动。

1901 年在马耳他维修。

1904 年 7 月调至海峡舰队，至 1905 年 1 月。

1905 年 1—9 月在大西洋舰队（前海峡舰队）服役。

1905 年 9 月 14 日—1906 年 3 月在查塔姆维修。

▽ "朱庇特"号，1915 年。注意高大的前顶桅和扩大的前桅上层桅楼

△ 1915 年 2 月，在俄国水域被困在浮冰中的"朱庇特"号，左舷舰艏视角。它数次被困，只能通过引爆小威力炸药来解困。注意当时的伪装迷彩

1906 年 3 月 14 日在查塔姆进入预备役。

4 月 3 日在查塔姆重新服役，加入新成立的海峡舰队。

1906 年 4 月—1908 年 6 月在海峡舰队（前本土舰队）服役，升海军少将旗。

1906 年 6 月 13 日大雾中在英吉利海峡与"克里斯塔"号（Christa）帆船相撞。

1908 年 6 月 1 日在查塔姆退役，第二天重新服役，加入 1907 年 1 月成立的本土舰队朴次茅斯分队，至 1914 年 8 月。

1909 年 3 月 22 日在朴次茅斯港与"紫石英"号（Amethyst）相撞，未受损。

1909 年 4 月 21 日在巴巴科姆湾触礁，舰底受损。

1912 年处于维修状态并作为第 7 战列舰分舰队旗舰（升海军中将旗）参加演习。

1914 年 7 月准备退役并为新战列舰"爱尔兰"号（Erin）提供舰员，未参加第 3 舰队舰只的预防性部署。但 1914 年 8 月 23 日成为大舰队在埃韦湾（Loch Ewe）基地的警戒舰。1914 年 8 月—1915 年 11 月，先后担任埃韦湾、纳克尔湾（Loch Na-Keal）、泰恩和亨伯［格里姆斯比（Grimsby）］的警戒舰。10 月 17 日从埃韦湾调至纳克尔湾，11 月调至泰恩，12 月调至亨伯。

1915 年 11 月 26 日在格里姆斯比退役，拆除武备，成为港口辅助船至 1916 年 3 月。

1916 年 8 月调至查塔姆成为居住船。

1916 年 11 月 20 日在查塔姆重新服役，成为军火仓库船。24 日调往泰恩，至 1919 年 4 月（驻扎在泰恩至 1917 年 11 月，随后驻朴次茅斯）。

1919 年 4 月 21 日退役。

1920 年 3 月 24 日在朴次茅斯被列入出售名单，6 月 18 日出售给 T. W. 沃德公司，在巴罗（Barrow）解体。

舰史:"汉尼拔"号

1894 年 5 月 1 日在彭布罗克造船厂开工，1896 年 4 月下水，随即到朴次茅斯完成建造。

由于劳工问题，建造进度被拖延。1898 年 4 月完工，加入预备役至 5 月。

1898 年 5 月 10 日在朴次茅斯服役，加入海峡舰队至 1905 年 1 月。

1902 年 8 月参加国王加冕阅舰式。

1903 年 10 月 17 日在费罗尔与"乔治亲王"号相撞，后者受损严重。

1905 年 1 月 1 日加入大西洋舰队（海峡舰队更名大西洋舰队，本土舰队更名海峡舰队），至 2 月。

2 月 28 日加入新成立的海峡舰队（原本土舰队），至 8 月。

1905 年 8 月 3 日在德文波特加入预备役，至 1907 年 1 月。

1907 年 1 月临时加入海峡舰队，代替维修的"海洋"号。"海洋"号返回后，"汉尼拔"号继续留在海峡舰队，代替即将维修完毕的"自治领"号（Dominion）。

5 月加入新的本土舰队德文波特分队，该分队集中了数个后备分队。

1907 年 5 月—1914 年 8 月在本土舰队服役（德文波特）。

1909 年 8 月 19 日在巴巴科姆湾（Babbacombe Bay）触礁，大约 18.29 米长的舰底严重受损。

10 月 29 日与鱼雷艇 TB105 号相撞，后者严重受损，"汉尼拔"号损伤轻微。

1911 年 11 月—1912 年 3 月在德文波特维修。

1914 年 7 月 27 日与"玛尔斯"号、"宏伟"号和"胜利"号一起组成第 9 战列舰分舰队，执行岸防任务，驻扎在亨伯。

7—8 月担任警戒舰（第 9 战列舰分舰队）。

8 月 7 日与"宏伟"号一同调至斯卡帕湾，增强大舰队锚地的防御，第 9 战列舰分舰队解散。

1914 年 8 月—1915 年 2 月担任斯卡帕湾警戒舰。

1915 年 2 月 20 日将职责转交"皇家亚瑟"号（Royal Arthur）巡洋舰，在达尔缪尔退役，至 1915 年 9 月。

3—4 月为彼得伯勒伯爵级浅水重炮舰提供 305 毫米主炮，除 4 门 152 毫米副炮和部分小口径火炮外，拆除了大部分武备。

4—9 月在斯卡帕湾和戈尔湾处于退役状态。

9 月 9 日在格里诺克（Greenock）重新服役，担任达达尼尔战役运兵船。

10 月 7 日抵达穆德罗斯。

1915 年 11 月在亚历山大成为辅助巡逻舰队的居住船，至 1919 年 6 月，随后担任驻埃及和红海部队的居住船。

1920 年 1 月在亚历山大列入报废名单。

1920 年 1 月 28 日出售给蒙塔古·耶茨（Montague Yates）公司，在意大利解体。

舰史:"胜利"号

在查塔姆造船厂建造，1896 年 10—11 月开始海试。

1896 年 11 月 4 日在查塔姆进入预备役。

1897 年 6 月 8 日在查塔姆服役，加入地中海舰队，接替"安森"号，在地中海舰队服役至 1898 年 2 月。

1897 年 6 月 26 日在开往地中海之前参加女王加冕 60 周年阅舰式。

1898 年 2 月暂时离开地中海，加入远东的舰队，至 1900 年。

1900—1901 年在马耳他维修。

1903 年 8 月 8 日在查塔姆退役。

1903 年 8 月—1904 年 2 月在查塔姆维修。

1904 年 2 月 2 日在德文波特重新服役，成为海峡舰队第二旗舰，至 1905 年 1 月。

1904 年 7 月 14 日在哈默兹（Hamoaze）与鱼雷艇 TB113 号相撞，外舷板轻微受损。加入重组的大西洋舰队。

1905 年 1 月—1906 年 12 月在大西洋舰队服役。

1906 年 12 月 31 日在德文波特退役，第二天重新服役，加入新的本土舰队诺尔分队。

1907 年 1 月—1914 年 8 月在本土舰队服役。

▷"胜利"号小艇甲板的舰艉视角，1904—1905 年。注意舰桥飞翼和下方杂乱甲板之间的距离

1908 年在查塔姆维修。

1912 年 7 月 14 日演习中因大雾与 "庄严" 号相撞，舰艉游廊受损。

1913 年在查塔姆维修。

1914 年 7 月加入第 9 战列舰分舰队执行岸防任务，驻扎亨伯，12 月调至泰恩。

1915 年 1 月 4 日在埃尔斯维克退役，2—9 月驻扎泰恩（退役状态）。

1915 年 9 月—1916 年 2 月在贾罗（Jarrow）由帕尔默公司改装为修理舰，准备前往斯卡帕湾大舰队基地，接替 1915 年 9 月被击沉的，由商船改装的 "加勒比" 号（*Caribbean*）。

1916 年 2 月 22 日在贾罗重新服役，5 月 6 日抵达斯卡帕湾。

1916 年 3 月—1920 年 3 月担任舰队修理舰（斯卡帕湾）。

1920 年 3 月调至德文波特，准备接受改装前往印度服役，改名为 "印度河" II 号（*Indus II*）。

3 月 28 日抵达德文波特，退役接受维护。4 月 14 日暂停改装，计划被放弃。随后有人建议将它改装为港口居住船，改装成本 6000 英镑。1922 年 4 月改装计划再次被取消。

1922 年 4 月在德文波特列入报废名单，12 月 19 日出售给 A. J. 帕维斯（A. J. Purves）公司（海峡拆船公司），次年 3 月 1 日合同被取消。

1923 年 4 月 9 日出售给斯坦利（Stanlee）拆船公司，拖往多佛解体。

卡诺珀斯级：1896—1897 年预算

设计

① 译注：卡诺珀斯级亦有"老人星级"的译法。

② 译注：原文如此，似与图示不符。图中似乎单舷有 6 个炮郭，两舷就是 12 门 152 毫米副炮。另外，结合后文来看，原始设计应为装备 10 门副炮的方案，此图似乎并非原始设计。

1895 年 3 月，海军造舰总监（威廉·怀特）向海军部委员会递交了一份文件，介绍了当时英国正在为日本建造的最新型战列舰——"富士"号（Fuji）和"八岛"号（Yashima）的技术细节。他建议，鉴于日本海军有如此强大的军舰，力量增长的速度又很快，英国海军远东分舰队应该装备更强大的战列舰。怀特还建议，应该让最近即将开工的部分一级战列舰具备通过苏伊士运河的能力。这些建议在 1896—1897 财年建造的卡诺珀斯级①战列舰上得以实现。

"卡诺珀斯"号 设计方案，1895 年

原始设计（新"声望"号）
排水量：13250吨
长：121.92米
宽：22.56米

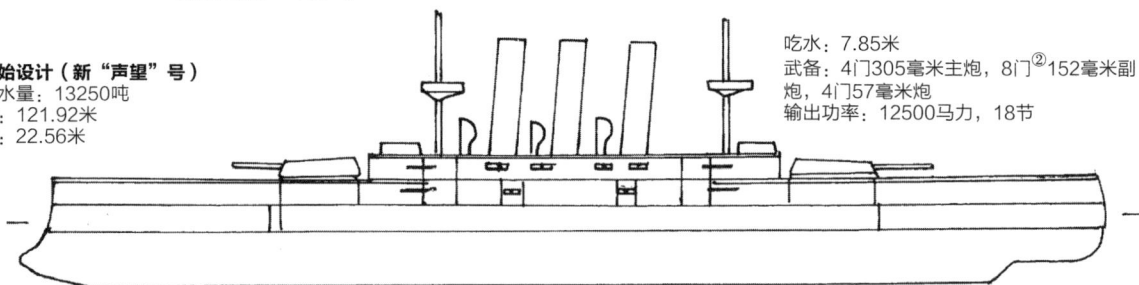

吃水：7.85米
武备：4门305毫米主炮，8门②152毫米副炮，4门57毫米炮
输出功率：12500马力，18节

方案A
排水量：13000吨
长：118.87米
宽：22.56米
吃水：7.92米

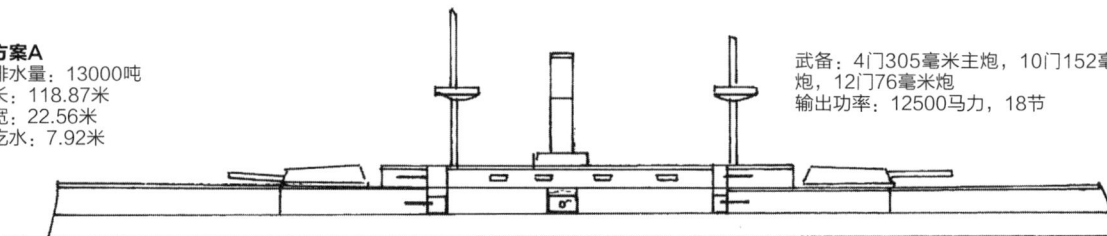

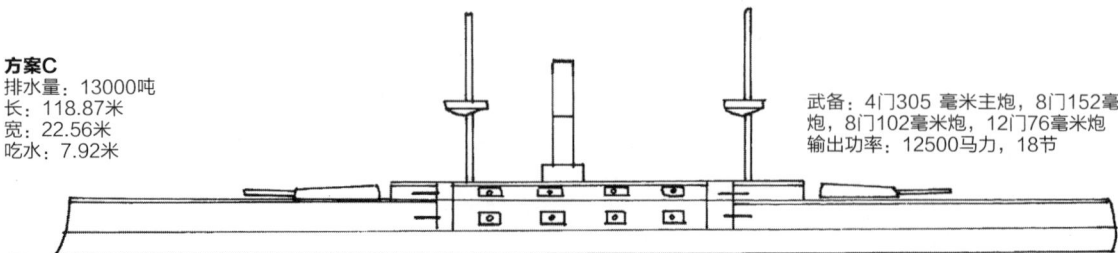

武备：4门305毫米主炮，10门152毫米副炮，12门76毫米炮
输出功率：12500马力，18节

方案B
排水量：13200吨
长：118.87米
宽：22.56米
吃水：7.92米

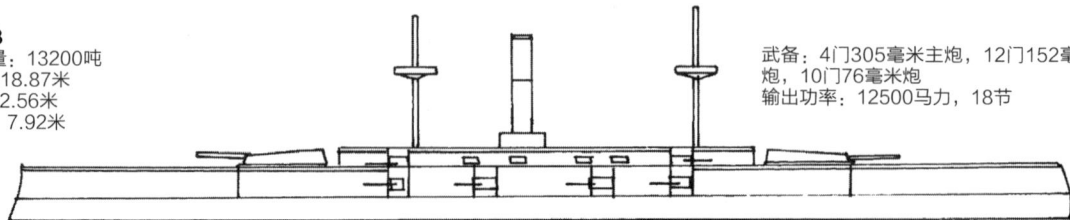

武备：4门305毫米主炮，12门152毫米副炮，10门76毫米炮
输出功率：12500马力，18节

方案C
排水量：13000吨
长：118.87米
宽：22.56米
吃水：7.92米

武备：4门305 毫米主炮，8门152毫米副炮，8门102毫米炮，12门76毫米炮
输出功率：12500马力，18节

1895 年 5 月 13 日，海务大臣们在海军审计官办公室对新军舰的基本性能进行讨论并达成了一致意见。

15 日，怀特返回造舰处，通知手下（邓恩、W. E. 史密斯和卡德维尔），尽快按以下要求准备新战列舰的设计方案：

1. 艏艉干舷高度与百夫长级相同；
2. 主炮与"恺撒"号和"光辉"号相同；
3. 副炮为 10 门 152 毫米速射炮；
4. 航速和燃煤储量与"声望"号相同；
5. 主装甲带厚 152 毫米，炮塔基座和水平甲板的防护同"声望"号。

1895 年 5 月 23 日，海军造舰总监将一份满足要求的设计草图交给了审计官，同时附上了基本数据。军舰将装备 4 门 305 毫米主炮、10 门 152 毫米副炮和 8 门 76 毫米炮。接下来的几个月里，设计工作依照这一方案展开。

1895 年 10 月的第一周，助理造舰师 J. 邓恩代表海军造舰总监致信海军审计官（费舍尔）：

> 遵照您的指示，我向您呈递三份新战列舰的设计方案。
>
> 每份方案均布置 4 门 305 毫米主炮和至少 8 门 152 毫米副炮。方案 A 的火炮布置与之前交予海军部委员会的方案相同：1 门 152 毫米副炮布置在主甲板上的炮郭中，它的前后两边各有一座双层炮郭；4 门 76 毫米炮位于其上方的甲板。
>
> 军舰的侧舷，除了炮郭外，主甲板以上只有普通的侧舷板。
>
> 方案 B 与方案 A 的不同之处在于，双层炮郭之间，主甲板和上甲板之间的侧舷布置 102 毫米哈维装甲，装甲后面有 2 门，而不是 1 门 152 毫米副炮。
>
> 方案 C 也有方案 B 中的 102 毫米装甲，但装甲后面是 4 门 102 毫米火炮，而不是 2 门 152 毫米火炮。
>
> 每份方案均有相同的稳定性和各单位重量。

海军审计官立即召集会议，讨论上述方案，并于 10 月 9 日向海军造舰总监发出了官方回复：

> 鉴于你声明各方案在稳定性、重量和吃水等方面并无区别，而且从建造的角度看困难都不大，海军部经过充分讨论，决定采用一种武备布置经过修改的方案，仿照"声望"号在主甲板两侧各增加 1 门 152 毫米速射炮，去掉主甲板上的单装 152 毫米副炮炮郭，同时取消方案 B 中主甲板和上甲板之间的侧舷102 毫米哈维装甲，代之以在 152 毫米副炮之间布置横向装甲。
>
> 如果可行，可保留原设计中的 4 门 76 毫米炮。

在海军审计官办公室出席讨论并达成一致意见的人员是：弗雷德里克·理查兹爵士（Sir Frederick Richards）、F. 贝德福德爵士、海军军械处处长、海军上校诺埃尔（Noel），以及海军造舰总监。

设计人员在几个月内完成了最后的设计，融合了原始设计（三烟囱方案）以及方案A和B的特点，但是于1896年9月2日被批准之前，这个方案还做了以下调整和补充：

1. 在原始方案基础上增加2门152毫米副炮，使副炮总数达到12门，与庄严级相同；

2. 前桅和主桅上各布置一座战斗桅楼，而不是两座；

3. 采用水管锅炉——其性能已经在"神枪手"号上得到成功验证；

4. 有4门152毫米副炮布置在装甲炮郭中；

5. 原设计中主装甲带上方的102毫米装甲被取消，转而采用了与庄严级相似的51毫米横向装甲和统一厚度侧舷装甲；

6. 舰艉装甲甲板向下倾斜，舰艏侧舷镍钢装甲带的厚度增至51毫米；

7. 装甲盒内的主甲板装甲增至25毫米，装甲盒外的主甲板装甲增至9.53毫米，装甲盒外的下甲板装甲增至9.53毫米；

8. 主甲板和中甲板的木质铺板被取消；

9. 舰桥像以前的设计一样，向前延伸至司令塔上方；

10. 装甲盒内的防护甲板减至51毫米（两层40磅装甲）；

11. 副炮炮郭正面装甲从152毫米减至127毫米；

12. 炮塔正面装甲从254毫米减至203毫米；

13. 减少舰艏横向装甲的厚度。

最后，为军舰布置两座还是三座烟囱的争论也有了结果。怀特在写给海军总工程师的信中称：

> 我们将采用修改后的两座烟囱方案，而且烟囱为直立而非原设计中的倾斜形式。使用三烟囱符合审计官（费舍尔）的愿望，但来自海军军官们的观点是，三烟囱给小艇作业制造了困难，有时候甚至会带来危险。因此审计官已经同意采用双烟囱方案，这样也将节省5吨重量。

怀特则巧妙解决了将三烟囱改为双烟囱的问题：第一座烟囱将负责前部锅炉舱中的8台锅炉的排烟，中央和后部锅炉舱的12台锅炉的烟气被引向第二座烟囱，而后者则设计成横置于舰体中心线上的椭圆形。实际上，只有从正前方或正后方才能看清第二座烟囱的形状。

与庄严级相比，新一级共6艘战列舰的正常排水量轻了1950吨，但是主副炮火力相同。最大设计航速增加了0.25节，持续海上航速增加了2节，续航力有所下降。

新设计的主要特征有：

1. 采用了更先进的克虏伯渗碳钢装甲（KC 装甲），侧舷装甲延伸至舰艏，水平防护有所改进；

2. 以水管锅炉代替了筒式锅炉；

3. 对水线面、船型系数和船体型线进行了少量修改，以提升机动性；

4. 取消了上层战斗桅楼；

5. 改进了舰桥和导航设备；

6. 改进和简化了通风装置。

　　新主力舰的武备和航速与日本的富士级大致相同，但排水量轻了约 600 吨。防护体系也很相似，除了水线装甲厚度只有日本战列舰的三分之一。但由于克虏伯渗碳装甲有性能优势，加上装甲呈倾斜布置，厚度方面的劣势一定程度上被抵消了。另外，新主力舰的燃料储量和续航力都远大于日舰。由于使用了最新的克虏伯渗碳装甲，怀特得以用较小的排水量和吃水，获得最强的进攻威力。

　　但是由于军舰的特定部署方向使其吃水和排水量受到限制，怀特也不得不在防护能力上做出牺牲。当然作为用在远东的主力舰，卡诺珀斯级的性能从未完全令人满意，由于装甲较薄，无法抵御大口径炮弹，其战斗力也打了折扣。

卡诺珀斯级：最终设计数据（1896 年 9 月 2 日）

排水量：12950 吨

舰长：128.47 米（全长）

舰宽：23.24 米

吃水：7.92 米（平均）

升沉量：20.87 吨 / 厘米

武备

4 门 305 毫米主炮

12 门 152 毫米副炮

10 门 76 毫米炮

6 门 47 毫米炮

4 具鱼雷发射管

装甲

侧舷：152 毫米

横向装甲：152—203—254 毫米（舰艏）；152—254—305 毫米（舰艉）

司令塔：76—305 毫米

炮郭：127 毫米

炮塔：203 毫米

炮塔基座：152—305 毫米

甲板：主甲板 25 毫米；中甲板 51 毫米；下甲板 51 毫米

重量（吨）

舰体：5310

装甲：1485

续表

动力：1290

装甲重量（吨）
垂直：1065
水平：950
炮塔及基座：745
炮郭：330
司令塔：80
燃煤：800
其他装备：670

输出功率：13500 马力，18.25 节
燃煤：800 吨（正常）；1600 吨（最大）

"卡诺珀斯"号：下水数据（1897 年 10 月 13 日）

排水量：4433 吨
长：118.96 米（垂线间长）
宽：22.64 米
型宽：22.63 米
舱深：7.51 米
吃水：2.86 米（艏）；4.14 米（艉）
锅炉舱长：10.07 米（前）；5.49 米（后）
轮机舱长：13.41 米
舰体重量（记录）：4376 吨

下水时损伤情况
径向移动距离 102.41 米，3.175 毫米拱曲
横向移动距离 18.59 米，0 毫米凹陷

　　虽然怀特将新舰定义为一级主力舰，海军也使用这样的称谓，但海军大臣在公布 1896 年预算时，还是将它称为"改进型'声望'"。在造舰处，它们也因为防护不足被当作二级战列舰看待（见怀特的评注，装甲部分）。

　　建成后，卡诺珀斯级表现优异，多年来都是远东的中坚力量，直到 1905 年它们才撤离远东水域。

▷ 1897 年 10 月 13 日，"卡诺珀斯"号在朴次茅斯下水。注意上甲板处的外舷板——在副炮炮座周围为平面，而不像它的大部分姊妹舰那样为曲面

根据怀特的建议，卡诺珀斯级的舰底并未包铜，因为这样会增加吃水（增加大约 0.3 米），而且由于有远东的船坞设施，舰底的清理和维护并非难事。为支持这一观点，他指出正在建造的日本战列舰也没有包铜。

与庄严级相比，卡诺珀斯级的舰艏干舷低了 0.99 米，但舰艉干舷高了 0.15 米。舰艏干舷的降低并未产生负面影响，卡诺珀斯级是一级适航性优良的军舰和稳定的火炮平台。它的机动性与庄严级相当，但因为在舰长相同的情况下吃水较浅，所以旋回初径更大，而且军舰在顶风慢速航行或倒车时较难操纵。

武备

原设计中，新主力舰的主炮塔和装填系统与庄严级的最后两艘（"光辉"和"恺撒"，B III 型炮座）相同，但是在庄严级的火炮系统经历了大量试验之后，只有"卡诺珀斯"号安装了 B III 型炮座，之后的 4 艘 ["荣耀""阿尔比恩""海洋"和"歌利亚"（Goliath）] 安装的是经过改进的 B IV 型炮座。最后一艘同级舰"报复"号使用 B V 型炮座。之所以出现这些变化，是因为有人指出，庄严级的炮座中，炮塔和基座后部的弹药升降机毫无阻隔地直通炮弹舱和发射药舱。这样布置的危险性极高，一枚在炮塔内爆炸的炮弹可能直接将闪爆引向炮弹舱和发射药舱。

为解决这一问题，使用 B III 型炮座的"光辉"号和"恺撒"号在主甲板增加了一道平台，阻断了弹药升降机的通路。但是，"荣耀""阿尔比恩""海洋"和"歌利亚"等舰的 B IV 型炮座中，炮弹的传输速度实际上下降了，因为供弹时间比老式炮座更长，所以也没有安装阻断平台。"报复"号与四艘安装 B IV 炮座的姊妹舰不同，设计人员再次意识到早期直通式供弹系统的危险性，所以为了增加安全性，牺牲了部分供弹速度。不过"报复"号上缓慢的装填速度被维克斯公司制造的全向和全俯仰角度装填炮塔部分抵消，这种技术大大加快了火炮的射速。

原设计（1895 年 5 月）中 10 门 152 毫米副炮的布置方式与"声望"号相同，但几个月后设计被修改，设计人员发现有可能像庄严级那样布置 12 门 152 毫米副炮。上甲板的 152 毫米副炮距水线大约 5.79 米，主甲板的副炮距水线 3.81 米。和庄严级一样，三分之二的副炮布置在主甲板上，位置过低成为设计上的一大缺陷。原设计中，舰艉有一具水线以上鱼雷发射管，但在建造时被取消，这也标志着皇家海军主力舰不再使用水线以上鱼雷发射管，主要原因是难以为之提供足够的防护，鱼雷一旦在发射管中爆炸就会造成严重破坏。

▽ 在巴罗因弗内斯（Barrow-in-Furness）舾装的"报复"号，右舷舰艏视角，摄于 1901 年。它当时采用维多利亚式涂装，但几个月后就改为全灰色涂装

"卡诺珀斯"号

侧视图和舰面布置图，1900 年

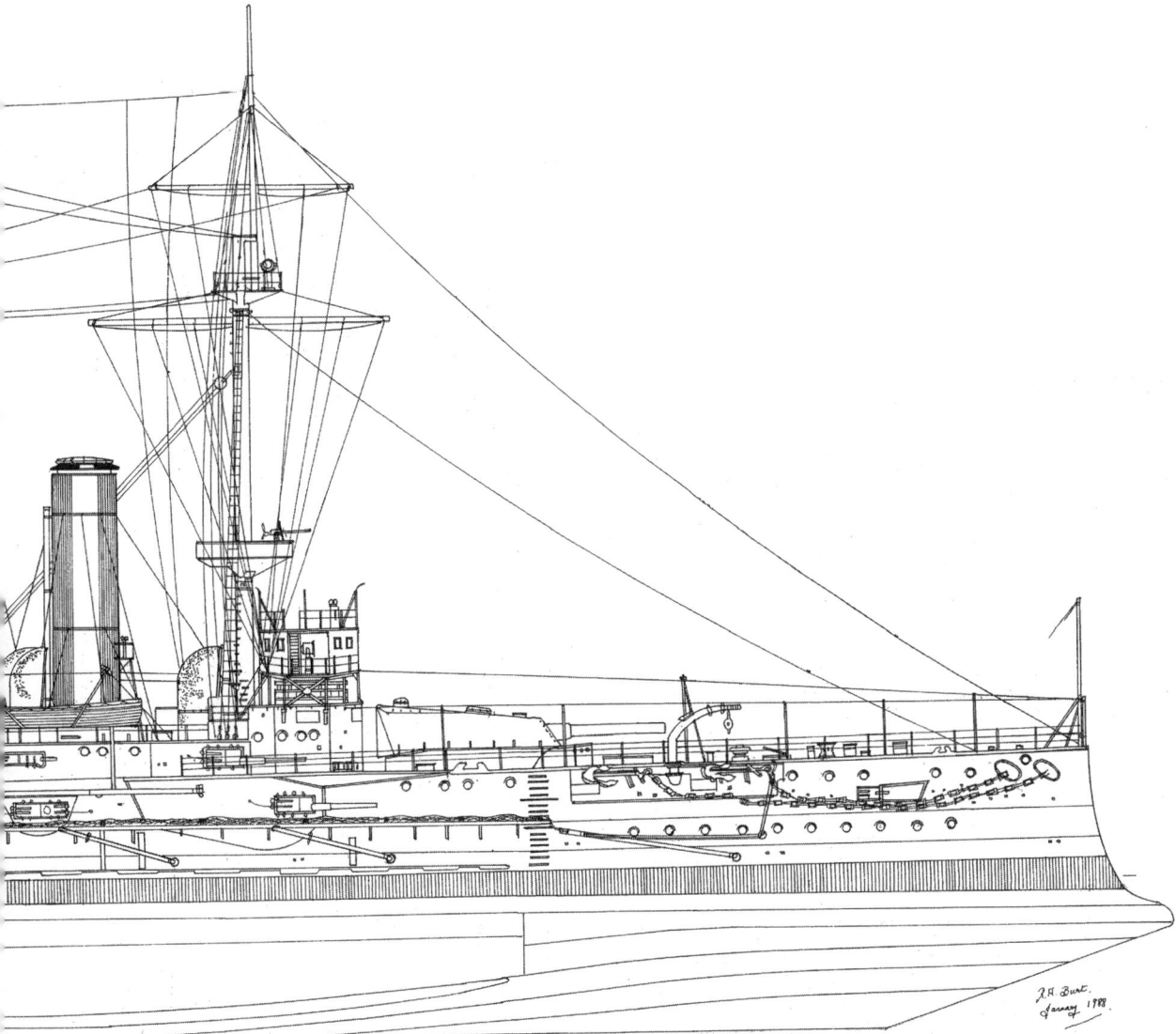

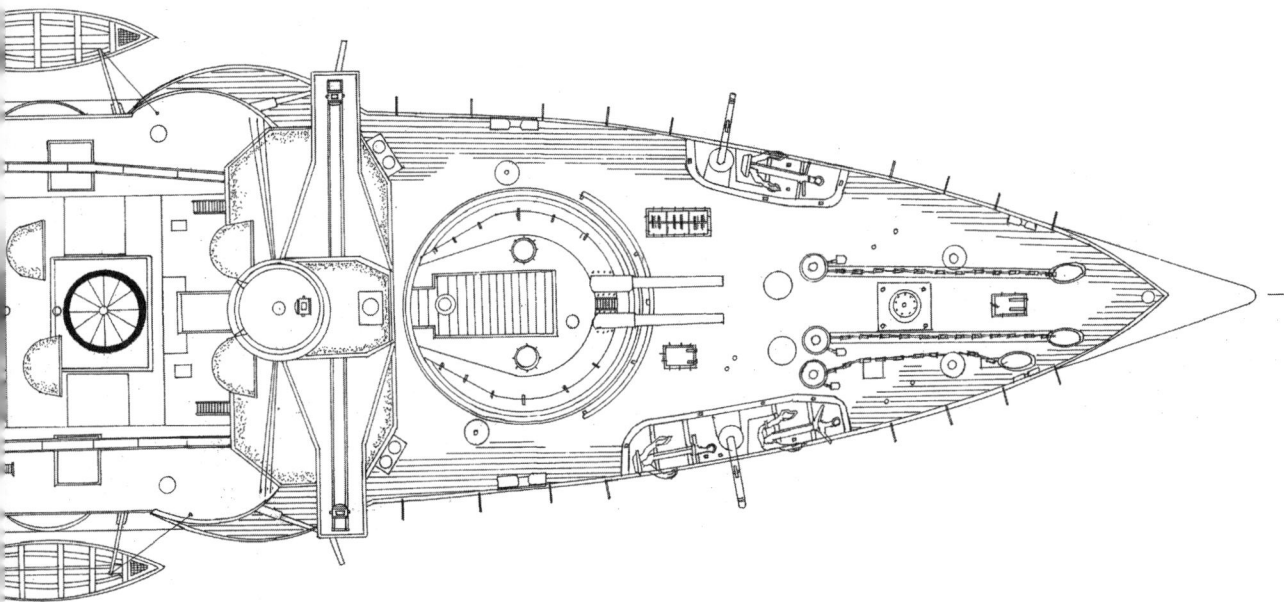

"歌利亚"号：下水数据（1898 年 3 月 23 日）

排水量： 5735 吨

长：118.92 米（垂线间长）

宽：22.57 米

型宽：22.59 米

舱深：7.3 米

舰体重量（记录）：5580 吨

下水时损伤情况：

径向移动距离 97.54 米，2.38 毫米拱曲

横向移动距离 19.51 米，1.59 毫米凹陷

舰上各单位重量（吨）

人员、下水设备、压载物等：100

内部支撑件：80

浮力支架：60

机械：25

角铁、钢板等：10

　　原设计中，反鱼雷艇武器包括布置在上甲板炮垒中的 6 门 76 毫米炮，以及两座桅杆桅楼内的 12 门 47 毫米炮。但在 1896 年夏天，设计被修改为在舰艏和舰艉的主甲板上增加 4 门 76 毫米炮，同时取消上层桅楼，将桅楼内的 47 毫米炮从 12 门减少至 6 门。

装甲

　　卡诺珀斯级是第一级使用克虏伯渗碳装甲（KC 装甲）的英国战列舰，这种装甲的抗弹能力比它取而代之的哈维装甲提高了 30%。除了炮郭、水平甲板、弹药升降机和舰艏司令塔外，所有防护均使用了克虏伯渗碳装甲。卡诺珀斯级也是"无畏"号（1870 年）之后，第一级将侧舷垂直装甲布置到舰体两端的战列舰。将装甲带延伸至舰艏，是怀特在 1888 年为君权级设计方案提出的建议，但是被海军部委员会否决了，理由是要增加舰体舯部装甲的厚度，而舰艉的防护则依赖内部水密隔舱。

卡诺珀斯级：建成时性能数据

建造

	造船厂	开工	下水	建成
"卡诺珀斯"号	朴次茅斯造船厂	1897 年 1 月 4 日	1897 年 10 月 12 日	1899 年 12 月 5 日
"荣耀"号	坎梅尔·莱尔德公司	1896 年 12 月 1 日	1899 年 3 月 11 日	1900 年 10 月
"阿尔比恩"号	泰晤士钢铁厂	1896 年 12 月 3 日	1898 年 6 月 21 日	1901 年 6 月
"海洋"号	德文波特造船厂	1897 年 12 月 15 日	1898 年 7 月 5 日	1900 年 2 月
"歌利亚"号	查塔姆造船厂	1897 年 1 月 4 日	1898 年 3 月 23 日	1900 年 3 月
"报复"号	维克斯公司	1898 年 8 月 23 日	1899 年 7 月 25 日	1902 年 4 月

续表

排水量（吨）

13182（正常），14350（满载）（"阿尔比恩"号）

13141（正常），14322（满载）（"卡诺珀斯"号）

尺寸

长：118.96 米（垂线间长），121.92 米（水线长），128.47 米（全长）

宽：22.69 米

吃水：7.98 米（正常），9.14 米（满载）（平均）

武备

4 门 305 毫米 35 倍径 Mk VIII 型主炮，每门炮备弹 80 发

12 门 152 毫米 40 倍径副炮

10 门 76 毫米炮（12 英担）

2 门 76 毫米炮（8 英担）

6 门 47 毫米炮

2 挺机枪

4 具 457 毫米水线以下鱼雷发射管（主炮塔两侧各 1 具）

装甲

主装甲带（KC）：舰体舯部 152 毫米（长 59.74 米）

舰艏装甲带（镍钢）：51 毫米

舰艏横向装甲（KC）：152—203—254 毫米

舰艉横向装甲（KC）：152—254—305 毫米

甲板（低碳钢）：主甲板 25 毫米；中甲板 51 毫米（倾斜，水平）；下甲板 51 毫米

炮塔基座（KC）：152—254—305 毫米

炮塔（KC）：正面 203 毫米，顶部 51 毫米

炮郭（哈维）：51—127 毫米

前部司令塔（哈维）：正面 305 毫米，通道 203 毫米

后部司令塔（低碳钢）：正面 76 毫米，通道 76 毫米

动力

2 套三缸三胀式蒸汽机，2 副向内旋转的螺旋桨

锅炉：20 台贝尔维尔水管经济型锅炉，工作压力 2.07 兆帕（汽缸压强 1.72 兆帕）

总加热面积：3138.26 平方米

炉篦面积：98.01 平方米

设计输出功率：13500 马力，18.25 节

燃煤：900 吨（正常），1800 吨（最大）

燃煤消耗速率：全速条件下每天消耗 336 吨燃煤；8 节航速下每天消耗 52 吨燃煤

续航力：5320 海里 /10 节；2590 海里 /16.5 节（远洋航速）

小艇

大舢板（蒸汽）：1 艘 17.07 米，1 艘 12.19 米

大舢板（风帆）：1 艘 10.97 米

长艇（蒸汽）：1 艘 12.19 米

纵帆快艇：2 艘 10.36 米，1 艘 9.14 米

舰长交通艇：1 艘 9.75 米

捕鲸艇：1 艘 8.23 米

小舢板：1 艘 9.14 米，1 艘 8.53 米，1 艘 7.32 米

续表

帆装小工作艇：2 艘 4.88 米

巴沙救生筏：1 艘 4.27 米

探照灯

6 部 610 毫米探照灯：前后舰桥各 2 部，前桅和主桅高处各 1 部

船锚

2 副 5.9 吨舰艏锚，1 副 5.85 吨副锚，2 副 2.75 吨马丁斯锚

无线电

Ⅰ型无线电，后来更换为Ⅱ型

舰员

建成时平均 682 人

"歌利亚"号：737 人（1904 年）

"阿尔比恩"号：752 人（旗舰，1904 年）

"歌利亚"号：739 人（1908 年）

"报复"号：400 人（远洋火炮训练舰，1912 年）

"阿尔比恩"号：371 人（港口警戒舰，1916 年）

造价

"卡诺珀斯"号：866516 英镑，另加火炮 54800 英镑

"歌利亚"号：866006 英镑，另加火炮 54800 英镑

"海洋"号：883778 英镑，另加火炮 54800 英镑

"阿尔比恩"号：858745 英镑，另加火炮 54800 英镑

"荣耀"号：841014 英镑，另加火炮 54800 英镑

"报复"号：836417 英镑，另加火炮 55000 英镑

▽ 1899 年 12 月 19 日，停泊在朴次茅斯的"卡诺珀斯"号，它刚于 12 月 5 日服役，正准备前往地中海接替"安森"号

卡诺珀斯级还是第一种有两道水线以上装甲甲板的英国战列舰，这是因为有消息称，当时最新的法国战列舰装备了特殊的榴弹炮，发射的炮弹几乎可以垂直下落。卡诺珀斯级设计期间，英国得知了法国的计划，怀特建议加强水平防护以应对这种威胁。主甲板位于装甲盒上方的区域，布置了 25 毫米厚的装甲，目的是引爆所有击中主甲板的高爆炮弹。下方中甲板的水平部分，装甲厚度为 51 毫米，而不是庄严级的 76 毫米，这样两级战列舰的水平装甲总厚度是相同的。后来得知，法国战列舰并没有装备榴弹炮（只有一艘小型岸防舰装备了试验型榴弹炮），但使用两层或多层全部或部分覆盖舰体的水平装甲，而不是单层装甲，成了英国战列舰的标准水平防护方式，直到纳尔逊级（1925 年）才有所改变。

由于防护的重要性被置于火力和航速之后，卡诺珀斯级侧舷装甲带、炮塔及基座装甲的最大厚度都小于庄严级，以确保与后者有相同的火力但航速更高，不过装甲厚度的降低带来的不利影响被装甲性能的改进部分抵消了。副炮的防护，以及水平装甲的厚度与庄严级相同，但中甲板装甲位于侧舷装甲带后方的倾斜部分，厚度比庄严级小了 25 毫米。防护方面的改进主要有：

1. 使用克虏伯装甲代替哈维装甲；
2. 装甲带延伸至舰艏；
3. 除装甲盒侧舷装甲带后方有倾斜装甲外，装甲盒上方还覆盖有水平装甲。

◁ 1900 年 12 月，"荣耀"号离开朴次茅斯前往远东

▽ 1900 年 3 月 27 日停泊在查塔姆的"歌利亚"号。它将前往远东接替"胜利"号，但直到 5 月 30 日才离开本土

▷ 1901年6月，即将在泰晤士钢铁厂完工的"阿尔比恩"号，左舷视角

第134号肋位
1. 舰队军医舱室
2. 燃煤
3. 305毫米炮塔
4. 炮弹处理室
5. 人员通道①
6. 液压设备
7. 76毫米炮弹药舱
8. 液压油柜
9. 油柜
10. 螺旋桨轴通道
11. 305毫米炮弹舱

第104号肋位
1. 发动机舱通风口
2. 士官餐厅
3. 燃煤
4. 弹药通道
5. 轮机舱

第162号肋位
1. 司令餐厅
2. 军官餐厅
3. 军官餐厅仓库
4. 操舵舱
5. 水密舱

第147号肋位
1. 司令秘书舱室
2. 工作间
3. 住舱
4. 电力照明仓库
5. 鱼雷舱
6. 食品仓库

第162号肋位
前视图

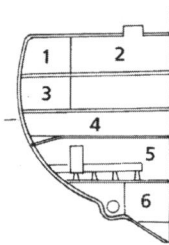

第147号肋位
前视图

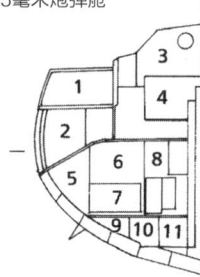

第134号肋位
前视图

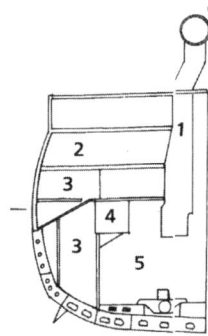

第104号肋位
前视图

纵剖图
1. 锅炉
2. 轮机舱
3. 炮弹舱
4. 发射药舱
5. 305毫米炮座
6. 排烟道
7. 轮机舱通风口
8. 舵机舱
9. 鱼雷舱
10. 司令塔
11. 水密舱
12. 绞盘舱

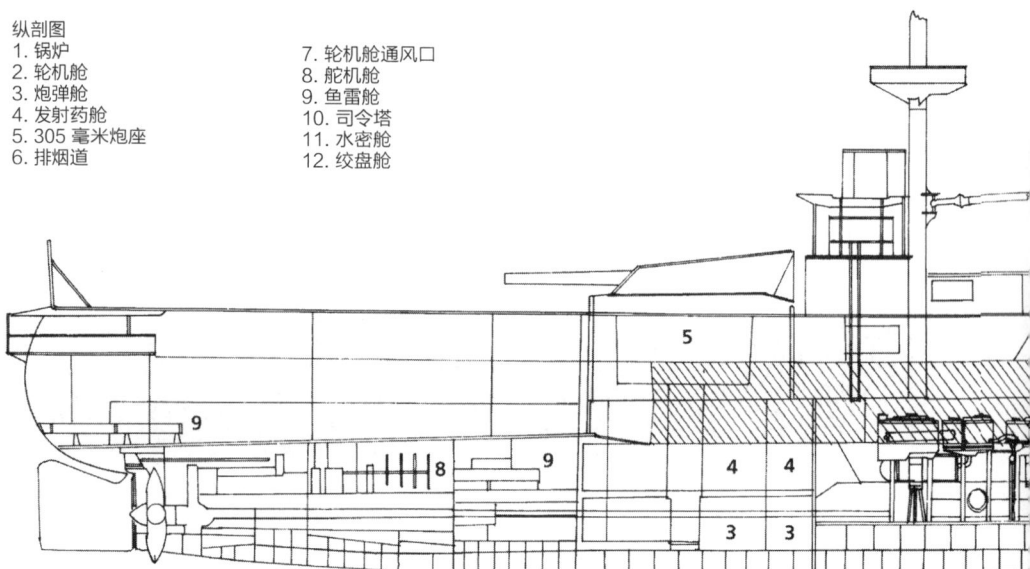

① 译注：原文如此，但这个三角形区域很显然不是人员通道。

很多人认为，布置延伸至舰艏的 51 毫米装甲带，是要平息对军舰"软端"的批评。"软端"是指军舰未受保护的艏艉在中近距离上无法抵挡中口径炮弹的打击。事实上，它的主要用途是防止完全没有防护的舰艏，遭到轻型速射炮的炮弹或者弹片的密集打击后，再因舰艏波而进水——虽然这只是怀特在考虑君权级的设计，希望至少布置中等厚度侧舷装甲时，针对舰艏防护提出的部分理论。

当卡诺珀斯级处于建造中时，防护设计遭到了严厉批评，《泰晤士报》评论说它们只是略强于"二级战列舰"。

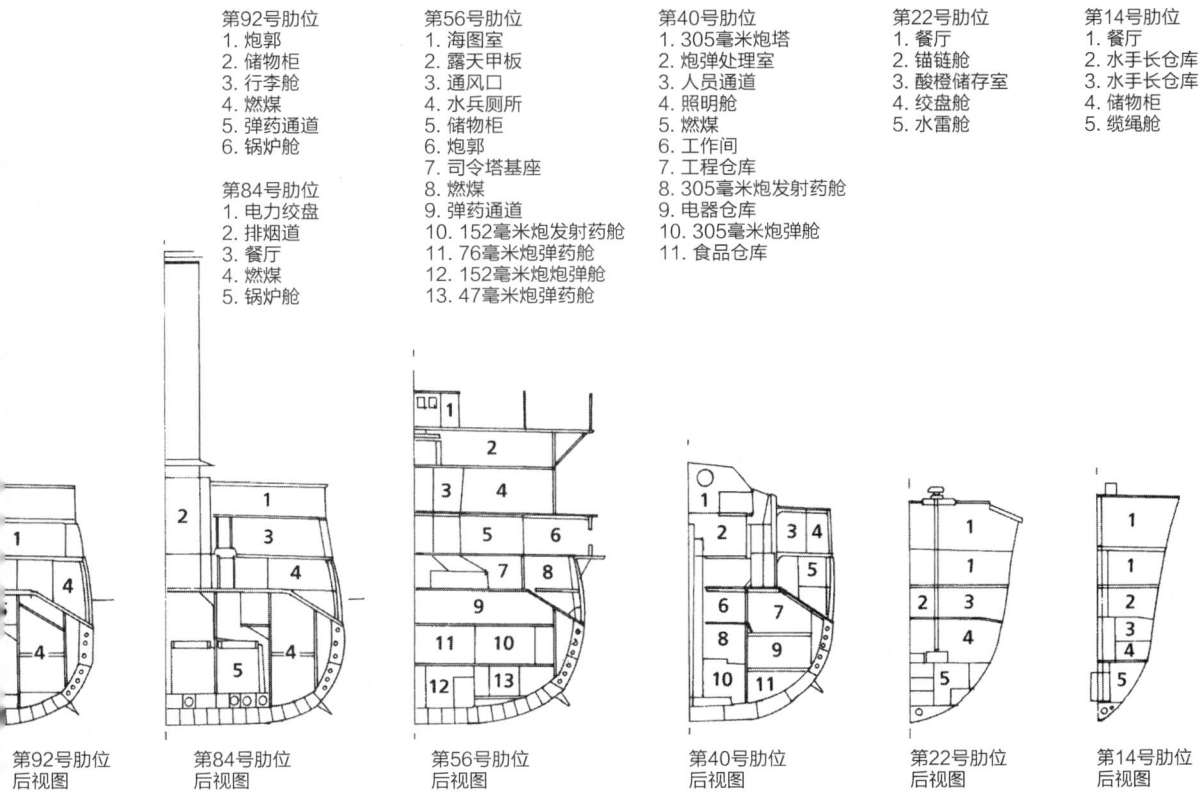

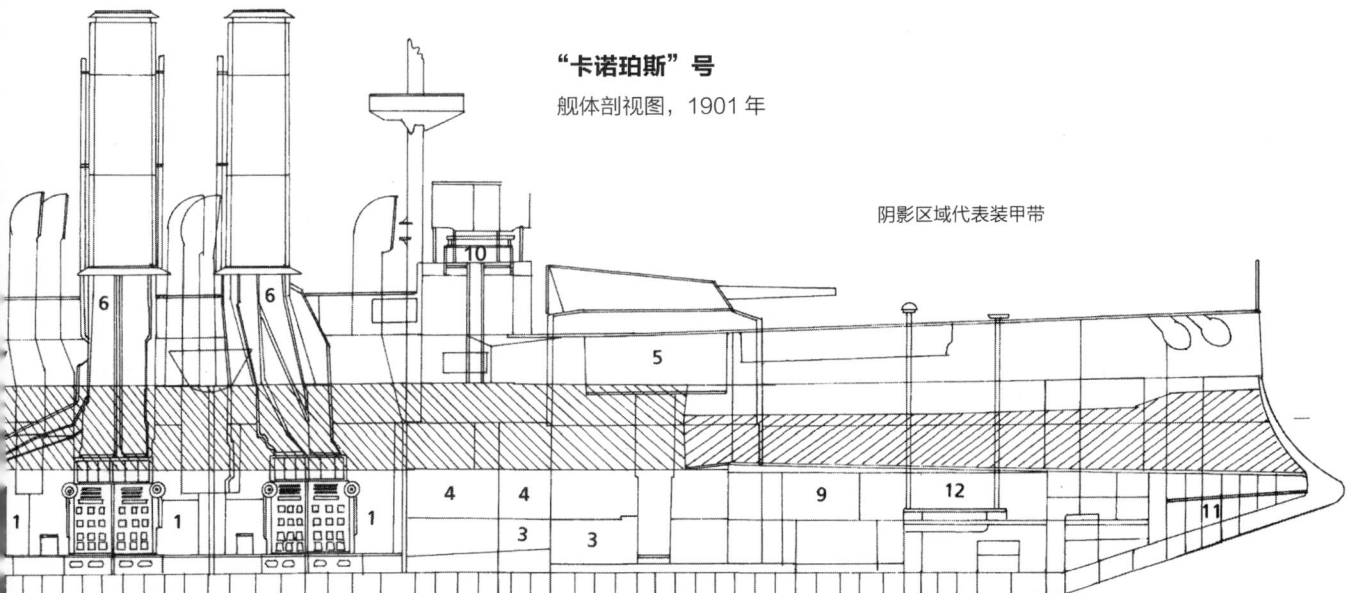

第92号肋位
1. 炮郭
2. 储物柜
3. 行李舱
4. 燃煤
5. 弹药通道
6. 锅炉舱

第84号肋位
1. 电力绞盘
2. 排烟道
3. 餐厅
4. 燃煤
5. 锅炉舱

第56号肋位
1. 海图室
2. 露天甲板
3. 通风口
4. 水兵厕所
5. 储物柜
6. 炮郭
7. 司令塔基座
8. 燃煤
9. 弹药通道
10. 152毫米炮发射药舱
11. 76毫米炮弹药舱
12. 152毫米炮炮弹舱
13. 47毫米炮弹药舱

第40号肋位
1. 305毫米炮塔
2. 炮弹处理室
3. 人员通道
4. 照明舱
5. 燃煤
6. 工作间
7. 工程仓库
8. 305毫米炮发射药舱
9. 电器仓库
10. 305毫米炮弹舱
11. 食品仓库

第22号肋位
1. 餐厅
2. 锚链舱
3. 酸橙储存室
4. 绞盘舱
5. 水雷舱

第14号肋位
1. 餐厅
2. 水手长仓库
3. 水手长仓库
4. 储物柜
5. 缆绳舱

第92号肋位
后视图

第84号肋位
后视图

第56号肋位
后视图

第40号肋位
后视图

第22号肋位
后视图

第14号肋位
后视图

"卡诺珀斯"号

舰体剖视图，1901 年

阴影区域代表装甲带

面对如潮的批评，怀特如是回应：

人们的注意力被特别地引向 152 毫米的装甲厚度，报纸和议会的讨论也都呈一边倒的批评态势。我毫不怀疑，在军舰建造的早期阶段就谣言四起，当它们建成后，非议只会有增无减。

所以至关重要的，是要回顾我第一次建议为装甲盒采用统一厚度装甲，同时加强下甲板保护的背景，我还建议为了让一级战列舰更愿意与敌人近战而降低防护标准，即装甲厚度只需抵御当时在战斗距离上发射的 152 毫米穿甲弹。

所有实战经验，以及鸭绿江海战的事实，都显示在实际条件下，装甲的防护能力都远大于对火炮以试验时设定的打击力、在近距离和在有限区域内命中多次等条件下的防护要求。例如，铁甲舰的装甲盒装甲被一些巡洋舰上发射的 305 毫米炮弹击中后，只出现了 76—102 毫米的凹陷。这些炮弹在 2286 米（2500 码）距离上的理论穿透力为 584 毫米铁甲，或 457—483 毫米锻铁甲。而在铁甲舰上，现在最好的 203—356 毫米复合装甲，根本没有被击穿或遭到严重破坏。卡诺珀斯级装甲盒的 152 毫米装甲，将比这些军舰上的装甲强得多。

怀特还比较了卡诺珀斯级与外国军舰的装甲防护：

海军部防护设计的原则是，以限定装甲重量为前提，在装甲分配、防护面积和最大装甲厚度方面为军舰提供最佳防护能力。这就是在君权级之后，放弃大厚度装甲带及其上方较薄装甲带的原因。

君权级和庄严级的装甲带厚度分别为 457 毫米和 229 毫米，但无可置疑的是，庄严级的防护能力更强，特别是在抵御现代速射炮和高爆炮弹方面。

与卡诺珀斯级相比，庄严级仍是防护更强的军舰，但幸运的是，卡诺珀斯级将不会在战斗中与之交战。

"荣耀"号：初稳心高度和稳性（1900 年 10 月 27 日倾斜试验）

	吃水	初稳心高度	最大复原力臂角	稳性消失角
A 条件（正常）*	7.95 米（平均）	1.13 米	38.5 度	64.5 度
B 条件（满载）**	8.55 米（平均）	1.16 米	36 度	65.5 度
C 条件（轻载）	7.44 米	1.04 米	—	—

* 全备状态加上层煤舱 300 吨燃煤，下层煤舱 480 吨燃煤。
** 全备状态加 1880 吨燃煤，给水舱注满。

"荣耀"号：初稳心高度和稳性（1916 年 8 月 14 日倾斜试验）

	吃水	初稳心高度	最大复原力臂角	稳性消失角
A 条件（正常）*	7.92 米	1.17 米	39 度	65.5 度
B 条件（满载）**	8.72 米	1.09 米	36.5 度	71 度

* 全备状态加 800 吨燃煤。
** 全备状态加 1831 吨燃煤。

△ "歌利亚"号,1903 年 7 月。它刚结束在远东的服役期,正在返回本土

卡诺珀斯级：动力海试（1899 年 10 月，拉梅角至多德曼角航道）

	平均转速（转/分）	输出功率（马力）	航速（节）
"歌利亚"号，30 小时，10 月 10 日			
风向东南东，风力 1—2 级；海面平静			
第一次	102	10677	17.03
第二次	101.4	10638	17.67
第三次	104.6	10887	17.16
第四次	102.1	10939	17.42
"歌利亚"号，全功率，10 月 11 日			
第一次	109.8	13878	18.14
第二次	109.7	14390	18.45
第三次	109.3	13980	18.68
第四次	106.4	13423	17.65
"歌利亚"号，全功率			
第一次	108.6	14266	17.233
第二次	110.6	14420	19.266
第三次	106.7	13980	16.896
第四次	107.4	13696	19.291
"海洋"号，10 月 20 日			
风向东，风力 3 级；中等海况			
第一次	113.7	13994	18.81
第二次	113	13819	17.43
第三次	114.2	14332	19.18
第四次	113.1	13868	17.37
第五次	112.4	13429	18.61
"卡诺珀斯"号（全功率）	108.5	13763	18.5
"阿尔比恩"号	108	13885	17.8
"报复"号	110.65	13853	18.5

平均锅炉蒸汽压：1.83 兆帕
每马力燃煤消耗速率：0.72 千克/小时

▷ 全灰色涂装、烟囱上绘有舰队标志的"卡诺珀斯"号，1906—1907 年。该级战列舰是为在海外舰队服役设计的，它们完全实现了设计要求，在航速上超过了大部分外国同类战舰。注意前桅楼上布置的早期距离钟

▽ 1907 年 8 月，刚刚完成改装的"海洋"号挂起了满旗。注意舰桥上有测距仪，探照灯位于两侧，桅楼上不再布置速射炮，桅杆上安装了上桅桁及无线电天线桅桁

卡诺珀斯级的主装甲带厚 152 毫米，长 59.74 米，高 4.34 米，覆盖舰体舯部，两端位于主炮塔两侧。装甲带上缘位于主甲板高度，高出水线约 2.74 米，下缘位于水线以下 1.6 米。

前方 51 毫米的装甲带一直延伸至舰艏，并略向下倾直抵撞角。上缘位于水线以上约 1.23 米，但在最前端增高至水线以上 2.74 米。下缘与 152 毫米主装甲带下缘平齐。

所有装甲都有两层厚度均为 13 毫米的背板。舰艏横向装甲的厚度为 152—203—254 毫米。从 152 毫米装甲带两端斜向内延伸至艏炮塔基座正面。舰艉横向装甲也采用同样布置方式，厚度为 152—254—305 毫米。

炮塔正面和顶部装甲分别为 203 毫米和 51 毫米。炮塔基座正面和背面的装甲分别为 254 毫米和 305 毫米，侧舷装甲带以下的基座装甲减为 152 毫米。副炮炮郭装甲（哈维装甲）正面为 127 毫米，侧面和背面为 51 毫米。

舰艏司令塔和垂直通道装甲（哈维装甲）分别为 305 毫米和 203 毫米。舰艉司令塔和垂直通道装甲均为 76 毫米。

主甲板装甲（低碳钢）为 25 毫米，覆盖在装甲盒顶部。中甲板装甲的水平和倾斜部分均为 51 毫米，两端与装甲盒两端平齐，水平部分高出水线 0.61 米，倾斜部分的下缘与主装甲带下缘平齐，正常排水量时位于水线以下 1.6 米。

△ "歌利亚"号舰艇，1907 年夏天。注意它的侧舷舰体不像庄严级那样向内倾斜

◁ 在韦茅斯参加夏季演习的 "报复"号，大约 1906 年

◁ "阿尔比恩" 号，1909—
1910 年。1909 年 7 月 17—24 日，
它随舰队到伦敦参加亲民活动，7
月 31 日随本土舰队和大西洋舰队
在考斯（Cowes）接受了国王和王
后的检阅

动力

　　卡诺珀斯级安装两套三缸三胀式蒸汽机，驱动两副螺旋桨。带有省煤器的 20 台贝尔维尔水管锅炉布置在 3 个沿中心线排列的锅炉舱中。前部和中部锅炉舱分别布置了 8 台锅炉，4 台锅炉位于后部锅炉舱。所有锅炉的工作压力均为 2.07 兆帕。

　　卡诺珀斯级的动力装置采用了一些新的技术，特别是使用水管锅炉代替了筒式

▷ 1907 年在韦茅斯参加海峡舰队和大西洋舰队演习的"卡诺珀斯"号

▽ 一张清晰的"海洋"号右舷视角照片，1908 年夏天

锅炉，这对整体设计产生了重大影响，不仅大大节省了机械装置和锅炉的重量，而且让输出功率增加了 1500 马力，航速和庄严级相比也大为提高。

其蒸汽机虽然与以前的主力舰基本相同，但重量更轻，效率更高。向内旋转的螺旋桨提供了更大的驱动力，转速也略有提高，但是与向外旋转的螺旋桨相比经济性有所下降。这种螺旋桨也使军舰在低速和倒车情况下更难操纵，这一缺点受到了海军的批评。尽管如此，英国主力舰直到"无畏"号（1906 年）才重新使用了向外旋转的螺旋桨。

卡诺珀斯级是第一种使用水管锅炉的英国战列舰。1895 年 5 月，第一次讨论新主力舰设计时就有人建议用水管锅炉代替筒式锅炉，但是由于锅炉试验十分漫长，以及舰体下部重量减轻对军舰稳定性的影响引来了一系列调查，海军迟迟未能决定采用水管锅炉。

与庄严级使用的 8 台筒式锅炉相比，水管锅炉的工作压力提高了 1 兆帕，加热面积增加了 864 平方米。庄严级强制通风时输出功率为 12000 马力，而卡诺珀斯级在自然通风时就能达到 13500 马力。

实际上该级舰已不再使用强制通风，改进的锅炉布置方式也再次允许将烟囱前后排列在舰体中心线上。原始设计航速和"声望"号一样为 18 节，但后来发现有可能将航速增至 18.25 节。在邓肯级建成以前，它们是皇家海军最快的主力舰。

作为第一级使用水管锅炉的大型军舰，卡诺珀斯级确实出现了一些磨合方面的问题——不仅在服役初期，而且在大部分服役期。"海洋"号的冷凝器在建成后不久就出现了严重的泄漏问题，直到 1902—1903 年大修时才修复。但是后来（1908 年）它的蒸汽机和锅炉又故障频出，以至于海军成立了质询法庭，对其动力系统糟糕的状态进行调查，最后将责任归咎于舰上的工程军官。质询法庭还发现，如果不经常检修，军舰的动力装置会很快磨损。"报复"号的动力装置也出现了泄漏和磨损问题，导致军舰航行的经济性极差。对该级舰的研究表明，"卡诺珀斯"号是唯一一艘动力系统运行良好的军舰。

外观变化

卡诺珀斯级的两座烟囱是前后排列的，不像庄严级、"声望"号、百夫长级那样并排布置，这也让它的外观出现了重大变化。卡诺珀斯级的尺寸明显比庄严级小，高度也较矮。第一座烟囱为圆形，第二座烟囱是椭圆形的，长轴与舰体中心线垂直，从舰艏和舰艉的角度看比第一座烟囱大得多（见线图）。

卡诺珀斯级没有后部飞跃式舰桥，通风口整流罩也比庄严级少得多。前后桅各有一个下层大型战斗桅楼，高处各有一部探照灯。"阿尔比恩"号、"荣耀"号、"报复"号和"卡诺珀斯"号在完工时就安装了无线电天线斜桁。该级舰与可畏级、伦敦级、邓肯级和王后级的主要区别是：

1. 两座烟囱距离更近，也更靠近舰体舯部；
2. 两根桅杆高度更低，距离也更近；

3. 上甲板炮位为封闭式（与邓肯级和王后级的区别）；

4. 水线以上部分高度更低，外形更小。

同级舰之间的区别有：

"海洋"号和"阿尔比恩"号第二座烟囱前后均有蒸汽管；

"海洋"号第一座烟囱后有蒸汽管；

"阿尔比恩"号第一座烟囱后没有蒸汽管；

"卡诺珀斯"号、"荣耀"号和"歌利亚"号（Goliath）第一座烟囱前没有蒸汽管；

"卡诺珀斯"号的蒸汽管一直延伸到烟囱加固环，烟囱帽悬于顶端；

"荣耀"号装有重型烟囱帽；

"歌利亚"号装有边缘高高隆起的轻型烟囱帽；

"报复"号第一座烟囱后方没有蒸汽管，安装了重型烟囱帽，炮塔侧面平直，而不是呈弧形；

各舰锚链孔周边的舷窗，以及前部上层建筑也有区别。

"卡诺珀斯"号
侧视图，1915 年，达达尼尔

注意被截短的顶桅，简化后的舰桥结构，布置在前桅战斗桅楼的探照灯，帆布通风口和舰艉的扫雷装置。

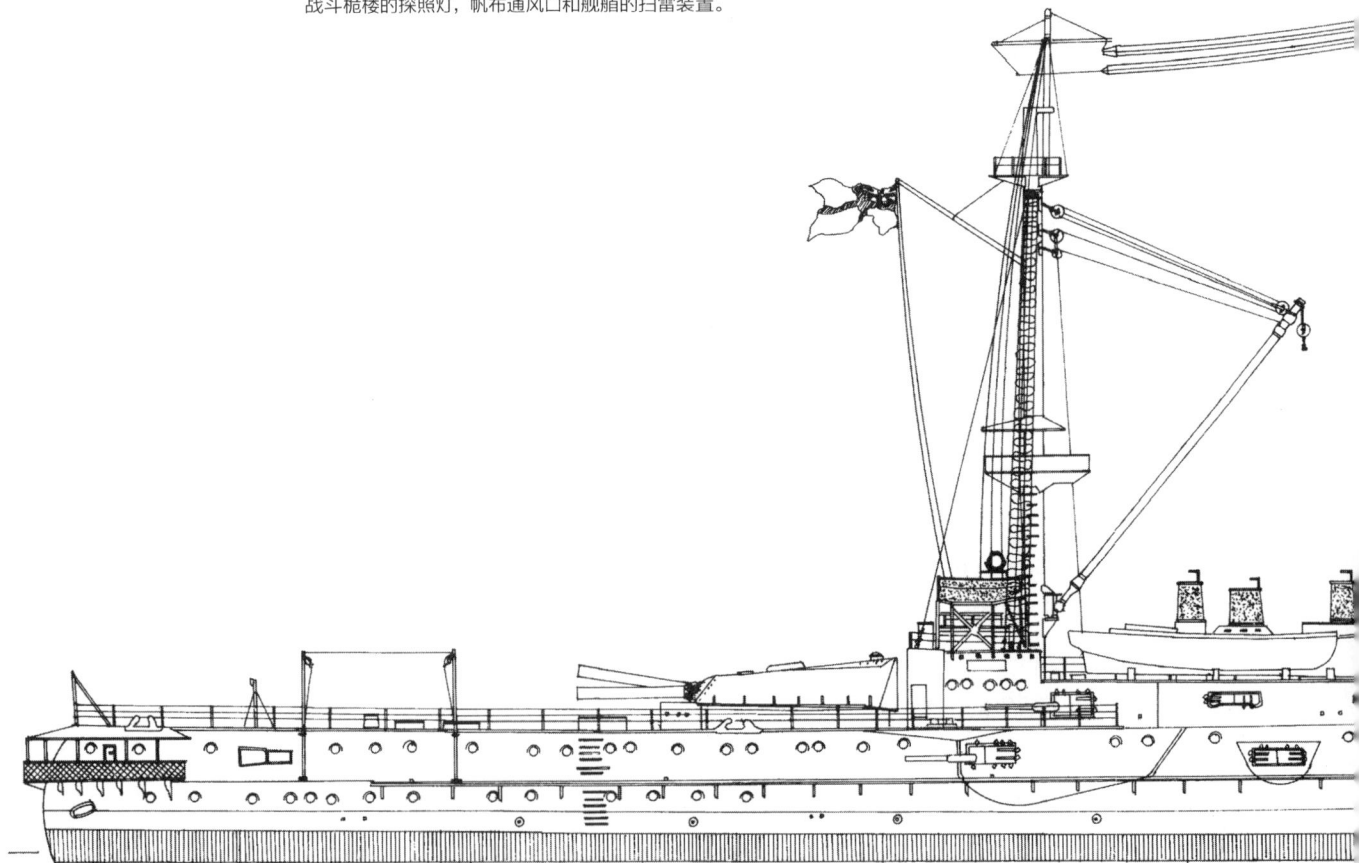

1899—1902 年： 桅楼内 47 毫米炮的防盾被移除（1899—1902 年）；"歌利亚"
号和"海洋"号安装了无线电设备（1901—1902 年），天线斜桁位于主桅高处。

1903—1904 年： 维多利亚式涂装被全灰色涂装取代。

1905—1909 年： 安装火控和测距设备。前桅上的探照灯被拆除，安装了火控
平台（1906—1907 年）。"阿尔比恩"号和"荣耀"号安装了大型椭圆形平台，其他
同级舰则安装了小型方形平台。"报复"号的火控平台一直保留到退役。1906 年，"报
复"号临时安装了西门子 – 马丁火控系统以供试验。一部分军舰曾短暂安装小型距离
指示仪。从 1905 年开始，逐渐拆除桅楼上的 47 毫米炮。到 1907 年年底，所有主桅上
的 47 毫米炮被拆除，前桅上的 47 毫米炮到 1909 年也全部拆除。"报复"号的 2 门 47
毫米炮被重新安装在前部舰桥，其他同级舰则布置在上层建筑前方或后方。所有同级
舰主甲板上的 76 毫米炮被拆除（1906—1907 年）并重新布置于前部上层建筑（"报复"
号除外）。前部炮孔被封闭。探照灯从主桅上移至 152 毫米炮郭上方（1905—1907 年）。
除了"阿尔比恩"号，前桅探照灯被拆除，"卡诺珀斯"号暂未重新安装，"歌利亚"
号、"海洋"号和"报复"号的探照灯重新安装在前桅火控平台下方的一个新平台上，
"荣耀"号的探照灯则安装在前桅顶的平台上。到 1907 年，所有同级舰上的 2 部探照
灯都安装在炮郭上方。1907—1909 年，所有同级舰的艉部救生艇甲板上都加装了 2 部

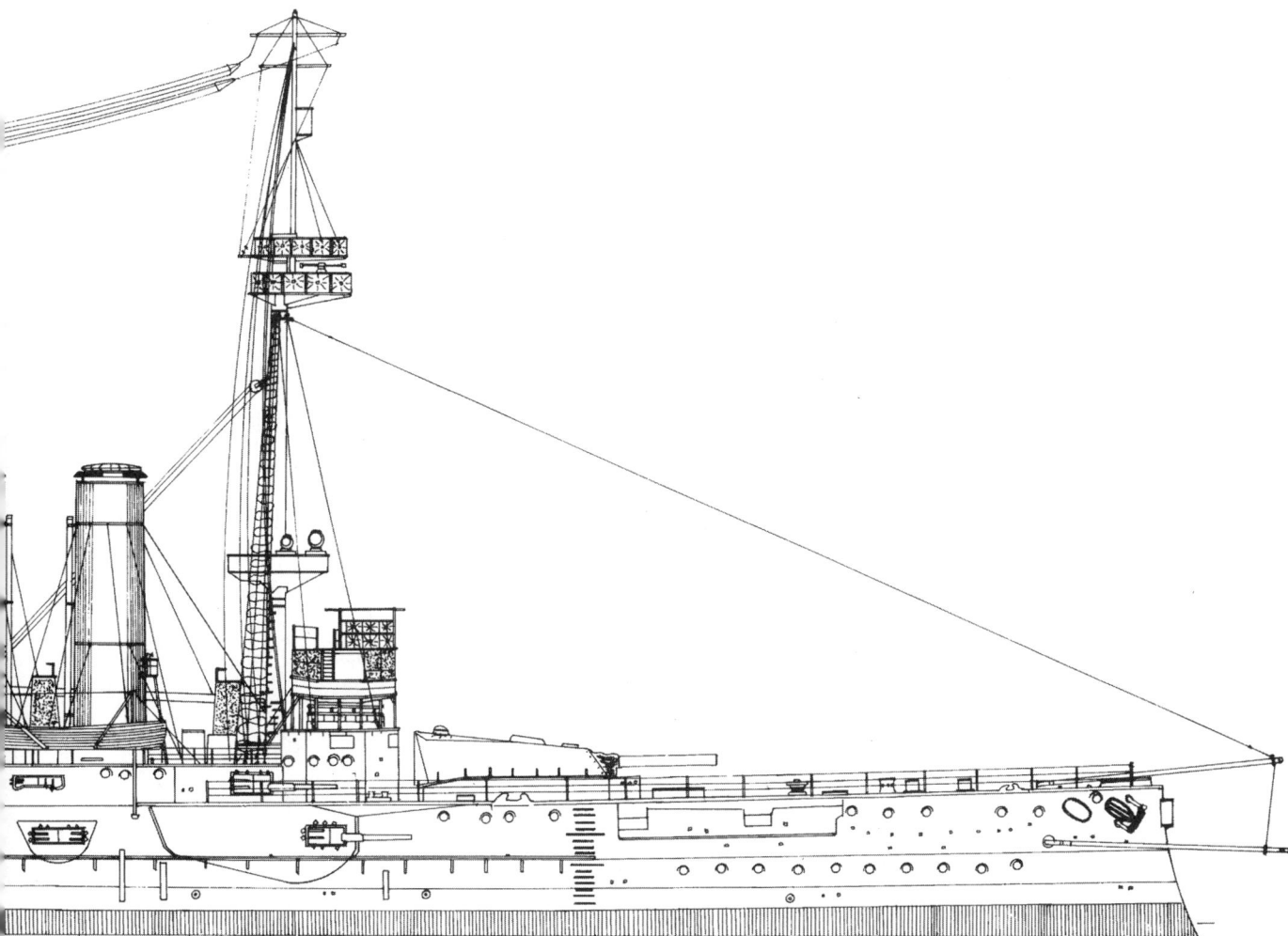

610毫米探照灯。桅顶信号标被拆除，安装了无线电天线斜桁（1907—1908年）。1908年，"卡诺珀斯"号的天线斜桁被无线电最上桅取代。1905年，部分同级舰绘有烟囱识别带。

1909—1910年：绘上了标准烟囱识别带。

1910—1911年：部分军舰安装了改进的大型距离指示仪，位置在前桅战斗桅楼、主桅火控平台，或者前桅火控平台下方的平台上。这些指示仪与1905年安装的指示仪都属试验性质，1914年全部拆除。所有同级舰都像"卡诺珀斯"号一样用无线电天线最上桅代替了天线斜桁。只有"报复"号的天线最上桅安装在前桅上。这一时期，开始逐步拆除桅杆上的重型桅桁，到1914年全部拆除。

1912年："报复"号炮郭和救生艇甲板上的探照灯被重新置于前部舰桥，该舰共有6部探照灯。

1912—1913年："报复"号的防鱼雷网被拆除，其余同级舰的防鱼雷网随后也在不同时间被拆除。

1914年：所有烟囱识别带于8月被涂掉。"卡诺珀斯"号在10月围歼冯·斯佩舰队的行动中安装了一座假烟囱。其前桅火控平台上方加装了一个火控平台，顶桅被截短，驻泊斯坦利港时绘上了古怪的迷彩。

1915年：

1915年2月，"卡诺珀斯"号舰艉主炮塔上方临时安装了一门小口径榴弹炮，用于在近距离对抗达达尼尔的土耳其炮台。但后来证明这种火炮用处不大，遂于初春拆除。1915年年末，"阿尔比恩"号的后甲板和"报复"号的舰艉主炮塔上安装了高射炮（可能为47毫米炮）。

"卡诺珀斯"号和"报复"号152毫米炮郭上方的探照灯被移至前桅楼。"荣耀"号和"海洋"号在达达尼尔执行任务时也做了同样改装。未安装防鱼雷网。1915年2月，"卡诺珀斯"号舰艉安装了特制的扫雷具。"卡诺珀斯"号、"歌利亚"号、"海洋"号和"报复"号前后舰桥的飞翼被拆除。所有同级舰安装了无杆锚，但保留了原有的锚床（Billboard）。1915年年初，"海洋"号在苏伊士运河的巡逻行动中安装了最上桅，但在达达尼尔战役期间拆除。其余同级舰安装了顶桅，但经常会被放倒。主桅上没有重型桅桁。达达尼尔战役期间各舰使用了不同的迷彩（"卡诺珀斯"号使用了云状灰色色块）。"海洋"号和"报复"号有假的舰艏波。"卡诺珀斯"号安装了测距仪干扰装置。

1916年："卡诺珀斯"号主甲板上的152毫米副炮被拆除，4门重新安装在上甲板的防盾中。76毫米炮由10门减至8门，全部安装在前部和后部上层建筑中。"荣耀"号接受改装，准备用于在俄国北方海域作战——152毫米和76毫米炮的改装与"卡诺珀斯"号相同，安装了防鱼雷网。"荣耀"是最后一艘配备防鱼雷网的英国战列舰，它的主桅还保留了全高度的顶桅和最上桅。

1918年："报复"号成为居住船，所有武备被拆除。

舰史："卡诺珀斯"号

1899年12月5日在朴次茅斯服役，在地中海服役至1903年4月。1900年12月至1901年6月在马耳他大修。

◁ 停泊在达达尼尔的"卡诺珀斯"号。注意以下改装：下层桅楼上安装了探照灯，取消了舰桥飞翼，通风口代替了整流罩，舰艄装有扫雷装置，顶桅截短，前桅布置了鸦巢式桅楼，没有安装防鱼雷网

◁ 处于锚泊中的"卡诺珀斯"号，摄于达达尼尔

1903 年 4 月 25 日在朴次茅斯转为预备役。

1903 年 5 月—1904 年 6 月在伯肯黑德的坎梅尔·莱尔德公司接受大规模改装。

1904 年 8 月 5 日演习过程中在蒙茨湾被"巴夫勒尔"号冲撞，轻微受损。

1905 年 5 月在朴次茅斯继续保持预备役状态。

5 月 9 日在朴次茅斯重新服役，计划代替远东水域的"百夫长"号。根据与远东盟友的新约定，英国削减了远东地区海军力量的规模。当年 6 月，"卡诺珀斯"号在中途从科伦坡被召回。7 月 22 日加入大西洋舰队（前海峡舰队），服役至1906 年 1 月。

1906 年 1 月加入海峡舰队（前本土舰队），至 1907 年 3 月。

1907 年 3 月 10 日加入新本土舰队（1907 年 1 月成立）朴次茅斯分队，至1908 年 4 月。

▷ 达达尼尔战役中，战列巡洋舰"不屈"号在炮击哈米迪耶（第16号要塞）和纳马加尬失（Namazieh，第17号要塞）时被土耳其大口径火炮击中数次。从战场撤离时它右舷舰艏触雷，鱼雷甲板严重进水（1915年3月18日）。"不屈"号抵达忒涅多斯岛后，在浅水处搁浅，进水达2000吨。维修人员在破口处建起围堰，军舰于4月6日在"卡诺珀斯"号和"塔尔博特"号（Talbot）伴随下前往穆德罗斯。这张罕见的照片显示，"不屈"号破口围堰失效后出现倾覆危险，由"卡诺珀斯"号从舰艉方向拖行。4月10日，经过6小时拖行后，军舰抵达马耳他

1907 年 11 月—1908 年 4 月在朴次茅斯大修。

1908 年 4 月 28 日在朴次茅斯重新服役，加入地中海舰队至 1909 年 12 月。

1909 年 12 月加入驻诺尔的本土舰队第 4 分队，至 1914 年 8 月。

1911 年 7 月—1912 年 4 月在查塔姆大修。

1914 年 8 月一战爆发后，加入海峡舰队（第 8 战列舰分舰队）。8 月 21 日脱离建制前往佛得角—加那利群岛支援那里的巡洋舰分舰队。在佛得角—加那利群岛服役至 9 月（圣文森特岛警戒舰）。将职责转交"阿尔比恩"号后，于 9 月 1 日开往南美舰队，担任阿布洛霍斯群岛（Abrolhos Rocks）警戒舰，支援海军少将克拉多克（Craddock）的巡洋舰分舰队。9 月 22 日抵达阿布洛霍斯群岛。在南美舰队服役至 1915 年 1 月。10 月 7 日开往马尔维纳斯群岛参加克拉多克分舰队搜索斯佩的行动。10 月 18 日抵达马尔维纳斯群岛，但由于航速低，仅被用作掩护力量，未参加克拉多克人船俱毁的科罗内尔海战。科罗内尔海战后返回马尔维纳斯群岛（11 月 12 日抵达），担任斯坦利港警戒舰，锚泊时以舰身阻塞港口的入口，具有从陆地方向到东南方向的射界。岸上设有观察哨，可通过电话与军舰联系，使其能够对迫近的敌舰实施间接火力打击。顶桅被拆除，舰身绘有迷彩。部分 76 毫米炮被运上岸，由 70 名海军陆战队员操纵，负责岸基防御。

12 月 8 日，德国海军分舰队接近斯坦利港时，"卡诺珀斯"号使用主炮开火，德舰在进入它的有效射程前转身撤离。但有一枚测距弹击中了"格奈森瑙"号的第四座烟囱并被弹落入水。

马尔维纳斯群岛海战后，南美舰队重组，"卡诺珀斯"号于 12 月 18 日开往阿布洛霍斯群岛。

1915 年 2 月参加达达尼尔战役，至 1916 年 1 月。

1915 年 3 月 2 日参加对海峡入口处要塞的第二次攻击。被击中数次，主顶桅被炸断，第二座烟囱被弹片击穿，军官餐厅受损。3 月 4 日在第三次登陆行动期间沿爱琴海巡逻。3 月 8 日在"伊丽莎白女王"号的间接火力支援下炮击土军要塞。3 月 10—12 日掩护凯菲斯（Kephes）雷场的扫雷行动。3 月 18 日参加攻击海峡狭窄处要塞的行动，之后与"塔尔博特"号一同护送受损的"不屈"号从穆德罗斯开往马耳他。在航行后半程，"不屈"号由于战损无法继续前进，"卡诺珀斯"号拖曳其舰艉航行。

1915 年年初为来自埃及的运兵船护航。4 月 25 日，在主力部队登陆期间支援对布莱尔（Bulair）的掩护性攻击。5 月 23 日，在伽巴帖培（Gaba Tepe）遭遇密集敌火，"阿尔比恩"号被重创，在土军火炮射程内搁浅，"卡诺珀斯"号将其拖离岸边。

5—6 月在马耳他维修。

1916 年 1 月加里波利撤退行动后，加入东地中海分舰队，至当年 4 月。

1916 年 4 月 28 日抵达朴次茅斯，在查塔姆退役，舰员调往反潜舰艇。在查塔姆停留至 1919 年 4 月。1916 年接受改装。1918 年 2 月开始担任居住船。

1919 年 4 月在查塔姆被列入报废名单。

1920 年 2 月 18 日以 35500 英镑价格出售给多佛的斯坦利拆船公司。2 月 26 日抵达多佛实施解体。

舰史："海洋"号

在德文波特造船厂开工，是该造船厂承建的第一艘大型装甲舰。

1900 年 2 月 20 日在德文波特服役，加入地中海舰队，至 1901 年 1 月，后临时调往远东水域并驻留至 1905 年 6 月。

1902 年 9 月在台风中受损，失去了防鱼雷网搁架和一艘小艇（Cutter）。1902—1903 年处于维修状态。

1905 年 6 月，根据英国与远东盟友的协议，作为英国削减远东海军力量的措施之一被召回，在查塔姆加入预备役至 1906 年 1 月。

1906 年 1 月 2 日重新服役，加入海峡舰队（前本土舰队），至 1908 年 4 月。1907 年 1—3 月，以及 1908 年 4—6 月在查塔姆维修。

1908 年 6 月 2 日重新服役，加入地中海舰队，至 1910 年 2 月。1908—1909 年在马耳他维修。

1910 年 2 月 16 日加入新本土舰队（1907 年 1 月成立）第 4 分队，至 1914 年 8 月。1910 年及 1911—1912 年在查塔姆维修。

一战爆发时加入海峡舰队（第 8 战列舰分舰队）。8 月 21 日脱离建制，前往女王镇担任警戒舰并支援那里的巡洋舰分舰队。担任女王镇警戒舰至 1914 年 9 月。与"歌利亚"号一同加入东印度群岛舰队，支援巡洋舰的护航行动，抵御斯佩分舰队。

"海洋"号原本受命前往佛得角—加那利群岛舰队接替"阿尔比恩"号，但途中改道驶往东印度群岛，10 月中旬抵达亚丁。

10 月护送印度运兵船前往巴林，随后驻扎波斯湾和苏伊士运河。

10—12 月担任分舰队资深军官旗舰，掩护攻击巴士拉的地面行动。该分舰队包括"海洋"号、"快活"号（Espiègle）、"奥丁"号（Odin）和印度海军的"达尔豪西"号（Dalhousie）。

1914 年 12 月前往苏伊士运河，参加运河防御，在次年 2 月 3—4 日土耳其军队的进攻中支援地面防御战。

1915 年 2 月末参加达达尼尔战役，至 3 月。3 月 1 日参加炮击海峡入口要塞的行动，被土军移动火炮击中数次，但未出现严重损伤。3 月 4 日，支援在赛迪尔巴希尔（Sedd

△ 1915 年, 驻守苏伊士运河的"海洋"号。1914 年 12 月 29 日, 它抵达运河河口, 并在那里停留至 1915 年 1 月中旬, 土军在运河区发起了一次并不坚决的进攻行动, "海洋"号上溯而行, 支援对土军的防御战。它于 2 月中旬重新加入舰队, 为参加达达尼尔战役做准备

el Bahr)的登陆行动。3 月 18 日, 参加攻打海峡狭窄处要塞的行动。在密集敌火下撤离时触发漂雷。右舷煤舱和前后人员通道进水。舰舵被卡在左满舵位置, 舰身右倾 15 度。它冒着炮火航行, 右舷轮机舱进水, 无法对舵机进行临时修理。晚上 7 时 30 分, "海洋"号被放弃, 它随后漂入摩托湾 (Morto Bay), 10 时 30 分在那里沉没。大部分舰员被驱逐舰救起, 伤亡轻微。

舰史: "荣耀"号

1899 年 3 月 11 日下水, 下水时已安装了大部分装甲和几乎所有动力系统。桅杆已经到位, 但未安装烟囱。

1900 年 11 月 1 日在朴次茅斯服役, 11 月 24 日启程前往远东水域。

1901 年 4 月 17 日与"百夫长"号相撞, 未受损伤。1901—1902 年处于维修状态。1905 年 7 月离开远东返回本土。

1906 年 10 月 31 日在朴次茅斯转为预备役, 直到 1907 年 1 月。朴次茅斯后备分队成为新的本土舰队朴次茅斯分队后, 在本土舰队服役, 至 1907 年 9 月。1907 年 3—9 月在朴次茅斯维修。

1907 年 9 月 18 日在朴次茅斯重新服役, 加入地中海舰队, 至 1909 年 4 月。

1909 年 4 月 20 日在朴次茅斯退役, 随后重新服役, 加入诺尔的本土舰队第 4 分队, 至 1914 年 8 月。

一战爆发时加入海峡舰队。8 月 5 日前往哈利法克斯担任警戒舰并支援北美和西印度群岛舰队的巡洋舰分舰队。1914 年 10 月参加护送加拿大运兵船队的行动。

1915 年 5 月调往达达尼尔, 6 月加入达达尼尔分舰队, 至 12 月。12 月底协同"康沃利斯"号 (Cornwallis) 执行苏伊士运河巡逻任务。

1916 年 1 月 4 日抵达苏伊士, 在那里活动至 4 月, 随后返回本土。

4—7 月在朴次茅斯维修。

1916 年 8 月 1 日在朴次茅斯重新服役, 成为驻俄国北部分舰队的旗舰 (升海军少将旗)。分舰队以阿尔汉格尔 (Archangel) [1] 为基地, 保护运往那里的军用物资。1917 年年初, 分舰队包括"荣耀"号 (旗舰)、"惩罚"号 (Vindictive) 和 6 艘扫雷拖船。1916 年 8 月—1919 年 9 月, 分舰队驻扎在摩尔曼斯克。

1919 年 9 月结束在摩尔曼斯克的行动后返回本土, 11 月 1 日在希尔内斯退役, 处于维护状态。

和"恺撒"号一起成为英国最后一批执行海上作战任务的前无畏舰。在希尔内斯停留至 1920 年 5 月。

① 译注: 原文如此, 疑为阿尔汉格尔斯克 (Arkhangelsk)。

◁ 1905 年春天，位于远东水域的"报复"号。背景是德国的"俾斯麦侯爵"号（*Fürst Bismarck*）和美国的"海伦娜"号（*Helena*）

◁ 1915 年，在船坞中进行舰体检查和小规模改装的"报复"号

1921 年 9 月 17 日退役并列入报废名单。

1922 年 12 月 19 日出售给格兰顿拆船公司（Granton Shipbreaking Co. ）。

舰史:"报复"号

"报复"号是第一艘完全由私人公司建造和武装的英国战列舰。1899 年 7 月 25 日下水后，由于舰体被舾装码头损坏，推迟了完工日期。

1902 年 4 月 8 日在朴次茅斯服役，加入地中海舰队，在地中海服役至 1903 年 7 月。

1903 年 7 月调至远东水域，接替"歌利亚"号。在远东服役至 1905 年 6 月。1903—1904 年处于维修状态。

1905 年 6 月 1 日被召回本土。

1905 年 8 月 23 日在德文波特转为预备役，至 1906 年 5 月，其间进行了维修。

1906 年 5 月 15 日在德文波特重新服役，加入海峡舰队，至 1908 年 5 月。

1908 年 5 月 6 日加入本土舰队，至 1914 年 8 月。

▽ 1916 年，位于达累斯萨拉姆的"报复"号

△ "报复"号。它的绰号是"上帝所有"。注意它在战争初期布置的极为简约的舰桥

1908 年 6 月 13 日在朴次茅斯与商船"贝格角"号（*Begore Head*）相撞，舰体外舷板、防鱼雷网搁架和撑杆受损。

1909 年 2 月 28 日在泰晤士河口搁浅，但未受损伤。

4 月成为查塔姆炮术学校保障船。

1910 年 11 月 29 日在雾中与"比特"号（*Biter*）相撞，防鱼雷网搁架和撑杆受损。

1913 年 1 月在诺尔担任炮术训练舰。

1914 年 8—11 月在海峡舰队服役。

8 月 15 日加入第 7 战列舰分舰队，接替"乔治亲王"号担任旗舰。8 月 25 日参加普利茅斯陆战队营攻占奥斯坦德的行动。

11 月初脱离建制前往埃及，在亚历山大担任警戒舰，接替"黑王子"号（*Black Prince*）和"勇士"号。

在埃及服役至 1914 年 11 月底，随后调至佛得角—加那利群岛，接替"阿尔比恩"号支援那里的巡洋舰分舰队。在佛得角—加那利群岛舰队服役至 1915 年 1 月。

1915 年 1 月 22 日调往达达尼尔，担任分舰队第二旗舰。2 月抵达，在那里服役至 7 月。

2 月 18—19 日参加第一次炮击海峡入口要塞的行动，桅杆和桅具被土军炮火损坏。2 月和 3 月初，参加对海峡入口和狭窄处要塞的后续炮击，支援最初的登陆行动。3 月 18 日，参加攻击海峡狭窄处的行动。4 月 25 日，支援赫勒斯（摩托湾区域）登陆行动。5 月 19 日，在土军进攻澳新联军阵地时支援地面部队。5 月 25 日遭到潜艇攻击。

1915 年 7 月返回本土，由于锅炉故障临时退役。

7—12 月在德文波特维修。

12 月受命前往东非，支援进攻达累斯萨拉姆的行动。12 月 30 日离开德文波特。

1916 年参加攻占达累斯萨拉姆的行动，在东非和好望角活动至 1917 年 2 月。

1917 年 2 月返回本土并退役，保持退役状态至 1918 年 2 月。

1918 年拆除武备，2—4 月成为防闪爆装备的试验舰，5 月开始成为军火仓库舰。

1920 年 7 月 9 日在德文波特列入报废名单。

1921 年 12 月 1 日被出售给斯坦利拆船公司，27 日被拖往多佛。29 日，拖行途中缆绳断裂，后由法国拖船拖往瑟堡。

1922 年 1 月 9 日由瑟堡抵达多佛。

舰史："歌利亚"号

1900 年 3 月 27 日在希尔内斯服役，随后前往远东水域，至 1903 年 7 月。

1901 年 9 月—1902 年 4 月处于维修状态。

1903 年 10 月 9 日在查塔姆转为预备役，至 1905 年 5 月。

1904 年 1—7 月在泰恩的帕尔默公司维修，随后参加年度演习。

1905 年 5 月 9 日在查塔姆重新服役，原定前往远东接替"海洋"号，但 6 月在科伦坡被中途召回，遂加入地中海舰队，至 1906 年 1 月。

1906 年 1 月—1907 年 3 月在海峡舰队（前本土舰队）服役。

▽"报复"号，1916 年。注意 305 毫米炮塔上安装的高射炮

△ 位于伽巴帖培的"阿尔比恩"号。1915年2月，它与"凯旋"号和"庄严"号一起，首次对土军内层要塞发起攻击。4月28日和5月2日，它被敌火重创。5月22日夜间至次日凌晨，它在伽巴帖培搁浅，并遭遇敌方密集射击，被榴霰弹击中达200次之多

1907年3月15日加入新本土舰队朴次茅斯分队。

1907年8月—1908年2月在朴次茅斯维修。

1908年2月4日在朴次茅斯重新服役，加入地中海舰队，至1909年4月。

1909年4月20日在朴次茅斯退役，22日重新服役，加入本土舰队第4分队，至1914年8月。

1910—1911年在查塔姆维修。

一战爆发后加入海峡舰队，至1914年9月。

8月25日，参加普利茅斯陆战队营攻占奥斯坦德的行动。9月20日调至东印度群岛舰队，支援巡洋舰的护航行动，护送印度运兵船前往波斯湾和德属东非，参与行动至10月。

10—11月参加将德国巡洋舰"柯尼斯堡"号封锁在鲁菲吉河（Rufiji River）的行动。11月28日和30日炮击达累斯萨拉姆，派出小艇摧毁港内的船只和设施。

1914年12月—1915年2月在南非的西蒙斯敦（Simonstown）维修。

1915年2月25日维修完毕后，升起海军中将金·霍尔（King Hall）的将旗，3月参加追歼"柯尼斯堡"号的行动。

3月25日受命前往达达尼尔，将旗舰职责转交"风信子"号。

4月1日启程前往达达尼尔，在战区活动至5月。4月25日支援在Y海滩的登陆行动，26日掩护陆军的撤退行动，在25日的战斗中被敌火击伤。4月28日第一次克里希亚战役期间支援陆军部队，在5月2日的战斗中副炮受损。

1915年5月13日被一艘德国人操纵的土耳其鱼雷艇"民族之柱"号（Muven-et-i-Milet[1]）击沉，损失官兵570人。攻击发生在夜间大雾中，"歌利亚"号锚泊在摩托湾外，支援克莱维斯溪（Kereves Dere）的法军。两枚鱼雷几乎同时命中军舰，一枚击中艏炮塔下方舰体，另一枚击中第一座烟囱下方舰体。军舰快速向左舷倾斜，就在它几乎完全倾倒在海中时，第三枚鱼雷击中艉炮塔后部舰体。军舰倾覆，在大部分舰员能够逃至上甲板前舰艏就入水沉没。土耳其鱼雷艇在第一枚鱼雷命中后被发现并遭到还击，但在黑夜中逃脱。

舰史："阿尔比恩"号

"阿尔比恩"号由布莱克沃尔的泰晤士钢铁厂建造，1898年6月21日下水。约克公爵夫人在下水仪式上为军舰施掷瓶礼。不幸的是，军舰下水时掀起的巨浪沿着河床逆流而上，冲垮了一座有200名观众的临时看台，34人溺水而亡，大部分是妇女和儿童。由于一些主要动力部件推迟交付，它的完工日期也被推后，部分原因是制造商遭遇了财政困难。1900年，军舰开始海试。多次因动力和火炮缺陷而推迟之后，终于在1901年6月25日服役并接替"巴夫勒尔"号前往远东。

1901年9月9日开始在远东水域服役，至1905年6月。1902年和1905年处于维修状态。

① 译注：通过其他资料推断，该船即为驱逐舰 Muavenet-i Milliye（或写作 Muâvenet-i Millîye）。该舰舰名采用《无畏之海：第一次世界大战海战全史》（章骞著，山东画报出版社，2013年）中的译法，即"民族之柱"号。

1905 年 6 月返回本土，加入海峡舰队，至 1906 年 4 月。

1905 年 9 月 26 日在勒威克（Lerwick）与"邓肯"号相撞，但未受损伤。

1906 年 4 月 3 日在查塔姆转为预备役，至 1907 年 2 月。1906 年在查塔姆维修。1907 年 2 月 25 日在朴次茅斯退役，次日重新服役，临时加入新本土舰队朴次茅斯分队，至 1907 年 3 月。

1907 年 3 月 26 日在朴次茅斯加入大西洋舰队。

1908—1909 年在直布罗陀和马耳他维修。

1909 年 8 月 25 日加入诺尔的本土舰队第 4 分队，至 1914 年 8 月。1912 年在查塔姆维修。一战爆发时加入海峡舰队。

1914 年 8 月 15 日第 7 和第 8 战列舰分舰队合并，原第 7 战列舰分舰队的 4 艘庄严级担任警戒舰。"阿尔比恩"号成为新的第 7 战列舰分舰队第二旗舰。由于海军决定使用战列舰支援大西洋上的巡洋舰分舰队，以防德国重型舰艇突入大西洋，8 月 5 日至 21 日，"阿尔比恩"号、"卡诺珀斯"号、"荣耀"号和"海洋"号脱离第 7 战列舰分舰队，分别前往圣文森特—菲尼斯特雷角（St.Vincent–Finisterre）、佛得角群岛、哈利法克斯和女王镇。"歌利亚"号和"报复"号（旗舰）分别留在第 7 战列舰分舰队至 9 月和 11 月。

△ 1915 年 5 月 24 日，"阿尔比恩"号正由"卡诺珀斯"号拖曳航行，但舰上火炮仍在开火

▽ "阿尔比恩"号，1915 年 5 月 26 日。它已排干进水，离开战区进行修理

8月21日前往直布罗陀担任警戒舰并支援圣文森特—菲尼斯特雷分舰队。

9月3日调往佛得角—加那利群岛，接替"卡诺珀斯"号，随后退出现役。

1914年10月—1915年1月在好望角舰队服役，担任鲸湾港（Walfiach Bay）警戒舰至11月。

1914年12月—1915年1月参加对德国西非殖民地的作战。

1915年1月调至达达尼尔，至当年10月。

▷"阿尔比恩"号，大约1917—1918年，可见其甲板布置。注意舰艉炮塔基座被涂成黑色，防鱼雷网撑杆已张开

▽ 1920年1月，位于拆船厂（沃德公司）的"阿尔比恩"号，此时仍然安装着防鱼雷网。注意巨大的撞角

1915 年 2 月 18—19 日参加炮击海峡入口要塞的行动。2 月 26 日与"庄严"号和"凯旋"号一起首次对内层要塞进行炮击。它们是战役期间首批进入海峡的舰艇。2 月和 3 月初，支援首次登陆行动。3 月 1 日，在与要塞的炮战中，"阿尔比恩"号被多次击中，但未受到严重损伤。

3 月 18 日参加大规模攻击要塞的行动。

4 月 25 日支援在赫勒斯（V 海滩）的登陆行动。

4 月 28 日在攻击克里希亚的行动中被重创，被迫撤退并在穆德罗斯修理。重返战场后，5 月 2 日再遭重创，返回穆德罗斯修理。

5 月 22 夜间至次日凌晨在伽巴帖培搁浅并遭到密集火力打击。它被榴霰弹击中大约 200 次，但未受严重损伤。后由"卡诺珀斯"号将其拖离，5—6 月在马耳他维修。

10 月 4 日返回萨洛尼卡，加入第 3 特遣分舰队，协助法国封锁希腊和保加利亚海岸，随后增援苏伊士运河巡逻队。临时搭载 1500 名英军到萨洛尼卡，并为法国第二批紧急增援力量护航。

1915 年 10 月—1916 年 4 月在萨洛尼卡舰队服役。

1916 年 4 月返回本土，4—5 月在女王镇担任警戒舰，5—8 月在德文波特维修。

1916 年 8 月—1918 年 10 月在亨伯担任警戒舰，10 月降格为居住船。

1919 年 8 月在德文波特列入报废名单，12 月 11 日以 32755 英镑价格出售给 T. W. 沃德公司。

1920 年 1 月 3 日靠自身动力离开德文波特，1 月 6 日抵达莫克姆解体。

可畏级：1897 年预算

设计

1897 年 5 月 3 日，海军部委员会第一次讨论了 1897 年战列舰的设计，委员会一致决定，出于以下理由，新战列舰不应重复卡诺珀斯级的设计：

1. 排水量 15000 吨的日本新战列舰［"敷岛"号（*Shikishima*）和"初濑"号（*Hatsuse*）］已经设计定型或列入计划；

2. 卡诺珀斯级的排水量不足以布置庄严级和卡诺珀斯级之后出现的新式 305 毫米 40 倍径主炮，新主炮炮座、旋转台和基座等部件的重量均有增加，这些部件重达 150 吨。

海军部决定增建一艘卡诺珀斯级（"报复"号），使该级舰的总数达到 6 艘，形

▷ 1901 年 10 月，停泊在朴次茅斯，即将前往地中海的"可畏"号。卡诺珀斯级被特别设计成在海外作战的轻型战列舰，可以通过巴拿马运河，而可畏级是庄严级改进型，是各方面都得到强化的重型战列舰。"可畏"号于 1901 年 10 月 10 日服役，由"决心"号的舰员操纵加入地中海舰队

成一个完整的战术单位，同时设计一种体形更大、火力更强的新式战列舰，共建造 3
艘，以此构成整个 1897 年的主力舰建造计划。

最新发展的克虏伯装甲、改进的动力系统和水管锅炉都已应用在卡诺珀斯级上，
减轻重量的同时提高了战斗力和效能，所以有可能在不大量增加排水量的情况下，将
新型主炮、比庄严级更强更全面的防护，以及更高的航速集于一处，应用在新主力舰上。

根据这些决定，海军造舰总监（怀特）建议设计一种同时体现这些技术特点的
改进型庄严级战列舰，1897 年 6 月 18 日，他递交了两个设计方案，每个方案都布置
有 4 门 305 毫米主炮和 203 毫米侧舷装甲带，航速能达到 18 节。第一个方案有 12 门
152 毫米副炮，排水量 14700 吨，副炮数量与庄严级相同，但排水量小了 200 吨。第
二个方案有 14 门 152 毫米副炮（与日本的新战列舰相同），排水量 14900 吨。

怀特本人更倾向于 14 门副炮方案，但海军部委员会的大部分成员认为没必要增
加副炮数量。他们批准了 12 门副炮方案，但将侧舷装甲增至 229 毫米，尽管这样造
价将增加 17000 英镑，排水量也将增至 15000 吨。1897 年 6 月 19 日，海军部委员会
一致同意，1897—1898 财年海军预算中 3 艘新型战列舰的设计方案，将是以上述性
能为基础的改进型庄严级，并要求海军造舰总监开始详细设计。

在基本性能确定后，怀特命令 J. H. 纳尔贝特负责基本设计，J. H. 卡德维尔担任
助手。1897 年 8 月 17 日，哈斯拉尔试验基地的 R. E. 弗劳德交付了战列舰模型，供
设计人员研究舰体和型线的细节。

与庄严级相比，新设计方案的排水量增加了 100 吨，拥有威力更强大的 305 毫米
主炮和防护力更强的克虏伯装甲，持续远洋航行的最高航速增加 2 节。与日本的"初
濑"号相比，排水量和主炮相同，但副炮少了 2 门；由于使用了质量更优的装甲（克
虏伯装甲对哈维装甲），具有更佳的全向防护；航速相同，燃料储量则超出 18%。

在哈斯拉尔基地，弗劳德致力于改进舰体外形，他通过削减模型艉艏的力材（Dead-
wood），获得了更好的操纵性。这种改进在卡诺珀斯级上也有应用，但削减程度远小于新
设计。新主力舰被证明是优良的远洋舰艇，但由于干舷有所降低，适航性不如庄严级。

武备

Mk IX 型 305 毫米 40 倍径主炮由维克斯公司制造，与装备在庄严级上的老式
Mk VIII 型主炮相比有很大区别：

1. 取消了 C 箍环，火炮套管直接与 B 管相连，使其通过室肩与后者大幅度重
   叠，而推力环（Thrust collar）就构建在套管上。这种改进大大增加了火炮桁
   梁（Girder）的强度。
2. 火炮重量增加了 4 吨。
3. 更重的发射药增加了炮弹初速，炮膛体积也有所增加。
4. 新主炮采用了维克斯公司设计的膛线。
5. 使用了"韦林"式（Welin）炮闩。

炮身为钢制，在一层钢制缠线和套管下方有数层身管。新主炮的结构极为坚固，受到海军的好评。但值得注意的是，海军上校珀西·斯科特在1903—1904年一份有关舰炮的文件中对这种主炮提出了一些批评：

Mk VIII 型 305 毫米主炮是大约 11 年前设计的，是第一种口径大于 234 毫米，并采用缠线技术的主炮。其威力与之前的主炮相比大为提高。当然这种主炮现在已经过时，不再是一流主炮，新型战舰也不会使用这种火炮。它的 A 管有严重缺陷。由于最初的设计思想是制造一种高初速主炮，并且为了减轻发射药的腐蚀，内层 A 管应当是一根薄身管，置于外层 A 管内，具有 1∶200 的锥度，这样当需要更换内 A 管时，由于磨损、腐蚀和脱离，很容易就可以将旧的取出，再插入新的，整个过程成本很低。但这种预期其实是错误的，原因如下：

1. 使内外层 A 管完全吻合在一起几乎是不可能的，结果就是它们在整个炮身长度上都极少能在力学上相互作用；
2. 在完成验证射击，以及在军舰服役期间进行一定轮次的射击后，内层 A 管的某些部分会比其他部分发生更大程度的延展，导致其与外层 A 管脱离，这样会造成其他部分的身管因失去支撑而继续发生脱离；
3. 内层 A 管的延展，以及炮弹在身管内运动时引起的收缩，使炮弹无法沿身管中心线前进，导致炮弹的飞行出现偏差，严重影响射击精度。

说来也奇怪，我在直布罗陀为海峡舰队做远程炮术讲座时，还特别提到了这些 305 毫米主炮的弱点。

三周后，我随"庄严"号出海，担任射击大奖赛的裁判，我就坐在军舰艉炮塔顶部。火炮开火时，内层 A 管的一部分被炸飞到海中（见庄严级）。当时我们都没有注意到。随后火炮又发射了两轮。处在后甲板的随舰牧师看到了炸飞的内层 A 管部件在空中飞转，随即落在军舰旁边的海中。射击结束后，其他火炮也发现了两条裂痕。

我希望自己绝不是在危言耸听，然而时至今日，人们还没有怀疑过 Mk IX 型 305 毫米主炮的质量。除了内层 A 管略厚外，制造工艺与 Mk VIII 型主炮几乎完全相同，但新主炮受到的应力却大大增加了。有一两门主炮已经出现了问题，随着炮龄增加，我担心它们会显现出同样的缺陷。

"可畏"号（改进型庄严级）：最终设计数据（1897 年 12 月 29 日）

排水量：15000 吨

舰长：121.92 米

舰宽：22.86 米

吃水：8.15 米（平均）

干舷：7.01 米（舰艏），5.12 米（舯部），5.49 米（舰艉）

续表

武备

4 门 305 毫米主炮

12 门 152 毫米副炮

16 门 76 毫米炮

6 门 47 毫米炮

装甲

主装甲带：229 毫米

炮塔基座：152—305 毫米

舰艏司令塔：305 毫米

炮塔：254 毫米（最大）

炮郭：152 毫米

甲板：64—76 毫米

各单位重量（吨）

舰体：9150

武备：1730

动力：1415

燃煤：900

其他装备：710

预留重量：200

装甲重量（吨）

垂直：1265

水平：1240

炮塔基座：1035

司令塔：110

炮郭：425

可畏级：建成时性能数据

建造

	造船厂	开工	下水	建成
"可畏"号	朴次茅斯造船厂	1898 年 3 月 21 日	1898 年 11 月 17 日	1901 年 9 月
"怨仇"号	德文波特造船厂	1898 年 7 月 13 日	1899 年 3 月 11 日	1901 年 7 月
"无阻"号	查塔姆造船厂	1898 年 4 月 11 日	1898 年 12 月 15 日	1901 年 10 月

排水量（吨）

"可畏"号：14658（正常），15805（满载）

"怨仇"号：14480（正常），15805（满载）

"无阻"号：14720（正常），15930（满载）

尺寸

长：121.92 米（垂线间长），125.27 米（水线长），131.6 米（全长）

宽：22.86 米

吃水（平均）：7.01 米（舰艏），5.12 米（舯部），5.49 米（舰艉）

续表

武备

4 门 305 毫米 40 倍径 Mk IX 型主炮，每门炮备弹 80 发

12 门 152 毫米 45 倍径 Mk VII 型副炮，每门炮备弹 200 发

16 门 76 毫米炮（12 英担），每门炮备弹 300 发

2 门 76 毫米炮（8 英担）

6 门 47 毫米炮，每门炮备弹 500 发

2 挺机枪

4 具 457 毫米水下鱼雷发射管

装甲

主装甲带：229 毫米

横向装甲：229—254—305 毫米

侧舷装甲板：76 毫米（舰艏），38 毫米（舰艉）

炮塔基座：152—305 毫米

炮塔：203—254 毫米

炮郭：152 毫米

前部司令塔：76—356 毫米

垂直通道：76—203 毫米

甲板：主甲板 25 毫米，中甲板 51—76 毫米，下甲板 51—64 毫米

装甲总重：4335 吨

动力

2 套三缸垂直三胀式蒸汽机，2 副螺旋桨

汽缸直径：高压 800.1 毫米，中压 1298.65 毫米，低压 2133.6 毫米

冲程：1295.4 毫米

锅炉：20 台贝尔维尔锅炉，工作压力 2.07 兆帕

总加热面积：3437.41 平方米

设计输出功率：15000 马力（18 节）

燃煤：900 吨（正常），1920—2000 吨（最大）

燃煤消耗速率：全功率下每天消耗 350 吨燃煤，3/5 功率下每天消耗 209 吨燃煤，7 节航速下每天消耗 50 吨燃煤

续航力：5100 海里 /10 节

小艇（通常配置）

大舢板（蒸汽）：2 艘 17.07 米，1 艘 10.97 米

大舢板（风帆）：1 艘 10.97 米

长艇（风帆）：1 艘 12.19 米

纵帆快艇：2 艘 10.36 米，1 艘 9.14 米

舰长交通艇：1 艘 9.75 米

捕鲸艇：3 艘 8.23 米

小舢板：1 艘 8.53 米

帆装小工作艇：1 艘 4.88 米

巴沙救生筏：1 艘 4.11 米

探照灯

6 部 610 毫米探照灯：前后舰桥各 2 部，前桅和主桅高处各 1 部

续表

船锚

"可畏"号为 2 副 5.75 吨霍尔斯有杆转爪锚（Halls close stowing anchor），1 副 5.75 吨拜尔斯无杆锚（Byers Stockless）；其他同级舰 3 副 5.75 吨豪尔斯锚

舰员

"可畏"号：711 人（1910 年）

"怨仇"号：361 人（1918 年，核心舰员）

"无阻"号：788 人（1901 年）

"可畏"号：初稳心高度和稳性（1901 年年初倾斜试验）

	吃水（平均）	初稳心高度	最大复原力臂角	稳性消失角
A 条件（正常）*	7.92 米	1.25 米	37 度	65 度
B 条件（满载）**	8.53 米	1.34 米	37 度	65 度

* 全备状态加上层煤舱 360 吨燃煤，下层煤舱 540 吨燃煤。

** 全备状态加 2000 吨燃煤。

◁ "可畏"号正以 16 节航速前进，1902 年。注意通风口整流罩上的帆布罩

▽ "怨仇"号正在驶往马耳他，1902 年

△ 1902 年 2 月，"无阻"号
服役

在可畏级和堡垒级建造期间，海军对舰炮炮座进行了大量试验，结果是在"可畏"号和"怨仇"号上使用了 B VI 型炮座，而"无阻"号使用了改进的维克斯公司炮座（B VII 型），后者在"无阻"号建造期间经过了试验。（"伦敦"号和"堡垒"号使用 B VI 型炮座，"可敬"号使用 B VII 型炮座。）两种炮座在炮塔基座升降机通道中都布置了隔断，但二者的升降机和内部设施有很大区别。

怀特就副炮布置提出了两个方案：一是如庄严级一般布置 12 门 152 毫米副炮；另一个安装 14 门 152 毫米副炮，其中 6 门炮在上甲板，8 门炮在主甲板（和新建的日本战列舰"初濑"号、"敷岛"号相同）。海军部委员会批准了前者，理由是虽然布置在上甲板的火炮具有更强的进攻火力，特别是在远洋条件下，但与当代的外国战列舰相比，12 门 152 毫米副炮仍是足够的。另外，增加火炮数量将使上甲板过于拥挤，肯定需要增加排水量。

当时很多人的观点是，与其增加进攻火力，不如增加主装甲带的厚度，特别是在舰炮口径和初速都飞速提高的年代。

原始设计中，有12门47毫米炮布置在4个战斗桅楼中（前桅和主桅各有2个桅楼），这与庄严级相同，但是后来取消了上层桅楼，47毫米炮的数量也减至6门。

装甲

怀特最初建议使用203毫米最新式克虏伯装甲代替庄严级上的229毫米哈维装甲。利用新发展的装甲技术，可以节省最少300吨重量。但是海军部委员会认为，由于外国海军可能已在火炮技术上取得进步，应该将装甲厚度维持在229毫米，这样的装甲防护，将使新主力舰能在当时的交战距离上抵御所有火炮的打击。

作为从庄严级到可畏级之间排水量较小的过渡型号，卡诺珀斯级的防护已经在前者的基础上得到改进。与庄严级相比，可畏级防护上的改进之处有：

1. 大部分垂直装甲板使用克虏伯渗碳装甲代替了哈维装甲；
2. 厚度较小的装甲带延伸部分直达舰艏和舰艉（卡诺珀斯级的装甲带没有延伸至舰艉）；
3. 除了装甲盒侧舷装甲带后方有倾斜的装甲甲板外，装甲盒顶部也布置了水平装甲板。

与卡诺珀斯级相比，舰艏装甲延伸带水线以上部分高了大约1.07米，舰艏下甲板装甲的厚度则减少了13毫米。炮塔装甲的最大厚度小于庄严级，节省下来的装甲重量用于额外增加的舰艉装甲延伸带。锅炉舱之间没有沿舰体中心线布置水密舱壁，但内部水密分隔比庄严级更完善。

229毫米的克虏伯主装甲带长66.45米，高4.57米，两端位于炮塔基座侧面。装甲带上缘达到主甲板高度（高出水线2.9米），下缘在水线下方1.68米。51毫米装甲带舰艏延伸部分的上缘高于水线2.29米，下缘与主装甲带的下缘平齐，只在舰艏处向下倾斜，直达撞角。部分资料显示，舰艏装甲带的厚度为76毫米，实际是51毫米装甲板敷设在两层厚度均为13毫米的钢板上。[1] 装甲带舰艉延伸部分为25毫米，末端直达军舰艉部。这部分装甲带的上缘大约高出水线1.23米，下缘与主装甲带下缘平齐。

舰艏横向装甲为229毫米，从229毫米主装甲带前端斜向内布置到舰艏主炮塔基座的正面。舰艉横向装甲为229—254毫米，从主装甲带尾端斜向内布置到舰艉主炮塔基座的正面。舰艉横向装甲在主甲板以上为229毫米，以下为254毫米。装甲盒以舰体中心线计，总长度为76.2米。

同级舰之间的炮塔和炮塔基座装甲厚度有所不同。"可畏"号炮塔基座装甲厚度统一为305毫米，炮塔装甲正面和侧面为203毫米，后部为254毫米，顶部为51—76毫米。"无阻"号炮塔基座装甲在侧舷装甲带以上为305毫米，以下超出装甲带的前部为254毫米，未超出的后部为152毫米；炮塔装甲与"可畏"号基本相同，除了顶部76毫米装甲部分更短。副炮炮郭由哈维装甲提供防护，正面为152毫米，后部和顶部为51毫米。弹药升降机通道由51毫米低碳钢装甲提供防护。

[1] 译注：本书中装甲和口径的换算大多取整数。76毫米由3英寸换算而来，51毫米由2英寸换算而来，13毫米由0.5英寸换算而来。然而此处2×13＋51并不等于76。若换算时保留一位小数，即3英寸对应76.2毫米，2英寸对应50.8毫米，0.5英寸对应12.7毫米，这里的计算结果方才正确。

主甲板装甲布置在装甲盒顶部，厚度为 25 毫米（低碳钢）。中甲板装甲水平部分为 51 毫米，倾斜部分为 76 毫米，布置在舰艉主炮塔之间，面积覆盖了整个装甲盒，水平部分高于水线 0.76 米，倾斜部分下缘直达主装甲带下缘。舰艏的下甲板装甲为 51 毫米，向下弯曲布置，从装甲盒前端延伸至舰艏。舰艉下甲板装甲为 64 毫米，布置方式同舰艏下甲板装甲。

▽ 驻泊马耳他的"怨仇"号，1903 年 2 月。军舰在进行战斗准备时，已将维多利亚式涂装改为一种非常浅的灰色涂装。这是为了试验一艘战列舰能以多快速度更换涂装。注意舰员们在舰体上写下"献给我们摇摆的家"。无疑他们非常厌倦这种艰辛的工作

　　舰艏司令塔装甲为 254—356 毫米（哈维装甲），垂直通道装甲为 203 毫米（低碳钢）。舰艉司令塔和垂直通道装甲均为 76 毫米。

　　煤舱按照传统布置在主装甲带后方和锅炉舱两侧，高度位于主甲板和中甲板之间。装甲盒外侧的艏艉两端有蜂窝状水密隔舱。

　　可畏级的装甲厚度与庄严级大致相同，厚度不足的缺点也部分被克虏伯装甲更先进的性能所抵消，克虏伯装甲的抗弹能力比哈维装甲高出大约 30%。

"可畏"号

舰体剖视图和侧视图，1901 年

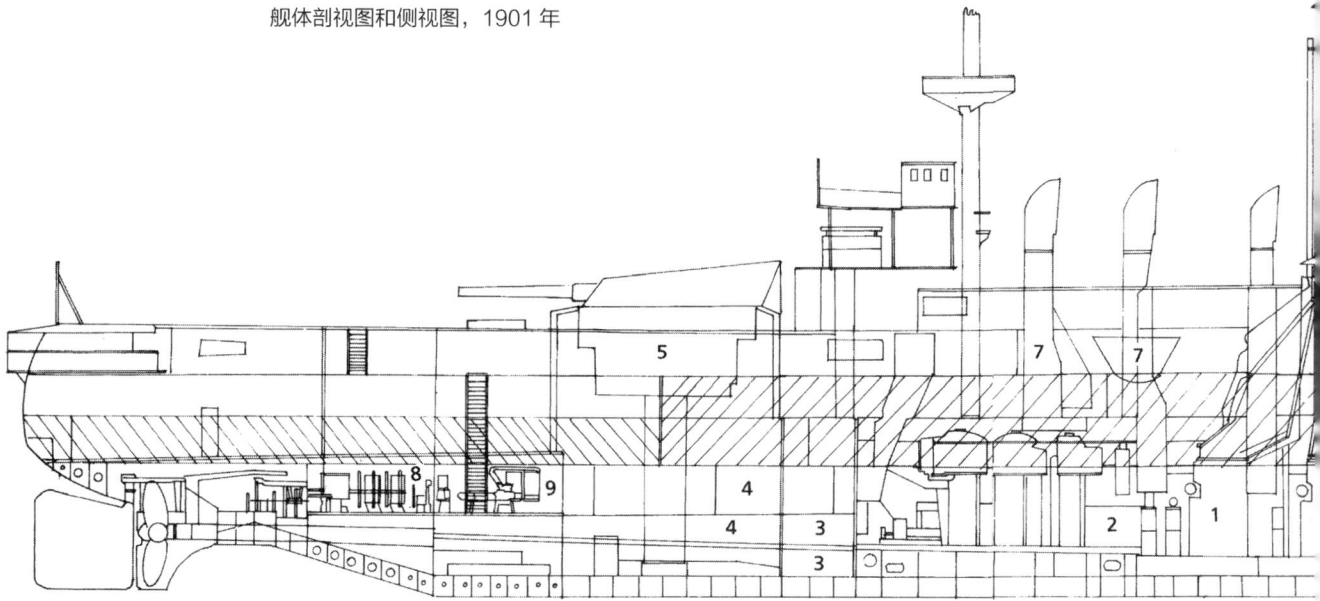

纵剖图
1. 锅炉
2. 轮机舱
3. 炮弹舱
4. 发射药舱
5. 305毫米炮座

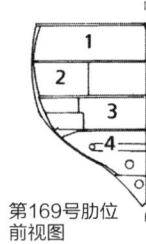

第169号肋位
前视图

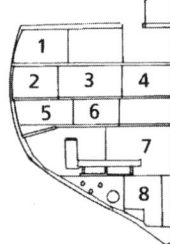

第155号肋位
前视图

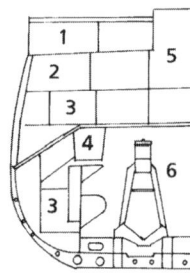

第108号肋位
前视图

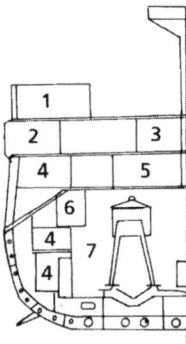

第118号肋位
前视图

第169号肋位
1. 司令舱
2. 士官仓库
3. 食品仓库
4. 舵柄（Tiller）舱

第155号肋位
1. 司令秘书舱
2. 住舱
3. 工作间
4. 军官工作舱
5. 主计官仓库
6. 缆绳舱
7. 鱼雷舱
8. 炮手仓库

第118号肋位
1. 炮郭
2. 牧师办公室
3. 司令餐厅
4. 燃煤
5. 司炉兵盥洗室
6. 弹药通道
7. 轮机舱

第108号肋位
1. 76毫米炮甲板
2. 152毫米副炮炮郭
3. 燃煤
4. 弹药通道
5. 轮机舱舱口
6. 轮机舱

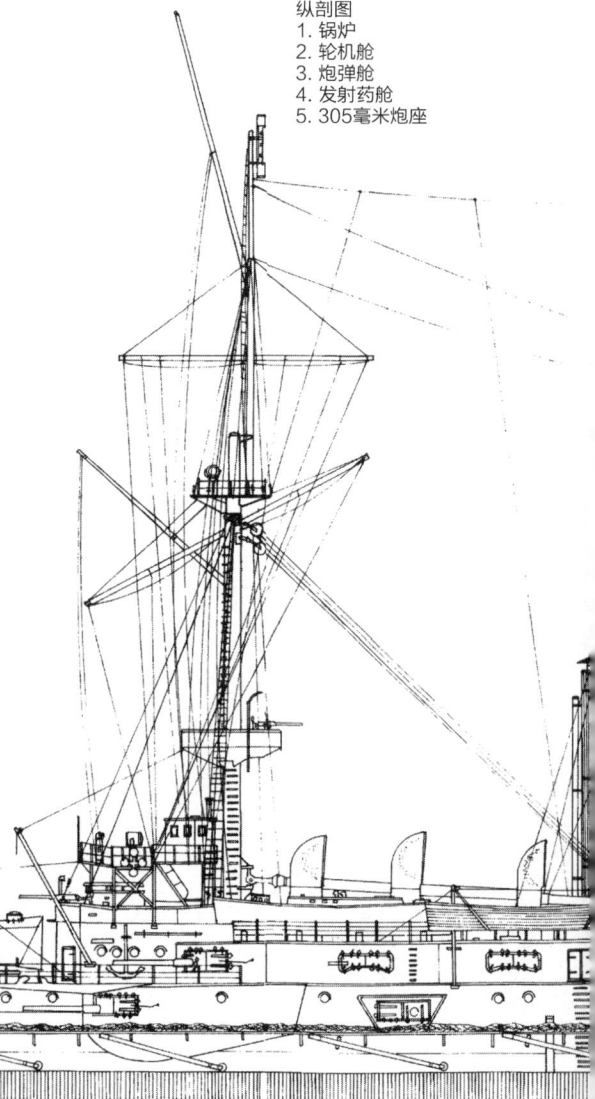

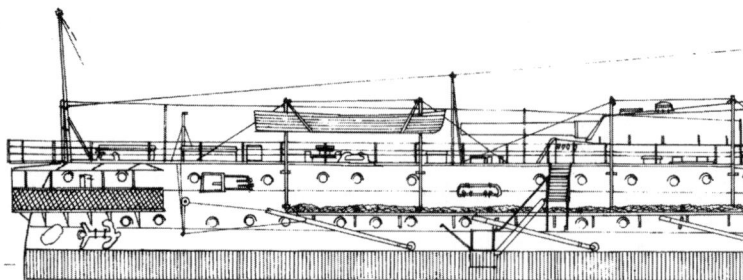

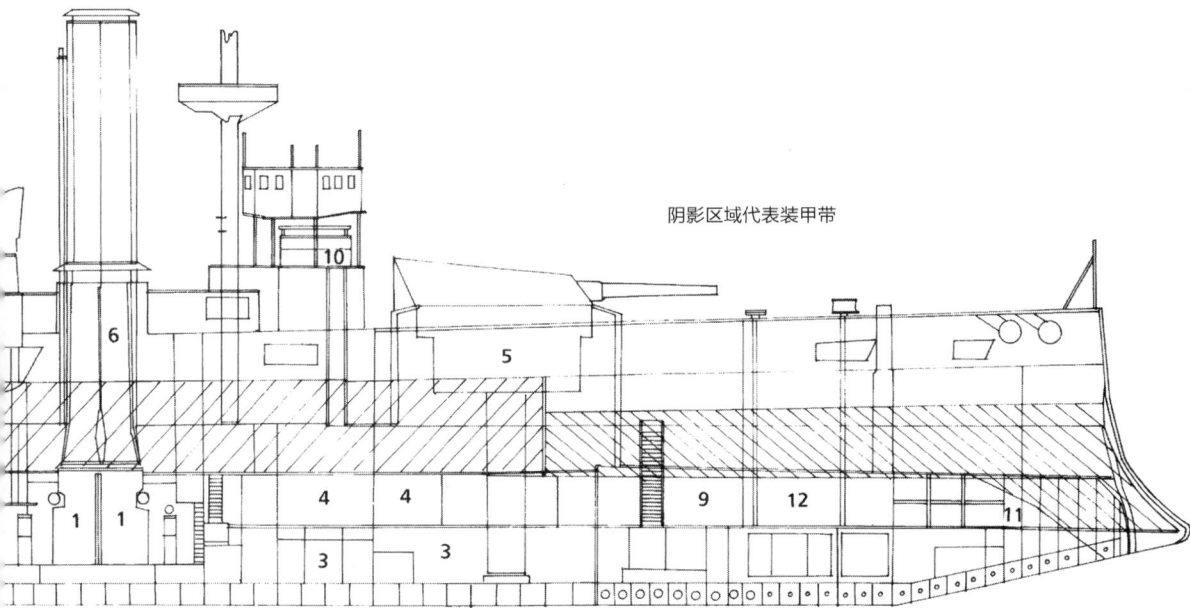

阴影区域代表装甲带

6. 排烟道
7. 轮机舱通风口
8. 舵机舱
9. 鱼雷舱
10. 司令塔
11. 水密舱
12. 绞盘舱

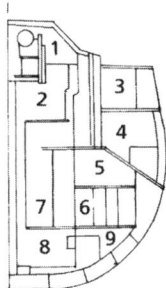

第38号肋位
后视图

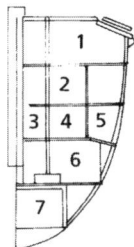

第22号肋位
后视图

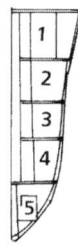

第11号肋位
后视图

第56号肋位
后视图

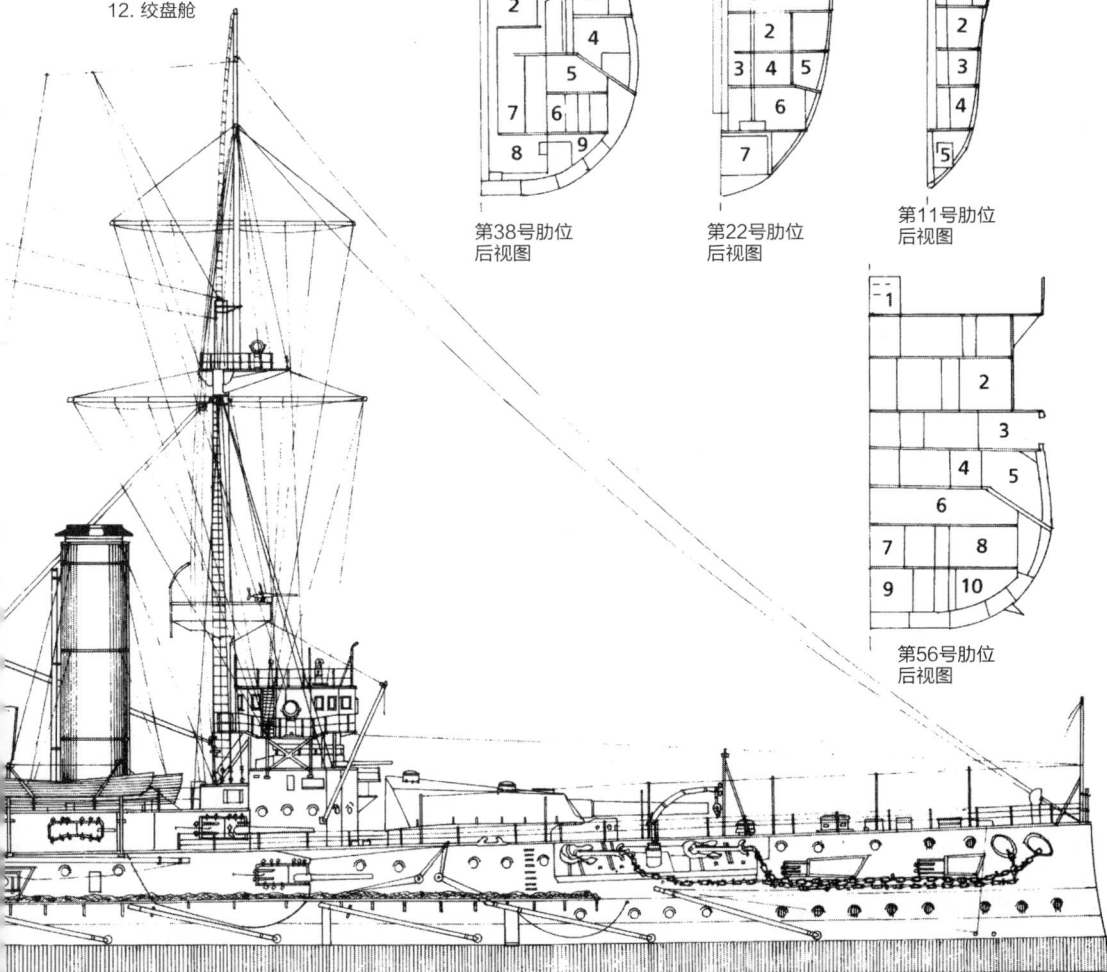

第38号肋位
1. 305毫米炮塔
2. 炮弹工作间
3. 照明舱
4. 燃煤
5. 轮机仓库
6. 电力仓库
7. 发射药舱
8. 305 毫米炮弹舱
9. 食品仓库

第22号肋位
1. 水兵住舱
2. 水兵住舱
3. 舰艏锚链舱
4. 副锚链舱
5. 酸橙储存柜
6. 绞盘舱
7. 冷藏室

第11号肋位
1. 水兵住舱
2. 水兵住舱
3. 水手长仓库
4. 帆布舱
5. 绳索舱

第56号肋位
1. 海图室
2. 水兵厕所
3. 152毫米副炮炮郭
4. 煤袋仓库
5. 燃煤
6. 弹药输送轨
7. 305毫米炮发射药舱
8. 弹药处理舱
9. 152毫米炮弹舱
10. 47毫米炮弹药舱

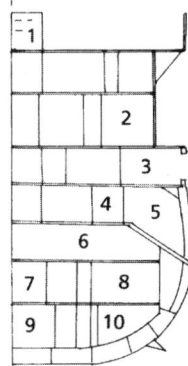

可畏级：各单位造价（英镑）

	"可畏"号	"怨仇"号	"无阻"号
装甲盒侧面装甲	125163	124745	124868
上部基座	65983	66529	66802
装甲盒末端装甲	41805	41370	41370
主炮塔防盾	37660	37606	37632
炮郭	26552	26552	26667
下部基座	13329	12786	12835
舰艏装甲板	8372	8302	8592
舰艏司令塔	5410	5410	5547
基座顶部	1925	1925	1925
垂直通道	1415	1412	1410
舰艉司令塔	685	685	685
推进和辅助机械	140481	148803	144845
炮座（不含炮塔旋转部分）（平均）	80245	—	—
劳务（平均）	220000	—	—
材料（平均）	134000	—	—
蒸汽小艇	6530	—	—
总造价（估计）	911256	918883	917535
总造价（实际）	1022745	989116	1048136
火炮	74500	74500	74500

动力

▽ 完工时的"可畏"号右舷舰艉，1901 年 10 月摄于查塔姆造船厂

可畏级的动力系统虽然与庄严级基本相同，但依靠设计上的一些改进略有减重，同时提高了效率。卡诺珀斯级安装了改进型蒸汽机和水管锅炉，输出功率相比庄严级大幅提高，而重量仅增加了 95 吨。设计人员认为，如果将这套动力系统安装在可畏级上，自然通风状态下的轴输出功率将从庄严级的 12000 马力增至 15000 马力，所以新主力舰设计必须全面利用新技术带来的优势。

20 台带有省煤器的贝尔维尔锅炉布置在 3 个锅炉舱中，前部和中部锅炉舱分别布置 8 台锅炉，后部锅炉舱布置 4 台。两套三缸垂直三胀式蒸汽机驱动两副向内旋转的螺旋桨。

海试中，除了一些小毛病外，锅炉和蒸汽机的工作情况都令人满意，但是随着使用时间的增加，该级舰的蒸汽机 / 锅炉在 1909 年至 1914 年出现了各种问题。

"可畏"号的问题最为严重。1912 年秋，海军成立了质询法庭，调查其锅炉状况自 1911 年在直布罗陀维修后就持续恶化的原因。经

过漫长的听证后，海军部委员会的结论是，军舰自维修后就未受到特别养护，而在1911 年 8 月至 10 月之间，军舰由核心舰员操纵，一直在做大强度的持续航行。委员会没有让任何个人为此承担责任。

1905 年 7 月 12 日，"怨仇"号上的一台锅炉发生爆炸事故，原因是在主蒸汽管仍存留有凝结水的情况下就将蒸汽通入其中。两人在事故中身亡，数人受伤。质询法庭将责任归咎于舰上的海军轮机中校和两名海军轮机上尉。第二年 8 月 16 日，"怨仇"号的另一台锅炉发生爆炸，原因是给水不足，锅炉过热。

虽然质询法庭每一次都能找到这些以及其他事故和问题的原因，但是时间证明，可畏级的蒸汽机性能尚属可靠，锅炉却问题重重。通常一台锅炉的平均寿命大概是 3 年（由使用情况决定），但是省煤器和大部分管道需要经常更新。

外观变化

这是 3 艘外形优美的战舰。烟囱之间，以及前桅与主桅的间距很大，这让它们看起来比卡诺珀斯级更雄壮。

可畏级与卡诺珀斯级的外观区别主要有：第一座烟囱更接近前桅；桅杆间距更大，桅杆也略高一些；主甲板炮组前后各增加了一对 76 毫米炮；干舷略高，外形更显雄伟。

▽"无阻"号（右）和"怨仇"号，约 1905 年。两舰在马耳他的干坞中进行舰体清洁作业。在地中海这项工作必须频繁进行，因为海洋生物在温暖的海水中会不断在舰体上累积

与堡垒级的区别有：炮塔正面为弧形，舰艏下甲板处的舷窗不同（舰艏舷窗的布置有很大不同）。

与邓肯级不同，可畏级的第二座烟囱呈椭圆形，长轴与舰体中心线垂直，而邓肯级两座烟囱的大小相同。

同级舰之间的外观也有诸多不同，但有时很难区分。"可畏"号的烟囱没有罩盖，但是有增高的重型烟囱帽。"怨仇"号的烟囱有罩盖，烟囱帽与"可畏"号几乎完全相同。"无阻"号的烟囱有罩盖，但它的轻型烟囱帽更接近烟囱。"无阻"号第一座烟囱后方没有蒸汽管。

1902 年："可畏"号和"怨仇"号上的 47 毫米炮移除了防盾（"无阻"号的 47 毫米炮在建成时就没有安装防盾）。"怨仇"号在地中海舰队服役期间，临时采用了浅灰色涂装。据称后来还进行了一次特别的涂装作业演习，目的是确定军舰从和平时期涂装转换为战时涂装所需的时间。当时海军部正考虑将灰色作为"战时涂装"，虽然和平时期军舰还在大量使用醒目的黄色涂装。在同一次演习中，"怨仇"号在做战斗准备时放倒了顶桅，移除了桅桁和信号旗斜桁，帆布通风筒代替了通风口整流罩，小艇周围绑扎了帆布作为防破片措施。

1903—1904 年："怨仇"号前桅上的探照灯被小型测距仪取代。

1904—1906 年：

安装了火控和测距设备。前桅火控平台取代了探照灯平台。主桅上的战斗桅楼加装了顶盖，作为火控战位使用，同时扩大了测距仪后方的空间。实施这些改装的时间为："可畏"号，1904—1905 年；"怨仇"号，1904—1906 年；"无阻"号，1905—1906 年。

47 毫米炮从桅楼上拆除（仅主桅）。前桅探照灯临时置于火控平台下方一个新加装的小平台上。

1906—1907 年：前桅楼上的 47 毫米炮被拆除。部分 47 毫米炮重新置于舰桥或上层建筑上，余下的 47 毫米炮不再重新安装。同级舰之间 47 毫米炮的布置方式有很大区别。探照灯从主桅上拆除，临时布置在舰艏炮郭上方。

可畏级：动力海试（1901 年）

	排水量（吨）	吃水（平均）	转速（转/分）	输出功率（马力）	航速（节）
"可畏"号					
30 小时 1/5 功率	15084	8 米	65.2	3281	11.5
30 小时 11500 马力	15372	8.08 米	100.95	11618	17.65（标准海里）
8 小时全功率	14797	8.03 米	109.3	15511	18.13（标准海里）
"怨仇"号					
30 小时 1/5 功率	15117	8.13 米	66.1	3179	11（舰志记录）
30 小时 11500 马力	15046	8.1 米	100.05	11858	16.75（标准海里）
8 小时全功率	15017	8.18 米	108.55	15262	18.22
"无阻"号					
30 小时 1/5 功率	15162	8.18 米	69.25	3243	11.76
30 小时 11500 马力	15262	8.23 米	101.9	11726	17.5（舰志记录）
8 小时全功率	15205	8.26 米	110.2	15603	18.2（舰志记录）

△ "无阻"号的前甲板，约
1905 年

◁ "无阻"号，1908 年。可
畏级和卡诺珀斯级最明显的区别
是前者外形更加高大，烟囱和桅杆
的间距也更大

1907—1908 年： 主甲板上的 76 毫米炮被重新布置在上层建筑上，前后各 4 门。"可畏"号和"怨仇"号前部炮孔被封闭。此前前桅和后部海图室上方的探照灯被重新布置在舰艏炮郭上方。无线电天线斜桁被升高，桅顶信号标装置被拆除。

1908—1909 年： "怨仇"号的无线电天线斜桁被拆除，主桅和前桅安装了无线电天线最上桅。所有同级舰主桅上的重型桅桁被拆除。1908 年，"怨仇"号和"无阻"号绘上了烟囱识别带（"怨仇"号为两道紧邻的红色识别带，"无阻"号为两道大间距

△"可畏"号，1914 年 7 月。
显示了战争爆发时军舰的全貌。注
意防鱼雷网已被拆除

▽"怨仇"号，1911 年摄于韦
茅斯。注意它的深灰色涂装，这在
当时的军舰上非常普遍

红色识别带）。这些临时绘上的识别带只
在舰队演习中用作识别标志，并非用于单
舰识别。海上行动时识别带经常变更。

1909—1910 年： 在一座或两座桅
楼上，以及舰部海图室上方安装了距离
指示装置（同级舰之间有所不同）。"可
畏"号前桅安装了无线电最上桅。此时
的标准烟囱识别带为："可畏"号第二座
烟囱一道白色识别带；"无阻"号每座烟
囱一道白色识别带；"怨仇"号第一座烟
囱一道白色识别带。

1910—1911 年： "可畏"号的无
线电斜桁被最上桅取代。"无阻"号上的
天线斜桁被拆除，前桅和主桅上安装了
无线电最上桅。

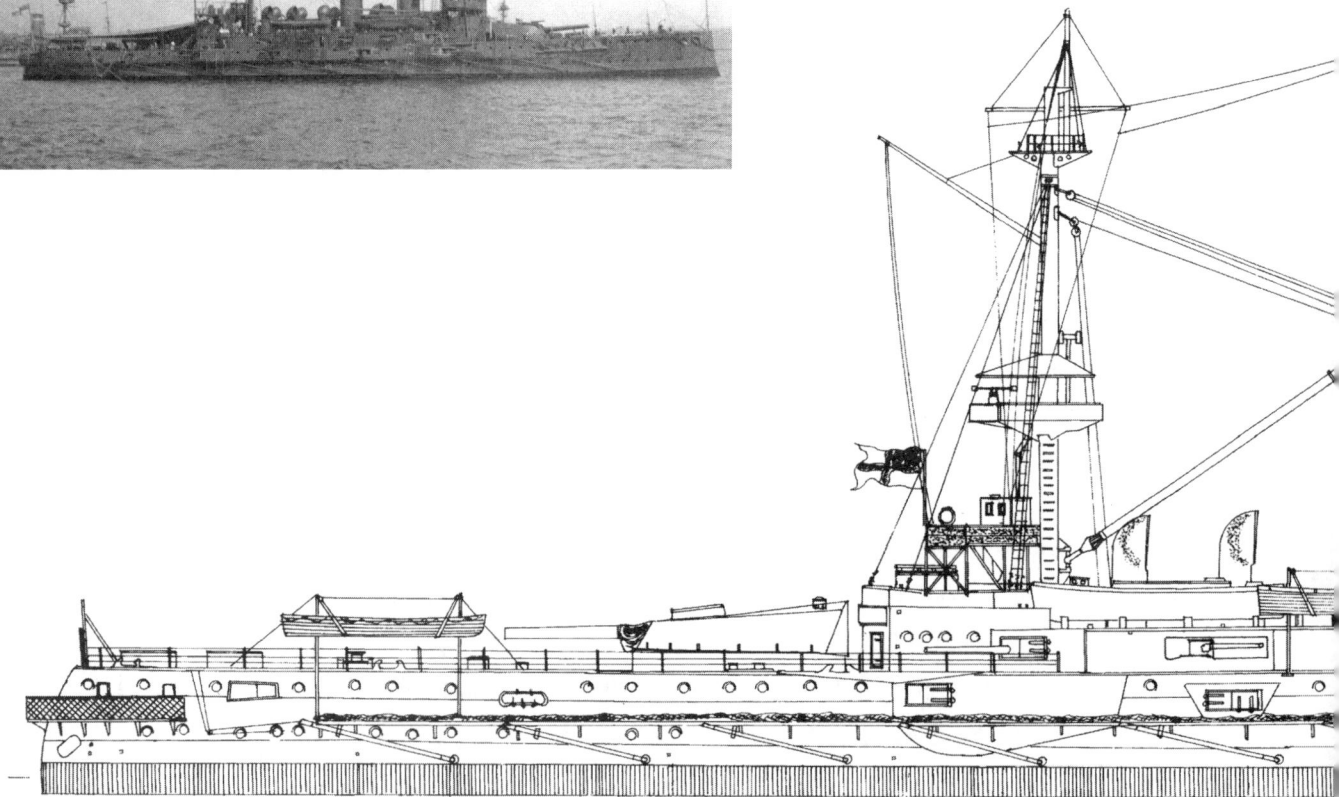

1913—1914 年："无阻"号舰艉炮郭上方的探照灯被重新置于舰艉海图室上方。所有同级舰拆除了防鱼雷网。

1914 年：涂掉了所有烟囱识别带。

1915 年：

"可畏"号于 1915 年 1 月战沉。"无阻"号前部舰桥上的探照灯被移至前桅下层桅楼上；恢复了防鱼雷网；舰艉安装了特殊的扫雷装置。"怨仇"号前部舰桥两翼被拆除；安装了无杆锚，但保留了锚床。两舰的最上桅和主顶桅被拆除，前桅顶部布置了小型观察桅楼。此外，"无阻"号绘上了临时迷彩。

1915 年年末在苏伊士运河服役期间，"怨仇"号的舰桥绑上沙袋作为附加防护措施。绘上了奇特的迷彩，舰体为灰蓝色，上层建筑为沙色。防鱼雷网撑杆上布设了铁丝网，以防夜间锚泊时敌人登舰。

1916 年："怨仇"号主甲板上的 152 毫米炮被拆除。4 门移至舰体舯部 76 毫米炮炮组处，且有防盾保护。上甲板舯部炮组被拆除。安装了 2 门 47 毫米高射炮。

1918 年：改装为居住船。保留了主炮和上甲板的 4 门 152 毫米副炮，其余 152 毫米炮被拆除。拆除了防鱼雷网。自 1916 年后桅具未发生变化。

"怨仇"号

侧视图，显示了战时桅具

注意舰桥结构被简化，前顶桅被截短，主桅也只有极短的顶桅，152 毫米炮重新布置在上甲板，舰艉安装了有杆锚。

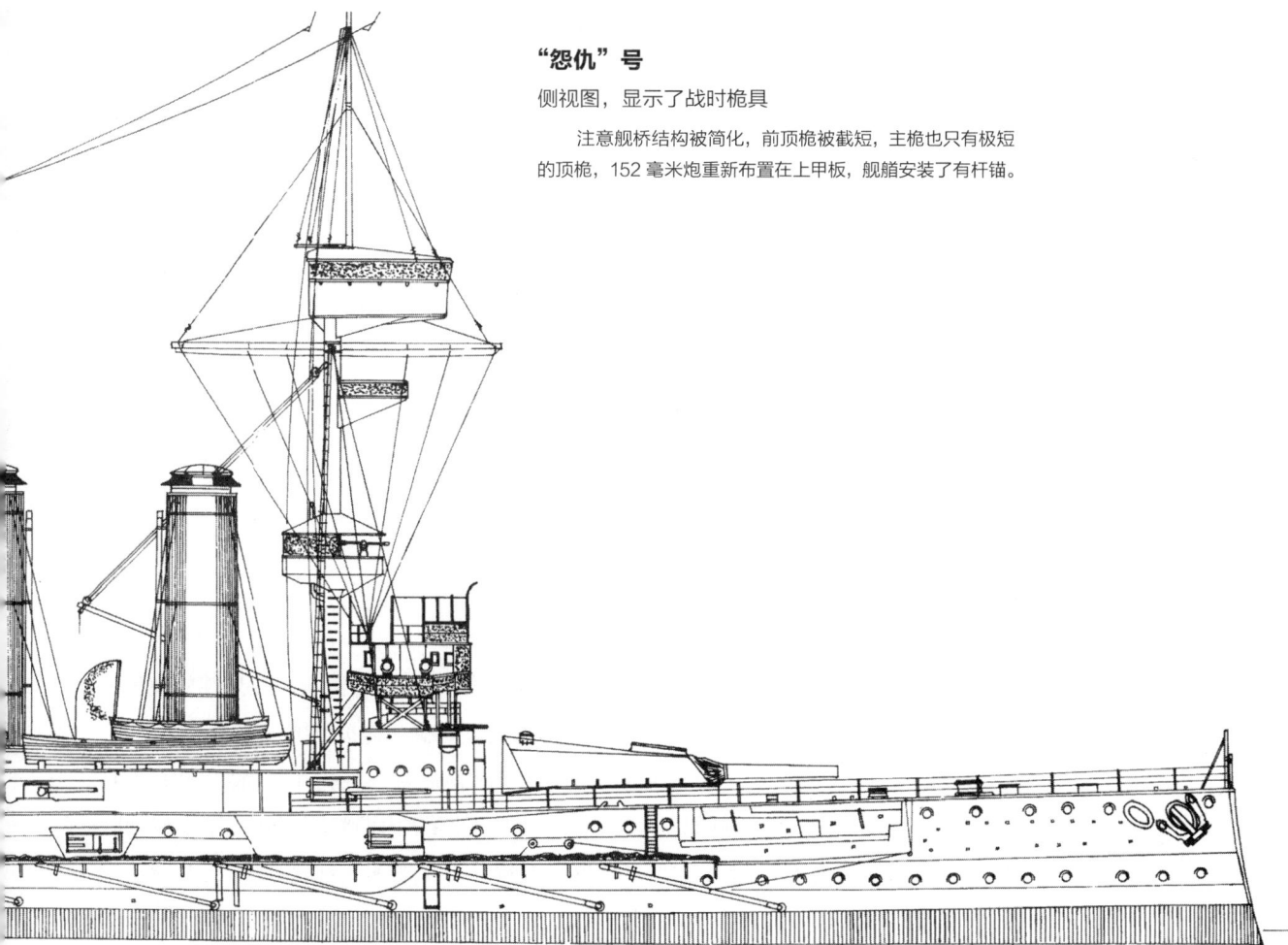

舰史："可畏"号

1898 年 3 月 21 日在朴次茅斯开工，11 月 17 日远未完工即下水，以便为建造"伦敦"号腾出船台。

由于动力系统制造商［厄尔公司（Earle）］出现财政困难，"可畏"号的完工日期被大大推迟。

1904 年 10 月 10 日在朴次茅斯服役，加入地中海舰队，至 1908 年 8 月。

1904 年—1905 年 4 月在马耳他维修。

1908 年 8 月 17 日在查塔姆退役维修。

1908 年 8 月—1909 年 4 月在查塔姆维修。

1909 年 4 月 20 日在查塔姆服役，加入诺尔的本土舰队第 1 分队，至 5 月。

1909 年 5 月 29 日加入大西洋舰队，至 1912 年 5 月。

1912 年 5 月—1914 年 8 月在本土舰队服役（诺尔的第 2 舰队第 5 战列舰分舰队）。后被派往海峡舰队（第 5 战列舰分舰队），负责海峡防御和掩护英国远征军前往法国。

1914 年 12 月继续在海峡舰队第 5 战列舰分舰队服役，驻扎在波特兰，但 11 月 14 日调往希尔内斯，防备可能发生的入侵行动。在希尔内斯将职责转交第 6 战列舰分舰队（邓肯级），随即于 12 月 30 日返回波特兰。参加了 8 月 25 日朴次茅斯陆战队营攻占奥斯坦德的行动。

△ "无阻"号的后甲板，水兵们正准备进行加煤作业，1905 年摄于马耳他。注意火炮和炮塔都已被完全覆盖，炮塔顶部和后部舰桥上的速射炮也被炮衣保护起来。这是为了防止煤尘污染炮闩和机械装置，火炮开火时会引燃这些煤尘

◁ 满员齐备的"无阻"号，背景是"伦敦"号。1914 年 7 月 20 日，英国在斯皮特黑德进行了有史以来世界上最大规模的阅舰式。虽然参阅军舰以无畏舰为主，但仍有一大批老式主力舰（前无畏舰）亮相，并且留下了它们驶经国王乔治五世的游艇时的照片

"可畏"号的损失

1915 年 1 月 1 日凌晨 2 时 20 分前后，"可畏"号在英吉利海峡执行演习和巡逻任务时，被德国潜艇 U-24 号发射的一枚鱼雷击中。鱼雷命中了第一座烟囱右侧的舰体。爆炸发生后，舰长洛克斯利（Loxley）立即下令关闭蒸汽，并让军舰转向，舰艏向风，迎浪而行。天气逐渐恶化，但人们认为如果它能驶抵海岸就能自救。可是中雷

大约20分钟后，舰体已经右倾20度，舰长只得下令弃舰。部分救生艇被放下，但黑夜和恶劣的天气严重阻碍了施放救生艇的作业，很多小艇被船底朝天抛入海中。

向左舷注水使"可畏"号略微纠正了倾斜，但军舰因进水过多而进一步下沉。3时05分，就在舰员们最后一次对左舷舱室注水时，另一枚鱼雷击中了右舷舰艏。小型巡洋舰"黄玉"号（*Topaze*）和"钻石"号（*Diamond*）靠近并救出部分舰员。到4时45分，"可畏"号已无可挽救了。几分钟后，它突然前倾，舰艏沉入水中。就在"各人自救"的命令发出的同时，"可畏"号翻转舰身，舰底朝天，将很多在水中挣扎的官兵压死。

"可畏"号舰艏下沉没入水中，静止片刻后沉入大海。

人们最后看到，舰长洛克斯利带着他的小梗犬站在舰桥上，平静地随舰沉没。官方记录显示，共有35名军官和512名水兵丧生。

海军中校 K. G. B. 迪尤尔（K. G. B. Dewar）在"威尔士亲王"号上目睹了"可畏"号的悲剧，他在给同僚的一封信中写道：

> 1914年12月31日，舰队一整天都在波特兰附近演习。日落后，我们以10节航速向东行驶，5艘军舰呈一列纵队。时值满月，直到1月1日凌晨3时以前，天空都非常晴朗明亮。
>
> 战列舰上的能见度有2—3英里。晚上7时，舰队转向16罗经点，原路返回，航速仍为10节。大约11时30分，波特兰角（Portland Bill）位于我们正横15英里处。"可畏"号于凌晨2时15分中雷后不久，舰队再次做16罗经点转向，从距我们昨晚7时的位置不到1英里①处驶过。凌晨3时整，舰队提速开往东北方向。如果有作战任务，我们不在乎冒险，但当时的任务只是舰队演习和炮术训练。我们绝对应该在西方水域和远离海岸的地方执行此任务。波特兰位于海峡以内，整个战争期间我们都有战列舰在那里驻防，敌人的潜艇极有可能在附近活动。潜艇可以一直跟随我们向东行驶，而"可畏"号是纵队中最后一艘军舰。我认为我们那天晚上冒的风险是前所未有的。
>
> "可畏"号中雷后，其他军舰维持原航向前进，直到掉头驶回"可畏"号的位置。舰队仍以纵队航行，航速也很低（10节），这简直令人难以理解。"可畏"号的损失无疑是一个人愚蠢无知的结果——远在事件发生之前，官兵们就批评这种毫无目的性又忽视风险的愚蠢行为。我没有指责海军少将［L. 贝利爵士（Sir L. Bayley）]——他就是上帝——海军造出了他这样的人，一个极端固执和愚蠢的家伙。我只指责让这种人指挥舰队的体制。他在和平时期就不断暴露出对人员和装备的无知。他指挥过的每一支舰队都士气低落，怨气冲天。没人认为他还会担任指挥官，但温斯顿却让他当了第3战列舰分舰队司令。

舰史："怨仇"号

1898年7月13日在德文波特开工，1899年3月11日远未完工即下水，以便给建造"堡垒"号腾出船台。

---

① 译注：1英里约合1.6093千米。

1901 年 9 月 10 日在德文波特服役，加入地中海舰队，至 1909 年 2 月。

1902 年、1903—1904 年和 1904—1905 年在马耳他维修。

1908—1909 年在查塔姆维修。

1909 年 2—5 月在海峡舰队服役。

1909 年 5 月 15 日加入大西洋舰队，至 1912 年 5 月。

1912 年 5 月 13 日加入诺尔的第 2 本土舰队（1912 年 5 月 1 日舰队重组后）。隶属诺尔的第 2 本土舰队第 5 战列舰分舰队，1914 年 8 月大战爆发时该分舰队加入海峡舰队。

1914 年 8 月—1915 年 3 月在海峡舰队服役（波特兰和希尔内斯的第 5 战列舰分舰队）。10 月末临时加入多佛巡逻队，炮击比利时海岸以支援协约国地面部队的侧翼。

1915 年 3 月调往达达尼尔，13 日离开本土，23 日抵达利姆诺斯岛（Lemnos），在达达尼尔作战至当年 5 月。4 月 25 日支援在赫勒斯（X 海滩）的主要登陆行动，4 月至 5 月支援地面部队作战。

5 月 22 日，与"伦敦"号、"威尔士亲王"号和"王后"号一起作为第 2 特遣队的一部分被调往亚得里亚海，增援意大利海军对奥地利舰队的封锁，这是根据 1915 年 4 月 26 日意大利承诺对奥匈帝国宣战的协议而做出的决定。特遣队以塔兰托为基地，支援意大利陆军向亚得里亚海北端进攻的行动。

5 月 27 日抵达塔兰托并驻扎到当年 11 月。

11 月调至萨洛尼卡的第 3 特遣队，支援苏伊士运河巡逻队，帮助法国封锁希腊和保加利亚海岸。

1915 年 11 月—1917 年 7 月在苏伊士运河巡逻队服役，也在爱琴海水域活动。

1915 年 11 月—1916 年 3 月驻扎塞得港。

1916 年 3 月 22 日返回英国，4 月 9 日抵达朴次茅斯维修。

1917 年 6 月希腊国王康斯坦丁退位期间驻防雅典，是地中海上仅有的 3 艘英国战列舰之一，另外两艘是"阿伽门农"号和"纳尔逊勋爵"号。

次月返回本土，在朴次茅斯退役，舰员调往反潜舰艇，保持退役状态至 1918 年 3 月。

1918 年 3 月被改为居住船，分别在北方巡逻队、勒威克、柯克沃尔（Kirkwall）和班克拉纳（Buncrana）服役。

1918 年 11 月在波特兰被列入报废名单。

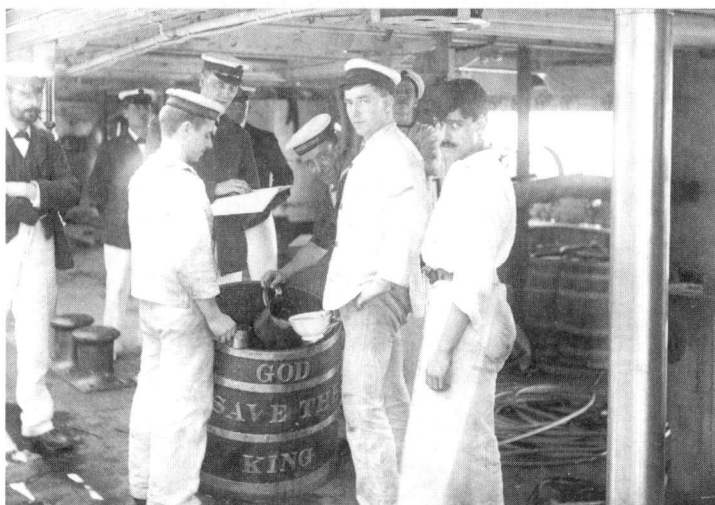

△ 上：1905 年，"无阻"号正在马耳他加煤。进行这一令人厌烦的工作时，舰长通常能觅得小憩的机会，而让手下的军官代行其责。照片中塔夫内尔（Tufnall）舰长正在他豪华的日间舱室内悠然自得地喝茶

△ 下：提振士气！在繁重的工作，例如加煤、升火和清洁作业后，一杯蜜酒总是最受欢迎的。正如照片中所展示的，1905 年"无阻"号在马耳他结束加煤工作后，水兵们正在舀盛蜜酒

▷ 右："无阻"号，1914 年
7 月，摄于斯皮特黑德阅舰式结
束后。这张照片显示了它在战前
的风貌

▷ 左：1915 年 3 月，战沉
前不久的"无阻"号。注意临时绘
上的迷彩，舰艏扫雷具，重新安
装的防鱼雷网，经过扩建的前后
舰桥，以及前桅下层桅楼上安装
的探照灯

1920 年 2 月 4 日被列入出售名单。

1921 年 11 月 8 日出售给斯劳贸易公司。后被转售给德国公司，1922 年 4 月拖
往德国解体。

▽ 这张罕见的照片显示了大
战中"怨仇"号驶进塔兰托港的情
景，可见舰艏的扫雷具、简化了
的舰桥（两翼等结构被拆除）、只
有一根桅桁的前桅和没有桅桁的
主桅。它所属的分舰队以塔兰托
为基地，支援意大利陆军向亚得
里亚海北端的进攻行动

舰史："无阻"号

1898 年 4 月 11 日在查塔姆造船厂开工，1898 年 12 月 15 日匆忙下水，以便为"可
敬"号腾出船台。

1901 年 10 月开始海试，1902 年 2 月 4 日在查塔姆服役，加入地中海舰队，接替"蹂
躏"号成为直布罗陀警戒舰，在地中海舰队服役至 1908 年 4 月。

1902年3月3日在雾中与挪威商船"克莱夫"号（Clive）相撞，侧舷受损严重。

1905年10月9日在马耳他搁浅。

1907年10月—1908年1月在马耳他维修。

1908年4月加入海峡舰队，至1910年6月。

1908年5月4日在雾中与一艘帆船相撞，未受损伤。

1910年6月1日在查塔姆退役维修，至1911年2月。

1911年2月28日在查塔姆重新服役，加入诺尔的本土舰队第3分战列舰分舰队，至1914年8月。

一战爆发后加入海峡舰队（第5战列舰分舰队），至1915年2月，参加了支援朴次茅斯陆战队营攻占奥斯坦德的行动。

△ 停泊在马耳他的"怨仇"号，1915—1916年。注意它保留着舰艉游廊

1914年10—11月临时调往多佛巡逻队，炮击比利时海岸，以支援协约国地面部队的左翼。11月3日戈尔斯顿袭击发生后，受命增援东海岸巡逻队。

1915年2月1日调往达达尼尔，临时担任英国舰队旗舰至3月。2月18—19日参加首次炮击海峡入口要塞的行动。参与炮击海峡入口和狭窄处要塞的后续行动并支援2月和3月初的登陆行动。〔2月25日，它击毁了奥卡涅赫（Orkanieh）要塞的两门240毫米火炮。〕

2月28日—3月6日接替"报复"号担任第二旗舰。

3月18日参加炮击海峡狭窄处要塞的主要行动。行动中被重创，大约于晚上7时30分沉没，伤亡150人，该舰机动情况的详细记录并未保留下来。在炮击海峡狭

◁ 1915年年初在塔兰托的"怨仇"号。注意假的舰艏波和改装后的舰桥

△ 可畏级仅存的"怨仇"号
仍在服役，1917 年摄于地中海。
这是它退役前的样貌。注意主甲
板上的 152 毫米副炮已经被重新
布置在上甲板开放的炮孔中。除了
"纳尔逊勋爵"号和"阿伽门农"号，
"怨仇"号是仅有的一艘仍在东地
中海服役的战列舰

窄处的要塞时，几乎可以肯定它触发了一枚水雷，水雷在右舷轮机舱下方，非常接近
舰体中心线的部位爆炸。大约下午 4 时 15 分，轮机舱迅速进水，舱内的水兵只有 3
人得以逃脱。舰体舯部水密舱壁损毁，海水进入左舷轮机舱，导致军舰丧失动力。在
向右舷倾斜 6 度或 7 度、舰艉下沉的情况下，它失控漂入敌人的重炮射程，遭到密集
火力打击，导致主炮塔部分丧失作用，全舰被浓烟和水柱笼罩。

舰队曾决定让"海洋"号将"无阻"号拖出交战区域，但这显然无法实现，因
为后者已严重倾斜，岸炮火力也非常猛烈，而且"海洋"号自身也已搁浅，正奋力自救。

夜幕降临后，驱逐舰和扫雷艇无法找到"无阻"号，遂猜测它已沉没。后来土
军的报告称，军舰被乱流所困，漂向岸基炮台，结果遭到重击。

堡垒级：1898 年预算

设计

1898 年 1 月 7 日，在海军大臣办公室召开的海军部委员会会议上，第一次讨论了 1898 年的战列舰建造计划。

虽然当天没有做出具体决定，但委员会认为，俄国已经制订了新主力舰（18 节战列舰）建造计划，应该针对俄国军舰的性能和数量，在原有造舰计划的基础上增建战列舰。但是，英国造船厂能否为新战列舰提供足够的装甲材料，这在当时还有争议。怀特为此答复委员会：

> 我认为装甲的制造能力能够满足 1899—1900 年，以及之后数年的战列舰和装甲巡洋舰的建造，所以如果要应国民的要求扩大本财年建造计划的话，那就着手去做吧。
>
> 今年出现的装甲材料供应问题，是由最近的劳力不足和装甲质量变化共同造成的，我们需要重建工厂并增添大量机器。
>
> 现在的重建工作进展顺利，几家公司都在竭尽所能完善和购置设备，同时提高产能。

1898 年 6 月 14 日，委员会在第二次会议中讨论了新战列舰的性能。英国已经获得了更多俄国造舰计划的情报。实际上俄国只开工了一艘一级战列舰，由英国克兰普

▽ 1899 年 9 月 21 日，"伦敦"号下水。除了舰体侧舷和水平防护略有不同外，该级军舰与可畏级基本相同

斯公司（Cramps）建造，工期将为 30 个月。不过有可靠情报称俄国将建造 4 艘同样的军舰。因此海军部委员会决定，为了给新一级战列舰更充裕的设计时间，推迟它们的建成日期，而当下则根据怀特的建议，专门为增建计划设计一种在可畏级基础上稍加改进的战列舰。怀特对此早已成竹在胸，按照他的想法，改进主要体现在防护等方面。

海军部委员会决定当年年底或第二年年初开工建造这 3 艘增加的战列舰，这样在开工前就能获得更多俄国新战列舰的确切情报。

另一级 6 艘新战列舰的设计（同日做出的决定），必须以完全压倒俄国军舰为目标，它们将在 1898 年 12 月开工（邓肯级）。1898 年 6 月 27 日，海军部在会议上做出以下决定：

3 艘新可畏级战列舰将在皇家造船厂建造。需要进一步考虑并着手进行设计工作。

"伦敦"号
侧视图，1902 年

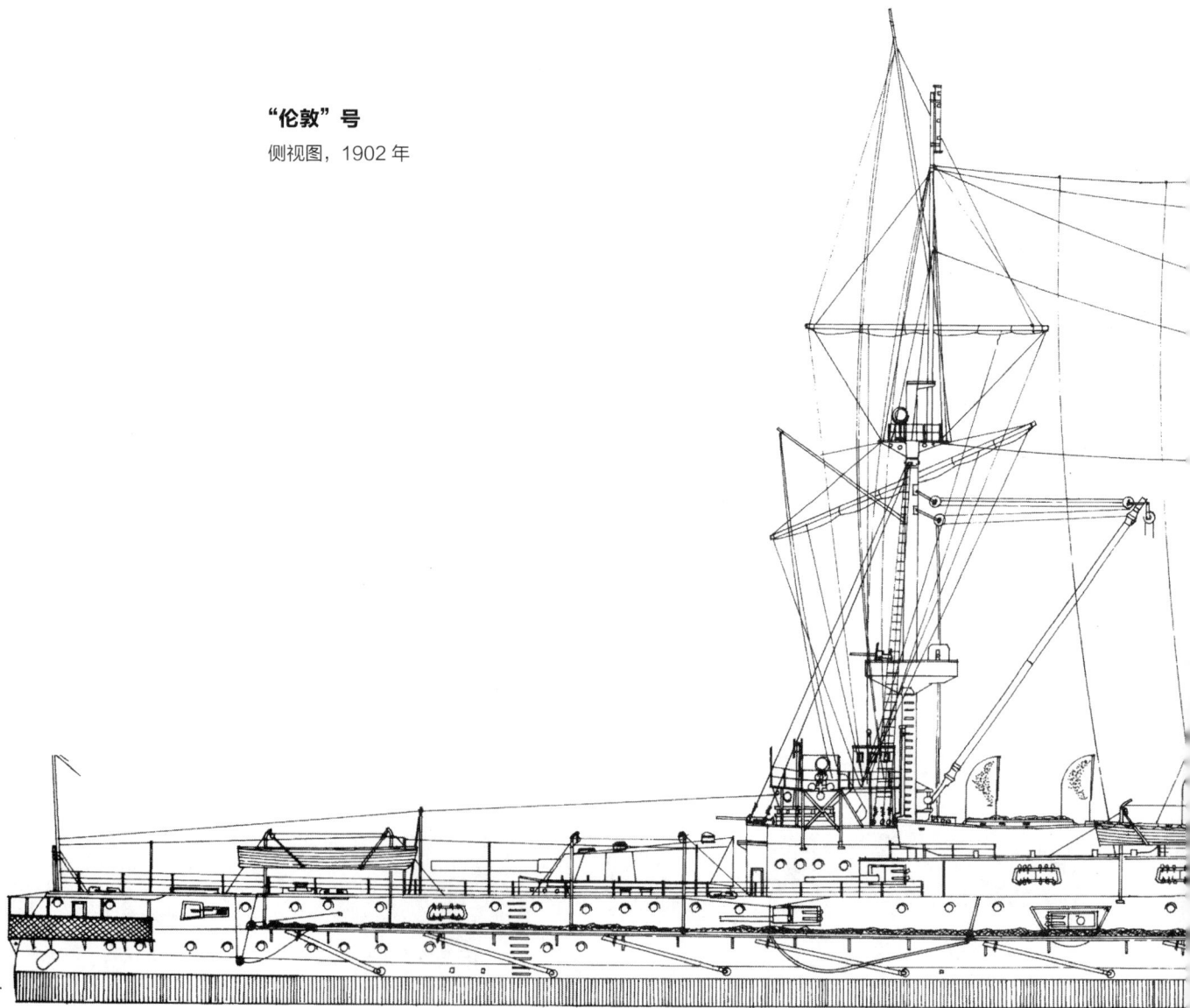

堡垒级：最终设计数据（1898 年 7 月）

排水量：15000 吨

舰长：121.92 米

舰宽：22.86 米

吃水：8 米（舰艏）；8.31 米（舰艉）

干舷：7.01 米（舰艏），5.12 米（舯部），5.49 米（舰艉）

升沉量：22.24 吨 / 厘米

上甲板距龙骨高度：13.34 米

主炮距水线距离：7.62 米（前主炮）；7.01 米（后主炮）

燃煤：900 吨（正常）；2000 吨（最大）

输出功率：15000 马力，18 节

估计初稳心高度：0.96 米

估计重心高度：2.35 米

舰员：758 人

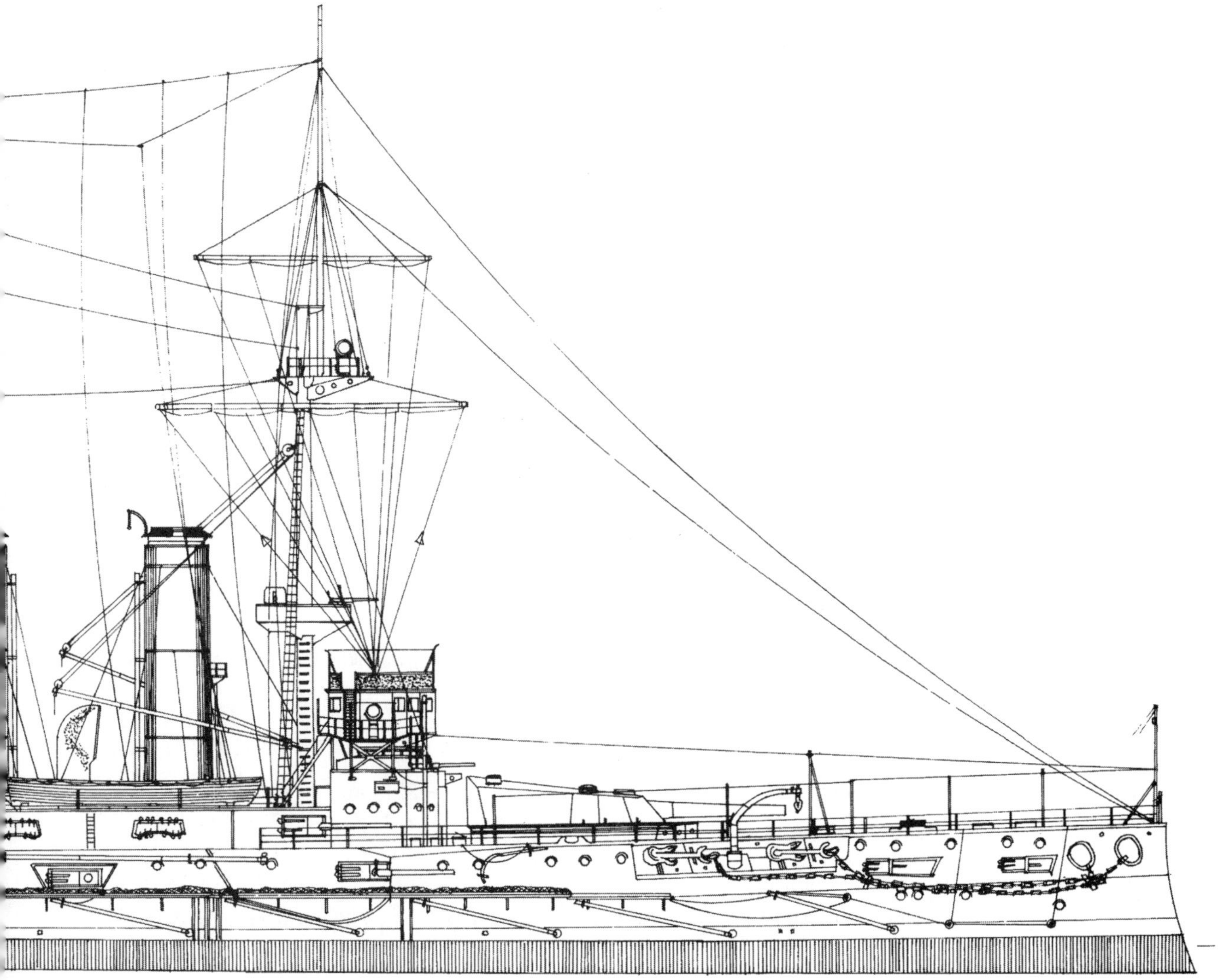

续表

武备

4 门 305 毫米 Mk IX 型主炮

12 门 152 毫米副炮

16 门 76 毫米炮（12 英担）

6 门 47 毫米炮

4 具 457 毫米鱼雷发射管

装甲

主装甲带：229 毫米（克虏伯装甲）

背板（木质）：最厚 178 毫米，减薄至 152、102 毫米

炮塔基座：最厚 305 毫米，减薄至 203、152 毫米

甲板：25—64 毫米

司令塔：76—356 毫米

横向装甲：最厚 305 毫米，减薄至 254、229 毫米

重量分配（吨）

舰体：5625

武备：1730

垂直装甲和背板：1565

动力：1415

舰艏和舰艉外舷板：1255

炮塔基座：900

燃煤：900

炮郭：425

预留重量：200

司令塔：110

炮塔基座背板：105

海军部委员会倾向于采用可畏级的装甲布置方式，但在海军造舰总监的建议下，委员会允许增加舰艏的防护。海军造舰总监指出：

> 除了用横向装甲封闭装甲盒前端外，建议主装甲带以同样的厚度延伸至舰艏炮塔基座前方一定距离，然后厚度逐渐减小，直到舰艏位置，最小厚度如可畏级那样为 51 毫米。

1898 年 7 月 9 日，海军审计官（A. K. 威尔逊）致信海军部朴次茅斯造船厂主管：

> 当前造舰计划中的新战列舰将重复可畏级的设计，除了舰艏装甲有所改进，如附图所示。可畏级上装甲盒前端的横向装甲将被取消。所有其他方面的细节都与可畏级相同——请开始绘图和细节设计。

1898 年 10 月 18 日，海军部批准了军舰的型线图、吃水指标和中段结构设计。

△ 即将在查塔姆造船厂完工的"伦敦"号。它于1902年7月7日服役，接替"君权"号加入地中海舰队。原计划让它在离开本土前担任国王加冕阅舰式的旗舰，但是由于国王突染疾病，阅舰式被推迟。"伦敦"号于7月3日起程，14日抵达马耳他

武备

3 艘同级舰的武备与"可畏"号和"怨仇"号（而非"无阻"号）相同。有些军舰上的 47 毫米炮有防盾，但那是在照片拍摄时因试验需要而临时安装的。这些防盾后来均被拆除，它们也成为最后一批桅楼 47 毫米炮带有防盾的英国战列舰。主炮塔正面的装甲板倾斜布置，而不像"可畏"号和"怨仇"号那样呈弧形。

装甲

堡垒级的装甲较可畏级略有改进，原设计是为临时推迟建造的邓肯级准备的，并得到了海军部的批准，但堡垒级的装甲带比邓肯级更加厚重，而且加强了延伸部分以减少舰艇水线附近舰体可能受到的战损。设计人员接受了军舰在航速上的损失（装甲重量有所增加），以加强主甲板抵御大角度下落炮弹的能力。与卡诺珀斯级和可畏级相比，堡垒级装甲布置上的主要改进有：

1. 最大厚度装甲带延伸到舰艇主炮塔之前，而不是只到炮塔的侧面；

2. 舰艇装甲带提高了 0.61 米，厚度由 51 毫米增加至最厚 178 毫米（逐渐减薄至 127、76、51 毫米），使军舰整体防护能力大为提高；

3. 取消了装甲盒前端的横向装甲以抵消舰艇装甲带增加的重量；

4.舰艏主炮塔外侧之间的主甲板装甲从25毫米增至51毫米，舰艏延伸部分为
38—51毫米——这在可畏级上是没有的。

中甲板装甲的倾斜和水平部分分别为51毫米和25毫米，而在可畏级上则分别
是76毫米和51毫米。下甲板装甲也从51毫米减至25毫米（舰艏），不过紧靠舰艉
炮塔前方的一小部分仍为51毫米——它以很大的角度向上倾斜，与主甲板相接，形
成了一道位置很低，而且倾斜的横向装甲，这部分起到了装甲盒横向装甲的作用。

主装甲带和炮位装甲的最大厚度与可畏级相同，虽然水平装甲总厚度相同，但
两级军舰主甲板和中甲板的厚度相互交换，堡垒级的主甲板装甲更厚。

炮塔正面以倾斜装甲板代替了可畏级的弧形装甲，这利用了克虏伯渗碳钢装甲

▽ 虽然名为堡垒级，其实它
们是可畏级的伦敦级批次，图为刚
刚完工的"堡垒"号右舷舰艉部特写。
从这个角度可以清楚地辨析两座烟
囱的尺寸差别

比哈维装甲更易于制成平面组件的特别优势。这种变化首先出现在"报复"号上（卡诺珀斯级的最后一艘），但"可畏"号和"怨仇"号又恢复了弧形装甲。

229 毫米的克虏伯主装甲带长 72.54 米，高 4.57 米，从艏炮塔前端延伸至艉炮塔侧面。上缘在主甲板高度，正常排水量下超过水线约 2.9 米；下缘在水线以下 1.68 米。

装甲带舰艏延伸部分的厚度最大为 178 毫米，大部分高度与主装甲带相同，最前端向下直抵撞角。舰艉部分装甲为 51 毫米，向后很快逐渐增加为 76、127 和 178 毫米。127 毫米部分达到舰艉后方约 9.14 米，而 51 毫米装甲板则安装在两层 13 毫米厚的外舷板上。装甲带舰艉延伸部分厚 25 毫米，同样安装在两层 13 毫米厚的外舷板上，上缘位于水线以上 1.22 米处，下缘和主装甲带下缘齐平。

装甲盒横向装甲（只布置于舰艉）从 229 毫米装甲带末端斜向内布置到艉炮塔正面，装甲甲板以上为 229 毫米厚，以下为 254 毫米厚。

各舰炮塔基座装甲有所不同："伦敦"号和"堡垒"号的基座装甲统一为 305 毫米，但"可敬"号的基座装甲在主装甲甲板以上为 305 毫米，以下部分的正面和侧面为 254 毫米，后部为 152 毫米。炮塔装甲正面为 203 毫米，后部为 254 毫米，顶部为 51—76 毫米。炮郭装甲为正面 152 毫米，侧面和背面 51 毫米。副炮弹药升降机井装甲统一为 51 毫米。

水平的主甲板装甲位于主装甲带上方，从舰艏延伸至舰艉横向装甲，从舰艉横向装甲至 127 毫米装甲带上方为 51 毫米厚，延伸至舰艏的部分为 38 毫米厚。中甲板装甲从舰艉横向装甲延伸至 229 毫米主装甲带前端，中间水平部分高出水线 0.61 米，两侧倾斜部分下缘与主装甲带下缘平齐，倾斜部分和水平部分的厚度分别为 51 毫米和 25 毫米。下甲板装甲为弧形，位于水线以下，分别从艏艉炮塔正面延伸至舰艏和舰艉，舰艉部分为 64 毫米厚，舰艏部分靠近艏炮塔处向上急剧倾斜，在艏炮塔前方与中甲板相接，这部分为 51 毫米厚，舰艏其余部分为 25 毫米厚。

舰艏司令塔装甲为 254—356 毫米，垂直人员通道装甲为 203 毫米。舰艉司令塔装甲（镍钢）为 76 毫米，垂直通道装甲（低碳钢）也为 76 毫米。

动力

蒸汽机和锅炉与可畏级相同：两套三缸垂直三胀式蒸汽机，驱动两副向内旋转的螺旋桨。20 台带有省煤器的贝尔维尔水管锅炉布置在 3 个锅炉舱中，前部和中部锅炉舱各布置 8 台锅炉，后部锅炉舱布置 4 台。锅炉工作压力 2.07 兆帕，汽缸内的蒸汽压力减为 1.72 兆帕。设计轴输出功率为 15000 马力，可以轻易达到设计航速，军舰可以在正常排水量下保持高于 16 节的航速。

"可敬"号：动力系统重量（吨）

数据来自倾斜试验，1902 年 12 月 18 日

锅炉：643.96

蒸汽机和附属设备：512.06

螺旋桨：123.77

辅助机械及设备：86.40

续表

其他设备，包括车间设备等：63.45
锅炉用水：37
给水及水柜：27
冷凝器用水：17.66
蒸馏器用水：5.10
辅助冷凝器用水：3.60
冷藏室用水：0.30
总重：1520.30

堡垒级：动力海试（1902 年，出坞后一个月，舰底清洁，海面平静）

	输出功率（马力）	航速（节）
全功率		
"堡垒"号	15355	18.09
"伦敦"号	15293	18.13
"可敬"号	15355	18.4
30 小时 4/5 功率		
"堡垒"号	11755	16.83
"伦敦"号	11720	16.4
"可敬"号	11366	16.8

"伦敦"号：海试数据（1904—1909 年，全功率）

出坞时间	舰底	输出功率（马力）	航速（节）
8 个月	普通	15300	17.8

▽ 1902 年年初，完工后的
"堡垒"号

△ 1902 年刚刚完工的"可敬"号在查塔姆接受补给。它于 1902 年 11 月 17 日在查塔姆服役，是第一艘服役伊始就采用全灰色涂装的英国战列舰

续表

出坞时间	舰底	输出功率（马力）	航速（节）
12.75 个月	不佳	15192	17.8
1 个月	清洁	15435	18.06
12 个月	不佳	15440	17.9
15 个月	肮脏	15423	17.6

◁ 1905 年 5 月 8 日，"伦敦"号重新加入现役，由"拉米伊"号的舰员操纵离开朴次茅斯，前往地中海舰队

"伦敦"号完工时，朴次茅斯造船厂首席造舰师戴德曼（Deadman）跟随军舰进行了首次海试。他在报告中称：

> 根据你（海军造舰总监）的指示，我参加了"伦敦"号的 8 小时全功率海试，海试于 1902 年 2 月 8 日星期天，在朴次茅斯外海进行。海面平静，海上刮着 3—5 级的西风。军舰开往波特兰，然后返回，最后在圣凯瑟琳角（St. Catherine's Point）和文特诺（Ventnor）之间进行了 5 次航速校验海试。前 4 次试验的平均航速为 18.35 节，舰艏和舰艉的吃水分别为 7.98 米和 8.28 米，输出功率 15264 马力，转速 107.8 转 / 分。

在早期海试中，报告显示主推进器轴出现了严重过热现象，另外冷凝器出现了渗漏，除此之外未发现严重问题。

海试之后的报告称军舰的航行非常平稳，操纵灵活，只是在低航速状态下的操纵比较困难（部分原因是使用了向内旋转的螺旋桨）。

堡垒级：建成时性能数据

建造

	造船厂	开工	下水	建成
"堡垒"号	德文波特造船厂	1899 年 3 月 20 日	1899 年 10 月 18 日	1902 年 3 月
"伦敦"号	朴次茅斯造船厂	1898 年 12 月 8 日	1899 年 9 月 21 日	1902 年 6 月
"可敬"号	查塔姆造船厂	1899 年 1 月 2 日	1899 年 11 月 2 日	1902 年 11 月

排水量（吨）
"堡垒"号：15366（正常），15955（满载）
"伦敦"号：15316（正常），15962（满载）
"可敬"号：15290（正常），15853（满载）

尺寸
长：121.92 米（垂线间长），125.27 米（水线长），131.6 米（全长）
宽：22.86 米

吃水
"堡垒"号：8.31 米（正常），8.59 米（满载）
"伦敦"号：8.36 米（正常），8.56 米（满载）
"可敬"号：8.26 米（正常），8.49 米（满载）

武备
4 门 305 毫米 Mk IX 型主炮，B VI 型炮座（"可敬"号为 B VII 型），每门炮备弹 80 发

12 门 152 毫米 Mk VII 型副炮，P IV 型炮座，每门炮备弹 200 发

16 门 76 毫米炮（12 英担），P III 型炮座，每门炮备弹 300 发

2 门 76 毫米小艇炮和野战炮（8 英担），每门炮备弹 300 发

6 门 47 毫米炮，后座式炮座，每门炮备弹 500 发

2 挺机枪

续表

4 具 457 毫米水下鱼雷发射管（每座主炮塔左右各 1 具），14 枚 457 毫米鱼雷

5 枚鱼雷艇用 356 毫米鱼雷

装甲（克虏伯、非渗碳钢、哈维、镍钢、低碳钢）

主装甲带：229 毫米克虏伯装甲

横向装甲：229—254 毫米

舰艏装甲带：51—76—127—178 毫米

舰艉装甲带：25 毫米

炮塔基座：305 毫米（"伦敦"号和"堡垒"号）；152—254—305 毫米（"可敬"号）

炮塔：203—254 毫米

主甲板：38—51 毫米

中甲板：25—51 毫米

下甲板：25—51—64 毫米

司令塔：254—356 毫米

炮郭：51—152 毫米

舰艉司令塔：76 毫米

动力

2 套三缸垂直三胀式蒸汽机，2 副向内旋转螺旋桨

汽缸直径：高压 800.1 毫米，中压 1308.1 毫米，低压 2133.6 毫米

冲程：1295.4 毫米

螺旋桨直径：5.33 米

螺旋桨桨距：5.87 米

桨叶展开面积：7.71 平方米

锅炉：20 台贝维尔锅炉，带有省煤器，工作压力 2.07 兆帕

总加热面积：3437.41 平方米

设计输出功率：15000 马力，18 节

燃煤：900 吨（正常），2000 吨（最大）

燃煤消耗速率：7 节航速下每天消耗 50 吨燃煤，全功率下每天 350 吨燃煤

续航力：5550 海里 /10 节

小艇（"可敬"号，1905 年）

大舢板（蒸汽）：2 艘 17.07 米，1 艘 12.19 米

平底艇（蒸汽）：1 艘 12.19 米

大舢板（风帆）：1 艘 10.97 米

长艇（风帆）：1 艘 12.8 米

纵帆快艇：2 艘 10.36 米，1 艘 9.14 米

舰长交通艇：1 艘 9.75 米，1 艘 8.53 米

捕鲸艇：1 艘 8.23 米

小舢板：1 艘 9.75 米，2 艘 7.32 米

帆装小工作艇：2 艘 4.88 米

巴沙救生筏：1 艘 4.11 米

探照灯

6 部 610 毫米探照灯：前后舰桥各 2 部，前桅和主桅高处各 1 部

船锚

3 副 5.75 吨霍尔斯有杆转爪锚，1 副 2.7 吨锚，1 副 2.1 吨锚；960 米长 65 毫米锚链（83 吨）

续表

无线电

I 型无线电，后来更换为 II 型（1909—1910 年）

舰员

"可敬"号：760 人（1902 年）

"堡垒"号：766 人（1904 年，旗舰）

"伦敦"号：768 人（1908 年，海峡舰队）

"伦敦"号：724 人（1910 年）

"可敬"号：361 人（1918 年）

造价

舰体：367550 英镑（平均）

装甲：330000 英镑

动力：145565 英镑（平均）

炮座：84350 英镑（"伦敦"号、"堡垒"号），87541 英镑（"可敬"号）

总造价

"堡垒"号：997846 英镑，加火炮 67970 英镑

"伦敦"号：1036353 英镑，加火炮 67100 英镑

"可敬"号：1092753 英镑，加火炮 67100 英镑

"堡垒"号：全功率动力海试（1909 年，海试目的是确认军舰能否达到设计航速）

日期	3 月 25 日	5 月 25 日	8 月 22 日
地点	北海	北海	大西洋
时间	8 小时	8 小时	2 小时
吃水	8.61 米（舰艏） 8.76 米（舰艉）	8.31 米	8.46 米（舰艏） 8.38 米（舰艉）
锅炉蒸汽压（兆帕）	1.93	1.93	1.97
蒸汽机蒸汽压（兆帕）	1.77	1.79	1.79
转速 左舷 / 右舷（转 / 分）	109.2/109.2	108.2/108.1	108.3/108.5
总输出功率（马力）	15152	15263	15377
海试距离（海里）	146.2	140.3	34.6
平均航速（节）	18.27	17.5	17.3
燃煤消耗量（吨）	109.1	131.6	29.3
每马力燃煤消耗速率（千克 / 小时）	0.91	1.09	0.97
冷凝器真空度	26.5	25.5	25.5

外观变化

堡垒级和可畏级在外观上极为相似，很难区分。"堡垒"号和"伦敦"号是最后两艘入役时绘有维多利亚时代涂装的英国战列舰，虽然"邓肯"号、"罗素"号，可能还有"埃克斯茅斯"号和"蒙塔古"号（Montague）在舾装时使用了维多利亚涂装，但它们在正式服役时都重新涂上了全灰色涂装。"可敬"号在 1902 年 11 月服役时就使用了新的全灰色涂装——它是第一艘入役时采用这种涂装的英国战列舰。

"堡垒"号：初稳心高度和稳性（根据 1902 年 2 月 8 日倾斜试验结果）

	吃水（平均）	初稳心高度	最大复原力臂角	稳性消失角
A 条件（正常）*	8 米	1.25 米	36 度	63 度
B 条件（满载）**	8.59 米	1.25 米	35 度	64 度

* 全备状态加上层煤舱 360 吨燃煤，下层煤舱 540 吨燃煤。

** 全备状态加 2000 吨燃煤，所有水柜注满。

堡垒级与卡诺珀斯级最大的外观区别，就是前者更高大雄壮。另外第一座烟囱与前桅更加接近，两根桅杆相距更远也更加高大，主甲板前后各增加了一门 76 毫米炮。与可畏级的区别是主炮塔外形不同（可畏级炮塔正面为弧形），另外舰艏下甲板位置没有舷窗。与邓肯级的主要区别是，后者两座烟囱大小相同，通风口没有整流罩。

同级舰之间的区别非常小，从某些角度拍摄的历史照片已很难识别出是哪一艘军舰。烟囱和桅具有微小差别：

"堡垒"号：第一座烟囱前后均有蒸汽管（后部有两根）。

"伦敦"号：第一座烟囱前方没有蒸汽管；烟囱没有罩盖，但有升起的重型烟囱帽。

"可敬"号：第一座烟囱后方没有蒸汽管；烟囱没有罩盖；安装轻型烟囱帽；两副上桅桁位置较低，位于下桅桁顶（两艘同级舰的上桅桁位置更高）；后来安装的斜桁位置也较低（两艘同级舰斜桁位置较高）。

▷ 停泊在韦茅斯湾的"堡垒"号，时间约为 1909 年

▽ 1914 年 7 月，齐装满员的"堡垒"号参加了史上最大规模的阅舰式，接受国王乔治五世的检阅。照片由位于皇家游艇上的官方摄影师斯蒂芬·克里布（Stephen Cribb）拍摄

1903—1904 年："可敬"号安装了试验型火控设备。

1904—1905 年："伦敦"号和"可敬"号前桅上的探照灯被拆除，而"堡垒"号后来才做同样的改装（日期不明）。

1905—1907 年：安装了火控和测距设备。前桅上用火控平台代替了探照灯平台。主桅战斗桅楼加装了顶盖。"堡垒"号和"伦敦"号的桅楼后方扩大以安装测距仪。从 1905 年开始逐步拆除 47 毫米炮。到 1906 年年底，"堡垒"号的 47 毫米炮被全部拆除，其中 2 门重新布置在前部舰桥，其余的 47 毫米炮不再安装。"伦敦"号和"可敬"号主桅楼上的 47 毫米炮分别于 1906 年和 1906—1907 年全部拆除。1906—1907 年，主甲板上的 76 毫米炮重新布置在上层建筑前后端。"可敬"号（1909年）和"堡垒"号（1914 年）的前部炮孔被封闭，但"伦敦"号一直未做此改装。1905—1907 年，两部主桅探照灯移至舰艉炮郭上方。所有同级舰的舰艉炮郭上方都安装了一部 610 毫米探照灯。1906 年，"堡垒"号安装了后部飞跃式舰桥。"堡垒"号（1906 年）和"可敬"号（1907 年）安装了无线电天线斜桁，移除了桅顶信号标。"堡垒"号是最早做此改装的舰艇之一。

1908 年："伦敦"号和"可敬"号前桅楼上的 47 毫米炮被拆除。"伦敦"号上拆下的 2 门 47 毫米炮安装在后部舰桥上。"可敬"号上拆下的 47 毫米炮不再重新安装。"伦敦"号舰艉炮郭上方的探照灯移至后部舰桥。"伦敦"号安装了后部飞跃式舰桥。"可敬"号前桅和主桅上安装了无线电天线最上桅。安装了 Mk 1 无线电。无线电天线斜桁和信号标被拆除。"堡垒"号和"可敬"号的烟囱绘上了舰队识别带，两艘军舰的两座烟囱上各有两道红色识别带。

1908—1909 年："堡垒"号和"可敬"号下层前桅楼上安装了测距仪。所有同级舰主桅上的重型桅桁被拆除。

1909—1910 年："堡垒"号前桅火控平台下方和后部海图室上方安装了距离指示仪（早期型号，1914 年前被全部拆除）。"堡垒"号前部舰桥上的 610 毫米探照灯被 914 毫米探照灯取代，后部舰桥上的探照灯临时性地重新安装。914 毫米探照灯为试验型，后来被拆除，军舰上缺乏布置这种大型探照灯的空间。"伦敦"号和"堡垒"号的后部飞跃式舰桥被拆除。标准烟囱识别带为："堡垒"号二号烟囱两道白色识别带；"伦敦"号没有识别带；"可敬"号两座烟囱各有一道红色识别带。

1910—1911 年："伦敦"号和"堡垒"号上剩下的 47 毫米炮被全部拆除。"伦敦"号前桅和主桅安装了天线最上桅，但"堡垒"号只有前桅安装了天线最上桅。它们安装了 II 型无线电。

1911—1912 年：后部舰桥加装了 2 部 610 毫米探照灯。"堡垒"号主桅安装了天线最上桅，天线斜桁和信号标被拆除。

1912—1913 年：1912 年 5 月，"伦敦"号试验性地安装了起飞平台，平台位于舰桥前方的艏楼上方。起飞平台于 1913 年拆除。

1913—1914 年：所有同级舰上的防鱼雷网被拆除。"可敬"号的前部舰桥加装了两部 610 毫米探照灯。

1914 年：取消了烟囱识别带。

◁ 参加舰队演习的"伦敦"号离开朴次茅斯，1910—1911 年。注意 152 毫米炮郭上方的探照灯，烟囱识别带，前桅上的四副桅桁，索具，已拆除了 47 毫米炮的桅楼，以及舰桥正面的舰徽

1915 年： "伦敦"号和"可敬"号为达达尼尔战役做了改装：后甲板安装了 2 门高射炮。"伦敦"号舰艉炮郭上的探照灯被移至前桅下层桅楼。"可敬"号前部舰桥和舰艉炮郭上的探照灯移至前桅下层桅楼。两舰后部舰桥上的探照灯被移至舰艉海图室上方。临时恢复了防鱼雷网。前部舰桥飞翼被截短，后部舰桥飞翼被拆除。"可敬"号舰艉海图室被扩大。安装了无杆锚。主桅和前桅的最上桅和顶桅都被拆除，前桅顶端安装了小型瞭望平台。"伦敦"号涂上了假舰艏波。

1916 年： "伦敦"号和"可敬"号主甲板上的 152 毫米副炮被拆除，其中 4 门加装炮盾，移至上甲板舯部的 76 毫米炮炮垒中，通过炮垒上的大型炮孔射击。上甲板的 76 毫米炮被拆除。

1918 年： "伦敦"号年初改装为布雷舰（4 月完成改装）。主炮被拆除，保留了舯炮塔和基座，但艉炮塔和炮座被全部拆除。副炮减至 3 门 152 毫米火炮，2 门在

"可敬"号

侧视图，1912 年

　　注意高大的最上桅和改进的无线电天线，烟囱识别带为红色。

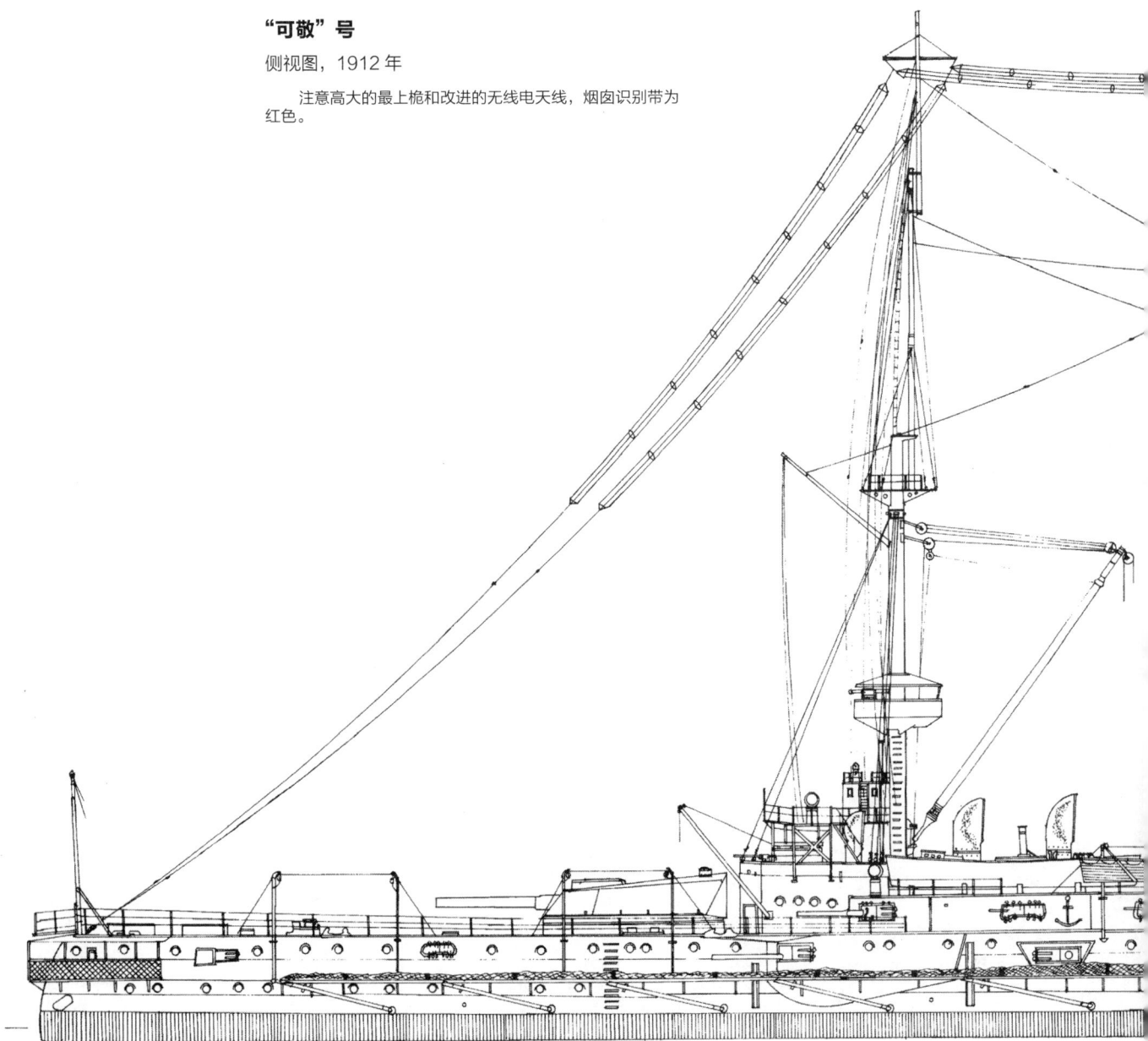

舰艇上甲板的炮郭中，1 门在原舰艉主炮塔位置上，由防盾保护。之后在后甲板安装了 1 门 102 毫米高射炮，76 毫米高射炮被拆除。后甲板的帆布屏障后方布置了存放水雷的轨道。探照灯减为 4 部，全部位于前部舰桥上。舰艉海图室被拆除。前顶桅总是处于放倒位置。采用了类似诺曼·威尔金森迷彩的试验性炫目迷彩，但和其他战列舰使用的迷彩不属于同一类型（舰体两侧的迷彩方案完全不同）。战后恢复了全灰色涂装。

舰史："堡垒"号

1899 年 3 月 20 日在德文波特开工，1899 年 10 月 18 日下水，1901 年 5 月开始海试。

1902 年 3 月 11 日服役并加入地中海舰队，至 1907 年 2 月。

1902 年 5 月 1 日接替"声望"号担任旗舰。

△ 在德文波特完成维修的"堡垒"号，1909 年

1905—1906 年在马耳他维修。

1907 年 2 月 11 日在德文波特退役，12 日重新服役，担任新本土舰队诺尔分队旗舰（升海军少将旗），在本土舰队服役至 1908 年 10 月。

1907 年 10 月 26 日在北海莱蒙灯塔（Lemon Light）附近因规避渔船而搁浅，轻微受损。1907—1908 年在查塔姆维修。

1908 年 10 月 3 日加入海峡舰队，至 1909 年 3 月。1909 年 3 月 24 日舰队重组，海峡舰队成为本土舰队第 2 分队，在本土舰队服役至 1914 年 8 月。

1909 年在德文波特维修。

1910 年 3 月 1 日在德文波特重新服役，成为本土舰队诺尔第 3、第 4 分队旗舰（升海军中将旗）。

1911 年 9 月—1912 年 6 月在查塔姆维修。1912 年 5 月在诺尔外海巴罗航道（Barrow Deep）海试，两次搁浅（舰底受损）。

战争爆发时加入海峡舰队（第 5 战列舰分舰队），至 1914 年 11 月。第 5 战列舰分舰队的基地在波特兰，但为预防敌人袭击，11 月 14 日临时移防希尔内斯。

"堡垒"号的沉没

1914 年 11 月 26 日早上 7 时 53 分至 55 分之间，锚泊中的"堡垒"号突然发生爆炸。待浓烟消散后军舰已不见踪影，水面只剩一些残骸。它当时停泊在水深 17.68 米的 17 号浮标处，没有任何异常情况，也没有发现潜艇活动的迹象。

△ 担任布雷舰的"伦敦"号，1918 年 5 月。注意舰上的多处改装：前主炮和后主炮塔被拆除，副炮数量减少，舰艉海图室被拆除，未安装防鱼雷网，后甲板用围屏遮蔽布雷设备和滑轨，等等。军舰采用了诺曼·威尔金森炫目迷彩，正常情况下为黑、灰和白色，实际上还有一些绿色色块

海军立即成立了质询法庭，但是"堡垒"号上的所有军官均已丧生，探明真相只能靠仅有的 12 名幸存者的报告。这些幸存者虽然听到了一声巨响，但不清楚被抛入水中前发生了什么。停泊在附近的"阿伽门农"号战列舰上的目击者称，首先看到浓烟从军舰上升起，第一次爆炸发生在舰艉弹药舱，爆炸将舰艉抬起，随后第二次爆炸将整个舰艉笼罩在火焰中。这一幕也被"威尔士亲王"号上的一位目击者所证实，他也称看到爆炸发生前，有浓烟从"堡垒"号舰艉升起。

潜水员发现军舰残骸散布在很大的区域内，没有发现火炮，只有桅杆等部位的残片。最重要的发现当属火炮日志，以及 305 毫米火炮电路的蓝图（后者是一群孩子第二天在远处的海岸上发现的）。

火炮日志声称，爆炸当天，以及当年，发射药舱和弹药通道的温度都很正常。但是爆炸发生前一天，一个水兵小组在两个相连的弹药通道里分离了大量 152 毫米炮弹和发射药，26 日早上这项工作继续进行。大约 7 时 45 分，工作组离开作业区吃早餐，通道内留下了至少 30 包未加防护的 152 毫米发射药。发射药已派哨兵看守，所有程序均被正确执行，但是日志显示发射药舱门未关闭。

一战爆发后，军舰的炮郭内保留了大量 152 毫米无烟发射药，那些在上甲板炮郭中的发射药，有时会被送到上方的弹药通道，除非情况不适于这样操作（加煤作业，或者记录到温度过高时）。

"堡垒"号（以及其他同级舰）弹药通道的首尾端各有能悬挂 20 包 152 毫米发射药的挂钩，通道内则有能悬挂 20 枚安装了引信的苦味酸炮弹及 24 枚通常弹的挂钩。另外还有 3 枚 152 毫米穿甲弹和 47 枚 76 毫米炮弹。

日志显示，爆炸发生当天，就像战争爆发后几个月内的任何一天一样，弹药通道内有 275 枚 152 毫米

▽"堡垒"号爆炸时的情景，1914 年 11 月 26 日

炮弹和 178 枚 76 毫米炮弹，它们紧挨着堆积在一起。质询法庭得出的一致意见是，一些发射药的堆放处过于接近一个锅炉舱的舱壁，由于军舰当时正为当天出海而升火，锅炉舱的温度逐渐升高。一包或数包发射药因舱壁温度过高而起火，进而引爆了附近的 152 毫米炮弹（产生了其他目击者看到的浓烟），爆炸波及舰艉的 305 毫米弹

▷ 带有非官方深红色烟囱识别带的"可敬"号，时间约为 1910年。注意下层樯楼上的测距仪

"伦敦"号

改装为布雷舰后的侧视图，1918 年

注意舰桥结构被简化，305 毫米前主炮和艉炮塔被拆除，整个后甲板覆有帆布围屏以隐蔽布雷设备，防鱼雷网被拆除。

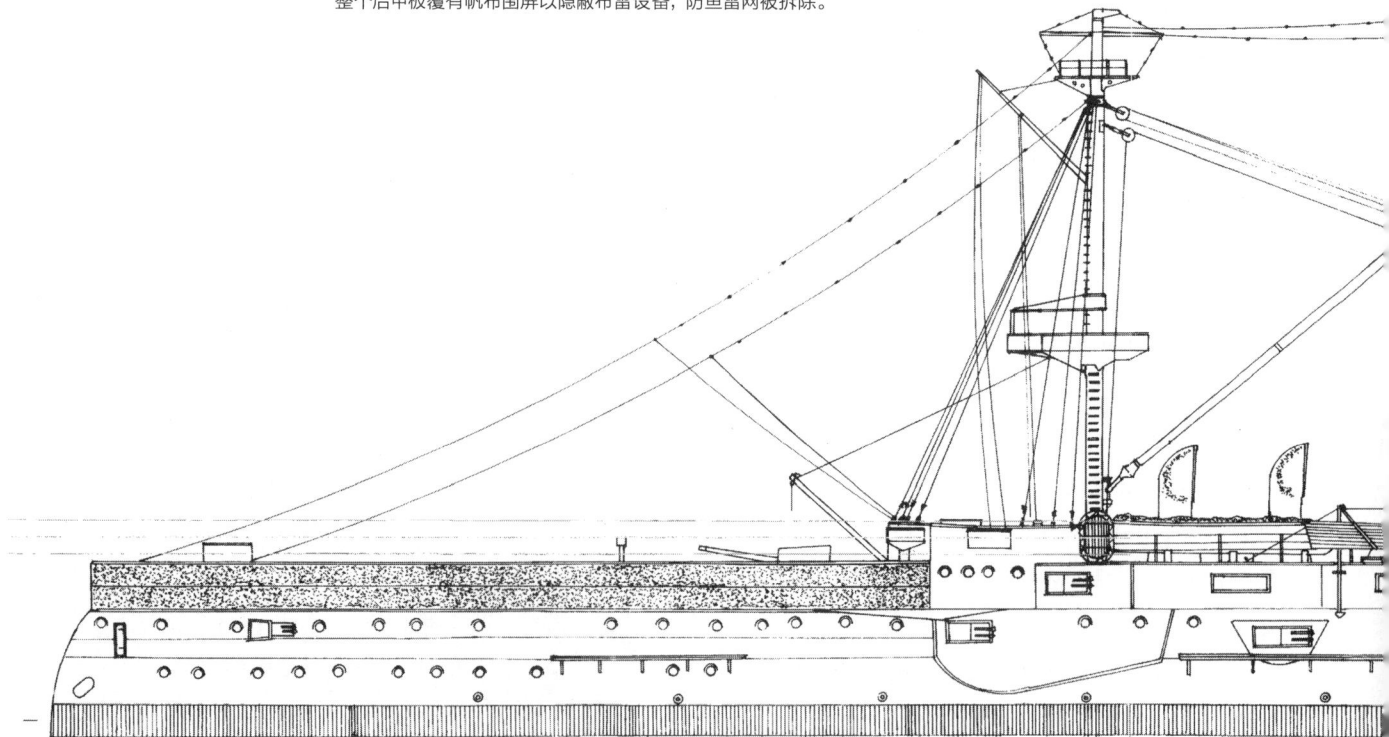

药舱，导致毁灭性的爆炸和军舰的沉没。检查各种记录后人们发现，"堡垒"号上的一些无烟发射药已经存放了超过 13 年但并未引起注意，"堡垒"号也不是唯一一艘存有超龄发射药的军舰。质询法庭最后将责任归咎于舰上的军官未能检查所有正在实施的安全程序（例如将发射药紧邻锅炉舱壁存放）。

◁ 在多佛等待进入拆船厂的
"伦敦"号，1919 年

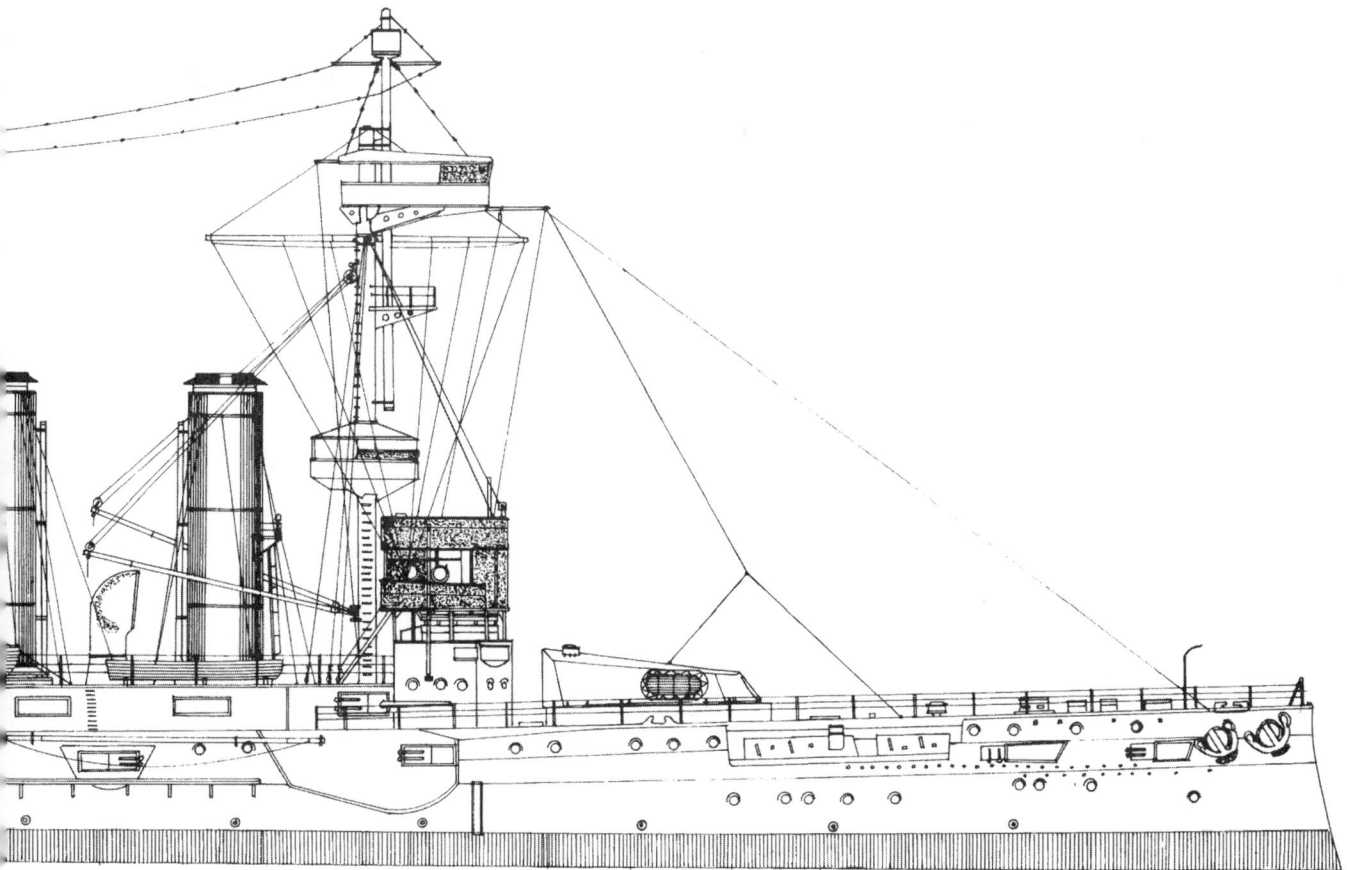

1914 年 11 月 27 日，就在事故发生的第二天，《每日镜报》刊登了三张照片，从不同高度展示了一场爆炸，报纸声称这是"'堡垒'号发生的爆炸"。报纸的大标题引起了轰动，大批信件涌入海军部。信中说这是不可能的，报纸如何能在战时得到这些照片呢？很快故事（和照片）被证实是不可信的，《每日镜报》也撤回文章，称"照片只是用来显示'堡垒'号爆炸后会是什么样子，而不是真实现场"。

本书使用的照片反映的确实是"堡垒"号爆炸的情景，由"阿伽门农"号或"威尔士亲王"号上的一名舰员拍摄，直到战后才为世人所知。

舰史："伦敦"号

1898 年 12 月 8 日开工，1899 年 9 月 21 日下水。

1902 年 6 月 7 日在朴次茅斯服役，后加入地中海舰队（在 1902 年 8 月 16 日的国王加冕阅舰式上担任旗舰），服役至 1907 年 3 月。

1902—1903 年和 1906 年在马耳他维修。

1907 年 3 月加入本土舰队诺尔分队，至 1908 年 6 月。

1908 年 6 月 2 日转隶海峡舰队，至 1909 年 4 月。

1908 年在查塔姆维修。

1909 年 4 月 19 日在查塔姆退役，进行长期维修，至 1910 年 2 月。

1910 年 2 月 8 日在查塔姆重新服役，担任大西洋舰队第二旗舰（升海军少将旗），至 1912 年 5 月。

1912 年 5 月 1 日舰队重组后，加入诺尔的第 2 本土舰队，至 1914 年 8 月。

1912 年 5 月 11 日在海斯（Hythe）外海与商船"唐·贝尼特"号（Don Benite）相撞。

1912 年 5 月至 1913 年用作舰载机起飞试验舰。一战爆发后加入海峡舰队。

1914 年 8 月—1915 年 3 月，继续在海峡舰队服役。

1915 年 3 月 19 日受命开往达达尼尔。3 月 23 日在利姆诺斯岛加入达达尼尔分舰队，在达达尼尔作战至 5 月。

当年 4 月 25 日支援澳新军团在伽巴帖培的登陆行动。

1915 年 5 月 22 日加入第 2 特遣队前往亚得里亚海，以塔兰托为基地，驻扎至 1916 年 10 月。

1915 年 10 月在直布罗陀维修。

1916 年 10 月返回本土，在德文波特退役，舰员被调往反潜舰艇。在德文波特停留至 1918 年 1 月。

1916—1917 年进行维修。

1918 年 2—4 月在罗赛斯被改装成布雷舰。

1918 年 5 月 18 日在罗赛斯重新服役，加入第 1 布雷分舰队〔"安哥拉"号（Angora）、"玛格丽特公主"号（Princess Margaret）、"安菲特里忒"号（Amphitrite）和"伦敦"号〕。

加入大舰队至 1919 年 1 月。布雷行动中，在北海雷障布下 2640 颗水雷。

1919 年 1 月在德文波特转为预备役，至 1920 年 1 月。战后舰队重组时，加入德文波特第 3 舰队。

1920 年 1 月在德文波特列入报废名单。

3 月 31 日列入出售名单。

6 月 4 日以 30500 英镑的价格出售给多佛的斯坦利拆船公司，后被转售给斯劳贸易公司，再被转售给德国拆船公司。

1922 年 4 月拖往德国解体。

◁ 1915 年，"可敬"号在马耳他。注意前桅上的鸦巢式桅楼，前桅下层桅楼和后部舰桥上安装的探照灯

▽ 1914 年，在朴次茅斯造船厂的"可敬"号，显示了战前的最后状态

舰史："可敬"号

1899 年 1 月 2 日在查塔姆造船厂开工，1899 年 11 月 2 日下水。

由于动力系统制造商出现财政困难，完工日期多次推迟。1902 年 11 月 12 日完工，在查塔姆服役，后加入地中海舰队，担任第二旗舰至 1908 年 1 月。

1905 年 6 月 26 日在阿尔及尔港外搁浅，舰体侧舷轻微受损。

1906—1907 年在马耳他维修。

1907 年 8 月 12 日将第二旗舰职责转交"威尔士亲王"号。

1908 年 1 月 6 日在查塔姆退役，7 日重新服役，加入海峡舰队，至 1909 年 2 月。

1909 年 2 月在查塔姆退役，进行长期维修。

1909 年 10 月 19 日在查塔姆服役，加入大西洋舰队，至 1912 年 5 月。

1912 年 5 月 13 日加入诺尔的第 2 本土舰队，至 1914 年 8 月。一战爆发后加入海峡舰队（第 5 战列舰分舰队），至 1915 年 5 月。参加了将朴次茅斯陆战队营运送至奥斯坦德的行动。1914 年 10 月 27—30 日在韦斯滕德和隆巴奇德（Lombartzyde）之间炮击海岸要塞。

1914 年 10 月 27—29 日担任多佛巡逻队司令胡德少将的旗舰。

11 月 3 日在戈尔斯顿袭击战中受命支援东海岸巡逻队。

1915 年 3 月 11 日和 5 月 10 日炮击韦斯滕德附近的岸炮。

5 月 12 日受命前往达达尼尔接替"伊丽莎白女王"号战列舰，在达达尼尔作战至当年 10 月。

▽ 1915 年达达尼尔战役期间，"可敬"号在穆德罗斯接受补给。注意防鱼雷网处于张开状态

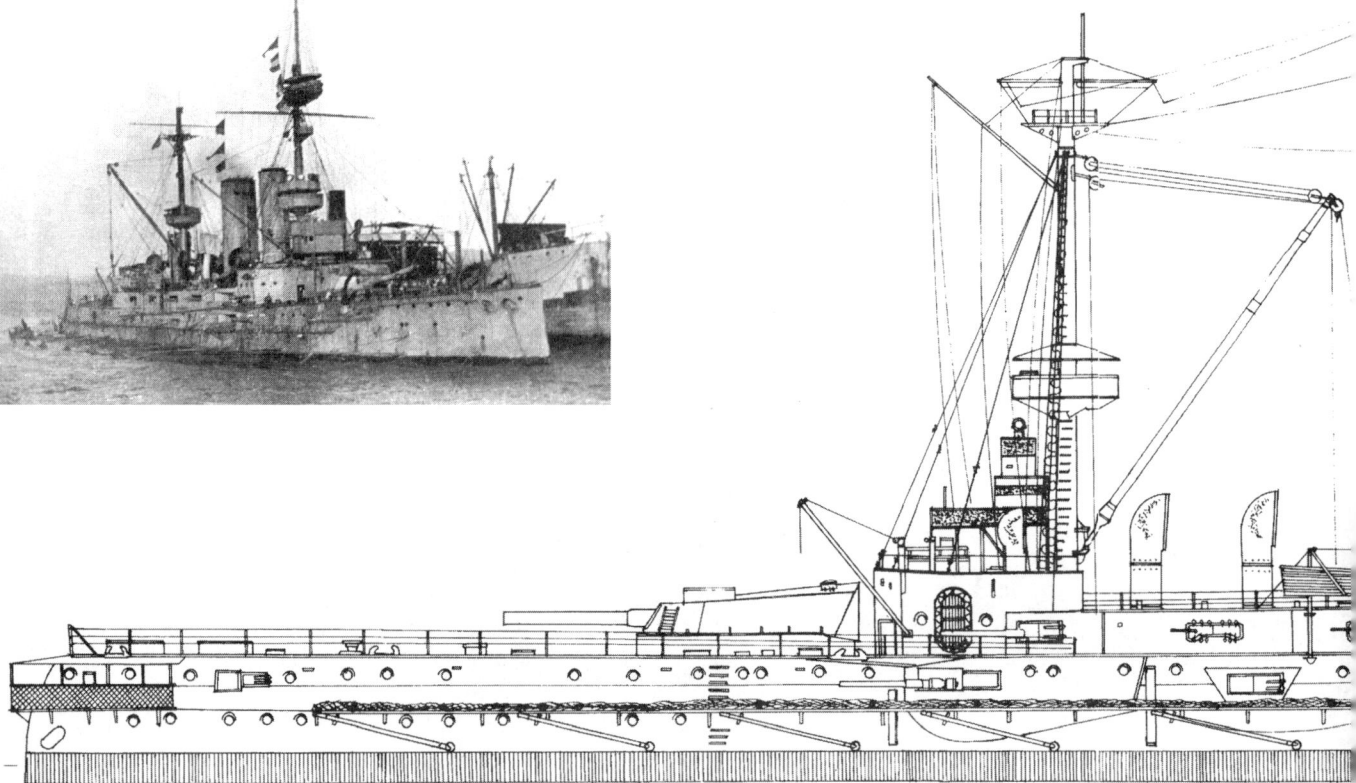

△ 1916 年 11 月 11 日，离开塔兰托的"可敬"号。注意它最后的战时状态：未安装防鱼雷网，前桅下层桅楼上和增建的后部舰桥上安装了探照灯

"可敬"号

侧视图，1915—1916 年

　　注意舰桥结构被简化，探照灯在前桅下层桅楼和舰艉海图室上方，绘有假舰艏波，前顶桅和主桅顶部后方有反测距装置。

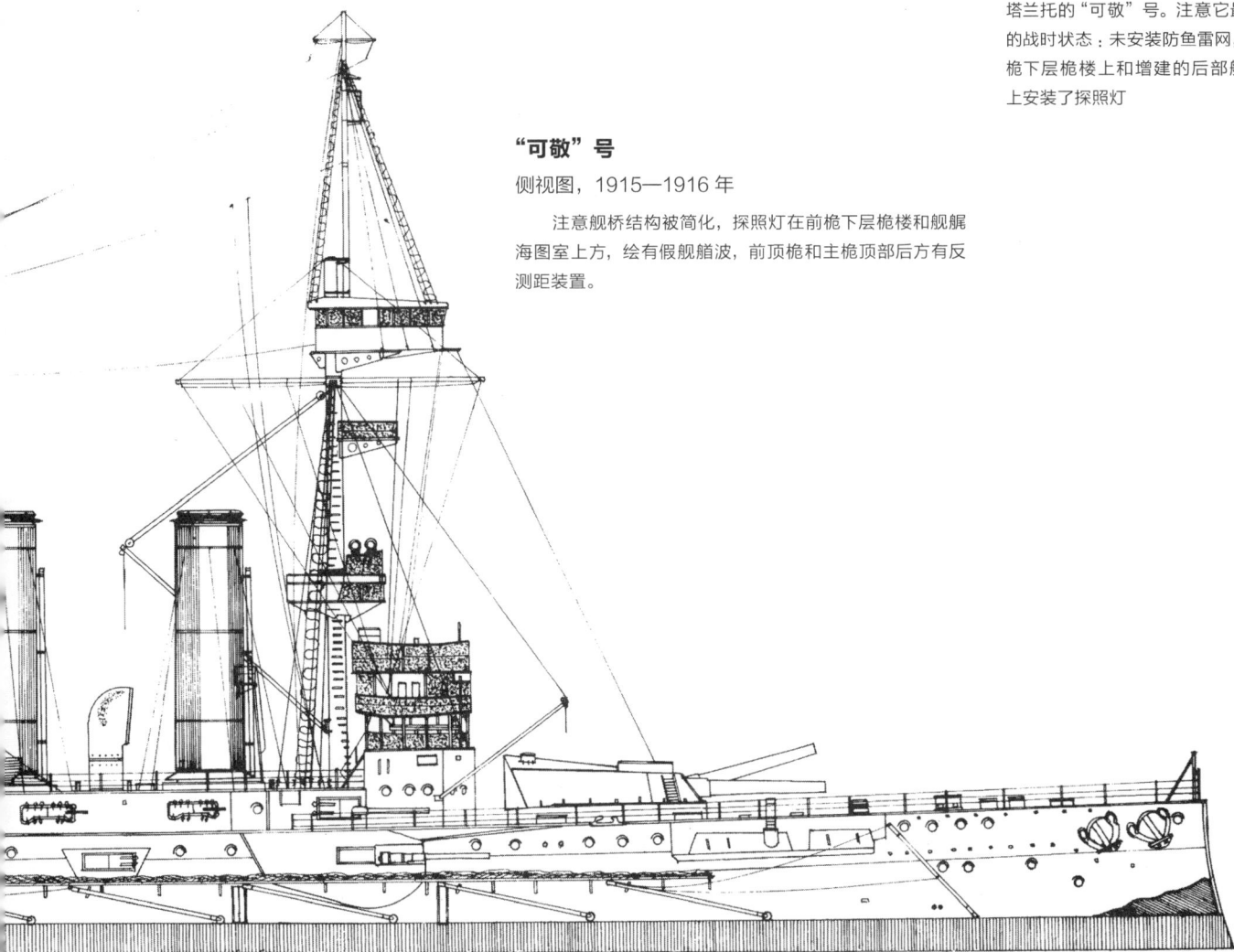

8月21日在苏弗拉湾支援对土军要塞的攻击行动。

10—12月在直布罗陀维修。

1915年12月调往亚得里亚海，至1916年12月。

1916年12月19日返回朴次茅斯，在那里停留至1918年2月。

1918年2—3月在朴次茅斯改装成居住船，27日开往波特兰，担任北方布雷拖船部队的居住船至12月。3—8月隶属北方巡逻队，9—12月转隶南方巡逻队。12月底在波特兰退役，处于维护状态，后被用于试验。

1919年5月在波特兰被列入报废名单。

1920年2月4日列入出售名单，6月4日出售给多佛的斯坦利拆船公司。

1922年转售给斯劳贸易公司，当年年中再被转售给德国拆船公司，随后拖往德国解体。

邓肯级：1898—1899 年预算

设计

邓肯级高速战列舰是专门针对俄国佩列斯韦特级（*Peresviet* Class）战列舰设计的，后者中有两艘于 1898 年下水，错误的情报显示它们的航速可达 19 节。英国开始（1896 年末）以为俄国人建造的是大型装甲巡洋舰，但是 1897 年 12 月 30 日，海军上校佩吉特（Paget）递交的一份报告称它们是高速二级战列舰，虽然设计航速只有 18 节。

邓肯级的设计方案早在 1898 年 2 月就呈递给海军部，但为了给设计工作留出更多时间，海军部决定推迟建造，最终采纳的思路是设计一种可畏级的改进型。怀特建议在装甲布置方面做出特别修改，海军部同意了怀特的想法，计划在 1898 年开工 3 艘，并将它们归入堡垒级。1898 年 6 月 14 日，海军造舰总监（怀特）终于递交了 19 节战列舰的设计方案——新主力舰将最大限度地减轻重量，以获得所需的航速。

6 月 2 日，怀特指示哈斯拉尔基地准备两种模型（L1 和 LE2），第一种采用他提供的初始方案中的尺寸，第二种的舰宽增加 0.15 米（23.01 米），后者是为了确

▽ 在这张摄于 1912 年年末或 1913 年年初的罕见照片中，"邓肯"号还在使用维多利亚式涂装。注意当时它尚未安装主炮

邓肯级：设计数据

估计排水量（吨）：12853（轻载），14000（正常），15289（满载）

长：123.44 米

宽：22.86 米

吃水：8.08 米

干舷高度：6.93 米（舰艏），5.03 米（舯部），5.41 米（舰艉）

输出功率：14000 马力

燃煤储量：2000 吨（最大）

装甲带长度：86.87 米

备弹量：每门主炮 80 枚 305 毫米炮弹

舰体重量：5400 吨

"阿尔比马尔"号：下水数据（1901 年 3 月 5 日）

排水量：5115 吨

长：123.54 米（垂线间长）

宽：23.13 米（甲板宽 23.02 米）

龙骨至上甲板距离：13.42 米

吃水：2.88 米（舰艏），3.95 米（舰艉）（下水 4 天后测量）

记录舰体重量：4707 吨

下水时损伤情况

径向移动距离 103.63 米，9.53 毫米拱曲

横向移动距离 19.2 米，2.54 毫米凹陷

下水时各单位重量（吨）

人员、压载物、机器：252

装甲和背板：147

动力：16

桅具、桅杆：1

总重：416

保获得更理想的初稳心高度。1898 年 9 月最后的设计方案确定，10 月 25 日海军部发出了建造标书。

英国海军 1898 年造舰计划公布后，媒体披露法国和俄国都将大幅扩充各自舰队的规模，由于英国的造舰计划中只有 3 艘战列舰（它们的航速被认为低于俄国的佩列斯韦特级），英国海军提出了一个 1898 年特别补充计划，并于当年年底获得批准。根据特别补充计划，海军将尽早开工至少 4 艘邓肯级战列舰，时间是 1899 年 3 月至 7 月，还有两艘将作为 1899 年造舰计划于 1899 年 11 月和 1900 年 1 月开工。

受到一股热衷于减小军舰排水量、降低造价的强大政治势力的影响，设计人员将军舰排水量限制为比可畏级小 1000 吨。为了在布置同样武备的前提下将航速提高 1 节，在防护方面做出了重大牺牲，从而削弱了邓肯级作为一级战列舰的整体价值。

△ 1902 年夏天，"罗素"号正在进行建成后的海试。相比同时代的战列舰，邓肯级装甲更薄弱，航速更高，所以与卡诺珀斯级一起体现了早期战列巡洋舰的概念。不同寻常的是，直到这一时期，它仍在使用维多利亚涂装

因此在设计上，邓肯级并非由可畏级直接发展而来，而体现的是早期卡诺珀斯级的放大版和改进型设计，就像可畏级与庄严级的关系一样。

与同时代英国战列舰相比，邓肯级防护薄弱，航速更高，有人称它和卡诺珀斯级体现了早期战列巡洋舰的设计思想。可与后来真正的战列巡洋舰相比，虽然它们的进攻威力未减，但增加的航速远不如后者。

邓肯级在设计上的主要改进有：

1. 舰体侧舷前部的防护增强，改进了水平防护以抵御大角度下落的炮弹（堡垒级也采用了这些措施）；
2. 76 毫米炮布置在露天甲板；
3. 取消了通风口整流罩；
4. 采用了无杆锚（最后两艘舰）。

由于排水量比卡诺珀斯级大了 1050 吨，邓肯级得以装备更强大的主炮（Mk IX 型）、更强的防护，航速提高了 1—2 节，但燃煤储量略有下降。

要在排水量不足的情况下让航速达到极为少见的 19 节，只能在防护方面做出重大妥协，因此邓肯级虽然在除了燃煤储量外的所有性能上都胜过俄国的佩列斯韦特级，但仍被认为是一级总体性能不足的战舰。不过在一段时间里，它们也获得了最快战列舰的美誉。

邓肯级是优良的远洋型军舰，通过优化型线，在没有增加排水量的情况下获得了高航速。但是干舷比卡诺珀斯级、可畏级和堡垒级还低（舰艏和舰艉分别低了 0.15 米和 0.38 米），邓肯级因此遇到了上浪严重的问题。

"邓肯"号

侧视图和舰面布置图，1903 年

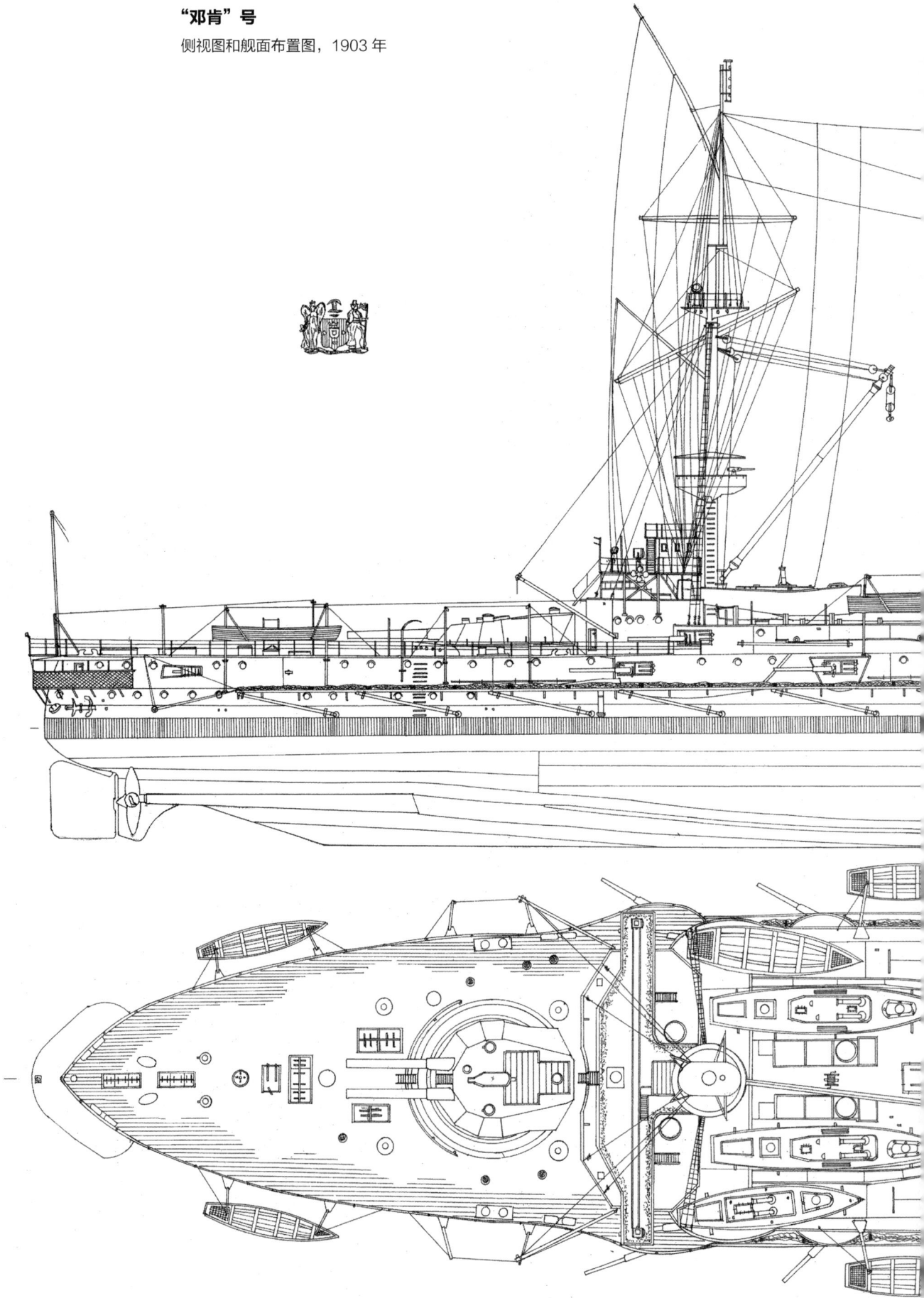

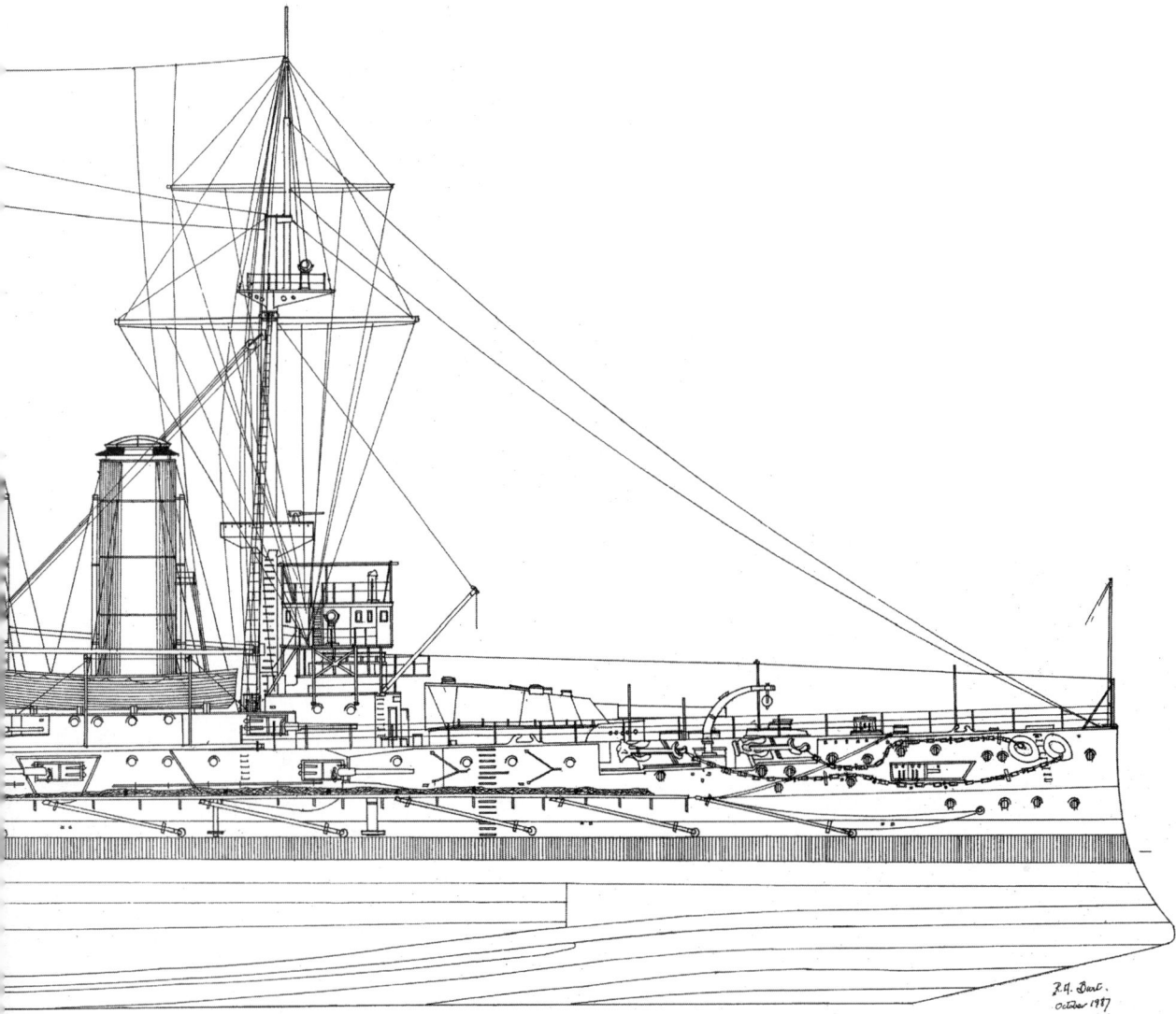

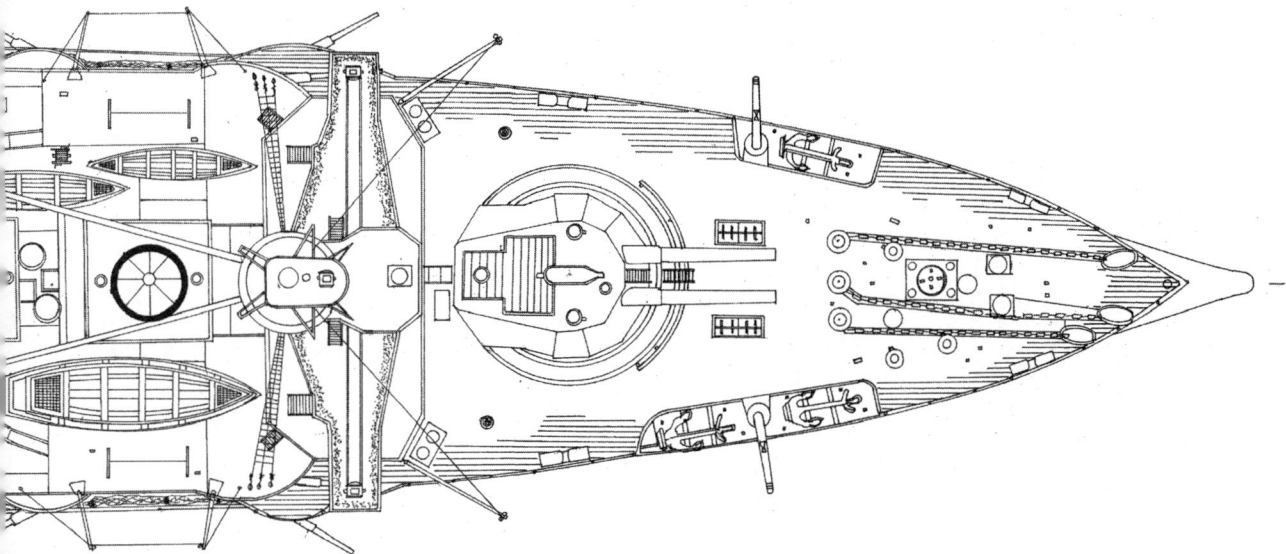

▽ 1904 年年初，即将在查
塔姆完工的"康沃利斯"号。它于
1904 年 2 月 9 日服役，加入地中
海舰队，接替"声望"号

△ "邓肯"号，1905 年 11 月。该级舰被非官方地称为海军将领级，它们比可畏级和堡垒级更显低矮，而且两座圆形烟囱也与后者不同

◁ 极为罕见的一幕：1909 年，"邓肯"号在马耳他维修，305 毫米炮管正在被重新安放到炮塔中

武备

　　除了炮塔基座较小和火炮位置较低外，主炮与堡垒级相同。

　　由于节省重量的严格要求，炮塔基座的尺寸减小。可畏级和堡垒级炮塔基座外缘直径为 11.43 米，设计人员建议减小炮塔旋转部分至基座框架内缘之间的距离。这部分空间既不用于存放炮弹，也无须人员或弹药通过，所以有减小的可能。建议得到了采纳，邓肯级的基座直径被确定为 11.13 米。炮塔在外形上也略有修改，以适应新的基座，炮塔正面为倾斜的平面，而不是如可畏级那样的弧形。除此之外，两级军舰的主炮塔完全一致（B Ⅵ 型）。

邓肯级：建成时性能数据

建造

	造船厂	开工	下水	建成
"邓肯"号	泰晤士钢铁厂	1899 年 7 月 10 日	1901 年 3 月 21 日	1903 年 10 月
"康沃利斯"号	泰晤士钢铁厂	1899 年 7 月 19 日	1901 年 7 月 13 日	1904 年 2 月
"埃克斯茅斯"号	坎梅尔·莱尔德公司	1899 年 8 月 10 日	1901 年 8 月 31 日	1903 年 5 月
"罗素"号	帕尔默公司	1899 年 3 月 11 日	1902 年 2 月 19 日	1903 年 2 月
"阿尔比马尔"号	查塔姆造船厂	1901 年 1 月 8 日[①]	1901 年 3 月 5 日	1903 年 11 月
"蒙塔古"号	德文波特造船厂	1899 年 11 月 23 日	1901 年 3 月 5 日	1903 年 11 月[②]

排水量（吨）

13305（正常），14845（满载）（"蒙塔古"号）

13272（正常），14048（满载）（"康沃利斯"号）

14870（满载）（"罗素"号）

尺寸

长：123.54 米（垂线间长），127.41 米（水线长），131.67 米（全长）（"阿尔比马尔"号）

宽：23.11 米（"阿尔比马尔"号）

吃水：7.7—8.42 米（平均）

武备

4 门 305 毫米 Mk IX 型主炮

12 门 152 毫米 Mk VII 型副炮（P III 型炮座）

10 门 76 毫米炮（12 英担）（P III 型炮座）

2 门 76 毫米（8 英担）小艇炮（野战炮座）

6 门 47 毫米炮（后坐炮座）

2 挺马克沁机枪

4 具 457 毫米水下鱼雷发射管，18 枚 457 毫米 Mk V 型鱼雷

弹药储备

305 毫米（每门炮备弹 80 枚）：64 枚穿甲弹，216 枚通常钢制弹，28 枚练习弹，40 枚实心穿甲弹

152 毫米（每门炮备弹 200 枚）：480 枚穿甲弹，1272 枚通常钢制弹，240 枚苦味酸通常弹，288 枚霰弹，168 枚练习弹，120 枚实心穿甲弹

装甲

主装甲带：178 毫米克虏伯装甲

舰艏装甲带：76—102—127 毫米

舰艉装甲带：38 毫米

舰艉横向装甲：178—279 毫米

炮塔基座：102—279 毫米

炮塔：203 毫米（正面及侧面）

司令塔：76—305 毫米

炮郭：前部 152 毫米，后部 51 毫米

甲板：主甲板 25—51 毫米，中甲板 25 毫米，下甲板 51 毫米

① 译注：关于"阿尔比马尔"号的开工时间，其他资料中亦有 1900 年 1 月 1 日、1900 年 1 月 8 日等不同记载。

② 原文如此，但根据后文，该舰于 1903 年 7 月 28 日服役，其建成时间理应早于这一日期。

动力

2 套四缸垂直倒置三胀式蒸汽机，2 副向内旋转螺旋桨

续表

螺旋桨直径：5.18 米

螺旋桨桨距：5.64 米

桨叶展开面积：7.62 平方米

汽缸直径：高压 850.9 毫米，中压 1377.95 毫米，低压 1600.2 毫米

冲程：1219.2 毫米

锅炉：24 台贝尔维尔水管锅炉，工作压力 2.07 兆帕；蒸汽机蒸汽压 1.72 兆帕

总加热面积：4018.99 平方米

炉箅面积：127.74 平方米

转数：120 转 / 分

设计输出功率：18000 马力，18 节

燃煤：900 吨（正常），2182—2240 吨（最大）

燃煤消耗速率：10 节航速下，每天消耗 100 吨燃煤；全功率下每天消耗 420 吨燃煤；7 节航速下每天消耗 50 吨
　燃煤

续航力：6070 海里 /10 节

锅炉舱长度：28.68 米

轮机舱长度：16.47 米

辅助机械重量：115.769 吨（"邓肯"号）

小艇（"罗素"号，完工时）

大舢板（蒸汽）：1 艘 17.07 米，1 艘 12.19 米

大舢板（风帆）：1 艘 10.97 米

长艇（蒸汽）：1 艘 17.07 米，1 艘 12.8 米

纵帆快艇：2 艘 10.36 米

捕鲸艇：1 艘 8.23 米

小舢板：1 艘 9.14 米，1 艘 8.53 米

杂务艇（Jolly boat）：1 艘 7.32 米

帆装小工作艇：1 艘 4.88 米

巴沙救生筏：1 艘 4.17 米

探照灯

6 部 610 毫米探照灯：前后舰桥各 2 部，前桅和主桅高处各 1 部（完工时）

"阿尔比马尔"号，1913 年：后部舰桥 2 部 610 毫米探照灯，小艇甲板 2 部 914 毫米探照灯，前部舰桥 2 部
　610 毫米探照灯，露天甲板 2 部 610 毫米探照灯（同级舰之间区别较大）

船锚

3 副 5.75 吨霍尔斯有杆转爪锚；"阿尔比马尔"号和"蒙塔古"号装备了无杆锚

无线电

"邓肯"号：I 型无线电，后来更换为 II 和 III 型

"康沃利斯"号：I 型无线电，后来更换为 II 和 III 型

"埃克斯茅斯"号：II 型无线电，后来更换为 I 和 III 型

"罗素"号：I 型无线电，后来更换为 II 和 III 型

"阿尔比马尔"号：I 型无线电，后来更换为 II 型

"蒙塔古"号：I 型无线电

舰员

762 人（设计舰员人数）

762 人（"埃克斯茅斯"号，旗舰，1904 年）

续表

736 人（"罗素"号，1904 年）

761 人（"埃克斯茅斯"号，1905 年）

781 人（"罗素"号，1915 年）

造价

"邓肯"号：1023147 英镑，加火炮 65750 英镑

"康沃利斯"号：1030302 英镑，加火炮 65750 英镑

"埃克斯茅斯"号：1032409 英镑，加火炮 65750 英镑

"罗素"号：1038301 英镑，加火炮 65750 英镑

"阿尔比马尔"号：1009835 英镑，加火炮 68560 英镑

"蒙塔古"号：未知

第174号肋位
1. 舰艉司令舱
2. 士官餐厅
3. 司令仓库
4. 舵柄舱

第158号肋位
1. 司令秘书舱
2. 士官舱
3. 主计官仓库
4. 水下鱼雷舱
5. 炮手仓库

第145号肋位
1. 305毫米炮座
2. 主计官舱
3. 燃煤
4. 炮弹舱
5. 辅助机械舱
6. 空气压缩机舱
7. 动力训练舱
8. 152毫米副炮发射药舱
9. 灯具柜
10. 305毫米弹药处理舱
11. 轮机仓库
12. 螺旋桨轴通道
13. 305毫米炮弹舱

第120号肋位
1.主桅战斗桅楼
2. 信号室
3. 152毫米炮炮郭
4. 轮机舱通风口
5. 舰长日舱
6. 总工程军官舱
7. 燃煤
8. 司炉兵盥洗室
9. 弹药通道
10. 轮机舱

第87号肋位
1. 水兵厕所
2. 锅炉排烟道
3. 152毫米炮炮郭和水
兵餐厅
4. 燃煤
5. 弹药通道
6. 翼舱
7. 锅炉舱

第51号肋位
1. 水手长备用品仓库
2. 辅助机械舱通风口
3. 高级士官厕所
4. 烘焙房
5. 餐厅
6. 舰艏通信站
7. 司炉长盥洗室
8. 燃煤
9. 液压机械舱
10. 76毫米炮发射药舱
11. 152毫米副炮发射
药舱
12. 152毫米炮弹舱
13. 轻武器舱

第39号肋位
1.305毫米炮座
2. 帆布舱
3. 炮弹处理舱
4. 照明仓库
5. 炮塔旋转动力舱
6. 液压油柜
7. 轮机仓库
8. 305毫米弹药供弹舱
9. 电器仓库
10. 305毫米炮弹舱
11. 食品舱

第18号肋位
1. 水兵住舱
2. 水兵住舱
3. 缆绳舱
4. 绞盘舱
5. 面包房

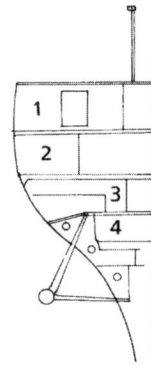

第174号肋位
前视图

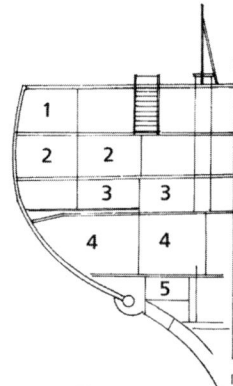

第158号肋位
前视图

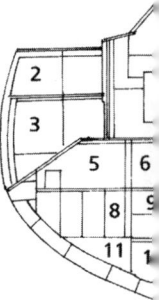

第145号肋位
前视图

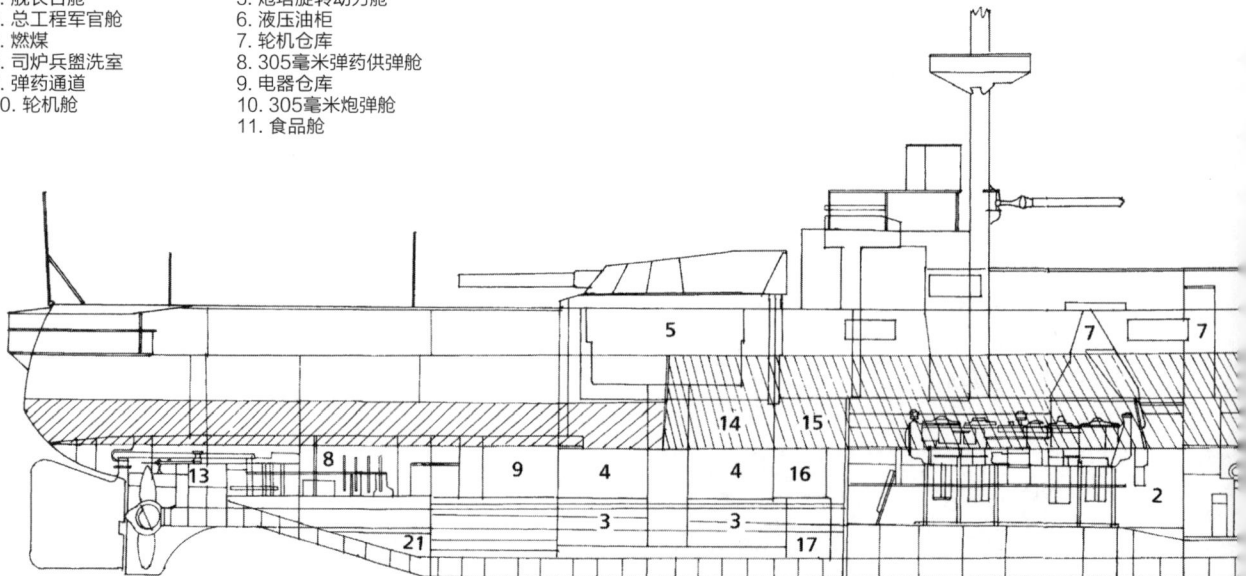

"罗素"号：初稳心高度和稳性（1903 年 1 月 31 日倾斜试验）

	吃水	初稳心高度	最大复原力臂角	稳性消失角
A 条件（正常）*	7.7 米（平均）	1.25 米	38 度	65 度
B 条件（满载）**	8.45 米（平均）	1.28 米	36 度	66 度
C 条件（轻载）***	7.16 米	1.23 米	—	—

* 全备状态加上层煤舱 360 吨燃煤，下层煤舱 540 吨燃煤，后备给水柜空载，锅炉水位达到工作高度。

** 全备状态加 2287 吨燃煤，所有水柜满载。

*** 重量减轻至所示吃水，但锅炉水位达到工作高度。

"邓肯"号

舰体剖视图，1903 年

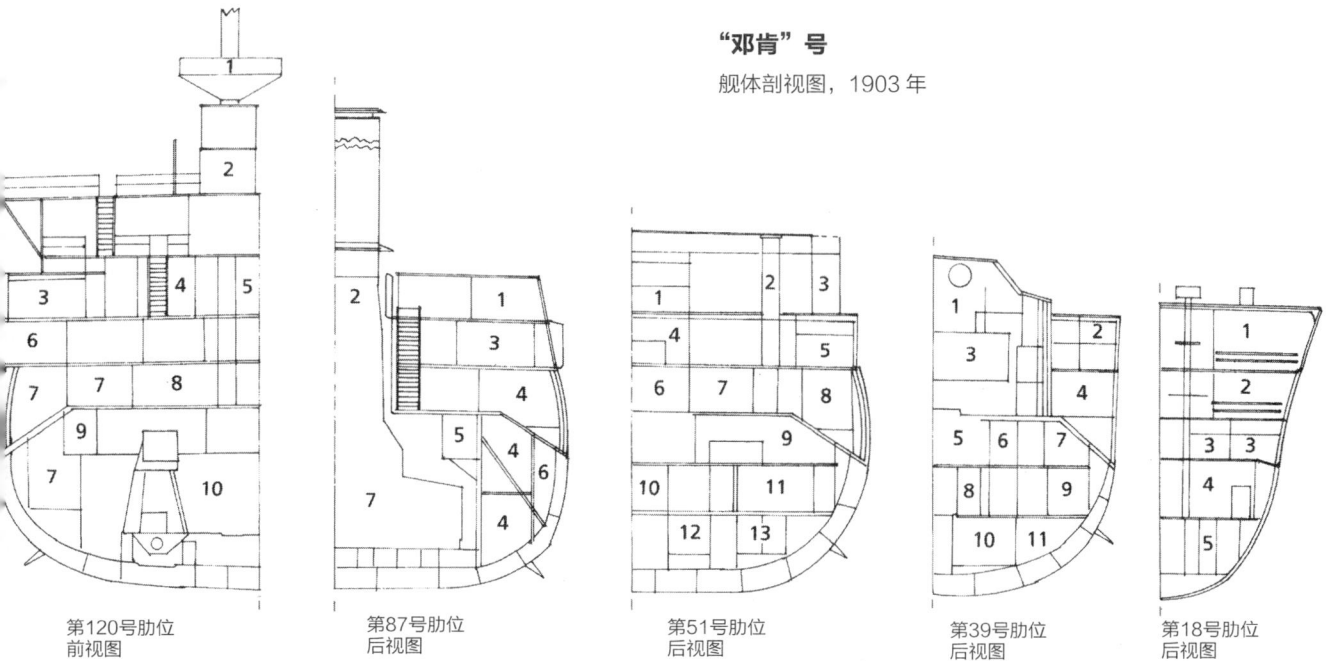

第120号肋位
前视图

第87号肋位
后视图

第51号肋位
后视图

第39号肋位
后视图

第18号肋位
后视图

域代表装甲带

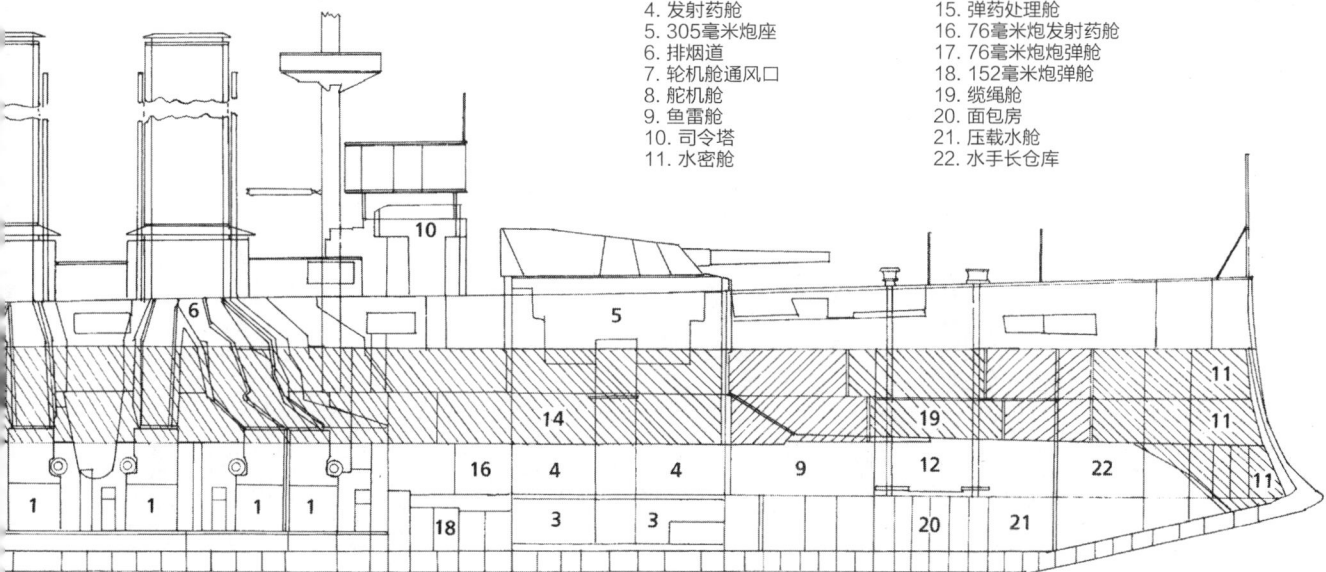

纵剖图

1. 锅炉
2. 轮机舱
3. 炮弹舱
4. 发射药舱
5. 305毫米炮座
6. 排烟道
7. 轮机舱通风口
8. 舵机舱
9. 鱼雷舱
10. 司令塔
11. 水密舱
12. 绞盘舱
13. 舵柄舱
14. 305毫米炮塔旋转动力舱
15. 弹药处理舱
16. 76毫米炮发射药舱
17. 76毫米炮炮弹舱
18. 152毫米炮炮弹舱
19. 缆绳舱
20. 面包房
21. 压载水舱
22. 水手长仓库

副炮也与可畏级相同，但是主甲板上的艉舷炮郭更加突出，以减小炮口风暴的影响，同时获得更佳的艉舷向射界。海军炮术学校校长第一次看到设计方案后评论说：

> 我更希望将主甲板上中间两座炮郭移至上甲板，把76毫米炮布置在它们中间，这样火炮位置更高，在海况不佳的情况下尤其有利。为保护供弹通道和火炮炮座增加装甲重量也是值得的，因为这样得益良多，这样的防护也应提供给上甲板艉舷端的炮郭，除非主甲板的艉舷炮郭被移到上甲板炮郭的正下方。

经过研究后，以上建议被否决了，因为将艏部152毫米副炮上移至上甲板可能会带来供弹通道拥挤不畅的问题。

76毫米炮的数量从16门减至10门，主甲板艉舷的76毫米炮被取消，上甲板的76毫米炮从8门减至6门。

上甲板沿侧舷布置的炮垒完全敞开，火炮不像庄严级和堡垒级那样，通过高大的中央堡垒上的炮孔开火，它们的前方只有一道胸墙。

装甲

由于防护的重要性被置于火力和航速之后，和可畏级相比，邓肯级的火力与之相同，航速提高了1节，排水量小了1000吨，装甲厚度大为削减。接受防护力被如此削弱的理由，是当时有很多人强烈反对增加军舰的排水量和造价。

装甲的布置在可畏级的基础上修改而来，主要是确保舰艉侧舷得到更好的防护，以及在主甲板布置更厚的水平装甲以抵御大角度下落的炮弹。这种防护思想的变化首

▽"埃克斯茅斯"号，韦茅斯湾，1911年。注意它的老式锚床——该级舰中只有"蒙塔古"号和"阿尔比马尔"号完工时未布置特洛特曼（Trotman）锚床

先体现在卡诺珀斯级和可畏级上。改进的防护方案在堡垒级的设计过程中曾被提出，但未予实施，最后在邓肯级上实现了。

　　增强侧舷舰舯装甲带的主要目的，是减小舰艟中弹进水导致军舰航速和机动能力下降的风险——由于邓肯级是高速战列舰，保持航速的能力尤为重要。增加主甲板装甲厚度是为加强抵御大角度下落炮弹的能力，但是邓肯级的中甲板装甲最大厚度被削减至 25 毫米，这招致了强烈批评，因为法国 240 毫米舰炮可以在 2743 米（3000 码）以内击穿邓肯级的 178 毫米侧舷装甲带，而薄弱的中甲板装甲也不足以防御击穿了侧舷装甲的炮弹。

　　与可畏级相比，邓肯级的防护有以下特点：

1. 侧舷装甲带最大厚度由 229 毫米减至 178 毫米，但是装甲带前端略超过艏炮塔基座正面，而不是终止于基座侧面；
2. 装甲带舰舯延伸部分的高度增加了 0.76 米（至主甲板高度），厚度从统一的 51 毫米，提高至最厚 127 毫米（逐渐减薄至 102、76、51 毫米）；
3. 取消了舰艟横向装甲，以抵消舰舯装甲带增加的重量，舰艉横向装甲从 254 毫米减至 178 毫米；
4. 艏艉炮塔基座之间的主甲板装甲由 25 毫米增至 51 毫米，前方延伸至舰艏，厚度为 25—51 毫米（可畏级未设延伸部分）；
5. 中甲板装甲厚度从倾斜部分 76 毫米和水平部分 51 毫米，减至统一的 25 毫米；
6. 下甲板舰艏部分装甲厚度由统一的 51 毫米减至 51 毫米和 25 毫米，舰艉部分装甲厚度由 64 毫米减至 51 毫米；
7. 炮塔基座装甲由 305 毫米减至 279 毫米。

相对于俄国佩列斯韦特级战列舰，海军造舰总监解释说：

　　与"奥斯利雅维亚"号（Osliabia）相比，新战列舰的防护能力要优越得多。的确，"奥斯利雅维亚"号的水线有 68.28 米长的 229 毫米装甲，但上缘仅位于水线以上 0.91 米，下缘则在水线以下不到 0.3 米。

　　"奥斯利雅维亚"号的中央堡垒装甲从主装甲带顶端延伸至主甲板高度，高 2.29 米，长度只有 57.3 米。这部分装甲的厚度只有 102 毫米，即使采用了与我们新战列舰 178 毫米装甲同样质量的装甲材料，防护力也只有后者的 1/3——不过我们严重怀疑俄国人的装甲是否经过了克虏伯装甲的处理过程。

　　"奥斯利雅维亚"号的艏艉各有 18.29 米长度未敷设任何装甲。

邓肯级的主装甲带长 72.54 米，高 4.34 米，从艏炮塔基座正面延伸至艉炮塔基座侧面。装甲带上缘位于主甲板高度，正常情况下高于水线大约 3.05 米，下缘在水线以下大约 1.30 米。

　　舰艏装甲带前端直抵舰艏，高度与主装甲带相同，最前端向下倾斜至撞角。装

甲带厚度从舰艏的 51 毫米，迅速增加至 76—102 毫米和 127 毫米，127 毫米部分位于舰艏后方大约 7.62 米。51 毫米装甲带安装在两层厚度为 13 毫米的外舷板上。

舰艉装甲带厚度为 25 毫米，一直延伸至舰艉，下缘与主装甲带下缘平齐，上缘位于水线以上 1.23 米。这部分装甲也安装在两层 13 毫米的外舷板上。

舰艉横向装甲厚度为 178 毫米，从 178 毫米主装甲带末端斜向内布置到艉炮塔基座正面。

艏炮塔基座正面装甲在侧舷装甲带上方为 279 毫米，下方为 178 毫米。背面装甲在侧舷装甲带上方和下方的厚度分别为 254 毫米和 102 毫米。艉炮塔基座正面装甲在中甲板以上和以下的厚度分别为 279 毫米和 254 毫米。背面装甲在侧舷装甲带上方和下方的厚度分别为 254 毫米和 102 毫米。炮塔正面、侧面、背面和顶部装甲的厚度分别为 203 毫米、203 毫米、254 毫米和 51—76 毫米。炮郭装甲正面和侧面为 152 毫米，背面为 51 毫米。152 毫米副炮弹药升降机有 51 毫米装甲保护。

主甲板装甲位于侧舷装甲带上方，从舰艏延伸至舰艉横向装甲，厚度 25—51 毫米。从舰艏 102 毫米装甲带至舰艏的主甲板装甲为 25 毫米，其余部分为 51 毫米。中甲板装甲的水平和倾斜部分均为 25 毫米，从舰艉横向装甲延伸至 178 毫米主装甲带首端。下甲板装甲为弧形，位于水线以下，分别从艏艉炮塔正面延伸至舰艏和舰艉，舰艏部分厚度 25—51 毫米，舰艉部分厚度 25 毫米。舰艏部分的下甲板装甲前端（51 毫米）向上急剧倾斜，在艏炮塔前方与中甲板相接。

"康沃利斯"号:动力海试（1903 年 3 月 4 日,拉梅角至多德曼角,风向西北,风力 4 级）

	左舷功率（马力）	右舷功率（马力）	总功率（马力）	航速（节）
30 小时, 3/4 功率				
第一次	7203	6811	14014	18.3
第二次	6861	6653	13514	17.72
第三次	6829	6519	13348	17.87
第四次	7297	6888	14185	18.60
8 小时, 全功率				
第一次	9763	9262	18998	19.62
第二次	9228	8731	17959	18.42
第三次	8993	8390	17353	19.43
第四次	9150	8765	17915	18.65

※ 第二次全功率海试时，天气转坏，另有两次试验时，军舰受到横跨其航道的帆船的影响

邓肯级：动力海试总结

	输出功率（马力）	转速（转/分）	航速（节）
"邓肯"号			
30 小时 1/5 功率（3600 马力）	3755	72.5	11.9
30 小时 3/4 功率（13500 马力）	13541	111.9	17.9
8 小时全功率	18262	121.25	19.11
"康沃利斯"号			
30 小时 1/5 功率（3600 马力）	3724	71.45	10.9
30 小时 3/4 功率（13500 马力）	13765	113.45	17.94
8 小时全功率	18056	121.65	18.98
"埃克斯茅斯"号			
30 小时 1/5 功率（3600 马力）	3667	73.45	12.4
30 小时 3/4 功率（13500 马力）	13839	113.25	17.928
8 小时全功率	18604	122.5	19.015
"罗素"号			
30 小时 1/5 功率（3600 马力）	3768	74.65	12.1
30 小时 3/4 功率（13500 马力）	13690	114	17.95
8 小时全功率	18199	123.4	19.4
"阿尔比马尔"号			
30 小时 1/5 功率（3600 马力）	3606	70.85	12.05
30 小时 3/4 功率（13500 马力）	13837	—	17.75
8 小时全功率	18213	121	18.65
"蒙塔古"号			
30 小时 1/5 功率（3600 马力）	3767	71.1	12
30 小时 3/4 功率（13500 马力）	13611	111.5	17.63
8 小时全功率	18206	118	18.6

舰艏司令塔装甲为 254—305 毫米，垂直通道装甲为 203 毫米。舰艉司令塔和垂直通道装甲均为 76 毫米。

煤舱布置在主装甲带后方，位于中甲板和主甲板之间，以及锅炉舱两侧。

△ 1905 年年初，准备进行战斗演习的地中海舰队第二旗舰"阿尔比马尔"号

军舰艉艉中甲板和下甲板之间，布置了很多水密舱室。内部水密分隔比可畏级更加完善，轮机舱之间有一道沿舰体中心线布置的水密舱壁，这是可畏级所没有的。与此同时，通常与中心水密舱壁相关的较低的储备稳性（为确保军舰成为稳定的射击平台），以及缺乏足够的注水平衡能力，成为邓肯级水下防护的弱点，无疑也是造成"康沃利斯"号和"罗素"号损失的重要原因，这两艘军舰在倾覆和下沉之前都发生了严重侧倾。

动力

邓肯级是专门针对据称航速达到 19 节的俄国战列舰设计的，自然在动力方面得到特别加强。18000 马力的输出功率和 19 节航速，使它们在完工时成了皇家海军最快的战列舰，也是除了"敏捷"号和"凯旋"号外航速最快的前无畏舰。它们的航速比之前称冠皇家海军的卡诺珀斯级还快 0.75 节。

邓肯级配备两套四缸垂直倒置三胀式蒸汽机，驱动两部向内旋转的锰铜合金四叶螺旋桨，全速航行时螺旋桨转速为 120 转 / 分。带有省煤器的 24 台贝尔维尔锅炉分为 4 组，两组 8 台，两组 4 台，工作压力 2.07 兆帕，蒸汽压力在蒸汽机内减至 1.72 兆帕。

除了"阿尔比马尔"号，所有同级舰的动力海试都非常成功。"阿尔比马尔"号在海试中出现了传动轴密封问题，除此之外一切正常。海试结果显示，邓肯级比之前安装同样动力系统的军舰运行稳定。

△"邓肯"号，1907 年，布置有新的火控平台

事实证明，邓肯级在动力方面较为成功，大部分航速范围内都操纵灵活，舰身也很稳定。

外观变化

邓肯级在外观上与之前的三级战列舰非常相似，但比可畏级更显矮小和轻巧。与卡诺珀斯级、可畏级和堡垒级的主要外观区别是：

1. 军舰艏艉左右舷各只有一个 76 毫米炮炮孔（只是与可畏级和堡垒级的区别）；

2. 上甲板舯部的炮垒位于露天甲板；

3. 有两座大型、尺寸一致的圆形烟囱；

4. 没有通风口整流罩。

与王后级的区别是：战斗桅楼呈圆形（王后级为椭圆形），采用带有锚床的有杆锚，吊锚柱（Cat davit）形制不同。（"阿尔比马尔"号和"蒙塔古"号除外。）

所有同级舰在完工时都采用了新式的灰色涂装。但是"罗素"号在海试阶段仍绘有维多利亚式的涂装，"邓肯"号在 1903 年夏天也采用过这种涂装。

各舰之间的区别是：

完工时同级舰之间很难区分，除了"阿尔比马尔"号和"蒙塔古"号装备了无杆锚，与其他姊妹舰不同。

◁ 1911 年 1 月至 5 月，在一场漫长的舰队演习之后，"埃克斯茅斯"号离开朴次茅斯，前往地中海担任旗舰

▷ 处于朴次茅斯船坞中的"埃克斯茅斯"号的后甲板和舰艉游廊，1908 年或 1909 年。注意通往桅桁和星形桅盘的梯子

　　"阿尔比马尔"号的蒸汽管高至烟囱箍环，而"蒙塔古"号的蒸汽管则较短。"阿尔比马尔"号的锚链孔为椭圆形，"蒙塔古"号的锚链孔为圆形。

　　"埃克斯茅斯"号装备了重型紧合式烟囱帽，"康沃利斯"号的烟囱帽为轻型紧合式，"罗素"号为重型烟囱帽。"邓肯"号完工时装备轻型紧合式烟囱帽，它与"康沃利斯"号之间极难区别，唯一可用于识别的是艏楼左舷吊锚柱后方有 3 个舷窗。

1905 年：“康沃利斯”号、“邓肯”号和“埃克斯茅斯”号前桅探照灯平台上，以及“邓肯”号主桅战斗桅楼上安装了距离指示仪。“蒙塔古”号前桅探照灯平台上安装了小型测距仪。“阿尔比马尔”号前桅探照灯移至前桅战斗桅楼。“蒙塔古”号前桅和主桅上的探照灯移至艏炮塔顶部。“邓肯”号在前顶桅安装了高大的轻型无线电天线柱并升高了天线斜桁（1905—1906 年，天线柱被拆除，天线斜桁被降低至原位置）。烟囱绘有大西洋和海峡舰队用于舰队识别的识别带：“阿尔比马尔”号两座烟囱各有一道窄识别带，“罗素”号两座烟囱各有一道宽识别带，“康沃利斯”号两座烟囱各有两道窄识别带，“蒙塔古”号两座烟囱各有上宽下窄两道识别带，“邓肯”号两座烟囱各有上窄下宽两道识别带。

1905—1906 年：

所有同级舰安装了火控和测距设备。前桅上的探照灯平台被火控平台取代。“阿尔比马尔”号、“埃克斯茅斯”号和“蒙塔古”号主桅战斗桅楼加装了顶盖，作为火控平台使用，平台后部扩大以安装测距仪，“阿尔比马尔”号、“康沃利斯”号和“邓肯”号安装的是较小的方形火控平台。“康沃利斯”号和“邓肯”号前桅火控平台上安装了距离指示仪（“邓肯”号的距离指示仪原来安装在主桅火控平台上）。除“蒙塔古”号，所有同级舰主甲板上的 76 毫米炮重新布置在前部上层建筑上。“罗素”号只有两门 76 毫米炮被重新布置，其余 76 毫米炮被拆除。战斗桅楼上的 47 毫米炮被拆除。

除“蒙塔古”号，所有同级舰前桅探照灯被移至火控平台下方新安装的小平台上。“蒙塔古”号安装了新平台，但在因事故损失之前（1906 年）未安装探照灯。“邓肯”

▽ 正在“罗素”号艏楼和舰桥上参观的游客，1905 年或 1906 年。注意当时人们穿戴的时尚风格

号（1906 年）临时将前桅和主桅上的探照灯移至艏炮塔顶部，前部舰桥探照灯移至舰艏炮郭上方。

1907—1908 年：

"阿尔比马尔"号和"邓肯"号的方形火控平台被大型椭圆形平台取代，与"埃克斯茅斯"号和"罗素"号的火控平台一致。"康沃利斯"号始终保留了小型方形平台。"邓肯"号和"康沃利斯"号的距离指示仪被拆除。所有同级舰舯部小艇甲板两侧各安装一部 610 毫米探照灯。"埃克斯茅斯"号前桅和主桅安装了无线电天线最上桅，天线斜桁被拆除。其余同级舰天线斜桁被升高。桅顶信号标被拆除。

"阿尔比马尔"号于 1907 年 3 月接受改装：

安装了航速测量器（Speed sight）；火控控制板安装了防护罩，以保护精密仪器；炮塔观瞄仪安装了鲍登牵索偏转机构（Bowden cable deflective gear）；两座 305 毫米炮塔内安装了火警钟；司令塔内安装了直接通往 305 毫米炮塔的舰长停火钟；安装了火炮电击发装置；后部舰桥设立无线电站；为无线电设备安装了线撑和桅具的绝缘装置；为轮机舱增设了通风装置；安装了新的指挥仪平台；扩大了 305 毫米炮塔的观瞄孔；改进了 76 毫米炮炮座；前部舰桥安装了两部 914 毫米探照灯。

1909—1910 年：

"阿尔比马尔"号火控平台上安装了改进的距离指示仪。"邓肯"号和"康沃利斯"号救生艇甲板探照灯被移至前部舰桥。"阿尔比马尔"号、"邓肯"号和"罗素"

▽ 1920 年 6 月，"邓肯"号抵达多佛，等待拆解。注意所有的火炮和小型设备都已被拆除

号的前桅和主桅安装了无线电天线最上桅。"康沃利斯"号只有主桅上有天线最上桅。所有同级舰拆除了天线斜桁。

绘上了标准烟囱识别带："阿尔比马尔"号两座烟囱各有一道白色识别带；"康沃利斯"号第二座烟囱一道白色识别带；"罗素"号第一座烟囱两道白色宽识别带；"邓肯"号第一座烟囱一道白色宽识别带；"埃克斯茅斯"号两座烟囱各一道白色宽识别带。（"阿尔比马尔"号的识别带不久后被涂掉。1911 年，"罗素"号改为第二座烟囱两道白色识别带。）

1909 年，"罗素"号的火炮获得改装。305 毫米主炮安装了新的中央观瞄装置、蠕行（Creep）水平旋转控制装置、单轮俯仰装置、电击发装置和火控系统通信站。弹药通道安装了向上开启的铰接舱门。炮座基座加热系统与蒸汽相连，而不是与废气相连。152 毫米 P III 型炮座的观瞄孔也得到扩大。

1911—1912 年： "邓肯"号和"罗素"号前桅火控平台下方的平台上，安装了改进的距离指示仪，"邓肯"号的舰艉海图室和"罗素"号的主桅火控平台后方也安装了距离指示仪。"阿尔比马尔"号前桅火控平台上的距离指示仪被拆除。这些距离指示仪，以及 1905—1906 年安装的指示仪，均是早期的试验型号，到 1914 年均被拆除，但"邓肯"号上的距离指示仪一直保留到 1915 年，这很不寻常（最终也被拆除）。"埃克斯茅斯"号和"罗素"号（1911 年）救生艇甲板上的探照灯被移至前部舰桥，"阿尔比马尔"号（1912 年）同一位置的探照灯被移至舰艉海图室上方。"阿尔比马尔"号（1912 年）舰桥和海图室上方的探照灯变换了位置，914 毫米探照灯被移至炮郭上方，762 毫米探照灯布置在舰桥上。1912 年，"埃克斯茅斯"号的炮郭探照灯被移至前桅战斗桅楼顶部。1912 年，"阿尔比马尔"号的前部舰桥被重建（在海上受损之后），主桅上的重型桅桁被拆除。

1913—1914 年： "埃克斯茅斯"号艉炮塔顶部安装了小型测距仪，前部舰桥上的 914 毫米探照灯移至炮郭上方，前部舰桥实施了与"阿尔比马尔"号同样的改装。"阿尔比马尔"号、"埃克斯茅斯"号和"罗素"号的防鱼雷网被拆除。"康沃利斯"号的前桅安装了无线电天线最上桅。"康沃利斯"号、"邓肯"号、"阿尔比马尔"号和"罗素"号主桅上的重型桅桁被拆除。

1914 年： 取消了烟囱识别带。

1915 年： 安装了 2 门 76 毫米高射炮："阿尔比马尔"号安装在后部上层建筑上，"康沃利斯"号安装在舰艏 152 毫米炮郭上，"罗素"号安装在后甲板上，"邓肯"号安装在后部舰桥上（其余同级舰可能与之类似）。"阿尔比马尔"号的 914 毫米探照灯被拆除，救生艇甲板上的探照灯移至前桅下层桅楼（3 部）和舰艉海图室（1 部）。"康沃利斯"号、"邓肯"号和"埃克斯茅斯"号为参加达达尼尔战役，重新安装了防鱼雷网。安装了无杆锚，但保留了原有的锚床。所有同级舰拆除了最上桅，除"埃克斯茅斯"号外都拆除了主顶桅。"阿尔比马尔"号和"康沃利斯"号的主顶桅被短的无线电天线柱取代，前顶桅安装了瞭望平台。1915 年，在地中海服役期间，"邓肯"号和"埃克斯茅斯"号的炮塔侧面涂上了识别字母，前者为 DU，后者为 EX。1915 年，在达达尼尔战役期间，"埃克斯茅斯"号第一座烟囱绘有一条暗红色识别带。

1916—1917 年："阿尔比马尔"号（1916 年）主甲板上的 152 毫米副炮被拆除；4 门移至上甲板舯部带有防盾的 76 毫米炮炮座中，左右舷各 2 门。76 毫米炮减至 8 门，全部布置在上层建筑首尾端。"邓肯"号炮郭上的探照灯被拆除，原来前部舰桥上的 2 部探照灯移至前桅火控平台下方的平台上，前桅下层桅楼顶部加装了 2 部 914 毫米探照灯。1916 年 1 月至 9 月，"阿尔比马尔"号在摩尔曼斯克临时重新安装了防鱼雷网，返回本土后拆除。"邓肯"号和"埃克斯茅斯"号的防鱼雷网被拆除（"康沃利斯"号在损失时仍有防鱼雷网）。"阿尔比马尔"号后部舰桥两翼被截短。

1917—1918 年："阿尔比马尔"号的 76 毫米炮被拆除。其余同级舰上各种小型装备在不同时期被拆除。

舰史："邓肯"号

根据 1898 年增补计划建造，1899 年 7 月 10 日在布莱克沃尔的泰晤士钢铁厂开工建造。

1903 年 10 月 3 日在查塔姆服役，加入地中海舰队，至 1905 年 2 月。

1905 年 2 月加入海峡舰队（前本土舰队），至 1907 年 2 月。

1905 年 9 月 26 日在勒威克与"阿尔比恩"号相撞，舰艉游廊被撞掉，水线以下出现破损，侧舷板、肋骨和舰舵受损。

1906 年 7 月 23 日参与解救"蒙塔古"号的行动，在兰迪岛（Lundy Island）搁浅。

1907 年 2 月加入大西洋舰队，至 1908 年 12 月。

1908 年 12 月 1 日加入地中海舰队，担任第二旗舰，在地中海服役至 1912 年 5 月。

1909 年在马耳他维修。

1912 年 5 月 1 日舰队重组，地中海舰队成为本土舰队第 4 战列舰分舰队，基地由马耳他改为直布罗陀。

1912 年 5 月—1914 年 8 月继续在本土舰队服役。

1913 年 5 月加入第 2 舰队（第 6 战列舰分舰队），在朴次茅斯担任炮术训练舰。5 月 27 日在查塔姆服役以担负上述职责。

1914 年 5—9 月在查塔姆维修。

1914 年 9 月，维修完成后在斯卡帕湾加入大舰队（第 3 战列舰分舰队），至当年 11 月，其间在北海巡逻队配合巡洋舰活动。

11 月 2 日所属分舰队临时加入海峡舰队。

1915 年 2 月转为预备役，在查塔姆进行进一步维修，至 7 月。

7 月 19 日在查塔姆重新服役，加入菲尼斯特雷—亚速尔—马德拉（Finis-terre-Azores-Madeira）的第 9 巡洋舰分舰队，至当年 8 月。

8 月加入亚得里亚海第 2 特遣队。这支力量组建于 1915 年 5 月，任务是支援意大利海军封锁奥地利舰队。根据 1915 年 4 月 26 日签署的协议，意大利向奥地利宣战。特遣队驻扎在塔兰托，执行支援意大利陆军向亚得里亚海北端进攻的任务。

1915 年 8 月—1916 年 6 月继续驻扎亚得里亚海。

1916 年 6 月加入萨洛尼卡的第 3 特遣队，在爱琴海活动至 1917 年 1 月。

1916 年 10—12 月，参加对希腊保皇党的作战行动，包括 12 月 1 日陆战队在雅典登陆的行动。

1917 年 1 月重新加入亚得里亚海特遣队，至 2 月。随后在希尔内斯退役，舰员调至反潜舰艇。

1917 年 2 月—1919 年 3 月转入预备役（在希尔内斯至 4 月，随后停泊在查塔姆）。

1917 年 4 月—1918 年 1 月在查塔姆接受改装，1918 年 1 月起担任居住船。

1919 年 3 月列入报废名单。

1920 年 2 月 18 日出售给多佛的斯坦利拆船公司，6 月拖往多佛解体。

舰史："蒙塔古"号

1899 年 11 月 23 日开工，1903 年 2 月开始海试。

1903 年 7 月 28 日在德文波特服役，加入地中海舰队，至 1905 年 2 月。

1905 年 2 月加入海峡舰队（前本土舰队），至 1906 年 5 月。

1906 年 5 月 30 日因大雾在兰迪岛撞毁。前桅因冲击力而前移，随后军舰因舰体受损而大量进水，很快海水便达到上甲板高度（报告称最长的裂口达 27.74 米）。为拯救它付出了各种努力，但都以失败告终。救援工作花费 85000 英镑。残骸后来以 4250 英镑出售。

"蒙塔古"号搁浅事故

1906 年 5 月 30 日，"蒙塔古"号在布里斯托尔海峡内兰迪岛西南端的夏特礁（Shutter Rock）搁浅。军舰右舷被撕开一条很长的裂口，并且被困在礁石上动弹不得。

▽ 1906 年 5 月 30 日，"蒙塔古"号因大雾在兰迪岛的礁石上搁浅。救援行动长达数月之久，但仍未能使它在遭受更多损伤前脱离礁石。它最终被放弃并原地解体

△▷▽ 搁浅在兰迪岛礁石上的"蒙塔古"号

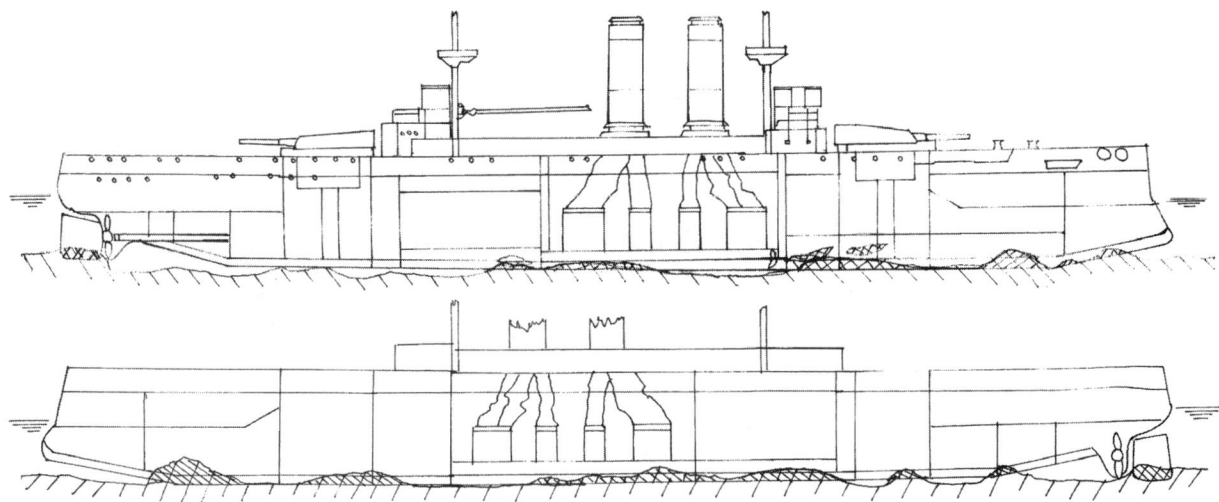

△ "蒙塔古"号的右舷和左舷，显示了它搁浅后的受损情况

触底 24 小时后，很多舱室已灌满海水，包括锅炉舱、操舵舱、右舷轮机舱和舰艏绞盘机舱。损管人员向左舷轮机舱注水以制止军舰进一步倾斜，随后固定了舰上所有可移动物体。天亮之后，潜水员检查了受损情况。一块巨大而锋利的礁石刺进舰体至少 3.05 米深，军舰受到的破坏比开始估计的严重得多。

左舷螺旋桨，部分桨轴和护套被撞掉，桨叶严重受损。30 日下午，救援力量赶到。检查之后得出的结论是，让军舰脱离礁石需要很长时间，没有简便快速的方法。6、7、8 月间，救援人员克服了巨大困难，将 305 毫米主炮、所有重型装备、部分锅炉和重型机械拆除。受损区域布置了大量水泵，但抽水效果不佳。救援人员在军舰上甲板安装了庞大的空气压缩设备，试图将海水从锅炉舱和轮机舱吹除，但也没有起作用。为减轻重量，部分舰艏装甲板被拆除，附近的小型舱口和舷窗被封闭，152 毫米副炮也被拆除。

虽然用尽方法，但解救"蒙塔古"号的工作进展甚微，最终决定来年再行处置。1906 年 10 月 1 日和 10 日再次对军舰进行了检查，结果发现大浪已经将舰艏向海岸推了 4.57 米，严重摇摆时大部分舰艏已露出水面。舰艏主炮塔之间的舰体严重凹陷，遭到的破坏已无法修复。甲板铺板全部脱离原位，肋骨向内弯曲（装甲带以上部分），舰体上很多连接部位都已开裂了大约 6.35 毫米。一些水密舱壁发生弯曲，小艇吊柱倒在甲板上，上甲板因为以前的救援努力而一片狼藉。

原本军舰上有哨兵护卫，可哨兵撤走后就只能从岸上或使用小艇保护军舰——有报告称，一些小偷觊觎着舰上值钱的设备。军事法庭将搁浅的原因归于大雾和导航失效。

第二年没有为解救"蒙塔古"号付出更多努力，海军部决定将其就地解体——一艘昂贵精良的战舰只落得如此可悲的结局。

舰史："康沃利斯"号

在布莱克沃尔的泰晤士钢铁厂开工。由于动力制造商的劳工问题，直到 1904 年 2 月 9 日才在查塔姆建成服役，后加入地中海舰队，至 1905 年 2 月。

1904 年 9 月 17 日在地中海与希腊双桅帆船"安吉莉卡"号（*Angelica*）相撞，但未受损伤。

1905 年 2 月加入海峡舰队（前本土舰队），至 1907 年 1 月。

1907 年 1 月 14 日加入大西洋舰队，至 1909 年 8 月。

1908 年 1—5 月在直布罗陀维修，8 月 25 日成为第二旗舰（升海军少将旗）。

1909 年 8 月加入地中海舰队，至 1912 年 5 月。

1912 年 5 月 1 日舰队重组，地中海战列舰分舰队成为本土舰队第 4 战列舰分舰队，基地也从马耳他改为直布罗陀，1914 年 3 月又改名为第 2 舰队（第 6 战列舰分舰队）。

在本土舰队服役至 1914 年 8 月，战争爆发时与同级舰一起加入大舰队（第 3 战列舰分舰队）。

1914 年 12 月与同级舰一道组成第 6 战列舰分舰队，加入海峡舰队（第 6 战列舰分舰队驻多佛和希尔内斯）。

1914 年 12 月—1915 年 1 月调往西爱尔兰区域［克雷（Clew）和基拉尼湾（Killarney Bays）］。

1915 年 1 月调往达达尼尔战场，1 月 24 日离开波特兰，2 月 13 日抵达忒涅多斯岛，2—12 月参加达达尼尔战役。

2 月 18—19 日参加对海峡入口要塞的首次炮击行动，18 日成为第一艘开火的军舰。2 月和 3 月初炮击海峡狭窄处的要塞，支援最初的登陆行动。2 月 25 日，与"报复"号、"阿尔比恩"号和"凯旋"号一起，在近距离上使用副炮压制了赛迪尔巴希尔和库姆卡莱（Kum Kale）的炮台。3 月 18 日参加大规模炮击海峡狭窄处要塞的行动。4 月 25 日参加支援摩托湾登陆的行动。1915 年 12 月 18—20 日掩护苏弗拉湾的撤退行动，是最后一艘离开该区域的大型军舰。

1915 年 12 月加入苏伊士运河巡逻队，1916 年 1 月 4 日抵达运河。在苏伊士运河巡逻队和东印度群岛舰队服役至 1916 年 3 月，在此期间参加印度洋护航行动。

1916 年 3 月返回东地中海，至 1917 年 1 月。

1916 年 5—6 月在马耳他维修。

1917 年 1 月 7 日被 U–32 号潜艇的鱼雷击中。首次爆炸发生在右舷舰艉锅炉舱，第 88 号水密舱壁附近。中部和后部锅炉舱进水，军舰侧倾大约 9—10 度。为纠正侧倾，向左舷翼舱、左舷舵机舱和后部 152 毫米副炮发射药舱注水，侧倾几乎完全消失。军舰处于下沉状态，不过由于混乱，没有有关损伤情况的记录。所有水密舱门均被关闭，损管措施也非常得力。第一次爆炸大约 75 分钟之后，第二枚鱼雷击中右舷。军舰很快倾覆，但在水面漂浮了一段时间，这使大部分舰员得以逃生（爆炸造成 15 人丧生）。第二次爆炸之后大约 30 分钟，“康沃利斯”号终于沉没了。

舰史：“罗素”号

在帕尔默公司开工建造，1903 年 2 月 19 日在查塔姆服役，后加入地中海舰队，至 1904 年 4 月。

1904 年 4 月 7 日在德文波特重新服役，加入本土舰队，至 1905 年 1 月。

1905 年 1 月—1907 年 2 月在海峡舰队服役。

1907 年 2 月加入大西洋舰队，至 1909 年 7 月。

1908 年 7 月 16 日与“维纳斯”号（*Venus*）巡洋舰在魁北克外海相撞，只有外舷板轻微受损。

1909 年 7 月 30 日加入地中海舰队，至 1912 年 5 月。

◁ 达达尼尔战役中的“埃克斯茅斯”号，1915 年。照片分别展示了炮击间歇，处于短暂平静中的后甲板和艏楼

　　1912 年 5 月—1914 年 8 月加入本土舰队。1913 年 9 月前隶属第 1 舰队第 4 战列舰分舰队，之后隶属第 6 战列舰分舰队。从 1913 年 12 月起担任第 6 战列舰分舰队旗舰和本土舰队第二旗舰（升海军少将旗）。

　　一战爆发后加入大舰队第 3 战列舰分舰队，8 月抵达斯卡帕湾，在大舰队服役至 1914 年 11 月。

　　1914 年 11 月 2 日，分舰队调至海峡舰队，至 1915 年 4 月。1914 年 11 月，在海峡舰队第 6 战列舰分舰队组建时成为旗舰，11 月 23 日参加炮击泽布吕赫的行动。

　　1915 年 4 月重新加入大舰队（罗赛斯，第 3 战列舰分舰队），至 1915 年 11 月。

　　1915 年 10—11 月在贝尔法斯特维修。

　　11 月 6 日随第 3 战列舰分舰队一个支队前往东地中海增援达达尼尔分舰队，支队中还有"海伯尼亚"号（Hibernia）、"西兰蒂亚"号（Zealandia）和"阿尔比马尔"号。

　　1915 年 12 月—1916 年 4 月驻扎东地中海。1916 年 1 月 7—9 日参加赫勒斯角撤军行动，是整个战役中英国达达尼尔分舰队最后一艘离开的战列舰。1916 年 1 月接替"海伯尼亚"号担任支队旗舰。

"埃克斯茅斯"号

侧视图，1915 年

　　注意简化的锚具、简化的艏艉舰桥、艏炮塔上的 EX 识别字母，以及烟囱上的深色识别带。

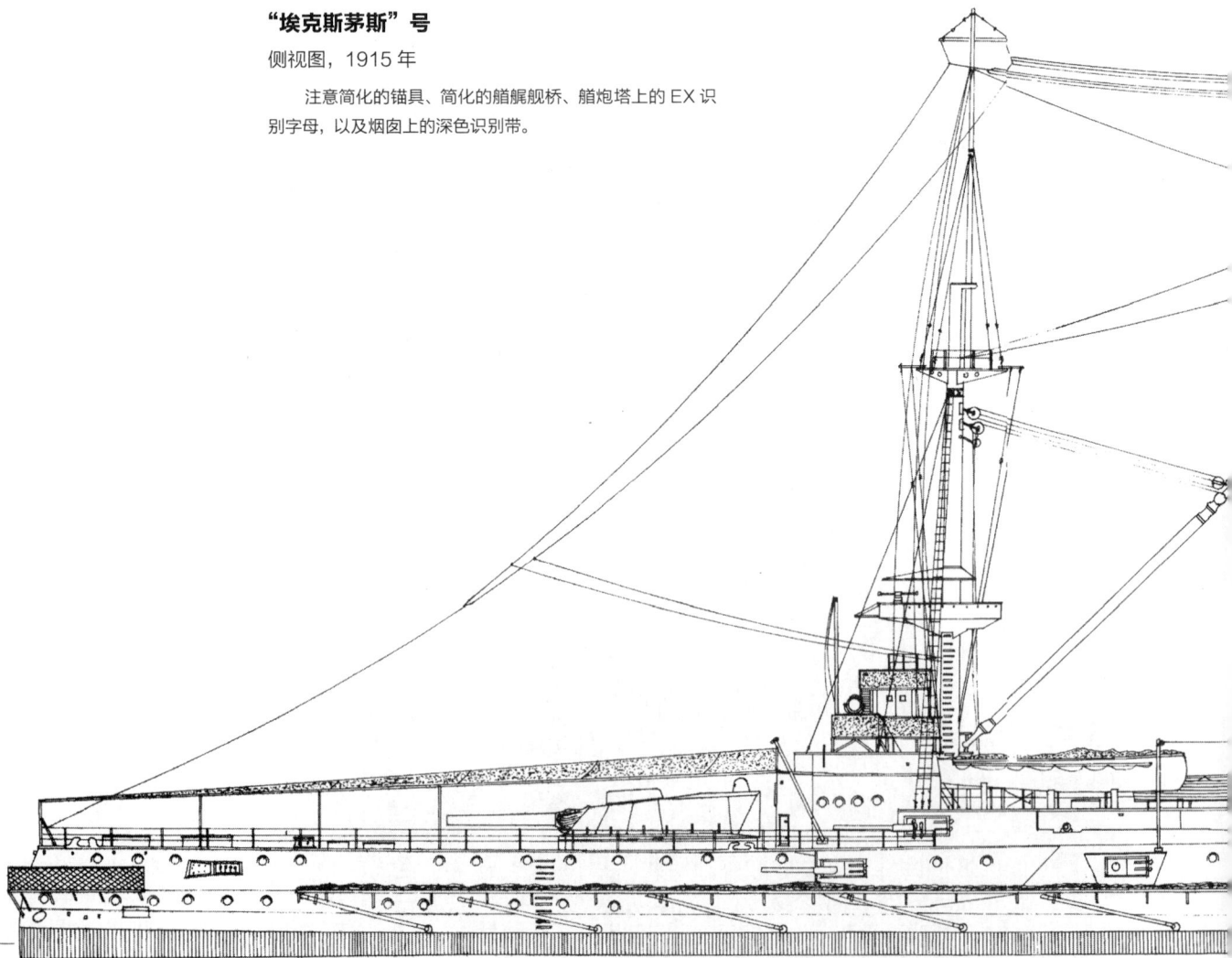

1916 年 4 月 27 日清晨，"罗素"号在离开马耳他时，在极短的时间内连续触发两枚水雷，爆炸造成致命损伤。军舰舰艉因爆炸起火，舰长下达了弃舰命令。很快，305 毫米艉炮炮塔附近发生爆炸，军舰快速倾斜到危险角度。但随后并未很快下沉，很多舰员得以及时撤离。

军事法庭的调查发现，爆炸发生区域的甲板下方存在问题，爆炸主要是由燃烧的发射药引起的，14 人在爆炸中丧生。事件中舰上共损失 98 名水兵和 27 名军官。（水雷由 U-73 号潜艇布设。）

舰史："阿尔比马尔"号

在查塔姆建造，1903 年 11 月 12 日在查塔姆服役，后加入地中海舰队，担任增补旗舰（Flag extra，升海军少将旗）。

1903 年 11 月—1905 年 2 月继续在地中海舰队服役（增补旗舰）。

1905 年 2 月加入海峡舰队（前本土舰队），担任第二旗舰，服役至 1907 年 1 月。

1907 年 1 月 31 日加入大西洋舰队（前海峡舰队），担任第二旗舰，至 1910 年 2 月。

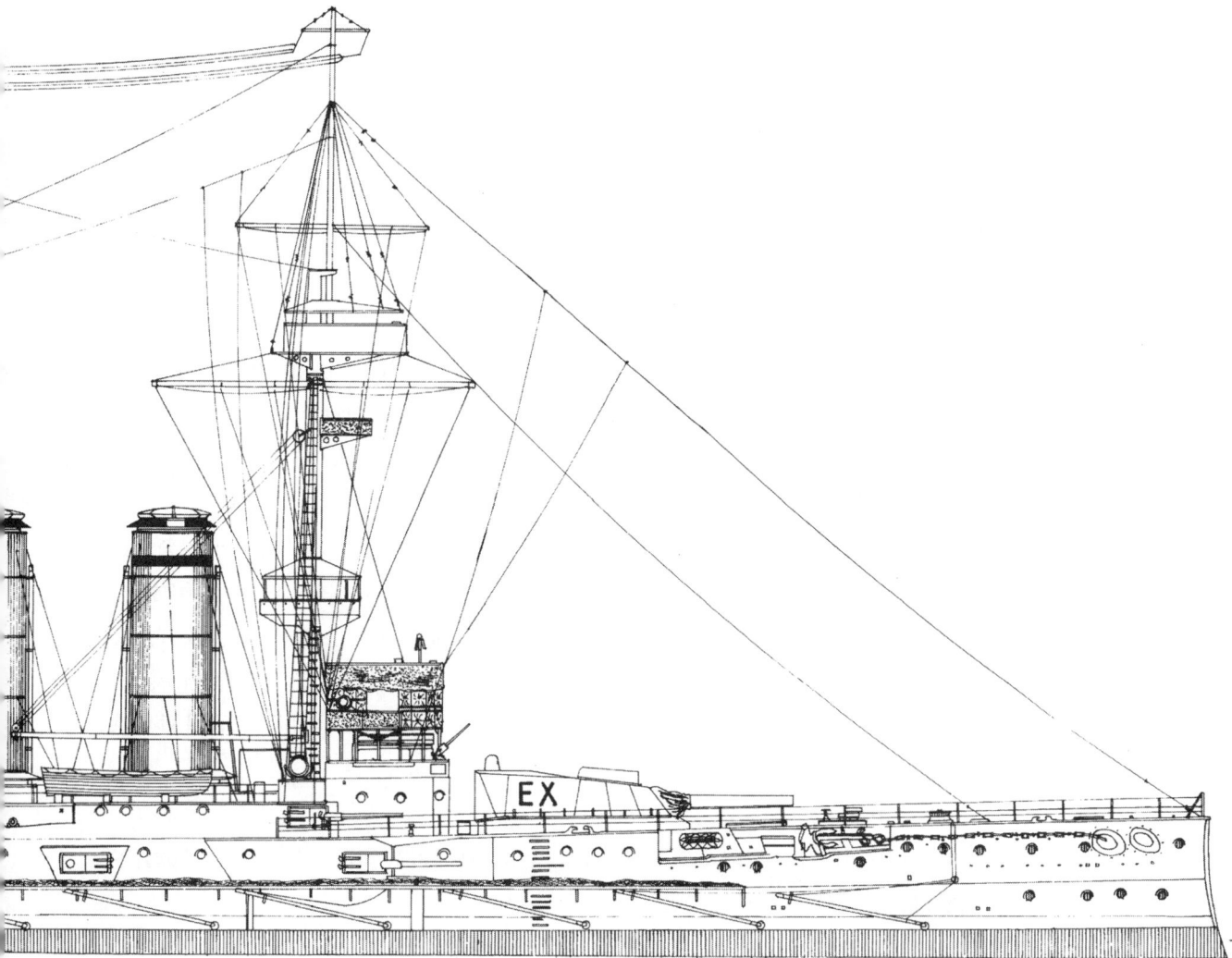

1907 年 2 月 11 日在拉各斯附近与"英联邦"号相撞，舰艏轻微受损。

1909 年 5—8 月在马耳他维修。

1910 年 2 月 25 日重新服役，加入朴次茅斯的本土舰队第 3 分队。

1911 年 10 月 30 日在朴次茅斯退役维修。

1912 年 1—12 月在朴次茅斯维修，12 月 17 日在朴次茅斯重新服役，加入第 1 舰队（第 4 战列舰分舰队）。

1913 年 5 月 15 日加入第 2 舰队（第 6 战列舰分舰队），在朴次茅斯担任炮术训练舰。在最初的作战计划中，邓肯级将与"阿伽门农"号和"报复"号一同组成海峡舰队第 6 战列舰分舰队，负责海峡防御及掩护英国远征军的渡海行动。但海军后来的打算是，在特定情况下，它们应该加入大舰队。

1914 年 8 月一战爆发后，由于需要大量巡洋舰执行巡逻任务，在杰利科的要求下，邓肯级被立即划归第 3 战列舰分舰队。第 6 战列舰分舰队临时撤销，"阿伽门农"号和"报复"号分别调至海峡舰队第 5 和第 8 战列舰分舰队。

8 月 8 日在斯卡帕湾加入大舰队。

8—11 月继续在大舰队第 3 战列舰分舰队服役。在北海巡逻队的行动中配合巡洋舰作战。11 月 2 日，分舰队临时调往海峡舰队，对抗敌人在北海这一区域的活动。

1914 年 11 月—1915 年 4 月继续在海峡舰队服役。11 月 13 日，英王爱德华七世级返回大舰队（罗赛斯），但邓肯级仍然留在海峡舰队。11 月 14 日，重新组建第 6 战列舰分舰队，这个分舰队是为炮轰比利时海岸的德国潜艇基地而特别成立的。11 月 14 日，分舰队从波特兰调往多佛，但由于多佛的反潜设施不足，19 日又返回波特兰。

1914 年 12 月返回多佛，12 月底调往希尔内斯，接替自 11 月中旬起就驻扎在那里的第 5 战列舰分舰队，防御敌人的入侵行动。

1915 年 1—5 月第 6 战列舰分舰队最终解散后调往新单位。"阿尔比马尔"号和"罗素"号重新加入大舰队第 3 战列舰分舰队；"康沃利斯"号和"埃克斯茅斯"号前往达达尼尔。"邓肯"号于 1 月进行维修，7 月前往菲尼斯特雷—亚速尔—马德拉舰队。1915 年 4 月，"阿尔比马尔"号返回第 3 战列舰分舰队，至 1916 年 1 月。

1915 年 10 月在查塔姆维修。

11 月受命随第 3 战列舰分舰队的一个支队前往地中海，增援达达尼尔分舰队，支队由"海伯尼亚"号、"西兰蒂亚"号、"阿尔比马尔"号和"罗素"号组成。

11 月 6 日分队离开罗赛斯，6 日深夜至 7 日凌晨在彭特兰湾遭遇恶劣天气。"阿尔比马尔"号在风浪中受损严重，它的前部舰桥与舰桥上的全部人员都被冲走，司令塔移位，上层建筑遭到严重破坏。军舰在 12 月进行维修，随后不再前往地中海，而是加入了大舰队。

1916 年 1 月被派往摩尔曼斯克。

1—9 月驻扎在俄国北部，在摩尔曼斯克担任警戒舰和资深军官旗舰。同时担任破冰船，负责开辟前往港口的航道。

9 月返回本土，在朴次茅斯退役，舰员被调往反潜舰艇。

1916 年 10 月—1917 年 3 月在利物浦维修。随后在德文波特转入预备役，至 1919 年 4 月。

1919 年担任海军炮术学校居住船，4 月列入报废名单，8 月列入出售名单，11 月 19 日出售给科恩拆船公司。

1920 年 4 月抵达斯旺西解体。

舰史："埃克斯茅斯"号

1899 年 8 月 10 日在伯肯黑德的莱尔德公司开工，由于动力制造商的问题，拖延至 1903 年 5 月才建成。

1903 年 6 月 2 日在查塔姆服役，加入地中海舰队，至 1904 年 5 月。

1904 年 5 月 18 日在查塔姆重新服役并担任旗舰（本土舰队，升海军中将旗），至 1905 年 1 月。

1905 年 1 月—1907 年 5 月在海峡舰队服役（担任旗舰至 1907 年 4 月）。

1907 年 5 月 25 日在朴次茅斯重新服役，加入大西洋舰队并担任旗舰（升海军中将旗），至 1908 年 11 月。

1908 年 11 月 20 日作为旗舰加入地中海舰队，至 1912 年 5 月。

1908—1909 年在马耳他维修。

1912 年 5 月—1914 年 8 月在本土舰队服役。

1912 年 12 月"无畏"号接替其在第 4 战列舰分舰队（第 1 舰队）中的位置。

1912 年 12 月—1913 年 7 月在马耳他维修。

1913 年 7 月 1 日在德文波特重新服役，加入第 2 舰队第 6 战列舰分舰队，在德文波特担任炮术训练舰。大战爆发后加入大舰队（第 3 战列舰分舰队）。8 月 8 日抵达斯卡帕湾，驻泊至 1914 年 11 月，在北海巡逻队配合巡洋舰作战。

1914 年 11 月 2 日调往海峡舰队，至 1915 年 5 月。

1914 年 11 月 23 日参加炮击泽布吕赫的行动。

1915 年 5 月 12 日调至达达尼尔战场（升海军少将旗，支援分舰队），至当年 11 月。6 月 4 日支援对阿奇巴巴的进攻，8 月参加对赫勒斯的进攻。

11 月成为第 3 特遣队旗舰。特遣队以萨洛尼卡为基地，任务是协助法国封锁希腊和保加利亚海岸并支援苏伊士运河巡逻队。

1915 年 11 月—1917 年 3 月驻扎爱琴海（第 3 特遣队旗舰）。塞尔维亚军队从贝尔格莱德撤离后，搭载英国贝尔格莱德海军特遣队在萨洛尼卡登陆（1915 年 11 月 28 日）。

1916 年 9—12 月加入英法联合舰队，支援联军对希腊政府的施压行动，包括 9 月 1 日在萨拉米斯俘获希腊舰队，以及 12 月 1 日掩护海军陆战队在雅典登陆。

1917 年 3 月为应对德国袭击舰"狼"号（Wolf）的活动加入东印度群岛舰队，担负印度洋护航任务。

6 月通过好望角和塞拉利昂返回本土。

8 月抵达德文波特退役，舰员调至反潜舰艇。

1917 年 8 月—1919 年 4 月处于预备役状态（德文波特）。

1918 年 1 月起成为居住船。

1919 年 4 月列入出售名单。

1920 年 1 月 15 日以 39600 英镑价格出售给福斯（Forth）拆船公司（舰体在荷兰解体）。

王后级：1900 年预算

设计

怀特曾建议，在 1900 年预算中增建两艘可畏级战列舰，使其总数达到 8 艘，组成一个完整的战术单位。虽然海军部接受了建议，但当时海军正在考虑建造排水量更大，火力也更强大的英王爱德华七世级战列舰，而建议中的军舰以排水量考虑，火炮威力已显不足，因而招致强烈批评。

舰队更愿意接受得到改进的新型舰艇，海军少将查尔斯·比尔斯福德发表在 1900 年 4 月 26 日《晨邮报》上的一封信，清晰阐述了这一观点：

> 任何一个想在大洋上作战，或者使用海军保护港口的国家，如果还依赖英国海军目前仍然装备前装炮的军舰的话，肯定将沦为别人的笑柄。除了我们，世界上没有任何一个国家的现役舰艇还在使用前装炮。

比尔斯福德还举出了以下例子："埃阿斯"号（1876 年）、"阿伽门农"号（1876 年）、"鲁莽"号（1873 年）、"不屈"号（1873 年）、"壮丽"号（1873 年）、"无畏"号（1872 年）、"尼普顿"号（1874 年）、"凯旋"号（1868 年）、"敏捷"号（1868 年）、"苏丹"号（1868 年）、"铁公爵"号（1868 年）、"无敌"号（1867 年）、"大胆"号（1867 年）、"君主"号（1866 年）和"赫拉克勒斯"号（1866 年）。

政府对比尔斯福德公开信的回应是冰冷尖刻的，他发现自己再一次陷入巨大的争议当中。尽管如此，他还是坚持己见，认为皇家海军正在衰落，1900 年 6 月 15 日，

◁ "威尔士亲王"号，约 1909 年。从舰楼拍摄的舰桥正面。注意 762 毫米和 610 毫米探照灯，舰徽上的威尔士亲王纹章，305 毫米炮塔上的瞄准镜护罩，外部传声筒，信号标，以及舰桥下方的司令塔

△ 刚刚在查塔姆完工的"威尔士亲王"号，1904年5月。"王后"号和"威尔士亲王"号是海军造舰总监威廉·怀特以庄严级为基础发展的最后一级战列舰，也是由他完全负责设计建造的最后一级英国战列舰

他在一封发自地中海舰队"拉米伊"号战列舰，写给约翰·费舍尔的信中，委婉地表达了自己的观点：

我就当前您指挥的地中海舰队的实力写了一封正式信件。严格地讲，作为副司令，向自己的司令写这样一封信是不合适的（此为大不敬）。但请允许我陈述两个理由。首先，我对未来一种极有可能出现的危机——与法国和俄国的关系恶化——十分担忧。

其次，在军职以外，我还是一位公众人物。如果我指挥的某支海外舰队，要在没有准备的情况下应对一场战争，我会很自然地自问：我对危险有所察觉吗？我陈述自己的观点了吗？出于对国家的热爱，我不能以自己不用负责来逃避，即使情况确实如此。我不知道您看过此信后将做何决定，这绝不涉及个人，但我觉得我应当将信件副本以私人名义呈递索尔兹伯里勋爵和贝尔福先生，因为我相信，如果英国舰队司令要在突然被迫与法国或俄国开战的情况下操得胜券，就必须增加舰艇的数量。

1900 年 6 月 25 日，《泰晤士报》发表了此信，引起各方面的强烈反响。这在实际上促成了 2 艘王后级，以及 6 艘邓肯级的顺利建造。

王后级是最后两艘完全由威廉·怀特爵士（海军造舰总监）负责设计建造的英国战列舰。它们与堡垒级非常相似，代表着以庄严级为基础的最终改进型号。这一系列主力舰共有 29 艘，设计上采用统一的标准，同时根据武备、装甲和动力的发展进步，每一级相对前一级都有所改进。王后级与堡垒级相比只有一些细节上的不同：上甲板 76 毫米炮炮垒为敞开式而不是封闭式；主甲板首尾端各只有一对 76 毫米炮，另有两门 76 毫米炮布置在前部上层建筑中；战斗桅楼为椭圆形而不是圆形；采用无杆锚；没有布置通风口整流罩。

武备

主副炮与可畏级和堡垒级基本相同，鱼雷武器有所改进。主甲板上的 76 毫米炮由 8 门减至 4 门，取消了舯部的 4 门 76 毫米炮，其中 2 门移至前部舰桥前方的上层建筑内，位置更高，便于在高海况下射击。另外 2 门不再安装，76 毫米炮的总数从 16 门减至 14 门。上甲板炮垒为敞开式，而不是中央堡垒封闭式，后者首先布置在"声望"号和庄严级上，一直应用到王后级之前。敞开式炮垒首先在王后级和邓肯级上采用，原因是单薄的中央堡垒只会在火炮的正上方引爆敌弹，而高爆炮弹极有可能在不被触发引信的情况下掠过敞开式炮垒。

相比于老式的圆形桅楼，椭圆形的战斗桅楼为炮手们提供了更大空间。王后级和英国海军于 1903 年购买的原智利战列舰"敏捷"号、"凯旋"号，是仅有的完工时就布置这种桅楼的英国战列舰，它们也是最后一级在战斗桅楼上布置轻型速射炮，或者在主甲板高度的炮孔中布置这类火炮的英国战列舰，取消后者是因为火炮位置太低，作战价值不大。

王后级建造期间，有多篇报道称两舰可能会安装 8 门 191 毫米和 8—10 门 152 毫米副炮。官方文件则显示这是不实之词。传言可能是源于当时正在进行的对新型 191 毫米舰炮炮座的测试，最终这种火炮被用于装甲巡洋舰。305 毫米主炮炮座与"无阻"号和"可敬"号相同（B VII 型）。

"王后"号

侧视图和舰面布置图，1904 年

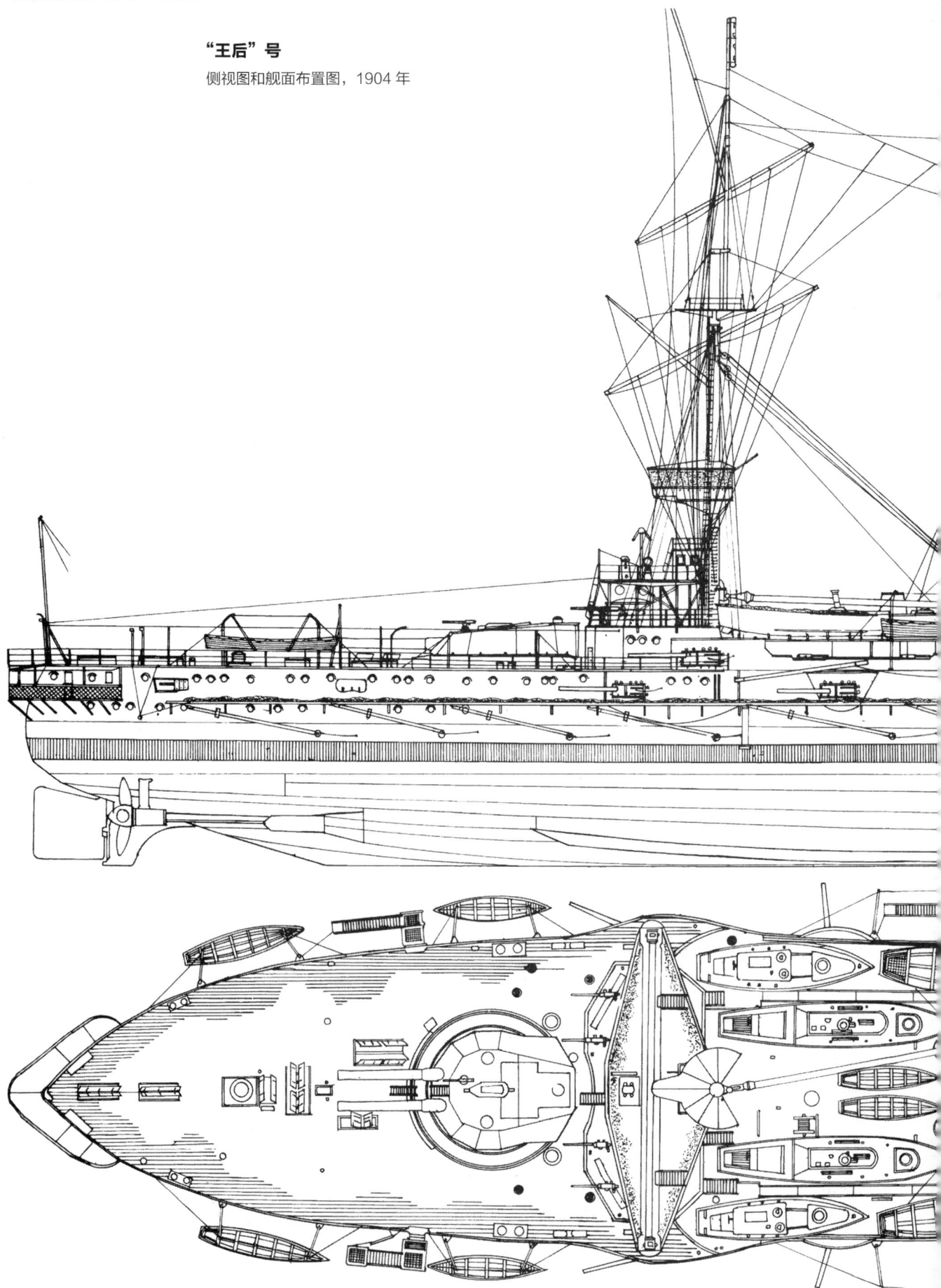

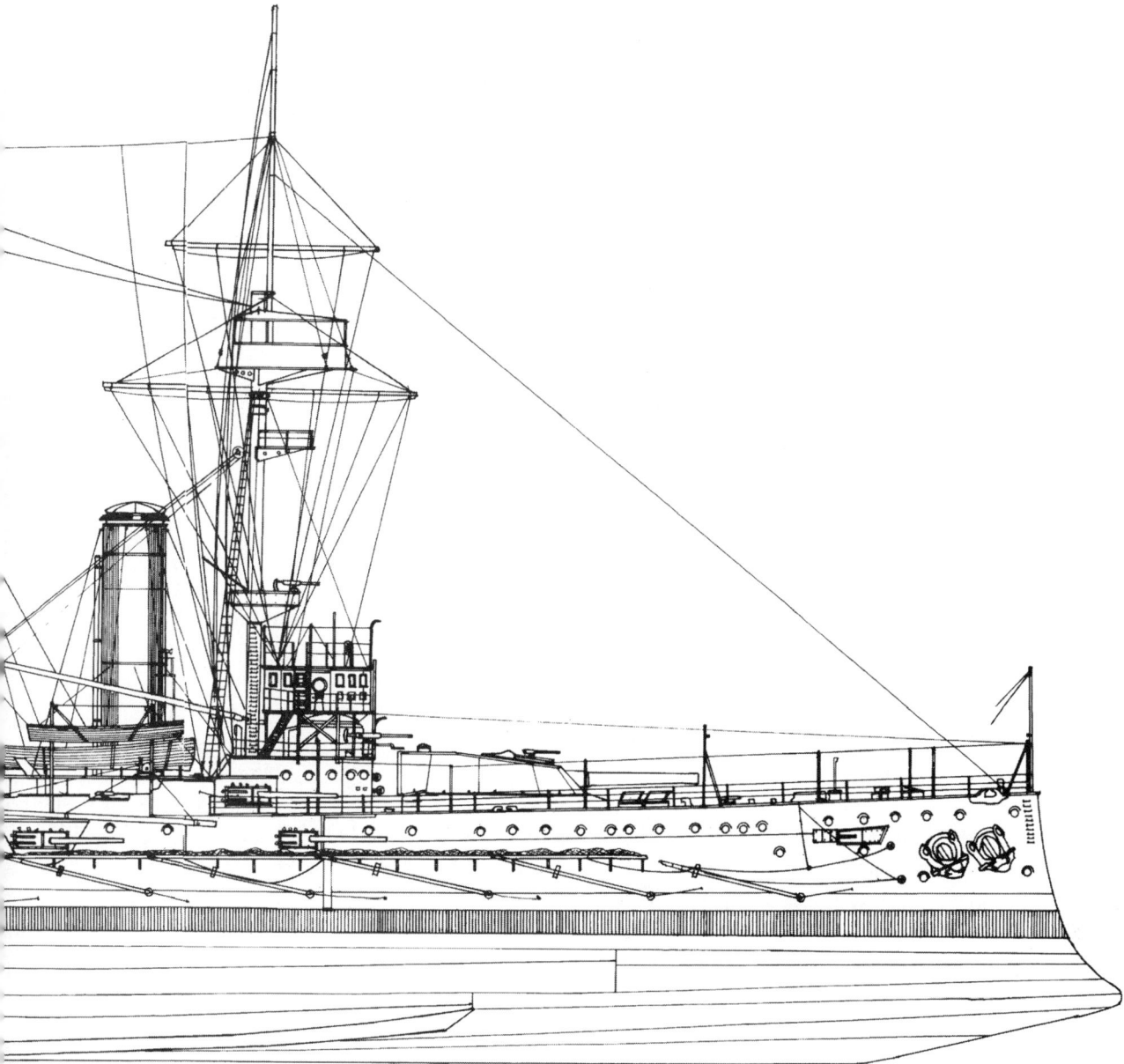

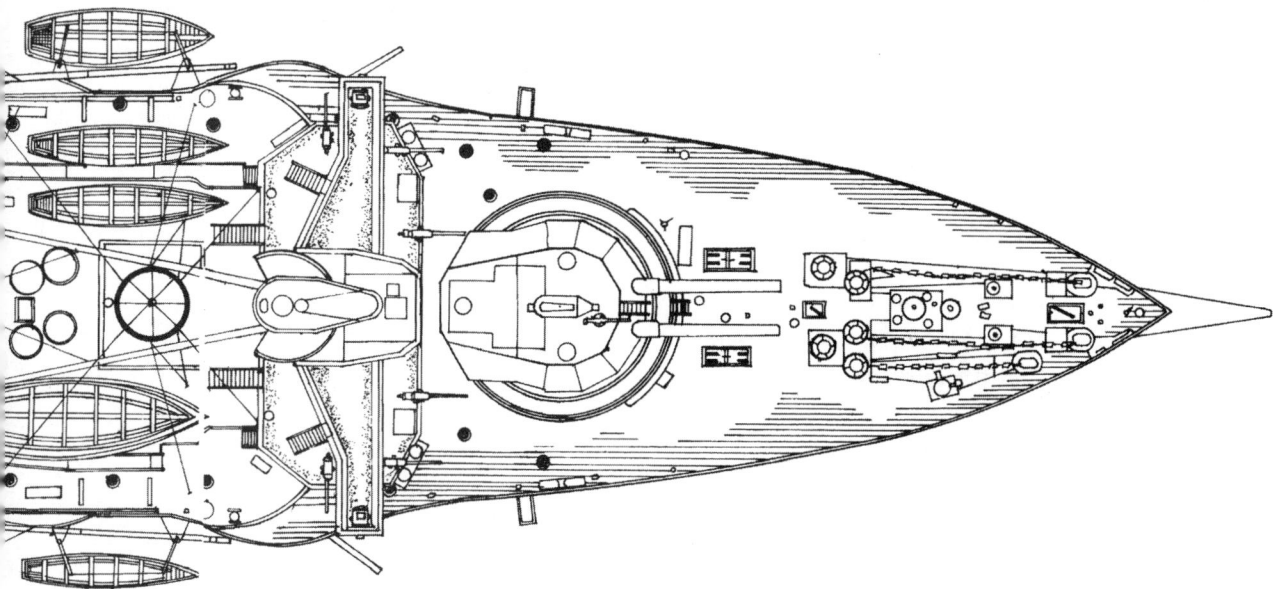

装甲

王后级的防护体系与堡垒级相同，229 毫米克虏伯渗碳钢主装甲带长 72.54 米，高 4.57 米，从艏炮塔基座后方延伸至艉炮塔基座侧面。上缘在主甲板高度，正常情况下高出水线 2.9 米。下缘位于水线以下 1.68 米。

从主装甲带前端延伸至舰艏的装甲带最厚为 178 毫米（减薄至 127 毫米、76 毫米、51 毫米），高度与主装甲带相同。51 毫米部分只布置在舰艏，127 毫米部分向后延伸至距舰艏 9.14 米处，178 毫米部分与主装甲带衔接。主装甲带后方是延伸至舰艉的 25 毫米装甲带。这部分装甲带的上缘高出水线 1.23 米，下缘与主装甲带下缘平齐。

"王后"号：下水时数据（1902 年 3 月 8 日）

排水量：5680 吨加 100 吨承重木料（Bilge ways）

长：121.92 米（垂线间长）

宽：22.97 米

龙骨至上甲板距离：12.38 米

吃水：3.48 米（舰艏），4.11 米（舰艉）

记录舰体重量：5027.44 吨

下水时损伤情况：

径向移动距离 102.72 米，14.22 毫米拱曲

横向移动距离 19.81 米，0 毫米凹陷

下水时舰上各单位重量（吨）

装甲和背板：447.78

人员、压载物、设备等：219.75

缆绳：30.75

机械：14.6

锚：5.4

未列入物品：34.82

总计：753.10

"威尔士亲王"号：下水时数据（1902 年 3 月 25 日）

排水量：5363 吨

长：121.93 米（垂线间长）

宽：22.99 米

型宽：22.92 米

龙骨至上甲板距离：13.55 米

吃水：2.9 米（舰艏），4.25 米（舰艉）

记录舰体重量：4656 吨

下水时损伤情况

径向移动距离 99.97 米，12.7 毫米拱曲

横向移动距离 19.2 米，0 毫米凹陷

续表

下水时舰上各单位重量（吨）

装甲和背板：435

承重木料：330

人员、压载物、设备等：218

甲板铺板：55

锚链：—

总计：1038

◁ 靠上多佛码头的"威尔士亲王"号，约 1909 年。注意 762 毫米和 610 毫米探照灯已经被 914 毫米探照灯取代（左右舷各一部）

▽ 1906 年 5 月 7 日，"王后"号在朴次茅斯退役。它自 1904 年 4 月 7 日开始在地中海舰队服役，至 1906 年 4 月返回英国。5 月 8 日，它再次服役，重新加入地中海舰队

"王后"号和"威尔士亲王"号：建成时性能数据

建造

	造船厂	开工	下水	建成
"王后"号	德文波特造船厂	1901年3月12日	1902年3月8日	1904年3月
"威尔士亲王"号	查塔姆造船厂	1901年3月20日	1902年3月25日	1904年3月

排水量（吨）

"王后"号：14160（正常），15415（满载），16105（重载）

"威尔士亲王"号：14140（正常），15380（满载）

尺寸

长：121.92米（垂线间长），125.27米（水线长），131.6米（全长）

宽：22.86米

吃水：7.72—8.31米（平均）

武备

4门305毫米MkⅨ型主炮，每门炮备弹80枚

12门152毫米MkⅦ型副炮

14门76毫米炮

6门47毫米炮

2挺机枪

4具457毫米水下鱼雷发射管，艏艉主炮塔两侧各一具

装甲

主装甲带：229毫米克虏伯渗碳装甲（KC）

舰艏装甲带：51—76—127—178毫米克虏伯非渗碳装甲（KNC）

舰艉横向装甲：229—254毫米克虏伯渗碳装甲

炮塔基座：152—254—305毫米克虏伯渗碳装甲

炮塔：51—76—203—254毫米克虏伯渗碳装甲

甲板：主甲板38—51毫米低碳钢，中甲板25—51毫米，下甲板25—51—64毫米

司令塔：102—254毫米哈维装甲

舰艉司令塔：76毫米镍钢装甲

垂直通道：203毫米（舰艏），76毫米（舰艉），低碳钢

动力

2套三缸垂直三胀式蒸汽机，2副向内旋转螺旋桨

锅炉：13台巴布科克锅炉，工作压力1.86兆帕（"王后"号）；20台贝尔维尔锅炉，工作压力2.07兆帕（"威尔士亲王"号）

总加热面积：3567.48平方米（"王后"号）；3437.41平方米（"威尔士亲王"号）

锅炉舱长度：10.36米（前部），10.38米（中部），5.47米（后部）（"王后"号）；全长26.21米（"威尔士亲王"号）

轮机舱长度：13.98米（"王后"号）；14.02米（"威尔士亲王"号）

燃煤：900吨（正常），2000吨（最大）（"王后"号）；1950吨（最大）（"威尔士亲王"号）

燃煤消耗速率：全功率下每天消耗310—350吨燃煤

续航力：5550海里/10节（"王后"号）；5400海里/10节（"威尔士亲王"号）；2510海里/16.5节

小艇（"威尔士亲王"号）

大舢板（蒸汽）：2艘17.07米，1艘12.19米

续表

大舢板（风帆）：1 艘 10.97 米

长艇（蒸汽）：1 艘 12.8 米

纵帆快艇：2 艘 10.36 米，1 艘 9.75 米

捕鲸艇：2 艘 8.23 米

小舢板：1 艘 9.14 米，1 艘 8.53 米，2 艘 7.32 米

帆装小工作艇：1 艘 4.88 米

巴沙救生筏：1 艘 4.11 米

船锚

3 副 5.75 吨，1 副 2.7 吨，1 副 2.1 吨，1 副 0.8 吨，1 副 0.4 吨；960 米长 65 毫米锚链（136 吨）

无线电

Mk 1 无线电，后来更换为 Mk 2

探照灯

6 部 610 毫米探照灯，前后舰桥各 2 部，前桅和主桅高处各 1 部

舰员

747 人（"王后"号，1904 年 2 月）

803 人（"王后"号，1908 年，地中海舰队旗舰）

747 人（"威尔士亲王"号，1904 年）

造价

"王后"号：1074999 英镑，加火炮 71670 英镑

"威尔士亲王"号：1114074 英镑，加火炮 71670 英镑

王后级只在舰艏设有横向装甲，从 229 毫米主装甲带后端斜向内布置到艉炮塔正面，中甲板以上厚度为 229 毫米，以下为 254 毫米。

艏艉炮塔基座装甲厚度为 254—305 毫米和 152 毫米，与"无阻"号和"可敬"号相同。炮塔装甲厚度也与这两艘军舰相同（B Ⅶ 型炮座）。

甲板、司令塔、弹药升降机、垂直人员通道的装甲布置与堡垒级相同。内部水密分隔也与前两级战列舰相同，所以仍有很多不尽如人意之处。虽然安装了纵向水密舱壁，但向对面舱室注水的速度非常慢，这极大削弱了军舰快速纠正侧倾的能力——这是"庄严"号、"歌利亚"号、"可畏"号、"康沃利斯"号和"罗素"号快速翻沉的主要原因之一。

动力

两艘王后级原计划与先前的四级战列舰（卡诺珀斯级、可畏级、堡垒级和邓肯级）一样，安装 20 台贝尔维尔水管锅炉，但这种锅炉问题不断，使海军部决定做出改变。就在两舰开工几个月后，海军部委员会考虑是否有可能为"王后"号安装新的筒式锅炉，代替已经订购的贝尔维尔锅炉。

"威尔士亲王"号：初稳心高度和稳性（1904 年 3 月 12 日倾斜试验）

	吃水（平均）	初稳心高度	最大复原力臂角	稳性消失角
A 条件（正常）*	7.72 米	1.28 米	37 度	64 度
B 条件（满载）**	8.27 米	1.3 米	36 度	64 度

* 全备状态加 900 吨燃煤。

** 全备状态加 1957 吨燃煤，107 吨储备给水，130 吨淡水。

"王后"号和"威尔士亲王"号：动力系统重量（海军部估算）

	"王后"号（巴布科克）	"威尔士亲王"号（贝尔维尔）
锅炉、烟囱、外壳	734 吨	614 吨
蒸汽机轴	507 吨	579 吨
驱动轴、螺旋桨，其他部件	119 吨	112 吨
锅炉内达到工作高度的淡水	78 吨	40 吨
辅助机械	68 吨	65 吨
主要和辅助用水	24 吨	18 吨
总计	1530 吨	1429 吨

"王后"号和"威尔士亲王"号：动力海试（1903—1904 年）

"王后"号（多德曼角，1903 年 12 月 8 日）
平均输出功率：15660 马力
平均转速：116.7 转 / 分
平均航速：18.04 节

"威尔士亲王"号（朴次茅斯外海，风向西，风力 3—5 级，海面平静）
平均吃水：7.98 米（舰艏），8.28 米（舰艉）
输出功率：15264 马力
平均转速：107.8 转 / 分
平均航速：18.35 节（3 次试验）

服役 18 个月内动力试验数据

"王后"号

出坞时间	舰底情况	输出功率	航速（节）
1 个月	清洁	15564	18.04
5 个月	普通 / 不佳	15800	17.4
2 周	清洁	15173	18.3
14 个月	不佳	15738	18

"威尔士亲王"号

出坞时间	舰底情况	输出功率	航速（节）
1 个月	清洁	15364	17.84
1 个月	清洁	15441	17.87
5 个月	—	14975	18.57
3 个月	清洁	15275	18.5
11 个月	肮脏	15495	17.3

　　海军部向负责"王后"号动力与锅炉系统安装的承包商（哈兰德 – 沃尔夫）询问，这种改变有无可行性。1901 年 4 月 4 日，哈兰德 – 沃尔夫答复说，虽然有可能安装新的巴布科克 – 威尔科克斯锅炉，但要对锅炉舱的布置做出修改，安装成本将从 87150 英镑增至 89450 英镑，还将增加 100 吨重量。

海军造舰总监（怀特）对这一回复和其他一些反馈作答，称可以通过利用预留重量来使锅炉重量的增加变得可以接受，并且打消了海军部委员会对在英国战列舰上使用一种新型锅炉的担心：

> 我们的优势是，有可畏级做参考，该级的首批军舰即将完工。根据可畏级的经验，战舰可以轻易地承受 100 吨增重——实际上，海军总工程师估计，如果安装这种新型锅炉，以及相应的机械系统，理论上将增加 370 吨重量，但军舰的吃水仅会增加 0.18 米。

于是，"王后"号安装了巴布科克－威尔科克斯锅炉，但"威尔士亲王"号舰体建造的进度很快，已无法为新锅炉做出改变，它也成为最后一艘入役时使用贝尔维尔锅炉的英国战列舰。

"威尔士亲王"号安装了 20 台带有省煤器的贝尔维尔水管锅炉，"王后"号则安装了 13 台巴布科克－威尔科克斯锅炉。两种锅炉的工作压力分别为 2.07 兆帕和 1.86 兆帕。"王后"号的燃煤消耗速率低于它的姊妹舰，全功率、3/5 功率和航速为 7 节条件下每天消耗的燃煤分别为 310 吨、180 吨和 40 吨。"威尔士亲王"号在这三种情况下的每日燃煤消耗量分别为 350 吨、209 吨和 50 吨。

1904 年 2 月 8 日星期六，"威尔士亲王"号离开朴次茅斯，进行全功率动力海试，当时海面平静，风力 3—5 级。军舰在前三次和后两次试验中的平均航速分别为 18.57 节和 18.1 节。1903 年 12 月 8 日星期六，"王后"号在拉梅角（Rame Head）和多德曼角（Dodman Point）进行了第一次海试，它的蒸汽机输出功率达到 15660 马力，转速 116.7 转 / 分，航速 18.04 节。"王后"号的海试报告称：

> 动力系统没有出现特别的问题，军舰的经济性极好，动力装置非常成功。

外观变化

王后级与堡垒级非常相似，但在细节上仍有不同。与可畏级和堡垒级的主要区别有：战斗桅楼呈椭圆形；炮垒中部敞开；采用无杆锚；舰艉下甲板高度没有舷窗；没有整流罩；同级舰之间的炮塔外形略有区别。与邓肯级相比，主要识别特征是：两座烟囱大小不同；战斗桅楼呈椭圆形；采用无杆锚（"阿尔比马尔"号和"蒙塔古"号除外）。

"王后"号和"威尔士亲王"号完工时非常相似，可做区别的细节是：

"王后"号的烟囱略矮，第二座烟囱后方有两根蒸汽管。

"威尔士亲王"号烟囱略高，第二座烟囱后方有一根蒸汽管，顶桅上的无线电天线斜桁位置较低。

1904—1905 年："威尔士亲王"号前桅探照灯被拆除。

1905—1906 年：安装了早期火控和测距设备，以及火炮电击发装置。主桅上的战斗桅楼加装顶盖，作为火控平台使用。前桅探照灯平台被火控平台取代。"威尔士亲王"号主甲板上的 76 毫米炮被拆除，2 门移至后部上层建筑，其余不再安装。

◁"威尔士亲王"号（其后为
"朱庇特"号），1912 年。它正挂
满旗停靠在朴次茅斯造船厂，可能
是为了庆祝国王的生日。注意它
的椭圆形桅楼

◁ 1914 年，担任海峡舰队第 5 战列舰分舰队旗舰的"威尔士亲王"号。这是它在战争爆发前的状态。注意主桅上已没有重型桅桁，最上桅很高大，另外它也没有安装防鱼雷网

两艘同级舰主桅战斗桅楼上的 47 毫米炮被拆除。"威尔士亲王"号的前桅探照灯临时布置在火控平台下方的一个平台上。两艘同级舰原主桅上的探照灯临时布置在舰艉海图室上方。舰桥探照灯（4 部）被重新布置在舰艏和舰艉炮郭上方。

1908—1909 年："威尔士亲王"号在马耳他接受改装（"王后"号的改装在直布罗陀进行）。值得注意的改装项目有：为轮机舱增设了通风装置；更新主冷凝器部

纵剖图
1. 锅炉
2. 轮机舱
3. 炮弹舱
4. 发射药舱
5. 305毫米炮座
6. 排烟道
7. 轮机舱通风口
8. 舵机舱
9. 鱼雷舱
10. 司令塔
11. 水密舱
12. 绞盘舱

上甲板布置图
1. 舰长日舱
2. 司令舱
3. 轮机舱通风口
4. 液压绞盘
5. 轮机舱舱口
6. 水兵厨房舱口
7. 锅炉舱通风口
8. 排烟道
9. 152毫米副炮炮郭
10. 司令塔
11. 水兵小便处
12. 水兵盥洗室
13. 水兵厕所

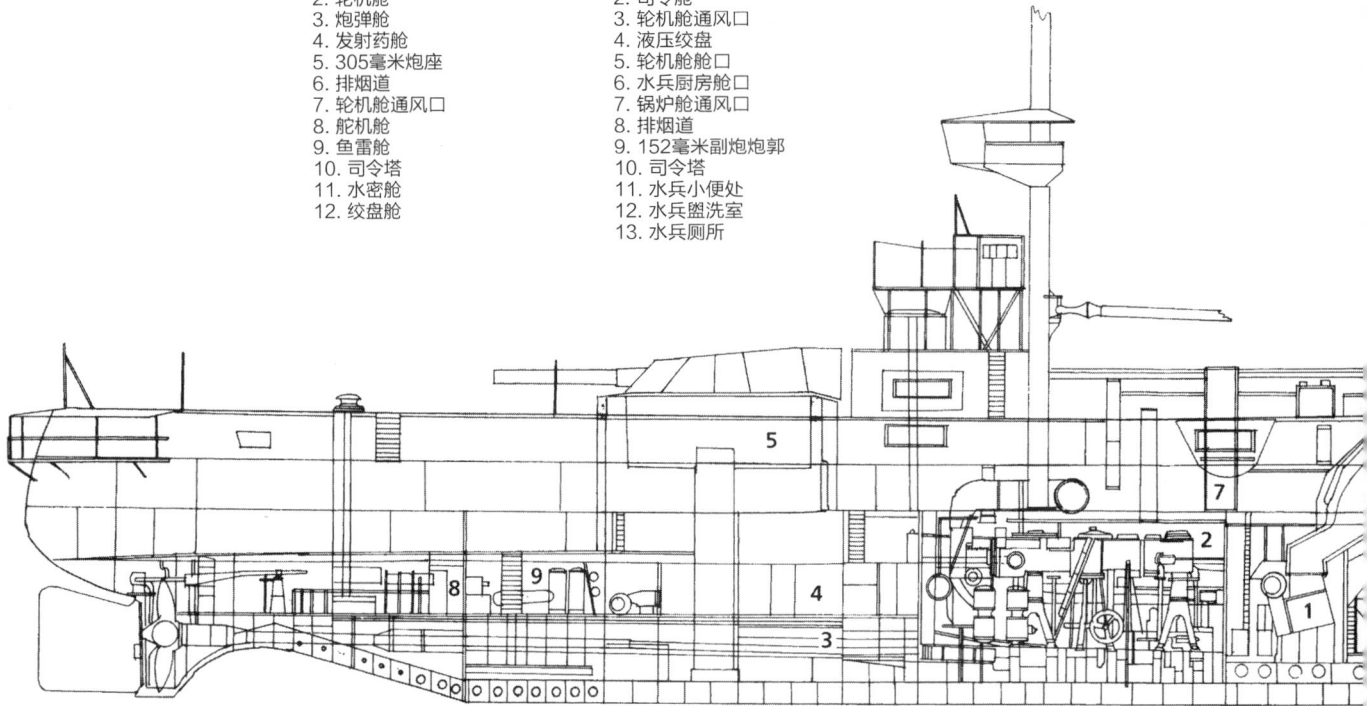

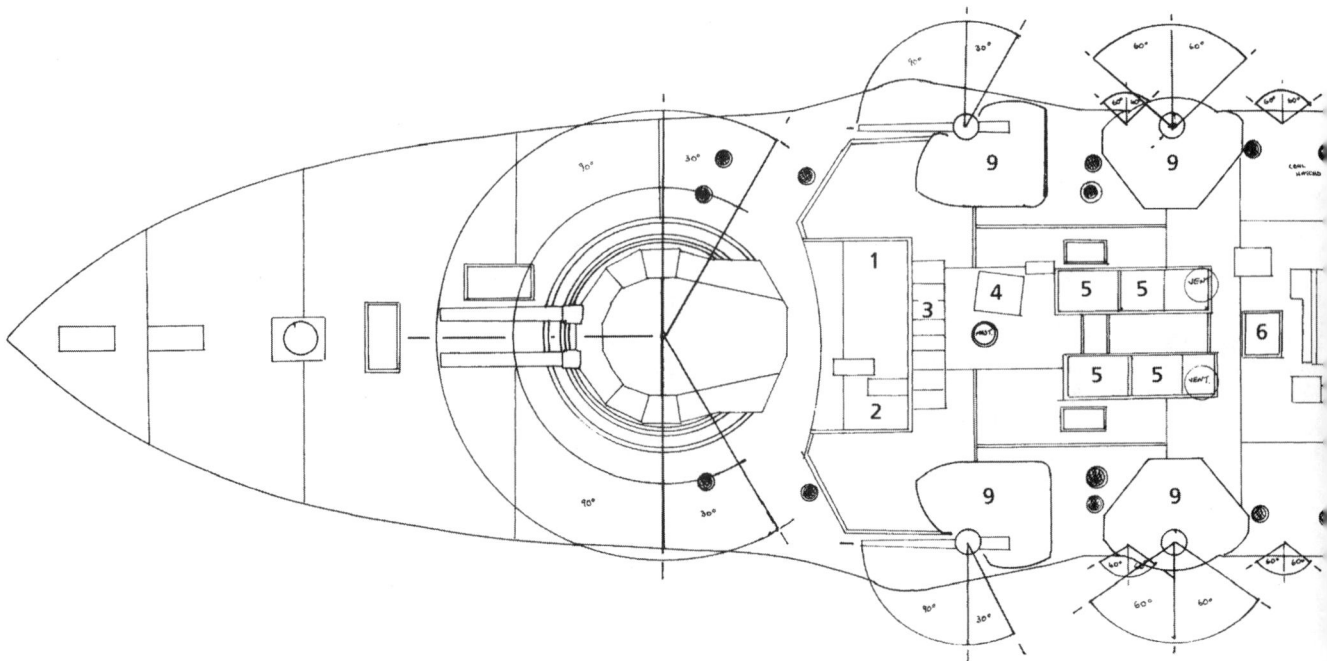

件；改进了锅炉舱后部的烟雾导流板；安装了氨冷冻机；更换了油封装置，提高了效率；305 毫米主炮安装了液压炮闩机构；152 毫米副炮安装了一体化瞄准装置；增设了火控设备，安装了夜间火控装置；76 毫米炮安装了自动抬升停止装置；所有火炮安装了望远式瞄准镜；后部舰桥布置了无线电站。"威尔士亲王"号安装了 I 型无线电和一套短程无线电装置。前部舰桥上的 610 毫米探照灯被 914 毫米探照灯取代（后

"王后"号

纵剖图和上甲板布置图，1904 年

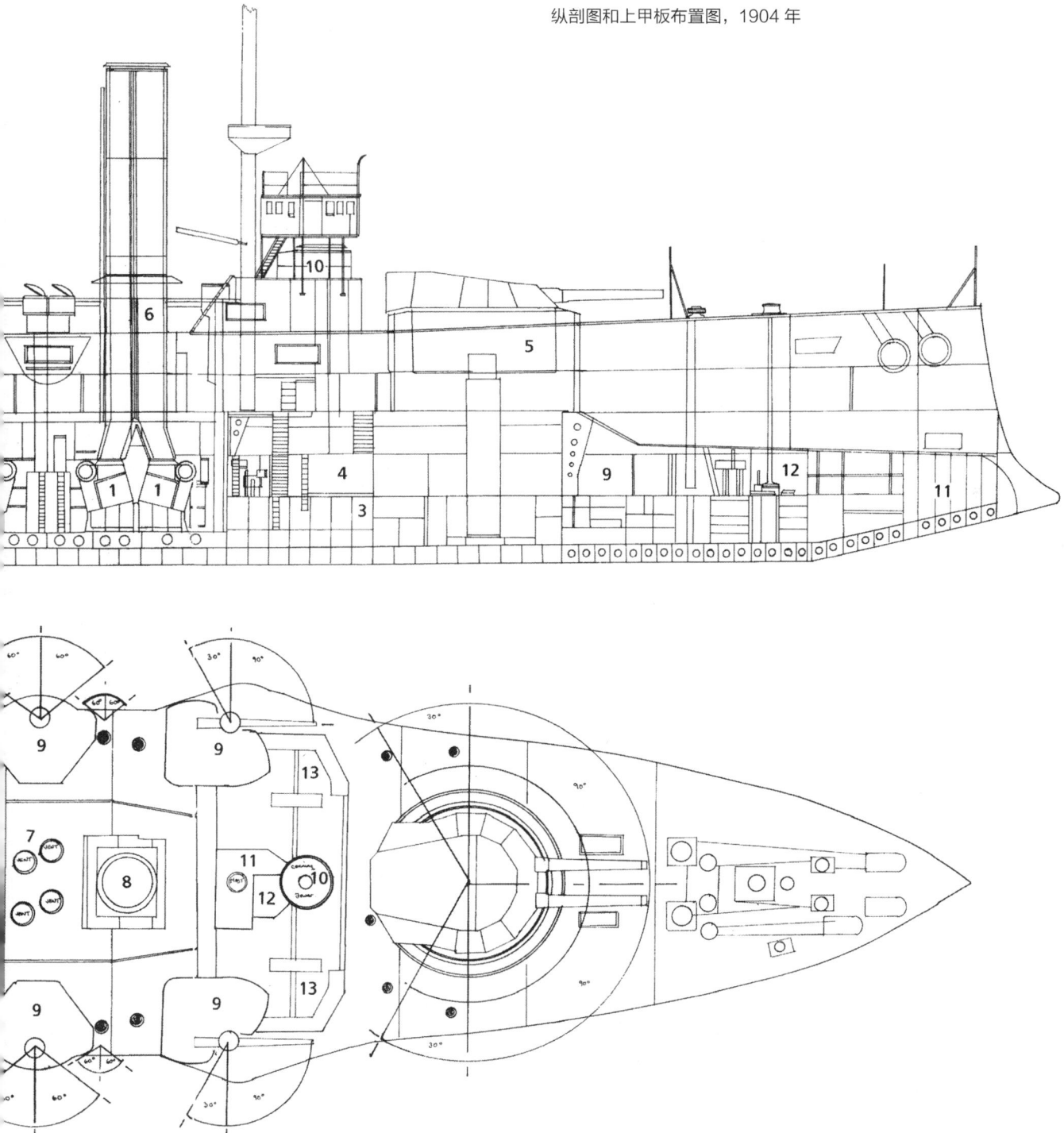

▷ 达达尼尔战役期间，正在进入马耳他港的"威尔士亲王"号，1915 年。注意简化的舰桥结构，下层桅楼上的探照灯，另外该舰没有安装防鱼雷网

来发现后者体积太大，前舰桥空间不足）。前部舰桥增加了两个舱室。旧的无线电站被改为军官生教室。防鱼雷网搁架的宽度减为 356 毫米。

1909—1910 年：前桅战斗桅楼上的 47 毫米炮被拆除。主桅上的重型桅桁被拆除。绘上了标准烟囱识别带："威尔士亲王"号第一座烟囱有两道白色识别带，"王后"号两座烟囱各有两道白色识别带。

1911 年："王后"号后部海图室得到大规模扩建。

1913—1914 年：拆除了防鱼雷网。

1914 年：取消了烟囱识别带（8 月）。

1915 年：安装了 2 门 47 毫米高射炮。914 毫米探照灯被重新布置在前桅战斗桅楼中。一部 610 毫米探照灯安装在"威尔士亲王"号前桅火控平台下方的一个平台上（"王后"号拆除了这一平台）。两舰暂时重新安装了防鱼雷网。"威尔士亲王"号前部舰桥的两翼被截短，后部舰桥两翼被拆除。前最上桅和主最上桅、主顶桅被拆除。前桅增设了一个小型瞭望平台。

1916—1917 年："王后"号主副炮均被拆除（炮塔被保留）。1917 年 4 月，它仍有 4 门 152 毫米副炮。1917 年 10 月，305 毫米主炮被拆除，交给意大利前线的陆军使用。152 毫米副炮则安装在武装巡逻舰艇上。探照灯数量被削减，仅保留前桅战斗桅楼上一部 610 毫米探照灯、前部舰桥两部 610 毫米探照灯。附加甲板室被布置在第一座烟囱两侧，后部上层建筑和后部舰桥上（代替了海图室）。恢复了主顶桅和主最上桅、前最上桅。

舰史:"王后"号

1901 年 3 月 12 日在德文波特造船厂开工，1902 年 3 月 8 日由亚历山德拉王后施掷瓶礼后下水。

1904 年 4 月 7 日服役，加入地中海舰队，至 1908 年 12 月。

1906—1907 年在马耳他接受担任旗舰所需的改装。

1907 年 3 月 20 日成为舰队旗舰（升海军中将旗）。

1908 年 12 月 14 日在德文波特退役，第二天重新服役，加入大西洋舰队，至 1912 年 5 月。

1909 年 2 月 1 日在多佛与希腊商船"达芙妮"号（*Dafni*）相撞，未受严重损伤。

1910—1911 年在德文波特维修。

1912 年 5 月 15 日加入本土舰队第 2 舰队，至 1914 年 8 月。

1914 年 4 月成为第 2 舰队第 5 战列舰分舰队的第二旗舰（升海军少将旗），在朴次茅斯担任火炮训练舰。1914 年 8 月战争爆发时，加入海峡舰队（第 5 战列舰分舰队第二旗舰），至 1915 年 3 月。

1914 年 10 月 17 日加入多佛巡逻队，参加炮击和护航任务。

11 月 3 日在戈尔斯顿袭击事件后被派去支援东海岸巡逻队。

1915 年 3 月参加达达尼尔战役，13 日离开本土，23 日抵达利姆诺斯岛。

3—5 月驻扎达达尼尔。

4 月 25 日支援澳新联军在伽巴帖培登陆。

5 月 22 日作为第 2 特遣队旗舰前往亚得里亚海，5 月 27 日抵达塔兰托，在亚得里亚海活动至 1919 年 4 月。

1916 年 12 月—1917 年 2 月改装为居住船，为亚得里亚海反潜阻拦网巡逻队服务。为此，它成为当时留在亚得里亚海的最后一艘英国战列舰。它的大部分舰员返回本土，

△ 1915 年 4 月，"王后"号在达达尼尔战役中支援澳新联军在伽巴帖培的登陆行动，士兵们正聚集在军舰后甲板上

▽ 1915 年，驶进塔兰托港的"王后"号

舰上只有养护小组。1917 年 4 月前，大部分 152 毫米副炮被拆除。1917 年 10 月，主炮被拆除（炮塔仍保留），火炮应意大利军队要求用于反击奥地利军队的大规模进攻。"王后"号作为英国舰队旗舰，在塔兰托驻扎至 1918 年 2 月。

1919 年 4 月返回本土，5 月在查塔姆列入报废名单。

6 月被重新启用，附属于彭布罗克舰队，用作居住船（Overflow ship），代替"印度斯坦"号（Hindustan），至当年 11 月。

▷ 1915—1916 年 时 的 "王后"号。这是它被改装为居住船之前，作为作战舰艇的最后状态，随后它的主炮被拆除。注意它只安装了部分防鱼雷网，主桅下方有大型海图室。此时军舰已经处于战斗准备状态

▽ 一张出色的整体左舷视角的照片，展示了 1914 年"王后"号驶离朴次茅斯的情景。注意烟囱识别带，暗灰色的涂装，以及高大的顶桅。该舰未安装防鱼雷网

1920 年 3 月列入出售名单。9 月 4 日以 30100 英镑的价格出售给 T. W. 沃德公司。11 月 25 日抵达伯肯黑德，进行减重处理以便在普勒斯顿（Preston）解体。

1921 年 8 月 5 日抵达普勒斯顿。

舰史："威尔士亲王"号

1901 年 3 月 20 日在查塔姆开工，下水时由威尔士亲王施掷瓶礼。1904 年 3 月建成，后加入查塔姆后备舰队。

1904 年 5 月 18 日在查塔姆服役，后加入地中海舰队，至 1906 年 5 月。

1905 年 7 月 29 日在地中海与商船"埃尼蒂温"号（Enidiven）相撞，未受严重损伤。

1906 年 4 月全速海试时发生爆炸事故，3 人丧生，4 人受伤。5 月 28 日在朴次茅斯退役维修。5—9 月在朴次茅斯保持预备役状态。

1906 年 9 月 8 日在朴次茅斯转为现役，继续在地中海舰队服役，至 1909 年 2 月。

1907 年 8 月成为第二旗舰（升海军中将旗）。

1908 年在马耳他维修。

1909 年 2 月加入大西洋舰队并担任旗舰（升海军中将旗），至 1912 年 5 月。

1911 年在直布罗陀维修。

1912 年 5 月 13 日加入本土舰队，至 1914 年 8 月。

1913 年 6 月 2 日在演习中被 C32 号潜艇冲撞，未受损伤。

▽ 极为少见的"威尔士亲王"号战时状态照片，摄于 1915 年年初。注意假舰艏波，下层桅楼上的探照灯。主桅上没有桅桁和顶桅，前桅上有鸦巢式桅楼

▽ 1920 年，正在等待拆解的
"威尔士亲王"号

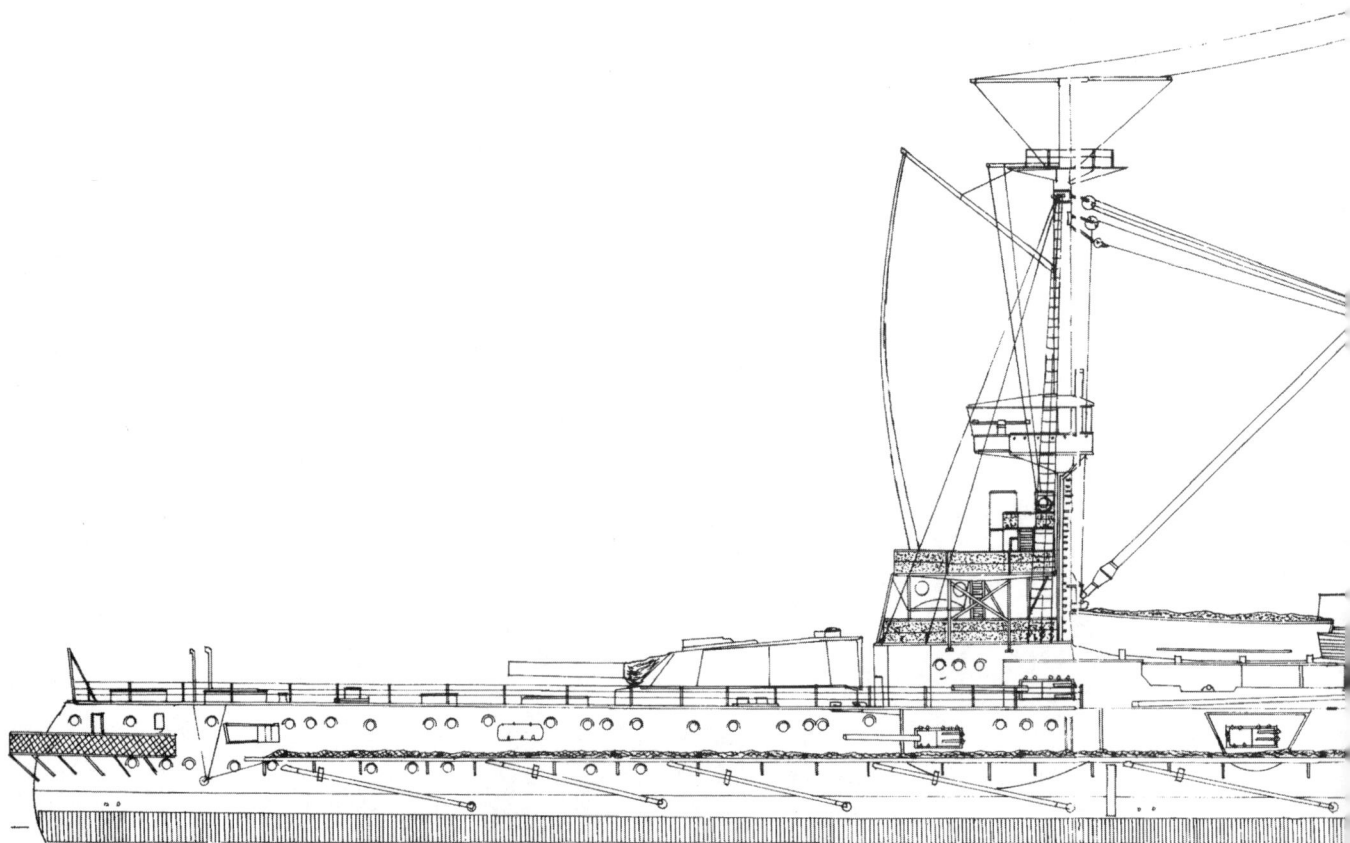

　　1914 年 8 月战争爆发时加入海峡舰队（担任第 5 战列舰分舰队旗舰），至 1915 年 3 月。开始以波特兰为基地，后移至希尔内斯。在希尔内斯被邓肯级接替。

　　1914 年 12 月 30 日返回波特兰。8 月 25 日，参加了运送和掩护朴次茅斯陆战队营攻占奥斯坦德的行动。

　　1915 年 3 月 19 日被派往达达尼尔，20 日离开波特兰。3 月 29 日加入达达尼尔分舰队，至 5 月。4 月 25 日参加支援澳新联军在伽巴帖培登陆的行动。5 月 22 日，与"怨仇"号、"伦敦"号和"王后"号一起组成第 2 特遣队，被派往亚得里亚海，以塔兰托为基地，至 5 月 27 日。

　　1915 年 5 月—1917 年 2 月驻扎亚得里亚海（1916 年 3—6 月担任旗舰）。

　　1916 年夏在直布罗陀维修。

　　1917 年 2 月受命返回本土，28 日抵达直布罗陀，3 月 10 日离开。抵达德文波特后转为预备役，至 1919 年 11 月，期间担任居住船。

　　1919 年 11 月 10 日列入报废名单。

　　1920 年 4 月 12 日以 36500 英镑出售给 T. W. 沃德公司。

　　1920 年 6 月抵达米尔福德港（Milford Haven）解体。

"王后"号
侧视图，1916 年

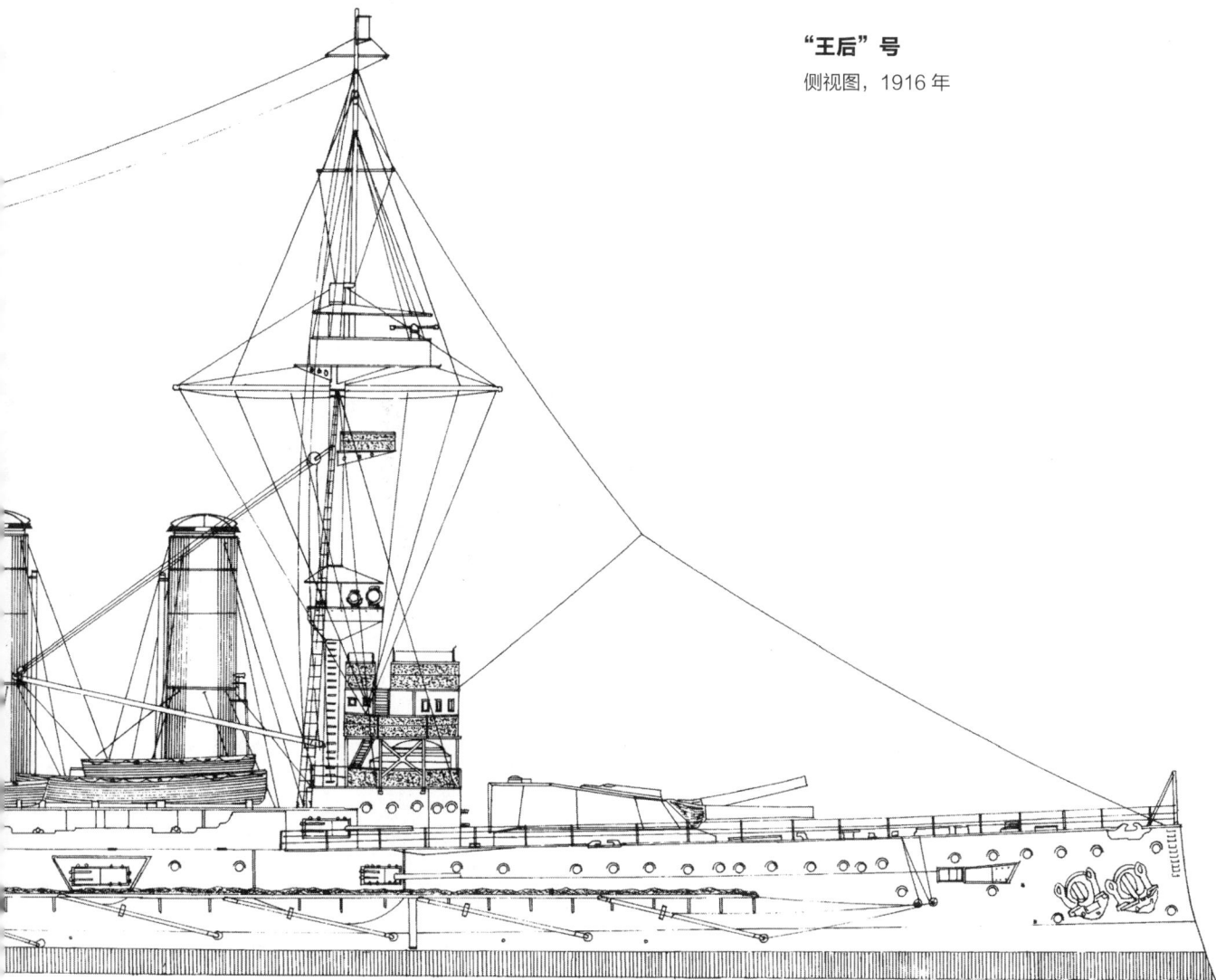

英王爱德华七世级：1901—1903 年预算

设计

1901 年春天，海军在考虑新一级战列舰的设计时，首先将排水量和舰长定为 16000 吨和 128.02 米。但是，很多有关该级战列舰的官方文件，包括军舰手册（已被毁）

"英王爱德华七世" 号

侧视图和上甲板布置图，1905 年

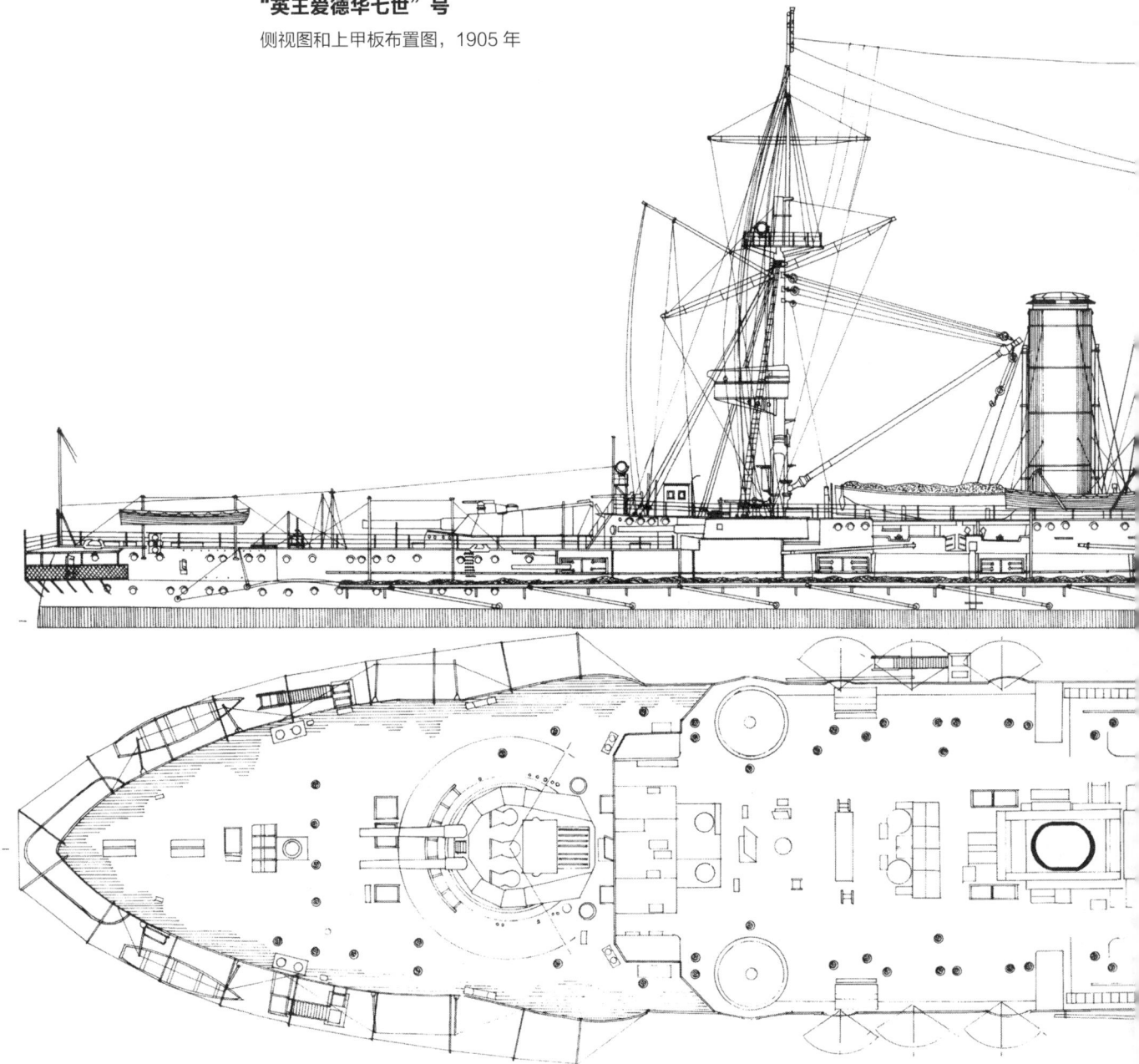

和设计文件（已遗失）都无处可考，所以现在已无从知晓其设计理念发展的完整过程。

但已知的是，英王爱德华七世级的基本设计概念是海军审计官（威尔逊）和首席造舰师（戴德曼）提出的，设计图纸由助理造舰师纳尔贝特绘制并递交海军造舰总监（怀特）修改。

1900 年，海军审计官陆续得到当时外国海军建造的新型战列舰的情报。意大利海军的贝内代托·布林级（*Benedetto Brin* Class），装备 4 门 305 毫米主炮，4 门 203 毫米和 12 门 152 毫米副炮，排水量 13427 吨；美国的新泽西级，装备 4 门 305 毫米主炮，8 门 203 毫米和 12 门 152 毫米副炮，排水量 14948 吨。而英国的王后级虽然排水量有 15000 吨，却只装备了 4 门 305 毫米主炮和 12 门 152 毫米副炮，所以在考虑任何新设计方案前，首先要定下基调，即布置更强大的副炮。

▽ "新西兰"号下水时的情景。1904 年 2 月 4 日，翁斯洛夫人在下水仪式上为这艘新战舰施掷瓶礼

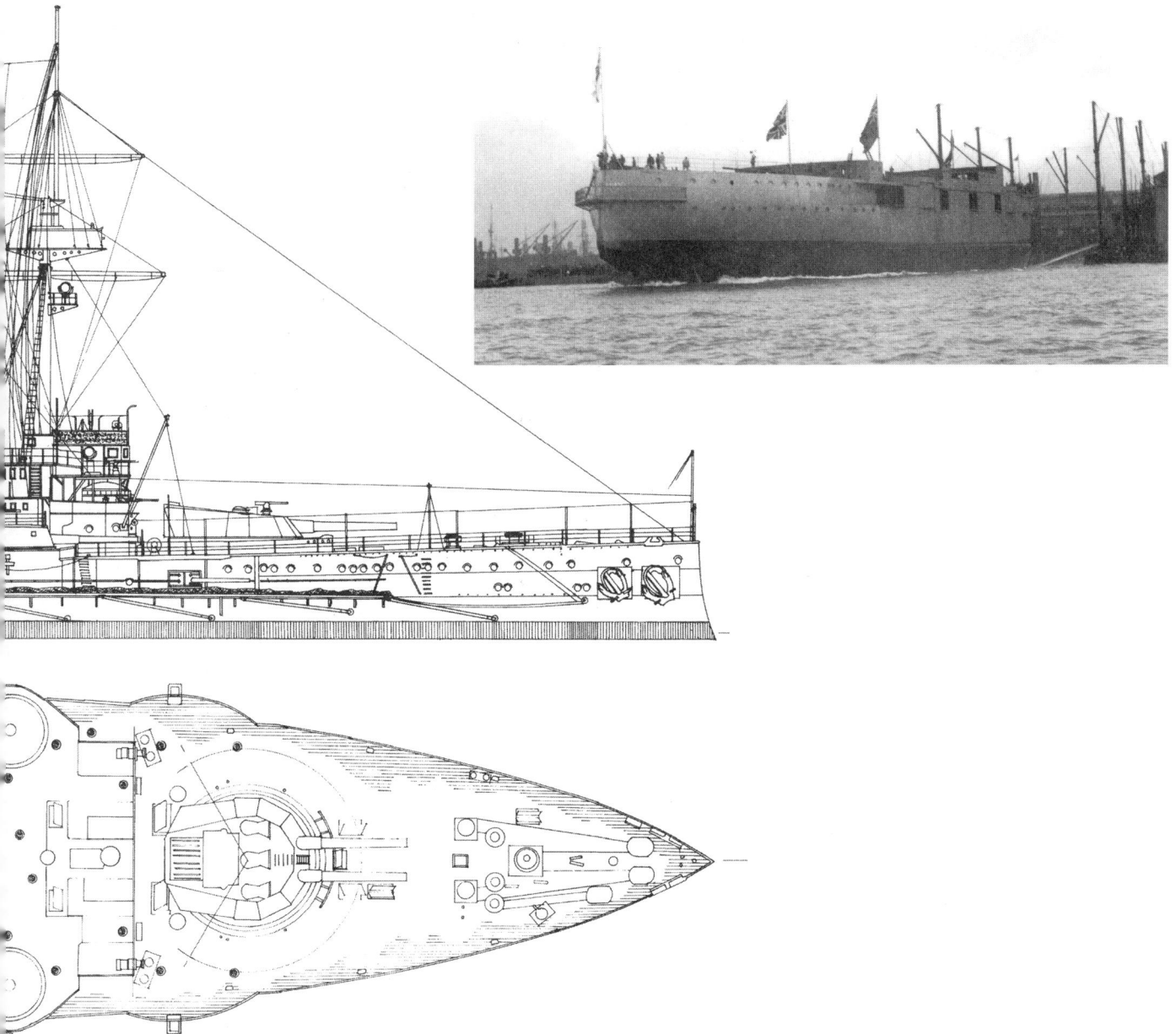

▷ "英王爱德华七世"号，位于德文波特造船厂的新一级主力舰首舰，摄于 1904 年夏天

英王爱德华七世级：各单位设计重量（吨）

舰体：5900

装甲：4175*

武备：2525

动力：1800*

燃煤：950

其他装备：690

轮机仓库：60

排水量：16350

* 平均。

　　由于怀特因病缺席，设计思路是由戴德曼提出的。这是一种非常强大和奢侈的方案，意图抢得先机，压倒所有可能出现的外国对手。这些方案都未进行细节设计，性能数据也未透露过，但可以肯定的是，海军部委员会以不可行为理由否决了他的方案。

　　这一时期，纳尔贝特在可畏级最新发展型（王后级）的基础上绘制了一系列配备 234 毫米或 191 毫米中间口径火炮方案的草图，军舰排水量则随舰长、稳性和航速不同而有所变化。这些方案递交时并没有附带说明，其中一个方案，是在上甲板高度上层建筑的四角布置双联装 191 毫米副炮，共 8 门，主甲板舯部则设计了配备 10 门 152 毫米火炮的炮垒。海军部委员会未召开正式会议就批准了该方案。

　　造舰部门着手进行细节设计，这标志着以庄严级为基础延续下来的战列舰设计发生了重大转变，这主要源于以下因素：

1. 除 305 毫米和 152 毫米火炮以外，外国海军还装备了中口径舰炮；
2. 英国现有战列舰排水量较大，火炮威力却不足，招致强烈批评；

◁ 1905 年 1 月，海试期间的
"英王爱德华七世"号。该级战列
舰是庄严级之后的英国主力舰设
计上的一次突破，尽管混合口径火
炮经常受到批评，可它们还是一级
火力极其强大的战舰

3. 装甲技术的发展使 152 毫米舰炮不再是一种有效的战列舰火炮武器。

　　设计工作正在进行时，怀特病愈归来。在仔细研究了设计方案后，他向纳尔贝特表示祝贺，称他可能为海军在下一财年建造一种非常强大的战列舰铺平了道路。怀特与纳尔贝特精诚合作，并建议用单装 234 毫米舰炮取代了双联装 191 毫米舰炮，且保持基本尺寸和造价不变。该方案随后呈递海军部，并于 1901 年 4 月获得一致通过。

　　怀特于 1902 年 1 月 31 日离职，在此之前设计工作已经完成，但首舰的订购却因他的继任者菲利普·瓦茨对计划的审查而推迟。不过新海军造舰总监没有过多犹豫就全盘接受了新设计并承担了全部责任，这说明他完全信任怀特和纳尔贝特。他还希望后者能像与怀特共事那样，与他紧密合作。虽然官方将英王爱德华七世级的设计建造列入了瓦茨任期内的成果，但人们一直认为该级战列舰是威廉·怀特作为海军造舰总监设计的最后一级英国战列舰（有历史记录为证）。

　　与王后级相比，新战列舰的排水量增加了 1350 吨，装备了相同的主炮，但副炮却强大得多，布置方式也明显不同。装甲厚度总体上一致，但侧舷和水平装甲有所改进，主要是为 152 毫米火炮设计了连续的炮垒，而不是独立炮郭。

　　相对之前几级战列舰，设计上的根本革新是引入了 234 毫米舰炮，主要武备由三种口径而不是两种口径的火炮组成，另外在主甲板上巧妙布置了连续的炮垒。其他新颖之处有，放弃了配备轻型速射炮的战斗桅楼，取消了后部舰桥。

　　1901 年造舰计划中有三艘英王爱德华七世级开工，1902 年预算则只计划建造两艘。这个 1902 年的计划在议会和公众当中引起了轩然大波。

　　就在查尔斯·比尔斯福德爵士将自己的想法告诉内阁大臣们之前几天，他收到费舍尔的一封信（1902 年 2 月 27 日），费舍尔直陈了自己对造舰计划的看法，这也是他对所有人讲过的话：

亲爱的比尔斯福德，昨天我写信的时候，尚没有读到有关海军预算的演讲内容，我看到你也在演讲现场。我赞同查尔斯·迪尔克爵士（Sir Charles Dilke）的所有观点。我建议你引用他演讲中的以下内容：

"戈申先生（Mr Goschen）认为，国家安全的极端重要性，要求我们将舰队的实力维持在能遏制任何三个强国对英国进攻的水平。"

戈申还说，作为一名肩负着国家安全责任的内阁成员，他也要对海军负责。前内阁大臣阿斯奎斯（Asquith）也道出了事实："海军是我们唯一可靠的保护者。"有哪个人能说，新造舰计划中有两艘战列舰和两艘大吨位巡洋舰就足够了？说我们已经为新计划拨款九百万，所以不能增加经费简直是荒谬——这不是事实。你可以信赖迪尔克。希克斯·比奇（Hicks Beach）想向我们施加压力，你应该重申迪尔克无可辩驳的观点。"战争爆发时，我们的军舰都应该是四五年前订购的。"你不能靠增补预算匆忙建造军舰，这样只会降低建造标准，是疯狂之举。

瓦尔特·科尔会拼死反对这种想法。

爱国主义和常识就能说明一切——这对我们的生存无比重要，而他们则想向公众隐瞒真相，只开工两艘战列舰和两艘巡洋舰简直令人震惊。你必须在演讲中顽强地反复强调戈申"遏制三强"的金科玉律——反复强调是说服别人的秘诀。我认为还大有可为，我也知道怎么去做，最后一招是，他们可以在意大利为我们建造任何舰艇——不过先问问诺布尔（Noble）他到底能建多少战列舰和巡洋舰。你演讲前，先咨询一下瑟斯菲尔德（Thursfield）——如果我是你，会请他修改一下讲稿，他知道如何向公众发声。

英王爱德华七世级：建成时性能数据

建造

	造船厂	开工	下水	建成
"英王爱德华七世"号	德文波特造船厂	1902 年 3 月 8 日	1903 年 7 月 23 日	1905 年 2 月
"不列颠尼亚"号	朴次茅斯造船厂	1902 年 2 月 4 日	1904 年 12 月 10 日	1906 年 9 月
"自治领"号	维克斯公司	1902 年 5 月 23 日	1903 年 8 月 25 日	1905 年 7 月
"英联邦"号	费尔菲尔德造船厂	1902 年 6 月 17 日	1903 年 5 月 13 日	1905 年 3 月
"印度斯坦"号	克莱德班克公司	1902 年 10 月 25 日	1903 年 12 月 19 日	1905 年 3 月
"新西兰"号	朴次茅斯造船厂	1903 年 2 月 9 日	1904 年 2 月 4 日	1905 年 6 月
"海伯尼亚"号	德文波特造船厂	1904 年 1 月 6 日	1905 年 6 月 17 日	1907 年 1 月
"非洲"号	查塔姆造船厂	1904 年 1 月 27 日	1905 年 5 月 20 日	1906 年 11 月

排水量（吨）

14313（轻载），15630—15826（正常），16434—17075（满载）

尺寸

长：129.54 米（垂线间长），135.03 米（水线长），139.29 米（全长）
宽：23.77 米（舰体 23.73 米），24.38 米（水线，型宽）
吃水：8—8.15 米（正常），8.61 米（满载）
干舷高度：6.7 米（舰艏），5.04 米（舯部），5.49 米（舰艉）

续表

---

305 毫米主炮与水线距离：正常载重情况下，7.62 米（舰艏主炮），6.93 米（舰艉主炮）

龙骨至上甲板距离：13.2 米

升沉量：24.41 吨 / 厘米

武备

4 门 305 毫米 Mk IX 型主炮，每门炮备弹 80 发

4 门 234 毫米 Mk X 型副炮，每门炮备弹 150 发

10 门 152 毫米 Mk VII 型副炮，每门炮备弹 200 发

12 门 76 毫米炮（12 英担），P III 型炮座，每门炮备弹 250 发

2 门 76 毫米野战炮（8 英担），每门炮备弹 250 发

14 门 47 毫米炮，后座式炮座，每门炮备弹 400 发

5 具 457 毫米水下鱼雷发射管（4 具位于侧舷，1 具位于舰艉）

A 炮塔中心距舰艏 32.84 米

X 炮塔中心距舰艉 33.45 米

装甲

主装甲带：229 毫米克虏伯渗碳装甲

上部装甲带：203 毫米克虏伯渗碳装甲

顶部装甲带：178 毫米克虏伯渗碳装甲

主横向装甲：203—254—305 毫米

甲板：主甲板 38 毫米，上甲板 25 毫米，下甲板 25—64 毫米

炮塔基座：152—203—305 毫米

炮塔：152—254—305 毫米

234 毫米炮塔：102 毫米

司令塔：254—305 毫米

动力

2 套四缸倒置三胀式表面冷凝蒸汽机，2 副向内旋转螺旋桨

汽缸直径：高压 850.9 毫米，中压 1384.3 毫米，低压 1600.2 毫米

冲程：1219.2 毫米

锅炉：

"英王爱德华七世"号：10 台巴布科克，3 台筒式

"不列颠尼亚"号：18 台巴布科克，3 台筒式

"自治领"号：16 台巴布科克

"英联邦"号：16 台巴布科克

"印度斯坦"号：18 台巴布科克，3 台筒式

"新西兰"号：18 尼克劳斯，3 台筒式

"海伯尼亚"号：18 台巴布科克，3 台筒式

"非洲"号：18 台巴布科克，3 台筒式

工作压力：1.45—1.52 兆帕（"自治领"号、"英联邦"号），1.86 兆帕

炉箅面积：130.06 平方米

锅炉舱长度：32.61 米（全长，"英王爱德华七世"号）

轮机舱长度：22.94 米（全长，"英王爱德华七世"号）

设计输出功率：18000 马力，18.5 节（强制通风）

（"自治领"号、"英联邦"号：18000 马力，18.5 节，自然通风）

燃煤：2164—2238 吨（最大），加 380 吨燃油

燃煤消耗速率：全功率下每天消耗 380 吨燃煤，8 节航速下每天消耗 55 吨燃煤

续航力：5270 海里 /10 节

续表

小艇

大舢板（蒸汽）：2 艘 17.07 米

大舢板（风帆）：1 艘 10.97 米

长艇（蒸汽）：1 艘 12.8 米

纵帆快艇：2 艘 10.36 米

捕鲸艇：3 艘 8.23 米

小舢板：1 艘 10.36 米，1 艘 8.53 米

帆装小工作艇：1 艘 4.88 米

巴沙救生筏：1 艘 4.11 米

探照灯

6 部 610 毫米探照灯，前后舰桥各 2 部，前桅和主桅高处各 1 部

（"不列颠尼亚"号、"海伯尼亚"号、"非洲"号：舰桥 2 部 914 毫米探照灯，2 部 610 毫米探照灯；主桅后方无线电站上方 2 部 610 毫米探照灯；后部上层建筑两翼平台 2 部 610 毫米探照灯）

船锚

3 副 6.25 吨海军部无杆锚，1 副 2.1 吨有杆转爪锚，1 副 0.8 吨海军部锚，1 副 0.4 吨海军部锚；960 米长 68 毫米锚链

无线电

部分同级舰使用 I 型无线电，其余使用 II 型，1912—1913 年加装 III 型（短程）

舰员

755 人（非在役状态）

800—815 人（战时）

"自治领"号各部门舰员人数：

指挥和导航：390

轮机：193

技工：30

医疗：6

会计：8

杂役：9

侍从：18

牧师：2

皇家海军陆战队：101

屠夫：2

照明：2

乐队：15

指挥官仆人：1

总计：777

造价

"英王爱德华七世"号：1382675 英镑，加火炮 89400 英镑

"不列颠尼亚"号：1316983 英镑，加火炮 91070 英镑

"自治领"号：1364318 英镑，加火炮 89400 英镑

"英联邦"号：1382127 英镑，加火炮 89400 英镑

"印度斯坦"号：1361762 英镑，加火炮 88890 英镑

续表

"新西兰"号：1335753 英镑，加火炮 88890 英镑	
"海伯尼亚"号：1347620 英镑，加火炮 91070 英镑	
"非洲"号：1328970 英镑，加火炮 91070 英镑	

2 月，马耳他的《每日纪事报》（*Daily Chronicle*）刊文批评英国的海军政策：

　　海军的需求，以及对有识之士呼声的回应，揭示了一种长期倦怠的政策。海军有九项需求：建立 2.5 强实力标准；使舰队处于备战状态；掌握更优秀的炮术；任用更年轻的将领；出售或废弃不能用于实战，又在和平时期耗资巨大的舰艇；重新部署 9 个战列舰分舰队，集中力量于所需之处；清除海军部委员会

◁ 1905 年 3—5 月，正在进行海试的"印度斯坦"号，皇家海军对它进行了非常充分的试验

▽ 德文波特港中刚刚完工的"英联邦"号，1905 年 3—5 月间的状态

◁ 1904 年 12 月，已经完工，
准备海试的"英王爱德华七世"号

△ "西兰蒂亚" 号右舷艉部特写。注意标准烟囱识别带、距离指示鼓、234 毫米和 152 毫米火炮

中的政治要素；赋予工程部门执行权；增建 12 艘战列舰、60 艘巡洋舰和 50 艘驱逐舰。议会的批评声在下院海军圈子以外几乎没人听到。

如果德国明白，英国对它的野心一清二楚，那就意味着和平，而不是战争。

查尔斯·比尔斯福德爵士在他震撼人心的演讲中，强烈反对 1902 年预算中只将两艘战列舰纳入规划，海军其他重要人物也表达了同一观点。但是他们的热情被泼了冷水，政府遏制海军造舰计划的决心几乎是前所未有的。

然而随着瓦茨于 1902 年被任命为海军造舰总监，战列舰设计被全盘重新考虑，为了与外国同时期主力舰抗衡，出现了采用 12 门 234 毫米副炮的火力更强大的新方案。

新的总体设计方案很快获得了一致肯定，但是由于要对设计进行全面研究，直到第二年才将方案确定下来。因此英国政府决定，为 1903 年增建 3 艘英王爱德华七世级留出预算。这一决定是基于以下理由做出的：

1. 考虑到造船厂对工人的雇用情况，1903 年的造舰计划应尽早开始，而新设计无法赶上开工日期；
2. 出于战术目的，最好能打造一个由 8 艘英王爱德华七世级组成的战列舰分舰队。

增建的 3 艘战列舰于 1904 年开工，与姊妹舰不同的是，建造中应用了一些最新的技术：更新的 305 毫米主炮（Mk X 型），最新的 76 毫米炮（18 英担），改进的动力系统、火控平台和探照灯等。

▽ 1906 年 10 月，完工不久的"不列颠尼亚"号在朴次茅斯进行补给，它由"复仇"号上调来的核心舰员操纵，处于预备役状态。注意其方形桅楼，与"英王爱德华七世"号和"英联邦"号不同

▽ 1905 年 7 月 12 日，"印度斯坦"号驶抵朴次茅斯，它暂时由核心舰员操纵，隶属朴次茅斯后备舰队。当年 9 月，它达到全备状态并形成战斗力，加入大西洋舰队（照片摄于 1905 年夏天）

◁ 1906 年年底，完工后正驶离朴次茅斯造船厂的"自治领"号（正处于整备阶段）

"自治领"号：净重量（吨），造船厂数据

船板、钢梁和铆钉头：4108.761

中甲板和下甲板防护：582.006

主甲板前段：142.200

上甲板装甲盒内段：246.784

其余防护材料：57.539

装甲板钢梁：88.169

垂直人员通道：20.578

司令塔：52.538

装甲和镍钢装甲：2722.322

装甲固定件：97.250

金属加工设备：177.366

钢铸件：83.124

其他铸件：41.168

木工木材：251.548

装甲背板和紧固件：145.315

榫卯木材和连接部件：91.441

水泵、通风设备和板材：179.266

钳工材料与铜制品：300.533

橡木、油漆、黏合剂等：225.843

辅助机械：162.47

桅具等：29.661

锚、锚链和拖索：129.500

小艇及其设备：59.400

武备，包括空气压缩机：1708.043

弹药，包括鱼雷装备：555.889

弹药输送设备：94.441

防鱼雷网：45.950

提弹井：9.650

电气设备：78.876

其余设备：95.542

舰体：12581.020

动力系统给水：1731.980

齐装重量：14313.000

轮机仓库：35.200

人员和个人用品：95.000

淡水和净化水：159.840

士官仓库：34.700

军官仓库：55.000

食品与酒类：45.000

燃煤：950.00

储备给水：109.280

剩余给水：20.000

炮手仓库：9.100

排水量：15826.120

"自治领"号：净重量（吨），造船厂数据

新设计方案（1903 年）最终成为 1904 年计划中的纳尔逊勋爵级战列舰，但 234 毫米副炮由 12 门减至 10 门。英王爱德华七世级虽然火力比之前几级战列舰强大得多，但其真正的战斗力并不像纸面上那么强。建造期间，海军开始重视远程火力，而英王爱德华七世级装备三种口径舰炮却不利于发扬远程火力。更远的战斗距离增加了混合口径火炮的火控难度，也进一步降低了 152 毫米舰炮对战列舰的价值。舰队对在一艘军舰上装备多种口径火炮的批评尤为强烈，认为英王爱德华七世级与外国同类军舰相比，吨位有余而火力不足。

尽管如此，作为庄严级、可畏级、堡垒级和邓肯级与两艘纳尔逊勋爵级之间的过渡舰种，英王爱德华七世级设计精良，与同时期外国海军装备的混合口径火炮主力舰相比更胜一筹。

完工后，所有英王爱德华七世级战列舰均表现优异。建造过程中，不仅没有用上预留重量（200 吨），舰体和装备还平均节省了 400 吨重量，这大大减少了正常条件下的排水量和吃水。与之前几级战列舰相比，节省的重量出自以下项目：取消了战斗桅楼、后部舰桥、1 艘 12.19 米蒸汽大舢板（Pinnace）、艉锚和艉锚链。另外，舰上的物资也有所减少，由原来的 4 个月储量减少为 3 个月储量。

由于干舷较低，234 毫米副炮还增加了舰体上部的重量，军舰在航行中上浪严重，稳性也不如堡垒级。另外由于初稳心高度较高，军舰容易出现横摇，横摇周期为 14 秒。尽管如此，英王爱德华七世级的适航性还算令人满意。

英王爱德华七世级的操纵极为灵活，但是在 1914—1916 年，它们在大舰队中组成第 3 战列舰分舰队期间获得了"摇摆八人帮"的绰号，因为它们在大洋上航行时经常出现蟹行一般的横荡现象。由于对舰舵非常敏感，操纵时一旦大意舰体就会出现大幅漂移。

战争初期，大舰队在北海上扫荡时通常会将一艘英王爱德华七世级布置在每个战列舰分队前方航行，一旦舰队驶入雷区，它们能警告并保护身后更宝贵的无畏舰——这就是它们在 1914 年体现出来的价值。

武备

军舰的最终设计方案被批准并向公众公开后，收到的评论褒贬不一。民众非常愉悦，因为他们看到了一型更大、火力更强的战列舰，与以往的英国战列舰截然不同。当时海军内部的反应则是对混合口径的舰炮没有好感。

主炮与前面几级战列舰并无区别（4 门 305 毫米主炮），但由于增加了 4 门强大的单装 234 毫米舰炮，同时在中央炮垒内布置了 10 门

▽ 1907 年年初的"英王爱德华七世"号。该级军舰雄壮优美，是当时外观最匀称的战列舰之一

152 毫米舰炮，军舰的火力大增。在安排军舰的总体布置时助理造舰师纳尔贝特煞费苦心，强大的中口径舰炮炮垒不能严重影响主炮射击，也不应布置得过高，以免舰体上部重量过大。

纳尔贝特知道，任何一位设计师都将面临这一难题，为符合当时的设计潮流，需要将最大威力的火炮与足够的装甲防护、动力 / 航速等性能整合在一起。另外，有必要在火炮的布置上使军舰对任何方向上的敌舰都能施以最大火力。放眼国外，美国海军已经建造了奇尔沙治级（Kearsarge Class），为了在长度有限的舰身上布置符合上述要求的火炮，美国人直接将两座副炮炮塔安放在了主炮塔的顶部。

但是英国海军部造舰处对这种布置充满了怀疑，虽然这样的布置可以让所有 4 门火炮轻易地向左右舷射击，但为这一优势付出的代价太大了：

1. 顶部炮塔开火产生的炮口风暴将严重影响正下方的炮塔；
2. 这种布置方式过于拥挤（炮塔和基座），影响顶部炮塔的供弹；
3. 一枚敌弹命中就可能同时摧毁两座炮塔，折损军舰 50% 的主要火力。

　　纳尔贝特相信，将中口径舰炮布置在上甲板高度和上层建筑的四角，比任何外国军舰的布置方式都优越得多。在海军造舰总监（怀特）缺席期间，纳尔贝特递交了多个方案，其中将 8 门 191 毫米火炮布置在上甲板的 4 座双联装炮塔中，而将另外 10 门 152 毫米火炮布置在舰体舯部主甲板上的装甲炮垒中的方案，得到了海军部委员会的一致赞赏并获得批准。

　　但怀特返回工作岗位后建议，将双联装 191 毫米火炮更换为单装 234 毫米火炮。为了说服海军部委员会，怀特指出 191 毫米舰炮无法有效对付重装甲舰艇，而 234 毫米舰炮可以将炮弹威力和火炮射速更好地结合在一起，另外，这种火炮在舰队炮术军官那里一直享有良好的声誉。

　　采用 234 毫米副炮，标志着战列舰设计的一次巨大飞跃。

　　英王爱德华七世级是怀特时代唯一一种在连续炮垒，而不是单独炮郭中布置 152 毫米副炮的英国战列舰，后者是怀特在君权级设计中引入的，并在之后的战列舰设计中延续下来。采用连续炮垒，是因为布置 234 毫米炮塔占用了大量空间，必须将 152 毫米舰炮布置在更紧凑的空间内，无法再使用单独的炮郭。英王爱德华七世级上，两舷舯部的三门副炮只能布置在两座 234 毫米炮塔之间，长 27.43 米的空间内，而可畏级上四座炮郭占用的长度达 48.77 米。维克斯公司为日本建造的"三笠"号战列舰，以及同时代的奥地利、德国和美国军舰上，都采用了主甲板盒形炮垒，而法国、俄国和后来的意大利则更喜欢将副炮布置在上甲板的炮塔中。

　　炮垒被认为是一种节省重量和装甲造价的火炮布置方式，但另一方面，与炮郭和炮塔相比，也形成了最大的靶标，各门火炮之间单薄的屏障所能提供的防护，远不及单独的炮郭。

　　由于英王爱德华七世级的干舷高度略有降低，与可畏级布置在主甲板上的炮郭相比，炮垒的高度低了大约 0.2 米，建成后发现，当军舰横摇达到 14 度时，152 毫米舰炮的炮口已触及水面，所以这些火炮几乎无法在任何海况下作战。官方记录称，

◁ 值更间歇，后甲板不可用，或仅供军官使用时，水兵们通常会聚集在艏甲板上吸烟。这是"英王爱德华七世"号上在舰艏绞盘位置面向 305 毫米炮塔和舰桥拍摄的特写（约 1907 年）

"英王爱德华七世"号：初稳心高度和稳性（1905 年倾斜试验）

	吃水（平均）	初稳心高度	最大复原力臂角	稳性消失角
A 条件（正常）*	7.92 米	1.58 米	39 度	68 度
B 条件（满载）**	8.51 米	1.8 米	40 度	69 度

* 全备状态加上层煤舱 350 吨燃煤，下层煤舱 600 吨燃煤。
** 全备状态加 2010 吨燃煤。

该级战舰的反鱼雷艇武器为 8 门 76 毫米炮和 12 门 47 毫米炮，但是照片显示，第一批 5 艘战舰完工时装备了 12 门 76 毫米炮和 12 门 47 毫米炮，最后 3 艘（"非洲"号、"不列颠尼亚"号和"海伯尼亚"号）则只有 8 门 76 毫米炮。这 3 艘军舰用新型 76 毫米炮（18 英担）取代了旧式 76 毫米炮。同时，这 3 艘军舰上的 47 毫米炮也是维克斯公司制造的新型半自动火炮，并已在鱼雷艇驱逐舰"果敢"号上进行了试验。英王爱德华七世级主甲板和战斗桅楼上的反鱼雷艇火炮最终被放弃，76 毫米炮被布置在舰体艏部很短的一段露天甲板上，以及前后上层建筑中。所有同级舰都在 234 毫米炮塔上布置了 47 毫米炮，还有 4 门 47 毫米炮布置在舰桥上。

炮塔顶部布置反鱼雷艇火炮的方式一直延续到无畏舰"尼普顿"号（1911 年）之前，这主要是因为可以利用炮塔顶部坚实的装甲作为火炮基座。

到 1903 年，人们普遍认为 47 毫米炮威力过小，不足以对付最新的鱼雷艇驱逐舰，虽然很多人认为维克斯的新型 47 毫米炮是一种理想的反鱼雷艇武器，后来的纳尔逊勋爵级也采用了这种武器，但到建造"无畏"号时它还是被放弃了。

英王爱德华七世级完工时，武备重量占了全舰重量的 15.7%，而可畏级的武备仅占全舰重量的 11.5%。但是海军对布置三种口径火炮提出了强烈批评，认为军舰的火力仍然不足，如果装备 234 毫米火炮是众望所归（海军上下一致支持装备这种火炮），那么 152 毫米火炮就完全是多余的，全部副炮口径应该统一为 234 毫米。

很多人认为，如果设计人员能够向任何一位海军炮术军官征询意见的话，就会避免这种出现在基础型庄严级和后来的纳尔逊勋爵级之间的火炮布置缺陷。但在当时，造舰部门在考虑英国海军舰艇设计时是不会向任何人征询意见的，海军军官的观点被认定是个别的和带有偏见的，而且易受影响，摇摆不定，海军部也没有向舰队高级军官咨询的惯例。所以这里要指出，标准的海军部舰艇设计中的缺陷，只有在舰艇建造和海试完毕后才会曝光。

尽管英王爱德华七世级的火炮布置问题重重，可它还是一级火力强大的战舰，齐射时弹丸投掷量远高于之前的几级英国战列舰，而且完全可以与任何外国军舰抗衡。总体上，海军造舰处完成了任务，实践也证明军舰的设计是基本成功的。它们是第一级完工时就装备火控平台和远程火控系统的英国战列舰（并非原始设计，而是在建造中加装的）。

装甲

装甲布置以堡垒级的防护设计为基础，但做出了改进，最主要的是以连续的主甲板 152 毫米炮垒代替了单独的炮郭。主要改进有：

1. 229 毫米装甲带向前延伸，略超过主炮塔基座，到舰艏的延伸部分装甲厚度由 76—127—178 毫米增至 76—102—127—178 毫米。舰艉装甲带延伸部分的厚度由 38 毫米增至 51 毫米（再加上两层 13 毫米船板）。

2. 装甲盒的侧舷装甲带，从水线以上 0.46 米处，厚度由 229 毫米减至 203 毫米。

3. 舰体艏部主甲板和上甲板之间有 178 毫米的炮垒装甲（可畏级这部分舰体没有装甲防护）。

4. 艏部炮垒上方的上甲板布置了 25 毫米水平装甲，取消了其下方 51 毫米的主甲板装甲，所以英王爱德华七世级炮垒内部的主甲板是没有装甲的。设计人员极为重视连续炮垒的防护，考虑到主甲板和上甲板之间增设的侧舷装甲几乎覆盖了整个炮垒的长度，认为没有必要再在这里敷设主甲板装甲。出于稳性方面的需要（避免上部重量过大），炮垒上方的上甲板只布置了 25 毫米装甲，加上取消了主甲板装甲，相对可畏级重量大减，节省的重量用于炮垒的侧面装甲。

5. 炮塔装甲最大厚度由 254 毫米增至 305 毫米。

6. 取消了舰艉司令塔，代之以鱼雷指挥塔，布置了两具舰艉鱼雷发射管的指挥设备，鱼雷指挥塔由 13 毫米装甲保护。

除了原智利战列舰"敏捷"号和"凯旋"号（1904 年完工），英王爱德华七世级是自特拉法尔加级（1890 年）之后第一级在主甲板以上布置侧舷装甲，并且在上甲板布置水平装甲的英国战列舰。

234 毫米炮塔也得到了精心设计的装甲的保护，但是由于要为炮垒装甲节省重量，被迫减小了炮塔基座装甲的深度和厚度，基座装甲下端在上甲板下方 1.07 米处，装甲侧面厚度 102 毫米，地板为 25 毫米，弹药升降井装甲为 76 毫米。基座装甲深度不足招致了强烈批评，因为如果有炮弹在基座下方爆炸，就可能将整个炮塔基座炸出舷外，虽然也有人指出炮弹在这一位置爆炸的可能性很小。这当然是海军造舰处的乐观观点，尽管总体考虑周详，这依然是英王爱德华七世级防护中的一个主要弱点。

在 152 毫米副炮的防护上，存在着一枚炮弹命中或爆炸就使数门火炮失去作用的风险，与之前几级战列舰布置在两层甲板的单独炮郭相比，这是连续炮垒的主要缺陷，但出于布置 234 毫米炮塔的考虑，这也是不得已而为之。

炮垒内部设有横向装甲舱壁，火炮之间也有短的横向舱壁分隔。这在某种程度上降低了前述风险，但是缺乏中心纵向舱壁，火炮后方也没有屏障，这是军舰在防护上的另一个弱点。

海军少将亚瑟·威尔逊（审计官）倾向于一种新的舰体防护方案，将侧舷装甲带下缘向下延伸 0.91—1.23 米，中甲板的倾斜部分向舰体内部推移 1.83 米，另外增设一块覆盖整个装甲盒长度的纵向装甲，这道纵向装甲和侧舷装甲之间的空间作为煤舱使用。这种方案是要加强对在舰体附近水中爆炸的炮弹的防护，但是由于从外层煤舱中转运燃煤非常困难，威尔逊非常勉强地自行撤回了建议。纵向舱壁上开设的舱口将削弱其防护能力，而从煤舱向上通往装甲甲板和向下通往锅炉舱的升降机将浪费巨大的空间，并且在军舰高速航行时运行效率太低。如果当时军舰使用的是燃油而不是燃煤，这一方案就有可能被接受，就像后来的柏勒洛丰级（1906—1907年）上38—76毫米的纵向防鱼雷舱壁一样，但这样也将使英王爱德华七世级正常条件下的排水量超过17000吨。英王爱德华七世级完工时的装甲防护是：

1. 信号站
2. 234毫米炮塔
3. 17.07米蒸汽大舢板
4. 9.14米纵帆快艇
5. 8.23米捕鲸艇，10.36米大舢板，12.8米长艇
6. 10.36米纵帆快艇
7. 8.23米捕鲸艇
8. 9.75米舰长交通艇
9. 9.14米小舢板
10. 8.53米小舢板，4.88米帆装小工作艇
11. 锅炉舱通风口
12. 司令塔
13. 司令航海舱
14. 司令舰桥
15. 司令舰桥舱
16. 海图室
17. 罗盘平台
18. 司令信号舱
19. 舰艏火控平台
20. 舰艉火控平台
21. 9.14米纵帆快艇

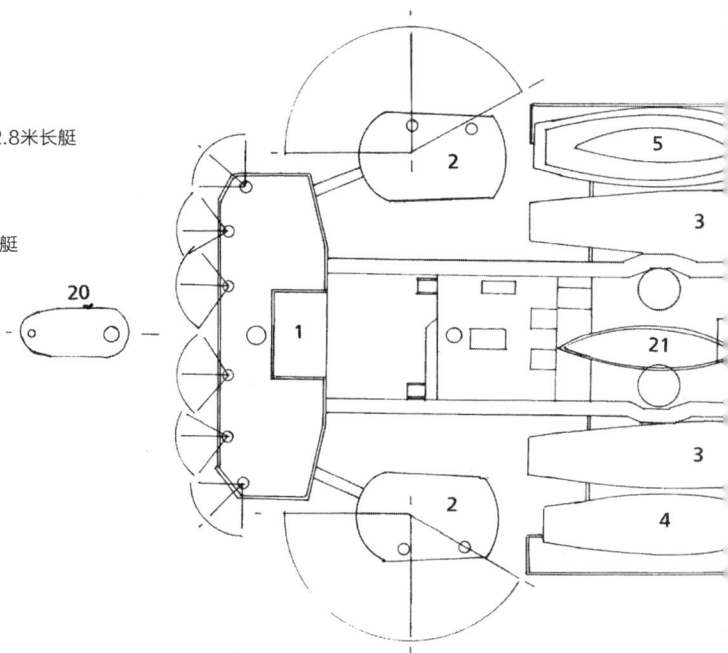

1. 锅炉
2. 轮机舱
3. 炮弹舱
4. 发射药舱
5. 305毫米炮座
6. 排烟道
7. 轮机舱通风口
8. 舵机舱
9. 鱼雷舱
10. 司令塔
11. 水密舱
12. 绞盘舱
13. 舵柄舱
14. 234毫米炮座

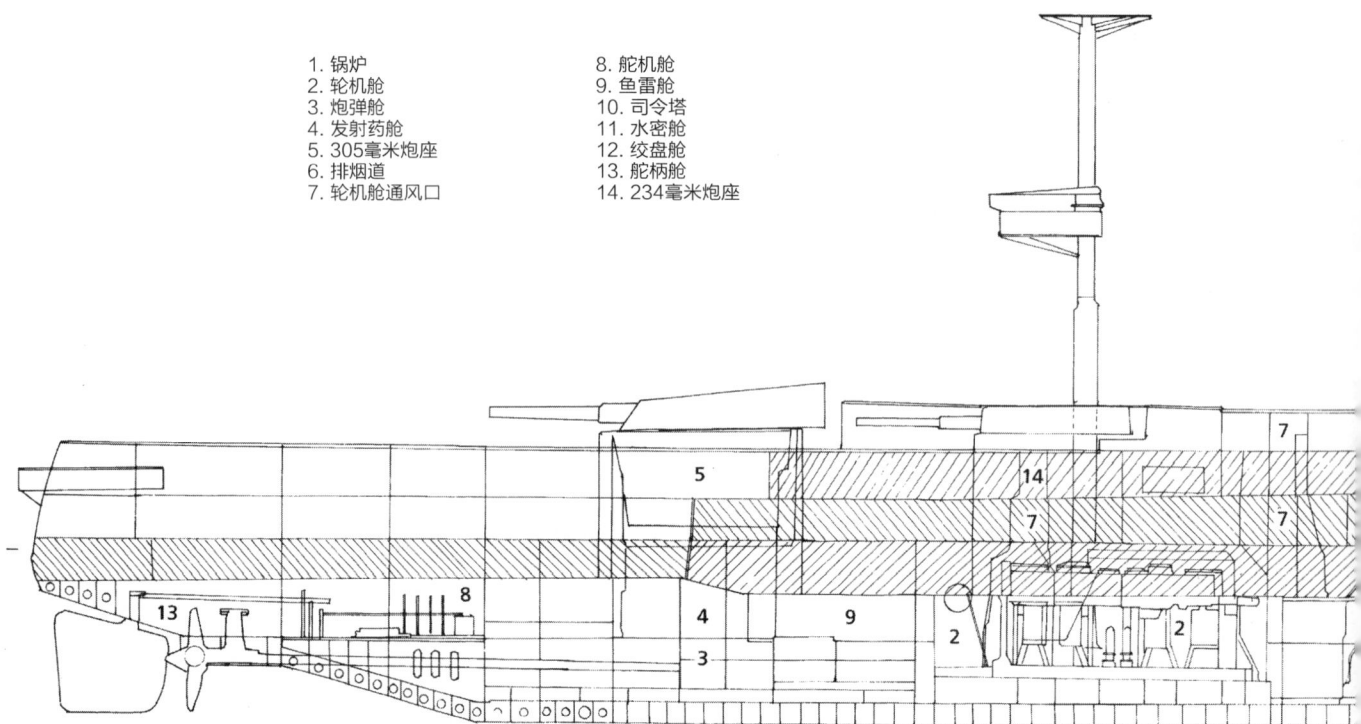

主装甲带和侧舷装甲带（51 毫米以上部分）、主横向装甲、炮塔及炮塔基座装甲、炮垒和舰艇司令塔装甲均为克虏伯渗碳装甲；侧舷装甲带（51 毫米部分）和炮垒屏障装甲为克虏伯非渗碳装甲。甲板、243 毫米炮塔地板、弹药升降机和司令塔垂直通道等处的装甲为低碳钢装甲。舯部 229 毫米主装甲带长 79.04 米，从艏炮塔基座前方 7.62 米处延伸至艉炮塔基座侧面。装甲带上缘位于水线以上 0.66 米处；下缘位于水

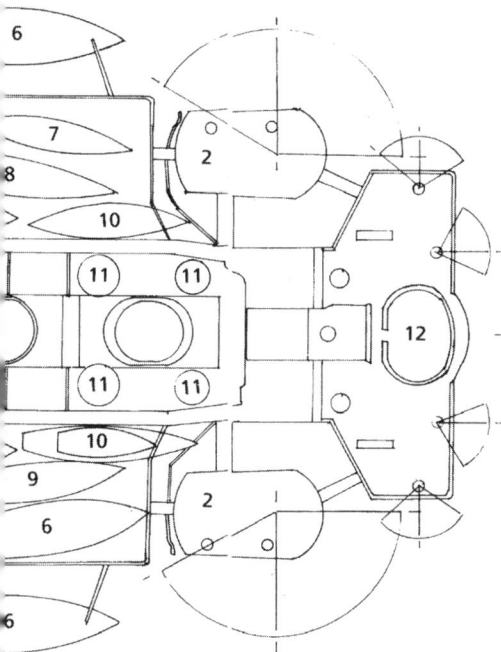

"英王爱德华七世"号

救生艇甲板和前部舰桥布置图，1905 年

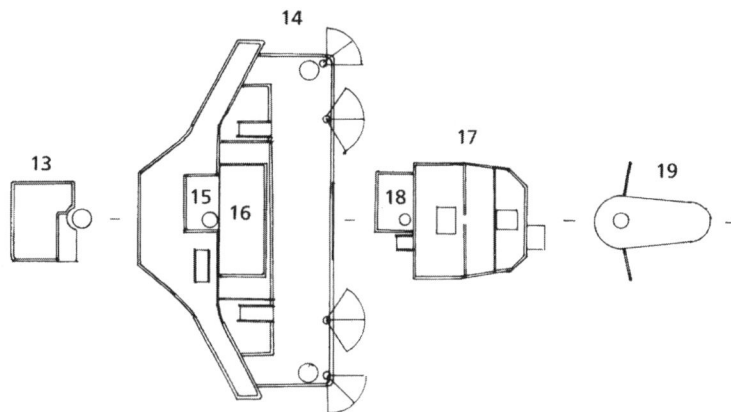

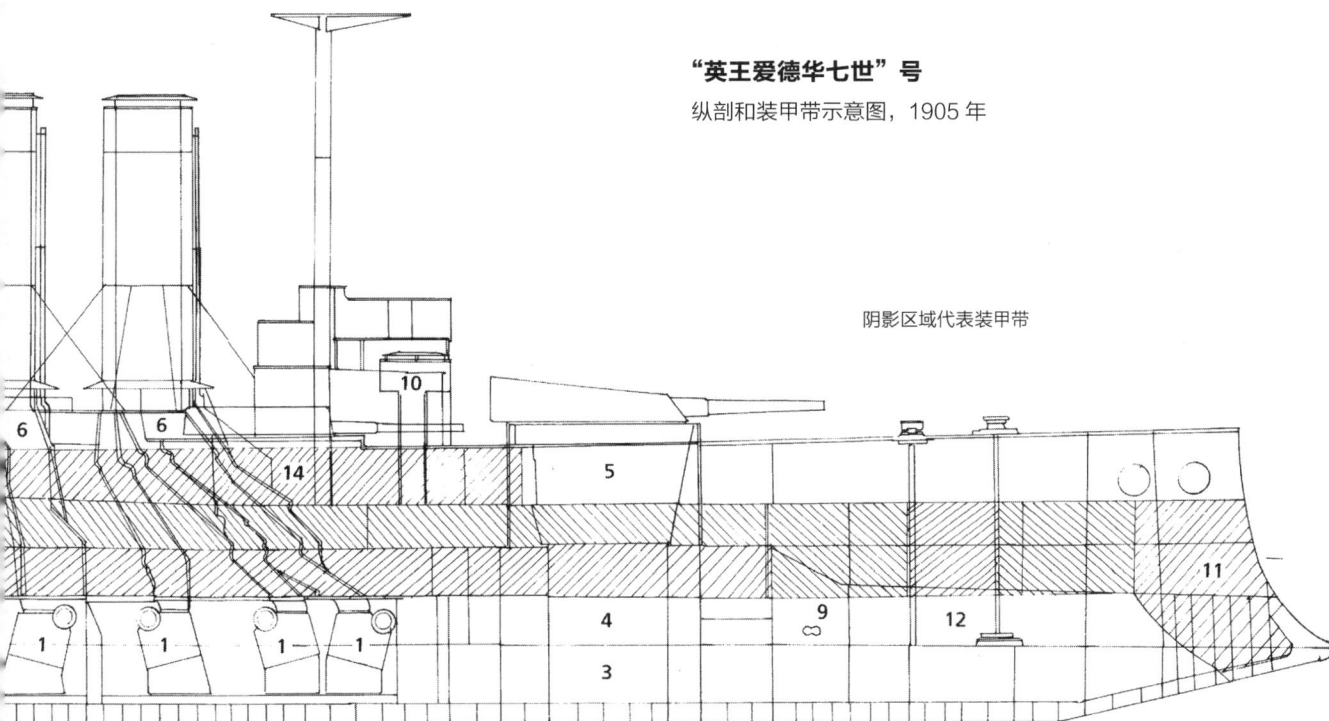

"英王爱德华七世"号

纵剖和装甲带示意图，1905 年

阴影区域代表装甲带

线以下 1.68 米处（正常状态下）。主装甲带前方是长 4.78 米的 178 毫米装甲带，其前方是长 6.68 米的 127 毫米装甲带和长 5.74 米的 102 毫米装甲带，最后是直达舰艏的 51 毫米装甲带（带有两层厚度 13 毫米的低碳钢背板）。

229 毫米主装甲带后方，是 51 毫米镍钢装甲，高度与主装甲带相同，从艉炮塔延伸至舰艉，总长度 36.58 米。这部分装甲带也有两层 13 毫米低碳钢背板。

舯部装甲带厚 203 毫米，长 79.04 米，与 229 毫米装甲带相同，高 2.29 米，布置在主甲板和中甲板之间。203 毫米装甲带的艏艉延伸带的厚度和长度，与 229 毫米装甲的延伸带相同（包括 178 毫米炮垒装甲在内，舰体舯部的侧面装甲总高度为 6.1 米）。

主横向装甲（仅舰艉）从侧舷装甲带尾端斜向内布置到艉炮塔基座正面。横向装甲在中甲板以下厚 254 毫米，以上厚 203 毫米。艉炮塔基座装甲统一为 305 毫米。艏炮塔基座装甲在主甲板以上为 305 毫米，以下正面为 203 毫米，背面为 152 毫米。

动力

原始设计中，所有同级舰都将只使用贝尔维尔水管锅炉，但是海军部成立了一个特别锅炉委员会，专门调查海军装备的各种舰用锅炉的使用情况，在发布了一份长篇报告后（见锅炉与动力章节），英王爱德华七世级的动力系统也出现了变动。

委员会报告建议海军放弃贝尔维尔锅炉，试验性地安装四种大型水管锅炉，并在每艘军舰上安装一定比例的筒式锅炉。

被选定的四种锅炉是英国的巴布科克和亚罗，法国的尼克劳斯，以及德国的杜尔（尼克劳斯锅炉的改型）。所以英王爱德华七世级各舰混合安装了水管锅炉（巴布科克或尼克劳斯）和筒式锅炉，不过有两艘军舰（"自治领"号和"英联邦"号）只安装了巴布科克水管锅炉。

海试期间，技术人员仔细考察了锅炉的使用情况并编写了很多报告。可惜官方设计文件已经遗失，而且没有其他官方资料可用以了解该级军舰动力系统的细节。从一些二手资料可知，海试证明尼克劳斯锅炉总体上逊于贝尔维尔锅炉，而巴布科克和亚罗锅炉的性能则完全令人满意。英王爱德华七世级是最后一级使用筒式锅炉的英国战列舰，而"新西兰"号也是最后一艘安装外国锅炉的英国战列舰。同级舰动力和锅炉的安装情况是：

所有同级舰均安装两套四缸垂直倒置三胀式蒸汽机，驱动两副直径 5.33 米的向内旋转四叶螺旋桨。每台蒸汽机有一个高压、一个中压和两个低压汽缸，直径分别为 850.9 毫米、1384.3 毫米和 1600.2 毫米，活塞冲程 1219.2 毫米。蒸汽机布置在两个独立的水密舱中。

同级舰锅炉安装的情况较为复杂。"英王爱德华七世"号安装了 10 台巴布科克水管锅炉和 6 台司考茨（Scotch）筒式单回管锅炉（Cylindrical single return tube boiler）；"非洲"号、"不列颠尼亚"号、"海伯尼亚"号和"印度斯坦"号安装了 18 台巴布科克水管锅炉和 3 台筒式单回管锅炉；"新西兰"号安装了 18 台尼克劳斯锅炉和 3 台筒式单回管锅炉；只有"自治领"号和"英联邦"号统一安装了 16 台巴布科克水管锅炉。

　　"印度斯坦"号上的每台巴布科克锅炉有两个燃油喷嘴，每台筒式锅炉上有六个燃油喷嘴。每台巴布科克锅炉上的燃油喷嘴可以 1.03 兆帕的压力，每小时喷射272.16 千克燃油，每台筒式锅炉上的喷嘴每小时可喷射 489.88 千克燃油。"自治领"号和"英联邦"号上的巴布科克锅炉则有八个燃油喷嘴，每小时可以 1.03 兆帕的压力喷射 399.16 千克燃油。"英王爱德华七世"号的巴布科克锅炉和筒式锅炉上分别有八个和六个燃油喷嘴。"新西兰"号的锅炉没有燃油喷嘴。

　　所有同级舰的动力系统在服役期间都表现良好，虽然有些军舰的航速未达预期。海军少将亚瑟·威尔逊（审计官）声称，他希望军舰获得更高的航速（一些外国战列舰获得过 19.5—20 节的航速记录），但海军部当时并不想为提高航速而增加排水量和造价。

　　除了"新西兰"号，这些英王爱德华七世级战列舰是首批完工时就可以使用燃油的英国战列舰。它们在开工时的设计，仍是只能使用燃煤，但在 1903—1904 年和1905 年建造期间，所有锅炉都安装了燃油喷嘴，可以以燃油为燃料。"新西兰"号没有做出改动，是因为它的尼克劳斯锅炉在使用燃油时效果不理想。1902—1903 年，庄严级战列舰"汉尼拔"号、"玛尔斯"号，以及驱逐舰"暴躁"号（Surly）进行了锅炉改装，随后的混合动力试验非常成功，促使海军部于 1904 年下半年批准了改进方案。

英王爱德华七世级：动力海试

	输出功率（马力）	转速（转 / 分）	航速（节）
"英联邦"号 8 小时全功率海试，1904 年 6 月 25 日			
第一次	18478	120.35	19.1082
第二次	17931	119.1	19.1285
第三次	18213	119.5	18.6721
第四次	17747	120.15	19.3029
第五次	17987	119.3	18.8382
第六次	18205	119.4	19.5546
"自治领"号 8 小时全功率海试，1904 年 11 月 1 日（受到大雾的严重干扰）			
第一次	12967	112.75	17.630
第二次	13904	117.60	18.310
第三次	12652	114.60	18.000
第四次	12420	111.70	17.647
第五次	12435	109.45	17.110
第六次	12414	114.70	18.018

	舰艏吃水	舰艉吃水	锅炉蒸汽压	轴马力	转 / 分	航速（节）
"印度斯坦"号，1904 年 12 月						
30 小时 3600 马力	8 米	8.28 米	1.03 兆帕	3718	71/72	11.8（舰志）
						19.01（航速校验测试）
8 小时全功率	8.04 米	8.29 米	1.31 兆帕	18521	120.4	

续表

	舰艏吃水	舰艉吃水	锅炉蒸汽压	轴马力	转 / 分	航速（节）
"非洲"号，1906 年 6 月						
6 月 1 日，30 小时 12600 马力	8.03 米	8.27 米	1.34 兆帕	12847	115.8	17.547（6 次试验平均值）
6 月 3 日，8 小时全功率	8.03 米	8.27 米	1.37 兆帕	18671	129.1	18.953（航速校验测试）
"不列颠尼亚"号，1906 年 12 月						
8 小时全功率	—	—	1.37 兆帕	18725	18.24（？）[1]	—

"自治领"号：制造商动力海试

蒸汽机：2 套四缸；高压 850.9 毫米，中压 1384.3 毫米，低压 1600.2 毫米
冲程：1219.2 毫米
螺旋桨直径：5.33 米
桨叶数量：4
桨距：5.64 米
螺旋桨展开面积：8 平方米
冷凝器面积：882.58 平方米
动力系统全重：1763.50 吨，加 27.4 吨注油嘴及其他部件

8 小时全功率海试
吃水：8 米（舰艏），8.15 米（舰艉）
排水量：16434 吨
最大功率：19054 马力
最大转速：126.7 转 / 分
平均航速：19.5 节
锅炉蒸汽压：1.71 兆帕
蒸汽机蒸汽压：1.58 兆帕
真空度：25.55 千帕

航速结果

输出功率（马力）	转速（转 / 分）	航速（节）
3330	73.2	12
4230	80.2	13
5410	87.2	14
6880	94.2	15
8700	101	16
10880	108	17
13480	115	18
16600	122	19

　　军舰双层舰底之间的空间用来储存燃油。在 1906 年的舰队演习中，英王爱德华七世级通过使用燃油喷嘴快速增加蒸汽压力，轻松地摆脱了一支优势力量。它们的表现对海军大规模应用燃油动力起到了重要推动作用。

　　原始设计中的燃煤储量和续航力都与可畏级大致相同，但是当新战列舰的设计公开后，续航力没有提高招致了批评。当增加了燃油储备后，军舰在正常条件下的续航力比可畏级大了约 1600 海里。

　　该级战列舰混合安装不同类型的锅炉，这遭到了海军总工程师的强烈反对。从完工后的实际表现来看，他的反对不无道理——安装混合型锅炉的军舰，动力系统的表现在总体上逊于安装统一型号锅炉的军舰，安装不同的锅炉使动力系统复杂化，在全功率运行时非但没有增益，反而降低了工作效率和航速。

[1] 译注：原文如此。

"非洲"号飞行试验

英国海军在第一次世界大战前就一直在考虑飞机从军舰上起飞的可能性。为此开展了一系列试验，验证飞机是否能够携带更多载重从跑道起飞，以及能否使用浮筒在水面降落。

1912 年 1 月，"非洲"号安装了一条类似滑雪坡道的起飞跑道，从下层舰桥一直延伸至舰艏。

英国军舰上的第一条跑道投入了试验，首先是让舰员们一起在跑道上蹦跳，以测试其坚固程度。随后一架装有"葛罗姆"（Gnome）发动机的肖特双翼机被摆上跑道，一群舰员抓稳飞机，好让飞行员海军上尉萨姆森（Samson）跳进座舱。发动机启动后，飞机冲下坡道。离开坡道时机鼻还略向下倾，但很快飞机就拉起并飞离了舰艏，在达到一定高度后开始绕"非洲"号飞行。跑道长约 30.48 米，试验证明让飞机起飞已经足够。军舰上的水兵发出了阵阵欢呼。萨姆森在"非洲"号上空兜了很多圈（有一次几乎撞上军舰），然后爬升至 244 米，飞回了陆上基地。这短短的几分钟成为海军航空兵历史上的里程碑。

"非洲"号上的航空设施被拆除后，先安装在"海伯尼亚"号上，后来又移至"伦敦"号上做进一步试验。

试验结束后，虽然海军希望让飞机登舰执行多种任务（校射、支援舰队作战等），但结论却是不值得因安装跑道而妨碍舰艏（或舰艉）的 305 毫米主炮发挥作用。另外，飞机必须在水中降落，然后被吊回舰上，在恶劣海况下这几乎不可能完成，所以海军放弃了在任何军舰上布置固定跑道的想法。

这些以及其他试验，是飞机在海上使用的开端。海军航空兵逐渐得到发展和完善。到 1917—1918 年，海军已经在考虑使用飞机攻击德国公海舰队——如果它们再次出海的话。

外观变化

烟囱和桅杆的高度，它们的相对位置（第二座烟囱后缘正处于两根桅杆连线的中点），以及烟囱的直径，都使英王爱德华七世级的外形比同时代的其他战列舰更均衡对称。它们是当时最匀称优美的战列舰。

上层建筑四角的 234 毫米炮塔、巨大的烟囱、未布置战斗桅楼的单柱式桅杆，以及前桅高处和主桅低处的火控平台，都是英王爱德华七世级最明显的识别特征。但是，完工后的 8 艘同级舰之间极难区分。所有同级舰在完工时都未安装最上桅；主桅上都有无线电斜桁；除"海伯尼亚"号和"印度斯坦"号，其余 6 艘舰的主顶桅顶端有机械式信号标；主桅上没有桅桁（仅"英王爱德华七世"号在海试期间装有桅桁）；小艇吊车支柱位于舰体舯部（左右舷）。

单舰之间的区别是："自治领"号、"英联邦"号、"英王爱德华七世"号、"新西兰"号和"印度斯坦"号的前桅有大型椭圆形火控平台，其下方有一座小型平台。"非洲"号、"不列颠尼亚"号和"海伯尼亚"号的前桅有小型方形火控平台，其下方有两座更小的平台。"英王爱德华七世"号有抬高的重型烟囱帽，有平坦的笼状顶部；"自治领"号的重型烟囱帽紧贴烟囱顶端，有平坦的笼状顶部；"印度斯坦"号的中型烟囱帽紧贴烟囱顶端，有低平的笼状顶部；"英联邦"号的偏重型烟囱帽略微升起，有低平的笼状顶部；"新西兰"号的偏轻型烟囱帽略微抬高，有升起的笼状顶部；"非洲"号的中型烟囱帽紧贴烟囱顶端；"不列颠尼亚"号使用非常轻巧并紧贴烟囱顶端的烟囱帽；"海伯尼亚"号的重型烟囱帽略微升起。

其他区别还有："自治领"号的蒸汽管较短；"英王爱德华七世"号蒸汽管同"自治领"号，但无线电斜桁更高，相对于小艇吊车支柱，主顶桅较高。"英联邦"号的无线电斜桁位于顶桅中部；"印度斯坦"号前桅的上桅桁略高于桅杆接箍（Mast cap）；"非洲"号前桅的下桅桁与下层桅楼高度相近，略低于后者；"不列颠尼亚"号前桅下桅桁与桅楼相连；"海伯尼亚"号下桅桁远离桅楼；"新西兰"号上桅桁远离桅杆接箍。

1907 年：

"英王爱德华七世"号上层建筑前后的 76 毫米炮临时移至 305 毫米炮塔顶部，每座炮塔上并排布置 4 门。据称这是海军上将查尔斯·比尔斯福德爵士坐镇"英王爱德华七世"号时提出的想法。这些火炮在 1907 年年末又移回了原来的位置。

无线电斜桁升高，桅顶信号标被移除。"非洲"号和"英王爱德华七世"号的高大轻型顶桅被安装在舯部小艇吊车支柱上。

1907—1908 年：

1907 年 11 月，以旧式战列舰"英雄"号为靶舰进行试验后，装备了特殊的火控设备。"英联邦"号、"自治领"号、"印度斯坦"号和"英王爱德华七世"号舰桥上的 47 毫米炮被拆除（"新西兰"号后来进行了同样的改装）。

"英联邦"号、"自治领"号、"印度斯坦"号和"新西兰"号舰桥两翼各加装了一部 914 毫米探照灯，"英王爱德华七世"号舰艏 234 毫米炮塔上也加装了 914 毫米探照灯。首批建造的 5 艘同级舰桅杆上的探照灯被移至主桅后方的无线电站上方。

"印度斯坦"号（1908 年）舯部上甲板右舷的一个高大的平台上加装了 2 部 610 毫米探照灯。所有同级舰主桅和前桅安装了无线电最上桅，增添了 I 型无线电，无线电斜桁被拆除。"非洲"号和"英王爱德华七世"号吊车支柱上方的顶桅被拆除。

▽"摇摆八人帮"在恶劣海况下的机动演习，约 1909 年。它们的适航性令人满意，但舰艏上浪比可畏级和堡垒级严重

1907—1908 年，涂上了早期烟囱识别带（仅作为舰队识别标志）："非洲"号为两道紧邻的白色识别带，位于烟囱中部；"自治领"号为一道位于高处的白色识别带，1908 年后使用两道间距较大并位于烟囱低处的红色识别带；"海伯尼亚"号为一道位于烟囱中部的红色识别带；"英王爱德华七世"号没有识别带；"新西兰"号为两道紧邻的白色识别带，位于烟囱低处；"不列颠尼亚"号为一道位于烟囱中部的白色识别带（1907年），后来分别为三道紧邻并位于烟囱低处的白色识别带（1907—1908 年）和一道位于烟囱中部的白色识别带（1908 年）。

1909—1910 年： 除 "不列颠尼亚" 号外，所有同级舰都安装了距离指示仪。安装位置各有不同——前部或后部火控平台的顶部或正面，火控平台下方，前桅探照灯平台等。"英联邦" 号舰艉 234 毫米炮塔上各有一门 47 毫米炮被移除，代之以探照灯，47 毫米炮被移至后部上层建筑两侧。"英联邦" 号无线电站上方的两部探照灯被临时置于舰艉 234 毫米炮塔上。"印度斯坦" 号无线电站上方的一部探照灯被拆除。"非洲" 号舰桥上的罗盘平台被拆除。这一时期的标准烟囱识别带情况为："非洲" 号没有识别带，"不列颠尼亚" 号第二座烟囱上有一道白色识别带，"英王爱德华七世" 号每座烟囱上有两道白色识别带，"自治领" 号每座烟囱上有一道白色识别带，"印度斯坦" 号

第一座烟囱上有两道白色识别带，"海伯尼亚"号第二座烟囱上两道白色识别带，"英联邦"号前烟囱上有一道白色识别带，"新西兰"号每座烟囱上有一道红色识别带。

1911—1912 年："海伯尼亚"号和"印度斯坦"号后部上层建筑加装了测距仪（"印度斯坦"号上的这部测距仪于 1913—1914 年拆除）。探照灯改装情况非常复杂："非洲"号、"自治领"号后部上层建筑两翼上的探照灯被拆除；"英联邦"号舰艉 234 毫米炮塔上的探照灯重新布置在无线电站上方；"海伯尼亚"号无线电站上方的探照灯被拆除；"印度斯坦"号舯部探照灯平台被拆除，探照灯被移至舰艉 234 毫米炮塔上；"新西兰"号无线电站上方和后部上层建筑上的单部 610 毫米探照灯被一对安装在无线电站上方的 610 毫米探照灯取代。

▷ 1910 年 6 月海军年度演习中，正在进入朴次茅斯港的"印度斯坦"号，第 3 战列舰分舰队的舰艇全部参加了这次为期一个月的演习

▽ 韦茅斯湾中的"不列颠尼亚"号，1911 年。234 毫米炮塔基座在舰体侧舷形成了一个突出部，一面呈弧形的低矮胸墙用于阻止海水进入上甲板的 76 毫米炮垒。军舰未设后部舰桥和战斗桅楼。火控平台占据了后者的位置

1912 年： "非洲"号和"海伯尼亚"号被用于从炮塔顶部平台起飞飞机的试验。1912 年 1 月，"非洲"号成为第一艘从舰上放飞飞机的英国战列舰。

1913—1914 年： 更多探照灯改装项目："不列颠尼亚"号和"英联邦"号无线电站上方的探照灯被移至舰桥两翼，"印度斯坦"号 234 毫米炮塔上方的探照灯被移至舰桥两翼，"英王爱德华七世"号舰艏 234 毫米炮塔上方的 914 毫米探照灯被移至舰桥两翼；无线电站上方的探照灯均被移除。所有同级舰上的防鱼雷网被拆除。

1914 年： 涂掉了烟囱识别带。

1914—1915 年：

1915 年 7 月，"西兰蒂亚"号（原"新西兰"号）上的一门 76 毫米炮被移至 Q 船。加装了 2 门 47 毫米炮，可能布置在后甲板或后部上层建筑上。

"自治领"号的舰桥被扩大，向后延伸到前桅后方。前最上桅和主最上桅，以及主顶桅被拆除。部分军舰的顶桅被短的轻型单柱桅取代。部分（也可能是全部）同级舰的 305 毫米炮塔侧面涂上了识别字母："非洲"号为 AF，"英王爱德华七世"号为 KE，"自治领"号为 DOM，"西兰蒂亚"号为 Z。

◁ 1912 年 1 月，"海伯尼亚"号加装航空设备后的状态。有很多"海伯尼亚"号上飞行试验的照片，但"非洲"号上飞行试验的照片很少见。注意用于从水上回收飞机的大型吊杆

1916 年： 所有同级舰主甲板上的 152 毫米副炮被拆除。其中 4 门重新置于舯部 76 毫米炮炮垒甲板的防盾中。到 1917 年 4 月，除"自治领"号和"印度斯坦"号外的所有同级舰进行了此项改装。"自治领"号（仅该舰）上甲板的 76 毫米炮被拆除；前桅低处的一个新平台上安装了一部 610 毫米探照灯；后部火控平台被探照灯平台取代，安装了 2 部原来布置在舰桥上的 914 毫米探照灯；后部上层建筑一个高大的平台上安装了 2 部 610 毫米探照灯。

1918 年： "英联邦"号和"西兰蒂亚"号被改装成火炮训练舰。安装了最新的火控指挥仪和测距设备，扩大了火控平台。为满足火控系统需求，前桅改为三脚桅以增加强度。火控平台上方安置了 305 毫米主炮指挥仪，下方紧邻的是 152 毫米副炮指挥塔平台。152 毫米副炮未有变化，剩余的 76 毫米炮被拆除，舰艉加装了 2 门 76 毫米（3 英寸）防空炮。后部火控平台被探照灯平台取代，安装了此前置于舰桥上的 2 部 914 毫米探照灯。后部上层建筑上增加了一座高大的平台，安装了 4 部 610 毫米探照灯。"英联邦"号安装了防鱼雷突出部；舰桥扩建，将前桅包围在其中；桅具自

"海伯尼亚"号

侧视图，飞行试验期间，1912 年

注意舰艏布置的跑道和前桅上用于收放飞机的吊杆。

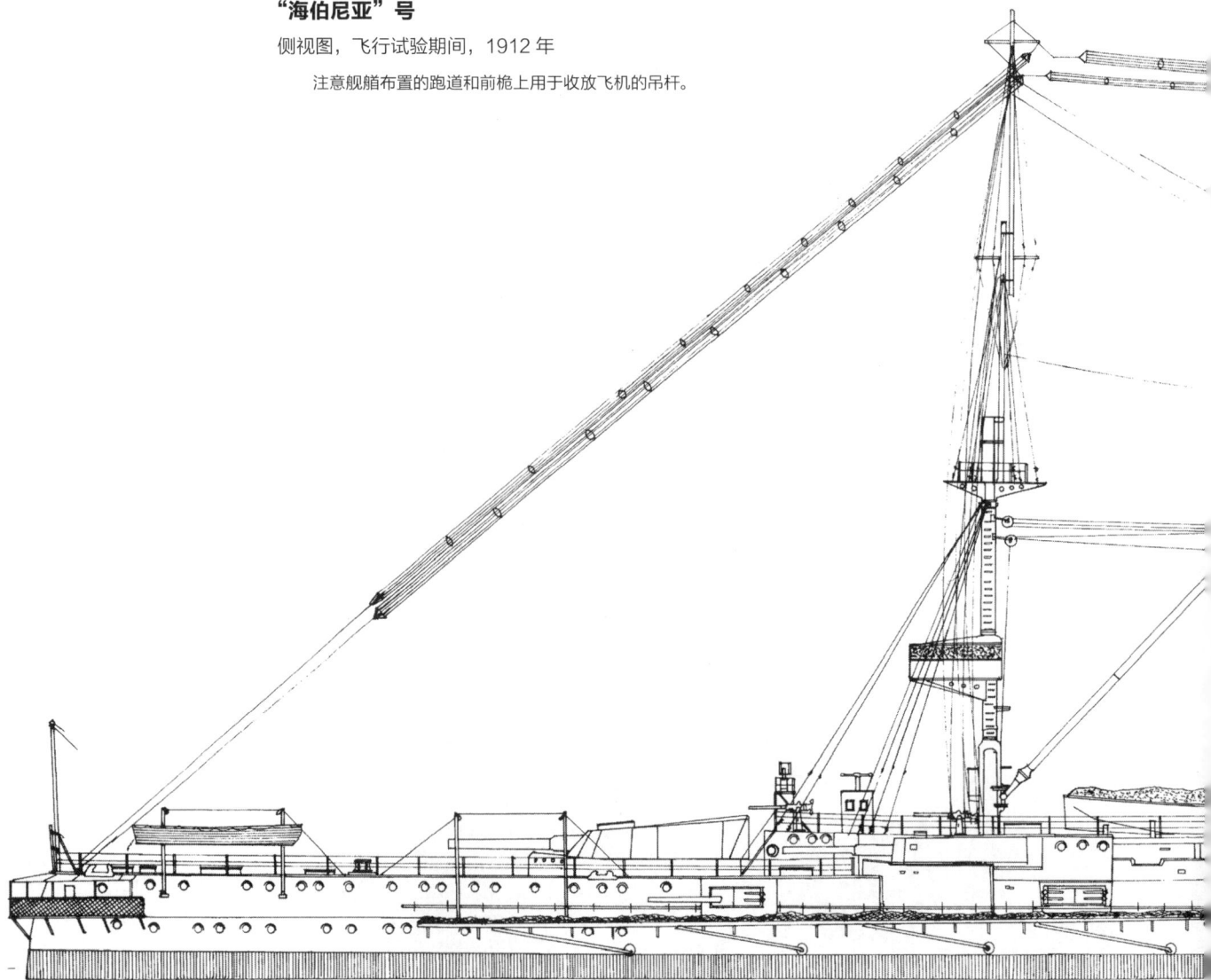

1917 年后未做改动; 采用了诺曼·威尔金森炫目迷彩, 包括两处蓝色、灰色和黑色色块。据称"西兰蒂亚"号采用了同样迷彩, 但未有官方文件或照片证实。

舰史:"英王爱德华七世"号

1902 年 3 月 8 日在德文波特开工建造, 1903 年 7 月 23 日由英王爱德华七世施掷瓶礼下水。据说在同意用他的名字命名该舰时, 爱德华七世规定它必须永远作为旗舰使用。这条命令一直被海军执行, 虽然军舰从罗赛斯前往德文波特维修时, 它的将旗暂时被移至其他军舰。

1905 年 2 月 7 日在德文波特服役并担任大西洋舰队旗舰, 至 1907 年 3 月。

1906—1907 年处于维修状态。

1907 年 3 月 4 日在朴次茅斯退役, 第二天重新服役, 成为海峡舰队司令、海军上将查尔斯·比尔斯福德爵士的旗舰, 至 1909 年 3 月。

1907—1908 年在朴次茅斯维修。

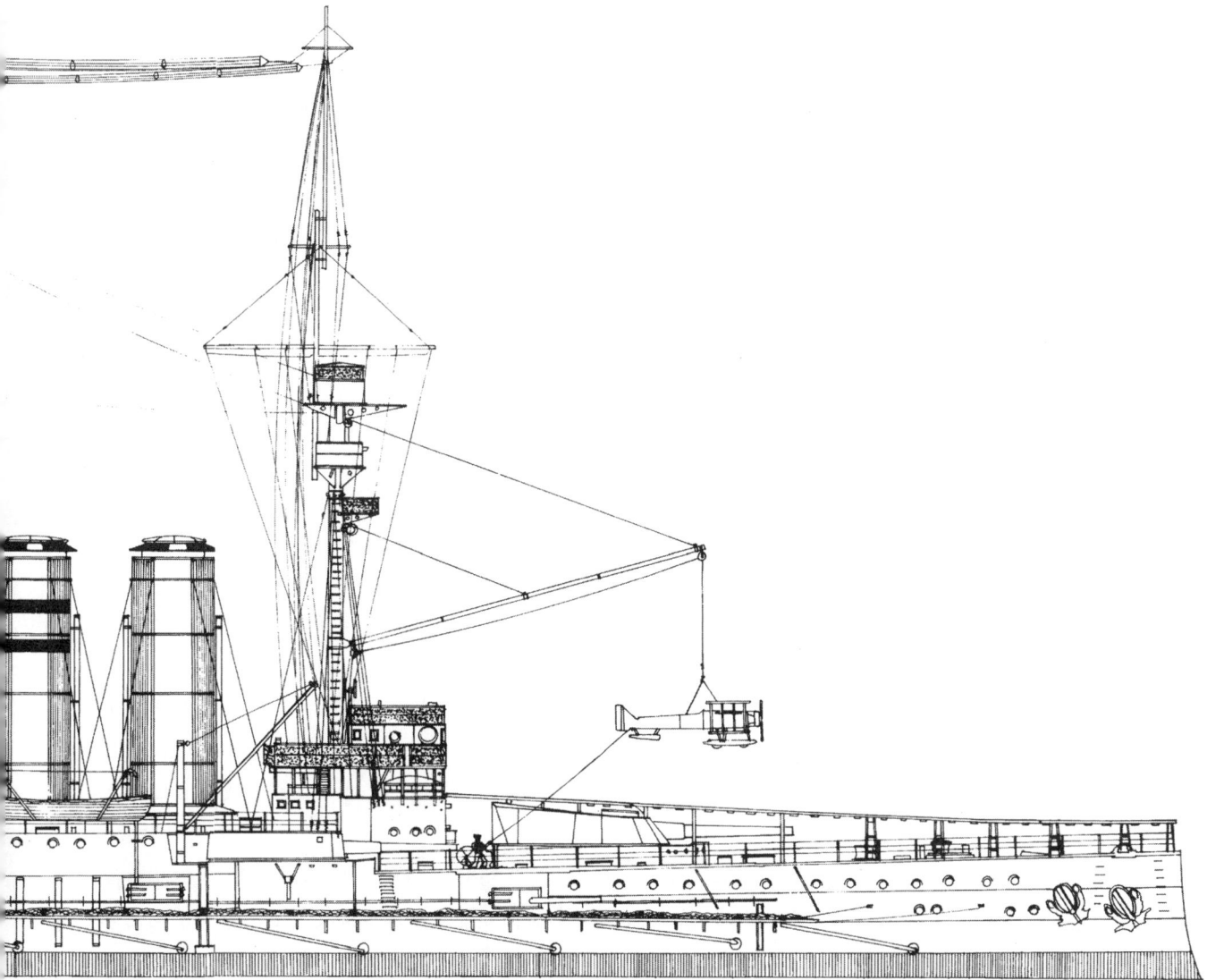

1909 年 3 月，海峡舰队成为重组后的本土舰队第 2 分队，"英王爱德华七世"号于 3 月 27 日在朴次茅斯服役，担任本土舰队旗舰（升海军中将旗），至 1911 年 8 月。

1909 年 12 月—1910 年 2 月在朴次茅斯维修。

1911 年 8 月 1 日在朴次茅斯服役，担任本土舰队第 3 和第 4 分队旗舰（升海军中将旗）。

1912 年 5 月 14 日呈满员状态，在希尔内斯担任第 1 舰队第 3 战列舰分舰队旗舰（升海军中将旗）。11 月随第 3 战列舰分舰队划归地中海舰队，以应对巴尔干危机。参加多国联军对黑山的封锁及之后对斯库台（Scutari）的占领。

1913 年 6 月 27 日重新加入本土舰队。

1914 年 8—11 月加入大舰队（第 3 战列舰分舰队旗舰）。分舰队随大舰队巡洋舰在北海巡逻，为此得到了 5 艘邓肯级的增援。

1914 年 11 月 2 日增援海峡舰队（第 3 战列舰分舰队旗舰），至当月月末。11 月 30 日返回大舰队，留驻大舰队至 1916 年 1 月。

1916 年 1 月 6 日在拉斯角（Cape Wrath）触雷沉没，水雷由德国袭击舰"海鸥"号（Moewe）布设。爆炸发生在右舷轮机舱下方，军舰立即向右微倾。煤船"梅丽塔公主"号（Princess Melita）和驱逐领舰"肯彭菲尔特"号（Kempenfelt）试图拖带"英王爱德华七世"号，但由于强风和大浪未能成功，军舰逐渐下沉，而且已经无法操纵。触雷大约 5 小时后，军舰倾斜已非常严重，舰长下令弃舰，舰员被驱逐舰"运气"号（Fortune）、"马恩"号（Marne）、"火枪手"号（Musketeer）和"涅索斯"号（Nessus）营救，未出现人员伤亡。实际上"英王爱德华七世"号触雷后大约 9 小时才倾覆沉没。对事件最详细的描述来自舰长，他在军舰沉没后被送上军事法庭。舰长和其他人的报告被递交给法庭，但当时很难确认军舰是触雷还是遭到潜艇攻击。

战后，随着新证据的出现，可以确认"英王爱德华七世"号是触雷沉没的。

以下是 1916 年 1 月 12 日，海军上校麦克拉克伦（MacLachlan）在军事法庭上的陈述。

1916 年 1 月 6 日星期四，"英王爱德华七世"号奉命离开斯卡帕湾，前往贝尔法斯特，早上 7 时 12 分经过霍萨海口（Hoxa Gate）。绕过甘特里克角（Gantlick Head）后，航向设为正西，航速 15 节，向扫荡航线前进，在抵达航线后转向北偏西 71 度。当时风向南南西，风力 4 级，轻微海况。上午 9 时，军舰开始做 2 罗经点 Z 字航行。能见度 3 海里，有雨。

上午 10 时 47 分，军舰位置在北纬 58 度 43 分，西经 4 度 12 分。就在军舰将要进行下一次转向前 3 分钟，右舷轮机舱下方发生了剧烈爆炸。爆炸发生时，我刚进入海图室。我立即跑出来下令关闭水密舱门，但是发现值更军官已经下达了命令。

我下达了右满舵命令，意图是靠近海岸，如有必要就冲滩搁浅。但随后传来报告，在试图将航向稳定在南向时，舰舵被卡在右满舵位置。爆炸发生几分钟后，轮机中校向我发来消息，称两个轮机舱都已进水。几分钟后有人前来报告，两个舱室的蒸汽机均已停车。两个轮机舱之间的舱门已经打开，以使海水进入左侧轮机舱。我们曾尝试关闭这道舱门，但因水流过急而未能成功。这时我接到报告，所有水密舱门均已关闭，除了左右轮机舱之间的那道舱门。蒸汽机已停车，两个轮机舱进水，军舰向右倾斜 8 度。我认为应该趁主吊车还有蒸汽压力，将所有救生艇吊放入水。此时刮起了 6 级西风并伴有大浪。同时我命令纠正侧倾，向左舷舱室注水，军舰扶正了 3 度。爆炸发生几分钟后，军舰发出了火炮和火箭信号，南南东方向大约 5 海里处的一艘货轮"梅丽塔公主"号发现了信号，开始向我靠拢，并在 15 分钟后抵达我处。我们将一根 127 毫米拖缆送上"梅丽塔公主"号，就在它为拖行做准备时，"肯彭菲尔特"号赶到现场并接收了一根 165 毫米拖缆。下午 2 时 15 分，两艘舰船开始拖行，但是由于强风和海浪，尽管我们尽力操舵，力图使侧舷避开风向和浪头，可军舰还是无法操纵。开始时军舰向南漂移，但拖行开始后军舰又向北偏移，根本无法让它重新直行。军舰此时已严重下沉，并且侧倾 15 度。

下午大约 2 时 40 分，"肯彭菲尔特"号的拖缆断开了，看起来任何努力都是徒劳的，我命令"梅丽塔公主"号也断开缆绳。军舰进一步下沉，海水已冲上右舷后甲板，上甲板侧舷的 234 毫米 A 炮塔也开始进水。虽然水密舱壁完好，但我接到轮机中校的报告，C 司炉舱正在被海水淹没，损管人员试图用唐顿（Downton）水泵控制水位，但没有起到丝毫作用。右舷弹药通道也已进水，海水也正在进入后部横向人员通道。我知道轮机舱和 234 毫米弹药舱之间的舱壁没有水密性，官兵正在尽全力阻止海水进入弹药舱——两个弹药舱在罗赛斯已经清空，就是为了在贝尔法斯特维修时弥补这一缺陷。鉴于此时军舰进水量很大，天气很恶劣，拖行失败，以及天光渐暗，我决定在天黑之前弃舰。

◁ "英王爱德华七世"号的沉没。1916 年 1 月 6 日在彭特兰湾外触雷。它缓慢地向右舷倾斜，使舰员有时间弃舰。注意炮塔上的"KE"识别字母、桅楼周围的救生网。它没有安装防鱼雷网，主桅上也没有桅桁

下午 2 时 45 分，驱逐舰"火枪手"号靠上我舰，随后赶来的是"马恩"号和"运气"号，它们接走了所有官兵，我于 4 时 10 分登上"涅索斯"号。我命令"涅索斯"号和几艘拖船在军舰旁边待命，其他驱逐舰回港。此时西风风力已达 6—7 级，有较大的海浪。下午 5 时 20 分，"涅索斯"号位于"英王爱德华七世"号西侧，7 时 45 分再次试图驶近"英王爱德华七世"号，但是没有发现军舰的踪影。凌晨 0 时 45 分，"涅索斯"号奉舰队司令的命令开往斯克拉布斯特（Scrabster），天亮后返回斯卡帕湾。当登上"铁公爵"号向司令官汇报时，我被告知，守在"英王爱德华七世"号旁边的拖船已发回了报告，军舰于晚上 8 时 10 分倾覆沉没。

爆炸中心点大约在第 116 号至 124 号肋位之间的 4 号纵梁处，位于 234 毫米弹药舱前方，靠近主通海阀。煤舱进水非常迅速，海水从那里进入弹药通道，可能还进入了装甲甲板上方的煤舱。根据这次事件的经验，战后军舰的水密结构设计得更加完善，事件的教训之一是水密舱壁必须保持完整，连管道等部件也不能从中通过。

舰史："不列颠尼亚"号

由朴次茅斯造船厂建造，1906 年 9 月 8 日在朴次茅斯加入预备役，至 1906 年 10 月。

1906 年 10 月 2 日以满员状态加入大西洋舰队，至 1907 年 3 月。

1907 年 3 月 4 日加入海峡舰队，至 1909 年 3 月海峡舰队改编为本土舰队第 2 分队。在本土舰队服役至 1914 年 8 月。

1909—1910 年在朴次茅斯维修。

1910 年 7 月 14 日与帆船"楚尔湖"号（Loch Trool）相撞，轻微受损。

1912 年 5 月舰队重组，所有 8 艘英王爱德华七世级组成第 1 本土舰队第 3 战列舰分舰队。

▽"不列颠尼亚"号，约 1914 年 10 月。两张照片均在"不列颠尼亚"号上拍摄，显示了它的舰艏、舰艉 305 毫米炮塔和舰桥。从舰艉视角可见横摇中的"印度斯坦"号

△ "不列颠尼亚"号的沉没，1918 年 11 月 9 日。它是大战期间损失的最后一艘英国战列舰。由于在倾覆和沉没之前，它在水中保持接近直立的状态达 3 小时，大部分舰员被驱逐舰安全营救

1912 年 11 月因巴尔干危机，随第 3 战列舰分舰队调至地中海（27 日抵达）。参加多国联军对黑山的封锁和随后占领斯库台的行动。

1913 年 6 月 27 日重新加入本土舰队。

1914 年 8—11 月在大舰队第 3 战列舰分舰队服役，驻罗赛斯。

1915 年 1 月 26 日在福斯湾搁浅，但 36 小时后重新浮起，舰底严重受损。后在德文波特维修。

1916 年 4 月 29 日随分舰队调至希尔内斯，不再隶属大舰队。5—9 月由诺尔司令部节制（第 3 战列舰分舰队，希尔内斯）。8—9 月在朴次茅斯维修，随后调至亚得里亚海。

1916 年 9 月—1917 年 2 月驻扎亚得里亚海（第 2 特遣队）。

1917 年 2—3 月在直布罗陀维修。

1917 年 3 月加入第 9 巡洋舰分舰队，执行大西洋巡逻和护航任务，至 1918 年 11 月，主要以塞拉利昂为基地。

1917 年 3 月接替"阿尔弗雷德国王"号（King Alfred）巡洋舰担任分舰队旗舰，5 月在百慕大维修。

1918 年 11 月 9 日在前往直布罗陀途中被 U–50 号潜艇发射的鱼雷击中。第一次爆炸发生几分钟后又发生了第二次爆炸，引燃了 234 毫米火炮弹药舱，造成大量发射

◁ "英联邦"号，1918 年。它已经过改装并涂上了诺曼·威尔金森迷彩，不久后它将作为训练舰，进行火炮操纵系统和指挥仪的试验

药爆炸。第二次爆炸发生之前几秒钟，军舰倾斜已经达到 10 度，但是第二次爆炸并没有加剧倾斜，军舰保持这个姿态超过 2.5 小时才沉没。舰上有 50 人丧生，80 人受伤。

质询法庭指出了一些重要事项：由于甲板下方光线不足，几乎不可能找到所有的弹药舱注水阀，舰员们找到部分注水阀后发现它们位置别扭，极难开启；如果这些注水阀布置在上甲板，就可能向弹药舱成功注水，从而保住军舰。大部分丧生的水兵处在弹药舱附近的通道内，因吸入发射药燃烧时产生的有毒烟雾中毒而亡。"不列颠尼亚"号是第一次世界大战中最后一艘在敌对行动中战沉的英国军舰。

舰史："英联邦"号

由费尔菲尔德在戈万（Govan）的造船厂建造。

1905 年 3 月 14 日移至朴次茅斯转入预备役，至 1905 年 5 月。

1905 年 5 月 9 日在德文波特以满员状态加入大西洋舰队，至 1907 年 3 月。

1907 年 2 月 11 日在拉各斯附近与"阿尔比马尔"号相撞，水密舱壁、侧舷板和舰体框架受损。

1907 年 2—5 月在德文波特维修。3 月仍在船坞时加入海峡舰队，实际上直到 5 月 28 日才重新服役。

在海峡舰队服役至 1909 年 3 月。当月，海峡舰队改编为本土舰队第 2 分队。在本土舰队服役至 1914 年 8 月。

1910 年 10 月—1911 年 6 月在德文波特维修。

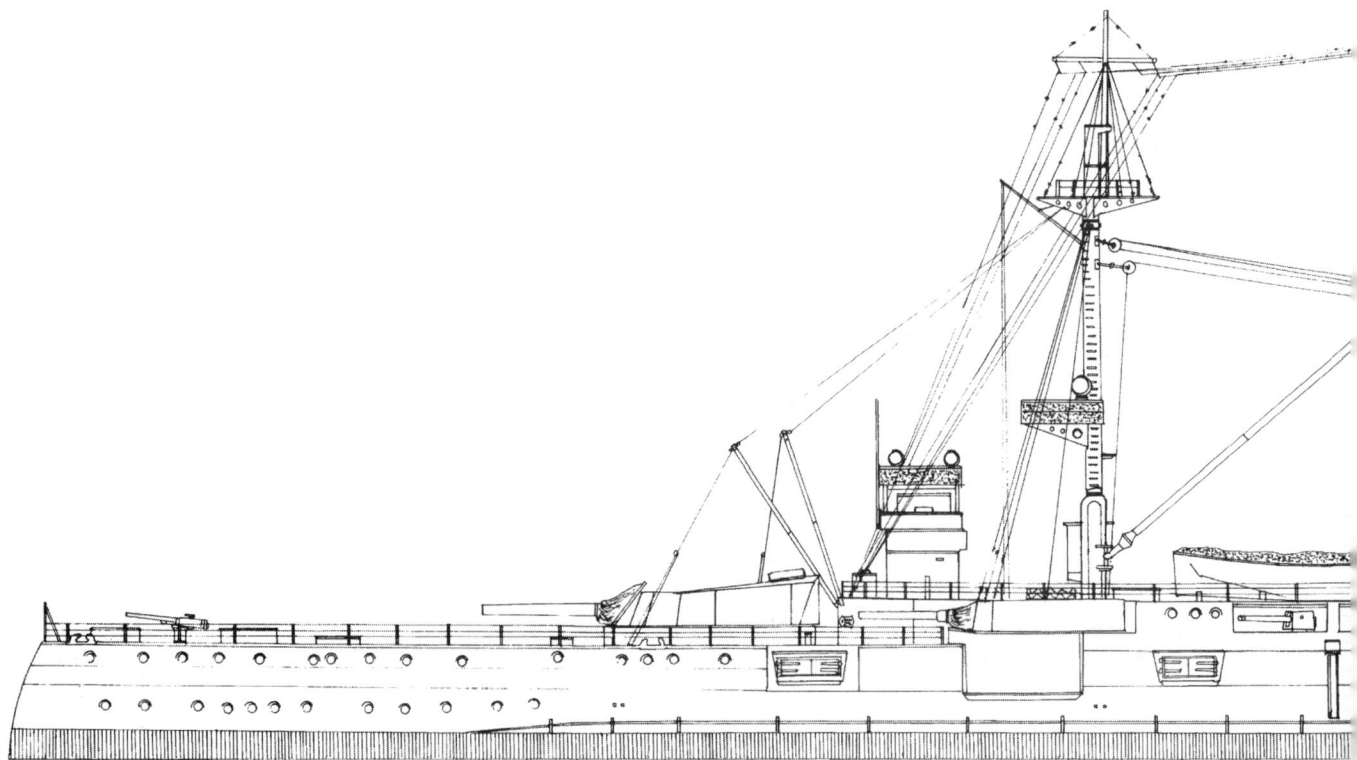

△ 作为训练舰的"英联邦"号，1921 年 2 月在朴次茅斯退役。注意：采用三脚前桅，桅楼上安装指挥仪，探照灯布置方式独特，为增加火炮仰角而拆除 305 毫米炮塔的顶部，水线位置有大型防鱼雷突出部

1912 年 5 月舰队重组，所有 8 艘英王爱德华七世级组成第 1 本土舰队第 3 战列舰分舰队。

当年 11 月因巴尔干危机被调往地中海（11 月 27 日抵达马耳他），参加封锁黑山的行动。

1913 年 6 月 27 日重新加入本土舰队。

"英联邦"号

侧视图，1918 年

注意它已拆除了防鱼雷网，顶桅被截短，增加了 305 毫米炮的仰角，152 毫米火炮布置在上甲板，改进了火控系统，采用三脚前桅，加装了防鱼雷突出部。

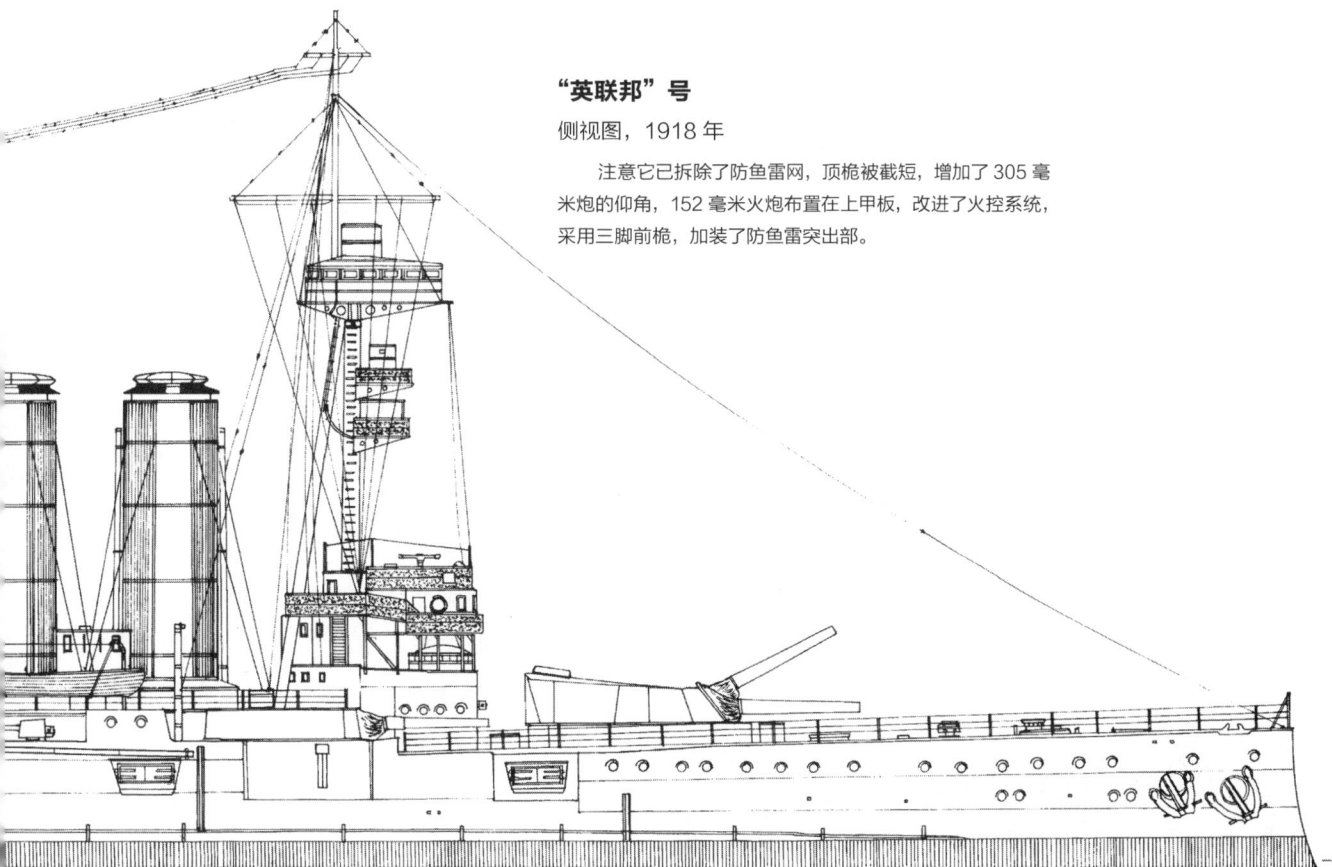

1914 年 8—11 月在大舰队服役，随第 3 战列舰分舰队支援大舰队巡洋舰在北海上的巡逻行动。

11 月 2 日离开大舰队，增援海峡舰队。

1914 年 11 月在海峡舰队服役（第 3 战列舰分舰队，波特兰）。

11 月 13 日与其他英王爱德华七世级舰一同返回大舰队（罗赛斯）。

1914 年 11 月—1916 年 4 月继续在大舰队服役。

1916 年 4 月 29 日随分舰队调往希尔内斯，自 5 月 3 日起不再隶属大舰队。

1916 年 5 月—1917 年 8 月由诺尔司令部节制（第 3 战列舰分舰队，希尔内斯）。

1917 年 8 月在朴次茅斯退役，接受改装，成为火炮训练舰，至次年 4 月。

1918 年 4 月 16 日重新服役，执行北方航线巡逻任务，至当年 8 月。

1918 年 8 月 21 日加入大舰队，在因弗戈登担任火炮训练舰，至 1921 年 2 月。

1921 年 2 月退役，4 月在朴次茅斯列入废弃名单。

当年 11 月 18 日出售给斯劳贸易公司，随后转售给德国拆船厂并拖往德国解体。

舰史:"自治领"号

1902 年 5 月 23 日在维克斯的巴罗造船厂开工，1905 年 5 月开始海试。

1905 年 8 月 15 日在朴次茅斯以满员状态加入大西洋舰队，至 1907 年 3 月。

1906 年 8 月 16 日在圣劳伦斯湾（Gulf of St. Lawrence）搁浅，侧舷严重破损，部分双层舰底舱室进水。

1906 年 9 月—1907 年 1 月临时在百慕大维修，随后于 1907 年 2—6 月在查塔姆完成修理。

1907 年 3 月仍在船坞时加入海峡舰队，实际上直到 5 月维修完毕后才重新服役。

1907 年 3 月—1909 年 3 月在海峡舰队服役。

1909 年 3 月 24 日海峡舰队改编后，加入本土舰队第 2 分队。

1909 年 3 月—1914 年 8 月在本土舰队服役。所有英王爱德华七世级都被划归第 1 本土舰队第 3 战列舰分舰队。"自治领"号临时留在第 2 战列舰分舰队，6 月才加入第 3 战列舰分舰队。随第 3 战列舰分舰队调往地中海（巴尔干危机），11 月 27 日抵达马耳他，参加封锁黑山的行动。

▽ 1921 年，已被列入出售名单的"英联邦"号。注意舰艏游廊已被拆除

1913 年 6 月 27 日重新加入本土舰队。

1914 年 8—11 月在大舰队第 3 战列舰分舰队服役，临时伴随巡洋舰分舰队参加北海巡逻任务。

1916 年 4 月 29 日随分舰队调至希尔内斯，由诺尔司令部节制（不再隶属于大舰队）。

1916 年 5 月—1918 年 3 月在希尔内斯第 3 战列舰分舰队服役。

1916 年 5 月遭到德国 U 艇攻击，但未被击中。

1917 年 6 月在朴次茅斯维修。

1918 年 3 月第 3 战列舰分舰队解散，"自治领"号也同时退役。在 3 月 1 日前，"无畏"号（旗舰）和"自治领"号是第 3 战列舰分舰队仅有的舰艇。

3 月增补为进攻泽布吕赫和奥斯坦德远征军的伺服舰，驻扎在斯温（Swin），至当年 5 月。

1918 年 5 月 2 日在诺尔转为预备役，至 1919 年 5 月，担任居住船。

1919 年 5 月 29 日在查塔姆列入报废名单。

1921 年 5 月 9 日出售给沃德公司。

1923 年 9 月 30 日拖往贝尔法斯特解体。

1924 年 10 月 28 日抵达位于普勒斯顿的拆船厂。

舰史："印度斯坦"号

在克莱德班克建造，1905 年 1 月开始海试。

1905 年 8 月 22 日在朴次茅斯以满员状态加入大西洋舰队，至 1907 年 3 月。

1907 年 3 月加入海峡舰队，至 1909 年 3 月。

1909 年 3 月—1914 年 8 月在本土舰队服役。

1909 年和 1910 年在朴次茅斯维修。

1912 年 11 月因巴尔干危机，随第 3 战列舰分舰队前往地中海。参加了对黑山的封锁和随后占领斯库台的行动。

1913 年 2 月，"非洲"号和"印度斯坦"号返回本土，临时加入第 4 战列舰分舰队，第 3 战列舰分舰队其余舰艇则直至 6 月 27 日才返回本土。

1914 年 8—11 月在大舰队服役（第 3 战列舰分舰队），伴随巡洋舰分舰队执行北海巡逻任务。

1914 年 11 月受命增援海峡舰队。

1914 年 11 月 13 日返回大舰队，至 1916 年 4 月。

1916 年 4 月 29 日离开大舰队驻扎希尔内斯。

1916 年 5 月—1918 年 2 月由诺尔司令部节制（第 3 战列舰分舰队）。

1918 年 2 月被选为进攻泽布吕赫和奥斯坦德远征军的伺服舰，驻扎在斯温，至 1918 年 5 月。

5 月与驱逐舰"摔跤手"号（Wrestler）相撞。

5 月 15 日在诺尔转为预备役。

1918 年 5 月—1919 年 6 月继续处于预备役状态（诺尔）。担任查塔姆海军兵营居住船。

1919 年 6 月列入报废名单，8 月列入出售名单。

1921 年 5 月 9 日出售给沃德公司。

1923 年拖往贝尔法斯特拆解。

10 月 14 日抵达普勒斯顿解体。

▷"自治领"号，1916年。显示了它战时桅具的状态

▷"自治领"号，1916年。显示了它战时桅具的状态

▷ 1919年，退役后停泊在希尔内斯的"阿伽门农"号和"自治领"号

舰史："海伯尼亚"号

1904年1月6日在德文波特开工，1906年12月建成。

1907年1月2日在德文波特服役，担任大西洋舰队第二旗舰，至2月。

1907年2月27日加入海峡舰队，担任第二旗舰，至1909年3月。

1909年3月—1912年11月在本土舰队服役。

1910年7月14日遭到帆船"楚尔湖"号的冲撞，事件发生在"楚尔湖"号与"不列颠尼亚"号相撞之后。

1912年1月加入诺尔的第3分队，由"俄里翁"号接替其在第2分队中的位置。

装备了飞机起飞设备，成为最早进行飞机起飞试验的英国军舰之一。航空设备从"非洲"号上转移而来，1912年5月改装完成，在英王乔治五世视察波特兰舰队的4天中进行了起飞表演。起飞设备后来移至"伦敦"号。

5月14日在希尔内斯以满员状态担任第3战列舰分舰队第二旗舰（升海军少将旗）。

11月因巴尔干危机随第3战列舰分舰队调至地中海。

1913年6月27日重新加入本土舰队。

1914年8—11月在大舰队服役（第3战列舰分舰队第二旗舰）。

受命增援海峡舰队，后随其他英王爱德华七世级战列舰于11月13日重返大舰队（罗赛斯）。

1914 年 11 月—1915 年 11 月继续在大舰队服役。

随第 3 战列舰分舰队的一个分队调往地中海，于 1915 年 12 月 14 日到达。

1915 年 12 月—1916 年 1 月驻扎东地中海。

1916 年 1 月 8—9 日掩护从赫勒斯（V 和 W 海滩）撤退的行动。1 月驻扎在米洛（Milo），准备向希腊施压以救援在萨洛尼卡的法军部队。1 月底将分队旗舰职责移交给"罗素"号并返回本土。2 月 5 日抵达德文波特。

2—3 月在德文波特接受改装并加入了大舰队。

3—4 月在大舰队服役（第 3 战列舰分舰队第二旗舰，罗赛斯）。4 月 29 日，分舰队调至希尔内斯，不再隶属大舰队。

1916 年 5 月—1917 年 10 月由诺尔司令部节制。

1917 年 10 月在查塔姆加入诺尔后备舰队，至 1919 年 7 月。

在查塔姆担任居住船，1919 年 7 月列入报废名单。

1921 年 11 月 8 日出售给多佛的斯坦利拆船公司。

1922 年转售给斯劳贸易公司，11 月拖往德国解体。

舰史："非洲"号

1904 年 1 月 27 日在查塔姆造船厂开工，1906 年 11 月建成。

1906 年 11 月 6 日在查塔姆服役，加入大西洋舰队，至 1907 年 3 月。

1907 年 3 月 4 日加入海峡舰队，至 1908 年 6 月。

1907 年 3 月 23 日，在波特兰外海与商船"奥姆兹"号（Ormuz）相撞，轻微受损。

1908 年 6 月加入本土舰队诺尔分队，至 1914 年 8 月。

1911 年 4 月 25 日在查塔姆重新服役，担任本土舰队第 3 和第 4 分队旗舰（升海军中将旗）。

7 月 24 日将旗舰职责转交"英王爱德华七世"号。

1912 年 1 月加装飞机起飞设备，在希尔内斯成为第一艘成功起飞飞机的大型英国军舰。5 月，航空设备被移至"海伯尼亚"号。

1912 年在查塔姆维修。所有英王爱德华七世级在舰队重组时组成了本土舰队第 3 战列舰分舰队。

1912 年 11 月因巴尔干危机前往地中海，参加封锁黑山和占领斯库台的行动。"非洲"号和"印度斯坦"号于 1913 年 2 月返回本土。

1914 年 8—11 月在大舰队服役（第 3 战列舰分舰队），伴随巡洋舰执行北海巡逻任务。

11 月 2 日第 3 战列舰分舰队全部舰艇（8 艘英王爱德华七世级和 5 艘邓肯级）离开大舰队，增援海峡舰队，以预防敌人袭击。英王爱德华七世级后返回大舰队，邓肯级留下组成第 6 战列舰分舰队。

1914 年 11 月—1916 年 4 月在大舰队服役（第 3 战列舰分舰队）。

1915 年 12 月—1916 年 1 月在贝尔法斯特维修。

1916 年 4 月 29 日随第 3 战列舰分舰队移防希尔内斯，于 5 月 2 日抵达。

5—9 月由诺尔司令部节制（第 3 战列舰分舰队，希尔内斯）。

8—9 月在朴次茅斯维修，完成维修后前往亚得里亚海。

1916 年 9 月—1917 年 1 月驻扎亚得里亚海。

1917 年 1—3 月在直布罗陀维修。1917 年 3 月加入第 9 巡洋舰分舰队，在大西洋执行巡逻和护航任务，至 1918 年 10 月。第 9 巡洋舰分舰队最初在菲尼斯特雷—马德拉海域活动，但从 1916 年 8 月起，舰艇数量已足够将活动区域扩大至整个大西洋。"非洲"号主要以塞拉利昂为基地，为塞拉利昂—开普敦的航线护航。

1917 年 12 月—1918 年 1 月在里约热内卢维修。

1918 年 10 月返回本土，11 月在朴次茅斯转入预备役，至 1920 年 3 月。担任居住船。

1919 年 12 月受命接替"王冠"号巡洋舰，在朴次茅斯担任司炉工居住船，但命令后被取消。

1920 年 3 月列入出售名单。6 月 30 日以 32825 英镑的价格出售给纽卡斯尔的埃利斯公司（Ellis & Co.），在纽卡斯尔解体。

舰史："新西兰"号

1903 年在朴次茅斯造船厂开工，1905 年建成。

1905 年 7 月 11 日在德文波特服役，加入大西洋舰队，至 1907 年 3 月。

1906 年 10—12 月在直布罗陀维修。

1907 年 3 月 4 日加入海峡舰队，至 1909 年 3 月。

1909 年 3 月—1914 年 8 月在本土舰队服役。

1911 年 12 月 1 日改名"西兰蒂亚"号，原舰名用于新西兰政府捐助英国建造的新战列巡洋舰。原本要将舰名改为"加勒多尼亚"号，但遭到了新西兰人民的反对。巴尔干危机期间随第 3 战列舰分舰队前往地中海，参加封锁黑山和占领斯库台的行动。

▷ "印度斯坦"号，1911 年。增加 4 门 234 毫米火炮似乎是在向全重型火炮战列舰过渡，但是将 152 毫米火炮布置在主甲板仍是一种经常出现的设计错误，由于干舷较低，火炮经常受到海浪的冲刷

1913 年 6 月 27 日重新加入本土舰队。

1914 年 8—11 月在大舰队服役（第 3 战列舰分舰队）。伴随巡洋舰执行北海巡逻任务。

9 月 10 日在北海活动时试图冲撞德国潜艇。

11 月前往增援海峡舰队（第 3 战列舰分舰队，波特兰）。

1915 年 11 月 6 日前往达达尼尔，12 月 14 日抵达。

1915 年 12 月—1916 年 1 月驻扎东地中海。

1916 年 1 月底与"海伯尼亚"号一同返回本土，2 月 6 日抵达朴次茅斯。

2—3 月在朴次茅斯维修。

3 月 26 日重新加入大舰队（罗赛斯），至当年 4 月。

4 月 29 日移防希尔内斯。

1916 年 5 月—1917 年 9 月由诺尔司令部节制（第 3 战列舰分舰队，希尔内斯）。

1916 年 12 月—1917 年 6 月在查塔姆维修。

1917 年 9 月 20 日在朴次茅斯转为预备役，至 1919 年 6 月。

1918 年 1—9 月在朴次茅斯改装成火炮训练舰。舰上进行了大量试验，包括多种火控指挥仪的试验。它从未真正担任过火炮训练舰的角色，一直在朴次茅斯处于退役状态。

1919 年 6 月 2 日列入报废名单。

1921 年 11 月 8 日出售给斯坦利拆船公司。

1922 年转售给斯劳贸易公司。

1923 年 11 月 23 日离开朴次茅斯，在德国解体。

◁ 1911 年，停泊在波特兰的"西兰蒂亚"号。1911 年 12 月 1 日，"新西兰"号被重新命名，原名被用于一艘正在建造中的战列巡洋舰。原计划将其改名为"加勒多尼亚"号，但因遭到部分新西兰人的反对而作罢

购自智利的"敏捷"号和"凯旋"号

设计

20 世纪初，智利和阿根廷的关系极度紧张，为了对阿根廷购买两艘装甲巡洋舰"莫雷诺"号（*Moreno*）和"里瓦达维亚"号（*Rivadavia*）做出回应，智利在 1901 年决定订造两艘战列舰。这两艘军舰的官方文件（设计手册等）中缺失了很多有关设计概念和设计历史的记录。海军部倾向于依靠爱德华·里德爵士关于两舰设计情况的个人陈述，该陈述曾在 1904 年 3 月 23 日的造船师学会春季会议上宣读。

它们的起源可以追溯到 1901 年年底，当时，因边界问题造成的紧张关系，智利和阿根廷已来到了战争的边缘。由于健康原因，那时我恰好身处智利，在抵达瓦尔帕莱索（Valparaiso）之前，我在海上遇到了一支呈战斗队形向南航行的强大智利海军分舰队。这支分舰队的所有军舰，都是由阿姆斯特朗－惠特沃斯公司（Sir W. G. Armstrong, Whitworth & Co.）在埃尔斯维克的造船厂，在我的监督和管理下建造的，虽然这些军舰的设计和智利海军的一些将领有关，但它们真正体现的，是我们这家公司卓越的能力和丰富的经验，这特别要归功于最伟大的海军舰艇设计师，时任埃尔斯维克造船厂造船主管，现任海军部造舰处处长菲利普·瓦茨爵士。舰队的先导舰，是飘扬着我的朋友，海军少将戈尼（Goni）将旗的"奥希金斯"号（O'Higgins），它以非常恰当的排水量，将出色的火力、航速和燃煤储量相结合，在四五年前引起了轰动。

我到达瓦尔帕莱索时，智利正在考虑紧急购置或建造两艘强大的战列舰以增强海军实力。后来发现购买这样的军舰并不可行，于是智利开始着手准备设计建造工作，为此我与智利最杰出和最有影响力的人物，智利海军总司令，海军中将蒙特（Montt）保持了密切关系。他是一位非常沉静和内敛的人，后来成为智利共和国总统，出色地把握了国家的命运。尽管和前总统蒙特将军[①]的会谈从未研究或提到过任何一种现有的设计方案，或任何由现有设计派生而来的方案，可他还是希望（为了控制造价）将军舰排水量尽可能限制在 11000 吨以下。不过军舰的航速要达到 19 节，军舰艏艉应布置总共 4 门 254 毫米主炮，以及至少 10 门，如有可能则为 12 门 191 毫米火炮，其中 4 门将布置在上甲板。

这样就还有 6 门或 8 门 191 毫米火炮需要布置，因为我考虑为军舰装备总共 10 门或 12 门副炮。当时的计划是——实际上这也是非常必要的——如果我在回国途中不能设法将剩下的 6 门 191 毫米火炮布置在炮塔或炮垒中，为它们提供比主甲板火炮更高的位置和更远的射程（我试图这样做，但未能成功），那么就在主甲板的炮垒中布置 8 门 191 毫米副炮。

---

① 译注：蒙特曾担任军政府总统，后来又担任共和国总统。

△ 1904 年 1 月,刚完工的"凯旋"号离开维克斯公司造船厂（注意舰体涂装）。该级军舰原本为智利共和国建造,被当作强大的装甲巡洋舰,后来证明它们很难与英国海军标准主力舰协同。它们的 254 毫米主炮是专门为该级军舰建造的

◁ 刚刚完工的"敏捷"号。两艘同级舰在外观上很容易区分。与"凯旋"号相比,"敏捷"号舰艏徽较小,舰桥后部没有甲板室,254 毫米炮塔外形不同,烟囱帽为轻型

　　很多其他事项都是由海军中将蒙特和我商定的。由于要求在尽量短的时间内完成建造,我获准尽快返回英国,以接收军舰的设计标书,最后确定的是阿姆斯特朗公司的设计方案,另外还需要一家能很快制造舰体、动力系统和武备的公司,在众多投标商中,我们选择了著名的维克斯父子与马克沁公司（Vickers, Sons & Maxim）。

　　1902 年 2 月 26 日,造舰合同被授予阿姆斯特朗和维克斯两家公司,最后的设计方案可能出自维克斯或阿姆斯特朗公司,并由里德按照智利海军的要求做出修改。设计的基本特征是:

1. 排水量大约 11000 吨，能够利用对舰宽和吃水都有很大限制的塔尔卡瓦诺（Talcahuano）的船坞设备；

2. 主要武备为 4 门 254 毫米主炮，10 门或 12 门 191 毫米副炮；

3. 航速 19 节。

因为限制了军舰的尺寸和排水量，又要求装备重型火炮和具备高航速，所以有必要采用狭长舰身、轻质结构和轻型防护，这都和里德以前设计的军舰的特征相抵触，

"凯旋"号

侧视图和舰面布置图，1904 年

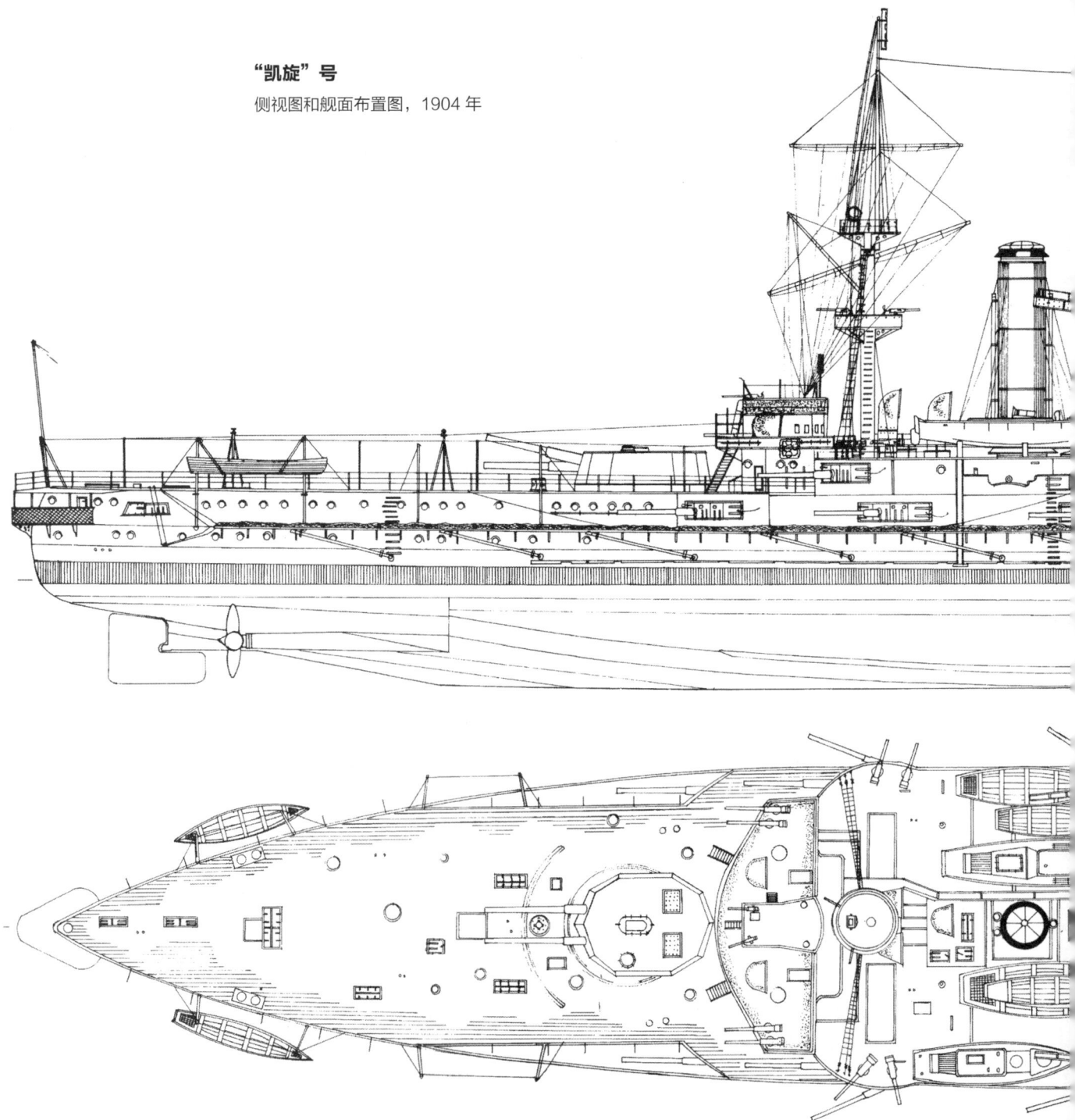

他的设计方案特点是舰身短，操纵灵活，有非常坚固的结构，且将火力的重要性置于防护之后。由于智利改变了海军政策并出现了财政问题，两艘军舰下水后不久就被公开出售（1903年年初）。1903年12月，皇家海军以2432000英镑的价格将它们买下，此时正值远东战云密布，英国这样做可能是为了阻止俄国购买这两艘军舰。

虽然相对于11000吨的排水量，两舰的火炮相当强大，并且它们完工时也是当时最快的战列舰之一，但总体上它们并不受英国海军欢迎，主要是因为主炮口径小于英国标准一级战列舰，而航速又低于所有巡洋舰。1903年12月7日，两舰被重新命名为"敏捷"号和"凯旋"号［原舰名为"宪法"号（Constitucion）和"自由"号（Libertad）］。

"宪法"号和"自由"号：设计数据

排水量（吨）：11728（正常）

舰长：132.89 米（垂线间长）

舰宽：21.64 米

吃水：7.5 米（平均）

干舷高度：6.7 米（舰艏），5.18 米（舯部），5.79 米（舰艉）

升沉量：21.18 吨 / 厘米

武备

4 门 254 毫米主炮

14 门 191 毫米副炮

14 门 76 毫米炮（14 磅）

4 门 57 毫米炮

4 挺机枪

3 具 457 毫米水下鱼雷发射管

装甲

主装甲带：76—178 毫米

横向装甲：152—254 毫米

炮郭：178 毫米

司令塔：279 毫米

水平装甲：25—38 毫米，76 毫米（倾斜部分）

装甲重量：3074 吨

输出功率：12500 马力，19 节

燃煤储量：800 吨（正常），2000 吨（最大）

动力系统重量：1020 吨

舰体重量：4630 吨

舰体内部共分隔为 170 个水密舱，弹药舱和动力舱下方为双层舰底，肋骨间距 1.23 米

海军造舰总监询问海军，要对军舰做何改装才能符合对现有英国主力舰的要求。英国海军军官对建造两舰的造船厂进行现场考察后提交了一份报告：

1. 司令塔的通信系统需要为 191 毫米副炮重新布置，现有的通信设备只有传声筒。

2. 舰上的轻武器，如步枪、机枪等，都不是英国海军制式装备——建议将它们全部移除。

3. 现有副炮的炮郭令人满意，内有存放 20 枚备用弹的导轨，以及配套的电动提弹机。

4. 发射药舱和炮弹舱与英国军舰有所不同，炮弹舱可以直通发射药舱。弹药输送能力极佳，弹药通道内存有 40 枚备用弹。

5. 191 毫米副炮与巡洋舰上的同口径火炮属于不同设计，似乎应该将 191 毫米副炮的炮膛扩大，以装填我们的炮弹。

6. 海军没有这两艘军舰装备的 14 磅 76 毫米炮的炮弹，12 磅 76 毫米炮也需加以关注。

7. 需要改进舰上的小艇及其布置方式。

很明显，让两艘军舰符合皇家海军的要求无须进行大改，但问题是它们在舰队中将扮演何种角色。

智利方面要求将军舰的排水量限制在 11000 吨，同时舰宽和吃水要满足塔尔卡瓦诺双体干坞（Double graving dock）的尺寸，这需要增加舰长，所以军舰的长宽比很大，与同时代军舰相比吃水也很小。

敏捷级在正常情况下比邓肯级轻 2000 吨，舰长增加了 14.55 米，舰宽和平均设计吃水量却分别减少了 1.37 米和 0.61 米。然而，在实际使用中，邓肯级的吃水和排水量比预想的小得多，而敏捷级的吃水和排水量又比预想的大得多，所以两级军舰的这两项数据差距并不大，通常在正常条件下只差 7.62 厘米和 1343 吨。

敏捷级的结构强度比英国标准主力舰更低，"敏捷"号一度出现结构问题，需要对舰身某些部位做加强处理。但是"凯旋"号却从未出现过结构问题，也未接受过这方面的改装。

武备

就敏捷级的尺寸和排水量来说，它们无疑是火力强大的军舰，能够倾泻大量的准重型炮弹。这在原则上体现了海军上将费舍尔在 19 世纪 90 年代的观点，即理想的战列舰应在排水量允许的条件下，装备最小口径的主炮和最大口径的副炮。（但他在 1904 年改变了看法。）

▽"凯旋"号，1904 年。海军部在远东爆发战争前将两舰买下。但由于设计上与传统英国战舰迥异，敏捷级并不受英国海军的欢迎

"宪法"号（"敏捷"号）：下水时数据

排水量：5725 吨

长：132.87 米（垂线间长）

宽：21.67 米

型宽：21.64 米

龙骨至上甲板距离：12.82 米

吃水（下水后不久测量）：3.48 米（舰艏），5.33 米（舰艉）

记录舰体重量：4244 吨

下水时损伤情况

径向移动距离 78.95 米，6.35 毫米拱曲

横向移动距离 25.63 米，0 毫米凹陷

下水时舰上各单位重量（吨）

装甲：1220

人员、压载物、设备等：191

机械：70

总计：1481

但是在实际使用中，254 毫米主炮对战列舰作战单位来说口径太小，而布置在主甲板上的 191 毫米副炮的炮身又过长。尽管如此，海军上将 J. O. 霍普金斯认为："这些军舰上安装的新型 254 毫米火炮，作为战列舰主炮已经足够了。"确实要承认，254 毫米炮弹可以有效击穿俄国和德国最新战列舰上的 197 毫米和 230 毫米主装甲带，虽然在普通战斗距离上，它们还是无法击穿法国共和国级（*Republique* Class）战列舰厚达 280 毫米的装甲。

另外，有人在经过比较后声称，由于装备了现代化火炮，两艘敏捷级可以"与本土舰队中的 5 艘君权级战列舰有效对抗，并有很大概率获胜"——但是做此声明的人显然忽略了敏捷级薄弱的装甲防护，特别是炮塔基座装甲，要与君权级战斗，它们每隔几分钟就要经受 8 到 12 枚 343 毫米炮弹的打击。

"敏捷"号和"凯旋"号的火炮由各自的制造商安装，因此在细节上有所不同。254 毫米炮塔有多处区别，在外观上也很容易区分。"敏捷"号装备的是 Mk VI 型 254 毫米主炮，是专门为该舰制造的。这种火炮采用缠丝工艺，但是没有内层 A 管。A 管从闭气结构底部（Seat of the obturator）一直延伸至炮口，A 管外是自紧的炮尾结构，炮尾延伸至衬管隔螺段（Breech bush），然后是一直延伸至炮口的 B 管。缠丝位于炮尾结构和部分 B 管外侧。B 管和缠丝外侧则是 C 管和护套。"凯旋"号装备的是 Mk VII 型 254 毫米主炮，也是为该舰专门制造的。火炮也采用缠丝工艺，由内至外分别是内层 A 管、A 管、数层缠丝、B 管和护套。缠丝只覆盖炮管的一半左右。两艘军舰上的 254 毫米主炮炮管均为 45 倍径，"敏捷"号的炮管长 11.88 米，"凯旋"号的炮管长 11.75 米。阿姆斯特朗公司还为"敏捷"号额外制造了另一种 254 毫米火炮，型号为 Mk VI*，像"凯旋"号主炮那样具有内层 A 管。

"敏捷"号和"凯旋"号：建成时性能数据

建造

	造船厂	开工	下水	建成
"敏捷"号（前"宪法"号）	埃尔斯维克造船厂	1902 年 2 月 26 日	1903 年 1 月 12 日	1904 年 6 月
"凯旋"号（前"自由"号）	维克斯公司	1902 年 2 月 26 日	1903 年 1 月 15 日	1904 年 6 月

排水量（吨）

"敏捷"号：11740（正常），13432（满载）

"凯旋"号：11985（正常），13640（满载）

尺寸

长：132.89 米（垂线间长），140.97 米（水线长），144.86 米（全长，"敏捷"号）

宽：21.67 米

吃水：7.5 米（正常，平均），8.31 米（满载）

武备

4 门 254 毫米 Mk VI 型 45 倍径主炮（"敏捷"号）

4 门 254 毫米 Mk VII 型 45 倍径主炮（"凯旋"号）

14 门 191 毫米 50 倍径副炮

14 门 76 毫米炮（14 磅）

4 门 57 毫米炮

4 门 47 毫米炮（礼炮）

4 挺机枪

2 具 457 毫米水下鱼雷发射管，9 枚 457 毫米鱼雷

备弹量

254 毫米主炮，每门炮备弹 90 枚

    90 枚被帽穿甲弹

    126 枚穿甲弹

    144 枚通常弹

    216 包全装药

    144 包减装药

    450 枚电击发引信

191 毫米副炮，每门炮备弹 150 枚

    525 枚被帽穿甲弹

    735 枚穿甲弹

    840 枚通常弹

76 毫米炮（14 磅），每门炮备弹 400 枚

装甲

主装甲带：76—152—178 毫米

下甲板侧面装甲：178 毫米加 51 毫米横向装甲

炮垒：178 毫米

炮郭：76—178 毫米

炮塔基座：51—76—254 毫米

炮塔：76—203—229 毫米

司令塔：279 毫米

甲板：25—76 毫米

装甲总重量：约 3122 吨

动力

2 套四缸垂直倒置直动三胀式表面冷凝蒸汽机，2 副螺旋桨

汽缸直径：高压 736.6 毫米，中压 1193.8 毫米，低压 1371.6 毫米

冲程：990.6 毫米

锅炉：12 台亚罗大型水管锅炉，布置在 4 个锅炉舱中，工作压力 1.93 兆帕

总加热面积：3486.09 平方米

炉箅面积：61.69 平方米

单台锅炉加给水重量：34.5 吨，每台锅炉有 1008 根水管（平均长度 2.06 米）

锅炉舱长度：25.63 米

轮机舱长度：12.80 米

设计输出功率：12500 马力，19 节

燃煤：800 吨（正常），2048 吨（最大）

燃煤消耗速率：全功率下每天消耗 350 吨燃煤，3/5 功率下每天消耗 179 吨燃煤，8 节航速下每天消耗 50 吨燃煤

续航力：6210 海里 /10 节

小艇

大舢板（蒸汽）：1 艘 17.07 米

大舢板（风帆）：1 艘 10.97 米

长艇（蒸汽）：2 艘 10.97 米

纵帆快艇：3 艘 9.14 米

捕鲸艇：1 艘 8.23 米

小舢板：3 艘 9.14 米

小工作艇：2 艘 5.49 米

帆装小工作艇：1 艘 4.88 米

探照灯

5 部 762 毫米探照灯（前部舰桥左右侧各 2 部，信号站右侧 1 部）；3 部 610 毫米探照灯（主桅两侧平台各 1 部，后部信号站左侧 1 部）

无线电

I 型无线电，后改为 II 型

舰员

"敏捷"号：729 人（1906 年）

"凯旋"号：741 人（1906 年）；732 人（1908 年）；803 人（1914 年）

造价

"凯旋"号：847520 英镑，加火炮 110000 英镑

"敏捷"号：846596 英镑，加火炮 110000 英镑

据称"敏捷"号 254 毫米主炮的射速，比"凯旋"号的维克斯公司制造的 254 毫米主炮高大约 50%，后者的射速与当时的 305 毫米主炮相当。

敏捷级是仅有的一级装备191毫米副炮的英国战列舰，虽然在1901年，海军曾考虑为英王爱德华七世级装备这种火炮；英国巡洋舰也装备了191毫米火炮。191毫米炮弹的重量已无法以人力处理，必须采用机械装置输送和装填。火炮试验显示，预想中的火炮射速是可以保持的，但由于这种大型火炮布置在主甲板上，占用了船体舯部太多空间，这样的安排并不令人满意。

在正常条件下，主甲板炮垒比水线高出4.01米，但是两艘军舰都大大超过了设计吃水量，炮座实际上仅高出水线3.81米，满载条件下只比水线高3.05米，在大洋上航行时，海浪经常冲刷到191毫米火炮的炮口。据说两舰服役期间，只要航速高于15节，或有轻微海况，这些火炮就无法开火。

军舰的侧舷在艏艉191毫米炮垒处向内收缩，为火炮提供艏艉向射界，但舰体舯部的火炮由于受到彼此炮口风暴的严重影响，在射界上受到巨大限制。由于装备了191毫米火炮，敏捷级是当时（1904年）侧舷副炮每分钟齐射弹丸投掷量最大的主力舰。另外，敏捷级的备弹量也非常充足，254毫米主炮和191毫米副炮的备弹量分别为每门火炮90枚和150枚（皇家海军战列舰的标准备弹量为每门305毫米火炮80枚，每门152毫米火炮200枚）。

敏捷级的反鱼雷艇武器也比任何一艘同时代英国主力舰强大，除了主甲板上的4门之外，

△ 1905年斯皮特黑德阅舰式上，"凯旋"号是与法国舰队共同接受乘坐皇家游艇"维多利亚与阿尔伯特"号的国王与王后、威尔士亲王，以及爱德华和阿尔伯特两位王子检阅的英舰之一，这彰显了英法两国的友好关系

▽ 这张罕见的照片显示了"凯旋"号254毫米主炮塔的内部情况。注意炮手在炮塔内部的工作空间非常狭小，火炮的炮孔也很窄。照片1908年摄于查塔姆造船厂

▷ 1908 年舰队演习中的"凯旋"号和"英联邦"号。注意涌上舰艏的海浪，以及"凯旋"号上不同寻常的烟囱识别带

其他反鱼雷艇火炮的布置方式都非常得当。两舰是仅有的装备 14 磅 76 毫米炮的英国战列舰，但实际上这种火炮并不比 12 磅 76 毫米炮优秀。"敏捷"号上的 14 磅 76 毫米炮装有大型防盾，而"凯旋"号上的防盾则较小。和同时代的王后级一样，它们是最后一批完工时在战斗桅楼，或者在主甲板炮孔中布置速射炮的英国战列舰，后者由于位置过低，作用极为有限。

装甲

两艘敏捷级的装甲板是由各自的承建商制造的。有关"敏捷"号装甲的信息比较少，但"凯旋"号的装甲是在维克斯公司的唐河工厂（River Don Works）制造的，

▽ 1909 年 4 月，"敏捷"号离开朴次茅斯，加入地中海舰队

△ 停泊在德文波特港的"敏捷"号，1908—1909 年

并且在公司的埃斯科米尔（Eskmeale）靶场进行了试验，参加试验的有海军上校斯图文（Stuven）、内夫（Nef）、施罗德（Schroder），以及其他智利海军的重要官员。用于主装甲带的 178 毫米装甲板，每块长 2.44 米，宽 1.83 米，试验中使用 152 毫米穿甲弹，在 914 米（1000 码）距离上对其进行打击。炮弹的穿深从 32 毫米到 44 毫米不等，除此之外装甲表面只留下了一些划痕。但是在使用英国 305 毫米炮弹试验时就完全不同了，305 毫米炮弹可以在 2743 米（3000 码）距离上击穿 178 毫米装甲。

　　总体上，敏捷级的防护优于邓肯级（后者经常被拿来做防护方面的比较），两级军舰装甲重量占总重的比例相同，敏捷级的主要改进之处在于，主甲板上的副炮采用连续炮垒，而不是单独的炮郭。

　　敏捷级的装甲盒横向装甲并未延伸至中甲板以下，主甲板也未布置水平装甲，下甲板也未像同时期英国战列舰那样，在艏艉两端布置装甲。装甲盒内中甲板以上的水平防护，是在炮垒顶部的上甲板布置了装甲；水线以下的防护则由中甲板装甲的延伸部分来提供。

　　侧舷装甲（包括炮垒）在舰体舯部的上端，达到上甲板高度，而不是像邓肯级那样只达到主甲板，而且装甲盒后方侧舷装甲从 25 毫米增至 76 毫米。

　　中甲板装甲在装甲盒内为 13 毫米，为加强水下防护，中甲板装甲在装甲盒之外一直延伸至军舰艏艉，厚度从 25—76 毫米增至 76 毫米。炮郭装甲则由邓肯级的 152 毫米和 51 毫米，大幅增加至 178 毫米和 76 毫米。另一方面，炮塔基座侧面的侧舷装甲则比邓肯级少 25 毫米，侧舷装甲舰艏延伸带的高度比邓肯级低了一层甲板，厚度统一为 76 毫米，而不是如邓肯级那样为 51—76—102—127 毫米。

　　舰体舯部，中甲板以上的水平装甲比邓肯级薄了 25 毫米，在装甲盒外没有防护，而邓肯级主甲板前方则有 51 毫米和 25 毫米的水平装甲。炮塔基座装甲最大厚度也比邓肯级少 25 毫米，基座后部装甲厚度，在上甲板以下只有 76 毫米和 51 毫米，而邓肯级则分别为 254 毫米和 102 毫米。基座装甲在特定高度以下异常薄弱，是敏捷级防护上的一大弱点，这一区域的发射药舱在遭到大角度下落炮弹打击时非常脆弱，因为这里的水平和基座装甲总共只有 76—102 毫米。

炮塔正面和侧面装甲的倾斜程度不及标准的英国战列舰，在对付穿甲弹时有效性略逊一筹。防鱼雷网的舰艏部分也比其他英国战列舰略短，还未到舰艏 254 毫米炮塔的前端。

两舰完工时，主装甲带前端位于舰艏炮塔基座正面，上缘达到中甲板高度，高出水线约 0.84 米，下缘在水线以下 1.6 米。舰艉炮塔基座背面之间的主装甲带厚度为

第111号肋位
1. 191毫米炮郭（右舷）
2. 五金车间
3. 191毫米炮郭（左舷）
4. 燃煤
5. 干衣房
6. 运煤通道
7. 弹药通道
8. 司炉工仓库
9. 锅炉舱

第77号肋位
1. 水兵厕所
2. 士官盥洗室
3. 通道
4. 司炉工厕所
5. 191毫米炮郭
6. 军士长餐厅
7. 木料储存柜
8. 轮机舱仓库
9. 发射药冷却舱
10. 弹药处理舱
11. 191毫米炮弹舱
12. 191毫米炮发射药舱
13. 254 毫米炮弹舱
14. 舰桥

第111号肋位
前视图

第77号肋位

阴影区域代表装甲带

纵剖图
1. 锅炉
2. 轮机舱
3. 254 毫米炮弹舱
4. 发射药舱
5. 254 毫米炮座
6. 排烟道
7. 轮机舱通风口
8. 舵机舱
9. 鱼雷舱
10. 司令塔
11. 水密舱
12. 绞盘舱
13. 舵柄舱
14. 司令私人会客厅
15. 司令餐厅
16. 办公室
17. 人力操舵舱
18. 辅助机械舱
19. 254 毫米、191毫米火炮和76毫米炮（14磅）发射药舱
20. 254 毫米炮发射药舱
21. 254 毫米炮弹舱

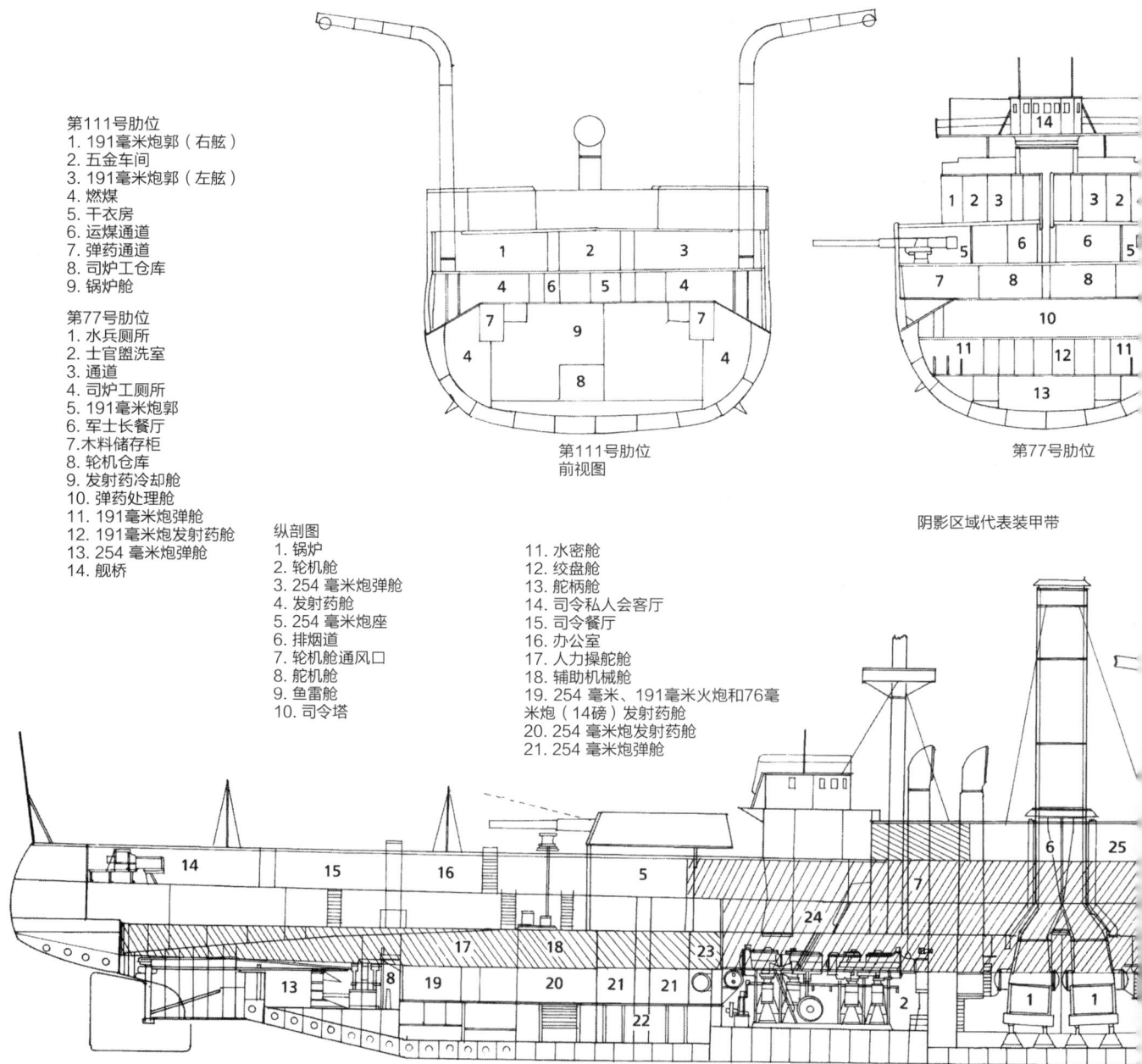

178 毫米，炮塔基座侧面的主装甲带为 152 毫米。

侧舷装甲带向前延伸至舰艏，向后几乎延伸至舰艉，高度与主装甲带系统相同，舰艏最前端需要支撑撞角的部分除外。舰艏延伸部分的装甲厚度为 76 毫米，至撞角处减为 70 毫米（包括外舷板）。装甲带横向装甲（只布置于舰艉）布置于 76 毫米装甲延伸带的末端。

舰体舯部的侧舷装甲为 178 毫米，位于主甲板和中甲板之间，长度与主装甲带相同。横向装甲为 51 毫米，从舯部侧舷装甲前后端斜向内布置到炮塔基座正面。炮塔基座正面装甲为 254 毫米，背面装甲在上甲板以上为 203 毫米，以下减至 76 毫米和 51 毫米。炮塔正面装甲为 229 毫米，侧面和后部装甲为 203 毫米，顶部和地板装甲分别为 51 毫米和 76 毫米，观瞄孔护罩装甲为 38 毫米。

① 译注：原文如此。这个舱室作为餐厅似乎过于狭窄了。

"凯旋"号
舰体剖视图，1904 年

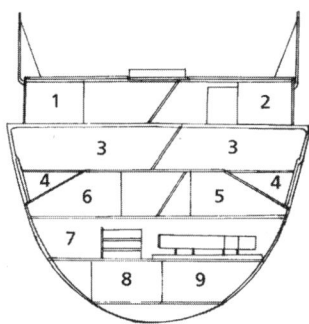

第57号肋位

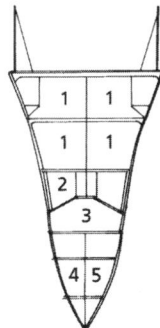

第19号肋位

第57号肋位
1. 炮手仓库
2. 药品仓库
3. 舰员住舱
4. 仓库
5. 面包房
6. 金库
7. 水下鱼雷舱
8. 水雷舱
9. 网缆仓库

第19号肋位
1. 舰员住舱
2. 76毫米炮（14磅）弹药舱
3. 食品仓库
4. 餐厅①
5. 医生仓库

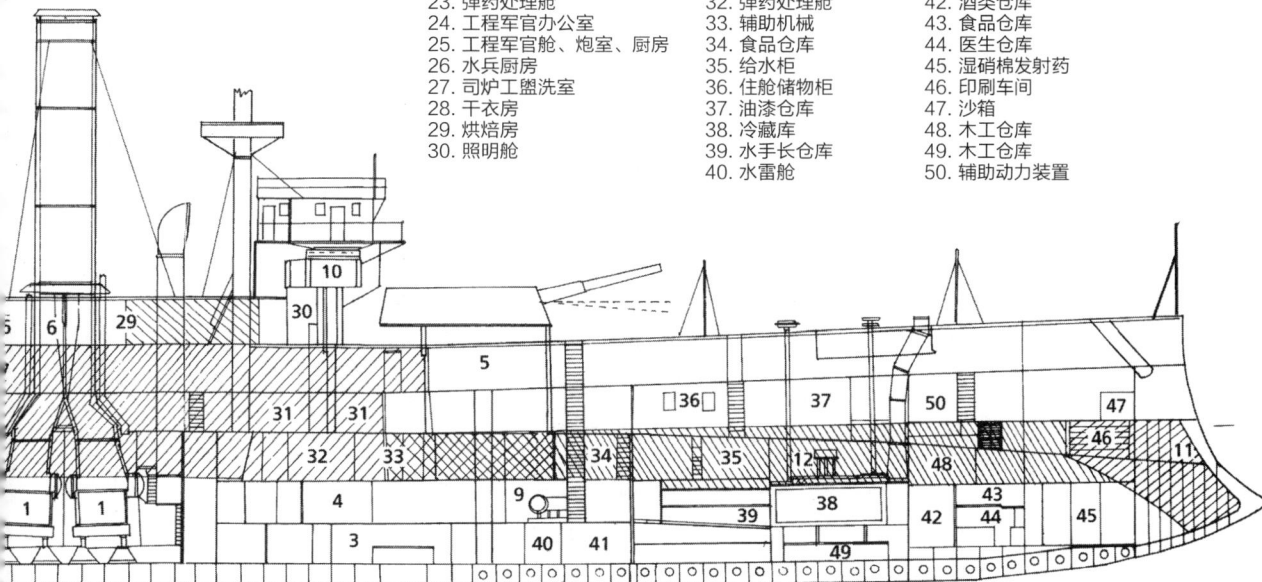

22. 191毫米炮发射药舱	31. 轮机仓库	41. 干硝棉发射药
23. 弹药处理舱	32. 弹药处理舱	42. 酒类仓库
24. 工程军官办公室	33. 辅助机械	43. 食品仓库
25. 工程军官舱、炮室、厨房	34. 食品仓库	44. 医生仓库
26. 水兵厨房	35. 给水柜	45. 湿硝棉发射药
27. 司炉工盥洗室	36. 住舱储物柜	46. 印刷车间
28. 干衣房	37. 油漆仓库	47. 沙箱
29. 烘焙房	38. 冷藏库	48. 木工仓库
30. 照明舱	39. 水手长仓库	49. 木工仓库
	40. 水雷舱	50. 辅助动力装置

"敏捷"号：初稳心高度（1904 年 2 月倾斜试验）

	吃水	初稳心高度
A 条件（正常）*	7.5 米（平均）	1.05 米
B 条件（满载）**	8.31 米（平均）	1.22 米
C 条件（轻载）***	7.01 米	0.84 米

* 全备状态加 800 吨燃煤和 60 吨淡水。
** 全备状态加 2048 吨燃煤和 110 吨淡水。
*** 将排水量减至 10694 吨。

"凯旋"号：初稳心高度（1904 年 3 月倾斜试验）

	吃水	初稳心高度
A 条件（正常）*	7.57 米	1.05 米（平均）
B 条件（满载）**	8.34 米	1.23 米（平均）

* 全备状态加 800 吨燃煤和 80 吨淡水。
** 全备状态加 2000 吨燃煤和 110 吨淡水。

"敏捷"号：动力海试（1904 年 3 月）

平均数据
锅炉蒸汽压：1.74 兆帕
蒸汽机蒸汽压：1.58 兆帕
转速（转 / 分）：151.2（左），151.1（右）
总输出功率（马力）：13469
航速（节）：20.046

	转速（转 / 分，左）	转速（转 / 分，右）	航速（节）
试航			
第一次	131.1	130.9	18.136
第二次	132.3	132.1	17.341
第三次	129.9	130.2	17.476
第四次	131.1	131.7	17.561
6 次全功率试航			
第一次	148.1	147.8	20.339
第二次	153.1	153.4	19.459
第三次	157.1	152.4	20.690
第四次	152.9	152.6	19.407
第五次	152	151.6	20.870
第六次	151.8	151.2	19.099

191 毫米炮垒装甲为 178 毫米，位于上甲板和主甲板之间，长度与主装甲带和舯部侧舷装甲带相同。152 毫米横向装甲从炮垒装甲前后端斜向内布置到炮垒正面。在炮垒内部，沿中心线有一道 25 毫米纵向装甲，还有 3 道横向舱壁将火炮分隔。炮郭正面、侧面和后部装甲分别为 178 毫米、178 毫米和 76 毫米。司令塔正面和背面装甲分别为 279 毫米和 203 毫米，垂直通道装甲为 203 毫米。烟囱排气道有 13 毫米装甲格栅。

上甲板装甲为 25 毫米，覆盖了整个装甲盒。中甲板装甲为 38 毫米至 76 毫米，倾斜布置，从舰艏延伸至舰艉装甲带横向装甲；水平部分在装甲带上方，高出水线大约 0.84 米，下端位于侧舷主装甲带下缘，正常情况下低于水线 1.6 米。

煤舱布置在主装甲带及主甲板和中甲板之间的侧舷装甲后方，以及中甲板以下的锅炉舱两侧。

动力

敏捷级的动力系统包括 2 套倒置垂直直动四缸三胀式蒸汽机，以及 2 副螺旋桨。轮机舱由一道中心纵向舱壁分隔为两部分。汽缸直径为高压 736.6 毫米，中压 1193.8 毫米，低压 1371.6 毫米，冲程 922.02 毫米。锅炉为 12 台亚罗水管锅炉，布置在 4 个锅炉舱中，设计输出功率 12500 马力，航速 19.5 节。

该级舰完工时是英国海军航速最快的战列舰，也跻身世界最快战列舰行列。但在实际使用中，虽然设计航速比邓肯级高 0.5 节，它们却无法长时间保持这样的高航速，只能进行短距离冲刺。它们是英国第一级航速接近 20 节的战列舰，但人们怀疑两舰的动力海试是在比其他英国军舰更理想的条件下进行的。"凯旋"号离开维克斯公司的造船厂时，载有公司的公关人员和大批记者，意图搞一场"精彩表演"。海试中"凯旋"号的航速达到 20.17 节，但是当海军造舰总监询问这是平均航速还是冲刺航速时，设计人员（里德）承认军舰当时进行了 6 次全功率航速校验海试，而该航速只是其中一次的成绩。

"敏捷"号离开阿姆斯特朗公司的造船厂时，舰上有很多皇家海军军官，不过它的海试也与海军部标准条件下的海试完全不同。"敏捷"号也进行了 6 次全功率航速校验海试，其中一次航速达到 20.870 节。两艘军舰在 6 小时全功率海试中的平均航速为 19 节，而邓肯级在 8 小时全功率海试中的平均航速为 18—19 节，所以两级军舰的最高航速其实差距不大。

两舰在完工后的海试中都达到了很高的航速，却引起了巨大争议。海军造舰总监指责里德在海试中让机器超负荷运转。但这一指控并没有根据。敏捷级动力系统的表现和同时代其他英国主力舰相比不落下风，它们也不会有问题——两舰使用了最先进的英国锅炉，其他英国主力舰也使用同一制造商提供的锅炉。虽然军舰的设计是按

◁ 1910 年地中海舰队演习中，正在以 254 毫米和 191 毫米舰炮开火射击的"敏捷"号

▷"敏捷"号，1912—1913 年，
探照灯位于下层桅楼上

▷"凯旋"号，1909 年

智利海军标准进行的，但蒸汽机和锅炉则不是。智利对军舰动力系统的唯一要求是达到 19 节航速。

外观变化

两座烟囱之间的重型吊臂、低矮的桅杆、小直径圆形烟囱，都让该级舰在外观上具有明显的外国风貌。它们是最后一批入役时带有舰艏徽和通风口整流罩的英国战列舰。

舰体侧面在主甲板炮垒前后明显向内收缩，舰艏主甲板高度位置有凹陷程度相当大的炮孔。它们还混合装备了有杆锚和无杆锚。与其他标准英国战列舰不同，敏捷级左右舷分别布置有两具和一具舰锚。

敏捷级没有后部舰桥，两座圆形烟囱高大且直径较小，每根桅杆上只有一个战斗桅楼，下桅十分低矮，顶桅较短，顶桅与下桅的连接点在星形桅盘下方而不是上方，这些都使敏捷级的外观非常独特，和当时其他所有英国战列舰有显著区别。

两艘同级舰也很容易区分。"敏捷"号烟囱后方有蒸汽管，烟囱帽较小，舰艏弧比"凯旋"号更高更明显。"凯旋"号烟囱前方有蒸汽管，烟囱帽较大。"凯旋"号的舰艏弧较小，舰桥两翼设有风雨室，顶部布置有机枪。

1905—1906 年："敏捷"号前桅探照灯平台上安装了小型测距仪，前桅探照灯移至前桅战斗桅楼。"凯旋"号每座烟囱涂有一道红色识别带。

1906—1908 年：

安装了火控系统和测距仪。"敏捷"号安装了维克斯防测距装置。前桅探照灯平台被火控平台取代。

两舰的探照灯平台被临时用作火控平台（1906—1907 年），但永久性的火控平台直到 1907—1908 年才安装。"敏捷"号的前桅火控平台安装了距离指示仪。"凯旋"号前桅战斗桅楼安装了小型测距仪。57 毫米炮从战斗桅楼移除，14 磅 76 毫米炮从主甲板移除。主甲板 14 磅 76 毫米炮重新布置在上层建筑上，前后各 2 门。舰艏炮孔被封闭。

两舰 14 磅 76 毫米炮防盾被拆除（1907—1908 年）。

原主桅上的探照灯被移至舰艏海图室上方（1906—1907 年）。

安装了无线电设备（II 型）。无线电天线斜桁布置在主顶桅。

天线斜桁被升高，拆除了桅顶信号标（1907—1908 年）。

主桅上的重型桅桁被拆除。

绘上了新的分舰队识别带："凯旋"号每座烟囱低处有一道白色识别带。

△ 演习中的"凯旋"号，1912 年

◁ 1913 年，隶属远东舰队的"敏捷"号，采用了白色和黄褐色涂装（见涂装示意图）

1908—1909 年："凯旋"号增加了探照灯。原上甲板舯部的 2 部探照灯移至前部舰桥风雨室，原位置上的机枪被移除，另外增加了 4 部 610 毫米探照灯。"敏捷"号两根桅杆安装了无线电最上桅，原来的天线斜桁被拆除。

1909—1910 年："凯旋"号安装了天线最上桅，拆除了天线斜桁。绘上了新的烟囱识别带："敏捷"号无识别带，"凯旋"号第二座烟囱高处有一道白色识别带。

1910—1911 年：

"敏捷"号上的距离指示仪被拆除，上甲板舯部的 2 部探照灯被移至舰艉海图室两翼的平台上，另外增加了 4 部探照灯，3 部位于前桅战斗桅楼，1 部在舰艉海图室上方。

1912 年：

"凯旋"号每个火控平台上安装了距离指示仪（1913—1914 年拆除）。

这些指示仪，以及 1907—1908 年安装在"敏捷"号上的距离指示仪都是早期试验型号，到 1914 年均被拆除。

"凯旋"号舰桥风雨室上的探照灯被移至下方的舰桥两翼。

1914 年：这一时期，防鱼雷网可能被间歇性地移除，正如很多其他主力舰一样。1914 年 10 月，"凯旋"号在进攻远东德军时外观上未有变化，但据称它在远东时安装了改进的 57 毫米炮，作为高射炮使用。它仍装有防鱼雷网（或者是重新安装的）。12 月，"敏捷"号在苏伊士运河巡逻期间进行改装。主桅火控平台上安装了 2 门轻型火炮（口

▽ 1909 年 4 月，离开朴次茅斯，准备加入地中海舰队的"敏捷"号

△ "凯旋"号，1915 年 3 月 8
日。在达达尼尔与要塞的炮战中被
击伤后，该舰安装了顶桅并布置了
76 毫米炮

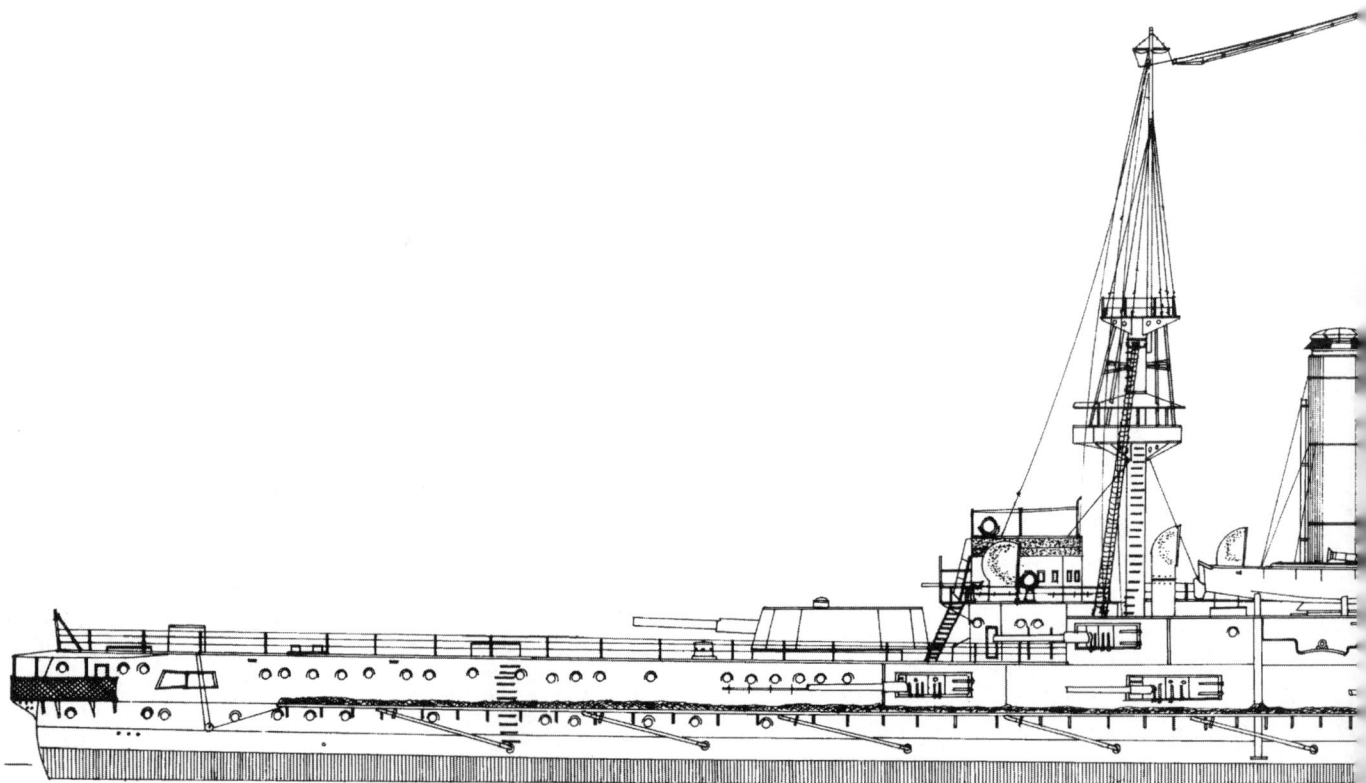

径未知）；原上层建筑上的 2 部探照灯被移至主桅原探照灯平台上；14 磅 76 毫米炮重新安装了防盾；舰桥和上层建筑布置了防护沙袋；移除防鱼雷网；两根桅杆都安装了最上桅。

1915 年："敏捷"号在达达尼尔时进行改装。主桅火控平台上的轻型火炮被拆除；原主桅上的探照灯被移回后部上层建筑的原位置；安装了防鱼雷网（1915 年年底）；舰桥两翼被截短（1915 年年底）；舰艏绘上了假舰艏波；移除了最上桅。"凯旋"号在达达尼尔时进行改装，安装了防鱼雷网，移除了主顶桅。

1917 年："敏捷"号于 1918 年秋天拆除了全部武器和装备，准备用于第二次封锁奥斯坦德港的行动。

舰史："敏捷"号

原名"宪法"号，由阿姆斯特朗 – 惠特沃斯公司建造，1902 年 3 月 13 日开工，1904 年 6 月完工。

1904 年 6 月 21 日在查塔姆服役，加入本土舰队，至 1905 年 1 月。舰队重组时，本土舰队改编为海峡舰队。

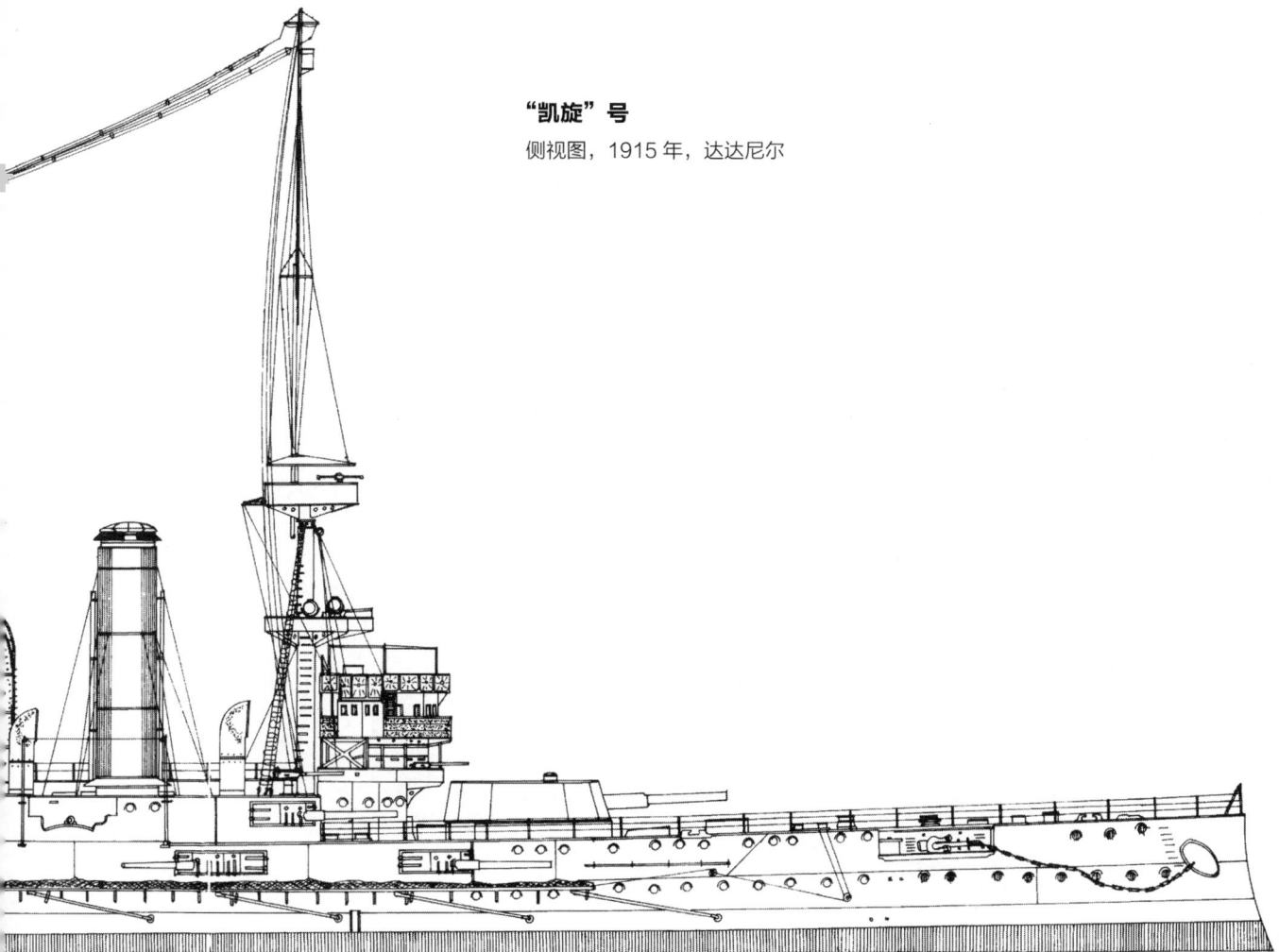

"凯旋"号
侧视图，1915 年，达达尼尔

▽ 1914 年 11 月 9 日，"悉尼"号击沉了德国袭击舰"埃姆登"号，消除了英国航运在印度洋上可能受到的威胁，原本赶往这里巡逻的"敏捷"号刚刚抵达亚丁，随后受命前往苏伊士运河，以防范土耳其人可能于 1914 年 12 月发起的进攻

1905 年 1 月—1908 年 10 月在海峡舰队服役。

1905 年 6 月 3 日与"凯旋"号相撞，螺旋桨、舰艉游廊和艉部部分舰体受损。

1906 年 6—7 月在查塔姆维修。

1908 年 10 月 7 日在朴次茅斯转为预备役，至 1909 年 4 月。

1909 年 4 月 6 日加入地中海舰队，至 1912 年 5 月。

1912 年 5 月—1913 年 3 月舰队重组时，加入朴次茅斯的第 3 本土舰队。

1912 年 9 月—1913 年 3 月处于维修状态。

1913 年 3 月 26 日在朴次茅斯重新服役，担任东印度群岛舰队旗舰（升海军少将旗），至 1915 年 2 月（1914 年 12 月起加入苏伊士运河巡逻队）。

△ 1914 年 9 月 22 日，在东亚水域活动的"凯旋"号，之后六周里它与日本海军协同作战

1914 年 9—11 月为孟买至亚丁航线上的印度运兵船护航。

1914 年 12 月 1 日被派至苏伊士运河，但仍担任东印度群岛舰队旗舰。

1915 年 1 月 27 日—2 月 4 日协助击退土耳其军队对坎塔拉（Kantara）的进攻。后将职责转交"欧律阿罗斯"号（Euryalus），前往达达尼尔。

1915 年 2 月 28 日加入达达尼尔分舰队，至 1916 年 2 月。

1915 年 3 月 2 日参加进攻达达诺斯要塞的行动。

3 月 5—9 日与"凯旋"号一同炮击士麦那（Smyrna）要塞。3 月 18 日参加对海峡狭窄处要塞的进攻。支援在赫勒斯（西海滩）的一系列主要登陆及后续登陆，包括 6 月 4 日对阿奇巴巴的进攻。9 月 18 日从穆德罗斯前往苏弗拉途中遭到德国潜艇攻击（可能是 U–21 号）。

1916 年 1 月 18 日参加炮击亚历山德鲁波利斯（Dedeagatch）的行动。

2 月受命加入第 9 巡洋舰分舰队，在大西洋执行巡逻和护航任务。2 月 7 日离开凯法勒（Kephale）前往直布罗陀。

1916 年 2 月—1917 年 3 月在大西洋巡逻队服役。

1917 年 3 月离开第 9 巡洋舰分舰队。3 月 26 日离开塞拉利昂返回本土，4 月 11 日抵达普利茅斯，4 月 26 日在查塔姆转为预备役，舰员调至反潜舰艇。

1917 年 4 月—1918 年秋处于预备役状态。

1917 年年中在查塔姆维修。

1918 年 2 月底担任居住船。秋季在查塔姆拆除所有设备，准备作为阻塞船参加第二次封锁奥斯坦德的行动，但是行动之前双方就签署了停战协议。后来短暂地作为靶船使用

1920 年 3 月在朴次茅斯列入出售名单，6 月 18 日出售给多佛的斯坦利拆船公司。

△ 从"凯旋"号舰身上的一个弹洞看它的姊妹舰"敏捷"号。1915 年 3 月，"凯旋"号在达达尼尔受损

舰史："凯旋"号

1902 年由智利政府向维克斯公司订购，原名"自由"号。1903 年 12 月 3 日被英国海军买下。

1904 年 6 月 21 日在查塔姆服役，加入本土舰队，至 1905 年 1 月。

1904 年 9 月 17 日在彭布罗克与商船"汽笛"号（Siren）相撞，侧舷板轻微受损。

1905 年 1 月—1909 年 4 月在海峡舰队（前本土舰队）服役。

1905 年 6 月 3 日与"敏捷"号相撞，舰艏受损。

1908 年 10 月在查塔姆维修。

1909 年 4 月 6 日加入地中海舰队，至 1912 年 5 月。舰队重组时加入第 3 本土舰队。

1912 年 5 月—1913 年 8 月在本土舰队服役。

1913 年 8 月 28 日在查塔姆重新服役，加入远东舰队，至 1915 年 1 月。

1914 年 8 月前处于预备役状态。一战爆发后重新服役，舰员来自退役的内河炮艇，另外还有来自康沃尔（Cornwall）轻步兵团的 2 名军官、100 名士兵和 6 名通信员。8 月 6 日达到备战状态。8 月初参加拦截冯·斯佩分舰队的行动，俘获了斯佩的一艘煤船。加入日本第 2 舰队，8 月 23 日参加攻占德国远东殖民地的行动，至 11 月，其中包括 11 月 7 日攻占要塞的行动。

1914 年 11 月—1915 年 1 月在添马基地维修。

1915 年 1 月参加达达尼尔战役。1 月 12 日离开远东，2 月 7 日抵达苏伊士运河，2 月 12 日前往达达尼尔。

1915 年 2—5 月驻扎达达尼尔。

2 月 18—19 日参加攻击海峡入口处要塞的行动（2 月 25 日与"阿尔比恩"号和"康沃利斯"号以副炮近距离压制了赛迪尔巴希尔要塞的土军火炮）。2 月 26 日，

▷ 1915 年 4 月 25 日，"敏捷"号在赫勒斯（W 海滩）掩护陆军的登陆行动

与"庄严"号和"阿尔比恩"号一起发动了攻击内层要塞的行动，它们是战役期间首批进入海峡的战列舰。3 月 2 日参加攻击达达诺斯要塞的行动。3 月 18 日参加攻击海峡狭窄处要塞的行动。4 月 15 日，对阿奇巴巴的土军战壕进行了尝试性炮击。4 月 18 日，"凯旋"号的一艘快艇和"庄严"号的一艘小艇用鱼雷将在达达诺斯要塞附近搁浅的英国潜艇 E15 号击沉，以免它落入敌手。4 月 25 日支援澳新联军在伽巴帖培的登陆行动。5 月 19 日支援澳新联军在伽巴帖培防御土军的大规模进攻。

"凯旋"号的损失

1915 年 5 月 25 日，"凯旋"号在伽巴帖培炮击土军阵地时，被德国潜艇 U–21 号发射的鱼雷击中。

当时军舰的防鱼雷网已经张开，火炮已准备就绪，大部分水密门也已经关闭。"潜艇警报"响起后，人员各就各位（水密门全部关闭）。军舰正向西航行，大约 12 时 30 分，一具潜望镜在右舷 274—366 米（300—400 码）处被发现。"凯旋"号的舰炮向潜艇开火，但几乎与此同时，一枚鱼雷命中右舷 2 号锅炉舱附近位置。和"庄严"号一样，防鱼雷网像纸一样被鱼雷撕开，鱼雷以最大航速击中了舰体。

巨大的爆炸将舰体抬离水面。随后大量煤块和残骸落在军舰上。几分钟之内，军舰向右舷倾斜 10 度，然后停了下来。5 分钟之后，倾斜已达 30 度，很明显它即将

△ 在整个大战中异常活跃的"敏捷"号于 1918 年拆除武装和设备，于 1920 年出售。这是它被拖行着离开港口的情景

倾覆。不过在爆炸发生后 10 分钟，军舰仍未倾覆。舰长下达了弃舰命令，大部分舰员得以逃生。"凯旋"号随后翻转舰身，舰底朝上漂浮了大约半个小时，最后从舰艏开始缓缓下沉，舰体内又发生了一次爆炸（有报告称噪声来自舰体内重物移位，而非爆炸）。军舰沉没在大约 55 米深的水中，3 名军官和 75 名水兵丧生。

质询法庭将军舰的沉没归于两个原因：

1. 防鱼雷网完全失效，但无人需要为此负责；
2. 当时缺乏足够的驱逐舰保护［驱逐舰"切尔墨"号（Chelmer）救起了大部分幸存者］。

伽巴帖培这一阶段的战斗具有极大的危险性，但也是必要的，所以"凯旋"号的舰长未受任何指责。

纳尔逊勋爵级：1904—1905年预算

设计

纳尔逊勋爵级是英国最后一级前无畏舰，也经常被称为过渡型无畏舰，它们是菲利普·瓦茨在海军造舰总监任上设计建造的第一级英国战列舰。

该级是在新海军政策的要求下设计的，设计目标是使皇家海军在面对外国同类军舰时占据绝对优势，而不仅仅与之旗鼓相当，这也是纳尔逊勋爵级问世之前几年英国军舰设计的趋势。所以英国舰艇设计人员必须尽力预测未来有可能出现的任何技术进步。

1902年年初，瓦茨上任海军造舰总监时首先对整个英国战列舰的设计计划进行了全面回顾。与此同时，海军审计官威廉·梅爵士也对英国和外国战列舰武备和防护系统的相对有效性进行了详尽调查。调查结果显示：

1. 副炮（特别是152毫米火炮）的毁伤效果与305毫米及以下的大口径火炮相比相去甚远；

2. 大口径炮弹造成的损伤范围很大，只具有轻型防护的副炮经常受损严重，在进入有效射程之前就被完全摧毁；

3. 需要大幅度增加重型装甲的防护面积。

新主力舰的设计将在这些调查结果的基础上进行，但是海军部委员会成员花了很长时间，才就如何对过去十年一直作为设计标准的各项参数做出最有效的修改达成一致，在最新的英王爱德华七世级的设计中，改进只取得了极为有限的突破。早在1902年7月，海军造舰总监就递交了新设计方案（见表），虽然梅对这些方案非常满意，但他还是要求海军造舰总监在总体武备和防护上做出更多改变，以供海军部委员会参考。

设计工作继续在海军造舰总监的部门进行，12月，另一套设计交付海军部（B方案的各种改型），其中海军部委员会一致选中了B3方案。之后的设计进度极为缓慢，直到1903年8月，另外3个方案的设计才完成（方案A、B和C）。9月25日，助理造舰师纳尔贝特还提交了一份全重型主炮方案，军舰将装备12门305毫米，或16门254毫米主炮（见示意图）。1903年10月19日和24日，海军造舰总监又递交了两个方案（没有编号）。

1903年10月21日，海军审计官要求海军造舰总监提供B3a方案的重量数据和设计草图。海军部几位高级海务大臣在商讨之后认为军舰武备不足，舰体艉艏的防护过于薄弱，遂将此方案放弃。

1903年10月27日，审计官收到海军造舰总监的信函，称即将在巴罗造船厂建造的军舰，舰宽不能超过24.23米，因为通向船台（和其他船坞）的入口过于狭窄。

"纳尔逊勋爵"号

设计示意图，1903—1904 年

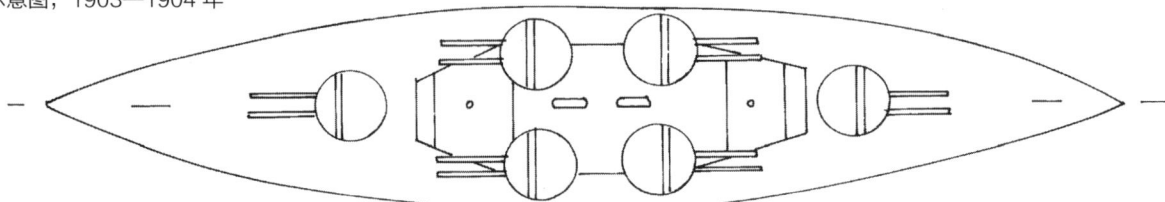

"纳尔逊勋爵"号，纳尔贝特方案，1903 年

A：12 门 305 毫米主炮
B：12 门 254 毫米主炮

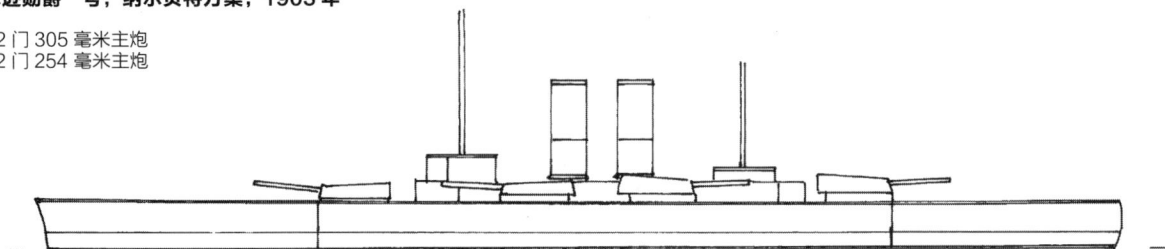

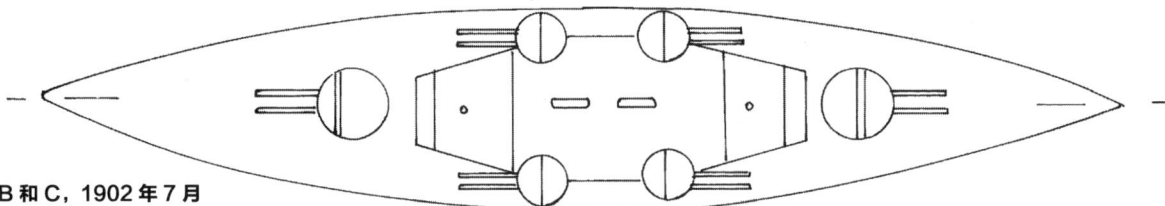

方案 B 和 C，1902 年 7 月

4 门 305 毫米主炮，8 门 234 毫米副炮

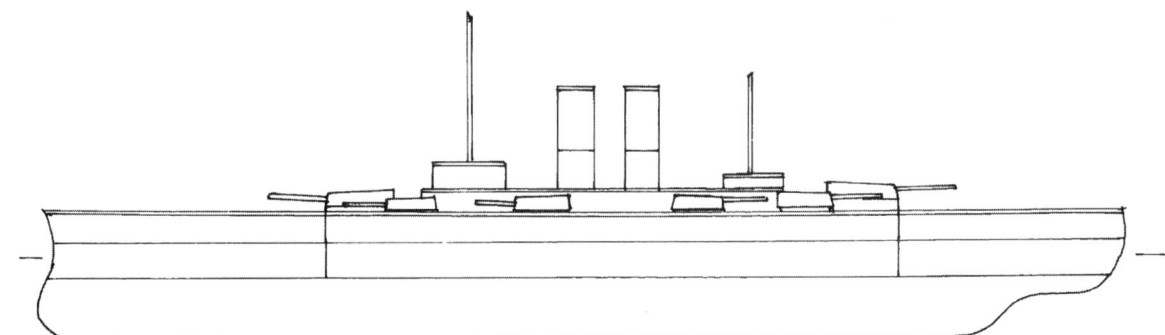

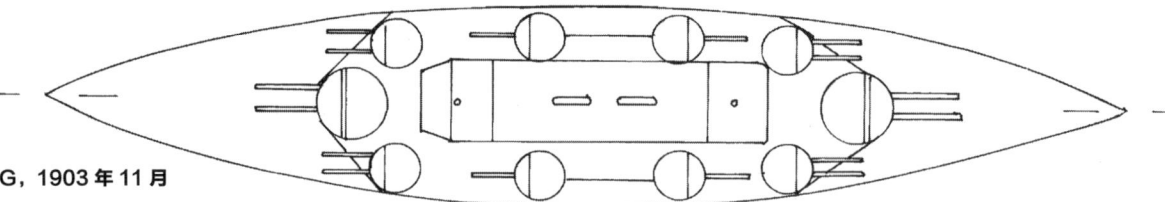

方案 G，1903 年 11 月

4 门 305 毫米主炮，12 门 234 毫米副炮

从 1903 年 11 月到 12 月 4 日，海军部就扩宽通往朴次茅斯和查塔姆船坞的入口展开了一系列讨论。

1903 年 11 月 13 日，为答复审计官的口头指示，海军造舰总监和设计人员递交了另外 6 个设计方案（方案 G 到 G5），除方案 G 和 G1 外，均有 200 吨预留重量。

在海军部委员会成员各自研究了设计方案后，海军审计官于 1903 年 12 月 4 日召集会议，海务大臣们仔细研究了设计的型线图、中段结构设计以及各种方案的草图，以求做出最终决定。

委员会最终一致同意，方案 G5 优于方案 G4，但舰宽不得超过 24.23 米。很多人认为这一限制损害了方案的整体均衡性。由于外国海军开始使用新型弹药（Renerable shell，一种击穿厚重装甲后爆炸的炮弹），委员会认为应该在原设计基础上增加下甲板装甲的厚度，另外主装甲带厚度至少应为 305 毫米，以抵御将来可能出现的，穿透力更大的炮弹。12 月 21 日的另一次会议上，委员会再次认真讨论了总体装甲布置方案及装甲厚度。

1904 年 2 月 6 日，海军造舰总监交给审计官另一份方案，与海军部委员会认可的 G5 方案相比，不同之处是军舰的尺寸明显增加，布置了 16 门海军造舰总监一直钟爱的 254 毫米主炮。但是军舰的舰宽（24.99 米）使其无法进入查塔姆和其他私人造船厂的船坞，该方案因此被放弃。随即又出现了另一种可能性（方案 G6），将方案 G2 的长度增加了 6.1 米，中央炮塔布置 2 门而不是 1 门 234 毫米副炮。

"纳尔逊勋爵"号：早期设计（1902 年 7 月 22 日）

	A	B*	B5	B6	B7	C	D	E
排水量（吨）	14000	14000	15800	15800	16350	14000	14000	15800
垂线间长（米）	123.44	124.97	121.92	121.92	126.49	124.97	124.97	121.92
宽（米）	24.08	满足要求	24.38	24.38	24.38	满足要求	满足要求	24.38
吃水（米）	8.08	—	8.23（平均）	8.23（平均）	8.23（平均）	—	—	8.23（平均）
输出功率（马力）	15000（19 节）	15000（18.5 节）	未知（18 节）	未知（18 节）	—	13500（18 节）	13500（18 节）	—
火炮	4×305 毫米 4×234 毫米 10×152 毫米	4×305 毫米 8×234 毫米 12×152 毫米	4×305 毫米 10×234 毫米	12×254 毫米	4×305 毫米 12×234 毫米	4×305 毫米 8×234 毫米	4×305 毫米 12×234 毫米	12×254 毫米
主装甲带（毫米）	102—229	102—229	102—305	102—305	—	102—229	102—178	102—305

* 另外还有：方案 B2，与方案 B 相同，除了武备为 4 门 305 毫米，8 门 234 毫米和 4 门 191 毫米火炮；方案 B3，与 B 相同，除了武备为 4 门 305 毫米和 10 门 234 毫米火炮；方案 B4，与 B 相同，除了排水量为 16000 吨。

纳尔逊勋爵级：递交海军部委员会的设计（1902 年 12 月）

	B3a	A*	B*	C*	无编号 **	无编号 ***
排水量（吨）	15400	16350	16350	16350	16500	15600
垂线间长（米）	121.92	123.44	121.92	129.54	123.44	121.92
宽（米）	24.38	24.69	24.99	23.77	24.38	24.38
吃水（米）	8.23（平均）	8.23（平均）	8.15	7.92	8.23（平均）	8.08（平均）
输出功率（马力）	15500（18 节）	16500（18 节）	16500（18 节）	18000（18.5 节）	16500（18 节）	15500（18 节）
火炮	4×305 毫米 8×234 毫米 14×76 毫米	4×305 毫米 12×234 毫米 14×76 毫米	16×254 毫米	4×305 毫米 4×234 毫米 10×152 毫米	4×305 毫米 12×234 毫米 14×76 毫米	4×305 毫米 8×234 毫米 14×76 毫米
主装甲带（毫米）	102—305	102—305	102—229	102—229	102—305	102—305

* 1903 年 8 月递交的方案。
** 设计日期 1903 年 10 月 19 日。
*** 设计日期 1903 年 10 月 24 日。

1903 年 11 月 13 日递交的设计方案

	G	G1	G2	G3	G4	G5	G6
排水量（吨）	16350	16500	16900	16550	16500	16500	17040
垂线间长（米）	123.44	123.44	126.49	123.44	123.44	123.44	129.54

续表

	G	G1	G2	G3	G4	G5	G6
宽（米）	24.23	24.38	24.38	24.38	24.38	24.23	24.23
吃水（米）	8.23	8.23	8.23	8.23	8.23	8.23	8.23
输出功率（马力）	16500（18节）	16500（18节）	16500（18节）	16500（18节）	—	16500（18节）	16500（18节）
火炮	4×305 毫米 12×234 毫米 14×76 毫米	4×305 毫米 12×234 毫米 14×76 毫米	4×305 毫米 12×234 毫米 14×76 毫米	4×305 毫米 12×234 毫米 14×76 毫米	4×305 毫米 10×234 毫米	4×305 毫米 10×234 毫米	4×305 毫米 12×234 毫米
主装甲带（毫米）	102—305	102—305	—	102—305	102—305	102—305	—

海军造舰总监提交的其他方案

	E1（瓦茨 1903 年 12 月递交的方案）	瓦茨 1904 年 2 月 6 日递交的方案
排水量（吨）	16500	18400
垂线间长（米）	123.44	135.64
宽（米）	24.23 米	24.99
吃水（米）	8.23（平均）	8.23/8.53
输出功率（马力）	16500（18 节）	17000（18 节）
火炮	12×254 毫米	16×254 毫米
主装甲带（毫米）	102—305	102—305

　　海军部委员会面对众多设计方案和草图，一时间无法确定哪一个是最佳的。直到 1904 年 2 月 10 日再次召开全体会议时，他们才一致认定方案 G5 更为出众，要求造舰处进一步考虑该方案并将之完善，尽快完成 1904 年预算中新主力舰设计的审批程序。

　　海军造舰总监和他的助手开始认真考虑全重型主炮的方案，这也是 1902 年调查得出的最终结论。中口径火炮将被完全放弃，大口径主炮的数量大幅增加，唯一的轻型火炮是 76 毫米炮，另外还有部分反鱼雷艇武器。不幸的是，当时（1903—1904 年）海军部委员会大部分成员并不喜欢全重型主炮方案。他们在 1905 年甚至还很难确定为"无畏"号装备哪种大口径主炮（见 R. A. 伯特，《英国战列舰：第一次世界大战》），同时他们认为，这种激进的改革，将伴随着军舰排水量和造价的增加，是不应予以考虑的。相反，应当建造混合口径火炮战列舰作为过渡舰种，对其优劣进行全面评估。

　　纳尔逊勋爵级的最终设计于 1904 年 8 月 1 日完成，但由于革命性的"无畏"号的出现，两艘纳尔逊勋爵级在一夜间过时，它们直到 1905 年 5 月才开工建造，至于那些更老的，只装备 4 门或更少 305 毫米主炮的前无畏舰，就更加不受重视了。

　　当"无畏"号的设计正在进行中时，海军部曾考虑为纳尔逊勋爵级装备单一口径主炮，虽然那时（1905 年 1 月）两舰尚未开工，但各项准备工作的进度已不允许对设计做大幅度改变，于是这两艘战列舰就成为最后一级使用混合口径火炮的英国战列舰，和其他同类战舰一样，也注定是无法长期服役的。

　　相比英王爱德华七世级，纳尔逊勋爵级的排水量增加了 250 吨，主要改进如下：

1. 装备更强大的新型 305 毫米和 234 毫米火炮。

2. 统一口径、威力大增的 10 门 234 毫米副炮组全部布置在上甲板。不似英王爱德华七世级那样只有 4 门 234 毫米副炮和 10 门 152 毫米副炮，152 毫米副炮全都布置在主甲板，在高海况下很难开火射击。

3. 装备口径更大、更有效的反鱼雷艇武器。

4. 拥有更强的舰体装甲，以及改进的内部防护。

5. 航速降低了 0.5 节，但在实际服役期间，它们的航速与英王爱德华七世级相当。

6. 续航力大大增加。

纳尔逊勋爵级：最终设计数据（1904 年 8 月 1 日）

排水量：16500 吨

水线长：124.97 米（垂线间长）

宽：24.23 米

吃水：8.23 米（平均）

干舷高度：7.32 米（舰艏），5.03 米（舯部），5.49 米（舰艉）

升沉量：24.02 吨 / 厘米

主炮高度：8.23 米（舰艏），6.7 米（舰艉）

234 毫米火炮高度：7.01 米（舰艏），6.7 米（舯部），6.7 米（舰艉）

武备

4 门 305 毫米主炮

10 门 234 毫米副炮

12 门 76 毫米炮（18 英担）

10 门 47 毫米炮

装甲

主装甲带：102—305 毫米

横向装甲：203 毫米

炮塔基座：76—305 毫米

炮塔：305 毫米（最大）

234 毫米炮塔：178—203 毫米

234 毫米炮塔倾斜围屏装甲：152 毫米

司令塔：305 毫米

甲板：主甲板 38 毫米，中甲板 25—102 毫米，下甲板 25—76 毫米

输出功率：16500 马力（18 节）

燃煤：900 吨（正常）；2000 吨（最大）

舰员：750 人

其他设备：650 吨

武备：3110 吨

装甲：4200 吨

动力：1720 吨

舰体：5720 吨

总重：16500 吨加 200 吨预留重量

"纳尔逊勋爵"号

侧视图和舰面布置图，1908 年

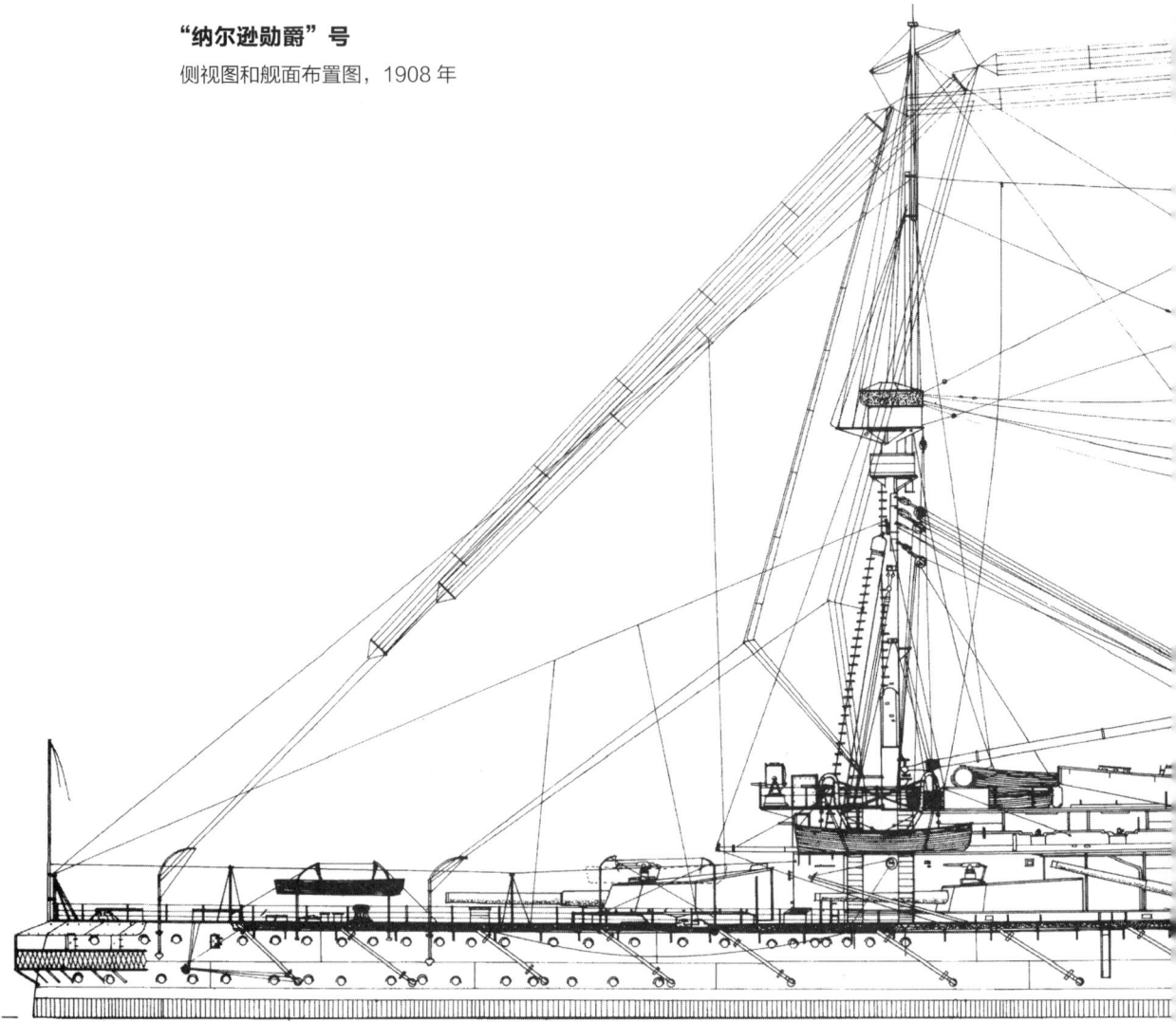

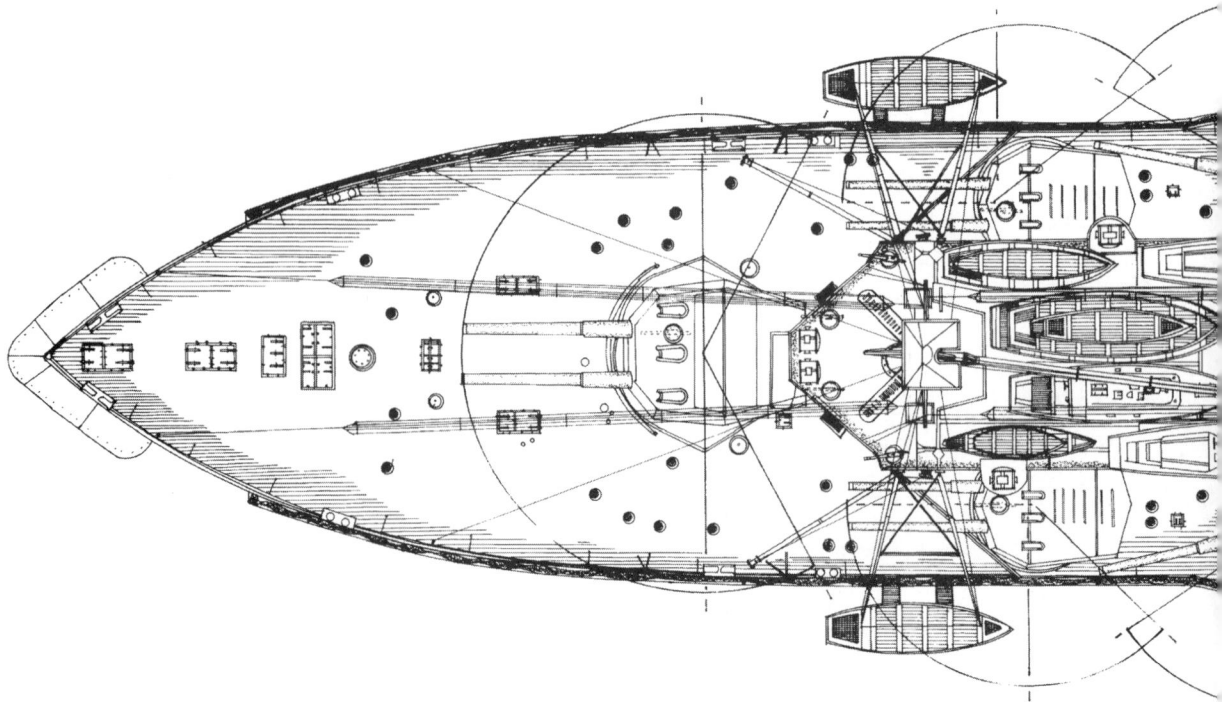

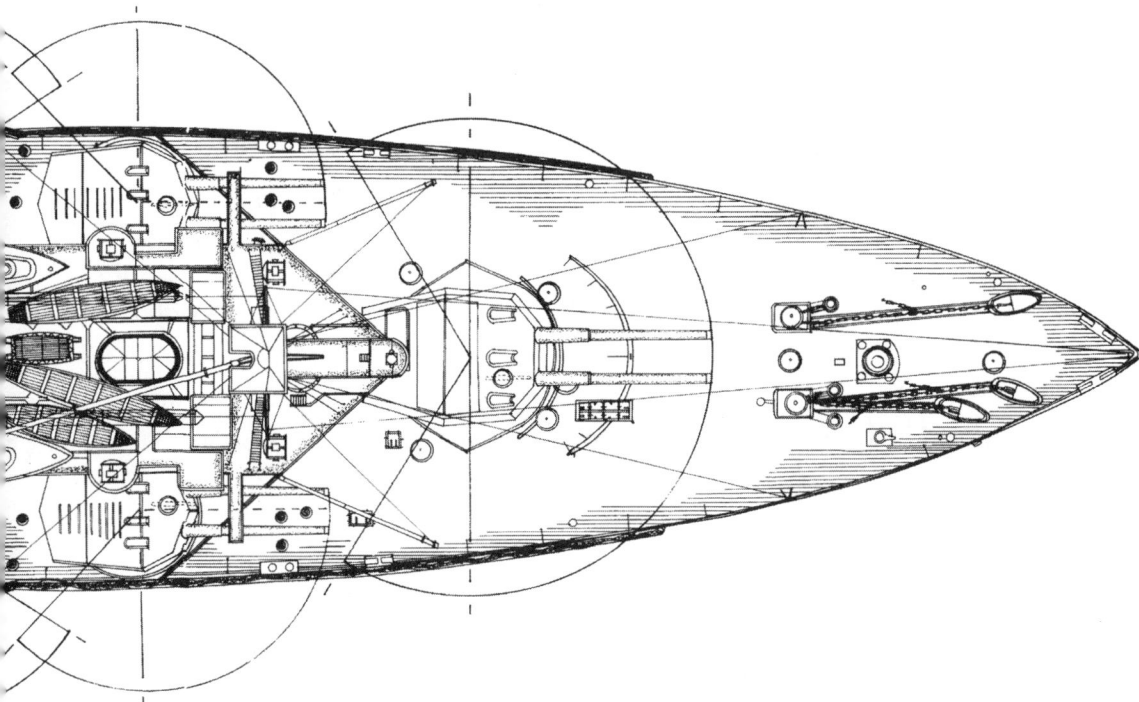

△ 1908 年 12 月刚刚在查塔姆造船厂完工的"纳尔逊勋爵"号

纳尔逊勋爵级的火炮布置使其全向射击的有效性高于英王爱德华七世级，而排水量仅有少量增加，这是它在设计和建造上最显著的进步。

虽然人们普遍认为"无畏"号的性能比纳尔逊勋爵级有了质的飞跃，但前者的侧舷齐射火力为 8 门 305 毫米主炮，后者为 4 门 305 毫米主炮和 5 门 234 毫米副炮，相差并不太大。在远距离上，纳尔逊勋爵级肯定会被"无畏"号压制，但在 9144 米（10000 码）以内，它可以与任何早期无畏舰对抗——特别是它的装甲防护比"无畏"号更优秀，后者相对纳尔逊勋爵级的主要改变之一，就是主装甲带的最大厚度从 305 毫米减至 279 毫米，并且取消了 203 毫米的上部装甲带。

纳尔逊勋爵级的其他革新之处有：

1. 使用大型飞跃式甲板，提高了反鱼雷艇火炮和探照灯的高度；

2. 舰桥结构尽可能精简；

3. 采用三脚式主桅。

设计上的主要弱点是：

1. 很难控制两种不同口径的火炮射击，特别是在远程炮战时代到来之际；
2. 海军部希望使用现有的船坞设备，因而对尺寸做出了限制，这导致军舰的总体布置显得较为拥挤。

两舰服役期间表现得非常好，在大多数方面满足了 1904 年以前对主力舰的要求，以至于有人在 1908 年提出增建两艘纳尔逊勋爵级，使之成为一个完整的战术单位。但是由于"无畏"号的巨大成功，以及海军不断要求装备更大口径的主炮，这一建议未被采纳。

设计期间，海军部曾考虑在德文波特的 5 号船台和查塔姆的 9 号船台建造两舰，前者能容纳的舰体长度比英王爱德华七世级短 3.66 米，后者则将舰宽限制在 24.23 米以下。这些限制其实是毫无必要的，因为到两舰入役时，已有大量大型船台可以使用。因为要在足够优化以满足设计航速要求的舰体上布置各种装备，设计人员遇到了很大的困难，排水量捉襟见肘。如果海军部能有一点先见之明，纳尔逊勋爵级本可以在设计上更加优秀，有可能装备全重型主炮，而不是混合口径舰炮。

为适应查塔姆船台的入口，军舰的舯部侧舷只能设计成垂直且相互平行的形式。舰底也非常平坦，以便增大舰体截面和排水量。艏艉的型线设计则以简单实用为目标。结果还算令人满意，虽然中段结构的设计较为特殊，但舰体的运动非常平稳，原因是这种设计提高了横摇阻力。

纳尔逊勋爵级是最后一级配备有装甲支撑的尖锐撞角的英国战列舰，虽然在远程火炮时代，撞角战术早已被放弃。

纳尔逊勋爵级的初稳心高度比英王爱德华七世级更低一些，加上 234 毫米炮塔产生的阻尼效应，它具有优良的适航性，不仅火炮受海浪影响小，而且在射击时非常稳定。

武备

在前无畏舰的设计中，最基本的武器总是 4 门 305 毫米主炮，但纳尔逊勋爵级副炮的选择却出现了问题。

从列表中可以看出，海军部委员会面前有很多设计方案。虽然委员会成员审查了所有方案，但大部分讨论的议题都是以 234 毫米副炮代替 152 毫米副炮。

委员会总体上更喜欢 234 毫米副炮数量多达 12 门的方案 G，但是由于对舰宽的限制，舰体舯部两舷的 234 毫米炮塔只能从双联装改为单装。双联装炮塔的尺寸也由于同样原因而受到限制，导致炮塔内部非常拥挤，很难维持高射速。

在上甲板布置 8 座炮塔（2 座 305 毫米和 6 座 234 毫米）也给设计带来了困难，需要采取特殊手段避免炮口风暴对邻近炮塔产生干扰。纳尔逊勋爵级装备了一种电控危险信号系统，当一座炮塔开火可能对相邻炮塔造成损害时，该系统就会响起高频蜂鸣警告。234 毫米火炮是一种优良的准大口径火炮，它有效结合了强大的威力和高射速，很受舰队欢迎，有人因此将两艘纳尔逊勋爵级视为全重型主炮战列舰。海军造舰总监曾极力推荐全重型主炮战列舰，但是他倾向于"敏捷"号和"凯旋"

号上装备的 254 毫米主炮，而不是助理造舰师纳尔贝特建议的 305 毫米主炮。然而当时的海军部委员会并没有大胆创新的念头，只想要一种火力强大的混合口径火炮主力舰。

"纳尔逊勋爵"号：下水时数据

排水量：6570 吨

长：124.96 米

宽：24.7 米

型宽：24.17 米

龙骨至上甲板距离：13.3 米

吃水：3.33 米（第 12—13 号肋位），4.37 米（第 159 号肋位）

记录舰体重量：5002.66 吨

下水时损伤情况

径向移动距离 96.32 米，7.874 毫米拱曲

横向移动距离 21.79 米，0 毫米凹陷

舭龙骨脱落

下水时舰上各单位重量（吨）

装甲：1254

机械：185.10

装备：8.32

下水后移除重量：119

"阿伽门农"号：下水时数据

排水量：6090 吨

长：124.97 米（垂线间长）

宽：24.23 米

龙骨至上甲板距离：13.56 米

吃水：3.12 米（舰艏），4.15 米（舰艉）

记录舰体重量：4600 吨

下水时损伤情况

径向移动距离 96.62 米，7.874 毫米拱曲

横向移动距离 22.56 米，2.54 毫米凹陷

下水时舰上各单位重量（吨）

舰上材料重量（仍保留承重木料）：40

装甲和背板：690

机械：450

压载物等：350

总重：1490

　　装备统一 254 毫米或 305 毫米主炮的方案是英国官方第一种全重型主炮设计，虽然海军造舰总监早在 1882 年就和费舍尔一起设计了类似的军舰——他们将"蹂躏"号和"不屈"号相结合，并且布置了统一的大口径主炮，其他口径火炮的数量则很少。1905 年 1 月至 3 月间，海军部正在讨论"无畏"号的设计，有人建议修改两艘纳尔逊勋爵级的设计，只装备 305 毫米主炮，取消 234 毫米副炮。但是又有人指出，大幅修改设计将严重拖延两舰的建造进度，而且新型 305 毫米主炮（Mk X 型）和维克斯公司的新型炮座生产数量不足，该建议因此未被采纳。

纳尔逊勋爵级：建成时性能数据

建造

	造船厂	开工	下水	建成
"纳尔逊勋爵"号	帕尔默公司	1905 年 5 月 18 日	1906 年 9 月 4 日	1908 年 10 月
"阿伽门农"号	比德莫尔造船厂	1905 年 5 月 15 日	1906 年 6 月 23 日	1908 年 6 月

排水量（吨）

15358（正常），17820（满载），18910（超载）

尺寸

长：124.97 米（垂线间长），132.58 米（水线长），135.18 米（全长）

宽：24.23 米

吃水：7.62 米（轻载），9.14 米（超载）

武备

4 门 305 毫米 Mk X 型 45 倍径主炮，Mk VIII 型炮座

10 门 234 毫米 Mk XI 型副炮，Mk VII 型炮座（单装为 Mk VIII 型炮座）

24 门 76 毫米炮

2 门 47 毫米炮

5 具 457 毫米水下鱼雷发射管，23 枚鱼雷

备弹量

305 毫米主炮，每门炮备弹 80 枚

234 毫米副炮，每门炮备弹 100 枚

76 毫米炮，每门炮备弹 230 枚

炮弹类型

305 毫米炮弹：160 枚穿甲弹，160 枚通常弹

234 毫米炮弹：500 枚穿甲弹，500 枚通常弹

76 毫米炮弹：5520 枚通常弹

装甲

主装甲带、主横向装甲、司令塔和炮塔为克虏伯渗碳装甲

弹药升降机、234 毫米炮塔倾斜围屏装甲和中甲板装甲为克虏伯非渗碳装甲

垂直通道为埃拉钢装甲（Era steel）

其余为低碳钢装甲

主装甲带：305 毫米

上部装甲带：203 毫米

横向装甲：203 毫米

炮塔基座：76—305 毫米

炮塔：305—343 毫米

234 毫米炮塔：76—178 毫米

234 毫米炮塔基座：203 毫米

234 毫米炮塔倾斜围屏装甲：152 毫米

司令塔：305 毫米

垂直通道：152 毫米

鱼雷指挥塔：76 毫米

甲板：主甲板 38 毫米；中甲板倾斜部分 102 毫米，其余 51 毫米；下甲板 25—76 毫米

纳尔逊勋爵级：建成时性能数据

续表

动力

2 套四缸垂直倒置直动三胀式表面冷凝蒸汽机，2 副向内旋转螺旋桨

汽缸直径：高压 831.85 毫米，中压 1339.85 毫米，低压 1524 毫米

冲程：1219.2 毫米

锅炉：15 台巴布科克水管锅炉（"阿伽门农"号为亚罗锅炉），工作压力 1.9 兆帕，蒸汽机内蒸汽压 1.72 兆帕

总加热面积：4669.77 平方米

炉算面积：78.78 平方米

辅助动力包括首次安装的 2 台应急柴油发电机

锅炉舱长度：15.85 米（前部），6.07 米（中部），11.58 米（后部）

轮机舱长度：15.85 米

设计输出功率：16750 马力（18 节）

燃煤："纳尔逊勋爵"号，900 吨（正常），2170 吨（最大），加 1090 吨燃油；"阿伽门农"号，2193 吨燃煤加 1048 吨燃油（最大）

燃煤消耗速率：全功率下每天消耗 410 吨燃煤，3/5 功率下每天消耗 270 吨燃煤，7 节经济航速下每天消耗 55 吨燃煤

续航力："纳尔逊勋爵"号，5390 海里 /10 节（2180 吨燃煤，无燃油），9180 海里 /10 节（载 1090 吨燃油）

小艇

大舢板（摩托艇）：1 艘 15.24 米

大舢板（蒸汽）：1 艘 15.24 米

平底艇（蒸汽）：1 艘 12.19 米

大舢板（风帆）：1 艘 10.97 米

长艇（风帆）：1 艘 7.32 米

纵帆快艇：2 艘 9.75 米，1 艘 9.14 米

舰长交通艇：1 艘 9.75 米

捕鲸艇：3 艘 8.23 米

小舢板：1 艘 8.53 米

帆装小工作艇：2 艘 4.88 米

巴沙救生筏：2 艘 4.11 米

探照灯

8 部 914 毫米探照灯（2 部位于前部上层建筑，4 部位于飞跃式甲板两侧升起的平台上，2 部位于后部上层建筑两侧）；1 部 610 毫米探照灯（位于前桅火控平台下方的平台上）

舰锚

3 副 6.25 吨无杆锚（舰艏锚和备用锚）

无线电

Mk 1 型无线电（1910 年后装备短程无线电）

舰员

"纳尔逊勋爵"号：752 人（1910 年）

"阿伽门农"号：749 人（1908 年）；756 人（1913 年）

战时平均舰员数量为 800 人

造价

"纳尔逊勋爵"号：1540939 英镑，加火炮 110400 英镑

"阿伽门农"号：1541947 英镑，加火炮 110400 英镑

"纳尔逊勋爵"号和"阿伽门农"号的主炮和炮塔与"无畏"号完全相同（Mk VIII 型）。在最后的设计阶段，以及"纳尔逊勋爵"号开工时，海军审计官办公室曾召开过一次会议，会上有人建议为纳尔逊勋爵级装备电动主炮塔。但是在一番争论后，军官们还是一致认为，现有的液压动力炮塔已经非常优秀，电动炮塔不太可能有什么突出的优势。其实电动炮塔的确有液压炮塔所不及的长处，但它在火炮驻退和快速复进方面有突出弱点。在电动炮塔内，这些动作只能通过弹簧或气动部件，而不是液压系统来完成。海军部委员会认为，虽然前者在陆上要塞装备的火炮上多有应用，但在舰用重型火炮上还无法令人满意。

由于有反对意见，海军部决定首先对电动炮塔在各种条件下的表现进行全面试验。海军审计官称，他希望试验能在一艘 1905—1906 年开工的新战列舰上进行，他的意见被海军部委员会接受，但是使用纳尔逊勋爵级做试验已经太晚了，因为这样会大大拖延它的工期。

到 1904 年 11 月 30 日，有人再次提出建议，将"纳尔逊勋爵"号的舯炮塔改为电动炮塔，但因为同样的原因被拒绝（后来在"无敌"号战列巡洋舰上布置了一座电动炮塔）。

纳尔逊勋爵级的火力远超英王爱德华七世级，不仅新的 305 毫米和 234 毫米火炮更加强大，而且在上甲板高度多布置了 6 门 234 毫米副炮，这比后者主甲板上的 10 门 152 毫米副炮强大且有效得多，152 毫米副炮因为高度太低而很难发挥威力。

纳尔逊勋爵级是最后一级装备用于对付装甲舰艇的中口径火炮的英国战列舰，也是自"不屈"号（1882 年）之后第一级未布置 152 毫米副炮的英国战列舰。纳尔逊勋爵级之前曾有使用 120 毫米副炮的特拉法尔加级（1890 年）和百夫长级（1894 年），但它们后来都经过改装，重新安装了 152 毫米火炮。152 毫米火炮后来在铁公爵级（1912 年）战列舰上被重新引入，但主要用途是反鱼雷艇。

纳尔逊勋爵级：武备重量（吨）

305 毫米炮塔		234 毫米双联装炮塔	
4 门 305 毫米火炮	232	8 门火炮	226
防盾	355	旋转机构	24
旋转台	180	旋转台	180
旋转机构	31.1	滑轨	106
滑轨	88	旋转管道	8
泵（3 台）	45	弹药处理室机械	16.7
液压旋转管道	9	输弹机构	54.3
装弹机构	6.5	管道及其他	6
输弹机构	40.5	防盾	432
备用设备	10	炮塔中备弹（12 枚）	2
给水及其他	30	弹药处理室备弹	134
管道及其他	22.5	发射药	57
炮塔中备弹（8 枚）	3	备用设备	4
弹药处理室备弹（40 枚）	15.5		
发射药（每门炮 80 包）	51.5	单装 234 毫米炮塔重量为 378.3 吨	

纳尔逊勋爵级的反鱼雷艇武器及其布置方式比之前的战列舰优秀得多，特别引人注目。与英王爱德华七世级相比，纳尔逊勋爵级 76 毫米炮的数量增加了一倍，47 毫米炮数量与最后 3 艘英王爱德华七世级相同。

纳尔逊勋爵级设置了大型飞跃式甲板，上面布置了三分之二的 76 毫米炮和 8 部 914 毫米探照灯中的 4 部，这是非常成功和有效的布局。这些火炮虽然位置比较暴露，但远高于水线（正常情况下高出水线 9.14 米），而且完全不受主炮和副炮炮口风暴的影响。但另一方面，飞跃式甲板增加了舰体上部的重量，而且是敌方火力易于击中的靶标。舰队也不太喜欢这种甲板，担心它一旦在战斗中坍塌，就会妨碍 234 毫米副炮的射击。另外，没有布置比 76 毫米炮更大的反鱼雷艇火炮也招致批评，很多军官认为用 76 毫米炮对付排水量日益增长的鱼雷艇已不再有效。

保留 76 毫米炮（这种新式 18 英担火炮优于以前的同口径火炮）是受到一些现役军官的影响，他们认为没必要击沉鱼雷艇——只要在它们进入鱼雷射程前阻止其前进即可。但是相当多的人强烈质疑这种观点（包括前海军造舰总监威廉·怀特），不过当时这些反对 76 毫米炮的人也无法拿出足够的证据，所以这种火炮依旧装备了两艘纳尔逊勋爵级，以及之后的"无畏"号战列舰。

装甲

1902 年的战列舰设计调查显示，新主力舰必须布置更厚和面积更大的装甲，这也成为纳尔逊勋爵级的设计原则。与英王爱德华七世级相比，该级在防护上的主要改进有：

1. 舰体舯部主装甲带厚度由 229 毫米增至 305 毫米，舰艉装甲带厚度从 38 毫米增至 102 毫米。

2. 艏炮塔基座装甲统一为 152 毫米，而不是 178—127—102—51 毫米的递减形式。

3. 艏炮塔前方侧舷装甲带厚度为 152 毫米和 102 毫米，而不是 203—178—127—102—51 毫米。

4. 装甲盒两侧的上部装甲带（主甲板以上）厚度从 178 毫米增至 203 毫米。

5. 主横向装甲（舰艉）并未延伸至中甲板以下，而是被中甲板两侧向下倾斜并与艉炮塔正面下缘相连的装甲代替。

6. 上甲板装甲位于装甲盒顶部，厚度由 25 毫米减至 19 毫米。

7. 主甲板装甲最大厚度由 51 毫米减至 38 毫米。

8. 艏艉炮塔正面之间的中甲板装甲增加了 25 毫米，水平部分为 51 毫米，倾斜部分向下连接至下甲板外缘，厚度也为 51 毫米。

9. 舰艉下甲板最大厚度增加 13 毫米。

10. 炮塔基座装甲在装甲盒内的部分，从 152 毫米减至 76 毫米。

11. 炮塔正面装甲没有变化，但是侧面和后部装甲分别增至 305 和 330 毫米。

12. 234 毫米炮塔正面装甲减少了 25 毫米，侧面装甲增加了 25 毫米。

13. 布置了环绕 234 毫米炮塔的倾斜围屏装甲，厚度为 152 毫米，但是没有像英王爱德华七世级那样的低矮基座。

纳尔逊勋爵级在防护上的弱点是：

1. 满载情况下，305毫米主装甲带经常完全位于水线以下。
2. 主炮塔基座背面装甲在上甲板以下只有76毫米。如果是弹道平直的敌弹，可以由203毫米的装甲盒侧甲来抵御，但远距离来袭的大角度下落炮弹就非常危险了，因为临近区域只有19毫米的上甲板保护。

"纳尔逊勋爵"号：初稳心高度和稳性（1908年11月倾斜试验）

	吃水	初稳心高度	最大复原力臂角	稳性消失角
A条件（正常）*	8.08米	1.04米	32度	58度
B条件（满载）**	9.23米	1.61米	33度	57度

* 全备状态加900吨燃煤。
** 全备状态加2171吨燃煤、1090吨燃油、204吨储备给水。

　　总体内部防护比以前的战列舰大有改进，纳尔逊勋爵级是第一级在所有主要舱室采用完整的非穿透水密舱壁的英国战列舰，舱壁上没有任何舱门、管道通过。另外每个隔舱都安装了独立排水泵和通风系统，而不是以往采用的单一主排水系统，这也大大增强了安全性。

　　但是缺乏舱门也造成了很多不便，尤其是在轮机舱和锅炉舱。全舰各个隔舱的出入都依靠升降机。数年前建造的俄国战列舰"皇太子"号（Tsarevitch），以及巡洋舰"帕拉达"号（Pallada）和"巴扬"号（Bayan），第一次安装了非穿透水密舱壁，前两艘军舰在 1904 年 2 月的战斗中承受了鱼雷打击而幸存下来。不过英国海军认为这种设计有诸多缺点，尤其是出入不便，后来在早期无畏舰上放弃了这种舱壁。

　　反鱼雷艇武器处于完全暴露状态，而飞跃式甲板又是显眼的目标，这被视为防护上的弱点。但是纳尔逊勋爵级的装甲厚度远超以前的战列舰，在装甲厚度和防护面积上也超过了俄里翁级（1909 年）之前的早期无畏舰。

◁ "阿伽门农"号，1910 年。由于舰桥和海图室不同，它在外观上很容易与"纳尔逊勋爵"号区分

◁ 绘有标准烟囱识别带（白色）的"纳尔逊勋爵"号，1909 年。像大多数英国战列舰一样，舰员们给"纳尔逊勋爵"号和"阿伽门农"号起了绰号，分别是"纳尔辛"（Nelsing）和"鸡蛋培根"（Eggs and bacon）

△ 1911 年阅舰式中挂满旗的"阿伽门农"号，舰艏视角，所有副炮指向侧舷

两艘纳尔逊勋爵级高标准的全向防护能力在达达尼尔战役中得到了充分的体现。1915 年 3 月 7 日，"阿伽门农"号和"纳尔逊勋爵"号分别被 8 枚和 7 枚大口径和准大口径炮弹（356 毫米和 240 毫米）击中，但军舰未受严重损伤，只有数人伤亡。

纳尔逊勋爵级重新将防鱼雷网布置在高处（上甲板），使收放作业更加简便。这是由于主甲板高度未布置副炮。上一级在上甲板布置防鱼雷网搁架的战列舰还是庄严级（"玛尔斯"号除外），但之后几级战列舰在主甲板布置了 152 毫米副炮，因此被迫降低了搁架的高度。

"纳尔逊勋爵"号：装甲重量（吨）
引自帕尔默公司的记录

上部和下部侧舷装甲：1398.3

51 毫米舰艏装甲：22.25

横向装甲和炮塔基座装甲：468.4

背板：88.65

234 毫米炮塔防破片装甲：126.75

234 毫米炮塔围屏装甲：77

司令塔和垂直通道：83.30

水平装甲

主甲板：188.6

中甲板：550.5

倾斜装甲：88.5

下甲板：198.5

纳尔逊勋爵级的主装甲带厚度为 305—229—152 毫米，长 57.91 米，从艏炮塔基座正面延伸至艉炮塔基座侧面。上缘位于中甲板高度，高于水线大约 0.61 米。下缘在水线以下 1.52 米。从艉炮塔基座侧面至艏炮塔侧面的主装甲带为 305 毫米，下缘厚度减至 152 毫米。305 毫米装甲带前方为直达舰艏的装甲延伸带，高度与主装甲带相同，只是在最前端向下倾斜以支撑撞角。这部分装甲带的厚度为 152 毫米，支撑撞角的部分为 51 毫米（支撑撞角的装甲带由两层厚度均为 13 毫米的外舷板支撑）。主装甲带后方为直达舰艉的 102 毫米装甲带，高度与主装甲带相同。主装甲带上方为一道 203 毫米装甲带，从艏炮塔基座正面延伸至艉炮塔基座侧面，高度位于主甲板和中甲板之间。

203 毫米装甲带前方是高度与之相同，并且直达舰艏的 152 毫米和 102 毫米装甲带，其中 152 毫米部分占据了 1/3 的长度，其余部分为 102 毫米。舰体艉部装甲盒侧舷装甲为 203 毫米，位于艉艉 234 毫米炮塔之间，高度位于主甲板和上甲板之间。203 毫米横向装甲从装甲盒侧舷装甲带艏艉端斜向内布置到 305 毫米炮塔基座正面。

舰艉主横向装甲也为 203 毫米厚，从主装甲带两端斜向内布置，延伸到艉炮塔基座正面。

　　艏炮塔基座正面装甲在主甲板以上为 305 毫米; 主甲板到中甲板的部分, 从 203 毫米减至 102 毫米。艏炮塔基座背面位于装甲盒横向装甲后方, 在上甲板以上和以下分别为 305 毫米和 76 毫米。艉炮塔基座正面装甲均为 305 毫米, 背面也位于装甲盒横向装甲后方, 在上甲板以上和以下分别为 305 毫米和 76 毫米。主炮塔侧面和正面装甲为 305 毫米, 背面为 330 毫米, 顶部为 76—102 毫米。234 毫米炮塔正面装甲为 203 毫米, 侧面和顶部分别为 178 毫米和 51 毫米。234 毫米炮塔的倾斜围屏装甲为 152 毫米。234 毫米弹药升降机装甲为 51 毫米。

　　舰体舯部的上甲板装甲为 19 毫米, 覆盖在装甲盒顶部。主甲板装甲为 38 毫米, 从装甲盒前端横向装甲延伸至舰艏。中甲板装甲位于艏艉 305 毫米炮塔基座外侧之间, 两端急剧下倾, 与下甲板相接, 两侧也下倾与主装甲带下缘相接, 位于水线以下 1.52 米; 其中舰体舯部的下倾部分厚 51 毫米, 水平部分厚 25 毫米, 在这之外的倾斜和水平部分均为 76 毫米, 但在主炮塔基座外侧与下甲板相接的下倾部分厚达 102 毫米。

　　下甲板的舰艉部分, 从中甲板装甲前端至舰艏的倾斜和水平部分有 25 毫米的装甲, 从中甲板装甲后端至舰艉的倾斜部分有 51—76 毫米装甲, 水平部分有 51 毫米装甲。

　　舰艏司令塔正面和侧面装甲为 305 毫米, 顶部和地板装甲为 76 毫米。垂直通道装甲统一为 152 毫米。舰艉司令塔和垂直通道装甲均为 76 毫米。煤舱位于主装甲带和侧舷装甲带后方, 主甲板和中甲板之间, 以及中甲板以下的锅炉舱两侧。

△ 在达达尼尔战役中连续开火后, "阿伽门农"号的火炮内衬需要更换。这是 1915 年 5—6 月间, 它在马耳他维护和更换炮管的情景。注意炮塔的整个顶部已被移除

动力

　　海军部委员会在设计之初就一致同意, 纳尔逊勋爵级应全部采用大型水管锅炉。海军造舰总监早已指出, 全部安装亚罗或巴布科克锅炉, 而不是混合安装筒式和亚罗锅炉, 将节省 70—75 吨重量。另外, 锅炉委员会的结论也是最好采用单一种类, 而不是混合型锅炉 (见本书引言的 "动力" 部分)。所以 "纳尔逊勋爵" 号安装了 15 台巴布科克锅炉, 而 "阿伽门农" 号安装了 15 台亚罗锅炉。

　　纳尔逊勋爵级是最后一级安装往复式蒸汽机和双螺旋桨的英国战列舰, 所有后来建造的战列舰都使用蒸汽轮机和 4 副螺旋桨。它们也是最后使用向内旋转螺旋桨的英国战列舰, 这种螺旋桨从卡诺珀斯级开始使用。与普通螺旋桨相比, 向内旋转螺旋桨驱动力强, 军舰的航速稍高, 而燃煤消耗速率稍低, 但是在低速和倒车时会产生反作用力, 使军舰难以操纵, 因此不受舰队欢迎。

"阿伽门农"号：动力海试（1907 年）

海况：轻微
舰底：清洁
螺旋桨：两副 4 叶螺旋桨
螺旋桨直径：4.6 米
桨距：5.79 米
螺旋桨展开面积：8.36 平方米
全功率下每马力燃煤消耗速率：1.02 千克 / 小时

日期	吃水		汽缸压力（兆帕）	锅炉压力（兆帕）	输出功率（马力）	转速（转/分）	平均航速（节）
	舰艏	舰艉					
8 月 20 日，1/5 功率	8.08 米	8.38 米	1.53	1.53	3515	77.37	11.794
8 月 22 日，7/10 功率	8.18 米	8.28 米	—	1.85	12070	115.93	16.865
8 月 26 日，全功率	8.09 米	8.38 米	—	1.81	17270	130.05	18.547
					17526（平均）	131.387（平均）	18.735（平均）

最高航速记录：17526 马力时，18.735 节

"纳尔逊勋爵"号：动力海试（1908 年 1 月 28 日）

航速校验测试，全功率
估计排水量：15000 吨
吃水：7.81 米（舰艏），8.34 米（舰艉）

试验	风向	输出功率（马力）	转速（转/分）	航速（节）	输出功率（马力，4 小时海试）	
第一次	南		125	18.072	15.911	
第二次	北	未记录	124.2	18.614	16.616	平均航速
第三次	南		122.65	17.928	16.888	16.384 节
第四次	北		122.3	18.461	16.124	

1908 年 2 月 1 日（海试因天气原因取消，未见航速校验测试数据）
风力：6—7 节
吃水：8.1 米（舰艏），8.4 米（舰艉）
锅炉压力：1.61 兆帕
输出功率：17445 马力
转速：125.21 转 / 分
航速：18.53 节（由 E. L. 阿特伍德估测）

"阿伽门农"号：转向试验（1907 年 9 月 11 日，克莱德湾）

风向：北
海况：平静
舰底：清洁

	全功率		3/5 功率	
	左转	右转	左转	右转
舵角	35 度	35 度	35 度	35 度
达到舵角时间（秒）	5	5	7	7
前进距离（米）	341	401	320	402
转速（转/分）	116	116	76	76
旋回初径（米）	311	353	344	364
航速（节）	17		11.6	

比较：
"英王爱德华七世"号：421 米，12 节
"无畏"号：416 米，12 节
"纳尔逊勋爵"号：364 米，12 节

纳尔逊勋爵级使用 2 套四缸倒置垂直三胀式表面冷凝蒸汽机，驱动 2 副螺旋桨。汽缸直径为 831.85 毫米（高压）、1339.85 毫米（中压）和 1524 毫米（低压），冲

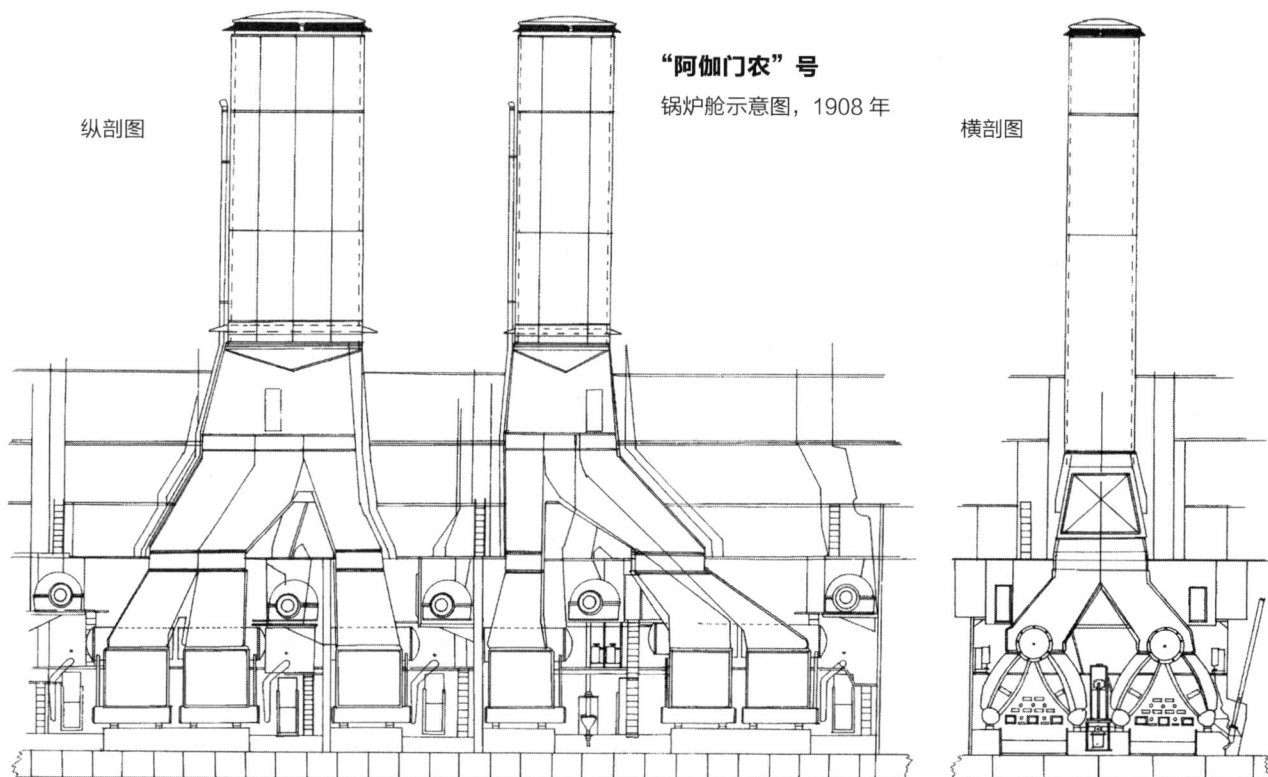

"阿伽门农"号
锅炉舱示意图，1908 年

纵剖图　　　　　　　　　　　　　　横剖图

程为 1219.2 毫米。

锅炉布置在两个锅炉舱中，工作压力 1.9 兆帕，加热面积 4669.77 平方米，炉箅总面积 78.78 平方米。

"纳尔逊勋爵"号上的巴布科克锅炉有 6 个燃油喷嘴，能以 1.03 兆帕的压力喷射 426.38 千克燃油。"阿伽门农"号的锅炉有 5 个燃油喷嘴，每台锅炉能以 1.03 兆帕压力喷射 408.23 千克燃油。[1]

纳尔逊勋爵级是首级在设计时就要求携带燃油的英国战列舰。英王爱德华七世级在设计时只使用燃煤，而在建造时被改装成可携带燃油。燃油储存在舰底舱室，那里的空间相对较大，可以只使用最少数量的管道和部件。

两艘纳尔逊勋爵级的主蒸汽机安装了强制润滑系统（主蒸汽机轴），这一系统首先应用在"非洲"号上，并且在早期试验中已在驱逐舰上成功运用。润滑剂（油）被高压泵输往蒸汽机各部位，润滑油使用之后从蒸汽机轴上流出，收集在中心曲柄槽之间的油井中。用过的润滑油由另一台油泵输往一个滤网箱，经过滤后回到储油柜以备下一次使用。这一系统的优点非常明显。总体上，纳尔逊勋爵级的蒸汽机／锅炉运转情况非常令人满意，可靠性可与后来的无畏舰媲美。

外观变化

纳尔逊勋爵级外形酷似法国军舰，与同时期的英国战列舰有显著区别。两艘军舰的外观绝对称不上优美，事实上可算丑陋，但它们给人一种火力强大到无与伦比的印象。主要的外观特征是：

[1] 译注：原文如此，并未给出时间。估计 426.38 千克和 408.23 千克是每小时的喷油量。

1. 舰体舯部两侧各有一列炮塔。

2. 上层建筑高大，装有大型飞跃式甲板。

3. 两座烟囱尺寸不同，外形低矮，侧面平直；第一座烟囱明显小于第二座烟囱。

4. 前部上层建筑有轻巧的飞跃式舰桥。

5. 主桅两侧的上层建筑有非常显眼的大型小艇吊臂。

完工时，前桅和主桅装有无线电天线最上桅。前顶桅和前最上桅顺次呈后阶梯状，主顶桅和主最上桅则呈前阶梯状。两艘姊妹舰很难区分，特别是在远距离上。

"纳尔逊勋爵"号第一座烟囱后方没有蒸汽管，第一座烟囱高处有箍环，飞跃式舰桥下方有小型海图室。

"阿伽门农"号第一座烟囱后方有蒸汽管，第二座烟囱低处有箍环。

1909 年："阿伽门农"号每个火控平台正面，以及"纳尔逊勋爵"号前桅和主桅下层桅楼正面安装了距离指示仪。"阿伽门农"号和"纳尔逊勋爵"号的 47 毫米炮分别减至 4 门和 2 门。绘上了标准烟囱识别带："阿伽门农"号没有识别带，"纳尔逊勋爵"号每座烟囱有一道白色识别带。

1910—1911 年："阿伽门农"号前桅火控平台扩大以安装测距仪。两艘军舰的舯炮塔安装了测距仪。两舰前桅的探照灯平台被拆除。"阿伽门农"号的探照灯重新布置在司令塔上方，"纳尔逊勋爵"号的探照灯则布置在飞跃式舰桥上。

1912 年："纳尔逊勋爵"号前桅火控平台按"阿伽门农"号的样式进行了改装，飞跃式舰桥上的探照灯被拆除。

1913—1914 年："纳尔逊勋爵"号舰桥上安装了小型测距仪。两舰剩余的 47 毫米炮被拆除。"纳尔逊勋爵"号的探照灯有多处改装。飞跃式甲板上的 4 部探照灯被安装在主三脚桅低处的一个平台上，并且分为两层。后部上层建筑的 2 部探照灯被布置在第一座烟囱两侧。前部上层建筑的 2 部探照灯安装在第二座烟囱前方的两个高大平台上（左右舷）。

1914 年：烟囱识别带被涂掉。

1914—1915 年：

两舰舯炮塔上，以及"纳尔逊勋爵"号舰桥上的测距仪被拆除。两舰后部上层建筑上的 2 门 76 毫米炮被拆除。安装了 2 门高射炮，其中 1 门安装在舰甲板末端。"阿伽门农"号上的另一门高射炮位于前部上层建筑左侧，"纳尔逊勋爵"号上的另一门高射炮位于舯炮塔前方的前甲板上。"阿伽门农"号飞跃式甲板后部的 2 部探照灯被重新布置，位置更靠近甲板前部探照灯。"纳尔逊勋爵"号主三脚桅探照灯平台被扩大。"阿伽门农"号飞跃式舰桥下方增建了附加结构。"纳尔逊勋爵"号的海图室被拆除。两舰的主顶桅被拆除，保留了前顶桅和前最上桅。"纳尔逊勋爵"号前顶桅顶端安装了小型瞭望平台。

"阿伽门农"号为参加达达尼尔战役采用了特别的迷彩涂装。"纳尔逊勋爵"号的炮塔、上层建筑和烟囱被涂成浅灰色并绘有假舰艏波，"阿伽门农"号则有不规则色块。"阿伽门农"号的迷彩主要是为了让军舰与陆地背景混合，这样停泊在加

◁ 停泊在达达尼尔锚地的"纳尔逊勋爵"号（近）和"阿伽门农"号。"纳尔逊勋爵"号于 1915 年 2 月的最后一星期抵达战场，3 月 4 日掩护在库姆卡莱和赛迪尔巴希尔的登陆行动

里波利沿岸时就不易被敌人潜艇发现。但是在实战中，这种迷彩（以及其他同类迷彩）效果不佳，因为在几千米以外，不同颜色的色块就融合在一起，显现出整体为灰色的舰身。

1916—1917 年： 两舰飞跃式甲板前方的 2 门 76 毫米炮被拆除，"阿伽门农"号前部上层建筑低处的 2 门 76 毫米炮也被拆除。"纳尔逊勋爵"号重新安装了 610 毫米探照灯，位置在前桅火控平台下方的原探照灯平台上。"阿伽门农"号的探照灯有多处改装：重新安装了飞跃式甲板后部的一对探照灯；前部的一对探照灯，以及原后部上层建筑上的 2 部探照灯，重新置于三脚桅低处的平台上；前部上层建筑上的探照灯被拆除；610 毫米探照灯重新安装在火控平台下方的平台上（1917 年）。烟囱被加高，以免烟尘干扰舰桥。两舰还恢复了主顶桅和主最上桅。

1918 年： "纳尔逊勋爵"号后部上层建筑剩余的 76 毫米炮被拆除。"阿伽门农"号舰艉高射炮移至上层建筑右侧。610 毫米探照灯移至前桅低处的一个新平台上。拆除了防鱼雷网。当年年底"纳尔逊勋爵"号恢复了海图室。两舰的最上桅被拆除。

纳尔逊勋爵级：动力和机械系统设计重量（吨）

动力和水柜中给水：1545

备用设备：30

小艇吊车：15

燃煤吊车：40

发电机及其原动机：4

煤灰吊车：2

轮机仓库马达：1

制冰机：5

蒸汽加热设备：15

总重：1657

以上为满载条件，但不包括以下项目

水柜注满，给水柜水量达到工作高度：12

储备给水：120

燃煤

上层煤舱：700

下层煤舱：500

外层煤舱：800

总重：2000

"纳尔逊勋爵"号

侧视图，达达尼尔战役，1915 年

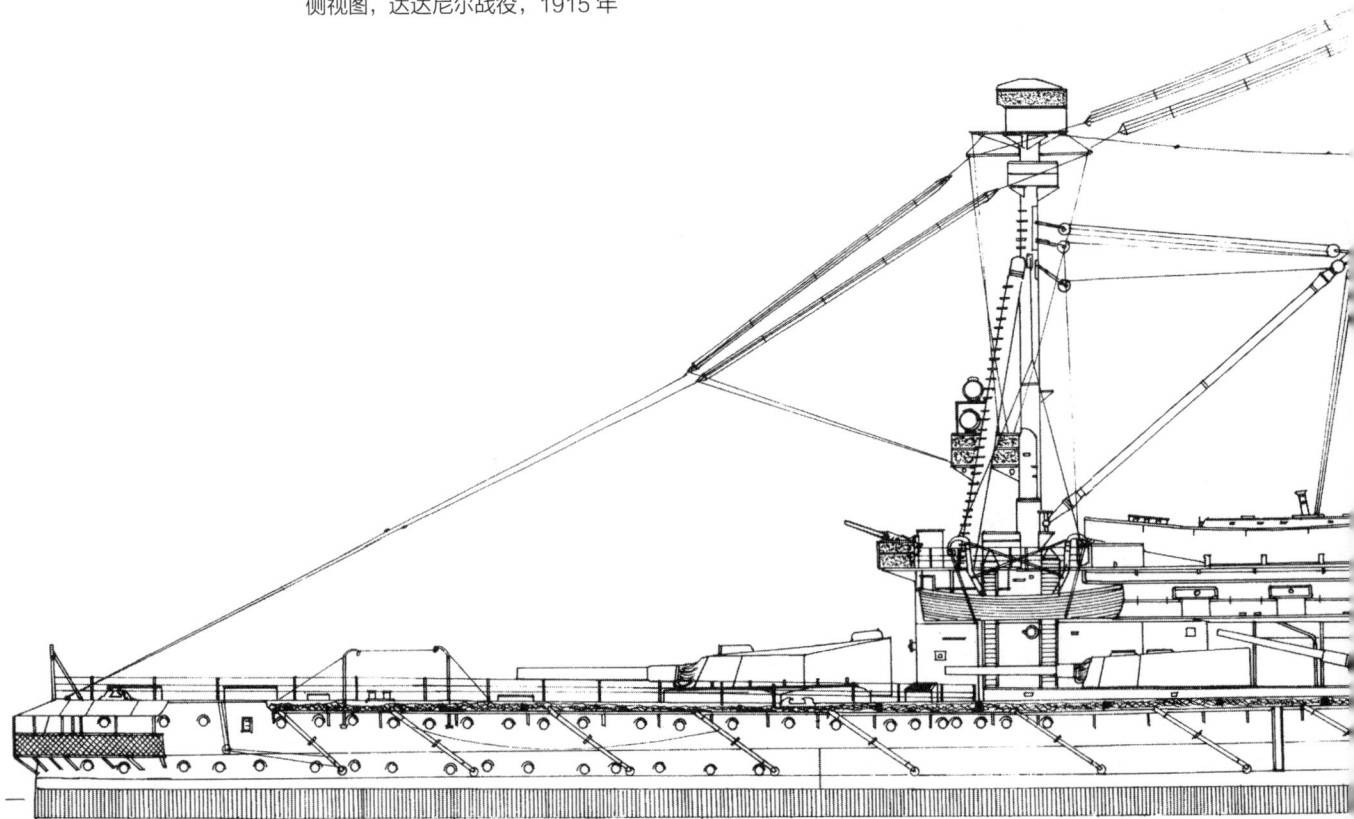

靶舰"阿伽门农"号

1918 年 9 月 14 日，大舰队司令戴维·贝蒂（David Beatty）致信海军部委员会，称战列舰队的很多舰艇需要进行实弹射击训练，因为它们从未经历实战，也没有在实弹演习中获得向接近于真实舰艇的靶标开火的机会。

实战经验强调了观测弹着点的重要性，它是成功实现火炮控制的首要因素。新引入的"偏移射击"（Throw off）方法在各个方面为火控人员提供了极佳的演练模式，但他们仍缺乏现代海战条件下对靶舰实际射击时的观测练习。

战列舰队已经有两年多未经历由大量火控军官参加的实战了。现在舰队正在对火力的控制和集中进行研究，以期做出一些重要决策，而观测对此极为重要。由于无法实际观测射击效果，对实战条件下的一些因素就只能存疑。因此当务之急是为火控军官提供实战条件下定位目标舰的演练机会。

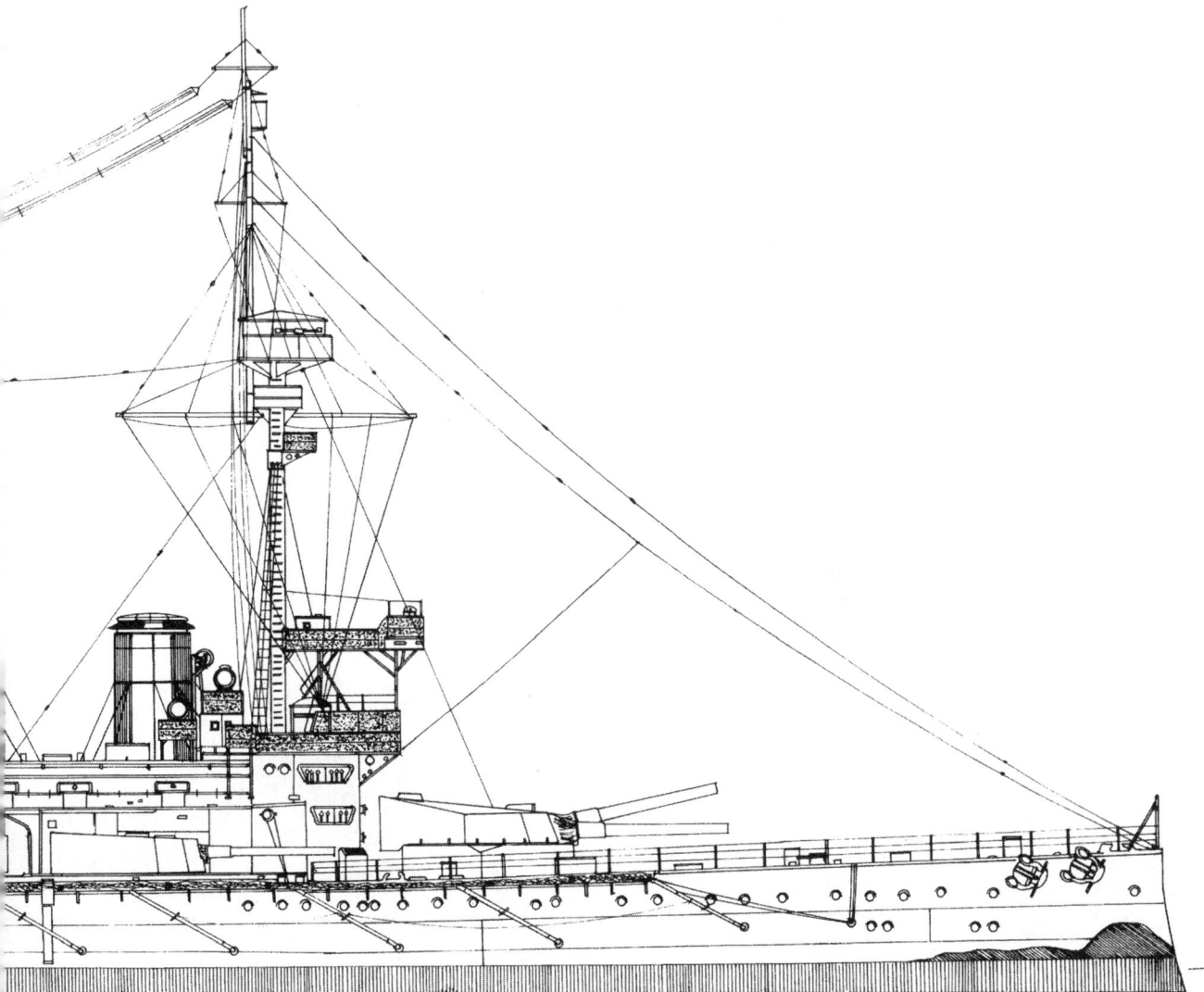

为达此目的，我建议使用一艘大型靶舰——一艘老式战列舰或受损的商船，定期用全口径方式对其进行实弹射击，而火控军官将参加此类演习，以取得对一艘或多艘目标舰射击的经验。

希望诸位大臣尽早考虑这一重要事宜。

海军部委员会完全同意贝蒂的意见并立即展开行动，批准使用众多老式战列舰中的一艘，同时要求多个部门协作进行一系列测试，以确定哪一艘最适合改装。1919年年初，海军在舒伯里内斯（Shoeburyness）对与前无畏舰水平装甲厚度相似的装甲板实施实弹射击试验，但技术人员很快意识到，不管使用哪艘军舰作为靶舰，它都会立即被381毫米炮弹击沉。

试验中，装甲板被放置在距火炮23317米（25500码）的距离上。所有装甲板均被完全摧毁，因此决定只用152毫米及以下口径的炮弹进行试验。

试验1：厚度相当于"阿伽门农"号上甲板（19毫米）的装甲板，被完全击穿，留下38.1×68.58厘米的弹洞。

试验2：厚度相当于主甲板（9.53毫米加25毫米）的装甲板，同样被击穿，弹洞为0.43×0.69米。

试验3：厚度相当于中甲板（25毫米加后方25毫米沙袋）的装甲板，完全被摧毁，装甲板被击穿并飞到41米以外，沙袋被击碎。

首先有人建议用英王爱德华七世级"海伯尼亚"号充当靶舰，但是得知可以使用"阿伽门农"号时，所有人都立即欣然接受。改装工作从1920年12月6日开始，至1921年4月8日结束。

然而在拆除舰上大口径火炮（305毫米和234毫米）的问题上出现了分歧，有人担心这样将严重影响军舰的稳性。为了在一定程度上减小影响，人们决定在主甲板以

▽ 战争结束后，"阿伽门农"号被拆除武备和部分其他装备，在1923年至1926年之间担任靶舰。注意炮塔顶部和火控平台上方的无线电接收装置。照片大约摄于1923年

下的舱室中布置压载物，在其他舱室中安放软木增加储备浮力，前提是能找到如此大量的软木。出于通信的需要，军舰上的管线被完全重新布置，全舰安装了大量电力控制装置，打靶时将采用无线电遥控的方式操纵。改装完成时，"阿伽门农"号已拆除大量设备，主要变更如下：

1. 拆除所有 305 毫米火炮和炮座，以及所有相关液压装置；
2. 拆除所有 234 毫米火炮、炮座、炮塔和液压装置；
3. 拆除所有 76 毫米炮及相关设备；
4. 拆除所有舱口围板，非必要的舱门、舷窗和升降装置，相关部件移除后的开口用钢板封闭；
5. 拆除所有住舱设备并清理内部空间；
6. 拆除所有二氧化碳装置；
7. 拆除所有通风管道并封闭开孔；
8. 拆除下层司令塔；
9. 在军舰各个必要空间布置 1000 吨压载物；
10. 拆除所有鱼雷设备；
11. 拆除所有冷藏设备；
12. 拆除飞跃式甲板；
13. 拆除应急舱室（Sea cabin）；
14. 拆除主吊臂和小艇吊杆，用新的控制站取代无线电站；
15. 拆除小艇吊架、锚链设备、输煤绞车和储存箱柜等小型设备；
16. 拆除桅杆和桅桁。

估计造价：劳力 26874 英镑，材料 7182 英镑，码头作业 19692 英镑。

1921 年 3 月 19 日，"阿伽门农"号进行了第一次试验，内容是研究一艘现代战列舰是否能经受毒气攻击，不幸的是这次试验没有留下任何记录。但是可以确定，海军部认为在未来战争中，军舰很可能要穿过大片毒气，而舰体上部的人员面临着中毒的风险。毒气可能经军舰舷窗、舱门和其他小型开口进入舰体，不过"阿伽门农"号在拆除设备时未经严格密封，所以也不可能得到精确的结果。

1921 年 9 月 21 日，开展了探究飞机对军舰机枪扫射效果的试验。值得注意的是，这些试验被特意设计成有利于进攻方，因为任何一艘现代军舰都不可能只是坐以待毙，不采取任何还击措施。试验的目的是研究人员在暴露区域面临的风险。试验显示，一个装备精良的现代化空军中队，使用机枪只能对军舰起到骚扰作用。保护暴露区域的垂直装甲板（5 毫米）有几处被击穿。水平装甲（1.59 毫米）也数度被击穿，但是飞机射出的子弹也完全损毁。海军据此认为，未来军舰舰桥上的人员防护装甲，只要达到 5 毫米以上就可以完全对空中袭击免疫。

"阿伽门农"号：靶舰（1921年4月13日）

燃料：无

储备给水：无

锅炉：保留但无给水

冷凝器：空

锚：仅有19个锚接环（Shackle）

小艇：后甲板有五艘卡利救生筏

淡水：无，但将装载44吨淡水

食品：14.5吨，另将装载4吨

士官和轮机仓库：无

舰员：153人

另有大约5吨杂物散布在上甲板和主甲板

军舰倾斜试验数据

A 条件

排水量：13320吨

吃水：6.38米（舰艏），7.32米（舰艉）

初稳心高度：2.32米

B 条件

排水量：14185吨

吃水：7.07米（舰艏），7.39米（舰艉）

初稳心高度：2.61米

C 条件

排水量：15830吨（部分舱室注水）

吃水：一

初稳心高度：2.91米

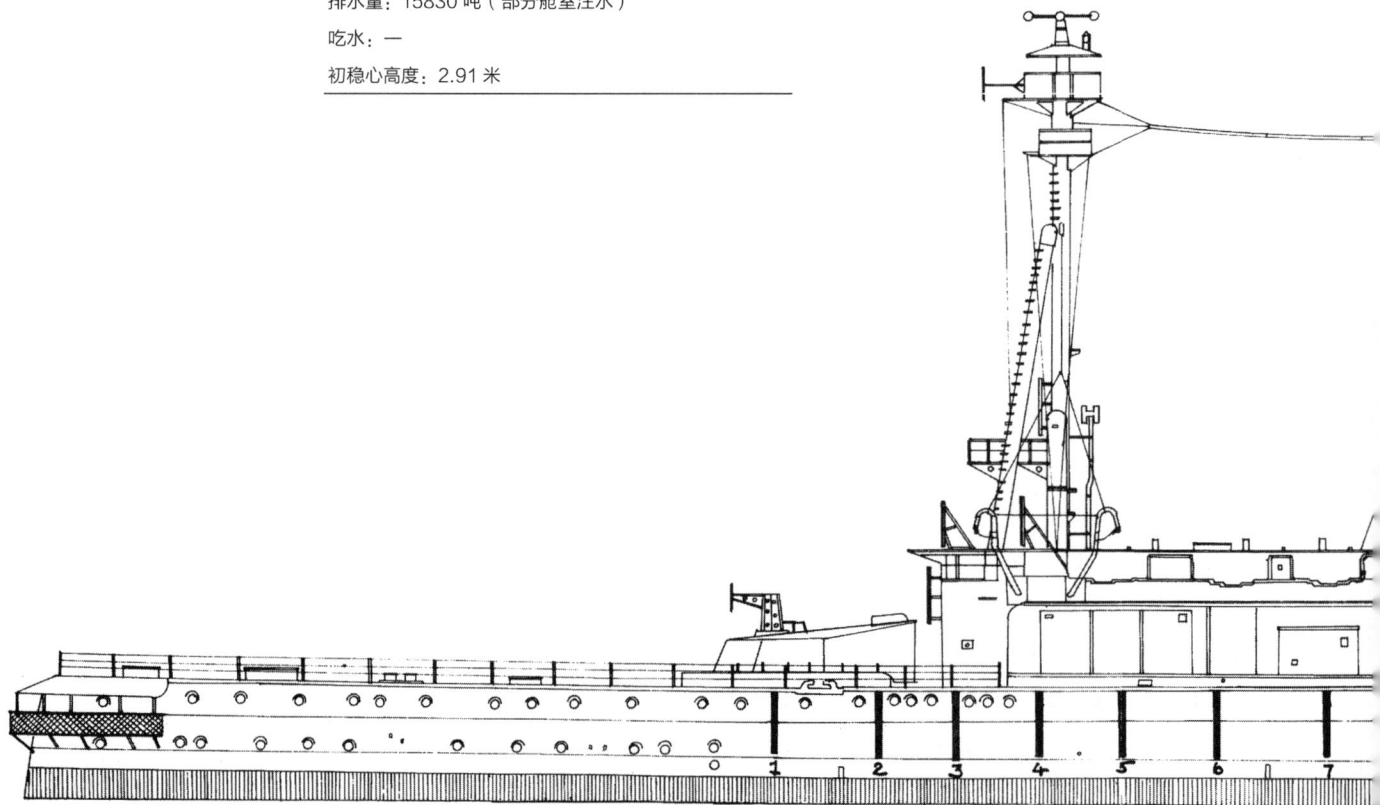

◁ "阿伽门农"号，1915 年 5 月。这张罕见的照片摄于达达尼尔战役期间，显示了它的全副迷彩涂装。注意舰艏波已被涂掉

在无线电遥控模式下，"阿伽门农"号进行了一系列抗打击试验，经受了 152 毫米、140 毫米和 102 毫米炮弹的轰击。152 毫米炮弹，12801—10058 米（14000—11000 码），400 枚；140 毫米和 102 毫米炮弹，12801 米，300 枚。第一轮试验后，造舰师 E.L.阿特伍德登舰检查并在报告中称："400 枚 152 毫米炮弹中，只有 22 枚命中。300 枚 140 毫米和 102 毫米炮弹中，只有 20 枚命中。"

大部分炮弹击中侧舷，但没有穿过上甲板，而是被上甲板阻挡。3 枚炮弹击穿了上甲板下方薄弱的侧舷板，但是炮弹碎裂，未能穿过中甲板。军舰总体上受损轻微。

"阿伽门农"号

改装为靶舰后的侧视图，1923 年

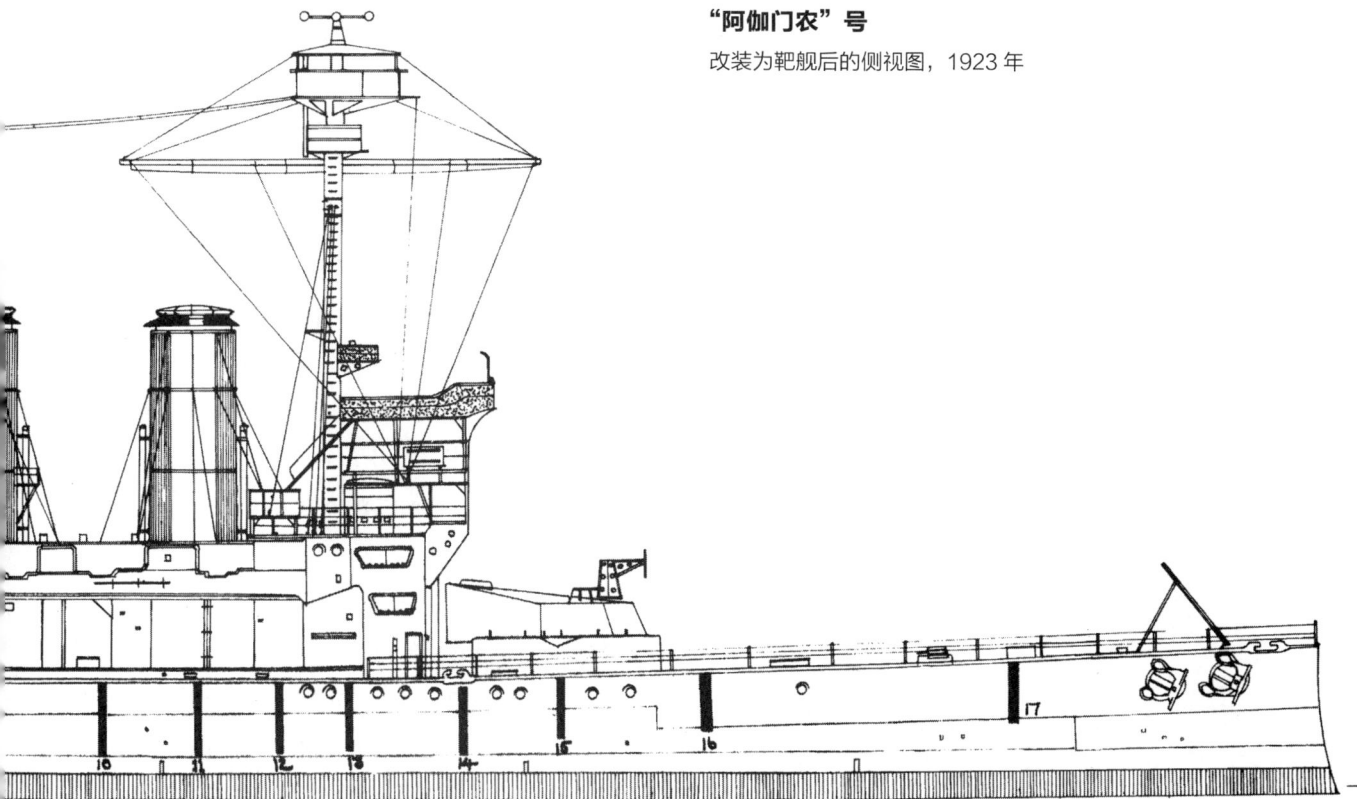

▷ 改装为靶舰的"阿伽门农"
号，1924—1925 年

▽ 停战之后的"纳尔逊勋爵"
号前甲板。注意其舰桥结构、前甲
板上的高射炮，以及进入右舷 234
毫米炮塔的舱门

　　两次出色的命中分别来自"声望"号和"反击"
号，两舰各有一发炮弹击中行驶中的"阿伽门农"号
的舰舷。一枚炮弹打断一根桁梁，撕开了木质结构，
击中了上部侧舷板——桁梁和侧舷板的部分碎片打穿
了这片区域下方一道薄弱的水密舱壁。另一枚炮弹击
穿了盥洗室上方的上甲板，以及下方的中甲板横向舱
壁，最后落在给水柜中。这两枚炮弹的下坠角为 35—
36 度，弹着速度为 256 米 / 秒。如果是更大口径的炮
弹——特别是任意一种主炮炮弹，就会造成相当大的
破坏。未来的舰艇设计将更关注这一区域的防护。

　　试验也证明，"阿伽门农"号或者更强大的军舰
（例如无畏舰）根本无须忌惮副炮的打击，它们只会
造成上层建筑的破坏和大面积的轻度损伤。但是由于
现代海战的交战距离很远，小口径火炮总体上没有毁
伤效果。"阿伽门农"号担任靶舰直到 1926 年，随后
被"百夫长"号取代。

舰史："纳尔逊勋爵"号

　　1905 年 5 月 18 日在贾罗的帕尔默公司开工，
1908 年 12 月 1 日由核心舰员操纵在查塔姆服役。由
于工人数量不足，加上新造的数门 305 毫米主炮都被

紧急用于"无畏"号战列舰，两艘纳尔逊勋爵级的建造被严重拖延。

1909 年 1 月 5 日以满员状态接替"宏伟"号，担任本土舰队诺尔分队旗舰，至
1914 年 8 月。

1913 年 9 月临时加入第 4 战列舰分舰队。

1914 年 4 月将第 2 本土舰队旗舰职责转交"王后"号（升海军中将旗）。

1914 年 8 月 7 日成为海峡舰队旗舰（升海军中将旗）。海峡舰队负责海峡防御和
护送英国远征军前往法国。

1914 年 8 月—1915 年 2 月在海峡舰队服役。最初以波特兰为基地，但为防范德
国入侵移防希尔内斯。

1914 年 12 月 30 日分舰队在希尔内斯由邓肯级（第 6 战列舰分舰队）替换，随
后返回波特兰。

1915 年 2 月调往达达尼尔。"纳尔逊勋爵"号于 2 月 18 日离开波特兰，26 日抵
达穆德罗斯加入英国舰队。在达达尼尔作战至 1916 年 1 月。1915 年 3 月参加轰击内
层要塞和支援初期登陆的行动。3 月 7 日与土军要塞激烈交火，被击中数次，上层建
筑和桅具被破片击伤，一枚在水下爆炸的炮弹造成两个煤舱进水。除此之外未受严重
损伤。后前往马耳他修理。3 月 18 日参加攻击海峡狭窄处要塞的行动。5 月 6 日在伽
巴帖培附近与德国战列巡洋舰"戈本"号短暂交火。在第二次克里希亚战役前炮击
土军野战炮阵地。1915 年 5 月 12 日接替返回本土的"伊丽莎白女王"号担任英国达
达尼尔分舰队旗舰（升海军中将旗）。

▽"纳尔逊勋爵"号，1918
年年底

▷"阿伽门农"号，舰上的乐队聚集在一座 305 毫米炮塔边，摄于 1914 年圣诞节期间。当时很多人以为战争将在圣诞节前结束

6 月 20 日，在风筝气球的校射下，炮击加里波利的码头和航运设施，造成很大破坏。11 月，基钦纳勋爵来到穆德罗斯，在"纳尔逊勋爵"号上建立指挥部。1916 年 1 月撤离加里波利后成为英国东地中海分舰队旗舰（升海军中将旗），至 1917 年 8 月。

与"阿伽门农"号交替驻泊萨洛尼卡和穆德罗斯，防范"戈本"号从达达尼尔出击。"纳尔逊勋爵"号主要驻扎在萨洛尼卡。

1917 年 8 月东地中海分舰队更名为英国爱琴海分舰队，"纳尔逊勋爵"号继续在该分舰队服役至 1919 年 5 月。

1918 年 1 月 20 日"戈本"号企图袭击穆德罗斯岛，但在途中触雷，"纳尔逊勋爵"号试图拦截德舰，但未发生接触，"戈本"号则顺利返回达达尼尔。

1918 年 10 月在马耳他维修。停战之后随英国海军分舰队前往君士坦丁堡。

1919 年 4 月，搭载俄国尼古拉大公和彼得大公从黑海前往热那亚，5 月返回本土。

◁ 1915 年 3 月 7 日，达达尼尔战役期间，一枚土耳其炮弹击穿了"阿伽门农"号病号舱上方的后甲板。军舰被击中后，舰员们争相挤在破损处，试图找到土军炮弹的碎片，他们或者把碎片当纪念品，或者将其出售挣些外快

1919 年 5—8 月处于预备役状态。

1919 年 8 月列入出售名单。

1920 年 6 月 4 日出售给多佛的斯坦利拆船公司，11 月 8 日转售给斯劳贸易公司，后被出售给德国拆船公司。

1922 年 1 月被拖往德国解体。

舰史："阿伽门农"号

在达尔缪尔的比德莫尔（Beardmore）公司建造，建造进度严重拖延后，1908 年 6 月 25 日在查塔姆服役。

1908 年 6 月加入本土舰队诺尔分队，至 1914 年 8 月。

1911 年 2 月 11 日在进入费罗尔港时撞上未标在海图上的礁石，舰底和舰身结构受损。

1913 年 9 月临时加入第 4 战列舰分舰队。

1914 年 8 月 7 日加入负责海峡防御的海峡舰队（第 5 战列舰分舰队）。

1914 年 8 月—1915 年 2 月在海峡舰队服役（驻波特兰和希尔内斯的第 5 战列舰分舰队）。

1915 年 2 月调至达达尼尔。2 月 9 日离开波特兰，19 日加入达达尼尔分舰队，至 1916 年 1 月。

1915 年 2 月 19 日参加炮击海峡入口处要塞的行动，随后于 2 月和 3 月初参加炮击海峡入口处要塞和支援初期登陆的行动。2 月 25 日，它在 10 分钟内被赫勒斯要塞的 240 毫米岸炮击中 7 次，造成 3 人阵亡。水线以上被洞穿，但没有造成严重损伤。3 月 7 日，"阿伽门农"号遭到野战炮和哈米迪耶要塞岸炮的密集火力打击：1 枚 356 毫米炮弹击穿了后甲板，炸出一个大洞并炸毁了病号舱和炮室。军舰另被大口径炮弹击中 7 次，后来还被轻型火炮命中数次。上层建筑受损，但战斗力未受影响。

3月18日参加进攻海峡狭窄处要塞的行动。行动过程中，曾在25分钟内，被一个152毫米榴弹炮阵地发射的炮弹击中12次，5次命中装甲（未造成损伤），7次击中非装甲部位。炮弹造成严重的结构损伤，1门305毫米主炮暂时失去作用。

4月25日支援登陆行动并执行保护海峡内扫雷和布网船只的任务。4月28日至30日在行动中被野战炮击中2次。5月1日在土军反攻时支援陆军作战，6日在第二次克里希亚战役前炮击土军野战炮阵地。

1915年5—6月在马耳他维修。1915年12月2日，与"恩底弥翁"号（Endymion）巡洋舰和M33号浅水重炮舰一起摧毁了卡亚克桥（Kayak bridge）的中心段，切断了敌人穿过布莱尔防线通往加里波利半岛的交通线。

1916年1月撤离加里波利，加入东地中海分舰队（该分舰队被分成几个较小的分舰队，在爱琴海各处执行任务）。

1916年1月—1917年8月在英国东地中海分舰队服役。该分舰队的任务是"监视达达尼尔"，并将希腊岛屿控制在英国手中，同时支援在萨洛尼卡的陆军。5月5日击落LZ85号齐柏林飞艇。

1917年8月东地中海分舰队更名后，在英国爱琴海分舰队服役。"阿伽门农"号曾从穆德罗斯岛出击拦截"戈本"号，但双方未能相遇。

1918年在马耳他维修。10月30日，停战协议在"阿伽门农"号上签署，军舰随即于11月与英国海军分舰队一同开往君士坦丁堡。

1919年3月20日返回本土并在查塔姆退役，后处于预备役状态。

1920年12月6日至1921年4月8日在查塔姆改装成无线电遥控靶舰。

1926年12月由"百夫长"号接替。

1927年3月1日离开朴次茅斯，前往纽波特解体。

外观变化

1. 完工时的"君权"号，
1893年。

2. 大约1896年，沿
舰身无白色装饰线。

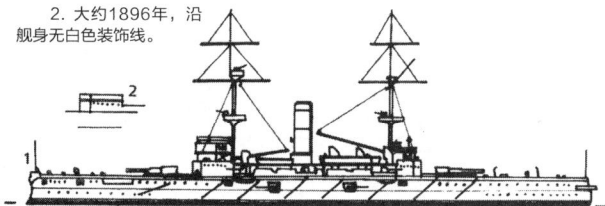

1. 完工时的"拉米伊"
号，1893年：水线无白色装饰
线，维多利亚涂装。

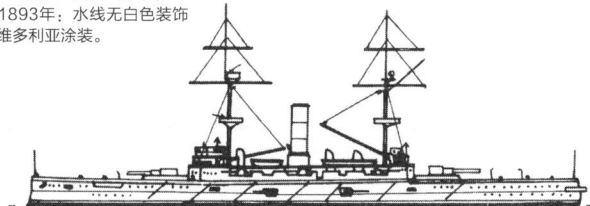

1. "君权"号，1903—
1904年；显示了炮郭、降低
的防鱼雷网搁架、无线电斜
桁。涂装为全灰色。

2. 1910年：
红色烟囱识别带。

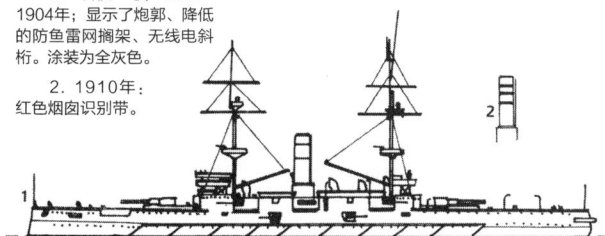

1. "拉米伊"号，1905—1906年：注意
炮郭和低处的防鱼雷网，无线电斜桁和探照灯
后来被移除。

2. 1910年：白色烟囱识别带。

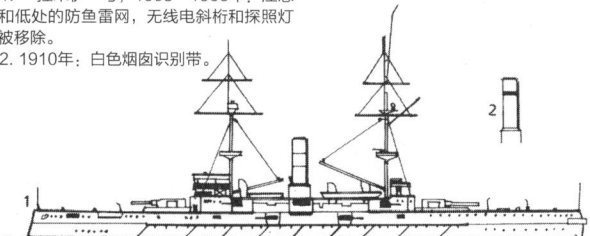

1. 完工时的"印度女皇"号，1893年。

2. 1894年：上甲板以上为黄色涂装，水线为黑色。
（1894—1895年有褐色桅杆和较低的烟囱底缘。）

3. 改进的桅杆，1902年。

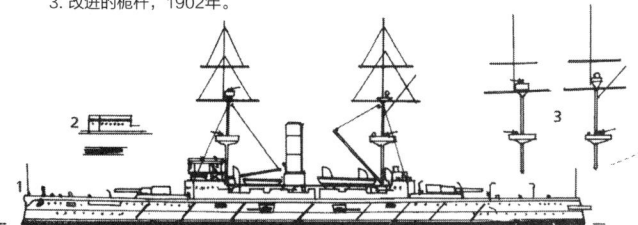

1. "皇家橡树"号，1904—1905年：有设置在低处的防
鱼雷网搁架，以及炮郭；仍保留有斜桁。

2. 1910年：红色烟囱识别
带（它是该级中唯一——艘在烟囱
前方布置蒸汽管的军舰）。

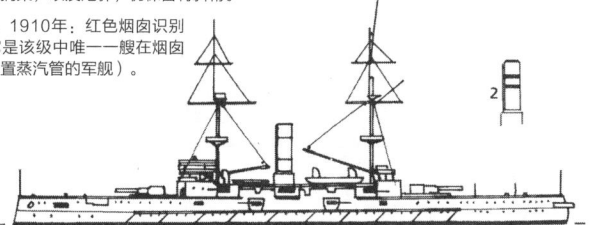

1. "印度女皇"号，1894
年：有红色烟囱识别带和全灰色
涂装

2. 1906年的桅杆。

3. 1905年，主桅加装无线电
斜桁，桅桁间距缩短。

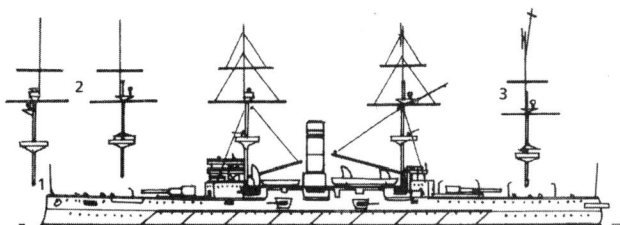

1. "反击"号，1910
年：白色烟囱识别带（完工
时有白色通风口整流罩）。

2. 1904年，47毫米炮从桅
楼上移除。

3. 1904—1905年的主桅。

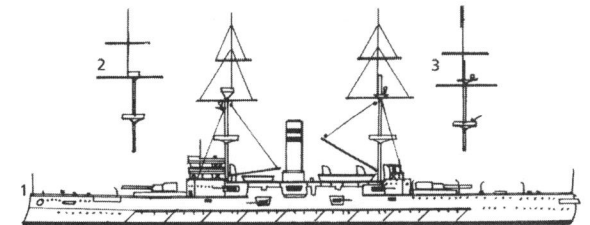

1．完工时的"决心"号，1893年：黄褐色舰桥、桅杆和烟囱；白色通风口整流罩；全白色舰桥。

2．1894—1895年：舰体上部、上层建筑和通风口为黄褐色。同一时期，通风口改为黑色（也可能为褐色），斜桁后被拆除。

3．1905年的桅杆。

4．1910年：白色烟囱识别带。

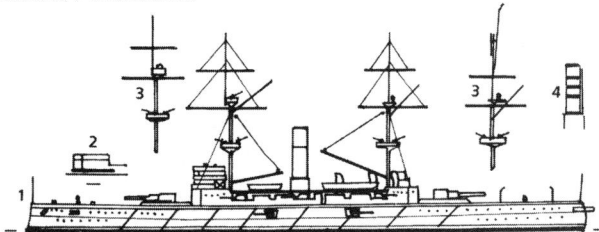

1．改装后的"百夫长"号；灰色涂装，肿部通风口整流罩被拆除，拥有新的后部舰桥结构，前桅后方的通风口整流罩也被拆除。

2．1905—1906年：安装了前顶桅。

3．1904年：主桅安装了无线电斜桁。

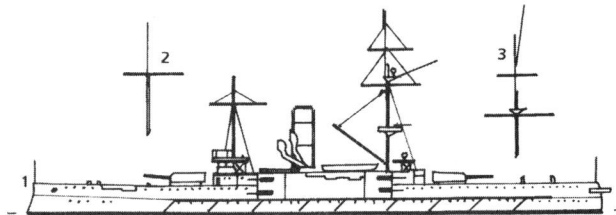

1．"复仇"号，1905—1906年：1906年拆除了防鱼雷网。

2．1908年的桅杆，1911年拆除了主顶桅和无线电斜桁。

3．前桅，年份未知。

4．1915年的桅杆。

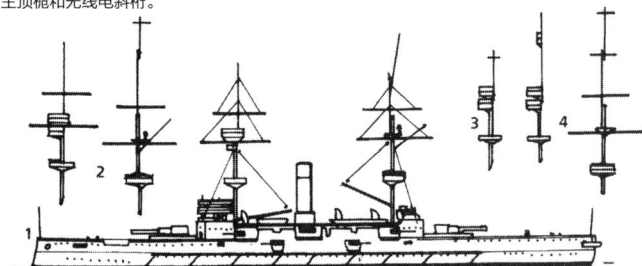

1．完工时的"巴夫勒尔"号，1894年：维多利亚涂装。

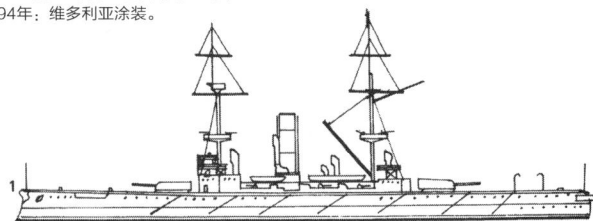

1．完工时的"胡德"号，1894年；两副斜桁，维多利亚涂装。

2．1899年：改变了炮塔和上层建筑的涂装。

3．1899—1900年：主桅的上桅桁和信号标。

4．1898年：主桅下层桅楼上的47毫米炮。

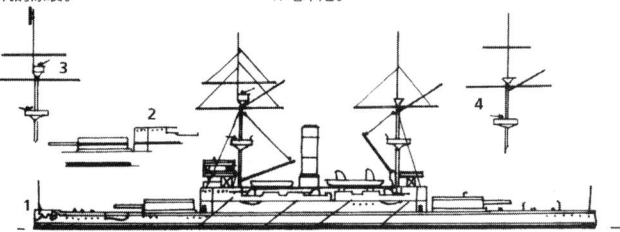

1．改装后的"巴夫勒尔"号，1904年；灰色涂装。1904年在主桅加装了无线电斜桁；1905年安装了前顶桅并拆除了主顶桅；1906—1907年前桅和主桅均有顶桅。

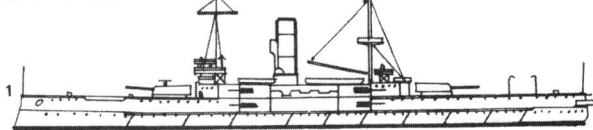

1．"胡德"号，1904—1905年：灰色涂装，装有无线电斜桁，防鱼雷网位于低处。

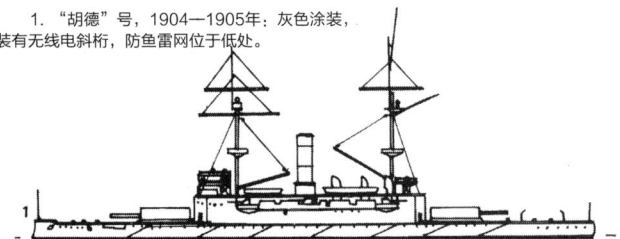

1．完工时的"声望"号，1897年：维多利亚涂装。1903年第一次皇家巡游时主桅上装有旗杆，拆除了大型通风口整流罩，采用白色涂装；有报道称涂有绿色水线。

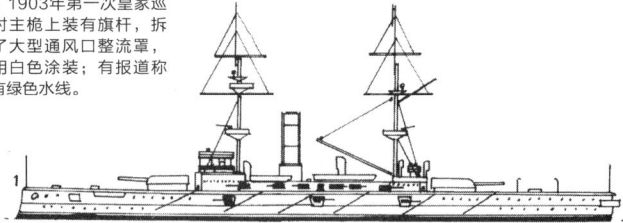

1．完工时的"百夫长"号，1894年：维多利亚涂装，上甲板一线有一道白色装饰线，白色上层建筑。1901年主桅安装了探照灯，在远东舰队期间为全白色涂装。

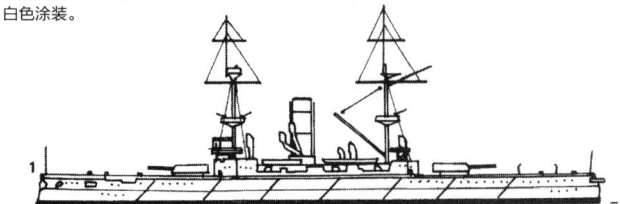

1．"声望"号，1905年：第二次皇家巡游期间。白色涂装，红色水线，高大的顶桅。巡游完成后恢复了全灰色涂装。

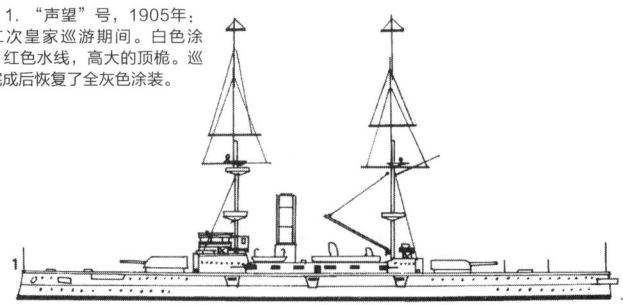

1. 完工时的"庄严"号，1895年：无通风口整流罩；维多利亚涂装，黑色水线。

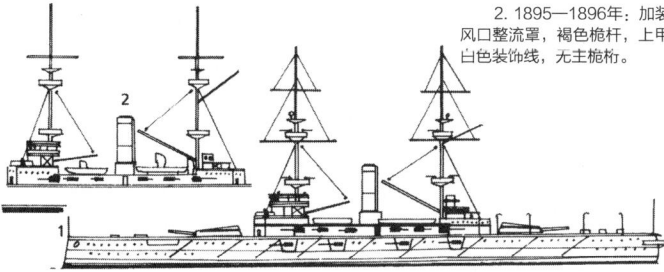

2. 1895—1896年：加装了通风口整流罩，褐色桅杆，上甲板无白色装饰线，无主桅桁。

1. 完工时的"玛尔斯"号，1897年：维多利亚涂装。

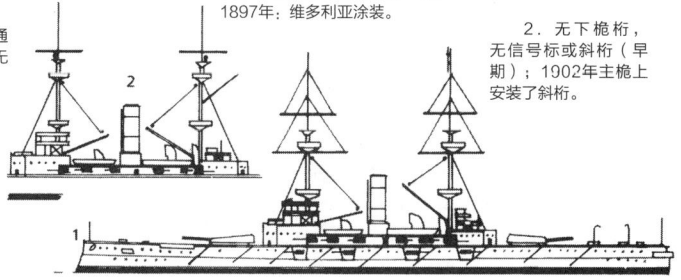

2. 无下桅桁，无信号标或斜桁（早期）；1902年主桅上安装了斜桁。

1. "庄严"号，1906年：红色烟囱识别带，主桅上有高大的斜桁。

2. 1911年：主桅安装了新顶桅。

3. 1915年：前桅安装了鸦巢式桅楼。

4. 1910年：红色烟囱识别带。

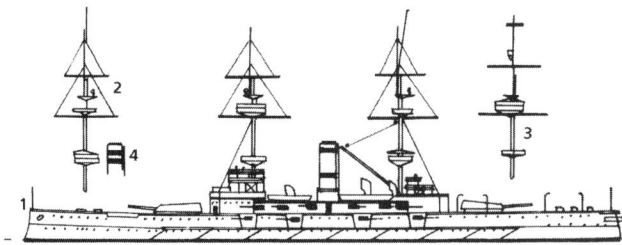

1. "玛尔斯"号，1903—1904年：采用红色烟囱识别带，主桅安装了无线电斜桁，防鱼雷网安装高度降低，前桅安装了新桅楼。

2. 1910年的桅杆和红色烟囱识别带；加装了火控平台。

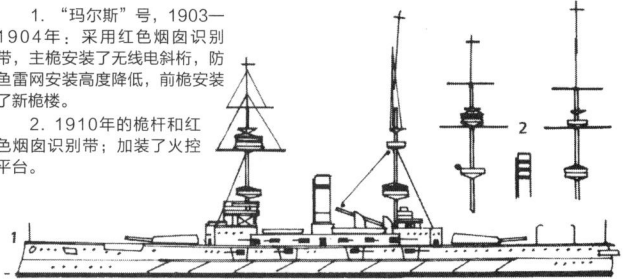

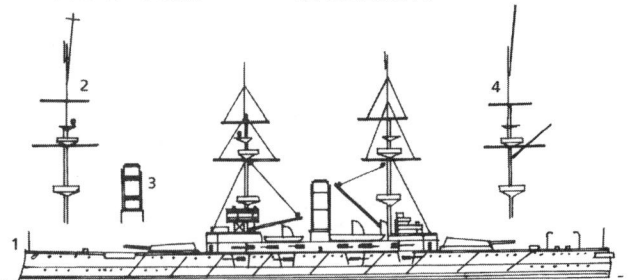

1. 完工时的"宏伟"号，1896年：维多利亚涂装；早期没有舰艉海图室。

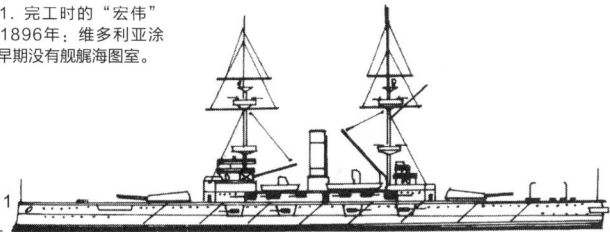

1. 完工时的"乔治亲王"号，1896年：维多利亚涂装。

2. 主桅安装了无线电斜桁。

3. 两道烟囱识别带。

4. 1906年：主桅安装了斜桁，无烟囱识别带。

1. "宏伟"号，1906年：新的防鱼雷网搁架和无线电斜桁。

2. 1908年时的桅杆，安装了特别的火控平台。

3. 1903年：烟囱上端涂成了黑色。

4. 1910年：红色烟囱识别带。

5. 前桅（最上桅）。

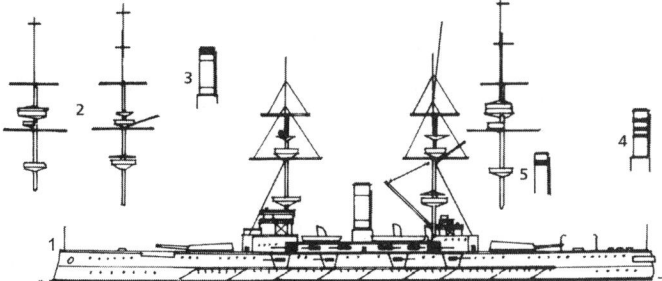

1. "乔治亲王"号，1905年：黑色烟囱识别带；防鱼雷网搁架高度改变。

2. 1907年加装了主顶桅。

3. 1909年：引入标准识别带时恢复了烟囱上的黑色识别带。

4. 前桅和主桅加装了顶桅，但没有主桅桁，1911—1912年。

1. "宏伟"号，1916年，所有武备被拆除。

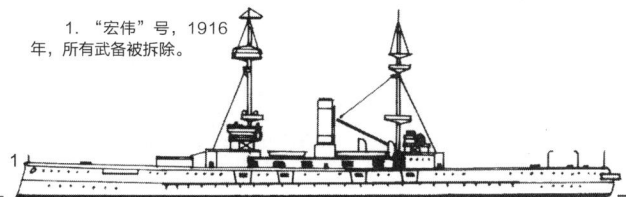

1. "乔治亲王"号，1918年，所有武备被拆除，被改装为鱼雷艇驱逐舰的居住船。

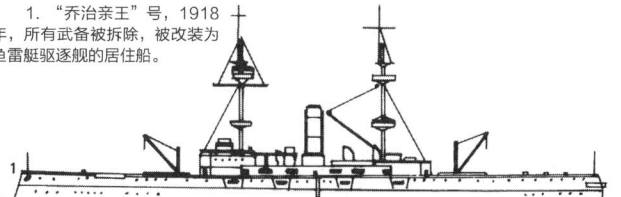

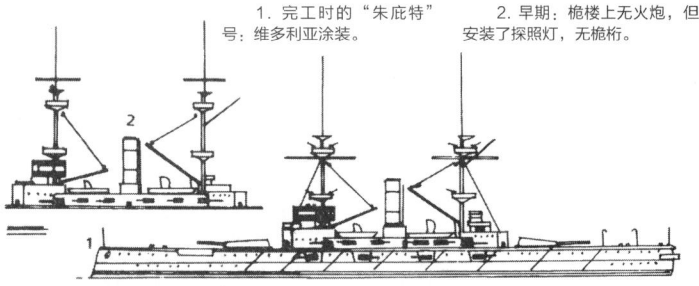

1. 完工时的"朱庇特"号：维多利亚涂装。

2. 早期：桅楼上无火炮，但安装了探照灯，无桅桁。

1. "朱庇特"号，1908年：安装了主顶桅和烟囱罩盖。

2. 标准烟囱识别带，三道白色，1907—1910年。

3. 1912年：主顶桅和前顶桅有变化，烟囱识别带更宽，间距更大。

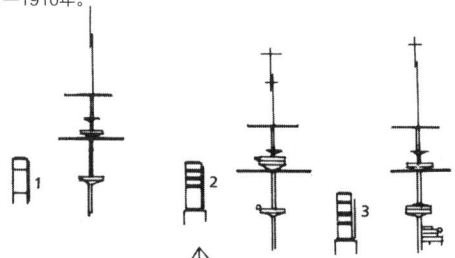

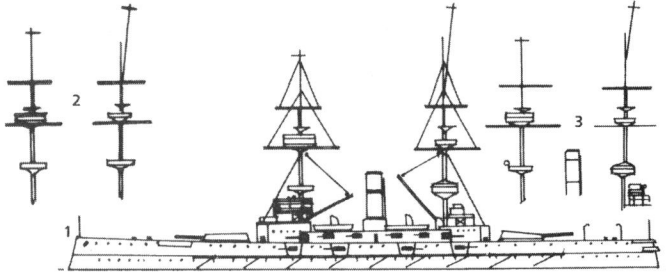

1. "朱庇特"号，1904年：防鱼雷网搁架位置降低；安装新的大型前桅楼，其上无火炮；烟囱上有一道黑色识别带。

2. 桅楼上有火炮，在1906年前无烟囱识别带。

3. 1906年的桅杆，前桅下层桅楼和后部舰桥的后方安装了火控系统。

1. "朱庇特"号，1915年，达达尼尔战役期间。

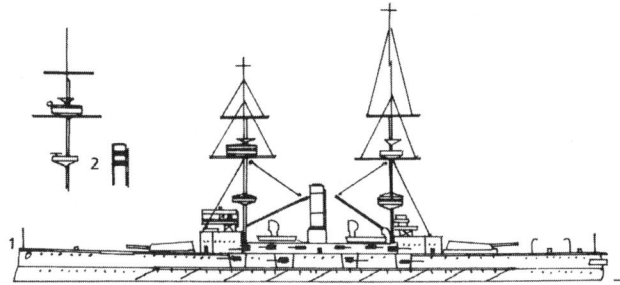

1. "胜利"号，1904年：烟囱上端为黑色（舰队标识）。

2. 大约1905年：烟囱上绘有识别带，前桅楼扩大。

3. 标准烟囱识别带，两道黑色，1910年。

1. "光辉"号，1908年：新的大型前桅楼，高大的顶桅，新的主桅下层桅楼。

2. 1909年：新的烟囱识别带，前桅楼安装了火控系统。1910—1911年：无主桅桁，前桅和主桅的桅楼形式有变。

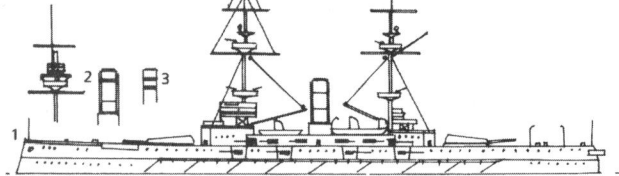

1. 完工时的"汉尼拔"号，1898年：维多利亚涂装。

2. 1903年：两道黑色烟囱识别带。

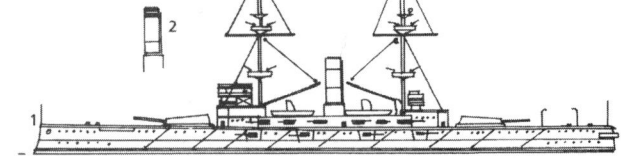

1. "汉尼拔"号，1904年：安装新的防鱼雷网搁架，无烟囱识别带，全灰色涂装；前桅上层桅楼和主桅下层桅楼安装了火控系统（1908年）。

2. 1912—1913年：安装了主顶桅。

3. 1910年：标准烟囱识别带，一道白色。

1. 完工时的"恺撒"号，1898年。

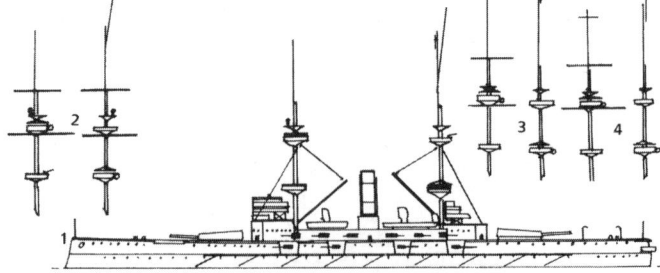

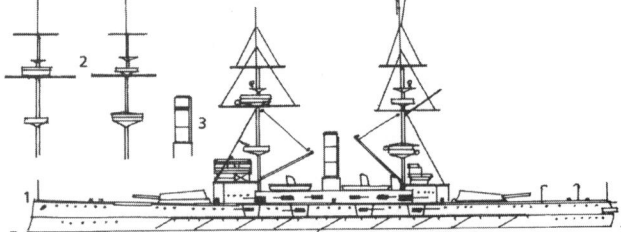

1. "恺撒"号，1905年：灰色涂装，安装新防鱼雷网搁架和无线电斜桁。

2. 1905年：火控平台和主桅下层桅楼。

3. 1909—1913年：主桅，无主桅桁。

4. 少量改进。

1. 完工时的"光辉"号，
1897年：维多利亚涂装。

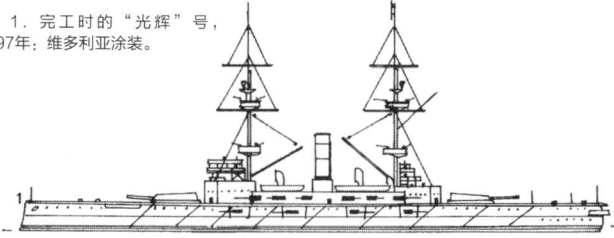

1. 完工时的"卡诺珀斯"号，
1900年：维多利亚涂装。
2. 1903年：灰色涂装，主桅安装
了无线电斜桁。

3. 1905年：红色烟囱识别带。
4. 1907年：火控平台。
5. 1908年：新的
火控平台和主顶桅。

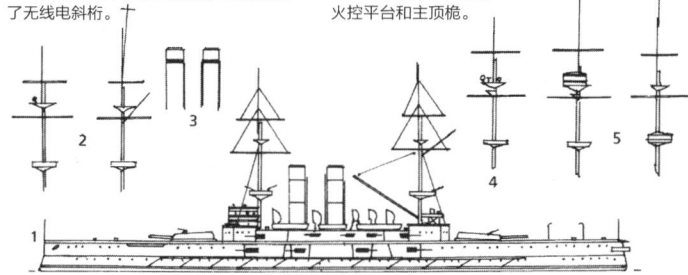

1. "恺撒"号，1919年；
战争结束时的状态。

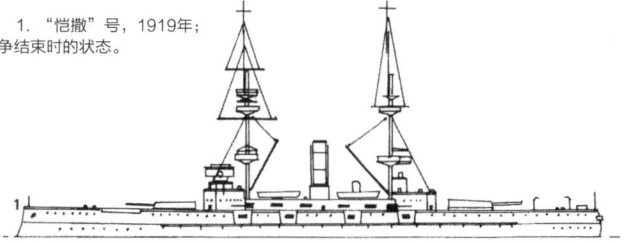

1. "阿尔比恩"号，1915
年：假舰艏波，短前顶桅，前
桅下层平台安装测距仪。

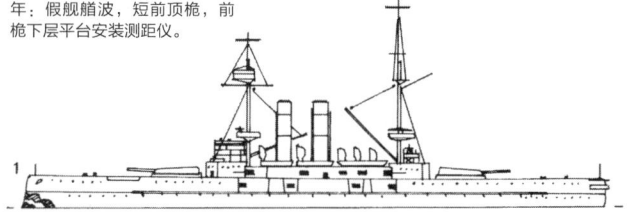

1. "卡诺珀斯"号，
1915年，达达尼尔：灰色斑
点式迷彩。

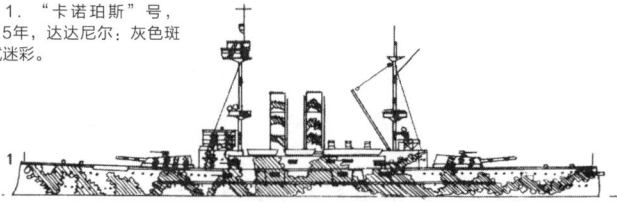

1. 完工时的"海洋"号，1900年：维
多利亚涂装。
2. 1906年：灰色涂装，两道红色烟囱
识别带，增加了无线电斜桁。

3. 1909年：新桅楼，新的主顶桅。
4. 1909—1910年：新标准识别带，
第二座烟囱两道白色。

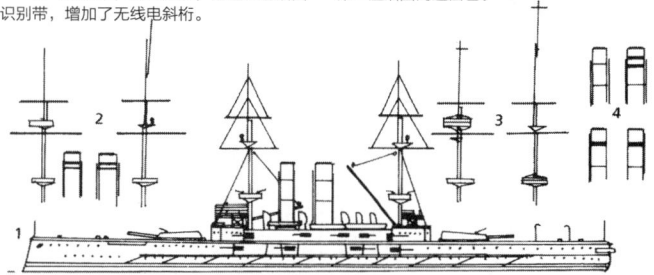

1. 完工时的"荣耀"号，1900年：维多利亚涂装。
2. 1904年：主桅上的无线电斜桁。
3. 1905年：斜桁位置的变化。
4. 1908—1909年：主顶桅，火控平台。
5. 1906年：两道红色识别带。
6.1909年：新烟囱识别带，一道白色。1912年：
无主桅桁。

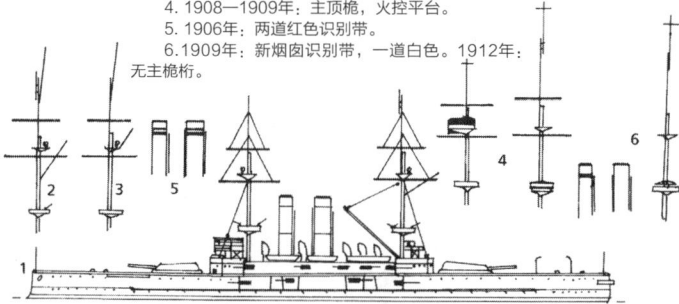

1. 完工时的"歌利亚"号：维多利亚
涂装。
2. 1905年：无线电斜桁。
3. 1905年：两道红色烟囱识别带。

4. 1906年或1907年：主顶桅和前桅下层
桅楼。
5. 1908—1909年：火控平台和烟囱上的
一道白色识别带。

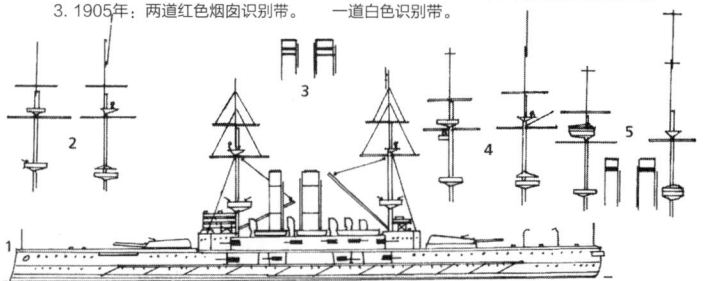

1. 完工时的"阿尔比恩"号，
1900年：维多利亚涂装。
2. 1907年：火控平台和主顶桅。

3. 1908—1909年：细烟囱识别带。
4. 1909年：新标准烟囱识别带，每
座烟囱三道白色。

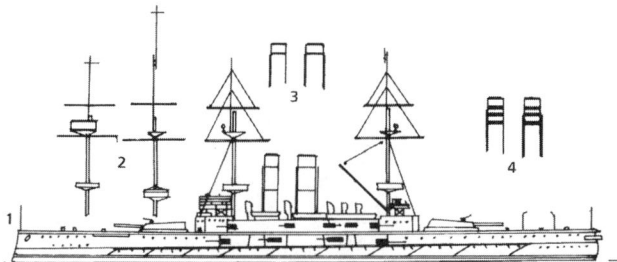

1. 完工时的"报复"号：维多利亚涂装。
2. 1905年：灰色涂装，红色烟囱识别
带，更换主顶桅，扩大火控平台。

3. 1909年：前桅下层平台安装了测距
仪，无烟囱识别带。

1. "报复"号，1916年：前桅和主桅低矮，前桅下层桅楼安装了探照灯，炮塔顶部布置高射炮。

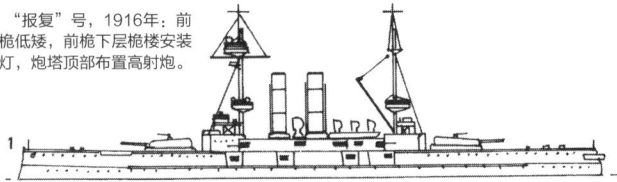

1. 完工时的"可畏"号：维多利亚涂装。
2. 1901年：主桅，短桅桁，无线电桅。
3. 1907年：前桅加装火控平台，主桅加装桅楼，每根桅杆各有一根桅桁。
4. 1908年：后烟囱上一道白色识别带。
5. 1908年：每根桅杆各有两根桅桁。
6. 1909年：前顶桅，主桅无桅桁。

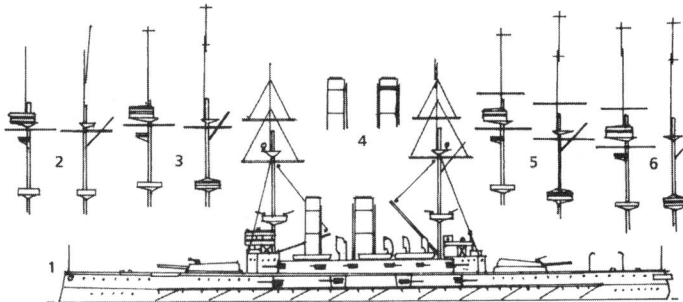

1. 完工时的"怨仇"号，1901年；维多利亚涂装。
2. 1907—1908年：炮塔和上层建筑有红色装饰带。

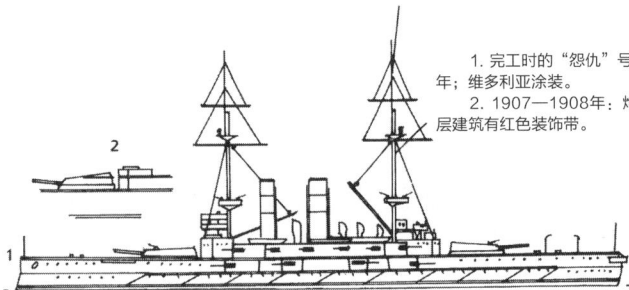

1. "怨仇"号，1917年。
2. 1909年：顶桅，每座烟囱两道红色识别带。
3. 1909—1910年：安装火控平台；主桅上无斜桁；绘有标准烟囱识别带，前烟囱上一道白色。

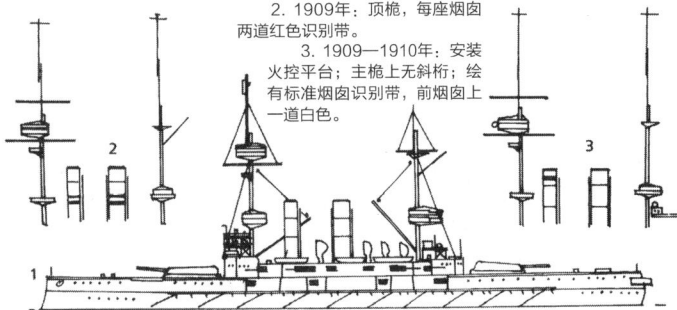

1. 完工时的"可敬"号：维多利亚涂装。
2. 1909—1912年：红色烟囱识别带。1912年已无烟囱识别带，前桅下层桅楼安装了小型测距仪。

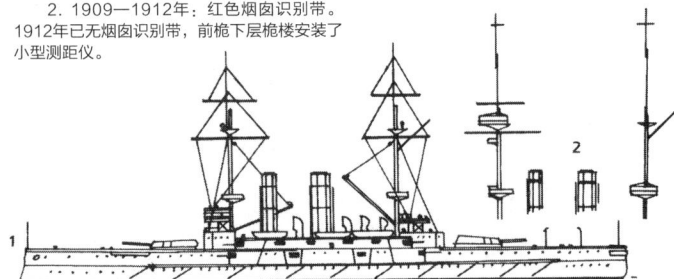

1. 完工时的"无阻"号，1901年；维多利亚涂装。
2. 1905年：安装无线电斜桁，火控平台扩大。

3. 1907—1908年：火控平台、主顶桅。
4. 1909年：标准烟囱识别带，每座烟囱一道白色。

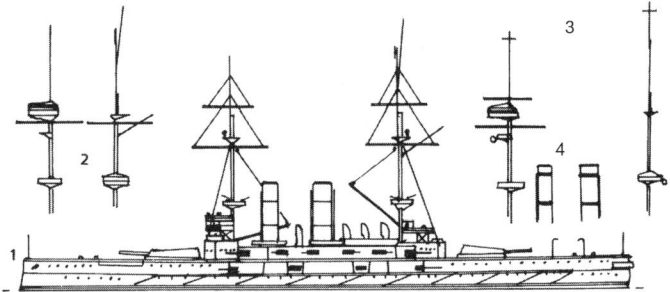

1. "无阻"号，1915年：显示了在达达尼尔战沉时的迷彩涂装。

1. 完工时的"堡垒"号，1901年：维多利亚涂装。
2. 1904年：火控平台和主顶桅上的斜桁。
3. 1907年：前桅和主桅上各有一根桅桁。
4. 1912—1903年：前顶桅。

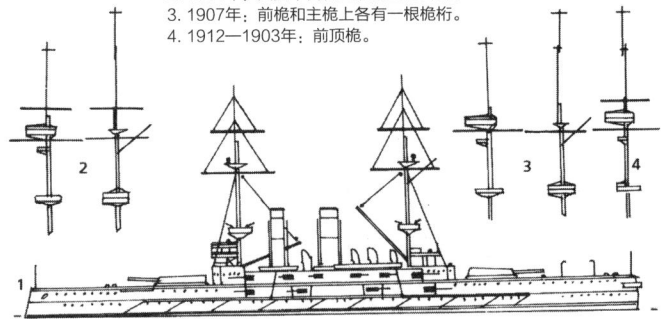

1. "伦敦"号，1918年：改装成布雷舰后的面貌。305毫米主炮、艉炮塔、152毫米副炮被移除；顶桅非常短小；沿后甲板有布雷导轨，帆布围屏遮蔽了水雷；绘有灰、黑和绿色组成的诺曼·威尔金森式炫目迷彩。

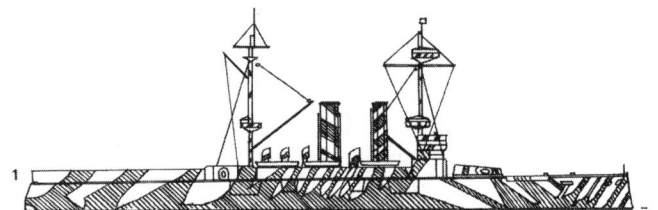

1. "可敬"号，1915年：顶桅短小，主桅上无桅桁，拆除了防鱼雷网，前桅下层平台上有探照灯，前后舰桥结构被简化。

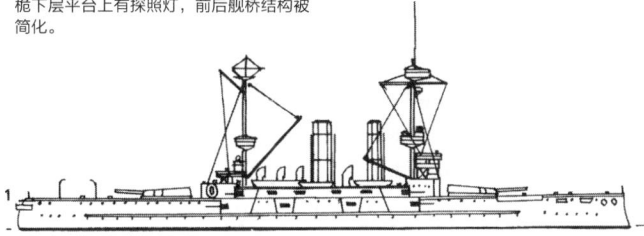

1. 完工时的"威尔士亲王"号，1904年；带有无线电斜桁；完工时无斜桁。

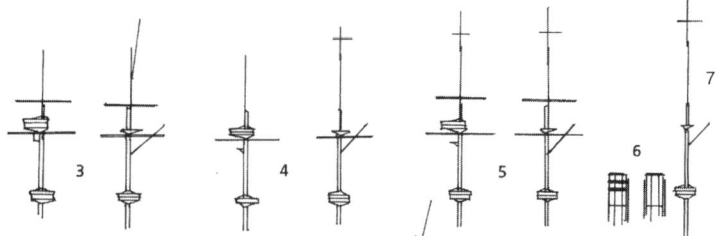

1. 完工时的"伦敦"号，1902年；维多利亚涂装，一段时间内上甲板一线没有白色装饰线。

2. 1904年：灰色涂装，前桅楼扩大，桅楼上无探照灯。

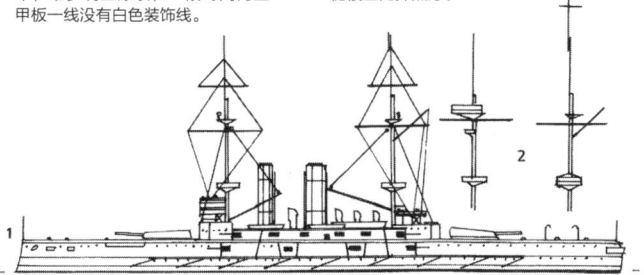

2. 完工后不久加装了斜桁。
3. 1906年：火控平台。
4. 1906—1907年：主桅安装了桅楼，前桅和主桅各有一根桅桁。
5. 1908年：前顶桅。
6. 1909年：白色烟囱识别带。
7. 1909—1910年：主桅无桅桁。

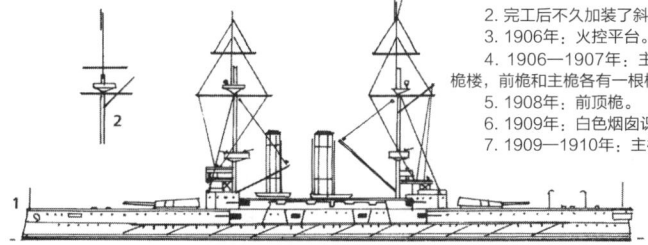

1. "伦敦"号，1912年：安装有试验性起飞平台；绘有两道白色烟囱识别带；顶桅高大；前桅安装了超长吊臂，用于从海中回收飞机。

2. 1914年拆除了防鱼雷网并涂掉了烟囱识别带。

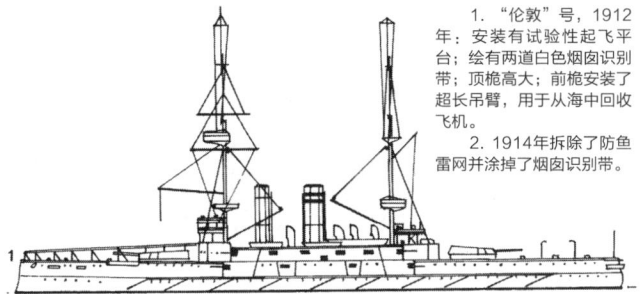

1. "威尔士亲王"号，1915年：主桅无桅楼，前顶桅有鸦巢式桅楼，舰桥结构简化，下层桅楼有斜桁，前桅下层桅楼顶部有探照灯，无防鱼雷网，撑架被拆除。

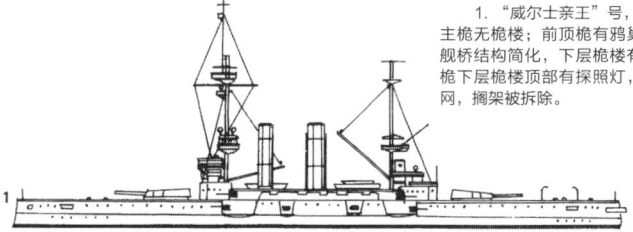

1. 完工时的"康沃利斯"号，1904年。
2. 1905—1906年：早期红色识别带。
3. 1909—1910年：新的白色烟囱识别带，主桅桅楼，前桅上的火控平台。
4. 前桅和主桅上的桅楼，1911年。

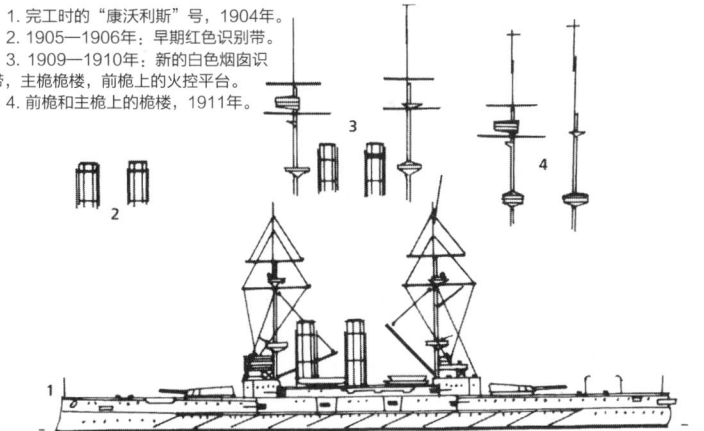

1. 完工时的"王后"号，1904年。
2. 1905—1906年：安装了火控平台和前桅下层桅楼。
3. 1907年：前桅和主桅各有一座桅楼和一根桅桁。

4. 1909—1910年：绘有白色烟囱识别带；主桅上无桅桁。
5. 1910—1911年：前桅和主桅各有两根桅桁。

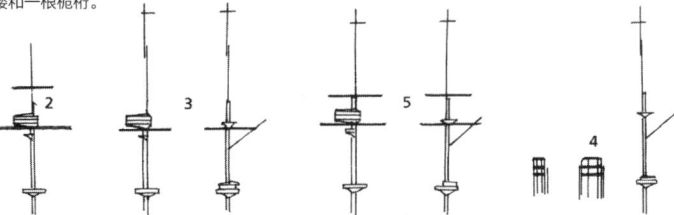

1. 完工时的"埃克斯茅斯"号，1903年。
2. 1906年：新火控平台。
3. 1909年：桅杆高处的桅楼。
4. 1909年：白色烟囱识别带。
5. 1915年：短顶桅。

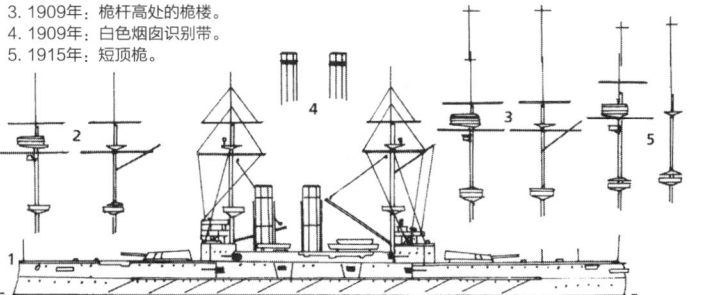

1. "康沃利斯"号，达达尼尔，1915年。顶桅短小，舰桥结构简化，舰艉海图室顶部和前桅下层桅楼上有探照灯，前桅上有鸦巢式桅楼。

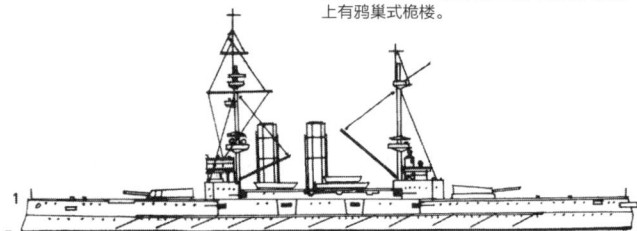

1. 完工时的"邓肯"号，1903年。
2. 前桅和主桅上的临时桅楼。
3. 1905年：早期红色烟囱识别带。
4. 1907年：前桅火控平台。
5. 1908年：白色烟囱识别带。
6. 1909年：白色烟囱识别带和顶桅。
7. 1910年：主桅上无桅桁。

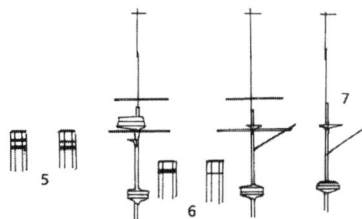

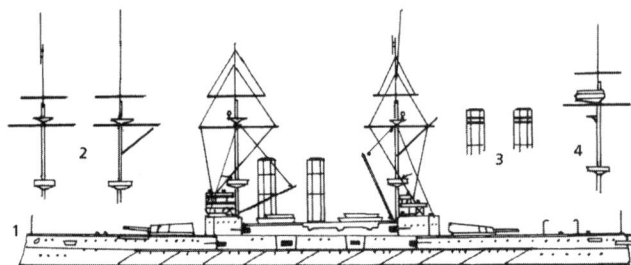

1. 完工时的"罗素"号，1903年：维多利亚涂装。
2. 1905—1906年：早期烟囱识别带，火控平台，无线电斜桁；火控平台下方的新平台上的探照灯。
3. 1909年：新的白色烟囱识别带，主顶桅。
4. 1911年：第二座烟囱上新的白色识别带。
5. 1912年：前桅和主桅高处的桅楼。

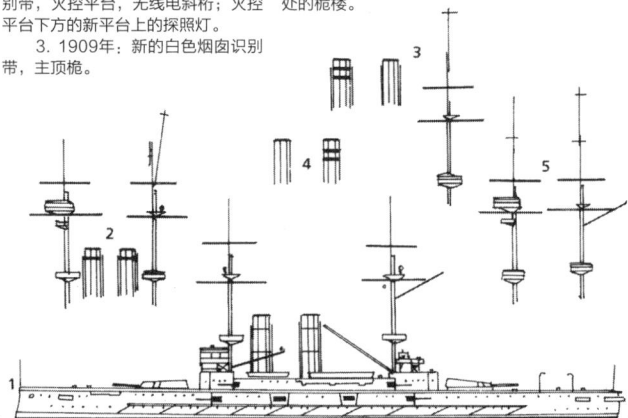

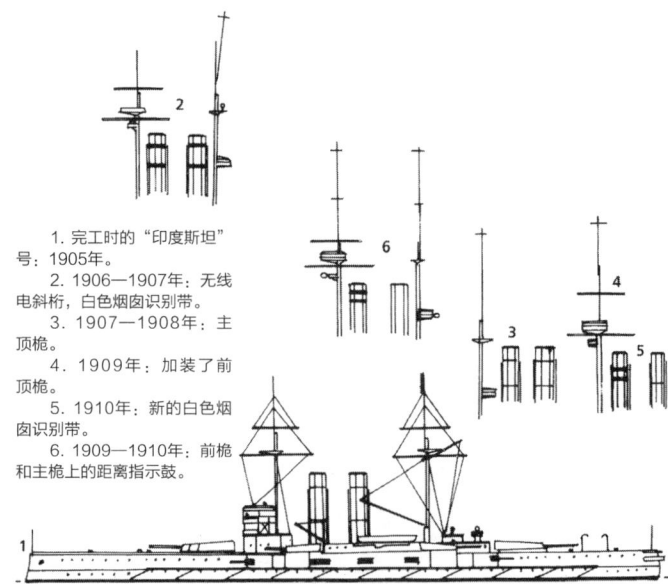

1. 完工时的"蒙塔古"号，1903年。
2. 1905年：早期红色烟囱识别带。
3. 1906年：安装新火控平台，主桅下层桅楼加装顶盖，无线电斜桁上加装桅桁。

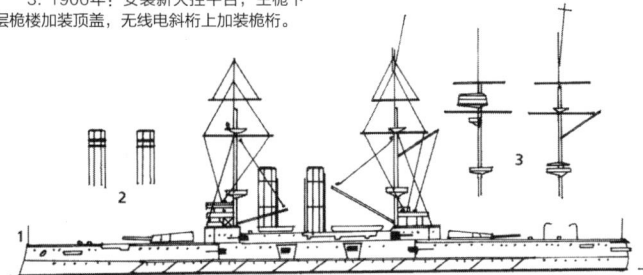

1. 完工时的"阿尔比马尔"号，1903年，灰色涂装。
2. 1905—1906年：加装了火控平台，涂有红色烟囱识别带。
3. 1909年：高大的顶桅，新的舰桥。
4. 1912年：无烟囱识别带，主桅无桅桁。

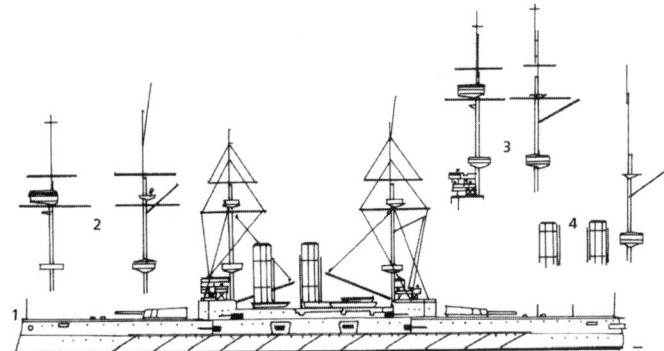

1. 完工时的"印度斯坦"号，1905年。
2. 1906—1907年：无线电斜桁，白色烟囱识别带。
3. 1907—1908年：主顶桅。
4. 1909年：加装了前顶桅。
5. 1910年：新的白色烟囱识别带。
6. 1909—1910年：前桅和主桅上的距离指示鼓。

1. 完工时的"英王爱德华七世"号，1905年。
2. 1906年：加装了无线电斜桁。
3. 1907年：主桅上无桅桁。
4. 1908年：前桅和主桅上的桅楼。
5. 1909年：加装火控平台，前桅和主桅加装了旗杆。
6. 1909—1910年：涂有白色烟囱识别带，桅楼装有距离鼓。
7. 1912年：无距离鼓。

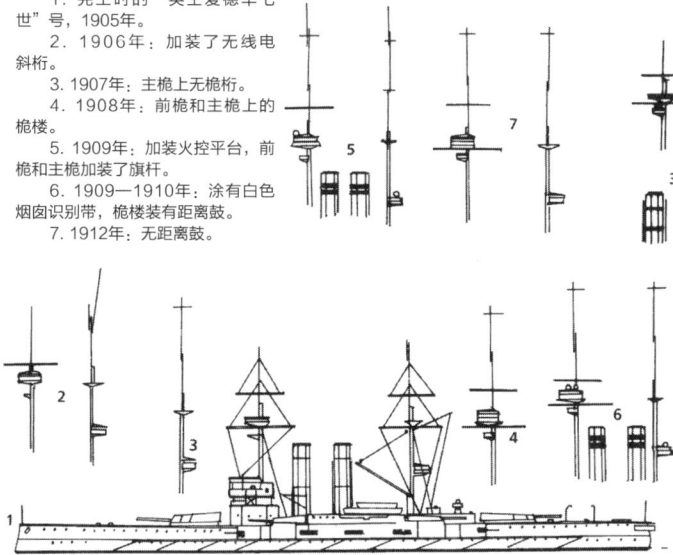

1. 完工时的"自治领"号，1905年：主桅上无桅桁。
2. 完工时火控平台没有顶盖，主桅加装了桅桁。

3. 1907年：早期红色烟囱识别带。
4. 1908年：顶桅。
5. 1909年：白色烟囱识别带。
6. 1909年：火控平台，距离指示鼓。

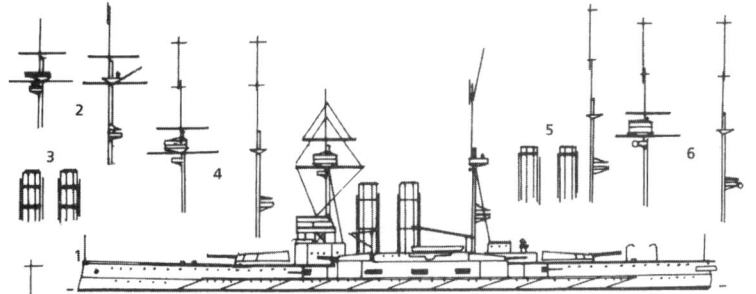

1."自治领"号，1918—1919年。前桅有两座下层桅楼，炮塔侧面涂有"DOM"，顶桅短小，后部舰桥和舰体舯部有探照灯，无防鱼雷网。

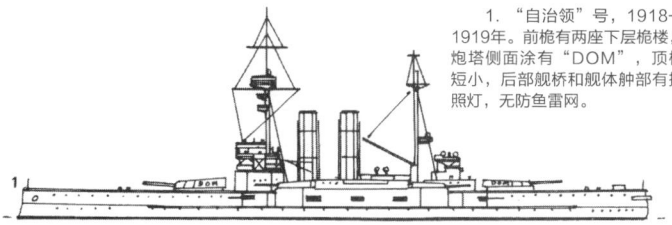

1. 完工时的"英联邦"号，1905年。
2. 1908年：红色烟囱识别带，顶桅。
3. 1909年：白色烟囱识别带。
4. 1909年：火控平台。

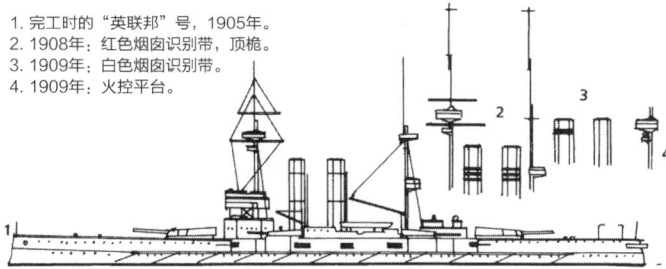

1. 完工时的"海伯尼亚"号，1906年。
2. 1907年：早期红色烟囱识别带。
3. 1909年：白色烟囱识别带，顶桅。
4. 1909—1910年：火炮距离指示鼓。
5. 1912年：起飞平台。

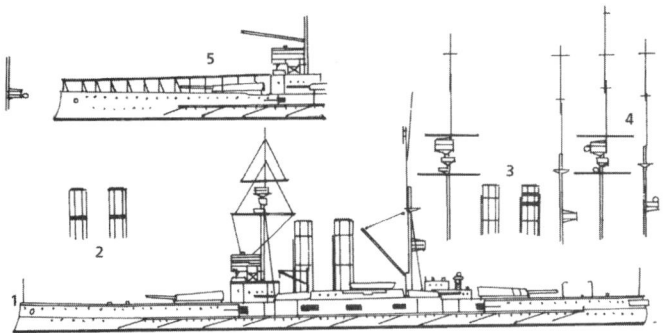

1."英联邦"号，1918年。炫目迷彩，三脚前桅，突出部，新的前后舰桥结构，改进的火控系统。

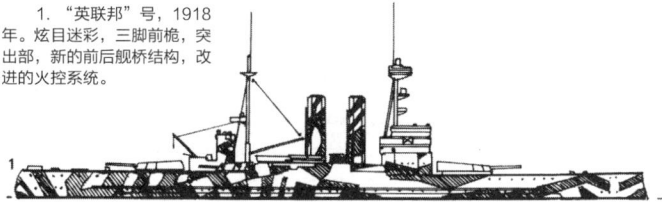

1."英联邦"号，1918年，左舷迷彩。

1. 完工时的"非洲"号，1906年。
2. 1907年：白色烟囱识别带。
3. 1907—1908年：红色烟囱识别带，主桅和前桅的桅楼，火控平台。
4. 1909年：罗盘平台被拆除。

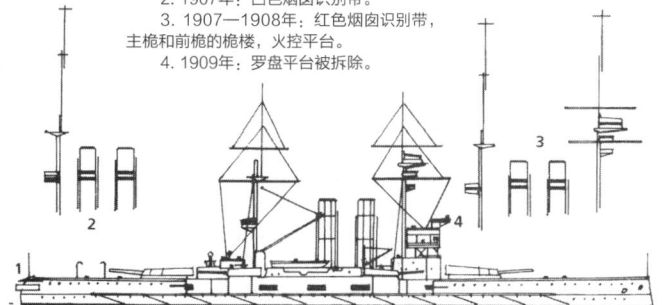

1. 完工时的"不列颠尼亚"号，1906年。
2. 1908年：早期红色烟囱识别带。
3. 1909—1910年：白色烟囱识别带。

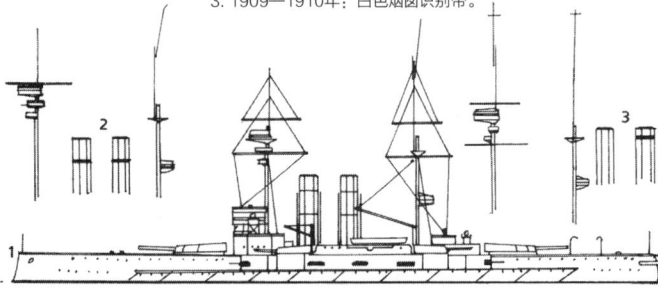

1. 完工时的"新西兰"号，1905年。
2. 1909年：红色烟囱识别带，顶桅。
3. 1910年：火控系统。

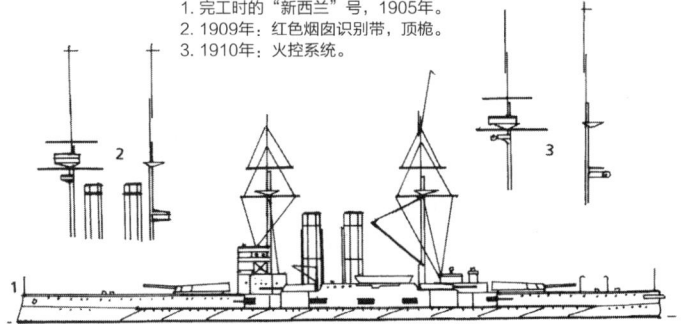

1. "西兰蒂亚"号，1919年：装有三脚前桅，舰桥结构简化，无防鱼雷网。

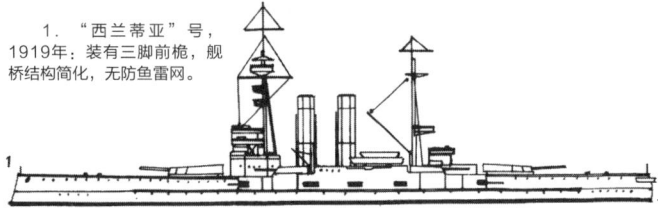

1. 完工时的"阿伽门农"号，1908年。
2. 1909年：火控系统。
3. 1910—1911年：扩大的前桅楼。

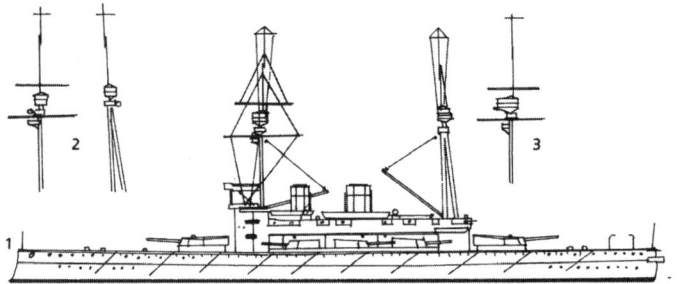

1. 完工时的"凯旋"号，1904年：外国海军涂装，随后改为灰色涂装。
2. 1905—1906年：红色烟囱识别带。
3. 1909年：白色烟囱识别带，火控系统，无线电斜桁。

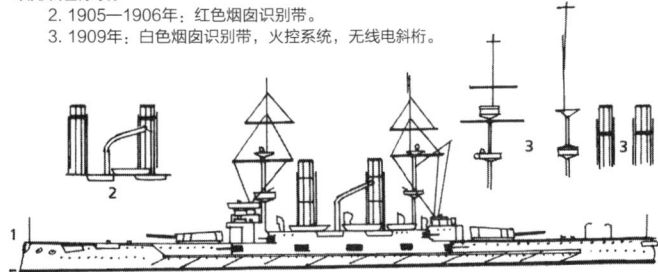

1. "阿伽门农"号，达达尼尔，1915年：非正式的迷彩涂装，主桅上无顶桅。

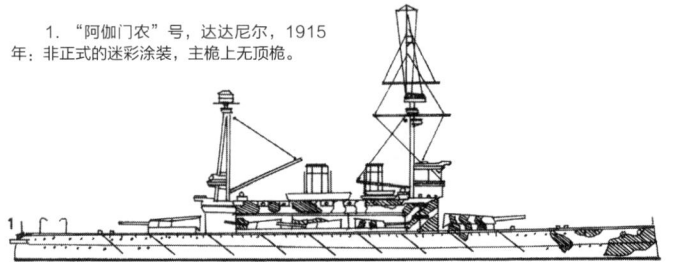

1. 完工时的"敏捷"号，1904年：白色涂装。
2. 1905—1906年：安装无线电斜桁和新桅楼。
3. 1909年：加装距离指示鼓，主桅上无斜桁和桅桁。
4. 1909年：前最上桅。

1. 靶舰"阿伽门农"号，1923年：无武备，无防鱼雷网，安装了无线电接收和遥控装置。

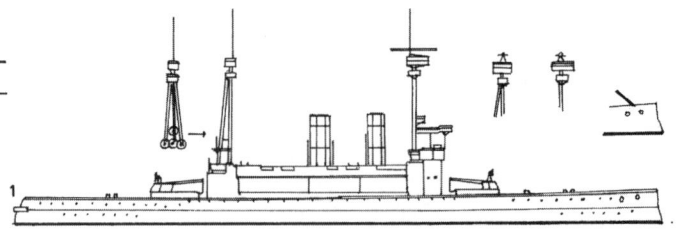

1. "敏捷"号，达达尼尔，1915年：绘有假舰艏波，前桅下桅楼装有探照灯，顶桅短小，无防鱼雷网。

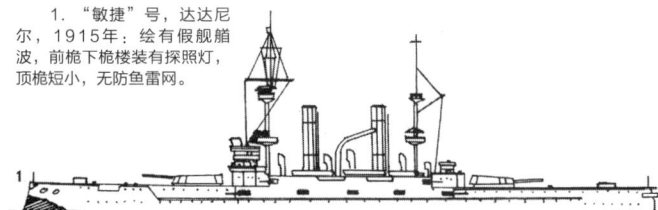

1. 完工时的"纳尔逊勋爵"号，1908年。
2. 1909年：白色烟囱识别带。
3. 1911年：主桅桅楼，探照灯。

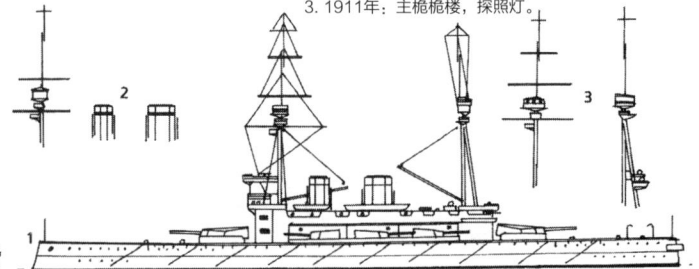

战列舰堡垒和战列舰终结者

维多利亚时期，英国在军事方面从来就不乏新颖的设计和思想。这里介绍的是其中最有趣的一个舰艇设计方案。

1898 年 6 月，陆军少将克里斯（Crease）提出建造一种活动的战斗堡垒，和一种高速战列舰终结者。

克里斯在文章里说：

英吉利海峡和联合王国的海岸，是由海军的海峡舰队和后备舰队来保护的。一旦发生战争，海峡舰队将开往直布罗陀，与地中海舰队保持接触。这样做的结果是，只有英国在地中海取得压倒性优势，海峡舰队才能从那里脱身，但这是基于英国同时与一个以上强国开战的设想。很有可能在英国面临入侵或其他危险时，民众不允许海峡舰队离开英吉利海峡。海军的总体战略，是以攻击敌人海岸的方式来保护我们的海岸，即使我们选择实施这种战略，也不能说没有必要在英吉利海峡内保持一支非常强大的后备舰队。我们海岸线的安全是至关重要的，不管付出多大代价都不能将其置于危险之中。

我们本土的海军基地和港口遭到袭击时海陆军该如何应对？现在尚无任何计划。虽然极端重要，但这仍是一个复杂且尚无答案的问题。我现在要提出的解决方案，是在整个海岸线上，选择适当的位置，部署与传统战列舰不同的水上战斗堡垒，这是一种装备重型火炮和装甲的战列舰，操纵灵活，能够储存大量燃煤，航速中等，吃水较浅，可以在浅水中作战并进入普通军舰无法进入的小型港口。水上战斗堡垒具备鱼雷防护能力，有足够大的舰宽、浮力储备和细致的水密分隔，可以经受一艘战列舰的撞击而不至沉没。

这种战斗堡垒的功能，仅仅是阻止敌人登陆、进入海峡入口，或炮击我们的沿海城镇。它不会用于海外作战，我认为这种军舰应该由一定数量的，受过专门训练的民兵和志愿者来操纵，这些人员应该部署在沿岸特定地点，或者靠近战斗堡垒可能部署的地点。

克里斯接下来声称，这些战斗堡垒建造起来非常容易，与战列舰相比造价也很低。另外，这些船将采用最重型和最现代化的火炮，每艘军舰装备双联装炮塔和至少 406 毫米的火炮。在克里斯的建议中，除了战斗堡垒之外还有一种小型的，只有局部装甲的军舰，排水量 3000—4000 吨，航速可达 35—40 节，用于联络和搜索，而建造它们的首要目的是摧毁战列舰，因为后者可以逃脱航速慢得多的战斗堡垒的打击。这种轻型舰艇装有撞角和鱼雷，火炮口径较小，只用于击退鱼雷艇驱逐舰的攻击。

克里斯的文章首先在海务大臣们中私下传阅，获得了大量关注，也经过了仔细研究。经过考虑和讨论之后，海军军官、文职官员和造舰专家认为，关于战斗堡垒和战列舰终结者的整个构思纯属幻想。虽然听起来可行，但实际上无法实施。以下是主要反对意见：

1. 要建造战斗堡垒，必须先找私人制造商建造新船台，现有船台无法建造这种宽达 30.48 米的军舰。

2. 战斗堡垒的航速只有 8 节，敌人的战列舰可以轻易避免与之战斗，所以仍可以炮击英国海岸，并在战斗堡垒到达之前溜之大吉。

3. 陆军士兵并不适合操纵如此巨型的军舰。许多年前的英法战争中，法国海军采取了类似做法，结果完全不敌英国海军。

4. 建议中的 18 艘战斗堡垒，每艘造价 60 万英镑，这还不如打造 18 艘用途更广的现代化战列舰，特别是前者和战列舰终结者无法在全世界海域作战。

克里斯对这些意见进行了争辩，但最大的问题似乎是战斗堡垒和战列舰终结者的尺寸给实际建造带来的困难。克里斯说：

> 如果我们没有英国培养的，当代最有经验和最出色的海军设计师威廉·怀特爵士，以及能够操纵这些堡垒所需的优秀军官，我觉得才会有问题。

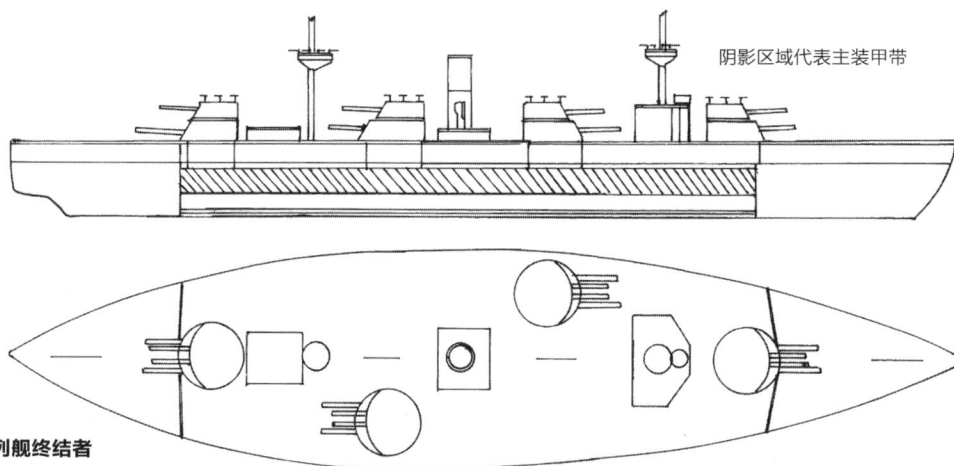

战列舰堡垒

排水量：11500 吨
长：121.92 米
宽：30.48 米
吃水：3.51 米

装甲
主装甲带：305 毫米，减至 76 毫米
首尾端：305—381 毫米
炮塔：152—305 毫米
甲板：89—127 毫米

武备
16 门 305 毫米主炮
20 门速射炮

输出功率：5000 马力（8 节）
燃煤：1500 吨

阴影区域代表主装甲带

战列舰终结者

排水量：3200 吨
长：106.68 米
宽：12.04 米
吃水：4.88 米

装甲
无主装甲带
弧形甲板装甲：32—57 毫米
武备：？
输出功率：35000 马力（35 节）
燃煤：940 吨

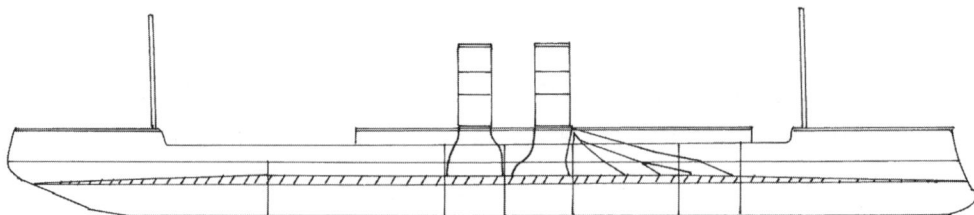

　　总结性研究得出的结论是：让这些战斗堡垒负责海岸防御，让传统战列舰在其他海域执行主要任务，无须担心海峡和港口防御，这在理论上是可行的；但由于建造上的问题，整个建议根本无法实施。

　　我们可以做出以下评价：

1. 16门最大口径的海军火炮，可能是305毫米Mk IX型舰炮（装备在可畏级和堡垒级等舰上）。——火力前所未见。

2. 305或381毫米装甲带，重型装甲甲板，重型装甲炮塔和基座，而承载所有这些武备的军舰长121.92米，宽30.48米，吃水只有3.51米，排水量只有11500吨。——舰型非常怪异。

3. 输出功率5000马力，航速8节。——速度十分缓慢。

4. 主炮和大量轻型火炮（布置在战斗桅楼中）使舰体上部重量剧增，初稳心高度过高，火炮根本无法稳定射击。

　　建议中战斗堡垒的排水量为11500吨，实际所需重量远不止于此，我们简单计算一下：

16门305毫米主炮，800吨

装甲重量，约5000吨

动力，约850吨

16座305毫米炮塔和基座，约3500吨

121.92米长，30.48米宽，4层舰底的舰体，约6500吨

燃煤，1500吨

总重：18150吨

　　这仅是大致的重量，尚不包括任何小型装备的重量，以及预留重量。

　　克里斯将军的建议颇为大胆，也对英国的海岸防御倾尽匠心，可惜完全不可行。

结论

英国海军这一时期建造的战列舰,与外国同类军舰相比孰优孰劣呢?我们从君权级开始,这一级战列舰在1892—1894年共建造了7艘(加1艘),它们也是当时世界上最优秀的一级战列舰。我们将其与同时期完工的军舰——法国的"布伦努斯"号和俄国的"纳瓦林"号(Navarin)号相比较。

法俄军舰都有厚重的复合装甲带(457毫米和406毫米),分别装备4门340毫米主炮[①]和4门305毫米主炮,最高航速16—17节,它们看起来都是英国战列舰的可畏对手。但是还有一些尚未拿来对比的性能,如燃煤储量、锅炉性能和适航性,以及在世界各水域航行的稳性。据报道,法国军舰火炮的射速很低,而俄国战列舰实际上仿自英国的特拉法尔加级,其设计很快就过时了。

庄严级的对手是日本的"富士"号、法国的"布韦"号(Bouvet)和美国的"亚拉巴马"号。这些战列舰在排水量、武备、装甲和航速方面非常相似,不过"富士"号的设计源于君权级,而且是在英国造船厂建造的——它与英国军舰相比不落下风——算得上一个对手。美国的"亚拉巴马"号到1900年才完工,是直接针对庄严级设计的,它的装甲带长54.25米,高2.29米,厚406毫米,而庄严级的装甲带长76.2米,高4.57米,厚229毫米,相比之下,美国军舰纸面上的防护水平并不出色。

▽ 1920年的一幅悲伤景象,老式前无畏舰在多佛的码头等候拆解。照片中可见"邓肯"号(最近)、"伦敦"号(后方)和"可敬"号(右后方),只露出部分舰体的是"卡诺珀斯"号

———————————
① 译注:原文如此。实际上法国"布伦努斯"号战列舰装备3门340毫米主炮。

"亚拉巴马"号火力强大，航速可达 17 节，但适航性据称较差。

9 艘庄严级全部建成一年后，法国的"布韦"号才完工。虽然在纸面上看似强大，但以它的排水量计，火力却显得不足。它内部的布置非常拥挤，原因是炮塔数量过多。这造成了火炮受炮口风暴影响较大的问题，以及被命中一次就导致多门火炮被毁的危险。"布韦"号的动力系统非常可靠，适航性良好，但燃煤储量和续航力有限。

从设计上看，卡诺珀斯级与同时代大部分对手相比都不够出色，主要是因为它们的侧舷装甲带只有 152 毫米，而大部分潜在对手的装甲带为 229 毫米。例如同时期完工的法国"圣路易"号（St. Louis），就有 381 毫米水线装甲带，与卡诺珀斯级相同的航速，以及可以在任何距离击穿 152 毫米装甲带的 4 门 305 毫米主炮。法国军舰适航性良好（卡诺珀斯级的适航性略胜一筹），总体设计可算出色。但是法舰的厚重装甲带高度不足，高大的上层建筑和大型烟囱都是敌方火炮的靶标。俄国战列舰"潘捷列伊蒙"号（Panteleimon）虽然直到 1904 年才建成，但仍可以与卡诺珀斯级比较。俄国军舰虽然航速略低，但总体上设计优良，并有 229 毫米克虏伯装甲带。它的一个主要弱点，是燃煤储量只有 860 吨，而卡诺珀斯级可携带 1800 吨燃煤。

在可畏级的设计被最终批准前，人们就已经在关注日本战列舰"朝日"号和"敷岛"号了。但是两艘日舰均在英国建造，与英国军舰的区别很小。"朝日"号、"敷岛"号与可畏级都是制造精良的战舰，内部结构非常坚固。英国官方文件认为可畏级更出色，但也仅限于总体战斗力。两艘日舰都参加了 1904 年的对马海战，其优异表现证明它们在设计上远胜俄国战舰。

能与堡垒级相比较的德国新型战列舰是"维特尔斯巴赫"号（Wittelsbach），后者只安装了口径更小的 240 毫米主炮，性能逊于英舰。但是美国的"缅因"号完全可以与堡垒级抗衡，美舰有 279 毫米装甲带，航速与堡垒级相同。英美战列舰的副炮在高海况下表现糟糕。法国的"絮弗伦"号（Suffren）也与堡垒级相当，只是航速和装甲带高度略逊一筹（4.04 米对 4.57 米）。英国造舰专家认为"絮弗伦"号的设计非常出色，值得赞赏。

"纳瓦林"号			
国家：俄罗斯 下水日期：1891 年 9 月 排水量：9476 吨（正常） 长：103.02 米（垂线间长） 宽：20.42 米 吃水：7.62 米（平均）	武备 4 门 305 毫米炮（40 倍径） 8 门 152 毫米炮 大量小口径火炮和机枪 6 具鱼雷发射管（水下）	装甲（复合装甲） 主装甲带：305—356—406 毫米，长 64.62 米 炮垒：127 毫米 甲板：64—76 毫米 围屏：305 毫米 司令塔：356 毫米	动力 2 套三胀式蒸汽机，2 副螺旋桨 12 台筒式锅炉 设计输出功率：9000 马力 （16 节）
"布伦努斯"号			
国家：法国 下水日期：1891 年 10 月 排水量：11190 吨（正常） 长：96.57 米（垂线间长） 宽：20.4 米 吃水：8 米	武备 3 门 340 毫米炮 10 门 164 毫米炮 4 门 65 毫米炮 2 挺机枪 6 具[1]鱼雷发射管（水上）	装甲（克勒索钢） 主装甲带：舯部 455 毫米，艏艉减至 305 毫米，下缘为 290 毫米[2] 炮塔基座：200 毫米 炮塔：正面 455 毫米，背面 200 毫米 炮垒围屏：115 毫米 小口径火炮炮塔：120 毫米 甲板：75 毫米 下甲板处侧舷装甲：115 毫米	动力 2 套垂直三胀式蒸汽机，2 副螺旋桨 32 台无省煤器的贝尔维尔锅炉 设计输出功率：13600 马力 （18 节） 燃煤：550 吨（正常），800 吨（最大） 燃煤消耗速率：全功率下每小时大约消耗 13 吨 探照灯：5 部 舰员：673 人

[1] 译注：原文如此，实际为 4 具。

[2] 译注：原文中，法、德两国战舰的火炮口径、装甲厚度也大多用英制单位来表述，然而这两国本是普遍使用公制单位的国家。这样一来，这些数据就经过了公制—英制、英制—公制两次换算，难免出现较大的误差。译成中文后，只能根据相关资料推测还原。

"富士"号			
国家：日本 下水日期：1896 年 3 月 排水量：12450 吨（正常） 长：114 米（垂线间长）， 123.9 米（全长） 宽：22.25 米 吃水：8.23 米（平均）	武备 4 门 305 毫米 40 倍径阿 姆斯特朗后装炮 10 门 152 毫米炮 20 门 47 毫米速射炮 2 门 47 毫米哈奇斯炮 5 具鱼雷发射管（4 具水 下，1 具水上）	装甲（哈维装甲） 主装甲带：457 毫米，逐渐削减 为 356 毫米，长 68.88 米，高 2.44 米 横向装甲：356 毫米，305 毫米 中央堡垒：102 毫米 炮塔基座：102—229—356 毫米 炮塔：76—152 毫米 炮郭：51—152 毫米 甲板：64 毫米 司令塔：356 毫米，顶部 25 毫米 舰艉司令塔：76 毫米	动力 2 套三缸三胀式蒸汽机，2 副四 叶螺旋桨 10 台筒式单头锅炉，布置在 4 个锅炉舱中，工作压力 1.07 兆帕 设计输出功率：10200 马力（正 常）；14100 马力（强制通风）， 18.5 节航速 燃煤：700—1200 吨 探照灯：5 部 舰员：600 人

"布韦"号			
国家：法国 下水日期：1896 年 4 月 排水量：12007 吨 长：117.8 米（垂线间长）， 122.3 米（全长） 宽：21.39 米 吃水：8.38 米（平均）	武备 2 门 1893 年式 305 毫 米主炮，每门备弹 52 枚 2 门 274 毫米火炮（1893 年式） 8 门 140 毫米火炮 8 门 100 毫米火炮 12 门 47 毫米速射炮， 每座桅楼上 4 门 5 门 37 毫米炮 2 门 37 毫米马克沁式机 关炮[①] 2 具 450 毫米鱼雷发射 管（水下）	装甲（哈维和镍钢装甲） 主装甲带：400 毫米，逐渐减至 艉舰 300 毫米；舰艏 200 毫米 下缘：250 毫米 上部：100 毫米（肿部高 1.23 米， 舰艏部分高 2.44 米，舰艉部分 高 1.83 米） 炮塔：400 毫米（输弹通道 200 毫米） 140 毫米炮塔：120 毫米（输弹 通道 65 毫米） 司令塔：300 毫米 垂直通道：200 毫米	动力 垂直三胀式蒸汽机，3 副四叶 螺旋桨 32 台贝尔维尔锅炉，布置在 4 个锅炉舱中，工作压力 1.72 兆帕 设计输出功率：15000 马力 （18 节） 燃煤：600—810 吨 燃煤消耗速率：17 节航速下每 天 251 吨；10 节航速下每天 63.5 吨 海试结果：全功率时 18.18 节， 远洋航行最高航速 17 节（到 1900 年航速仅 10 节） 探照灯：6 部 舰员：666 人

从俄国"奥斯利雅维亚"号战列舰上可以看到邓肯级的影子，它的确也是针对后者设计建造的。双方的副炮非常相似，但是英国战列舰的 4 门 305 毫米主炮比俄舰的 4 门 254 毫米主炮更强大，其装甲防护也更佳（虽然邓肯级的装甲略薄）。两舰的最高航速几乎相同，但邓肯级能以最高航速航行更长时间。海军部认为邓肯级总体上优于俄国军舰——单舰对抗也是如此。

英王爱德华七世级在完工时就要面对很多针对性很强的对手。日本的"香取"号（Katori）拥有 229 毫米克虏伯装甲和强大的武备，航速与英舰相同。"香取"号由英国造船厂建造，具备最现代化战列舰的种种特征，是制造精良、威力强大的战舰。1904 年之前，德国海军还没有对皇家海军构成任何威胁，但他们很快也开始建造性能优良的军舰了。"西里西亚"号（Schlesien）战列舰在各个方面都可以与英王爱德华七世级相匹敌。德国 280 毫米主炮相对这种等级的战列舰来说显得威力太小，但也可以轻易穿透英王爱德华七世级的 229 毫米装甲带，而且德国建造了 5 艘同级舰，这一点非同寻常，因为以前他们和法国人一样，每级战列舰只建造一到两艘[②]。英王爱德华七世级的适航性在同时期的军舰中无可比拟。人们经常提到，意大利战列舰"贝内代托·布林"号（Benedetto Brin）的航速高于英王爱德华七世级，然而意大利军舰实际上具备战列巡洋舰的特征，虽然航速很高，但装甲带只有 152 毫米。

经常拿来与纳尔逊勋爵级对比的是日本的"萨摩"号（Satsuma），它是日本自行建造的第一艘大型军舰，主要部件也由日本制造。除了装甲防护，双方在大部分性能上非常接近。纳尔逊勋爵级的装甲带厚 305 毫米，而"萨摩"号的装甲带只有 229 毫米，而且前者有装甲防护的干舷面积远大于日舰，其防护足可以与一些早期无畏舰相媲美。

① 译注：原文如此，法国海军似乎并未装备过 37 毫米马克沁式机炮（"砰砰炮"），此处可能为哈奇斯转管 37 毫米炮（5 管）。

② 译注：实际上这种情况并不多见，从勃兰登堡级开始，德国的前无畏舰每级至少建造 4 艘。

"圣路易"号			
国家：法国 下水日期：1896 年 9 月 排水量：11090 吨（正常） 长：114 米（垂线间长）， 117.5 米（全长） 宽：20.24 米 吃水：8.38 米	武备 4 门 305 毫米炮（1893/96 年式），每门备弹 48 枚 10 门 138 毫米炮（1893 年式），每门备弹 49 枚 8 门 100 毫米火炮（1891 年式） 20 门 47 毫米哈奇开斯速 射炮 4 门 37 毫米机炮 4 具 450 毫米鱼雷发射管 （2 具水上），阜姆鱼雷	装甲（哈维与镍钢装甲） 主装甲带：370 毫米（水 上 0.46 米，水下 1.52 米）， 下缘 200 毫米 侧甲：100 毫米 炮垒：75 毫米 炮塔：380 毫米 装甲通道：200 毫米 司令塔：330 毫米 司令战位：25 毫米 甲板：装甲带上方 80 毫 米，下层甲板 40 毫米	动力 3 套四缸垂直三胀式蒸汽机，3 副螺 旋桨 20 台带省煤器的贝尔维尔锅炉，布 置在 4 个锅炉舱中，工作压力 1.72 兆帕 设计输出功率：15000 马力（18 节） 燃煤：1080 吨 燃煤消耗速率：全功率下每天 266 吨；10 节航速下每天 60.3 吨 海试结果：15221 马力，18.1 节； 11250 马力，17 节 探照灯：6 部 600 毫米 舰员：694 人
"亚拉巴马"号			
国家：美国 下水日期：1898 年 5 月 排水量：11552 吨（正常） 长：112.17 米（垂线间长）， 114 米（全长） 宽：22 米 吃水：7.16 米	武备 4 门 Mk II 型 330 毫米 35 倍径主炮，每门备弹 50 枚 14 门 152 毫米 40 倍径 Mk IV 型火炮，每门炮备 弹 200 枚 16 门 57 毫米炮 4 挺机枪 2 门 76 毫米野战炮 无鱼雷发射管[1]	装甲（哈维装甲） 主装甲带：241—343— 419 毫米 中央堡垒和炮垒：140 毫米 炮郭：152 毫米 炮塔基座：381 毫米（正 面），254 毫米（背面） 炮塔：356 毫米（正面和 侧面），51 毫米（顶部） 甲板：70—76 毫米 司令塔：254 毫米，顶部 51 毫米 信号塔：152 毫米	动力 2 套垂直三胀式蒸汽机，2 副三叶 螺旋桨 8 台筒式单头锅炉，布置在 4 个锅 炉舱中，工作压力 1.24 兆帕 设计输出功率：10000 马力（17 节） 燃煤：1339 吨（最大） 燃煤消耗速率：远洋航行（14.4 节） 每天消耗 132 吨燃煤 海试结果：11366 马力，17.01 节 探照灯：4 部 762 毫米 舰员：713 人
"奥斯利雅维亚"号			
国家：俄罗斯 下水日期：1898 年 11 月 排水量：12674 吨 长：122.3 米（垂线间长）， 129.84 米（水线长）， 132.58 米（全长） 宽：21.79 米 吃水：8.31 米	武备 4 门 254 毫米 43 倍径"奥 布霍夫"式主炮，540 枚 备弹（正常储备总数） 11 门 152 毫米火炮 20 门 76 毫米火炮 26 门（挺）小型舰炮和机 枪（包括 75 毫米火炮） 5 具鱼雷发射管（3 具水下）	装甲（克虏伯、哈维与镍钢） 主装甲带：舯部 229 毫 米，向两端逐渐减至 127 毫 米，两端 178 毫米；长 95.1 米，水上 30.91 米， 水下 1.45 米 上部装甲带：127 毫米， 长 57.3 米 横向装甲：102 毫米 炮郭：51—127 毫米 炮塔：127—229 毫米 司令塔：102—152—254 毫米 甲板：水平部分 64 毫米， 倾斜部分 76 毫米	动力 3 套垂直三胀式蒸汽机，3 副四叶 螺旋桨 30 台贝尔维尔锅炉，布置在 3 个锅 炉舱中 设计输出功率：14500 马力 （18.5 节） 燃煤：1500 吨 /2000 吨 海试结果：15053 马力，18.33 节 舰员：730 人
"朝日"号			
国家：日本 下水日期：1899 年 3 月 排水量：15200 吨（正常） 长：121.92 米（垂线间长）， 129.54 米（全长） 宽：22.86 米 吃水：8.28 米	武备 4 门 305 毫米 40 倍径主 炮（与可畏级上的 Mk IX 型主炮不同） 14 门 152 毫米 Mk VII 型 火炮 20 门 76 毫米火炮 4 具 457 毫米水下鱼雷发 射管	装甲（哈维和镍钢装甲） 主装甲带：229 毫米（长 76.2 米） 炮塔基座：254—356 毫米 炮塔：254 毫米（正面）， 152 毫米（侧面） 炮郭：152 毫米（正面） 司令塔：356 毫米（正面）， 76 毫米（顶部） 甲板：76 毫米（舯部）	动力 2 套垂直三胀式蒸汽机，2 副螺旋桨 25 台贝尔维尔锅炉 设计输出功率：14500 马力（18 节） 燃煤：700 吨（正常），1400 吨 （最大） 燃煤消耗速率：全功率下每小时消 耗 14 吨燃煤 海试：16360 马力，18.3 节 探照灯：5 部 舰员：743 人

　　维多利亚时期英国战列舰的设计，以与同时代的外国战列舰对抗为主要目的。就这一点来说，它们的确无所畏惧。那个时代尚没有成熟的鱼雷战术，没有小型舰艇的集群攻击，没有飞机，也没有规模相当的敌方舰队。这些战列舰的设计和建造无疑代表了世界最高水准，最重要的是它们能顺利地在世界上所有水域航行和作战——这也是最令设计人员殚精竭虑的问题。这些军舰建成后都顺利完成了自己的任务。但是在第一次世界大战开始时，它们中的大部分已经过时了。它们无法抵御新型穿甲弹、水雷和威力巨大的鱼雷（带有割网器），无法与更大和火力更猛的新式无畏舰对抗。尽管如此，它们在战争中仍然异常繁忙，没有这些军舰，皇家海军根本无力完成自己的使命。

---

[1] 译注：原文如此，实际上有 4 具鱼雷发射管。

"絮弗伦"号

国家：法国 下水日期：1899 年 7 月 排水量：12527 吨（正常） 长：125.5 米（水线长） 宽：21.39 米 吃水：8.38 米	武备 4 门 1893/96 式 305 毫米主炮，每门备弹 106 枚 10 门 164 毫米火炮 8 门 100 毫米火炮 22 门 47 毫米炮 2 门 37 毫米速射炮 2 具 450 毫米鱼雷发射管（水下）[1]	装甲（哈维装甲） 主装甲带：300 毫米，艏艉和上缘逐渐减至 230 毫米，下缘 100 毫米；水上 1.09 米，水下 1.4 米 侧甲：主装甲带上方 130 毫米（高 2 米） 横向装甲：110 毫米 炮塔：280—320 毫米 炮塔基座：250 毫米 164 毫米炮塔：130 毫米克虏伯非渗碳装甲 164 毫米弹药转换装室：100 毫米 炮郭：130 毫米 司令塔：203—230—280 毫米 垂直通道：150 毫米 甲板：上层 70 毫米，下层 40 毫米	动力 3 套垂直三胀式蒸汽机，3 副螺旋桨 24 台尼克劳斯锅炉，分为 8 组，工作压力 1.77 兆帕 设计输出功率：16200 马力（18 节） 燃煤：1120 吨 燃煤消耗速率：全功率下每天消耗 269 吨，10 节航速下每天消耗 64.7 吨 海试结果：16715 马力，17.92 节 探照灯：6 部 舰员：714 人

"潘捷列伊蒙"号

国家：俄罗斯 下水日期：1900 年 10 月 排水量：12582 吨（正常） 长：113.16 米（水线长），115.37 米（全长） 宽：22.25 米 吃水：8.23 米	武备 4 门 305 毫米 40 倍径主炮，每门备弹 80 枚 16 门 152 毫米 45 倍径火炮，每门备弹 126 枚 14 门 75 毫米火炮 6 门 47 毫米火炮 2 门 37 毫米哈奇开斯速射炮[2] 4 挺机枪 2 门巴拉诺夫斯基速射炮 5 具鱼雷发射管（水下）	装甲（克虏伯工艺，美国制造） 主装甲带：舯部 229 毫米，两端 203 毫米，长 72.24 米，高 2.29 米 中央堡垒：152 毫米，长 47.55 米 两端由 152 毫米横向装甲封闭 炮垒：127 毫米，长 47.55 米 炮郭：152 毫米（外），51 毫米（内） 炮塔：254 毫米 弹药升降机：127 毫米 司令塔：229 毫米 垂直通道：127 毫米 甲板：水平部分 51 毫米，倾斜部分 64 毫米 127 毫米侧甲上方上甲板装甲：38 毫米	动力 2 套垂直三胀式蒸汽机，2 副四叶螺旋桨 22 台贝尔维尔锅炉（比利时制造） 设计输出功率：10600 马力（16 节） 燃煤消耗速率：全功率下每天消耗 195 吨 燃煤：1760 吨 海试结果：15 节（远洋航速） 探照灯：6 部 舰员：750 人

"维特尔斯巴赫"号

国家：德国 下水日期：1900 年 10 月 排水量：11830 吨（满载） 长：121.92 米（水线长），126.95 米（全长） 宽：20.42 米 吃水：8.23/8.53 米（平均）	武备 4 门 240 毫米 40 倍径炮 18 门 150 毫米火炮 12 门 76 毫米炮[3] 8 挺机枪 5 具[4] 450 毫米鱼雷发射管	装甲（克虏伯） 主装甲带：舯部 230 毫米 艏艉装甲带：100 毫米 炮塔基座：250 毫米 平台：250 毫米（正面） 炮垒：125 毫米 司令塔：250 毫米（正面） 甲板：倾斜部分 75 毫米	动力 3 套垂直三胀式蒸汽机，3 副螺旋桨 6 台筒式、6 台舒尔茨－桑尼克罗夫特锅炉 设计输出功率：15000 马力（18 节） 燃煤：653/1400 吨，加 200 吨燃油 海试结果：14488 马力，18.1 节 探照灯：4 部 舰员：650 人

"缅因"号

国家：美国 下水日期：1901 年 7 月 排水量：12500 吨（正常），13500 吨（满载） 长：118.26 米（垂线间长），120.07 米（全长） 宽：22 米 吃水：7.16 米，8.13 米（平均）	武备 4 门 305 毫米 40 倍径炮 16 门 152 毫米 50 倍径炮 6 门 76 毫米火炮 8 门 47 毫米哈奇开斯速射炮 4 挺机枪 2 具 457 毫米水下鱼雷发射管	装甲（克虏伯装甲带） 主装甲带：279 毫米，下缘逐渐减至 178 毫米，基座两侧 216 毫米和 140 毫米，舰艏部分 102 毫米 炮郭：152 毫米 横向装甲：229 毫米 炮塔基座：203—305 毫米 炮塔：280—305 毫米 司令塔：178—254 毫米 甲板：64—70—102 毫米	动力 2 套三缸垂直三胀式蒸汽机，2 副螺旋桨 24 台尼克劳斯锅炉 设计输出功率：16000 马力（18 节） 燃煤：1000/1800 吨 海试结果：15841 马力，18 节 探照灯：6 部 舰员：648 人

① 译注：原文如此，实际共有 4 具鱼雷发射管。

② 译注：可能为单管火炮，不过有些资料并未记录该舰装备了这种武器。

③ 译注：原文为 3 英寸炮，口径约合 76 毫米。实际上该舰装备的是 12 门 88 毫米（3.5 英寸）炮。

④ 译注：原文如此，实际为 6 具。

　　很多事后聪明的人认为，没有必要因为 19 世纪 80 年代出现的海军恐慌而打造这样一支符合两强标准的庞大舰队。那时英国主力舰数量不足，仅接近于法俄两国海军战列舰的总和。对英国来说，在整个帝国实力达到顶峰的时刻，拥有这样规模的舰队是合理的。而且第一次世界大战也证明了舰艇数量的重要性，因为海军的主要舰艇是无法快速更新的。纳尔逊本人早就提到："唯有数量可以制胜。"

维多利亚时期的英国给人们留下了深刻印象：战列舰涂装鲜明，排成数条长列驶出港口；舰队在地中海熬过漫长的夏日；海军频繁举行阅舰式。另外，报纸上也不断出现有关舰队的新闻。英国战列舰队在那之前和之后，都没有像 19 世纪末那样"统治着大洋"。那并不是一个毫无波澜的时代，当然算不上轻松，也算不上浪漫（特别是对军舰上的官兵而言）。这一时期，不论是海军本身还是舰艇设计，都发生了巨大的变革。皇家海军依靠自身经验克服了重重困难，它的军舰设计与建造过程在这些困难的映衬下，显得格外顺利与成功。

"贝内代托·布林"号（2 艘同级舰，玛格丽塔王后级）			
国家：意大利 下水日期：1901 年 11 月 排水量：13207 吨（正常） 长：130 米（垂线间长） 宽：23.83 米 吃水：8.23 米	武备（1519 吨） 4 门 305 毫米主炮（炮座和装填机构与可畏级类似），每门备弹 100 枚 4 门 203 毫米副炮（位于上甲板的炮郭中），每门备弹 100 枚 12 门 152 毫米副炮（位于主甲板炮垒中） 20 门 76 毫米速射炮 2 门 75 毫米炮 2 门 37 毫米炮 2 挺马克沁机枪 4 具 457 毫米鱼雷发射管（2 具水下）	装甲（哈维装甲和镍钢装甲，3103 吨） 主装甲带：舯部 150 毫米，舰艏减至 99 毫米，舰艉减至 51 毫米；水上 1.30 米，水下 1.45 米 中央堡垒：装甲带上方，150 毫米，长 110.34 米，两端由 198 毫米横向装甲封闭 炮塔基座：198 毫米 炮塔：150 毫米 炮郭：150 毫米 司令塔：150 毫米（2 座） 垂直通道：80 毫米 甲板：炮垒上方 51 毫米；下甲板倾斜部分 102 毫米，水平部分 25 毫米；中央堡垒外侧 76 毫米	动力（1577 吨） 2 套四缸垂直三胀式蒸汽机，2 副三叶向内旋转螺旋桨 28 台贝尔维尔锅炉，布置在 3 个锅炉舱中，工作压力 1.97 兆帕 设计输出功率：20475 马力 燃煤：1968 吨，加 200 吨燃油 燃煤消耗速率：全功率下每天消耗 335 吨燃煤，10 节航速每天消耗 66.5 吨燃煤 海试：6 小时海试，15700 马力，18.25 节；2 小时海试，强制通风，20400 马力，20.36 节 探照灯：2 部 75 厘米，2 部 65 厘米 舰员：809 人
"香取"号			
国家：日本 下水日期：1905 年 7 月 排水量：16400 吨（正常） 长：129.54 米（垂线间长），138.68 米（全长） 宽：23.93 米 吃水：8.23 米（平均）	武备 4 门 305 毫米主炮 4 门 254 毫米主炮 12 门 152 毫米火炮 12 门 76 毫米火炮 6 挺机枪 5 具 457 毫米水下鱼雷发射管	装甲（克虏伯装甲带，镍钢和低碳钢装甲） 主装甲带：229 毫米（高 2.29 米，水下 1.52 米） 舰艉：165 毫米 下缘：89 毫米 炮塔基座：127—229 毫米 炮塔：229 毫米（正面） 甲板：51—76 毫米 司令塔：229 毫米 上甲板炮垒：102 毫米	动力 2 套四缸四胀式蒸汽机[①]，2 副螺旋桨 20 台带省煤器的尼克劳斯锅炉 设计输出功率：17000 马力（18.3 节） 燃煤：800 吨（正常），2100 吨（最大） 海试：18500 马力，20.62 节 探照灯：4 部 舰员：865 人
"西里西亚"号（4 艘同级舰[②]）			
国家：德国 下水日期：1906 年 5 月 排水量：13200 吨（满载） 长：124.97 米（水线长） 宽：21.95 米 吃水：7.75 米（平均）	武备 4 门 280 毫米 40 倍径主炮 14 门 150 毫米火炮（6 英寸）[③] 20 门 88 毫米炮 4 挺机枪 6 具 450 毫米水下鱼雷发射管	装甲（克虏伯、镍钢和低碳钢装甲） 主装甲带：舯部 240 毫米，两端减至 200 毫米 舰艉：100 毫米 炮塔基座：280 毫米 炮塔：250 毫米（正面） 炮垒：165 毫米 炮郭：165 毫米 甲板：倾斜部分 75 毫米 司令塔：300 毫米（正面）	动力 3 套三缸垂直三胀式蒸汽机，3 副螺旋桨 12 台舒尔茨 - 桑尼克罗夫特锅炉 设计输出功率：16000 马力（18 节） 燃煤：800 吨（正常），1800 吨（最大），200 吨燃油 海试：18465 马力，18.3 节 探照灯：4 部 舰员：730 人
"萨摩"号			
国家：日本 下水日期：1906 年 11 月 排水量：19372 吨（正常） 长：146 米（水线长），146.91 米（全长） 宽：25.45 米 吃水：8.38 米（正常条件，平均）	武备 4 门 305 毫米主炮 12 门 254 毫米火炮 12 门 120 毫米火炮 4 门 76 毫米火炮 5 具 457 毫米水下鱼雷发射管	装甲（克虏伯装甲） 主装甲带：229 毫米，两端减至 102 毫米，舰艉 152 毫米 炮塔基座：178—229 毫米 炮塔：51—178—229 毫米 甲板：主甲板 51 毫米 司令塔：152 毫米	动力 2 套垂直三胀式蒸汽机，2 副螺旋桨 20 台宫原（Miyabara）锅炉 设计输出功率：17300 马力（18.3 节） 燃煤：1000 吨（正常），2800 吨（最大），377 吨燃油 海试：18507 马力，18.95 节 探照灯：5 部 舰员：800 人

---

① 译注：原文如此，实际为四缸三胀式蒸汽机

② 译注：原文如此，实际上德意志级战列舰共有 5 艘（"德意志"号、"波美拉尼亚"号、"汉诺威"号、"西里西亚"号、"石勒苏益格 - 荷尔斯泰因"号）。

③ 译注：原文如此，实际上"西里西亚"号（及其他德意志级战列舰）装备的是 170 毫米副炮。

参考文献

未出版引源

格林尼治，英国国家海事博物馆，图纸室，造船图纸：海军将领级（*Admiral* Class）；"维多利亚"号（HMS *Victoria*）和"无比"号（HMS *Sans Pareil*）；特拉法尔加级（*Trafalgar* Class）；君权级（*Royal Sovereign* Class）；"百夫长"号（HMS *Centurion*）和"巴夫勒尔"号（HMS *Barfleur*）；"声望"号（HMS *Renown*）；庄严级（*Majestic* Class）；卡诺珀斯级（*Canopus* Class）；可畏级（*Formidable* Class）；堡垒级（*Bulwark* Class）；邓肯级（*Duncan* Class）；王后级（*Queen* Class）；"敏捷"号（HMS *Swifts-ure*）和"凯旋"号（HMS *Triumph*）；纳尔逊勋爵级（*Lord Nelson* Class）

格林尼治，英国国家海事博物馆，手稿部，文件资料：H. G. 瑟斯菲尔德（H. G. Thursfield）；K. G. B. 迪尤尔（K. G. B. Dewar）；亚历山大·米尔恩爵士（Sir Alexander Milne）；赛普里恩·布里奇爵士（Sir Cyprian Bridge）；海军上将 A. W. A. 胡德（A. W. A. Hood）；T. 戴恩科特（T. D'Eyncourt）；理查德·维西·汉密尔顿爵士（Sir Richard Vesey Hamilton）；海军上将约翰·威廉·布拉肯布里爵士（Sir John William Bracken-bury）；海军中校 W. P. 霍恩比（W. P. Hornby）

※ 此外，本书也参考了英国海军部图书馆、公共档案局（现国家档案馆）、维克斯档案馆的众多未出版著作、文件、档案和信函。

已出版引源

图书

E. L. 阿特伍德.《战舰》.朗文出版社，1911.
Attwood, E. L. *Warship*. Longman, 1911.

N. 巴纳比.《世纪海军发展》.钱伯斯兄弟出版社，1904.
Barnaby, N. *Naval Developments of the Century*. W. & R. Chambers, 1904.

L. E. 伯林，L. S. 罗伯逊.《船用锅炉》.约翰·默里出版社，1906.
Berlin, L. E., and Robertson, L. S. *Marine Boilers*. John Murray, 1906.

J. H. 拜尔斯.《船舶建造》（两卷本）.查尔斯·格里芬出版公司，1908.
Biles, J. H. *The Construction of Ships*, 2 vols. Charles Griffin & Co. Ltd., 1908.

托马斯·布拉西爵士.《英国海军》（五卷本）.朗文出版社，1882.

Brassey, Sir Thomas. *The British Navy*, 5 vols. Longman, 1882.

J. 布朗.《"反击"号日志》.威斯敏斯特出版公司，1904.

Brown, J. *The Log of HMS Repulse*. Westminster Press Ltd., 1904.

威廉·莱尔德·克劳斯爵士.《皇家海军》（七卷本）.桑普森·洛出版社，马斯顿出版公司，1897—1903.

Clowes, Sir William Laird. *The Royal Navy*, 7 vols. Sampson Low, Marston & Co. Ltd., 1897‐1903.

J. 科贝特，H. 纽博特.《海军作战》（五卷本）.朗文出版社，格林出版公司，1920—1931.

Corbett, J., and Newbolt, H. *Naval Operations*, 5 vols. Longman, Green & Co., 1920‐1931.

S. 埃德利－威尔默特上校.《今日之舰队》.西利出版公司，1900.

Eardley–Wilmot, Captain S. *Our Fleet Today*. Seeley & Co., 1900.

S. 埃德利－威尔默特上校.《各国海军的发展》.西利出版公司，1892.

Eardley–Wilmot, Captain S. *The Development of Navies*. Seeley & Co., 1892.

海军上将约翰·费舍尔爵士.《回忆》.霍德与斯托顿出版社，1919.

Fisher, Admiral Sir John. *Memories*. Hodder & Stoughton, 1919.

海军上将约翰·费舍尔爵士.《记录》.霍德与斯托顿出版社，1919.

Fisher, Admiral Sir John. *Records*. Hodder & Stoughton, 1919.

T. G. 弗钦汉姆.《第一次世界大战海军史》.哈佛大学出版社，1927.

Frothingham, T. G. *The Naval History of the World War*. Harvard University Press, 1927.

M. A. 汉密尔顿－威廉姆斯.《英国的海军力量》.麦克米伦出版公司，1902.

Hamilton–Williams, M. A. *Britain's Naval Power*. Macmillan & Co., 1902.

P. G. 赫里瓦尔.《"拉米伊"号日志》.威斯敏斯特出版公司，1903.

Herival, P. G. *The Log of HMS Ramillies*. Westminster Press Ltd., 1903.

F. T. 简.《简氏战舰年鉴》.桑普森·洛出版社，马斯顿出版公司，1897—1921.

Jane, F. T. *Jane's Fighting Ships*. Sampson Low, Marston & Co. Ltd., 1897‐1921.

F. T. 简.《英国作战舰队》（两卷本）.图书馆出版公司，1915.

Jane, F.T. *The British Battle Fleet*, 2 vols. Library Press Ltd., 1915.

海军上将 J. 杰利科爵士.《大舰队，1914—1916》.卡塞尔出版社，1919.

Jellicoe, Admiral Sir J. *The Grand Fleet, 1914‐16*. Cassell, 1919.

C. R. 洛.《女王的海军》（三卷本）.J. S. 弗丘出版社，1897.

Low, C. R. *Her Majesty's Navy*, 3 vols. J. S. Virtue, 1897.

A. J. 马德尔 .《英国海军政策，1880—1905 》. 普特南出版社，1941.
Marder, A. J. *British Naval Policy, 1880‑1905*. Putnam, 1941.

N. J. 迈克德迈德 .《船厂实操》. 朗文出版社，1911.
McDermaid, N. J. *Shipyard Practice*. Longman, 1911.

J. T. 弥尔顿 .《船舶水管锅炉》. 1903.
Milton, J.T. *Water Tube Boilers for Marine Purposes*. 1903.

奥斯卡·帕克斯博士 .《英国战列舰》. 西利出版公司，1957.
Parkes, Dr. Oscar. *British Battleships*. Seeley Service, 1957.

亚瑟·波伦 .《战斗中的海军》. 查托与温德斯出版社，1919.
Pollen, Arthur. *The Navy in Battle*. Chatto & Windus, 1919.

W. H. 普莱斯 .《达达尼尔海峡舰队行纪》. 安德鲁·梅尔罗斯出版公司，1915.
Price, W. H. *With the Fleet in the Dardanelles*. Andrew Melrose Ltd., 1915.

欧内斯特·普罗特罗 .《英国海军》. 乔治·鲁特利奇父子出版社，1916.
Protheroe, Ernest. *The British Navy*. G. Routledge & Sons, 1916.

E. J. 里德 .《我们的铁甲舰》. 约翰·默里出版社，1870 .
Reed, E. J. *Our Ironclad Warships*. John Murray, 1870.

J. S. 利德，T. H. 皮尔斯 .《"胜利"号日志》. 威斯敏斯特出版公司，1903.
Reid, J. S., and Pearce, T. H. *The Log of HMS Victorious*. Westminster Press Ltd., 1903.

A. E. 西顿 .《轮机工程手册》. 查尔斯·格里芬出版公司，1907.
Seaton, A. E. *Manual of Marine Engineering*. Charles Griffin & Co. Ltd., 1907.

A. 斯滕泽尔 .《英国海军》. 托马斯·费舍尔·翁温出版社，1898.
Stenzel, A. *The British Navy*. T. Fisher Unwin, 1898.

A. T. 斯图尔特，C. J. E. 佩歇尔牧师 .《不朽的赌博》. A. C. 布莱克出版社，1917.
Stewart, A. T., and Peshall, Revd. C. J. E., *The Immortal Gamble*. A. C. Black, 1917.

W. H. 怀特 .《船舶工程手册》. 克劳斯出版社，1882.
White, W. H. *Manual of Naval Architecture*. Clowes, 1882.

H. 威廉姆斯 .《英格兰的蒸汽动力海军》. W. H. 艾伦出版社，1894.
Williams, H. *The Steam Navy of England*. W. H. Allen, 1894.

H. W. 威尔逊 .《战列舰出动》. 桑普森·洛出版社，马斯顿出版公司，1896.
Wilson, H. W. *Battleships in Action*. Sampson Low, Marston & Co. Ltd., 1896.

瓦尔特·伍德.《战列舰》.凯根·保罗出版社，1912.

Wood,Walter. *Battleship*. Kegan Paul, 1912.

《巴尔和斯特劳德测距仪》.英国皇家文书局，1896.

Barr & Stroud Rangefinders. HMSO, 1896.

《布拉西海军年鉴》. J. 格里芬出版公司，克劳斯出版社，1886—1919.

Brassey's Naval Annual. J. Griffin & Co. and Clowes, 1886‑1919.

《"荣耀"号 1901—1903 年的巡航》.沙彭蒂耶出版公司.

HMS Glory 1901‑2‑3, a Cruise. Charpentier & Co.

《海军协会年鉴》.约翰·默里出版社，1907—1914.

The Navy League Annual. John Murray, 1907‑1914.

《海军名单》.桑普森·洛出版社，1888—1910.

Navy Lists. Sampson Low, 1888‑1910.

学报

《海军造舰师学会学报》，1870—1911.

Transactions of the Institute of Naval Architects, 1870‑1911.

杂志

《水兵》《工程师》《工程》《舰队》《海陆军画报》《海陆军纪事》《海军协会杂志》

Blue Jacket; *Engineer*; *Engineering*; *Fleet*; *Navy and Army Illustrated*; *Navy and Military Record*; *Navy League Journal*.

报纸

《每日画报》《每日邮报》《每日电讯》《伦敦旗帜晚报》《汉普郡电讯》《帕尔默尔公报》《朴次茅斯晚间新闻》《圣詹姆斯公报》《泰晤士报》

Daily Graphic; *Daily Mail*; *Daily Telegraph*; *Evening Standard*; *Hampshire Telegraph*; *Pall Mall Gazette*; *Portsmouth Evening News*; *St. James's Gazette*; *The Times*.

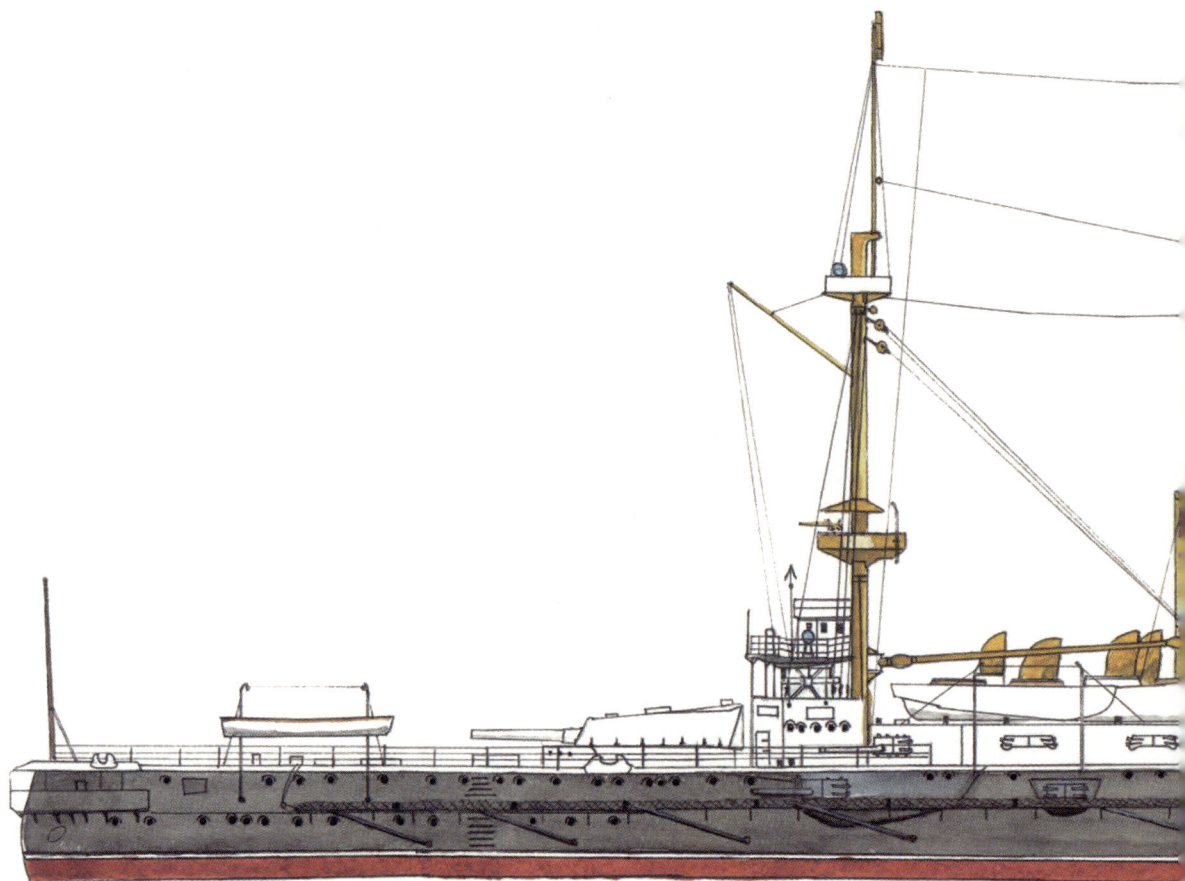

"王后"号，1912年，显示了用作识别的标准烟囱识别带

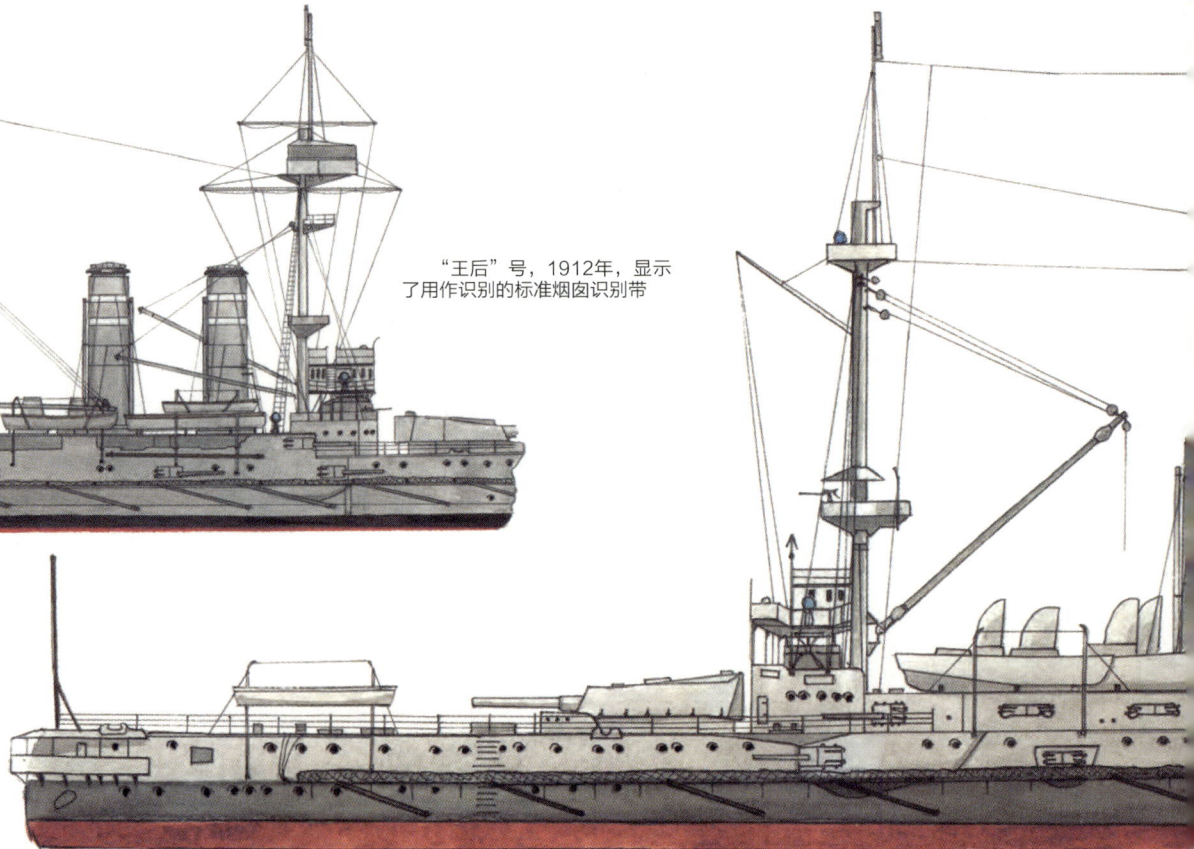

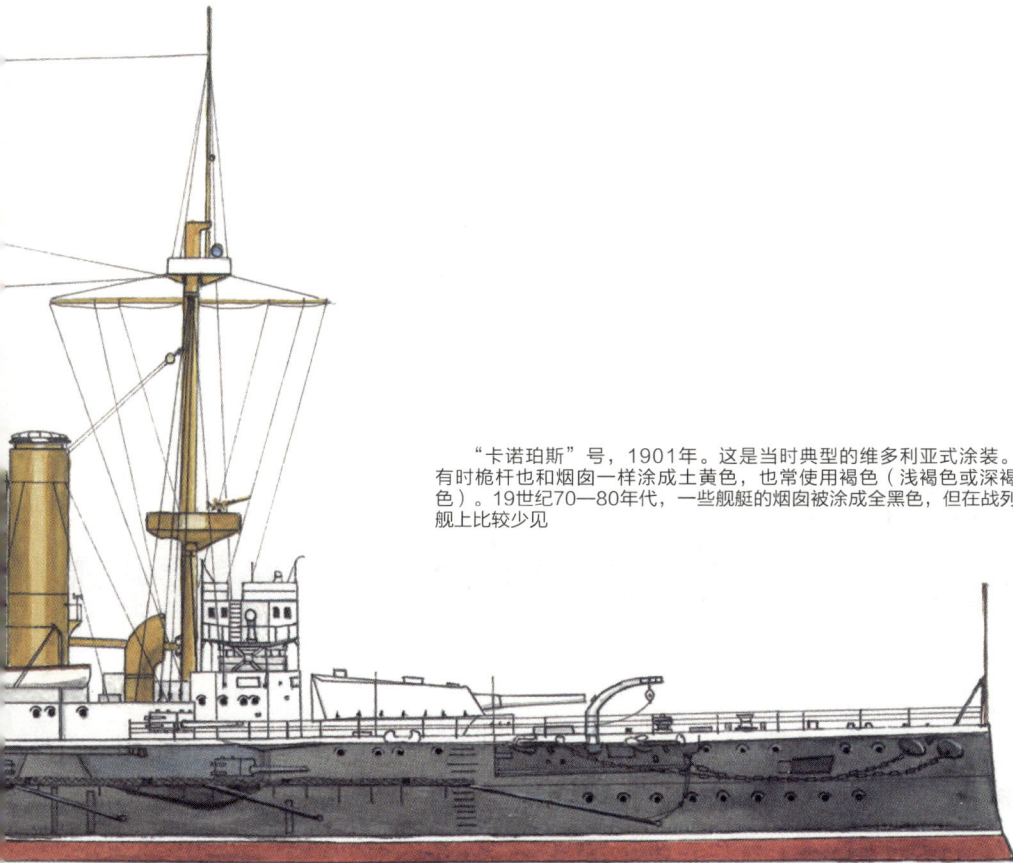

"卡诺珀斯"号，1901年。这是当时典型的维多利亚式涂装。有时桅杆也和烟囱一样涂成土黄色，也常使用褐色（浅褐色或深褐色）。19世纪70—80年代，一些舰艇的烟囱被涂成全黑色，但在战列舰上比较少见

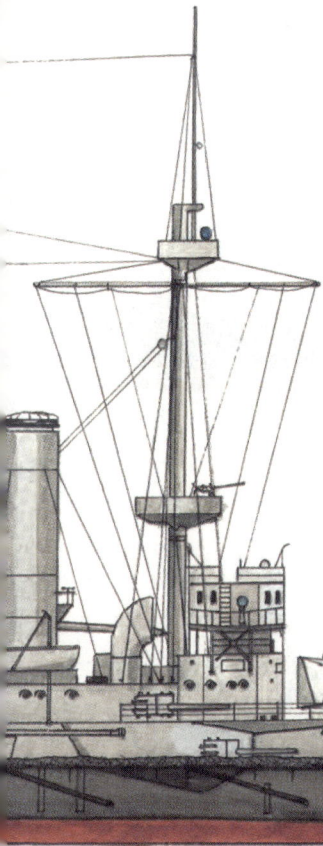

"敏捷"号，1913年在远东舰队服役期间的涂装为黄色和白色

1902年，在马耳他的"卡诺珀斯"号，采用了试验性的涂装，舰体上部为灰色，舰体下部仍为黑色

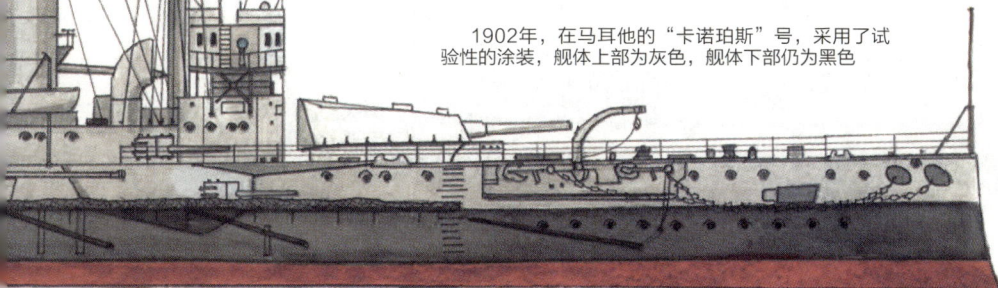

在维多利亚女王去世前（1901年），人们已经普遍认为，军舰的涂装必须改变，以降低可视度，适应现代化舰队发展的需要。从1901年年底开始，马耳他展开了大规模试验，以确定最适合英国海军舰艇的涂装样式。参加试验的战列舰有"庄严"号、"宏伟"号、"朱庇特"号、"复仇"号，可能还有其他几艘舰艇，它们在试验中多次被喷涂成不同颜色。各种黑色、绿色、绿色/卡其色，以及不同色度的灰色被涂在军舰不同部位，或者全部舰身上。其中一些涂装与背景融合得很好（绿色和不同色度的灰色），但都是在某种特定条件下或一天中的特定时间内。最终，大部分参试人员认为，一种中度灰色最合适。到1903年，维多利亚时代的黑、白、黄和褐色涂装已经消失了，灰色涂装取而代之——虽然之后的照片显示，军舰灰色涂装的色度还时有不同

"维多利亚"号，1888年4月建成时。上层建筑底部和413毫米炮塔为浅黄褐色（在当时非常普遍），火炮试验后它更换了涂装

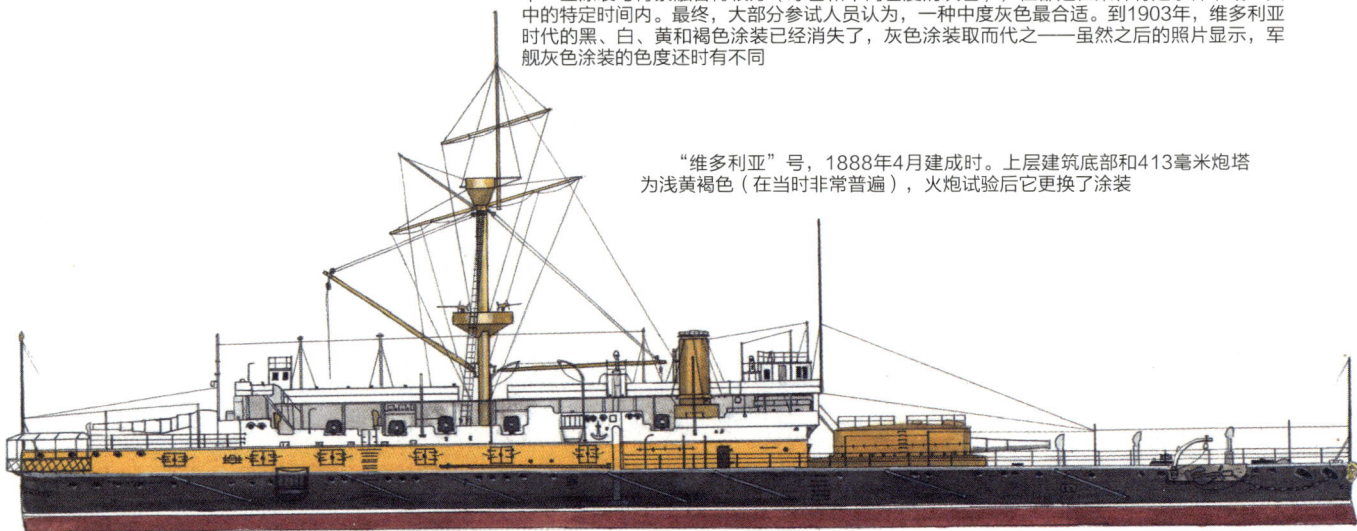

"宏伟"号的试验性涂装，舰体为黑色，上层建筑等为灰色。它也曾被涂成灰色——色度未知，但很可能在试验中全舰或部分的涂装为浅灰、中灰和深灰。"庄严"号也曾采用这种涂装

"庄严"号，1897年。海军允许军舰根据舰长的古怪念头，在涂装方面做少许修改，舰身色带成为军舰的识别特征。它的司令塔和烟囱基座上涂有黑褐色的色带。军舰涂装的颜色只能在已被批准的色谱里选择

"宏伟"号的试验性涂装——全黑色，但保留了红色水线

"汉尼拔"号——试验性的全海绿色涂装，后来又采用了绿/褐色涂装

"复仇"号——试验性的全卡其色涂装

1890年时的"本鲍"号。舰身色带通常是黑色，但有时也为黄褐色或蓝色

"乔治亲王"号,1915年2月。抵达达达尼尔时它采用了科尔教授建议的"不可见涂装",有白色的舰艏波,炮塔也涂成白色。注意A炮塔顶部的轻型高射炮,后来它被一门榴弹炮取代。该舰还加装了一副防御水雷的舰艏保护装置,是由F. B. 奥利斯(F. B. Ollis,造舰处主管)建议安装的,1915年首先用在老式战列舰"敬畏"号上。但是由于军舰要参加作战行动,无法对其进行全面试验,其他军舰没有安装这种装置。虽然图中的"乔治亲王"号舰艏带有耳轴,但它是否装备了全副撑杆和格栅还很值得怀疑。几个月后,它出现在达达尼尔时带有一套包括前置或侧翼防水雷网的改进型扫雷装置

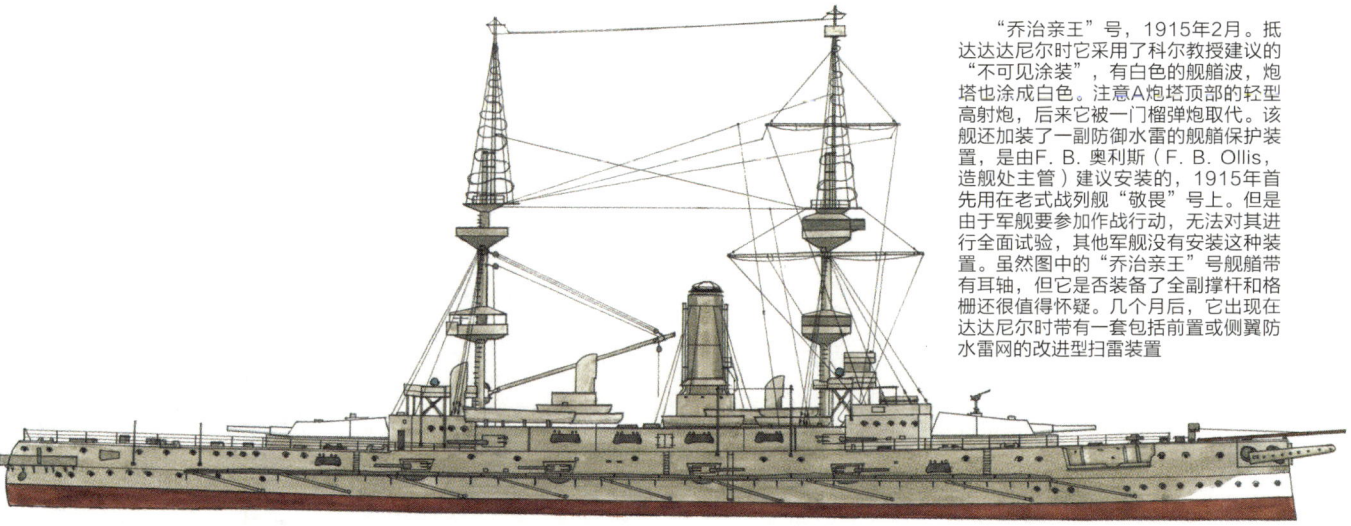

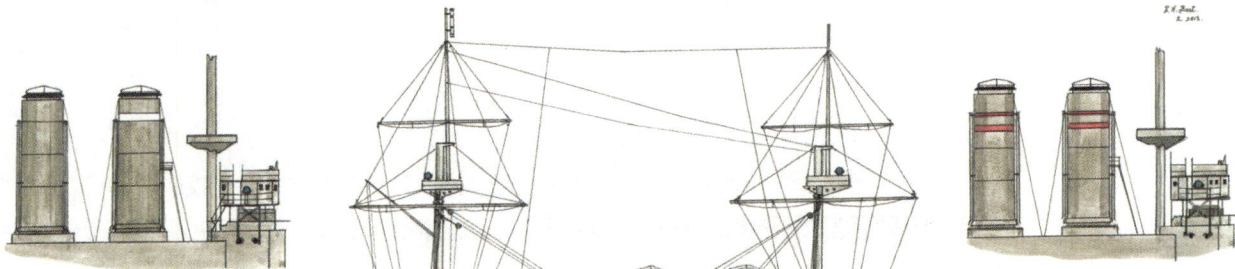

1903年,"邓肯"号的全灰色涂装。图中显示了烟囱上的标准识别带:1909年时前烟囱有一条白色识别带;1905—1906年则使用红色识别带,代表所属分舰队或舰队。一段时间内,红色识别带也被涂成白色

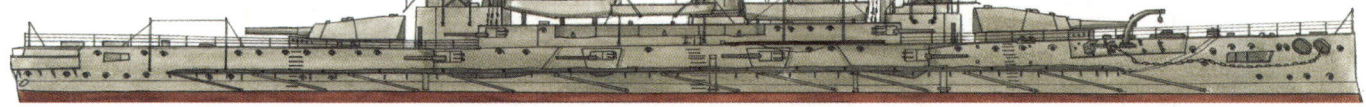

1909年,"纳尔逊勋爵"号的全深灰色涂装(1914年前的色度更深),以及烟囱标准识别带。小图显示了"阿伽门农"号上没有识别带的烟囱及其蒸汽管,以及与"纳尔逊勋爵"号略有区别的舰桥

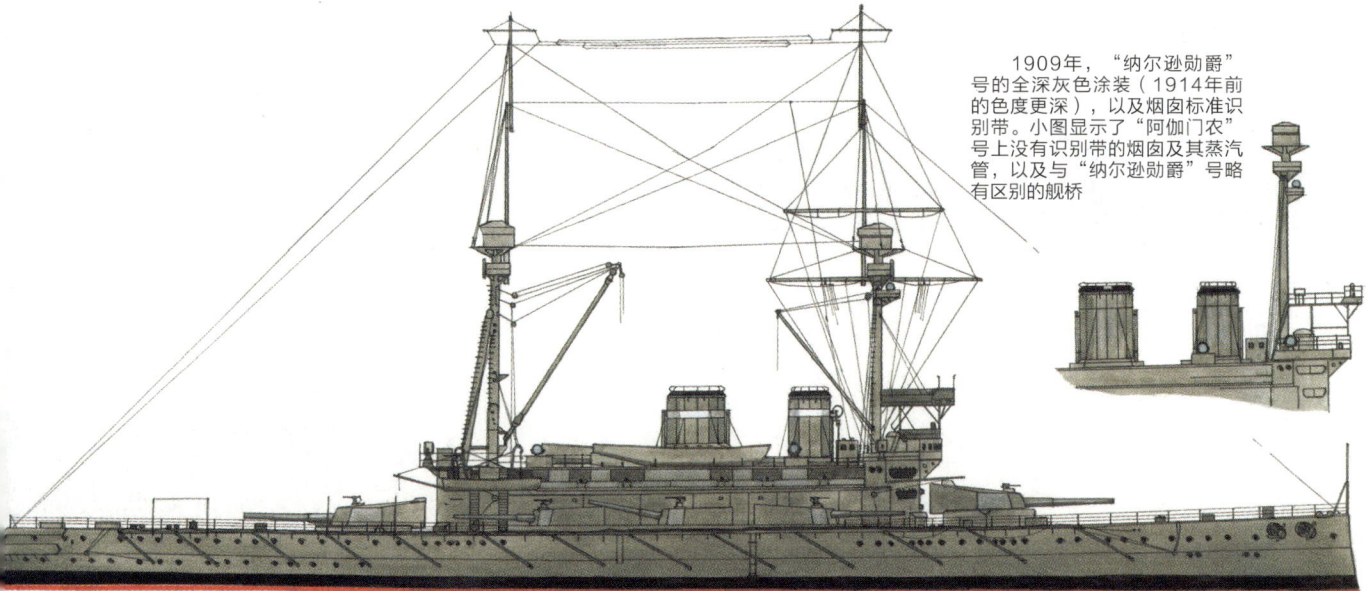

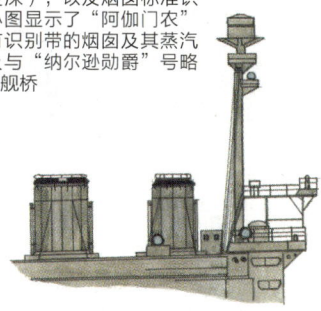

"敬畏"号（前"复仇"号）
在战争初期执行炮击任务时的双色
迷彩（科尔教授建议的灰色底色加
喷溅形式的白色色块）

1915年3月，"阿伽门
农"号在达达尼尔战役期间的
迷彩，同样为灰白相间

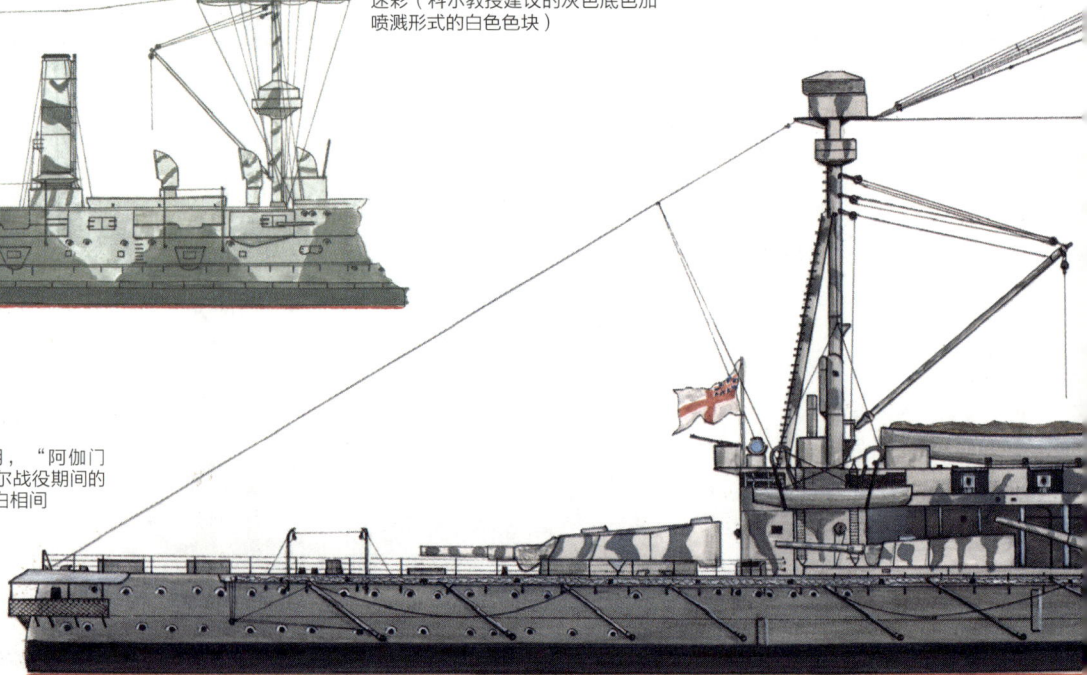

"卡诺珀斯"号在1914年年底至1915年年初的迷彩（也见于达达尼尔战役期间），是一种很独特的灰白迷彩

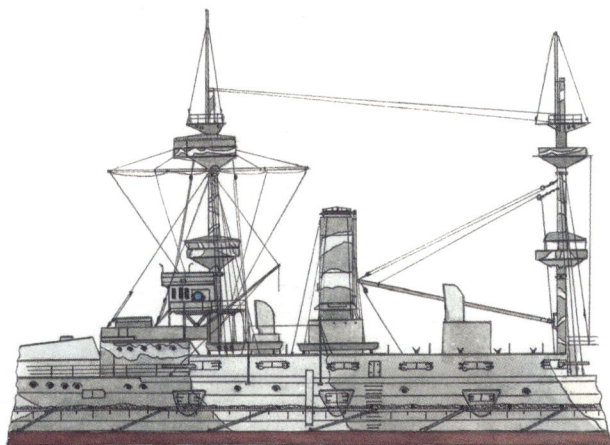

1914年年底至1915年年初，"朱庇特"号在俄国水域充当破冰船时的迷彩

"英联邦"号，1918年。左舷和右舷涂装示意图。颜色采用0号蓝色/灰色、黑色和2号蓝色

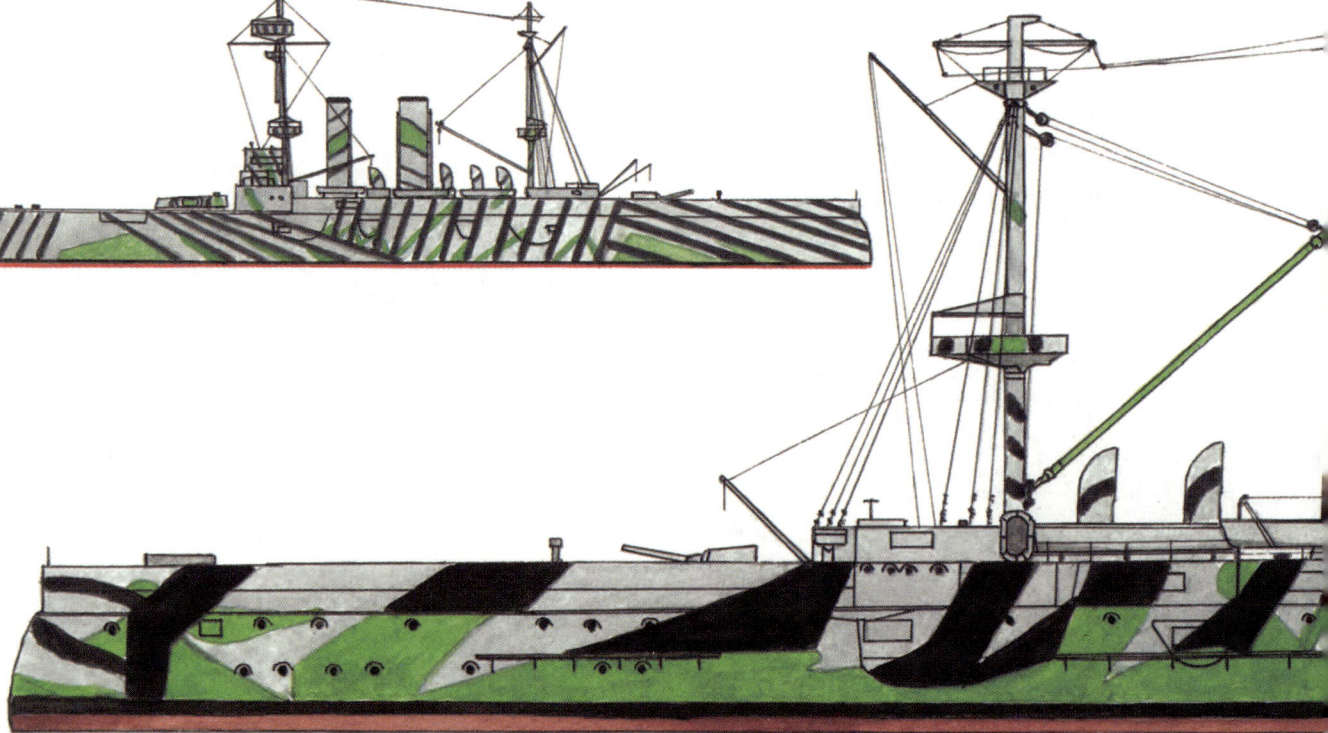

H.M.S. COMMONWEALTH

F. H. Burt
11. 2009

诺曼·威尔金森炫目迷彩涂装

1918年，"伦敦"号被改装为布雷舰。它的官方涂装为0号通用灰色底色上加上条状黑色和2号绿色色块。左舷示意图则显示了最初的涂装，但后来有所改变，加入了浅灰色和白色。这一变化并非官方所为。绿色色调较浅，但照片上看起来更深，几乎与周围的黑色条纹混在一起。这可能是因为在实际涂装作业时做出微调，颜色的混合使色调未能与官方要求匹配。也有可能是因为当时使用的正色（Orthochromatic）和全色（Panchromatic）胶片无法很好地表现浅绿色色调

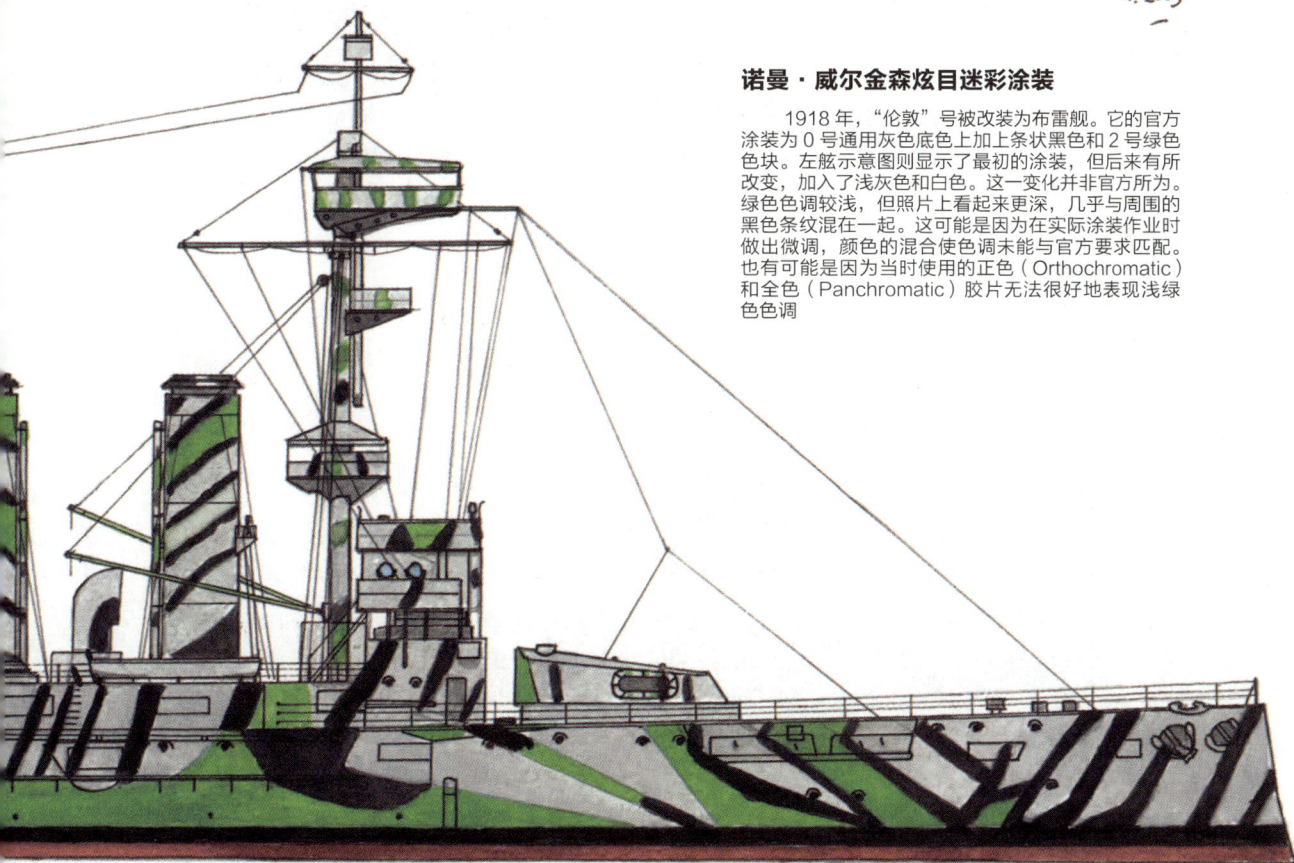

F. H. Burt.
8. 2012.

英国皇家海军战舰
设计发展史

（共5卷）

一部战舰设计演变的图像史诗

浓缩英国海军近两百年来战舰设计的经验与教训

864幅历史图片、48幅模型特写、527个数据图表和171幅设计图纸，
深刻解读英国皇家战舰设计史上的每一个阶段

英国皇家海军战舰

英国皇家海军战舰
设计发展史

卷4　1923—1945
从"纳尔逊"级到"前卫"级

[英] 大卫·K.布朗 著
张宇翔 译

英国皇家海军战舰
设计发展史

卷2　1860—1905
从"勇士"级到"无畏"级

[英] 大卫·K.布朗 著
李英 译

世界船舶学会主席、战舰设计大师代表作
专门写给海军爱好者的经典之作

BRITISH DESTROYERS

英国驱逐舰

FROM EARLIEST DAYS TO THE SECOND WORLD WAR

从起步到第二次世界大战

海军史泰斗**诺曼·弗里德曼**力作

获评美国海军学会"**年度杰出海军著作**"

90余幅线图/200余张高清照片/100余个舰型的详细数据/800余艘战舰的生平履历

一本书看懂驱逐舰从何而来，又向何而去

前意大利海军准将
米凯莱·科森蒂诺
（MICHELE COSENTINO）
诚意力作。 BRITISH AND GERMAN BATTLECRUISERS
THEIR DEVELOPMENT AND OPERATIONS

BRITISH

AND

GERMAN

BATTLECRUISERS

BRITISH & GERMAN BATTLECRUISERS

英国和德国
战列巡洋舰
技术发展与作战运用

[意]米凯莱·科森蒂诺 [意]鲁杰洛·斯坦榕里尼 著

贾雷 译

战列巡洋舰技术发展黄金时期的两面旗帜
——英国和德国战列巡洋舰"全景式"著作：

囊括历史、政治、战略、经济、工业生产以及技术与实战使用等多个角度和层面，并附以大量相关资料照片、英德两国海军所有级别战列巡洋舰大比例侧视与俯视图和相关海战示意图等。